Motorrad-Reparaturanleitung Band 5278

HONDA
CBF 1000
CBF 1000 A

ab Modelljahr 2006

bucheli verlag

Impressum

Impressum

ISBN 978-3-7168-2097-1

Motorrad-Reparaturanleitung
Band 5278

Die in diesem Buch enthaltenen Tipps, Arbeitsschritte und Ratschläge werden nach bestem Wissen und Gewissen erteilt. Eine Haftung der Autoren oder des Verlags und seiner Beauftragten für Personen-, Sach- oder Vermögensschäden ist ausgeschlossen. Alle Inhalte in diesem Band entsprechen dem Kenntnisstand zum Zeitpunkt der Drucklegung. Abweichungen durch Weiterentwicklung der beschriebenen Fahrzeuge, Werkzeuge und Arbeitstechniken sowie geänderte Anweisungen des Fahrzeugherstellers bzw. neue gesetzliche Bestimmungen sind möglich.

Redaktion und Gestaltung: Büro Schermer, D-70469 Stuttgart
Texte: Dipl. Ing. (FH) Rolf Jürgens, Franz Josef Schermer, Dipl. Ing. (FH) Roland Senff, Helmut Strauß (Elektronik)
Fotos: Sandra Hauber, Axel Schermer, F. J. Schermer
Zeichnungen: Steven Flier, Daniel Horvat, Stefanie Schenk, Wolf Kurz

Für diese Motorrad-Reparaturanleitung wurden unter anderem Bilder und Texte aus den Archiven der Zeitschrift MOTORRAD, dem Motorbuch-Verlag und dem Honda-Pressearchiv verwendet.

Ein ganz spezieller Dank geht an Herbert Stauch (Honda-Motorräder Stauch, Filderstadt bei Stuttgart), der uns bei Zerlegung und Zusammenbau der Honda CBF 1000 über alle Maßen geholfen hat. Der Motorrad-Mechanikermeister Herbert Stauch hat uns alle Tipps zu diesem Motorrad gerne gegeben, damit wir sie an die Leser weitergeben können. Ein weiteres Dankeschön geht an Harry Humke und Ralph Söhner von MOTORRAD für ihre unbürokratische Hilfe bei der Besorgung des Langstreckentests sowie Fotos und Unterlagen für die Honda CBF 1000.

Satz: Stefanie Schenk
Lektorat: Myrta Baumberger
Druck: Druck- und Medienzentrum Gerlingen GmbH
D-70839 Gerlingen
Bindung: K. Dieringer
D-70839 Gerlingen

Verkauf:
Gewerbestraße 10
CH-6330 Cham
Postadresse:
Postfach 4161
CH-6304 Zug
Telefon: ++41 (0)41 741 77 55
Telefax: ++41 (0)41 741 71 15
www.bucheli-verlag.ch

2. Auflage 2011

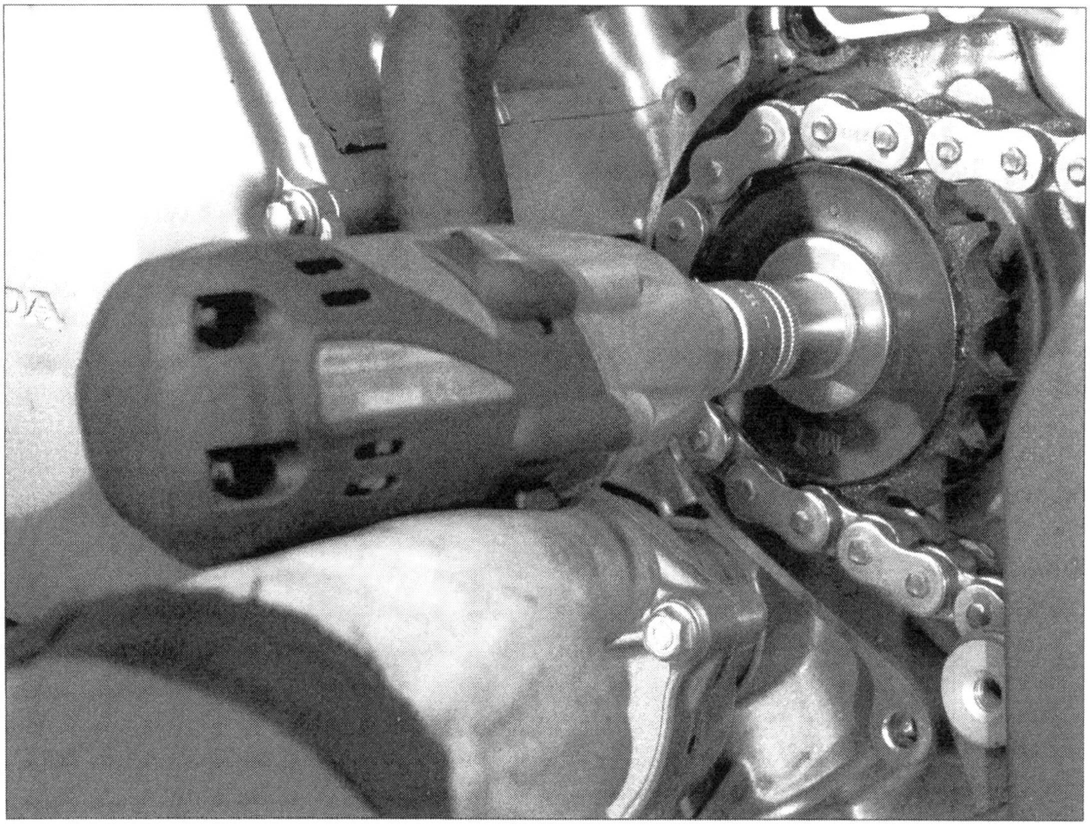

In diesem Buch finden Sie jede Menge Tipps und Kniffe in Bild und Text zur fachgerechten Durchführung von Pflege, Wartung und kleineren Reparaturen an der Honda CBF 1000. Beispielhaft hierfür steht dieses Bild vom Montieren des Kettenritzels aus Kapitel 10 »Kette«.

Warum dieses Buch wichtig ist

Die CBF 1000 kam 2006 auf den Markt und wurde auf Anhieb der Topseller im Honda-Prrogamm. Trotz ihres vergleichsweise günstigen Preises ist die Qualität der in Japan gefertigten Baugruppen wie Motor, Einspritzung, Federelemente, Bemsen und Räder über fast alle Zweifel erhaben. Andere Teile der in Italien im Honda-Werk Artessa gefertigten Maschine wurden Schritt für Schritt dem hohen Standard angepasst.

Im Langstreckentest über 50 000 km lobten die Tester von MOTORRAD die Zuverlässigkeit der CBF 1000, die in der Preisklasse einzigartig ist. Den originalen Testbericht haben wir in Kapitel 1 abgedruckt; er ist eine sehr gute Informationsquelle zur Zuverlässigkeit der CBF 1000 sowie dem über die km-Distanz mit getesteten Zubehör.

Die CBF 1000 ist also sehr zuverlässig, was man von einem modernen japanischen Motorrad auch erwarten kann. Dennoch können Probleme auftreten, vor allem dann, wenn sie viele Kilometer gefahren wurde und/oder in die Jahre gekommen ist. Lösungsansätze für Probleme bietet diese Motorrad-Reparaturanleitung in Bild und Text ebenso wie eine Menge Tipps, die man kennen sollte, um eine Honda CBF 1000 zuverlässig am Laufen zu halten.

Doch diese Reparaturanleitung will mehr sein als nur ein Buch, das man nur dann zur Hand nimmt, wenn etwas kaputt ist. Wenn Sie sich dieses Buch gekauft haben, um Ihr Motorrad besser kennen zu lernen und zu erfahren, was in ihm steckt, ist das gut so. Dieses Buch kann Ihnen helfen, die komplexe Mechanik einer Honda CBF 1000 begreifen zu können und bietet gleichzeitig Lesestoff, der Ihnen hilft, Ihr Motorrad besser zu verstehen. Denn ein Fahrer, der sein Motorrad versteht, geht sorgsamer damit um. Was hilft, Probleme entweder schon im Ansatz zu erkennen oder gar nicht erst auftreten zu lassen.

Die CBF 1000 ist ein preiswertes Allroundbike, das seine sportlichen Gene bei Bedarf gut ausspielen kann.

Auf Zerlegung und Zusammenbau des Motors haben wir in diesem Buch bewusst verzichtet, weil eine Operation am offenen Herzen der CBF 1000 den Umfang dieses Buches bei Weitem sprengen würde. Jedoch sind alle bei Zerlegung und Zusammenbau des Motors wichtigen Verschleißmaße und Drehmomentwerte in diesem Buch enthalten, womit Mechaniker, die sich mit japanischen Motoren auskennen, ihren Erfahrungsschatz anwenden können. Für Laien gilt der Ratschlag, dass größere Arbeiten an Motor und Getriebe den Honda-Händlern und -Spezialisten vorbehalten bleiben sollten; denn diese wurden in mehrtägigen Technik-Lehrgängen bei den Importeuren speziell geschult.

Der Spagat zwischen allgemein verständlicher Technik und stimmiger Anleitung zum Selbstschrauben bestimmt also den Inhalt dieses Buches. In diesem Sinne wünschen wir Ihnen, lieber Leser, viel Spaß bei der Lektüre – und hoffen gleichzeitig, dass Sie keinen Ärger mit Ihrer Maschine haben. Sollte dennoch ein Problem auftreten, kann Ihnen dieses Buch helfen, dieses rasch und und kostengünstig beseitigen zu können.

Einige Grundsätze zu diesem Buch:

- Interessierte Laien sollten sich vor allem die Pflegetipps zu Herzen nehmen, denn gute Pflege erhält den Wert des Motorrads und sorgt dafür, dass man es besser kennen lernt.
- Die Lektüre dieses Buchs kann weder eine Lehre zum Motorradmechaniker noch Praxis im Kfz-Handwerk ersetzen.
- Die Anwendung der im Buch gezeigten Arbeitsschritte setzt einen Grundstock an gutem Werkzeug voraus. Deswegen behandeln wir dieses Thema sehr ausführlich in einem extra Kapitel (Kapitel 2 »Werkstatt«).
- Inhalte wie beispielsweise Ventile einstellen, Kupplung reparieren, Radlager erneuern oder Arbeiten an den Bremsen erfordern umfangreiches Basisfachwissen, entsprechende Werkzeuge und sehr genaues Arbeiten.
- An sicherheitsrelevanten Baugruppen wie Radaufhängung und Bremse darf nur arbeiten, wer sein Handwerk wirklich beherrscht. Und das gilt eigentlich nur für ausgebildete Mechaniker. Für alle anderen heißt es: Geben Sie Ihr Motorrad zum Honda-Händler, dort arbeiten ausgebildete Fachleute.

In diesem Sinne wünsche ich Ihnen allzeit gute Fahrt mit Ihrer Honda CBF 1000!

Herzlichst, Ihr
F. J. Schermer
(verantwortlicher Redakteur)

Inhalt

Folgende Symbole verdienen während der Arbeiten besondere Beachtung:

Sichtprüfung: *Teil genau ansehen, besonders beachten*

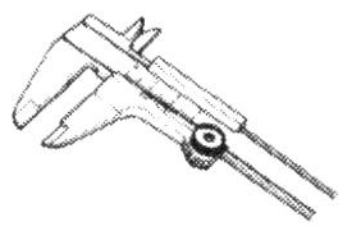

Messen: *Messschieber oder anderes Messwerkzeug nötig*

Achtung: *Besondere Vorsicht geboten, Sicherheitshinweise beachten*

Tipp: *Wertvoller Hinweis für einfacheres Schrauben*

Folgende Symbole verdeutlichen den Schwierigkeitsgrad der Arbeiten:

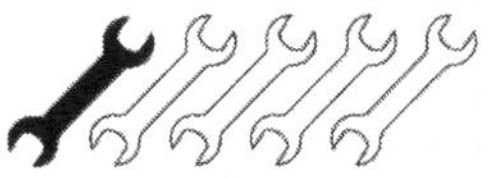

Ein Schlüssel:
Einfache Arbeit, erweitertes Bordwerkzeug reicht aus

Zwei Schlüssel:
Anspruchsvolle Arbeit, extra Werkzeug notwendig

Drei Schlüssel:
Gutes Werkzeug und Spezialkenntnisse erforderlich

Vier Schlüssel:
Spezialwerkzeug und sehr gute handwerkliche Fertigkeit gefragt

Fünf Schlüssel:
Spezialwerkzeug und meisterliche Fertigkeiten notwendig: Fachwerkstatt!

km

50000 Dauertest-Abschlussbilanz Honda CBF 1000

49000
48000
47000
46000
45000
44000
43000
42000
41000
40000
39000
38000
37000
36533 << Bremsbeläge vorn erneuert
35000
34000
33000
32000
31282 << Bremsbeläge hinten erneuert
30000
29539 << Kettensatz erneuert
28000
27000
26260 << Verkleidung, Bremslichtschalter und Rücklichtlampe erneuert
25602 << Batterie erneuert
24000
23000
22000
21000
20000
19000
18000
17000
16000
15000
14000
13000
12574 << Bremsbeläge vorn erneuert
11842 << Bremsbeläge hinten erneuert
10000
9000
8000
7000
6000
5000
4000
3000
2000
1000

BIS AUF

Aufschrauben, anschauen, zuschrauben. Die Honda CBF 1000 möcht

Original-Artikel aus der Zeitschrift MOTORRAD 18/2007

Von Peter Mayer; Fotos: Bilski, Fuchs, Gargolov, Honda, mps-Fotostudio, privat, Schmieder, Schröd

Die Zahlen sprechen für sich. Mit 4812 verkauften Maschinen schnellte die CBF 1000 im vergangenen Jahr auf Anhieb auf Platz zwei der Neuzulassungen in Deutschland. 2634-mal (Stand Juni 2007) drückte ein freundlicher Honda-Händler bereits in dieser Saison den Zündschlüssel einer neuen Kilo-CBF einem Kunden in die Hand. Was abermals Platz zwei in der Verkaufshitparade – jeweils hinter der BMW R 1200 GS – bedeutet. Ganz vorn landete der Allrounder beim Kilometerfres-

WEITERES

uch nach 50 000 Kilometern in 14 Monaten nur eines – weiterfahren.

sen. In lediglich 14 Monaten und 4 Tagen schnurrte Hondas Bestseller 50 000 Kilometer herunter. Macht 117 Kilometer am Tag. Standzeiten wegen Glätte im Winter oder Inspektionsstopps noch nicht herausgerechnet. Schneller erledigte bislang keine Dauertestmaschine bei MOTORRAD ihren aufreibenden Job.

Zahlen, die beweisen, dass Honda mit der CBF 1000 wohl den Nerv des motorradfahrenden Volkes getroffen hat. Was nicht überrascht. Schließlich hatte vor ihr bereits die CBF 600 die Verkaufs-Charts gestürmt. Mit identischem Konzept. Ein gezähmter Sportmotor in einem schnörkellosen Fahrwerk zu einem günstigen Preis. Im Klartext: In dem von der CBF 600 nahezu unverändert übernommenen Stahlrah-

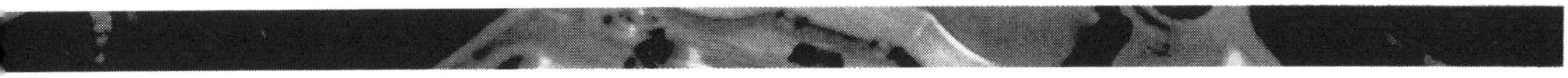

1 Langstreckentest 50 000 km

Langweiler CBF 1000? Mag sein. Doch die Honda überzeugt mit inneren Werten. Nicht nur beim kommoden Trip nach Brüssel

men sitzt bei der CBF 1000 der von 171 auf 98 PS Spitzenleistung gezähmte Vierzylinder der Fireblade. Das Ganze für 8890 Euro – inklusive Halbschalenverkleidung und ABS. Ein Angebot, bei dem Nein sagen schwerfällt.

Es sei denn, man lässt sich vom äußeren Eindruck beeinflussen. Beim Betrachten wirkt die CBF bieder, steht neben den Sportlern, Naked Bikes oder Supermotos in der Redaktions-Tiefgarage ganz unscheinbar in der Reihe. Wenn sie tatsächlich steht. Denn – siehe oben – die meiste Zeit war die CBF unterwegs.

Die graue Maus hatte gründlich Überzeugungsarbeit geleistet. Mit einem Satz Original-Koffer (749 Euro), Original-Topcase (323 Euro), Handwindabweisern (66 Euro) und Heizgriffen (189 Euro) avancierte die Dicke, wie sie von der CBF-Fangemeinde liebevoll genannt wird – für die große Tour klammheimlich zum Liebling der Redaktion. Selbst Kollege Robert Glück vom Sport-Schwesternblatt PS outet sich im Fahrtenbuch drastisch, aber geläutert: „Der Ofen sieht kacke aus, ist aber ein geiles Bike." Auch MOTORRAD-Vize-Chefin Monika Schulz – ohnehin nie um bildreiche Vergleiche verlegen – erkennt: „Es fehlt nur noch die Leselampe."

Will heißen: Die CBF hat was. Etwas Bodenständiges. Ist keine Affäre, sondern treu sorgender Ehepartner. Eben eine, bei der man weiß, wo man dran ist. In Sachen Fahrverhalten sowieso. „Der Motor schnurrt seidenweich vor sich hin, lässt sich dank des kurz, aber eben nicht zu kurz übersetzten Getriebes fast wie ein Automatik-Antrieb fahren", resümiert Testredakteur Rolf Henniges nach einer seiner ersten

Der einzige Schaden: geringe Undichtigkeit eines Auslassventils. Austausch empfohlen, aber nicht zwingend nötig

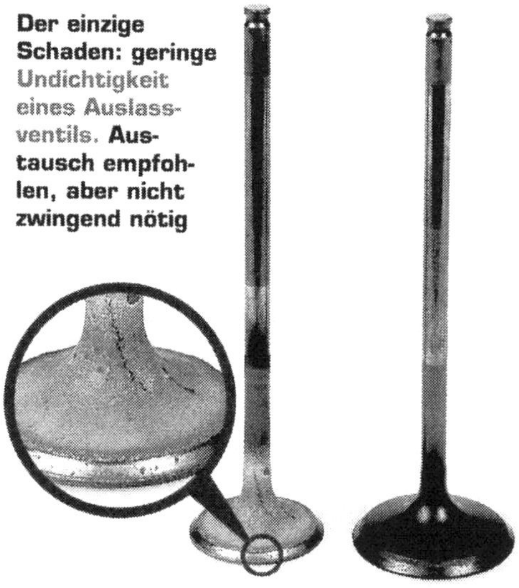

>> MESSWERTE

LEISTUNGSDIAGRAMM[1]

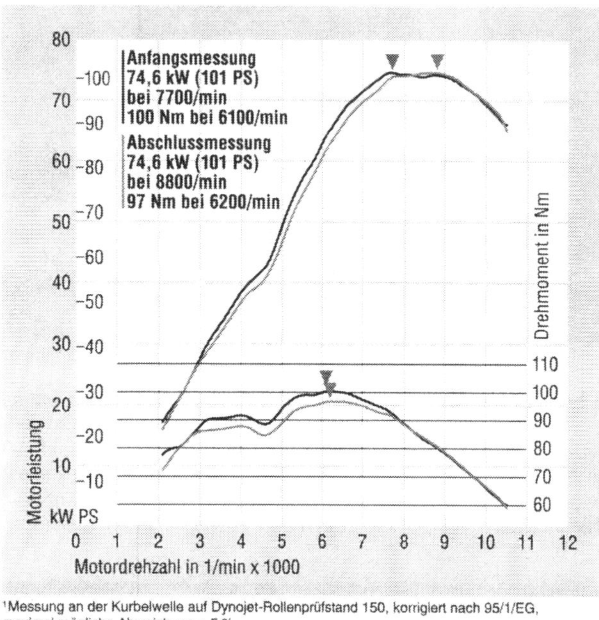

[1]Messung an der Kurbelwelle auf Dynojet-Rollenprüfstand 150, korrigiert nach 95/1/EG, maximal mögliche Abweichung ± 5 %

FAHRLEISTUNGEN

Anfangs-/Abschlussmessung		2983 km	49 987 km
Beschleunigung			
0–100 km/h	sek	3,7	3,8
0–140 km/h	sek	6,2	6,7
0–200 km/h	sek	15,8	16,1
Durchzug			
60–100 km/h	sek	3,7	3,8
100–140 km/h	sek	4,2	4,2
140–180 km/h	sek	4,8	5,1
Durchschnittlicher Kraftstoffverbrauch über 50 000 km			
Kraftstoff (Normal)	l/100 km		6,4
Motoröl	l/1000 km		–

Der kleine Unterschied: Sowohl die Differenz in der Leistungskurve als auch die etwas schlechteren Beschleunigungswerte gehen wohl auf das Konto des undichten Auslassventils (oben)

KOSTEN UND WARTUNG

KOSTEN

Betriebskosten auf 50 000 Kilometer	
21 Öl à 11,40 Euro	239,40 Euro
7 Ölfilter à 11,35 Euro	79,45 Euro
1 Luftfilter à 34,95 Euro	34,95 Euro
8 Zündkerzen à 11,43 Euro	91,44 Euro
2 Satz Bremsbeläge hinten à 41,49 Euro	82,98 Euro
4 Satz Bremsbeläge vorne à 42,61 Euro	170,44 Euro
1 Kettensatz	214,47 Euro
Bremsflüssigkeit	5,84 Euro
Kleinteile, Schmierstoffe	35,53 Euro
Dichtungen	3,56 Euro
Inspektionen und Reparaturen	1218,72 Euro
Reifen (inkl. Montage, Wuchten und Entsorgen)	1565,48 Euro
Kraftstoff	4140,23 Euro
Gesamtkosten	**7882,49 Euro**
Anschaffungskosten	8880,00 Euro
Wertverlust	3780,00 Euro
Schätzpreis (Händlerverkaufspreis)	5100,00 Euro
Kosten pro Kilometer (ohne Wertverlust)	**0,16 Euro**
Kosten pro Kilometer (mit Wertverlust)	**0,23 Euro**

WARTUNG + REPARATUREN

	km-Stand
Reifen hinten erneuert, Michelin Pilot Road	8023
Reifen vorne, Michelin Pilot Road, und Bremsbeläge hinten erneuert	11842
Bremsbeläge vorne erneuert	12574
Reifen hinten erneuert, Michelin Pilot Road	16542
Batterie erneuert (Garantie)	25602
Rücklichtlampe erneuert	26134
Verkleidungsteil getauscht (Kulanz)	26260
Bremslichtschalter getauscht	26260
Kettensatz erneuert	29539
Reifen vorne und hinten erneuert, Metzeler Z6	29539
Bremsbeläge hinten erneuert	31282
Bremsbeläge vorne erneuert	36533
Reifen vorne und hinten erneuert, Continental Road Attack	38055
Reifen hinten erneuert, Continental Road Attack	45430

Ausfahrten mit der CBF. In der Tat, selbst im sechsten Gang zieht der Vierzylinder beispielsweise nach Ortsdurchfahrten aus 50 km/h mit 2000 Umdrehungen noch kultiviert und ruckfrei los. Gemessene 101 PS Spitzenleistung reichen beim homogenen Drehmomentverlauf für den forschen Ausritt locker aus.

Fahrwerksseitig ist ebenfalls Entspannung angesagt. Die Sitzhöhe ist benutzerfreundlich niedrig, die Sitzposition kommod. „Nur der Windschutz bleibt unzureichend. Außerdem ist es hinter der Scheibe verdammt laut", nörgelt Kollege Thomas Schmieder. Zum Trost liefert das fein abgestimmte ABS Verzögerungswerte, die sogar einem Supersportler gut zu Gesicht stünden. Die Grundabstimmung der – abgesehen von dem in der Federbasis justierbaren Federbein – nicht einstellbaren Federelemente tendiert eher zur weichen Seite. Im Gegensatz dazu könnte das Ansprechverhalten des Monoshock auf kurze, harte Stöße sensibler ausfallen. Dafür reduziert der schmale 160er-Hinterradreifen nicht nur die Aufstellneigung beim Bremsen, sondern verbessert auch das Handling.

Zudem erweist sich die CBF in vielerlei Hinsicht als sehr günstiges Motorrad. Für den Service-Stopp alle 6000 Kilometer stellten die Händler – sofern kein alle 12 000 Kilometer fälliger Ölwechsel anstand – meist weit weniger als 100 Euro in Rechnung. Ein Aspekt, welcher der Honda eine weitere Bestmarke beschert. Durch die maßvollen Inspektionskosten, einen noch akzeptablen Durchschnittsverbrauch von 6,4 Litern und guten Wiederverkaufswert verdrängte die CBF in der Dauertest-Wertung (siehe Seite 57) die Triumph Sprint ST von der Spitzenposition.

Punkt für Punkt: unkritische Pittingspuren **an den Zahnflanken.** Leichter Verschleiß **an den Klaueneingriffen. Einfach einbauen und weiterfahren**

Für die Ewigkeit: Statt 171 PS der Fireblade müssen die Lager in der CBF nur 98 PS verkraften **– ein Kinderspiel**

>> BILANZ NACH 50 000 KILOMETERN

KOMPRESSION

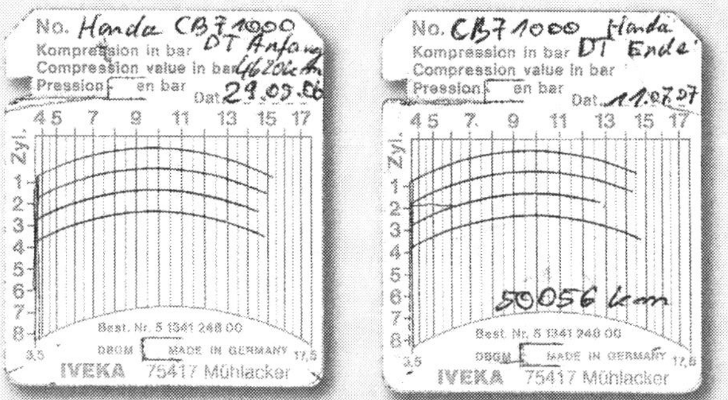

In die Knie gegangen: Das undichte Auslassventil ist auf dem Kompressions-Diagramm deutlich zu erkennen

ZUSTAND

Zylinderkopf: Ein Auslassventil ist geringfügig undicht, ansonsten haben alle Ventile nur geringe Brandspuren, auch die Ventilsitze sind unkritisch.

Zylinder/Kolben: An allen Zylindern sind Riefen sichtbar, welche die Maßhaltigkeit allerdings nicht beeinflussen. Die Kolben haben ein gleichmäßiges Tragbild und liegen noch innerhalb der Einbautoleranz.

Kurbeltrieb: Sämtliche Lagerspiele liegen innerhalb der Toleranz, und nur vereinzelt sind stärkere Laufspuren sichtbar.

Kraftübertragung: Die Getrieberäder sind in sehr gutem Zustand. Vereinzelt zeigt sich Abnutzung an den Klaueneingriffen. Leichte Rattermarken an Kupplungskorb und Kupplungsnabe, die Stahlscheiben sind stark verfärbt, die Kupplung aber ist voll funktionstüchtig.

Rahmen/Fahrwerk: An der Schwinge ist der Lack im Bereich der Federbeinaufnahme abgeplatzt, und es hat sich Rost gebildet. Rahmen und sonstige Anbauteile befinden sich in ordentlichem Zustand.

VERSCHLEISS

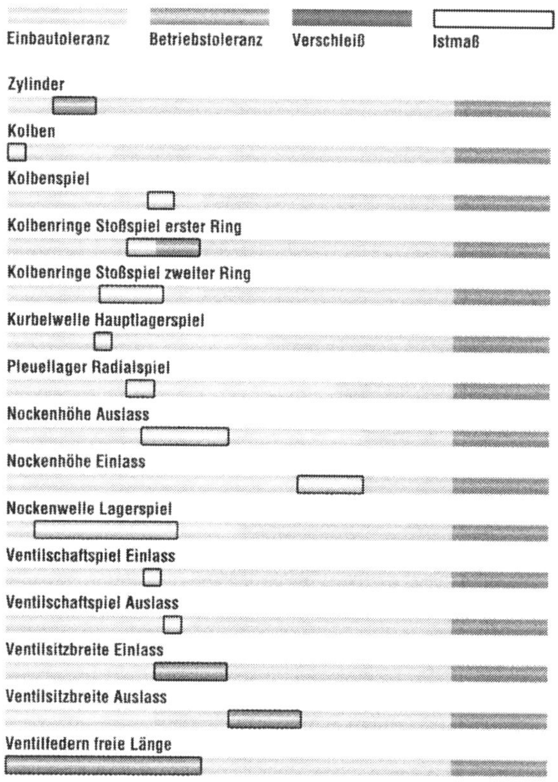

Öfter als zu den vorgeschriebenen Inspektionsintervallen hat die CBF die Werkstatt nicht gesehen. Wobei es im Winter mehrere Male beinahe so weit gewesen wäre. Als Ersten erwischte es den Assistenten der Chefredaktion, Oliver Ebner. Bei Temperaturen um den Gefrierpunkt wollte die CBF eines Morgens plötzlich nicht mehr anspringen. Trotz kräftiger Batterie und entsprechend langem Orgeln blieb der Reihen-Vierer stumm. Erst nach der Überbrückungshilfe durch einen freundlichen Nachbarn fand er wieder zum Leben. Die Tage danach sprang der Motor bei ähnlich tiefen Temperaturen problemlos an – bis es MOTORRAD-action-team-Mitarbeiter Daniel Lengwenus traf. Wieder leierte der Anlasser das Fireblade-Triebwerk ohne Vorwarnung erfolglos durch. Ob die neue Batterie (auf Kulanz) oder die im Frühling schnell steigenden Temperaturen den unkalkulierbar und aus heiterem Himmel auftretenden Startproblemen schließlich ein Ende bereiteten, ließ sich letztlich auch vom Importeur (siehe rechts, „Honda nimmt Stellung") nicht klären. Problematisch bleibt der Sachverhalt auf alle Fälle. Denn an den CBF 1000 einiger MOTORRAD-Leser traten diese – nicht reproduzierbaren und daher auch in der Werkstatt kaum

Soll beim neuen Modell behoben sein: Risse durch verspannten Einbau der Verkleidung

Und noch was für die Ewigkeit: Auch die Kurbelwelle aus der Fireblade wird von 98 PS nicht wirklich gefordert – man sieht's ihr an

Keine Sorge: Obwohl die Riefen deutlich sichtbar sind, sind die Kolben maßhaltig und...

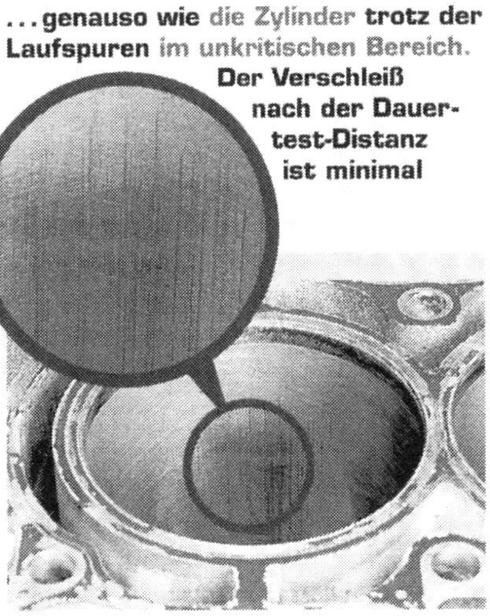

...genauso wie die Zylinder trotz der Laufspuren im unkritischen Bereich. Der Verschleiß nach der Dauertest-Distanz ist minimal

Plattenbau: Trotz Anlaufspuren an den Stahlplatten funktioniert die Kupplung wie am ersten Tag. Auch der Kupplungskorb zeigt kaum Rattermarken

zu behebenden – Startschwierigkeiten bei Kälte ebenfalls auf.

Kein Einzelfall sind außerdem Beschwerden über ein Dröhnen in der Verkleidung zwischen 2000 und 3000 Umdrehungen und ein kräftiges Kribbeln in den Lenkerenden zwischen 5000 und 6000 Umdrehungen. Was nicht nur die Besatzung nervte, sondern auch das Material mürbe machte. Nach Vibrationsrissen an der Verkleidung wurde die Hülle bei der 24 000er-Inspektion (ebenfalls auf Kulanz) ersetzt. Langlöcher an den Befestigungspunkten der neuen Verschalung erlaubten eine spannungsfreie Montage, Risse entstanden bis Testende keine mehr. Mit einem so genannten Anti-Vibrations-Kit – einigen selbstklebenden Moosgummi-Streifen, die an den Auflagepunkten der Verkleidung angebracht werden – soll das Dröhnen vergessen sein. Das berichten zumindest mehrere Leser. Die Dauertest-CBF war zum Zeitpunkt der Auslieferung des von Honda zwar gratis, aber spät gelieferten Kits bereits zerlegt.

Und sonst? Einen Bremslichtschalter und eine Rücklichtlampe galt es noch zu ersetzen. Mehr nicht. Der Rest – insgesamt vier Satz Bremsbeläge, ein Kettensatz sowie fünf hintere und drei vordere Reifen – gehört zum gewöhnlichen Verschleiß. An der Verarbeitungsqualität scheiden sich die Geister. Während die übrigens regulär beim Händler gekaufte MOTORRAD-Maschine akzeptabel verarbeitet ist und nur an der dem Steinschlag ausgesetzten Federbeinaufnahme der Stahlschwinge, zu korrodieren begann, monieren andere CBF-Besitzer Roststellen am gesamten Rahmen an den Achsen und den unteren Gabelbrücken der im italienischen Honda-Werk in Atessa produzierten Maschine. Ebenfalls kein Thema an der CBF von MOTORRAD: der von manchen Lesern bemängelte Komfort der Sitzbank bei langen Touren. Im Gegenteil. Vielfahrer Thomas Schmieder notiert kurz: „Die Ölkontrolle im Schauglas ist sehr praxisnah,

>> HONDA NIMMT STELLUNG...

Honda-Männer Bescher (2. v. r.) und Heiland (3. v. r.) begutachten die CBF-Teile

...zu den im Bereich von 5000/min auftretenden Vibrationen.
Da das Vibrationsaufkommen bei Vergleichstests mit anderen Serienexemplaren in der Vergangenheit durchaus gelobt wurde und Kunden nur vereinzelt darüber berichten, gehen wir als Ursache von einer noch akzeptablen Serienstreuung aus.

...zum Dröhnen im Verkleidungsbereich.
Über wirksame Abhilfemaßnahmen wurde der Handel informiert, und diese sind mit Produktionsstart des 2007er-Modells in die Serie eingeflossen. Berechtigte Reklamationen innerhalb der Garantiezeit werden von unseren Vertragshändlern behoben.

...zu den bei manchen Modellen aus heiterem Himmel auftretenden – und genauso wieder verschwindenden – Startproblemen.
Die Ursache hierfür ist bislang unbekannt, da die Startprobleme in den wenigen Fällen nicht reproduziert werden konnten.

...zum hakenden Zündschloss.
Da während des Testzeitraums keine Veränderung stattgefunden hat, liegt kein Verschleiß vor. Wir wissen jedoch, dass die Bedienung unserer hunderttausendfach verbauten Zünd-/Lenkschlösser aufgrund eines konkurrenzlosen Diebstahlschutzes etwas Gewöhnung bedarf.

...zum Rostbefall am Rahmen bei manchen CBF von MOTORRAD-Lesern.
Die Begutachtung der Dauertestmaschine hat trotz harten Wintereinsatzes keinerlei Rostansatz am Rahmen gezeigt, und auch unseren Händlern liegen keine Reklamationen vor. Die Rostspuren an der Schwinge hinten sind durch massiven Steinschlag entstanden.

...zu der bei längeren Touren unbequemen Sitzbank.
Der Sitzkomfort einschließlich der Sitzhöhenverstellung wird bei unseren repräsentativen Kundenbefragungen einhellig gelobt. Eine Änderung ist daher nicht vorgesehen.

>> LESERERFAHRUNGEN

SIE LÄUFT UND LÄUFT, dies kann ich nur bestätigen. Nach einem Jahr und 7000 Kilometern auf dem Tacho sind keine Probleme aufgetreten. Nur Kraftstoff nachfüllen und Luftdruck prüfen, das war alles. Sie ist ein Bike für alle Fälle. Kurven flitzen, gemütlich mit der Tochter (acht Jahre) fahren oder größere Touren, alles geht ohne Probleme. Das einzige Manko ist jetzt behoben worden! Dies waren Vibrationen bei gewissen Drehzahlen. Nach dem Einbau des Sets von Honda herrscht jetzt Ruhe. In Preis/Leistung ist dieses Motorrad unschlagbar. Nicht alle können über 10 000 Euro für ein Motorrad zahlen. Die CBF ist ein gutmütiges Bike, man könnte beim Fahren sogar in aller Ruhe über die Steuererklärung nachdenken.
Jens Kreher, Dresden

VOR DER CBF 1000 bin ich zirka 50 000 Kilometer mit der Honda Varadero gefahren. Meine Erfahrungen zur CBF 1000: Bewährt hat sich der Kettenöler CLS (seit Beginn eingebaut); MRA-Spoilerscheibe – kein Vergleich jedoch gegen den Varadero-Windschutz. Der Platz für die Sozia ist – vor allem bei Verwendung von Givi-Koffern und Topcase – knapp bemessen. Das Fahrverhalten mit Gabelfedern und Federbein von Wilbers ist in Ordnung. Die Bodenfreiheit nicht berühmt. Vor allem Seitenständer und Hauptständer setzen gefährlich auf. Ebenfalls nicht gut ist die Passgenauigkeit der Verkleidungsteile. Ich würde mir wieder eine CBF kaufen.
Siegfried Faschingleitner, Linz/Österreich

ICH FAHRE SEIT ENDE JUNI 2006 EINE CBF 1000, aktueller Kilometerstand 20 000. Bin mit diesem Motorrad mit Ausnahme von ein paar kleinen Details bisher sehr zufrieden. Zu diesen kleinen Details gehören die Vibrationsgeräusche der Verkleidung sowie das ab und zu haklige Zündschloss. Die Vibrationen hat mein Händler schon zweimal auf Garantie abgestellt, sie kommen aber nach einigen Kilometern wieder. Bereits bei der Probefahrt hat mich der durchzugsstarke Motor in vollem Umfang überzeugt, was man vom Serien-Fahrwerk nicht behaupten konnte. Schon im September 2006 wurden die Lager im Lenkkopf und in der Schwinge gegen eine spielfreie Version von Lagerprofi Emil Schwarz getauscht. Die Maschine liegt seit dieser Maßnahme viel satter, spurstabiler und ruhiger. Danach folgte noch der Austausch der Original-Gabelfedern gegen progressive Federn und des nicht einstellbaren Federbeins gegen das 641-Federbein (verstellbare Druck- und Zugstufe, hydraulische Federvorspannung), beides aus dem Hause Wilbers. Seit dieser Maßnahme bin ich auch mit dem Fahrwerk dieser Maschine sehr zufrieden. Ausfälle gab es bisher keine, stundenlanges Kurvenwetzen ist problemlos möglich. Insgesamt bin ich sehr mit meiner CBF 1000 zufrieden.
Martin Wopper, Waldenburg

HIER SIND MEINE ERFAHRUNGEN MIT DER CBF 1000. Positiv: Die entspannte Sitzposition, das handliche Fahrwerk und der drehmomentstarke Motor überzeugten bei zirka 10 000 im Gebirge (Alpen–Dolomiten–Vogesen) gefahrenen Kilometern. Negativ: Nach der Übernahme des Neufahrzeugs brachte ich das Bike wegen lauten Dröhnens der Halbschale zum Händler zurück. Mehrmals wurde versucht, das Dröhnen zu beseitigen, ohne Erfolg. Nach zirka einem einem Jahr stellte Honda Deutschland einen Anti-Dröhn-Satz zur Verfügung, auch der jedoch ohne Erfolg. Anschließend wechselte mein Händler das Innenteil der Verkleidung aus, wieder ohne Ergebnis. Zurzeit warte ich auf die Lieferung eines neuen Verkleidungsteils. Nach einer Recherche klagen Hunderte von Kunden über das Dröhnen und die mangelhafte Qualität (Rost, Risse in der Verkleidung, Anlass-Probleme).
Dieter Franz, Merzig

NACH ZEHN JAHREN EINZYLINDER-ENDUROS habe ich wegen des günstigen Preises und aufgrund Ihres positiven Top-Tests die CBF 1000 gekauft. So lief die CBF über 22 000 Kilometer völlig problemlos. Die Inspektionen waren recht preisgünstig, für einen Viel-fahrer allerdings zu häufig. Mein freundlicher Honda-Händler in Köln-Kalk hatte dabei die Gelegenheit, mir viel nützliches Zubehör zu verkaufen. Zum Beispiel: Windschutzscheibe (MRA), Karbonfolien (Honda), Topcase-Brücke (Honda), Quicklock-Tankrucksack (SW-Motech), Gelsitzbank (Bagster), Sturzpads (LSL), Hinterradabdeckung (Honda), Scottoiler, Navi und Steckdose im Cockpit (TomTom). Bei vielen Ausflügen brauchte die CBF fünf Liter, auf der Hausstrecke darf es gut ein Liter mehr sein. Einziger Kritikpunkt: die mangelnde Schräglagenfreiheit insbesondere bei Fußriesen wie mir. Insgesamt bin ich mit der Honda sehr zufrieden.
Bernd Prochnow, Köln

ICH BESITZE SEIT DEM 18. AUGUST 2006 EINE CBF 1000 mit JF-Unterverkleidung, Scottoiler und Acumen-Ganganzeige und habe bis heute 12 000 Kilometer hinter mich gebracht. Der Spritverbrauch hält sich mit 5,7 Litern in Grenzen. Was mich jedoch vom ersten Moment an gestört hat, war die Schiefstellung des Lenkers, die durch Verdrehen zwar um zirka 50 Prozent reduziert werden konnte, jedoch noch immer nicht beseitigt ist. Die Lenkerböcke stehen gerade. Für eine Firma wie Honda ist dies kläglich, und es tritt auch an anderen Maschinen auf.
Was mich auch stört, ist bei meiner Körpergröße von 1,87 Meter der miese Windschutz der Scheibe. Oben bedeutet Turbulenzen am Helm, ganz unten starker Druck am Oberkörper. Weiterhin habe ich geringfügige und erträgliche Vibrationen im mittleren Drehzahlbereich, deren Beseitigung beim nächsten Kundendienst durch Einbau des Silent-Kits geplant sind. Kaltstartschwierigkeiten wie von Ihnen beschrieben sind mir jedoch unbekannt. Das Prinzip der CBF 1000, die ich auch auf dem Weg zur Arbeit nutze, ist genial – Spaß haben, alltagstauglich, sparsam und bis auf kleine Macken direkt ausgereift auf den Markt gekommen.
Horst Radeke, Köln

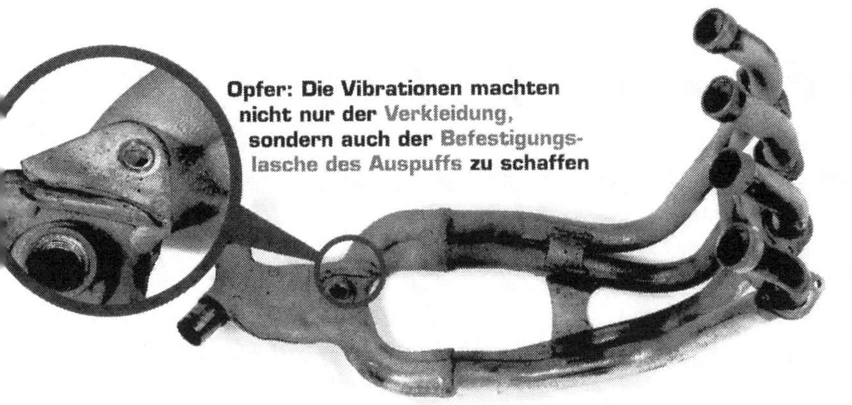

Opfer: Die Vibrationen machten nicht nur der Verkleidung, sondern auch der Befestigungslasche des Auspuffs zu schaffen

Täter: Obwohl die Manieren des Vierzylinders von einer Ausgleichswelle gepflegt werden – das feine Kribbeln bleibt

der Sitzkomfort ist toll." Wohl eine Frage des Sitzfleisch-Trainings.

Wobei die Kritik im Detail nicht vom Glanzpunkt der CBF, nämlich deren beeindruckendem mechanischen Zustand ablenken soll. Denn abgesehen von einem undichten Auslassventil, das für zwei bar Druckverlust im dritten Zylinder verantwortlich zeichnete, brillierte die Honda bei der technischen Durchsicht in allen Belangen. Sämtliche Teile zeigten sich in hervorragendem Zustand, blieben sogar samt und sonders innerhalb der Betriebstoleranz. Was für die CBF 1000 nur einen Schluss zulässt: zusammenbauen und weiterfahren. ■

>> DAUERTEST WERTUNG

Platz	Motorrad	Kosten/km[1] in Cent	Punkte	Benzinverbrauch[2] in Liter/100 km	Punkte	Wertverlust[3] in %	Punkte	Werkstattbesuche/Pannen[4]	Punkte	Punkte Verschleiß/Zustand[5]	GESAMTPUNKTE	Dauertest in MOTORRAD*
	Maximale Punktzahl		25		5		10		30	30	100	
1.	Honda CBF 1000	7,5	20	6,4	3	43	6	1/1	24	25	78	18/07
2.	Triumph Sprint ST ABS	9,5	16	6,5	3	45	5	4/0	26	26	76	3/07
3.	BMW K 1200 S	9,5	16	6,6	3	44	6	5/0	25	25	75	24/06
4.	Honda VFR-ABS	10,5	14	7,0	2	44	6	1/0	29	23	74	17/03
5.	Suzuki V-Strom 1000	8,4	19	6,5	3	56	2	4/0	26	21	71	02/04
6.	MZ 1000 S	8,8	18	7,3	1	54	3	4/1	21	25	68	1/06
7.	Yamaha XT 660 X	10,5	14	4,8	5	53	3	3/0	27	18	67	6/06
7.	Kawasaki ZX-10R	12,3	11	6,3	3	55	2	1/1	24	27	67	14/06
9.	BMW R 1200 GS	6,1	23	6,0	4	50	4	6/2	14	21	66	21/05
10.	Kawasaki Z 1000	11,8	12	6,5	3	56	2	3/0	27	21	65	4/05
10.	Harley-Davidson V-Rod	11,2	13	6,9	2	41	7	8/0	22	21	65	17/04
12.	Buell XB12S	12,9	10	5,5	5	41	7	6/2	14	18	54	25/06
13.	KTM 950 Adventure	8,7	18	6,7	2	38	8	9/2	11	10	49	16/05
14.	Ducati 999	14,6	6	6,4	3	56	2	11/0	20	9	40	26/05

[1]Ohne Wertverlust und Benzinkosten; [2]Durchschnittsverbrauch über 50 000 km; [3]laut DAT-Bewertung; [4]außerplanmäßige Werkstattbesuche; [5]bewertet: Maßhaltigkeit, Verschleißbild, Ersatzteilbedarf; *Nachbestellungen unter Telefon 07 11/1 82-12 29

Die Modelle im Bild

Aktuelles Modell: Honda CBF 1000 Platz 1

Honda CBF 1000 · Triumph Sprint ST · BMW K 1200 S · Honda VFR-ABS · Suzuki V-Strom 1000 · MZ 1000 S · Yamaha XT 600 X · Kawasaki ZX-10R · BMW R 1200 GS · Kawasaki Z 1000 · Harley-Davidson V-Rod · Buell Lightning XB12S · KTM 950 Adventure · Ducati 999

Die Wertungstabelle gibt einen Überblick der MOTORRAD-Dauertestmaschinen der letzten Jahre. 100 Punkte können maximal eingefahren werden, aufgeteilt in fünf Abschnitte. Zu den Kosten pro Kilometer zählen Ausgaben für Inspektion, Ersatz und Verschleißteile, etwa Reifen und Kettensätze. Grundlage für die Bewertung des Benzinverbrauchs ist der durchschnittliche Verbrauch über die gesamten 50 000 Kilometer. Der Wertverlust basiert auf einer DAT-Schätzung am Ende des Dauertests. Bewertet wird die Relation zum Listenpreis bei Beginn des Tests. Außerordentliche Werkstattbesuche führen zu einem Abzug von jeweils einem Punkt. Pannen, bei denen das Motorrad nicht weiterfahren konnte, werden mit fünf Punkten Abzug bestraft. Beim technischen Zustand fließen die Verschleißmaße sowie der optische Zustand der Einzelteile ein. Moderater Wertverlust, geringe Kosten sowie sehr guter Zustand nach Dauertestende sichern der Honda CBF 1000 den ersten Platz.

Werkstatt

In diesem Kapitel: Werkzeug · Bordwerkzeug · Aufbockhilfen · Werkzeug für die Hobbywerkstatt · Werkzeugwagen und Hebebühne · Öl und Fett · Werkstatthilfsmittel · Spezialwerkzeug · Richtig schrauben · Schrauben, Scheiben, Muttern · Fetten, Ölen, Kleben, Sichern · Anziehdrehmomente · Seegerringe · Simmerringe · Flächendichtmittel · Gewindereparatur mit Heli-Coil · Technik-Fachbücher.

Bild 1 ganz rechts: Ein sinnvolles Werkzeugsortiment für die Hobbywerkstatt. Teilebezeichnungen siehe nächste Seite unten.

Bild 2 unten: Digitaler Messschieber (A), Bügelmessschraube (B) und Fühlerlehren (C) sollte man haben.

Bild 3: Besteckkasten als Werkzeug- und Teileablage.

Werkzeug

Für jede Wartungsarbeit und Reparatur braucht man gutes Werkzeug. Die Idee, kleinere Servicearbeiten oder größere Reparaturen mit dem Bordwerkzeug durchführen zu wollen, ist und bleibt eine Illusion.

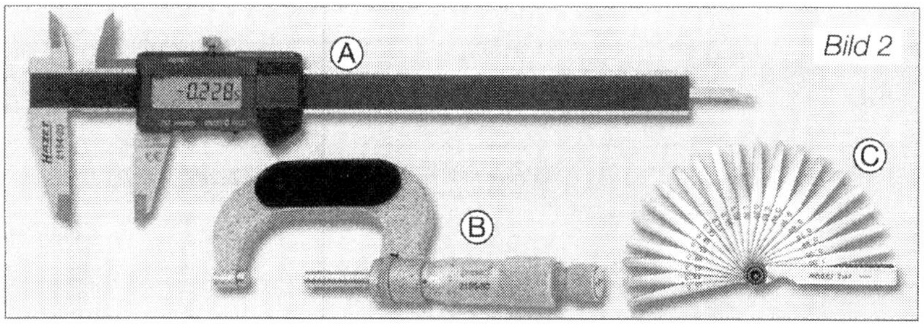

Sicherheitshinweise ⚠ Achtung und ☞ Tipps

⚠ Werkzeug nicht im Baumarkt kaufen, auch wenn dessen Sonderangebot noch so verlockend ist! Das in Baumärkten angebotene Werkzeug ist generell eher schlecht als recht, in vielen Fällen sogar gefährlich, weil es aus minderwertigem Material besteht und deswegen bruchgefährdet ist.

☞ Ein Blick ins Internet rentiert sich bei der Werkzeugrecherche. Echtes Qualitätswerkzeug ist im Internet unter *www.hazet.de* zu sehen. Hazet ist einer der bekanntesten deutschen Hersteller von Kraftfahrzeug-Qualitätswerkzeugen.

☞ Im Haushaltswarengeschäft (z. B. bei IKEA) gibt es für kleines Geld Besteckablagen für Schubladenkästen in verschiedenen Unterteilungen. Diese eignen sich ganz hervorragend als Schrauben- und Kleinteileablage (Bild 3).

☞ Wenn teure Spezialwerkzeuge benötigt werden, bei der Werkstatt um die Ecke nachfragen, ob man gegen ein hinterlegtes Pfand und einen Obolus in die Trinkgeldkasse das Werkzeug geliehen bekommt.

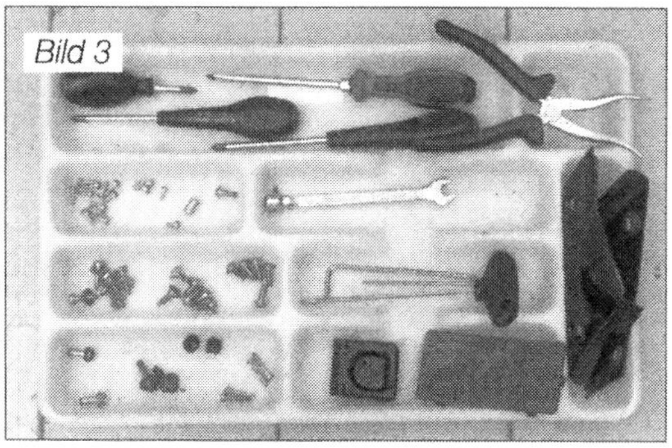

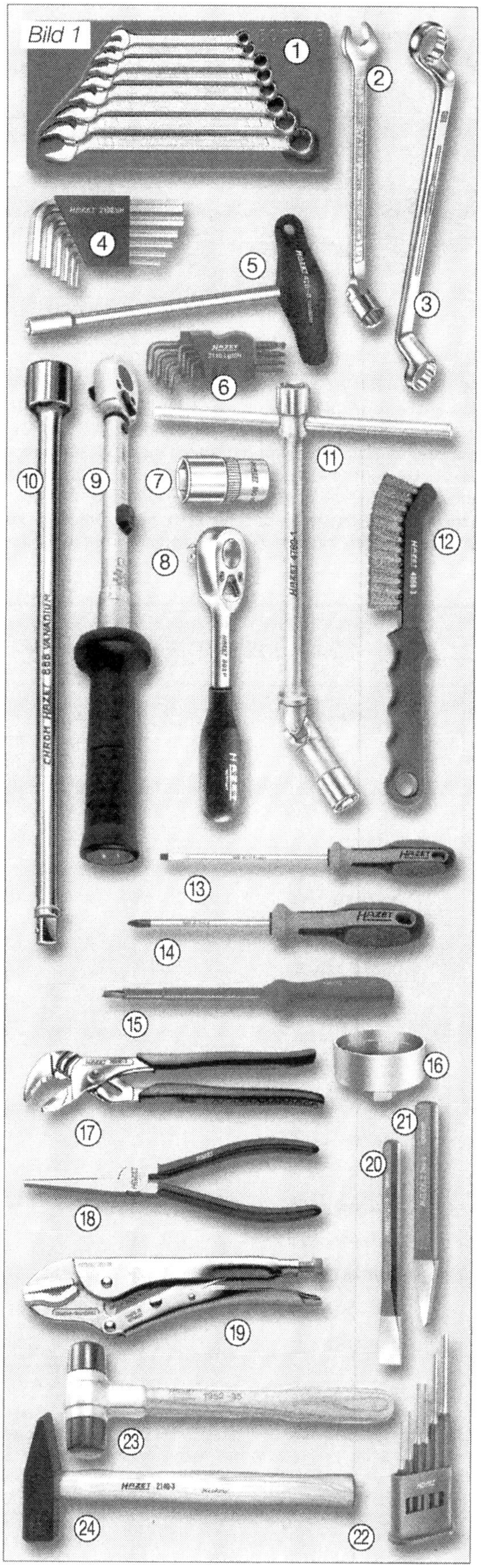

Für die kleine Notreparatur unterwegs wie für alle Wartungs- und Pflegearbeiten zu Hause in der Garage oder (Hobby-)Werkstatt gilt: Mit schlechtem Werkzeug kann man keine guten Arbeiten machen! Beispielhaft für »schlechtes Werkzeug« sind die geplatzte Nuss (Bild 4) und die ausgefranste Bürste (Bild 5).

Merke: Vermurkste Schrauben und Muttern oder gar hässliche Kratzer im Umfeld von Schraubverbindungen, die von abgerutschten, weil nicht passenden Schlüsseln herrühren, sehen schlimm aus. Ganz zu schweigen von den Verletzungen, die ein »Mechaniker« sich beim Schrauben zuziehen kann, wenn er mit schlechtem Werkzeug arbeitet.

Schlüsselweite, Schraubenzieher

Die Sechskantköpfe der meisten serienmäßig verbauten Schrauben sind oben abgerundet und zusätzlich noch schräg angefast (Pfeil in Bild 6), damit bei der Fahrzeugmontage im Werk die Werkzeuge (»Nüsse«) besser über den Kopf rutschen. Um diese Schrauben sicher öffnen und anziehen zu können, braucht man Qualitäts-Sechskantnüsse, die möglichst dicht an allen sechs Kanten des Schraubenkopfes anliegen.

Der Begriff SW ist die Abkürzung für »Schlüsselweite«. SW 12 bedeutet also, dass dieser Schlüssel für einen Schraubenkopf oder eine Mutter mit 12 mm bestimmt ist, gemessen über die Mitte an zwei zueinander parallelen Flächen. M8-Schrauben oder Muttern brauchen einen 12er- oder 13er-Schlüssel; M6 einen 8er- oder 10er-Schlüssel.

Zu dem normgerecht als »Schraubendreher« bezeichneten Werkzeug sagen wir hier in dieser Reparaturanleitung »Schraubenzieher«. Das ist unter Motorradfahrern üblich.

Teilebezeichnungen in Bild 1 links: Satz Ring-Maulschlüssel (1), Maul-Steckschlüssel (2), Doppelringschlüssel (3), Satz Inbusschlüssel (4), Sechskant-Steckschlüssel mit Querknauf (5), Satz Torx-Schlüssel (6), Steckschlüsselnuss mit Innensechskant (7), Umschaltknarre (8), Drehmomentschlüssel (9), Verlängerung (10), Zündkerzenschlüssel (11), Bremssattelbürste mit Messingborsten (12), Schlitz-Schraubenzieher (13), Kreuzschlitz-Schraubenzieher (14), Elektriker-Schraubenzieher (15), Ölfilterschlüssel (16), Universalzange (17), Flachzange (18), Gripzange (19), Flachmeißel (20), Kreuzmeißel (21), Satz Splinttreiber (22), Kunststoffhammer (23), Schlosserhammer (24).

Bordwerkzeug

Das serienmäßige Bordwerkzeug (Bild 7) der Honda CBF 1000 besteht aus einigen Schlüsseln, die nur zur Not taugen. Im Textabsatz »Besseres Bordwerkzeug« auf der nächsten Seite nennen wir Ersatz- und Ergänzungswerkzeuge.

Ob Sie bereit sind, einiges Geld für besseres Bordwerkzeug auszugeben, wissen wir nicht. Doch zwei Dinge sollten Sie immer dabei haben:
1. Flickzeug: Reifen-Flickzeug für Schlauchlosreifen vom Hersteller »TIP TOP« (Bild 8). Damit lässt sich ein Loch im Schlauchlosreifen bis ca. 4 mm Durchmesser unterwegs zur Not reparieren.
2. Reifendruckprüfer: Bitte verwenden Sie KEIN Plastikteil aus dem Baumarkt, sondern ein Präzisionsmessgerät (Bild 9). Das beste Druckmessgerät, das wir kennen und in unserer Werkstatt täglich verwenden, stammt vom deutschen Hersteller Flaig und hat ein stabiles

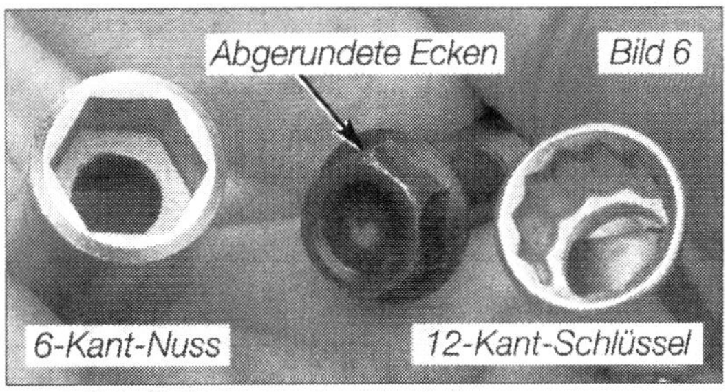

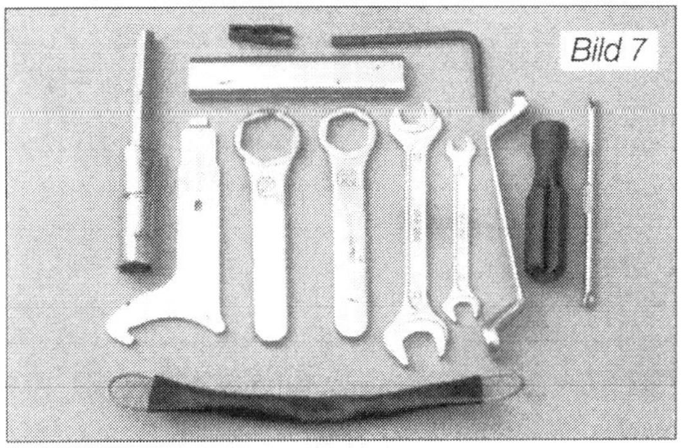

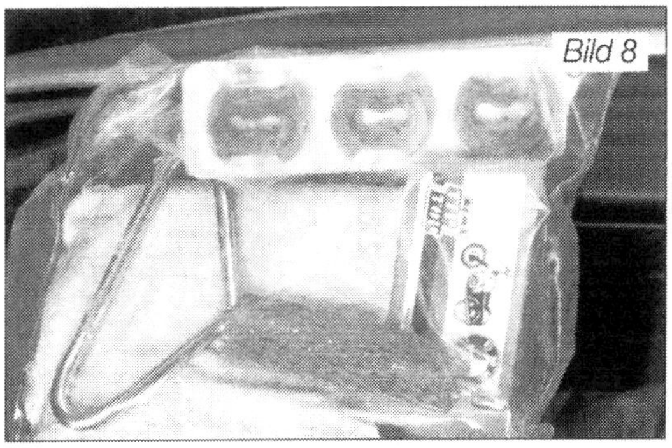

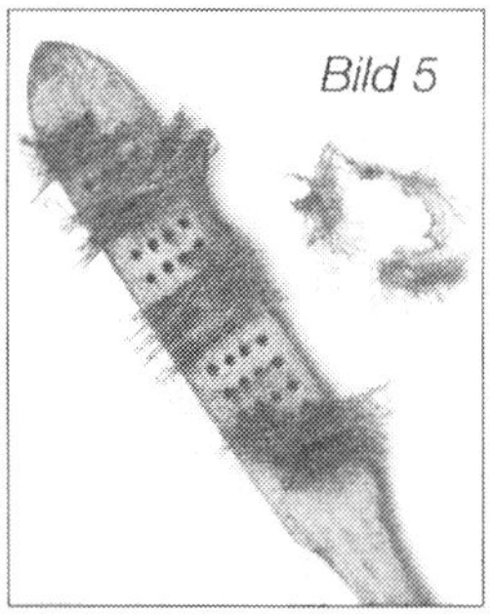

Bilder 4 und 5: Schlechtes Werkzeug aus dem Baumarkt.

Bild 6: Sechskantkopf einer Schraube mit abgerundeten Ecken am besten mit 6-Kant-Nuss bearbeiten, nicht mit 12-Kant-Ringschlüssel.

Bild 7: Serienmäßiges Bordwerkzeug der CBF 1000.

Bild 8: Reifen-Pannenhilfeset zur notdürftigen Reparatur eines Plattfußes.

Bild 9: Flaig-Reifendruckprüfer mit stabilem Alugehäuse.

Bilder 10 und 11: Praktische Front- und Heckständer aus dem Zubehörhandel.

▪ Der Frontständer in Bild 10 mit Gabelfaust-Halterollen ist sehr preiswert.

▪ Der Heckständer in Bild 11 hat L-Winkelaufnahmen, die an den Unterseiten der Vierkant-Schwingarme angesetzt werden.

***Preis-Tipp:** Für den Hausgebrauch genügt ein Ständer, denn die verschiedenen Aufnahmen für Telegabel und Schwinge können einfach ausgetauscht werden!*

Bild 12: Dieser Profi-Frontständer greift von unten ins Lenkschaftrohr und ist zum Ausbau der Gabelbeine nötig.

Alu-Gehäuse. Erhältlich ist es in gut sortierten Motorrad- und Zubehörläden sowie bei vielen Motorradhändlern.

Besseres Bordwerkzeug

Das Bordwerkzeug ist, in einer kleinen Tasche verpackt, in einem Fach unter dem Soziussitz untergebracht. Zusätzliches Werkzeug in Lappen einwickeln und im Fach unter dem Sitz verstauen; es ist genug Platz. Wir empfehlen für die CBF 1000:

- Sechskantnuss SW 19 für Vorder- und Hinterachsmutter; dazu Knebel (Querknauf) und Gabelschlüssel SW 14 für die Sechskantköpfe der Radachsen, damit bei einem Plattfuß unterwegs die Räder fachgerecht aus- und eingebaut werden können.
- Schlanke Maul-Steckschlüssel SW 8, 10, 12, 14 und 17
- Inbusschlüssel von 3 mm bis 6 mm mit Kugelsechskant auf der langen Seite
- Schraubenzieher mit Flach- und Kreuzschlitzklinge 5 mm und Elektriker-Schraubenzieher
- Kombizange
- Rolle Klebeband: Nehmen Sie unbedingt Qualitäts-Gewebeband (z. B. von Tesa), KEIN durchsichtiger Büro-Tesafilm oder gar von dem braunen Karton-Packband!

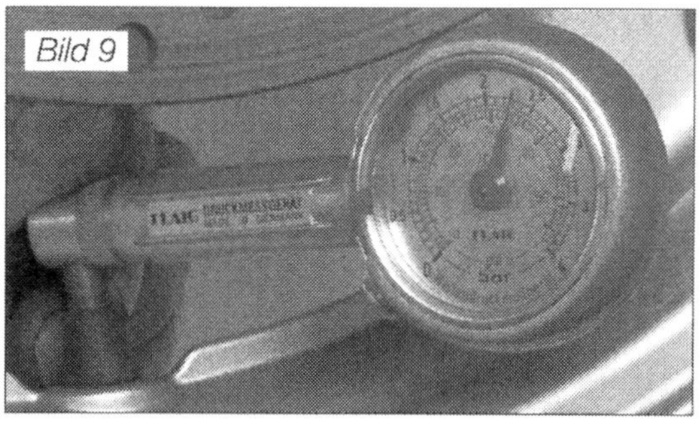

Bild 9

Bild 10

Bild 11

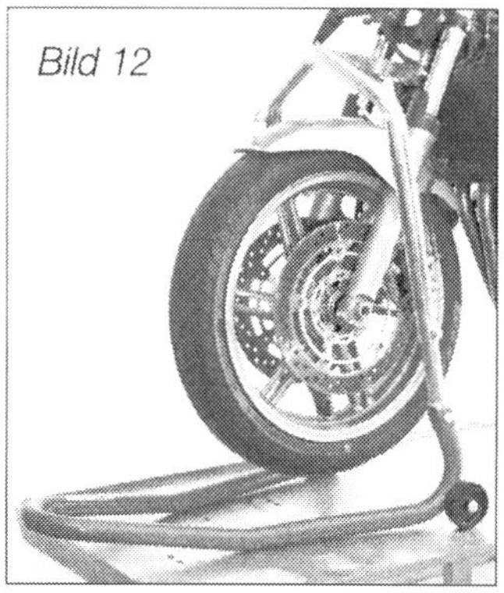

Bild 12

Bordwerkzeug für die lange Reise

Je nachdem wie alt die CBF 1000 ist und in welchem technischen Pflegezustand sie sich befindet, muss man für eine lange Reise das »bessere Bordwerkzeug« um nachfolgende Teile erweitern, damit eine Panne selbst in einem dünn besiedelten Gebiet ordentlich beschraubt werden kann.

- Prüflampe oder kleines Multimeter
- kleiner Schlosserhammer (100 Gramm)
- zwei Reifenmontierhebel
- Wasserpumpenzange
- Rätschenkasten mit 1/4-Zoll-Antrieb: Darin sind so viele Bits und Nüsse enthalten, dass man alle Schraubverbindungen am Fahrzeug bearbeiten kann.
- Tube benzin- und ölfestes Silikondichtmittel
- kleine Drahtbürste
- Dose Ölspray (WD-40)
- einige mitteldicke Kabelbinder und eine Rolle Gewebe-Klebeband, damit können z. B. zerstürzte Verkleidungsteile prima geflickt werden
- Schmutzlappen, eventuell noch ein paar Arbeitshandschuhe

Aufbockhilfen

Die CBF 1000 mit ABS wird mit Hauptständer ausgeliefert; die »normale« CBF 1000 ohne ABS dagegen nur mit dem Seitenständer, also ohne Mittelständer. Honda-Händler bieten auch für dieses Modell den Mittelständer an. Wer keinen Mittelständer an seiner CBF 1000 hat, wird diesen schon beim Schmieren und Spannen der Kette vermissen; erst recht benötigt wird er beim Aus- und Einbau der Räder. Im Motorrad-Zubehörhandel gibt es preiswerte, praktische Schnellständer für Front und Heck, mit denen die Maschine vorne oder hinten aufgebockt wird (Bilder 10 und 11). Der in Bild 12 gezeigte Frontständer wird unten ins Lenkkopfrohr eingesetzt.

Werkzeug für die Hobbywerkstatt

Wenn die Honda CBF 1000 nur als »ab-und-zu-Hobbymotorrad« benutzt wird, dann lohnt es sich sicherlich nicht, über das »erweiterte Bordwerkzeug« hinaus eine Menge Geld für gute Werkzeugteile zu investieren. Dagegen schrauben Vielfahrer und »echte« Motorradfreaks jedoch gerne und viel – und deswegen zeigen wir nachstehend, was wir an Werkzeug empfehlen für eine Hobby-Motorradwerkstatt, in der solche Arbeiten und Reparaturen durchgeführt werden können, die über die Behebung einer Panne am Straßenrand hinausgehen: Denn schon beim Aus- und Einbau der Räder ist ein Drehmomentschlüssel nötig, weil Achsmuttern und Bremssattel-Befestigungsschrauben mit exaktem Anziehdrehmoment festgezogen werden müssen.

Als Basisausstattung für die Hobbywerkstatt empfehlen wir:
Zwei Drehmomentschlüssel: Einen großen mit Einstellbereich 40 bis 200 Nm und einen kleinen mit 5 bis 40 Nm. Diese werden zum Beispiel beim Aus- und Einbau der Räder benötigt oder auch bei Arbeiten an Kettenritzel und Kettenrad, Lichtmaschinenrotor (»Schwungrad«), Kupplung und beim Fahrwerk bei Gabel, hinterem Federbein und Schwinge.
Ölauffangwanne mit integriertem Öltank für den Ölwechsel
Fächer-Fühlerlehre von 0,05 bis 1,0 mm (boim Ventileinstellen)
Batterieladegerät 12 Volt
Kupferpaste für Auspuffverbindungen
Silikondichtpaste für Gehäusedichtflächen
Flachspitzzange klein und **Seitenschneider**
Messing- und **Stahldrahtbürste**
Schlosserhammer mit 250 Gramm sowie ein rückschlagfreier **Kunststoffhammer**
Satz **Durchschläge**, auch »Splint-Austreiber« genannt
Messschieber mit einem Messbereich von 0 bis 250 oder 0 bis 300 mm
Isolierter **Seitenschneider** (»Elektro-Knipser«)
Digitales **Multimeter** und **Prüflampe**

Und wenn Sie jetzt noch Geld übrig haben, kaufen Sie sich noch Folgendes:
Schlagschrauber, mit dem lassen sich z. B. große, sehr fest angezogene Schrauben und Muttern wie z. B. die der Kupplungsnabe relativ einfach öffnen (Bild 13). Es gibt Druckluft- oder Akku-Schlagschrauber; wir arbeiten in unserer Werkstatt mit einem Druckluft- und dem Akku-Schlagschrauber »Hitachi WR 12DAF«.
Akkubohrmaschine mit einem Bohrersatz von 2 bis 12,5 mm
Druckluft-Kompressor, Druck bis 8 bar, mit Druckluftpistole, Reifenfüllmanometer (Bild 14)
HeliCoil-Gewindereparaturkits M5, M6, M8 und M10 sowie für das Zündkerzengewinde. (Weiter hinten in diesem Kapitel zeigen wir die richtige Anwendung von HeliCoil).
Elektrische **Heizplatte** mit 25 cm Durchmesser oder einen starken Werkstatt-**Heißluftföhn**
Lötkolben mit 150 Watt Leistung
Schleifbock: Er ist in jedem Falle nützlich, und wenn man daran nur ab und zu Bohrer scharf schleift und sich am Funkenflug freut.

Bild 13: Ein Schlagschrauber, hier einer mit Pressluftbetrieb, leistet gute Dienste beim Öffnen von Befestigungsmuttern an der Kupplungsnabe.

Bild 14: Druckluft-Kompressor mit Luftpistole, Reifenfüller und Schlauch.

Werkzeugwagen, Hebebühne

Als Ablage beim Schrauben direkt am Motorrad benutzen wir einen Besteckkasten (Bild 3). Darin lassen sich die momentan benötigten Werkzeuge sowie die abgebauten Kleinteile wunderbar ablegen. Besteckkästen gibt es für kleines Geld in jedem Haushaltswarenladen (z. B. bei IKEA, dort sind sie besonders billig!). Man kann auch (ausgespülte!) Joghurt-Becher sammeln, um darin Muttern, Schrauben und Kleinteile nach Baugruppen geordnet abzulegen.

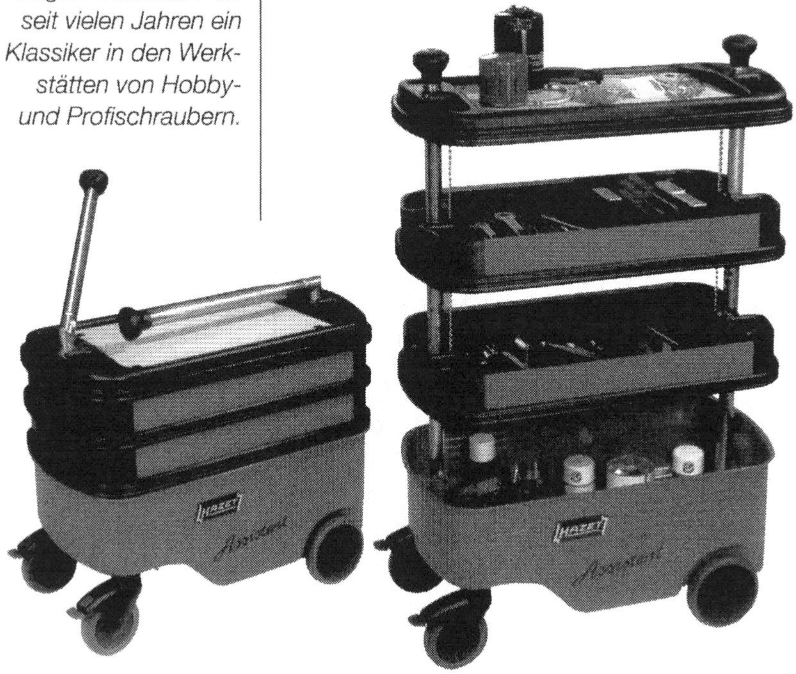

Bild 15: Der fahr- und faltbare Werkstattwagen »Assistent« ist seit vielen Jahren ein Klassiker in den Werkstätten von Hobby- und Profischraubern.

Werkzeug muss nicht nur vorhanden, sondern auch auffindbar sein. Und weil es mit der Ordnung immer so eine Sache ist, empfehlen wir, das am meisten benötigte Werkzeug im fahr- und faltbaren Hazet-Werkzeugwagen »Assistent« aufzubewahren. Dieser ist innen größer, als er von außen aussieht. Das Grundmaß des »Assistent« beträgt 725 mm x 398 mm, aufgezogen ist er etwas mehr als einen Meter hoch, zusammengeschoben kaum noch die Hälfte (Bild 15).

Perfekt ist eine Hebebühne. Sie erleichtert alle Schraubarbeiten am Motorrad, denn man kann die Maschine in die gewünschte Arbeitshöhe bringen, muss sich also nicht bücken. Preiswerte Hebebühnen gibt es in den Shops der Motorrad-Zubehörketten.

Öl und Fett

Öl: Öl ist das wichtigste Werkstatthilfsmittel. Ein stilvolles Ölkännchen (Bild 17) muss auf jede Werkbank, weil ein Tropfen Öl vor der Montage an Schrauben und Muttern gehört. Natürlich kann man auch Öl-Allzweckspray oder WD-40 verwenden, aber die häufige Benutzung von Spray wird mit der Zeit richtig teuer.

In das Ölkännchen gehört gutes Qualitätsöl. Also eine weitere Warnung vor dem Baumarkt: Dort kein »prima Ölkännchen mit 150 ml Allzwecköl für nur 1,95 Euro« kaufen, das ist viel zu teuer für diesen Schmierfusel. Besser ist es z. B., die letzten Reste aus Motoröldosen oder -flaschen zu sammeln, indem man die Ölflasche zum Austropfen kopfüber in einen Becher stellt (Bild 16) und so »Tropföl« sammelt. Das ist nun beileibe kein übertriebener Geiz, aber warum die scheinbar leere Öldose wegwerfen, wenn sich noch ein paar Kubikzentimeter gutes (und teueres!) Motoröl darin befinden?

Bild 16

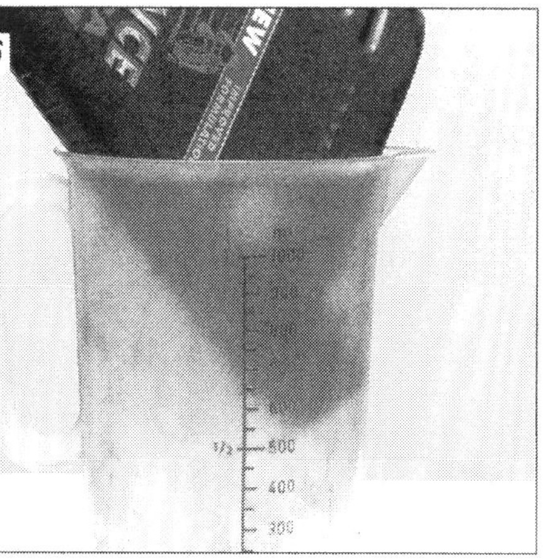

Bild 17

Bilder 16 und 17: Aus scheinbar leeren Öldosen kommt immer noch so viel Öl heraus, dass es als Tropföl im stilvollen Ölkännchen zum täglichen Hilfsmittel wird.

Fett: Schmierfett ist neben Öl ein weiteres wichtiges Grundhilfsmittel in der Motorradwerkstatt. Motorrad-Schmierfett sollte möglichst (Salz-) wasserresistent sein. Wir brauchen in unserer Hobbywerkstatt zwei Fettarten (Bild 18):

- **»Schweres Wälzlagerfett«** ist für langsam drehende Bauteile wie Lenkkopf- und Schwingenlager, Gelenkbolzen von Fußrasten, Schalt- und

Bremshebel. Man spürt beim Reiben zwischen den Fingern, dass das schwere Fett steifer ist als leichtes Wälzlagerfett. Deswegen ist es nicht für Schnelldrehbauteile wie Radlager geeignet, hält aber viel höhere Drücke aus.

■ **»Leichtes Wälzlagerfett«** schmiert man in schnell drehende Bauteile, wie Radlager oder die Radlager-Simmerringe beim Radeinbau. Wie die Bezeichnung »leicht« schon sagt, ist das Fett »leicht« und damit besonders geschmeidig. Wenn man es zwischen den Fingern verreibt, wird es extrem glitischig. Man spürt während des Reibens quasi den Schmierfilm, und danach lässt sich das Fett kaum von der Haut abwaschen.

Mehr zur richtigen Verwendung von Öl und Fett weiter hinten im Kapitelabsatz »Richtig schrauben«.

Werkstatthilfsmittel

Die meisten Werkstatthilfsmittel (Bild 19) werden vom Chemiegiganten Henkel hergestellt, wie z. B. flüssige Schraubensicherungen (»**Loctite**«) und Dichtmittel. Im Internet unter *www.loctite.de* findet man Loctite-Produktbeschreibungen und kann sich über deren Anwendung informieren. Honda-Händler sind in der Regel gut sortiert und haben Werkstatthilfsmittel auf Lager.

Man sollte die oben schon besprochenen beiden Fette haben sowie Kontaktspray, Molykote 111 (Silikonfett), Dichtmittel 3-Bond (Flächendichtmittel), Loctite 577 (Gewindedichtmittel) Loctite 243 (Schraubensicherung »mittelfest«), Loctite 2701 (Schraubensicherung »hochfest«) und Bremsenreiniger.

Spezialwerkzeug

Für einige Arbeiten an Fahrwerk und Antrieb werden Spezialwerkzeuge benötigt. Man kann diese beim Honda-Händler kaufen, aber sie sind teuer. Auf die verschiedenen Spezialwerkzeuge sowie einfache Alternativen dazu gehen wir in den entsprechenden Kapiteln ein.

Hakenschlüssel (Bild 20): Wird benötigt zur Einstellung der Lenklagerung. Kaufen Sie bitte einen exakt auf die Nutmuttern passenden Schlüssel – Hakenschlüssel sind nicht teuer, sie gehören zur Werkzeug-Grundausstattung.

Kupplungsnabenhalter (Bild 21): Wird benötigt zum Halten der Kupplungsnabe, wenn die Zentralmutter gelöst oder festgezogen werden muss.

Rotorhalter (Bild 22): Wird benötigt zum Halten des Lichtmaschinenrotors, wenn die Zentralschraube gelöst oder festgezogen werden muss.

■ Wenn der Rotorhalter zum Kauf zu teuer ist:

Schweres Fett ist für langsam drehende Lager und Bauteile, wie z. B. Lenkkopf- und Schwingenlager. *Bild 18*

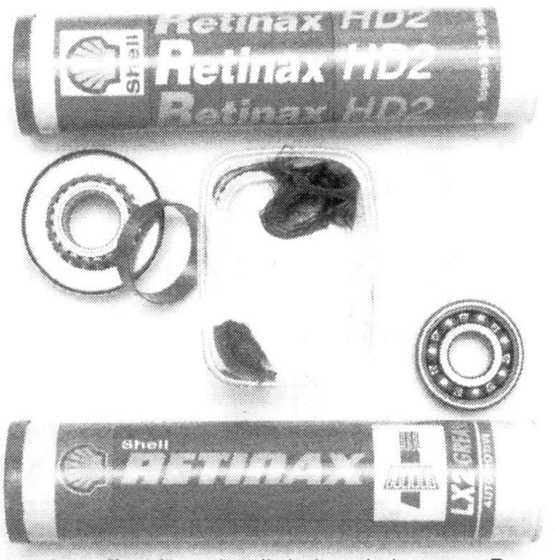

Leichtes Fett für schnell drehende Lager, z. B. Radlager, und zum Schmieren von Simmerringen.

Bild 18: Schweres und leichtes Fett sind für das richtige Schmieren der entsprechenden Bauteile wichtig.

Bild 19: Wichtige Werkstatthilfsmittel wie Bremsenreiniger (1), Kältespray zum Einbau von Lagern (2), Kontaktspray für Elektrostecker (3), Lagerfett (4), Loctite-Schraubensicherung »mittelfest« (5) und »hochfest« (6), Chrom-Politurpaste (7), Dichtmasse für Gehäusedeckel (8), Molykotefett (9).

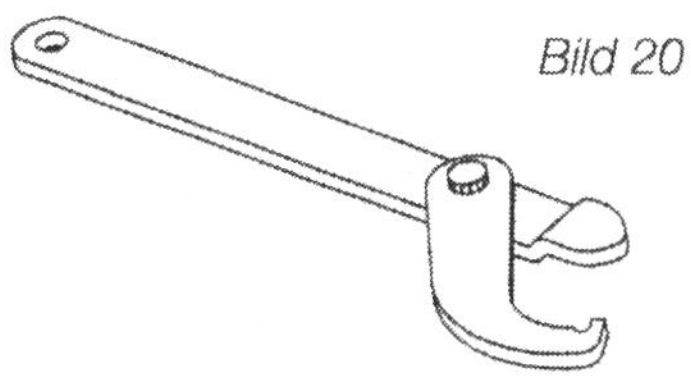

Bild 20

Verstellbarer Hakenschlüssel

Bild 21

Kupplungsnabenhalter

Mit dem schon erwähnten Akku-Schlagschrauber kann man die Verschraubungen von Lichtmaschine und Kupplungsnabe öffnen, ohne mit einem weiteren Werkzeug gegenzuhalten!

Limarotor-Abzieher (Bild 23): Wird zwingend benötigt zur Demontage des Lichtmaschinenrotors, denn ohne einen solchen speziellen Abzieher lässt sich der Rotor nicht vom Kurbelwellenstumpf abziehen!

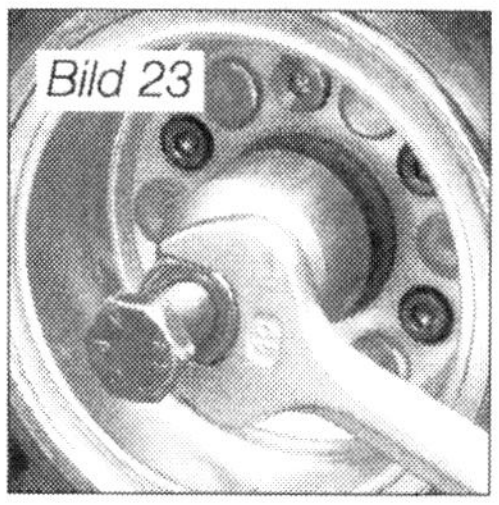

Bild 22: Bei Verwendung eines solchen Rotorhalters die Gewindespindel nicht zu stark festziehen, sonst besteht die Gefahr, dass der Läufer zerdrückt und damit unrund wird. Die Rotor-Befestigungsschraube wird sinnvollerweise mit einem Schlagschrauber geöffnet.

Bild 23: Rotorabzieher.

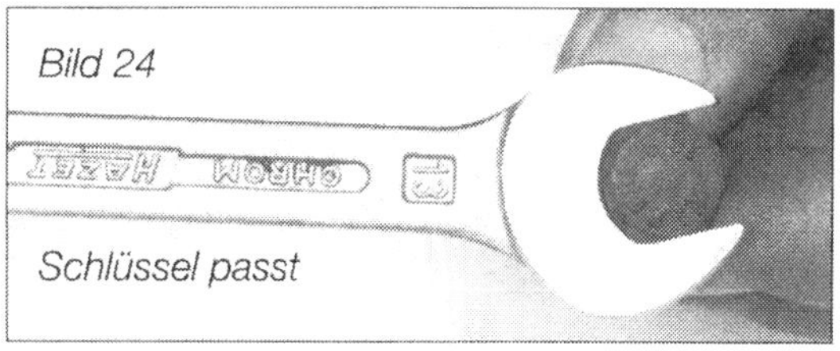

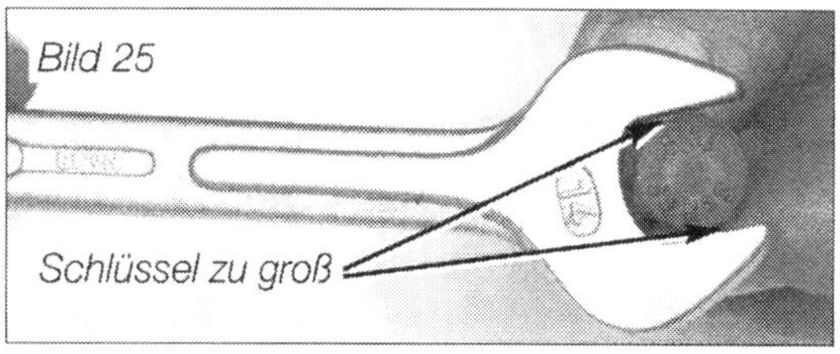

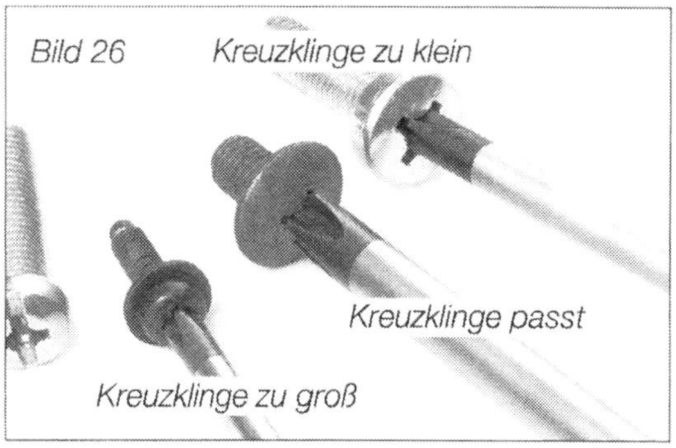

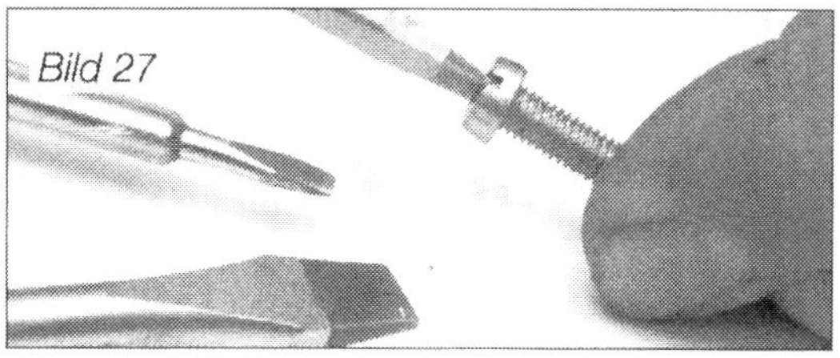

Bilder 24 bis 27: Immer passendes Werkzeug verwenden. Ein zu großer Schlüssel vermurkst beim ersten Ansatz den Schraubenkopf, ein zu kleiner Schraubenzieher rutscht durch, ein zu großer versaut den Schlitz im Schraubenkopf.

Gewindeschneider-Satz: Im Kapitelabsatz »Gewinde reparieren« zeigen wir den Umgang mit dem Gewinde-Reparaturmittel »HeliCoil«. Unter die Rubrik »Spezialwerkzeug« fällt auch ein kompletter Satz Gewinde-Schneid- und Bohrwerkzeuge. Damit lassen sich Außen- wie Innengewinde anfertigen oder nachschneiden, wenn z. B. Reste von Loctite daran hängen, Farbe oder Rost.

Kühler- und Verschlussdeckel-Prüfgerät: Wird benötigt zum Prüfen des Kühlerverschlussdeckel-Öffnungsdrucks und zum »Abdrücken« des kompletten Kühlsystems bei einer Prüfung auf Lecks.

■ Wenn zu teuer: Mit dem Deckel zum Honda-Händler gehen und dort prüfen lassen.

Lagereintreiber: Wird benötigt zum Einbau von Lagern. Wenn der Lagereintreiber zum Kauf zu teuer ist: Man kann sich auch mit passenden Nüssen helfen (siehe dazu auch Kapitel 8 »Räder« und den Absatz »Radlager wechseln«).

Gabeldichtring-Treiber mit Treibhülse: Wird benötigt zum Einbau von Gleitbuchsen, Dichtringen (»Gabelsimmerringen«) und Staubmanschetten, wozu das Gabelbein zerlegt werden muss.

■ Wenn der Gabeldichtringtreiber zum Kauf zu teuer ist: Man kann sich ein solches Einbauwerkzeug selbst machen, braucht dazu allerdings mechanische Erfahrung und eine Drehbank. Im Kapitel 13 »Telegabel« gehen wir darauf ein.

Richtig schrauben

Gut schrauben zu können ist keine angeborene Gottesgabe, sondern eine Sache der realen Einschätzung: Was habe ich bisher gelernt, kann ich schon, traue ich mir zu, kann ich noch lernen? Und: Von was lasse ich die Finger weg, weil mein Wissens- und Könnenstand sowie der eigene Werkzeugbestand nicht ausreichend genug sind? Das Wissen um die eigenen Fähigkeiten ist die beste Voraussetzung, um ein guter Schrauber zu sein – oder zu werden.

Ordnung halten in der Bude!

Wer Ordnung hält, ist nur zu faul zum Suchen. Eine blödere Ausrede als diese gibt es nicht, wenn man in eine Garage oder Hobbywerkstatt kommt, wo sich alte Dichtungen und Ölfilter auf gebrauchten Reifen stapeln, leere Bierflaschen und Pizzapappen vor sich hin stinken. Ähnlich der Ordnung in der Werkstatt verhält es sich mit der Sauberkeit der Maschine: Bevor man anfängt an irgendeiner Baugruppe zu schrauben, sollte man die Maschine waschen, denn an verdreckten Bauteilen und verschmutzten Schrauben kann man die Werkzeuge nicht sicher ansetzen.

Sicherer Werkzeuggebrauch

Am Anfang dieses Kapitels haben wir es schon gesagt, hier wiederholen wir es: Mit schlechtem Werkzeug kann man keine gute Arbeit machen! Hier ergänzen wir thematisch: Mit gutem Werkzeug muss man auch umgehen können.

Die Bilder 24 bis 27 zeigen, was wir meinen:

- Wenn ein Schraubenkopf oder eine Mutter einen 13er-Schlüssel braucht (Bild 24), dann ist der 14er (Bild 25) das falsche Werkzeug.
- Ein Kreuz- bzw. Schlitz-Schraubenkopf braucht einen passenden Kreuz- oder Schlitz-Schraubenzieher (Bilder 26 und 27). Nicht versuchen, eine Kreuzschlitzschraube mit einem Flachklingen-Schraubenzieher zu öffnen!

Schrauben, Scheiben, Muttern

Stahlschrauben, die in Aluminium wie z. B. Motorgehäuse gedreht werden, müssen mindestens mit der Länge des doppelten Schraubendurchmessers in das Innengewinde eingeschraubt werden (M6 also 12 mm). Noch besser ist der zweieinhalbfache Durchmesser (bei M6 also 15 mm). In Bild 28 sieht man eine zu kurze Schraube, in Bild 29 eine in der richtigen Länge und zwei zu kurze.

Natürlich ist die serienmäßige Schraube immer die beste Schraube, aber manchmal geht halt eine verloren – deswegen nachstehend einige Grundlagen für die Verwendung von nicht serienmäßigen Schrauben.

- Wenn man keine Schrauben in der passenden Länge bekommt und nur solche, die 5 mm zu kurz oder 20 mm zu lang sind, dann lieber die zu langen kaufen und auf passende Länge zurechtsägen. Lohn der (Säge-)Arbeit ist ein nicht ausreißendes Gewinde!
- Wenn Schmutz oder Reste von Schraubenkleber an der Schraube haften, diese mit einer Messingbürste reinigen (Bild 30). KEINE scharfe Stahlbürste verwenden, denn die reißt die Oberflächen des Gewindes auf!
- Bei jeder ausgedrehten Schraube und abgedrehten Mutter vor der Montage das Gewinde begutachten: Bei den in Bild 31 gezeigten Schrauben sind die Gewinde defekt (»überdreht«) und damit sind sie reif für die Mülltonne. Die Begutachtung der Gewinde VOR der Montage ist besonders wichtig bei sicherheitsrelevanten Baugruppen wie Fahrwerk mit Rahmen, Federung, Rädern und Bremsen sowie dem Antrieb.

In Bild 32 sind verschiedene Scheiben und Muttern dargestellt:

Unterlag- oder Wellenscheiben sollen zwischen Stahlmuttern und Aluminium gelegt werden, das verbessert die Flächenpressung und schont das Alu.

Eine **Federscheibe**, auch »Sprengring« genannt, verhindert durch ihre beiden Zacken bis zu einem gewissen Maße das Lösen der Schraube/Mutter. Nur bei Stahl auf Stahl verbauen!

In eine **Stoppmutter** ist ein Sicherungsring aus Kunststoff oder ein mehrteiliges Stahlsegment eingesetzt, der die Mutter auf dem Gewinde der Schraube »verklemmt« und damit sichert. Eine

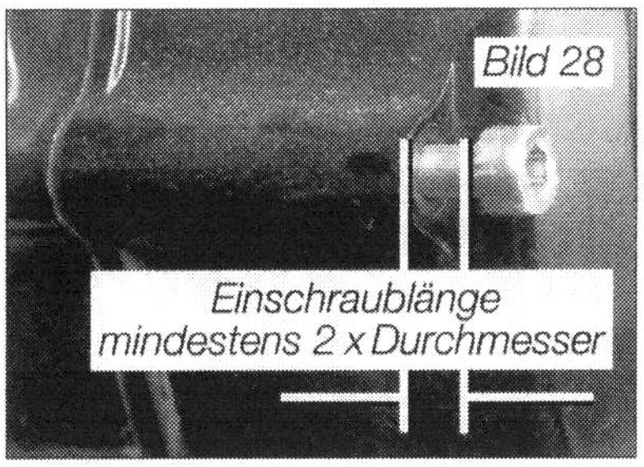

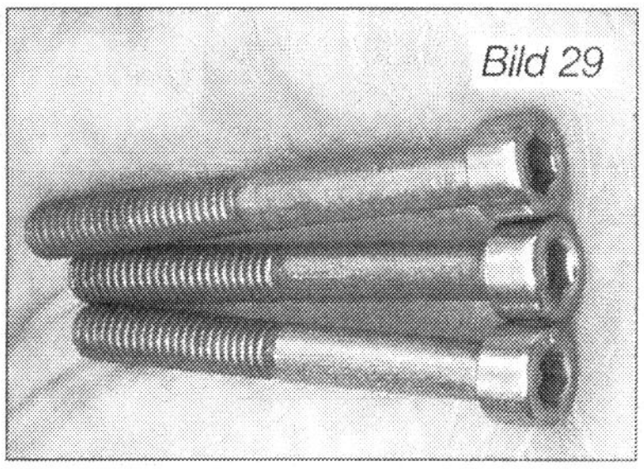

Bilder 28 und 29: Bei Stahlschrauben in Alu auf genügend Einschraublänge achten.

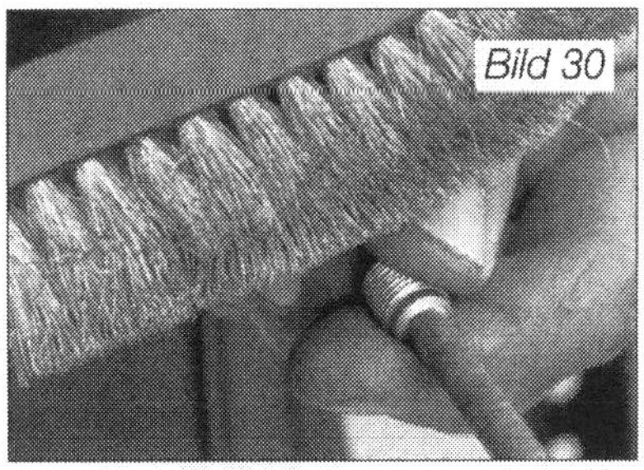

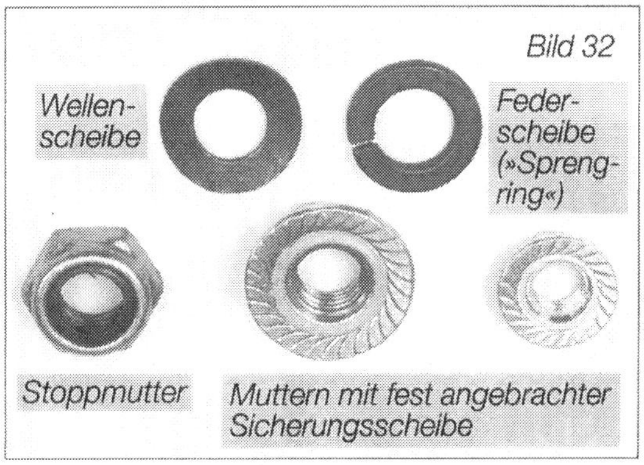

Bild 30: Gewinde immer nur mit einer Messingbürste reinigen.

Bild 31: Defekte Schraubgewinde.

Bild 32: Verschiedene Scheiben und Muttern.

Stoppmutter mit Kunststoff-Sicherungsring soll nur einmal, höchstens zweimal verwendet werden; eine Stoppmutter mit mehrteiligem Stahlsegment kann mehrmals verbaut werden.
Eine **Stahlmutter** mit fest angefügter Feinzahnscheibe wird ohne zusätzliche Unterlegscheibe auf Alu oder Stahl verschraubt. Nach zwei- oder dreimaliger Verwendung ist die Verzahnung »flach« und sichert nicht mehr richtig. Für die Befestigung einer Nummernschildschraube ist eine solche Mutter aber immer noch gut genug!

Fetten, Ölen, Kleben, Sichern

■ Wenn blanke Bauteile miteinander verschraubt werden, die Kontaktflächen beider Teile gut mit etwas Fett einschmieren, dann rosten sie nicht zueinander fest, weil Fett zwischen den Passflächen das Eindringen von Feuchtigkeit verhindert. Dies gilt auch für Alu auf Alu oder Alu auf Stahl, denn ohne schützende Fettschicht dazwischen bildet sich mit der Zeit böse Korrosion!
■ Wenn Schrauben und Muttern verarbeitet werden, immer einen Tropfen Öl auf/in ihre (gereinigten!) Gewinde und Anlageflächen geben.
■ Loctite »mittelfest« hält jede Schraubverbindung zuverlässig zusammen. Bei extrem belasteten Schraubverbindungen, wie z. B. den Befestigungsschrauben der Bremsscheiben, ist Loctite »hochfest« vorgeschrieben. Bei Schrauben einen Tropfen auf (Bild 33), bei Muttern in das Gewinde (Bild 34) geben.
Wichtig: Wenn Loctite ans Gewinde gegeben wird, dieses (und das Gegengewinde auch) von Öl und Fett sorgfältig reinigen, am besten mit Bremsenreiniger.

Farbmarkierung: Profis zeichnen jede Schraube/Mutter, die sie mit dem vorgeschriebenen Drehmoment angezogen haben, mit einer Farbmarkierung (Bild 35). Sollte sich eine Schraubverbindung wider Erwarten öffnen, sieht man das an den zueinander verdrehten Farbstrichen!

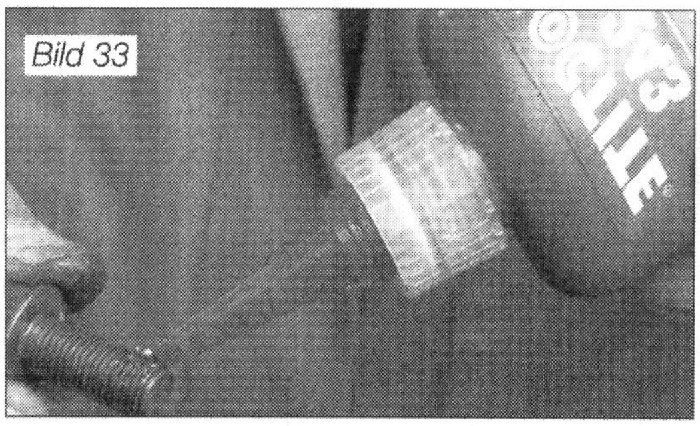
Bild 33

Bilder 33 und 34: Zur Gewindesicherung einen Tropfen Loctite auf die Schraube bzw. in die Mutter geben.

Bild 35: Farbmarkierung zur Sichtprüfung.

Anziehdrehmomente

Um eine notwendige Verbindungs-Haltekraft ausüben zu können, muss eine Schraube (Mutter) in dem ihr zugeordneten Innengewinde (Außengewinde) mit einem bestimmten Anziehdrehmoment festgezogen werden. Nur damit ist garantiert, dass die durch die Schraube (Mutter) zueinander verspannten Bauteile ausreichend fest sind und sich die Schraubverbindung nicht von alleine löst (z. B. durch Vibrationen).

■ Werden Schrauben/Muttern zu leicht angezogen, besteht die Gefahr, dass sich die Schraubverbindung lockert.
■ Werden Schrauben/Muttern zu fest angezogen, werden ihre Gegengewinde »weich«, reißen bzw. brechen dabei aber (noch) nicht, die Schraubverbindung erscheint »gefühlt fest«. Später lockert sie sich und fällt ab.

In den einzelnen Kapiteln nennen wir bei den Arbeitsschritten der zu bearbeitenden Bauteile die Anziehdrehmomente. Im Kapitel 33 »Anziehdrehmomente« sind alle von Honda vorgeschriebenen Anziehdrehmomente aufgelistet.

Seegerringe

Zum Aus- und Einbau von Seegerringen werden spezielle Zangen benötigt: Innenseegerringe werden zusammengedrückt (Zange Bild 36) und ausgezogen, Außenseegerringe auseinandergezogen (Zange Bild 37) und abgezogen. Ausgebaute Seegerringe sollen durch Neuteile ersetzt werden. Ausnahme: Wenn man den Seegerring vorsichtig ausbaut und er nicht bleibend verformt ist, kann man ihn noch einmal verwenden.

Beim Einbau muss die scharfe Kante des Seegerrings in Druckrichtung (also quasi »nach außen«) eingebaut werden (Bilder 38 und 39). Auch muss der Seegerring richtig satt in seiner Nut sitzen: Lieber zwei- als nur einmal nachsehen, ob er wirklich richtig sitzt!

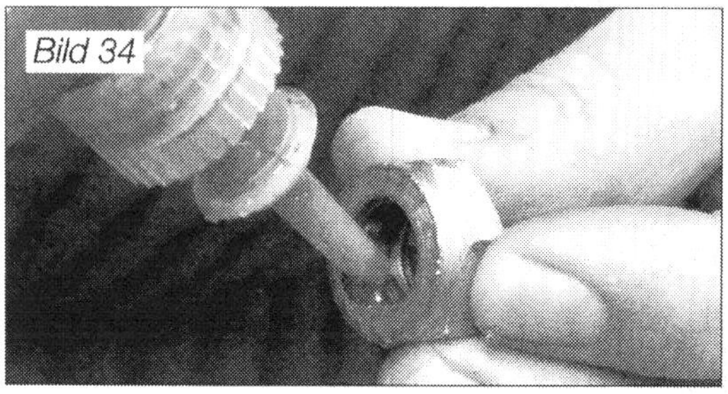
Bild 34

Bild 35

Simmerringe

Simmerringe, auch »Wellendichtring« genannt, dichten drehende (Radlager) oder zueinander gleitende Bauteile (Gabelbeine) zu den stehenden Teilen nach außen und/oder innen ab. Simmerringe müssen mit der Aufschrift nach außen eingebaut werden, egal wie der Simmerring geformt ist!

Wichtig beim Einbau (Bild 40):

- Einmal ausgebaute Simmerringe nicht mehr einbauen, also immer Neuteile verwenden.
- Simmerring mit leichtem Wälzlagerfett einfetten (Bilder 40a und 40c), niemals »trocken« über die Welle schieben oder in seinen Sitz einpressen!
- Die dünne Spannfeder (Bild 40b) im Simmerring muss vorhanden sein – sie keinesfalls entfernen in dem Glauben, dass dann die Welle (oder das Rad) leichter läuft!

Flächendichtmittel

Spezielle Kraftfahrzeug-Silikondichtmasse, öl- und fettverträglich mit einer Temperaturbeständigkeit von −40 °C bis 250 °C wird benötigt, wenn Bauteil auf Bauteil ohne zwischengelegte Papierdichtung verbaut wird.

Mit Silikondichtmasse kann man eine normalerweise eingebaute (und vorgeschriebene!) Papierdichtung ersetzen, wenn keine neue zur Hand ist (z. B. bei Nachtarbeit, wie das bei Hobby-Motorradschraubern üblich ist).

Bei Silikondichtmasse beachten:

- Bei einer *neuen* Papierdichtung keine zusätzliche Silikondichtmasse verwenden.
- Wenn eine *gebrauchte*, ausgehärtete Papierdichtung verwendet werden muss, beide Seiten dieser Dichtung leicht und gleichmäßig mit Silikondichtmasse einschmieren (Bild 41).
- Vor dem Zusammenfügen der Bauteile die Silikondichtmasse ca. 10 Minuten »ablüften« lassen.

Bei der CBF 1000 kann der Gebauch von Dichtmasse nötig werden, wenn man unterwegs einen Kupplungsschaden hat, den Kupplungsdeckel abbauen muss und sich beim Zusammenbau herausstellt, dass die Dichtung unterm Kupplungsdeckel zerrissen ist (siehe dazu auch Kapitel 27 »Kupplung«). Auch wenn die Dichtung zwar ganz, aber schon stark ausgehärtet ist, kann man sich mit beidseitig dünn aufgebrachter Silikondichtmasse helfen.

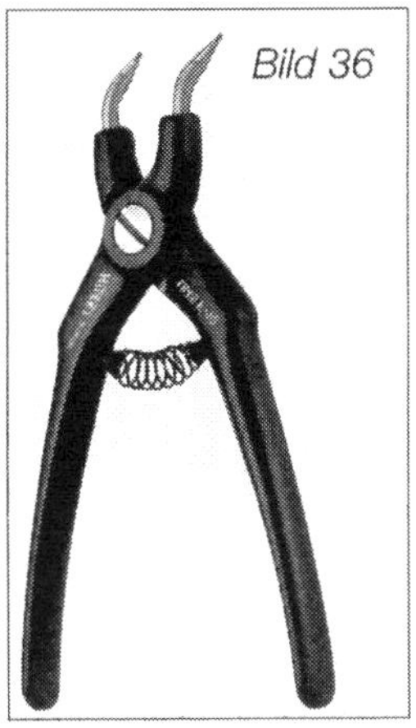

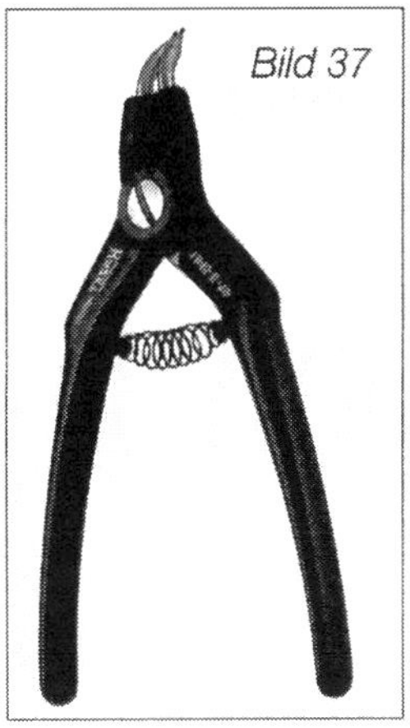

Bilder 36 bis 39: Im Lauftext sind die zu den Bildern gehörenden Arbeitsschritte nummeriert beschrieben.

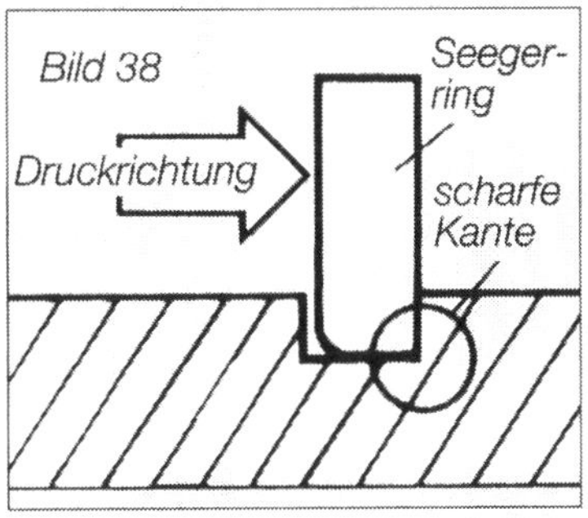

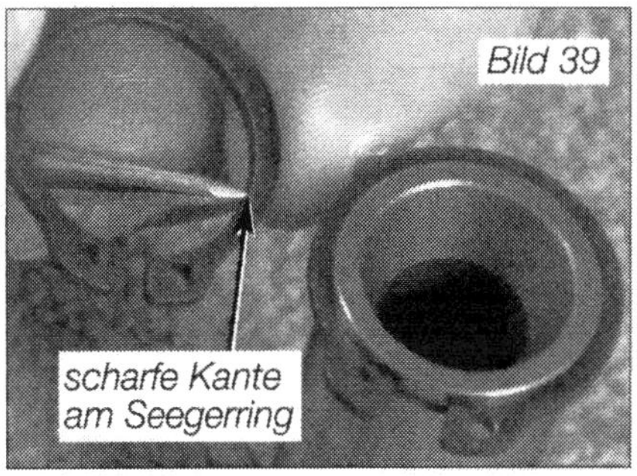

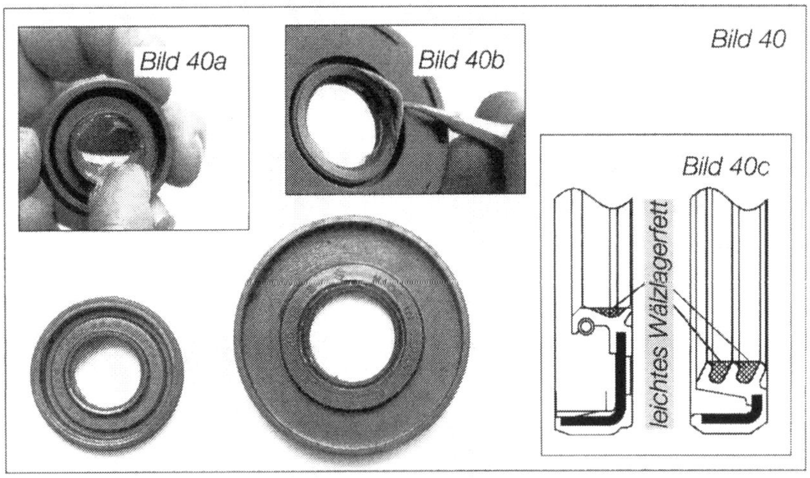

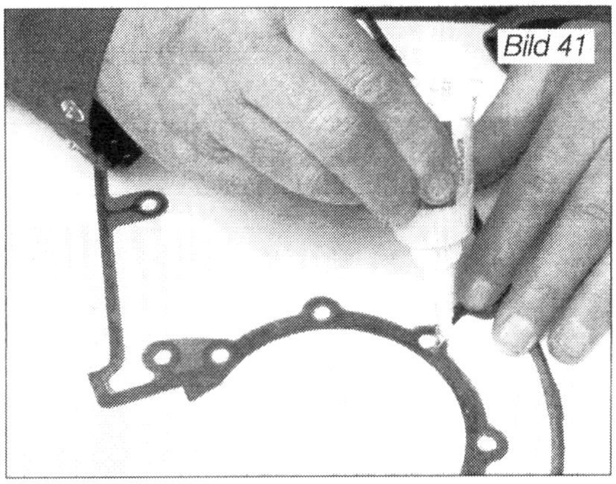

Bild 40: Simmerringe mit der Aufschrift nach außen einbauen. Vor Zusammenbau mit leichtem Wälzlagerfett einschmieren (Bilder 40a und 40c).

Bild 41: Silikondichtmittel verwenden, wenn eine Papierdichtung ein weiteres Mal eingebaut wird.

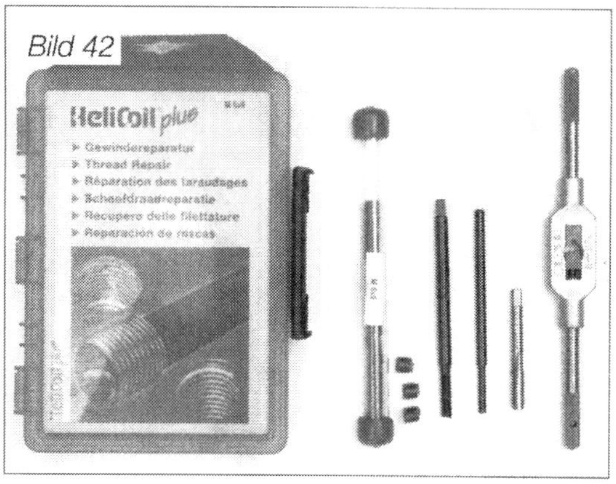

Bild 42

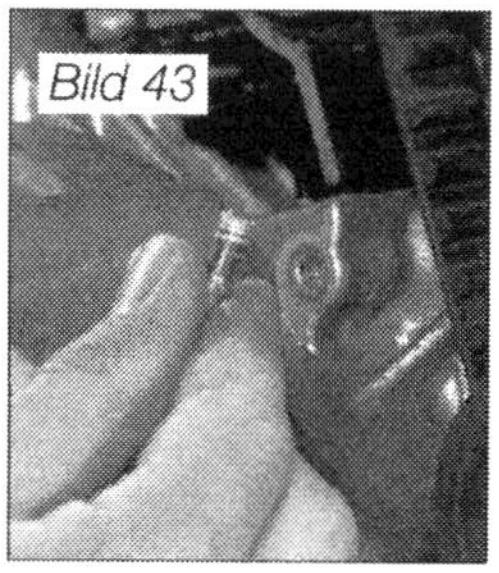
Bild 43

Bild 44

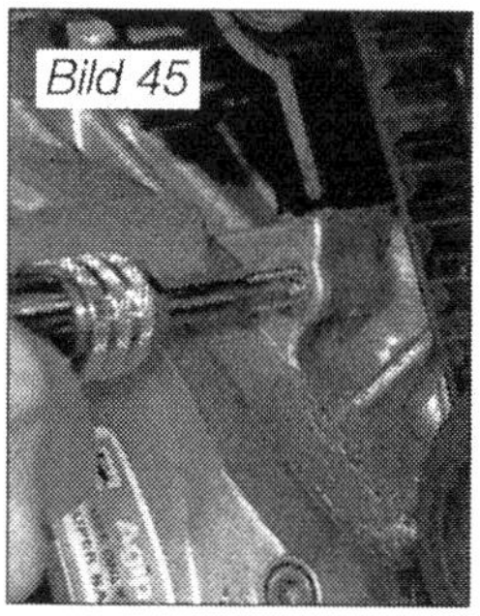
Bild 45

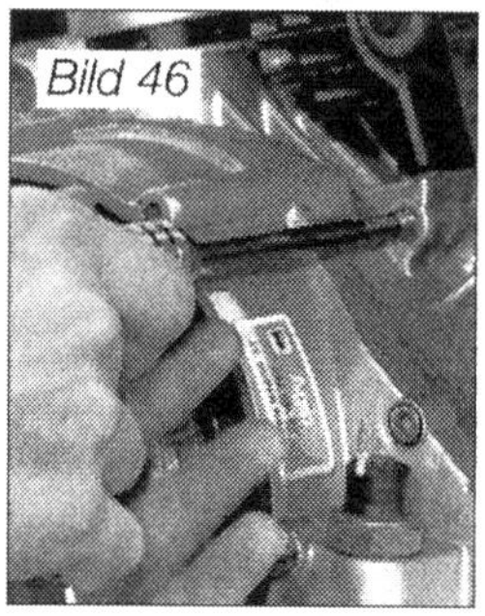
Bild 46

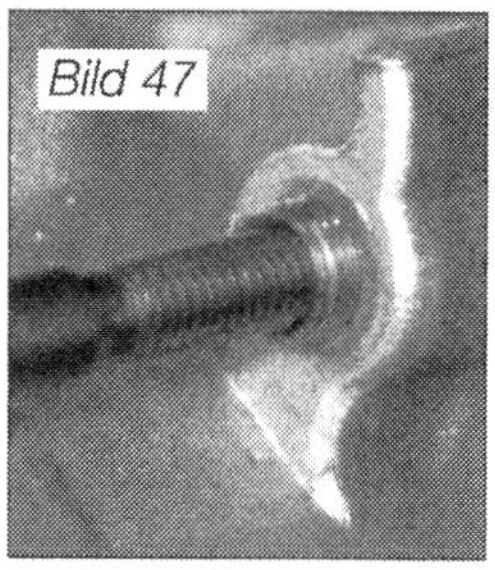
Bild 47

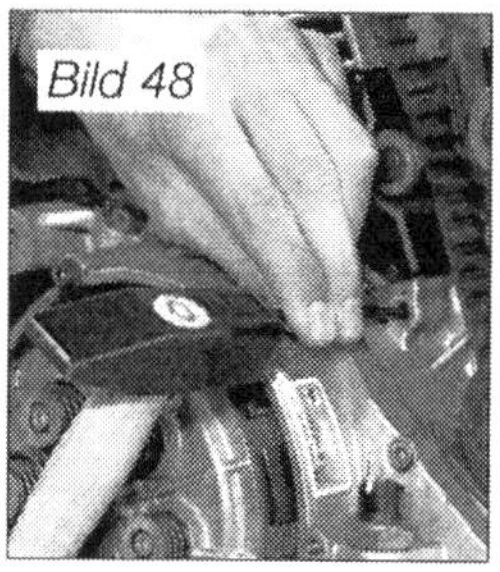
Bild 48

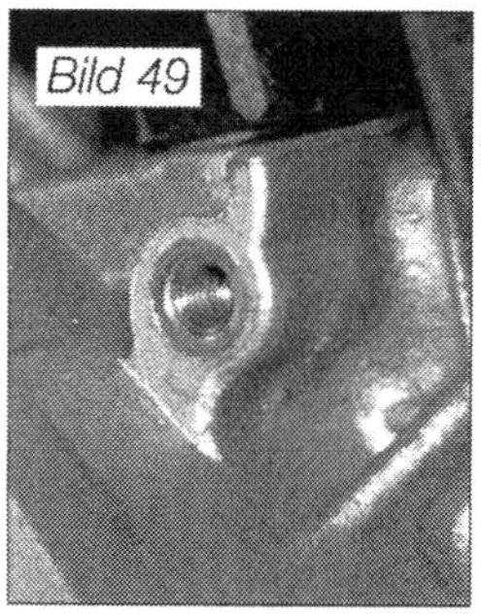
Bild 49

Bild 50

Bilder 42 bis 50:

■ *42: Kompletter HeliCoil-Reparaturkit.*

■ *43: Defektes Gewinde, überdrehte Schraube.*

■ *44: Schraubenreste ausbohren, sauberes Kernloch erzeugen.*

■ *45: Neues Aufnahmegewinde für den HeliCoil-Gewindeeinsatz schneiden.*

■ *46 und 47: HeliCoil-Gewindeeinsatz mit der Einbauspindel montieren.*

■ *48: Zapfen brechen und entfernen.*

■ *49: Perfekt ist das neue Gewinde mit HeliCoil-Gewindeeinsatz.*

■ *50: Schraube eindrehen und anziehen, fertig!*

Gewindereparatur mit Heli-Coil

Speziell an älteren Motorrädern sind oft Gewinde beschädigt oder zerstört, weil häufiges Lösen und Anziehen zu Verschleiß oder Zerstörung des Gewindes geführt haben. Es kann auch sein, dass Schrauben oder Muttern mit zu großen Anziehdrehmomenten angezogen wurden und deswegen das Gewinde »ausgerissen« ist. Es kann auch durch Korrosion (»Rost«) zwischen Schraube und Bauteilwerkstoff zum »Festbacken der Schraube« gekommen sein, und beim Versuch die Schraube zu lösen, wird das Mutterngewinde zerstört.

Zerstörte Gewinde können mit geringem Aufwand und Kosten einfach und zuverlässig repariert werden, indem das defekte Innengewinde ausgebohrt und ein aus gewickeltem Draht bestehender Gewindeeinsatz eingedreht wird: »HeliCoil« nennt sich dieses Reparaturverfahren, das von der Firma Böllhoff Verbindungstechnik GmbH in Bielefeld hergestellt und weltweit vertrieben wird (*www.helicoil.de*).

HeliCoil bietet so genannte »Repairkits« in den Abmessungen von M2 bis M36 an. Ein HeliCoil-Repairkit (Bild 42) kostet ca. 40 Euro, ist im Fachhandel erhältlich und enthält:
- Kernlochbohrer mit dem Kernloch-Gewindedurchmesser für das neue Gewinde.
- HeliCoil-Gewindebohrer.
- HeliCoil-Einbauwerkzeug, das ist eine Einbau-Gewindespindel mit einem kleinen Ansatz vorne.
- 20 HeliCoil-Drahtgewindeeinsätze aus hoch korrosionsbeständigem Stahl der Legierung 1.4301 (Festigkeit mehr als 1.400 N/mm²).

Gewinde reparieren

Am Beispiel eines ausgerissenen M6-Gewindes in einem Motorblock (Bilder 43 bis 50) erklären wir die Gewindereparatur mit einem HeliCoil-Drahtgewindeeinsatz:

1. Schritt: Wenn der Rest einer abgebrochenen Schraube (Bild 43) im alten Gewinde steckt: Sichtbaren Schraubenrest ankörnen, mit einem scharf geschliffenen Bohrer, der 0,5 mm kleiner ist als der alte Gewinde-Nenndurchmesser (Beispiel M6: Bohrer 5,5 mm), das abgebrochene Gewindestück vorsichtig ausbohren.

2. Schritt: Mit dem im HeliCoil-Repairkit befindlichen Bohrer das beschädigte Gewinde komplett ausbohren (Bild 44). Der Bohrerdurchmesser entspricht dem Kerndurchmesser des neuen Aufnahmegewindes für den HeliCoil plus-Drahtgewindeeinsatz.

3. Schritt: Aufnahmegewinde für den HeliCoil-Drahtgewindeeinsatz mit dem beiliegenden Gewindebohrer schneiden (Bild 45).

Wichtig: Damit keine Späne in Gewindebohrungen hineinfallen, den Gewindebohrer vor dem Gewindeschneiden in Fett eintauchen, dann bleiben die Späne am Gewindebohrer haften.

4. Schritt: Gewinde reinigen, z. B. mit Druckluft ausblasen. ALLE Späne entfernen!

5. Schritt: HeliCoil-Drahtgewindeeinsatz mit der Einbauspindel montieren. Dieses ist sehr einfach, der Drahtgewindeeinsatz wird mit der Spindel wie eine Schraube in das vorbereitete Aufnahmegewinde eingedreht (Bilder 46 und 47).

6. Schritt: Nach der Montage des Drahtgewindeeinsatzes dessen Mitnehmerzapfen abbrechen (Bild 48).

■ Zapfenwerkzeug zuvor in etwas Fett tauchen, ganz in den Drahtgewindeeinsatz einführen, mit einem kleinen Hammer einen leichten Schlag auf das Zapfenwerkzeug geben und den abgebrochenen Mitnehmerzapfen aus dem Drahtgewindeeinsatz entfernen.

Wichtig: Bei der Reparatur von Durchgangsbohrungen muss Obacht gegeben werden, wo der abgebrochene Mitnehmerzapfen hinfällt, damit er z. B. nicht in den Motor zwischen empfindliche Motorenmechaniken gerät!

Eine solche Gewindereparatur ist innerhalb von zehn Minuten ohne Schweißaufwand erledigt. Nach der Reparatur mit HeliCoil ist das Gewinde um ein Vielfaches belastbarer als das Originalgewinde. Das Gewinde wurde nicht etwa »geflickt«, sondern seine Qualität wurde deutlich verbessert: Der HeliCoil-Drahtgewindeeinsatz aus Edelstahl macht das Gewinde verschleißfester und korrosionsbeständiger. Zukünftige Wartungsarbeiten können diesem Gewinde nichts mehr anhaben (Bilder 49 und 50).

Bücher

Titel: Fachkunde Kraftfahrzeugtechnik
ISBN-Nummer: 978-3-8085-2238-7
Preis: 36,70 Euro
www.europa-lehrmittel.de

Wer seine Technikkenntnisse erweitern und vervollständigen möchte, dem sei das Buch »Fachkunde Kraftfahrzeugtechnik« aus dem Europa-Lehrmittel-Verlag ans Herz gelegt. Bei dem 688 Seiten starken Werk handelt es sich zwar um ein Übungsbuch und Nachschlagewerk für Auszubildende des Kfz-Handwerks, dennoch werden auch Laien mit geringen Vorkenntnissen nicht überfordert.

Die Themen reichen von Werkstoffkunde über Elektrotechnik bis hin zur genauen Beschreibung der Baugruppen eines Kraftfahrzeugs. Fotos und Zeichnungen sind farbig, außerdem liegt dem Buch eine CD mit über 2000 Prüfungsfragen bei. »Fachkunde Kraftfahrzeugtechnik« legt zwar den Schwerpunkt auf Automobile, doch die Zweiradtechnik kommt nicht zu kurz.

Titel: Motorradtechnik
Autor: Jürgen Stoffregen
ISBN-Nummer: 978-3-8348-0104-3
Preis: 28,90 Euro
www.vieweg.de

Ein Stück tiefer und vor allem motorradspezifischer als das zuvor beschriebene Buch behandelt Ex-BMW-Pressesprecher Jürgen Stoffregen die Materie. Das mittlerweile schon in sechster Auflage im Vieweg-Verlag erschienene Werk »Motorradtechnik – Grundlagen und Konzepte von Motor, Antrieb und Fahrwerk« umfasst 437 Seiten und bietet 357 Abbildungen und 21 Tabellen und eine CD. Berechnungsformeln bei vielen Kapiteln vervollständigen das Buch, das unter Spezialisten als Referenzwerk gilt. Ein gewisser Grundstock technischer Kenntnisse sollte bei der Lektüre allerdings vorhanden sein.

Bild 51

Bild 52

Bilder 51 und 52: Für spannende und gleichzeitig lehrreiche Leseabende empfehlen wir diese beiden Technikfachbücher ganz besonders.

Pflege

In diesem Kapitel: Waschen · Winterbetrieb · Ölspray, Politur · Schmierstellen · Überwintern · Inbetriebnahme nach der Winterpause.

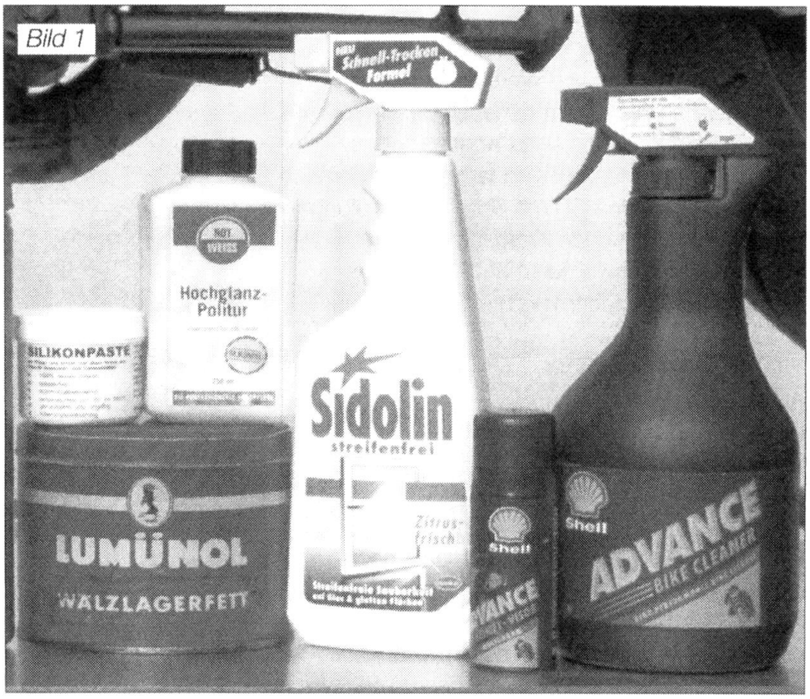

Bild 1

Bild 1: Verschiedene Pflegemittel.

Waschen

Die Honda CBF 1000 soll nur mit milden Waschmitteln und weichen Schwämmen oder Lappen gewaschen werden. Wenn aggressive Reinigungsmittel und harte Bürsten gebraucht werden, wird der Lack auf Verkleidung, Rahmen und Rädern rasch matt und zerkratzt und damit hässlich.

Motorrad nur in kaltem Zustand waschen. Wenn es bei warmem Motor oder in direkter Sommer-Sonneneinstrahlung gewaschen wird, verdunstet das Waschwasser zu schnell und die Waschmittelzusätze brennen sich in die heißen Oberflächen von Motor, Auspuffkrümmer und Auspufftopf regelrecht ein. Solche Flecken wieder zu entfernen ist recht mühselig.

Ein großer Eimer warmes Wasser mit einem Schuss mildem Reinigungsmittel und ein weicher Schwamm genügen für die kleine wie die große Wäsche. Danach braucht man noch zwei Eimer voll klares Wasser zur Nachwäsche (bzw. Wasser aus dem Gartenschlauch).

Die in Motorrad- und Zubehör-Fachgeschäften angebotenen speziellen Motorradreiniger sind zu

Sicherheitshinweise ⚠ Achtung und ☞ Tipps für dieses Kapitel

⚠ Motorrad NIEmals mit einem Dampfstrahler reinigen! Heißer Dampf und aggressive Reinigungsmittel dringen überall ein, wo sie nicht sollen: Hebelgelenke, Bowdenzüge, elektrische Steckkontakte, Schalter, Radlager, Gehäuseteile und Bremssättel. Dort richten Wasser und Reinigungsmittel große Schäden an!

☞ Motorrad immer von oben nach unten waschen, die weniger verschmutzten Teile zuerst. Wasch- und Klarspülwasser möglichst fern halten von elektrischen Anschlüssen, Schaltern, Steckern und Bowdenzügen.

⚠ Nach dem Waschen besonders Reifen und Bremsscheiben mit reichlich klarem Wasser abspülen, damit glitschige Rückstände abgespült werden. Denn rutschige Reifen sind gefährlich und ein Waschmittel-Schmierfilm auf Bremsscheiben ist kontraproduktiv zur gewohnt guten Bremsleistung.

⚠ Schmieren Sie niemals die Gaszüge mit Kettenspray oder Motoröl. Wenn ungeeignetes Öl in die Bowdenzüge eingespritzt wird, kann dies dazu führen, dass die Beschichtung des Zuges aufquillt und dessen Freigängigkeit einschränkt, was bis zum völligen Festsitz des Zuges führen kann! Wenn ein Schmieren der Züge nötig sein sollte, verwenden Sie entweder dünnflüssiges, harzfreies Nähmaschinenöl oder Ölspray WD-40.

⚠ Schmieren Sie keinesfalls die Gelenkstellen der Drosselklappen mit Fett, Öl oder Ölspray, denn das Schmiermittel kann durch die Hitze festbacken und die Beweglichkeit der Drosselklappe beeinträchtigen, was bis zum Festgehen führen kann! (»Festgehen« bedeutet: Das Gas kann man dann evtl. nicht mehr »zu« machen = Unfall!).

☞ Wenn Sie sich eine Motorrad-Abdeckhaube kaufen, um die Maschine darunter überwintern zu lassen, dann nehmen Sie eine, die unten Ösen hat, in welche die Haken von Gepäckgummis eingehängt werden können, damit die Plane gesichert ist und nicht beim ersten Windstoß abhebt und davonfliegt.

☞ »Richtig überwintern« heißt vor allem, dass die Maschine über die Wintermonate so abgestellt werden soll, dass beide Räder frei in der Luft sind, also keinen Bodenkontakt haben. Denn wenn die CBF 1000 monatelang auf dem Seitenständer steht und die Reifen womöglich schleichend Luft verlieren, bekommen die Reifen einen »schrägen Standplatten«, also eine abgeflachte Stelle.

☞ Nicht nur die im Frühjahr aus der Winterpause entmottete Maschine, sondern auch der Fahrer müssen sich wieder langsam an das Motorradfahren mit all seinen Eigenheiten gewöhnen. Üben Sie vor allem das Bremsen, am besten auf einem großen, leeren Parkplatz (sonntags beim Supermarkt). Besser noch: Sie buchen ein Frühjahrs-Sicherheitstraining.

empfehlen, denn sie unterlösen den Dreck und Fettrückstände gut ab. Zur Not ist auch das Geschirrspülmittel von Mutters Spülstein in Ordnung. **Nicht zu viel Reiniger verwenden, Reiniger nicht antrocknen lassen!** Nach der Warmwäsche mit reichlich klarem, kaltem Wasser nachspülen.

■ Tank und Verkleidungsteile nach der Klarwasser-Nachwäsche mit Waschleder oder weichem Tuch umgehend abtrocknen.

■ Für die Vorderkanten von Verkleidung und Schutzblech, Lampen- und Blinkergläser, Rückspiegel sowie die Gabelbeine gilt: Angetrocknete Insektenreste mit reichlich Wasser einweichen und abwaschen. Nicht mit harten Gegenständen versuchen, den Schmodder abzukratzen!

■ Wenn mit heißem Wasser, Reiniger und Putzlappen (sowie den sowieso schon angebrochenen Fingernägeln) gar nichts mehr geht, hilft nur noch Glasreiniger. Reichlich davon auf einen Massagewaschlappen gegeben (Handschuh mit unterschiedlich rauen Seiten, zu finden in Mutters Badeutensilien) und feste gerubbelt, leistet auch die hartnäckigste Fliegenleiche auf Dauer keinen Widerstand.

■ Wenn die Verkleidungsscheibe Flecken hat, die mit Sidolin nicht wegzubekommen sind, hilft die »Polierpaste für Acryl- und Plexiglas« vom Her-

Bild 2: Flecken in der Verkleidungsscheibe können auspoliert werden.

Bild 3: Schlösser niemals mit Ölspray oder gar Kettenspray schmieren, sondern ausschließlich mit speziellem »Schloss-Spray«.

Bild 4: Schmier- und Pflegestellen an der CBF 1000.

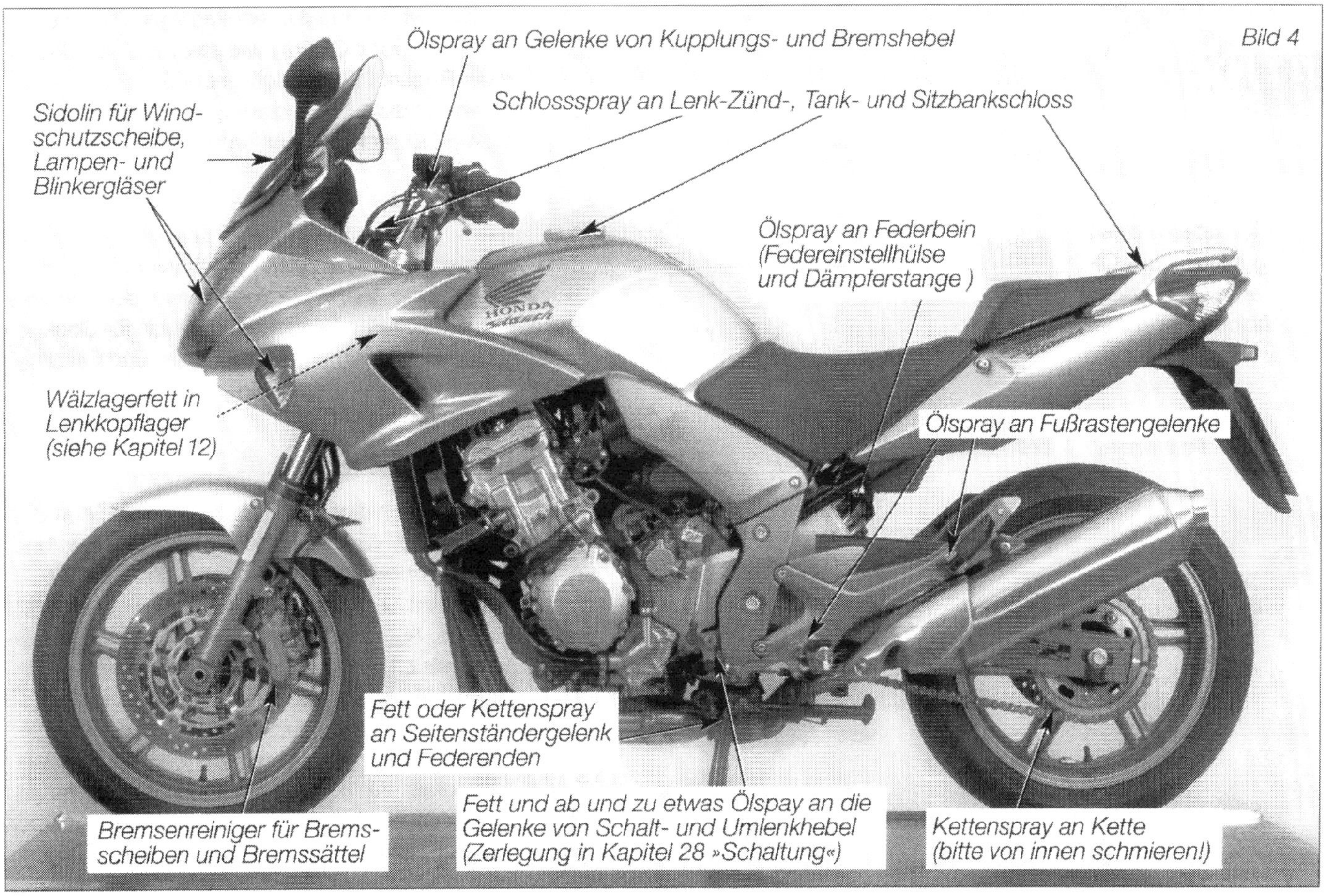

steller Rot-Weiß (Bild 2). Ganz gut sind auch die »Tiefenreinigungsmittel«, wie sie für Kunststoff-Heckscheiben von Cabrioverdecken im Autozubehörhandel angeboten werden.

■ Lack- und Kunststoffteile sowie Metalloberflächen nicht mit Benzin oder anderen Lösungsmitteln bearbeiten! Erstens ist das Zeug giftig und zweitens brennen sich Lösungsmittel in die Oberflächen ein und hinterlassen dort Flecken, die nicht mehr entfernt werden können.

■ Ausnahme: Wenn sich z. B. ein Stück Schuhsohle in den Auspuff eingebrannt hat, kann man seine Oberfläche mit Bremsenreiniger und der rauen Seite eines Haushaltsschwammes bearbeiten. Selbst hartnäckige Teerflecken lassen sich damit vom Auspuffkrümmer entfernen.

Bilder 5 und 6: Wegen schlechter Pflege korrodierte Schraubenköpfe und Bremsleitungsanschluss.

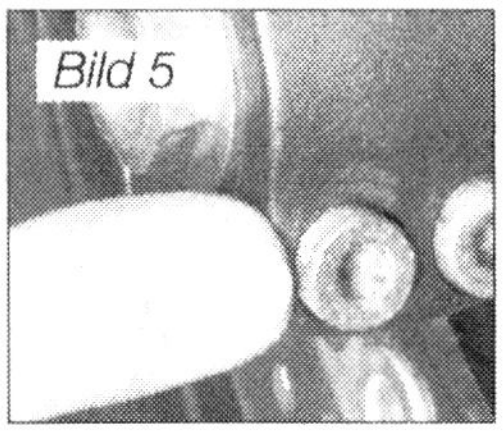
Bild 5

Bild 6

Winterbetrieb

Nach jeder Winterfahrt das Motorrad mit kaltem Wasser abspülen, mit weichem Lappen trocknen. Kein heißes Wasser verwenden, dieses verstärkt die korrodierende Wirkung des Streusalzes. Lauwarm darf das Waschwasser im Winter sein. In den Bildern 5 und 6 sind korrodierte Schraubenköpfe und Bremsleitungsanschluss einer Maschine zu sehen, die nach einer Winterfahrt auf trockenen (!) Straßen nicht gewaschen, sondern einfach abgestellt wurde. Oberflächenkorrosion dieser Art lässt sich mit Topfreiniger (»Akopads«) einigermaßen entfernen.

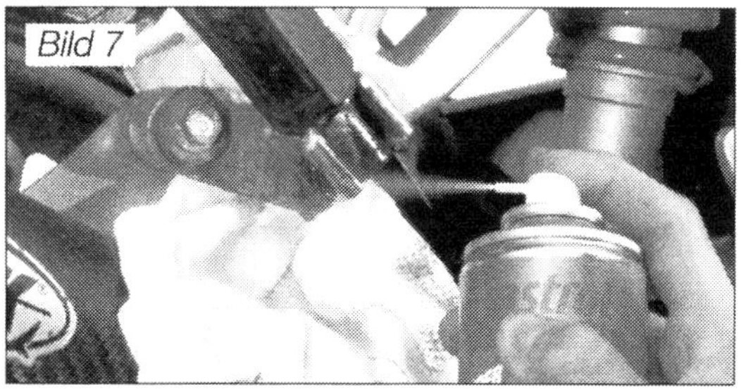
Bild 7

Bild 7: Nach dem Waschen den Gelenkstellen einen guten Schuss Ölspray geben verhindert Korrosion.

Bild 8

Bild 8: Verschiedene Pflege- und Poliermittel.

Ölspray, Politur

■ Weder Zünd-Lenkschloss, Schloss im Tankdeckel ode Sitzbankschloss mit Ölspray (oder gar Kettenspray!) schmieren, sondern verwenden Sie spezielles Schlossspray auf Graphitbasis zum Schmieren der Schlösser (Bild 3).

■ Halten Sie jede Art von Schmiermittel und Ölspray fern von Sensoren und elektrischen Steckverbindungen.

Nach dem Waschen den Gelenkstellen der Handhebel, Fußrasten, Brems- und Schalthebel einen guten Schuss Allzweck-Ölspray geben. Nach dem Sprühen nicht alle Ölüberschüsse, die neben die eigentlichen Schmierstellen gelangt sind, wieder abwischen, sondern diese einfach dort lassen (sofern Sie nicht auf Reifen oder Bremsscheiben gesprüht haben!). Denn ein dünner Ölfilm bindet Staub und Schmutz, und dieser lässt sich bei der nächsten Fahrzeugwäsche besser abputzen, ohne dass die teils empfindlichen Oberflächen zerkratzt werden. Vor allem, wenn das Motorrad durch Regen gefahren wird, schützt Allzweck-Ölspray davor, dass Nässe in Ritzen kriechen.

Verwenden Sie bei der regelmäßigen Pflege ein gutes Allzweck-Ölspray wie etwa WD-40. Nach einer Regenfahrt zu Hause jeder Schmierstelle einen Schuss Öl spendieren; das aufgesprühte Öl wirkt sichtbar wasserverdrängend.

Politur

Beim Honda-Händler gibt es spezielle Politurmittel, die auf die Grundfarben der Maschine abgestimmt sind. Wenn Sie diese verwenden, sind Sie auf der sicheren Seite. Dies gilt auch für Cockpitspray, Teerentferner sowie Lack- und Chromteile-Reiniger.

Schmierstellen

Abschmieren dient in erster Linie dazu, Schmutz und Wasser von Gelenkstellen fern zu halten und Rost (»Korrosion«) vorzubeugen, damit Leichtgängigkeit und lange Lebensdauer gewährleistet werden. Auch zueinander bewegliche Aluminiumteile, wie z. B. die Gelenke des Kupplungs- und Bremshebels, können korrodieren. Wenn diese Gelenk- und Kontaktstellen nicht regelmäßig gepflegt werden, gibt es im Laufe der Zeit Schwergängigkeit. Wenn das Motorrad überwiegend im Freien abgestellt ist, lagert sich Umgebungsdreck aus der Luft darauf ab und kriecht in die Gelenkstellen hinein.

Bei den Inspektionen sollen geschmiert werden:
■ Seitenständerscharnier einmal im Jahr, es sollte dazu zerlegt werden (siehe dazu Kapitel 6 »Verkleidung · Tank · Rahmen«), sowie die Lagerstellen der Ständerfedern mit gutem Lagerfett. Einsprühen mit Ölspray nach der Wäsche beugt Rost vor – aber nicht zu viel Öl hinsprühen, sonst wird das Fett vom Ölspray stark verdünnt und weggespült.
■ Schwingenlager: Wenn es beim Ein- und Ausfedern von hinten her quietscht, sind Schwingenlager und/oder die Federbein- und Umlenkhebel-Gelenke trocken und müssen zerlegt, gereinigt und geschmiert werden. Wie das geht steht in Kapitel 14 »Federbein · Schwinge«.
■ Gasdrehgriff: Wenn er schwer geht, muss er mit leichtem Molybdänfett geschmiert und dazu geöffnet werden. Das Öffnen des Gasgriffs ist im Kapitel 23 »Einspitzung« unter dem Punkt »Gaszüge wechseln« beschrieben.

Überwintern (»Einmotten«)

Wer ein Saisonkennzeichen an seiner Honda CBF 1000 hat, braucht die Maschine für die Winterpause nicht abzumelden, darf aber in bestimmten Monaten nicht am öffentlichen Straßenverkehr teilnehmen.

Wichtig: Eine Maschine mit Saisonkennzeichen darf ebenso wenig wie ein abgemeldetes Motorrad während der Stilllegemonate auf der Straße im öffentlichen Verkehrsraum abgestellt werden. Also: Ab mit der Maschine in eine gut gelüftete Garage oder in einen trockenen Hofraum, wo sie abgedeckt überwintern kann.

Zum Einmotten in die Winterpause folgende Vorbereitungen treffen:
1. Maschine ordentlich heiß fahren.
2. Tank randvoll machen, einen Schuss »Fuel Guard« (Bild 9) dazugeben.
3. An der Tankstelle gleich die Reifen auf vorne 3,0 bar und hinten 3,5 bar aufpumpen.
4. Zügig (und vorsichtig, wegen des hohen Reifenluftdrucks!) zum Winterabstellplatz fahren und Motor abstellen.
5. Batterie ausbauen (mehr dazu in Kapitel 17 »Batterie«).
6. Gelenkstellen von Brems- und Kupplungshebel, Fußrasten und Seitenständer mit Ölspray einsprühen.
7. Blanke und verchromte Teile, z. B. Auspufftöpfe und Lenker, mit säurefreiem Fett (Vaseline) dünn einreiben.
8. Auf Mittelständer abstellen, Lenkschloss sperren. Telegabel rechts und links von unten mit Holzklötzen so unterbauen, dass beide Räder in der Luft sind!

Ganz penible Menschen wechseln vor der Überwinterung das Motoröl. Folgende Vorgehensweise hat sich bewährt: Wenn der Ölwechsel vor der Überwinterung länger als drei Monate oder mehr als 3000 km zurückliegt, machen Sie einen Öl- samt Filterwechsel. Falls Sie Ihr Motorrad vor der Winterpause zum Ölwechsel in die Honda-Werkstatt geben, lassen Sie gleich eine komplette Inspektion machen. Dann können Sie im Frühjahr gleich durchstarten (zum Saisonstart sind sämtliche Werkstätten grundsätzlich überlastet!).

Was Sie noch tun können: Alle paar Tage Vorder- und Hinterrad einige Male durchdrehen und in eine andere Ruheposition bringen. Das verhindert das Festkleben der Bremsbeläge an den Bremsscheiben bzw. hässliche Flecken an der Bremsscheibe.

Inbetriebnahme nach der Winterpause
1. Motorrad abdecken, Fettschicht von den blanken und verchromten Teilen mit weichem Lappen abwischen, kein Benzin oder ähnliche Lösungsmittel verwenden!
2. Betriebsbereite, gut geladene Batterie einbauen, Polanschlüsse mit säurefreiem Fett (»Polfett«) dick einschmieren (Kapitel 17 »Batterie«).
3. Reifenluftdruck prüfen und ggf. korrigieren (Luftdrücke siehe Kapitel 7 »Reifen«).
4. Sicherheitskontrollen: Fern-Abblendlicht, Rücklicht, Bremslicht, Blinker und Hupe prüfen.
5. Motor starten: Zündung einschalten und VOR dem Betätigen des Starterknopfes zwei- bis dreimal Gas geben, damit das Motorsteuergerät Signale vom Drosselklappen-Potentiometer empfangen und sich einstellen kann.
6. Wenn die Batterie abgeklemmt war, muss sich das Motorsteuergerät erst wieder neu einjustieren. Deswegen läuft der Motor direkt nach dem Anspringen nicht gleich rund und braucht einige Sekunden, bis er seinen Rhythmus gefunden hat.
7. Motor nicht zu lange im Standgas laufen lassen, sondern nach spätestens drei Minuten losfahren.
8. Motor sanft warm fahren. Darauf achten, dass alle Funktionen in Ordnung sind: Öldruck, Bremsleistung, Federung und Dämpfung.

■ Gute Fahrt in die neue Saison!

Bild 9

Bild 9: Das Wundermittel »Fuel Guard« verhindert Rost im Tank und knochenharte Ablagerungen in Vergaser oder Einspritzanlage. Fuel Guard wird vor dem Überwintern der letzten Tankfüllung einfach zugegeben.

Einstellungen

In diesem Kapitel: Richtig sitzen = besser fahren · Hand- und Fußhebel, Lenker, Fahrersitz und Windschutzscheibe einstellen · Bremslichtschalter einstellen · Leerweg am Gasgriff.

Richtig sitzen = besser fahren

Die CBF 1000 bietet auch auf langen Touren guten Fahrkomfort, wenn Hand- und Fußhebel, Fahrersitz und Scheibe auf die persönlichen Bedürfnisse und anatomischen Gegebenheiten des Fahrers angepasst sind. Denn je passender diese Bauteile auf den Fahrer eingestellt sind, desto besser kann er sich konzentrieren.

Handhebel

Handbrems- und Kupplungshebel sind mit einer gerändelten Einstellmutter versehen (Bild 1), mit der die Spreizung (= Abstand des Hebels zum Lenker) rasch und ohne Werkzeug in verschiedenen Positionen eingestellt werden kann:

- Wenn Sie lange Finger haben, stellen Sie den Hebel auf einen weiten Abstand ein (Bild 2).
- Für kurze Finger stellen Sie den Hebel auf einen geringeren Abstand ein (Bild 3).

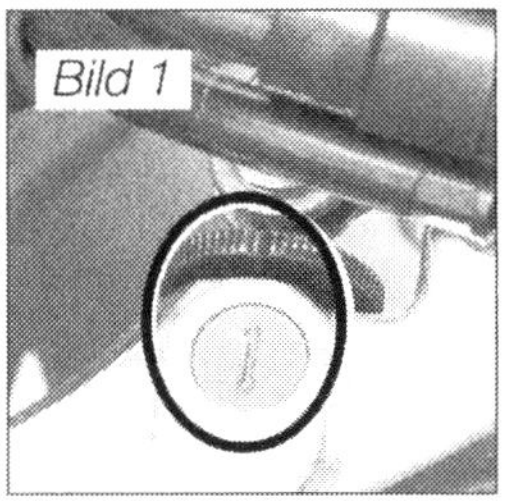

Bilder 1, 2 und 3: Spreizung des Bremshebels einstellen. Dazu Einstellmutter in gewünschte Position drehen – Pfeil muss auf Ausschnitt in Einstellmutter zeigen (Kreis).

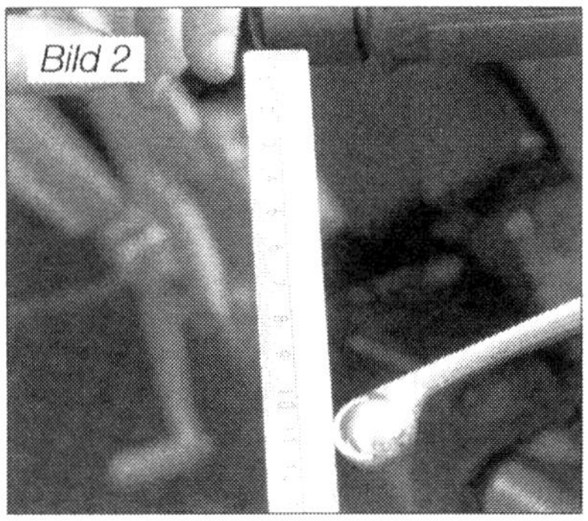

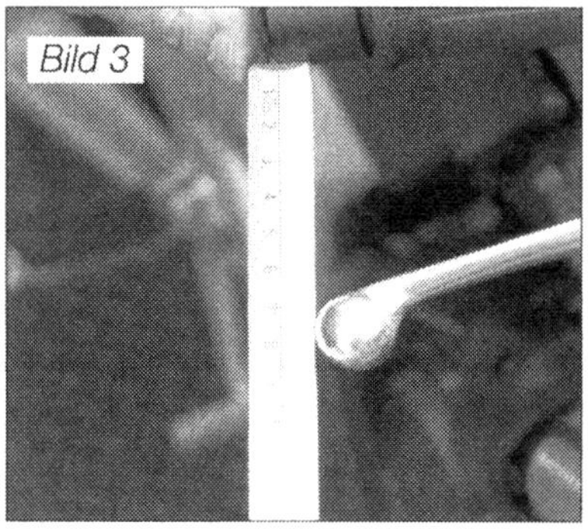

Hebelspreizung einstellen

1. Hebel außen an der Kugel leicht nach vorne drücken, die Rändeleinstellmutter wird dadurch entlastet und kann leicht verdreht werden.
2. Rändeleinstellmutter entsprechend rechts oder links herum drehen, je nachdem, ob der Hebel näher an den Lenker oder weiter weg gestellt werden soll.
2.1. Jede halbe Umdrehung erscheint am Außenrand der Rändelmutter eine Nut (Oval in Bild 1), die oben stehen und sich mit dem Pfeil decken muss: In dieser Stellung kann die Rändeleinstellmutter einrasten.
3. Hebel loslassen und prüfen, ob die Rändeleinstellmutter eingerastet ist: Leicht versuchen an ihr zu drehen; wenn sie sich nicht bewegen lässt, ist sie eingerastet.

Einstellung der Handhebelarmatur prüfen

1. In Fahrposition aufsitzen, die offenen Hände umfassen locker den Lenker. Finger auf Kupplungs- bzw. Bremshebel auflegen.
2. Die gedachte Linie durch Unterarm, Handgelenk, über den Lenker zu den Fingerspitzen soll möglichst gerade sein (Bild 5).
2.1. Wenn die Hebel so stehen, dass die gedachte Linie im Handgelenk nach oben abgeknickt ist, stehen die Handhebel zu hoch (Bild 6).
2.2. Ist die Linie nach unten abgebogen, stehen die Handhebel zu tief (Bild 7). Beides ist zum entspannten Fahren wenig geeignet.

Handhebelarmatur einstellen

Die nachstehenden Arbeitsschritte gelten für Brems- und Kupplungshebelarmatur.
1. Befestigungsschrauben der Lenkerklemmschale (Bild 4) lockern, komplette Armatur in die richtige Position drehen.

Bild 4: Obere Schraube zuerst anziehen, dann die untere.

Bilder 5, 6 und 7: Die gedachte Linie durch Unterarm, Lenker und Hebel muss eine möglichst gerade Linie bilden.

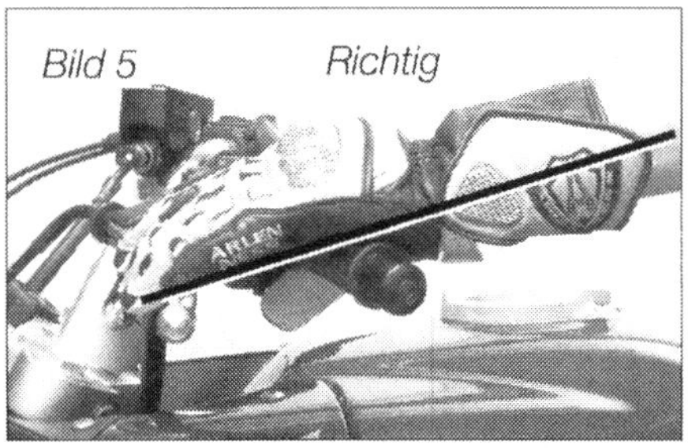

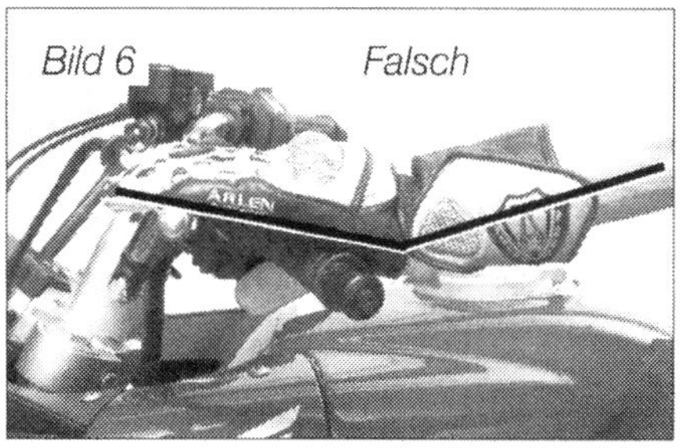

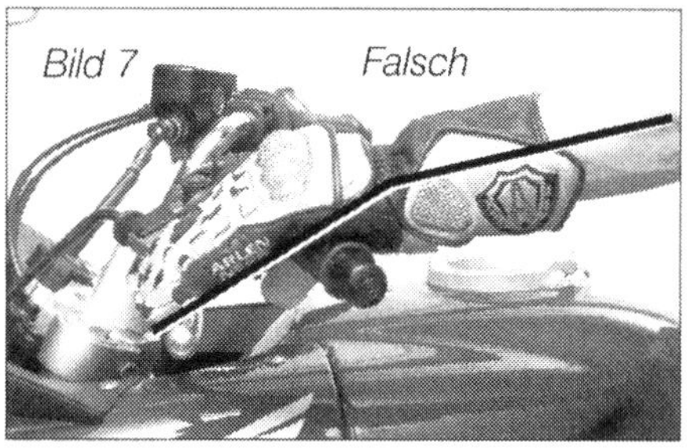

2. Befestigungsschrauben mit 12 Nm festziehen.
■ Zuerst obere Schraube anziehen, bis die Lenkerklemmschale oben am Gegenstück anliegt, dann untere Schraube anziehen.

Fußhebel

Der Fußschalthebel ist auf einem Lagerbolzen auf dem Fußrastenhalter gelagert und über zwei einstellbare Schaltstangen und einen Umlenkhebel mit der Schaltwelle verbunden.
Wichtig: Achten Sie darauf, dass der kurze Schalthebel, die senkrechte Schaltstange und der untere Umlenkhebel so angebaut sind, dass die jeweiligen Winkel zueinander möglichst 90° betragen. In Bild 9 ist dies dargestellt. Der Kreis in Bild 8 bezieht sich auf die beiden Körnerpunkte auf Schalhebel und Schaltwelle, die zueinander fluchten müssen.
Einstellbare Schaltstange: Die waagerechte Schaltstange zwischen Umlenkhebel und Fußschalthebel hat hinten ein Rechtsgewinde und vorne ein Linksgewinde. An dieser Schaltstange wird die Schrägstellung des Fußschalthebels eingestellt.

Fußschalthebel einstellen

1. Kontermuttern der Kugelköpfe auf der unteren Schaltstange mindestens zwei Umdrehungen lösen (Bild 10):
■ Gummiabdeckung vom Kugelkopf etwas abziehen und einen 12er-Gabelschlüssel am Vierkant des Kugelkopfs zum Gegenhalten ansetzen, Kontermutter mit 10er-Gabelschlüssel lösen.
■ Beim Lösen (sowie beim späteren Festziehen) der Kontermuttern unbedingt den Kugelkopf mit einem 12er-Gabelschlüssel gegenhalten! Also keinesfalls die Kontermuttern ohne Gegenhalten lösen, denn dabei besteht die Gefahr, dass die Kugelköpfe beschädigt werden!
2. Durch Rechts- oder Linksdrehen der Schaltstange die Lage des Fußschalthebels nach unten oder oben verändern.
3. Wenn die richtige Einstellung gefunden ist, Kontermuttern mit 10er-Gabelschlüssel gegen die Kugelköpfe »gut handfest« kontern.
■ Und wieder gilt: Kugelkopf mit 12er-Schlüssel gegenhalten (Bild 10).
4. Gummiabdeckung sauber überziehen.

Bremspedal einstellen

Das Bremspedal sollte sich auf der gleichen Höhe wie der Fußschalthebel befinden. Zum Feststellen der Schalhebelhöhe eine Wasserwaage auf der Fußraste anlegen und das Maß

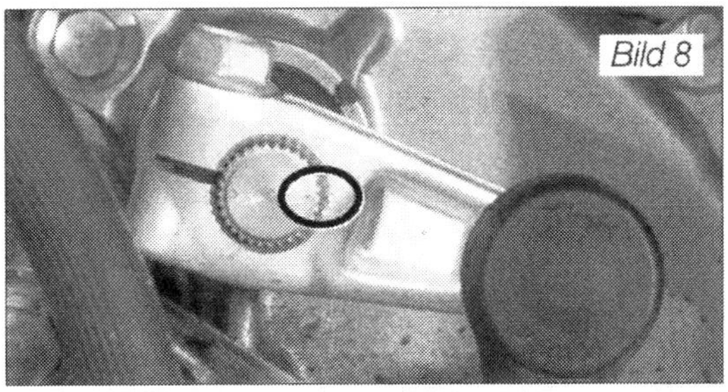

Korrespondenzkapitel:
■ 28 »Schaltung«

Bild 8: Körnerpunkte (Schalhebel/-welle) müssen sich decken.

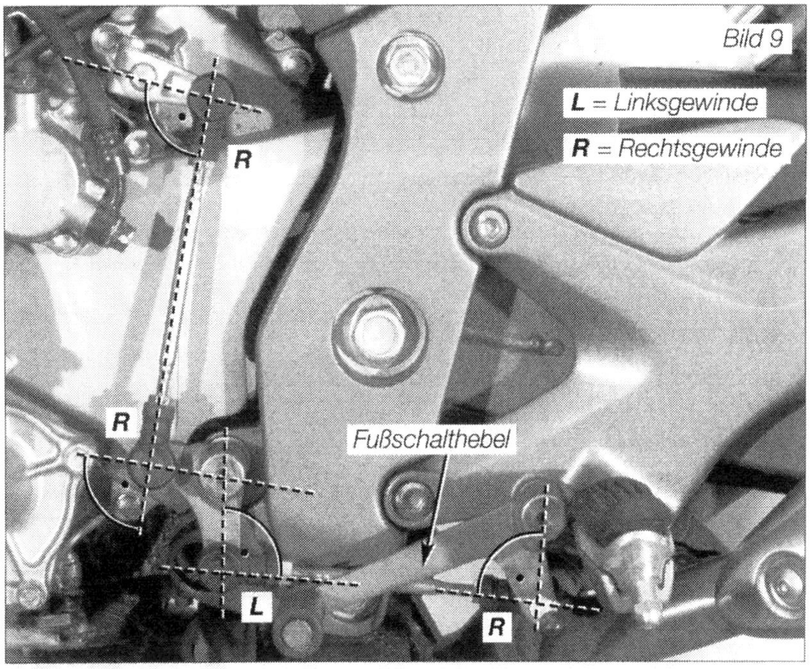

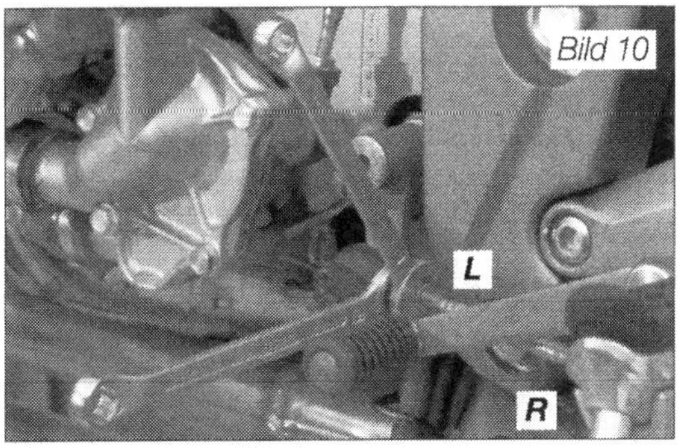

Bilder 9 und 10: Die Stellung des Fußschalthebels wird über die Länge der unteren Schaltstange bestimmt. Sie kann eingestellt werden.

Bild 11: Messen der Hebellage mit Hilfe einer Wasserwaage

Bilder 12 und 13: Fußbremshebel einstellen durch Ein- oder Ausdrehen der Druckstange. Danach Ansprechverhalten des Bremslichtschalters kontrollieren und ggf. korrigieren.

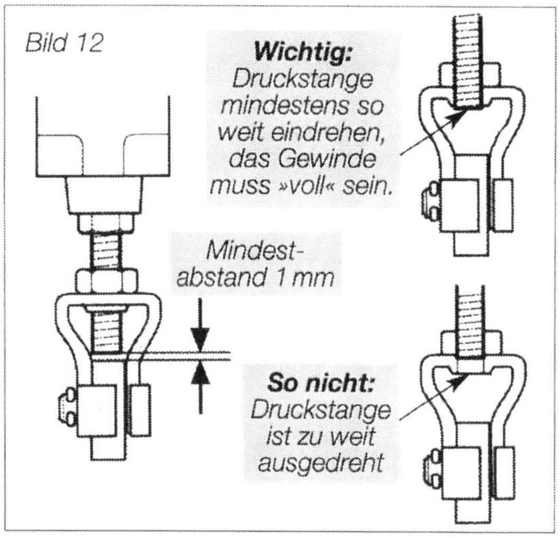

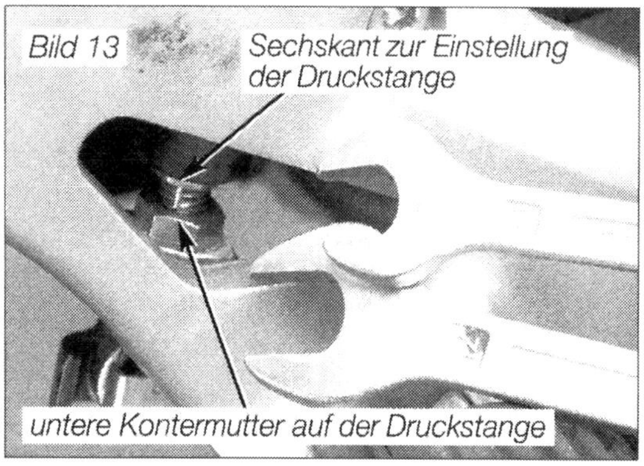

Bild 14: Federn für Fußschalthebel und Bremslichtschalter.

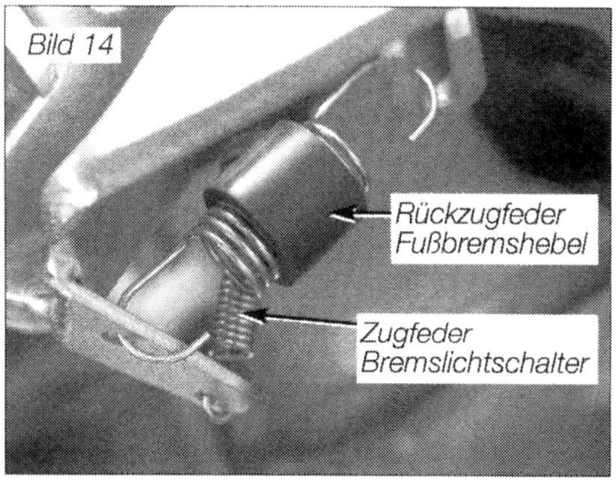

Bild 15: Zum Einstellen des Bremslichtschalters die Sitzmutter drehen und den Bremslichtschalter festhalten.

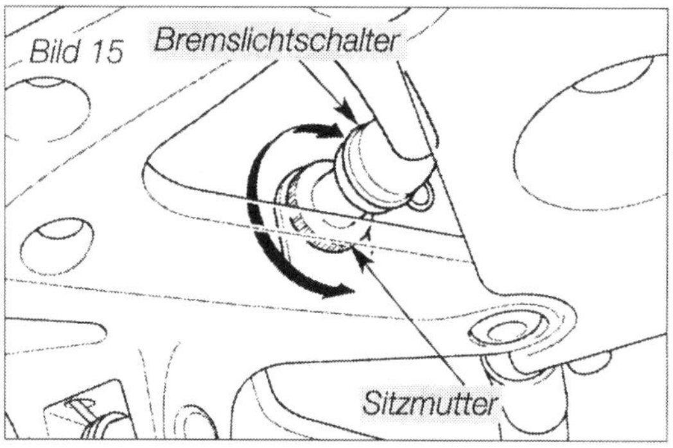

zum Schalthebel abnehmen (60 mm in Bild 11). Fußbremshebel ebenso messen.

Die Einstellung des Bremspedals wird über Ein- oder Ausdrehen der Druckstange zwischen Fußbremspedal und Bremskolben im Hauptbremszylinder vorgenommen (Bilder 12 und 13).
1. Untere Kontermutter auf der Druckstange lockern.
2. Zum Verdrehen der Druckstange am Sechskant einen 10er-Gabelschlüssel ansetzen, Druckstange ein- oder ausdrehen, bis die Lage des Fußbremshebels stimmt.
3. Untere Kontermutter mit 17 Nm anziehen.
Wichtig: Druckstange weder zu weit eindrehen (Bremshebel zu schräg) noch zu weit ausdrehen (Bremshebel nahe der waagerechten Position), siehe dazu Zeichnung in Bild 12.

⚠ **Achtung:** Nach Abschluss der Bremspedal-Einstellarbeiten prüfen, ob das Bremslicht richtig funktioniert: Bei halb bis zwei Drittel gedrücktem Pedal muss die Bremslichtlampe aufleuchten.

Bremslichtschalter einstellen

Der Bremslichtschalter sitzt hinter der Fußrastenplatte und ist nicht besonders gut erreichbar. Er wird über eine kleine Feder, die zwischen Fußbremshebel und Bremslichtschalter eingesetzt ist, auf Zug betätigt (Bilder 14 und 15). Bei halb bis zwei Drittel gedrücktem Bremspedal muss das Bremslicht aufleuchten. Zum Einstellen des Ansprechverhaltens des Bremslichtschalters wird die Sitzmutter, in der der Bremslichtschalter in seiner Haltebohrung gelagert ist (Bild 15), entsprechend aus- oder eingedreht. Dadurch wird der Bremslichtschalter nach unten oder oben verschoben. Dabei mit der einen Hand den Bremslichtschalter festhalten und mit der anderen Hand die Mutter entsprechend verdrehen.

⚠ **Achtung:** Nie den Bremslichtschalter als Ganzes verdrehen! Sonst bricht die Feder ab und das Anschlusskabel verdrillt sich.

Lenker

Lenkerabstand

Der Lenker kann in zwei verschiedenen Positionen montiert werden (Bilder 20 und 21).
- Vordere Position (Bild 20): Für größere Fahrer mit längeren Armen oder kleinere Fahrer, die leicht nach vorne gebückt sitzen wollen.
- Hintere Position (Bild 21): Für kleinere Fahrer

mit kürzeren Armen oder größere, die aufrechter sitzen wollen.

Empfehlenswert ist es in jedem Fall, wenn man sich den Lenker und den Fahrersitz so einstellt, dass man leicht nach vorne gebeugt auf der Maschine sitzt, also nicht »stocksteif aufrecht«. Denn beim »leicht nach vorne gebeugten Sitzen« ist die Wirbelsäule etwas gekrümmt und kann deswegen Stöße, die von unten kommen, besser aufnehmen (nicht alles wird von der Federung »geschluckt«).

Lenkerabstand verändern (Bilder 16 bis 22)
1. Muttern der Lenkerhalter (unterhalb der unteren Gabelbücke) lösen, aber nicht abdrehen.
2. Abdeckscheiben aus den Köpfen der Lenkerklemmschrauben mit einem kleinen Schraubenzieher aushebeln (Bild 16).
2.1. Lenkerklemmschrauben lösen, ausdrehen (Bild 17).
3. Obere Halbschalen abnehmen, Lenker aus den unteren Aufnahmen herausnehmen und sicher nach vorne ablegen (oder von einem Helfer halten lassen!, Bild 18).
4. Beide Lenkerhalter um 180 Grad drehen.
5. Lenker in die unteren Aufnahmen einsetzen.
5.1. Obere Halbschalen aufsetzen: Stanzmarkierung (»Körnerpunkt«, Kreis in Bild 16) muss nach vorne weisen.
6. Lenkerklemmschrauben lose eindrehen.
6.1. Vordere Lenkerklemmschrauben provisorisch handfest anziehen, dann die hinteren.
6.2. Muttern der Lenkerhalter (unterhalb der unteren Gabelbücke) mit 26 Nm festziehen.
7. Lenkerklemmschrauben wieder lösen und den Lenker ausrichten (siehe Bild 22).
8. Lenkerklemmschrauben mit 26 Nm festziehen:
8.1. Vordere Schrauben zuerst festziehen:
■ Vordere untere Flächen der oberen Halbschalen müssen auf den vorderen oberen Flächen der Lenkerhalter aufliegen.
8.2. Hintere Schrauben mit 26 Nm festziehen.
8.3. Abdeckkappen in die Schraubenköpfe eindrücken.

Fahrersitz

Sitze ab- und aufbauen
1. Das Sitzbankschloss befindet sich hinten mittig in der Heckverkleidung: Mit Zündschlüssel durch leichte Linksdrehung entriegeln (Bild 23).
2. Soziussitz nach hinten-oben abnehmen.
Aufbau: Darauf achten, dass die beiden Nasen des Soziussitzes richtig in ihre Halterungen eingesetzt werden, Sitz nach unten drücken, bis

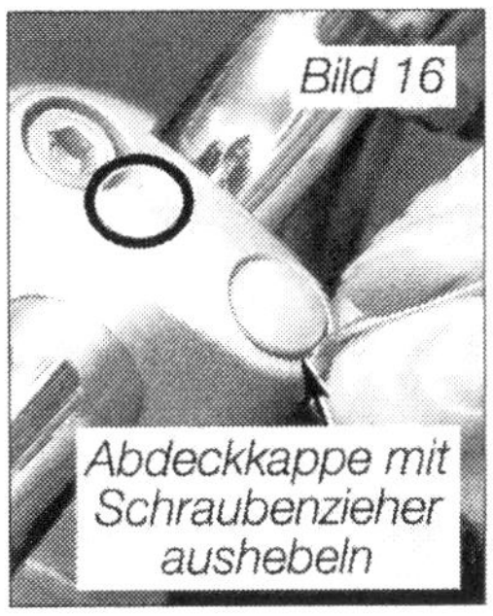

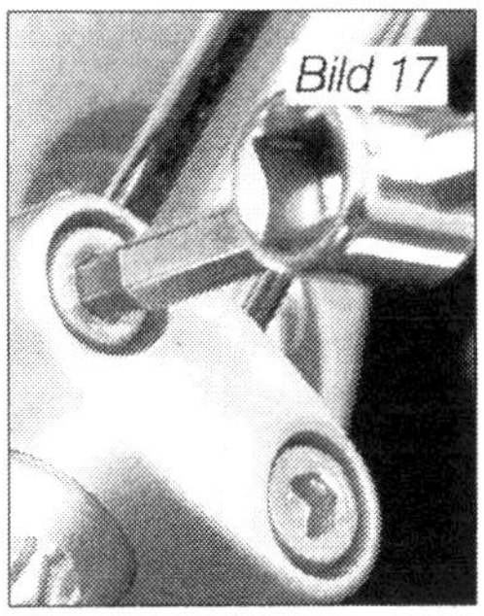

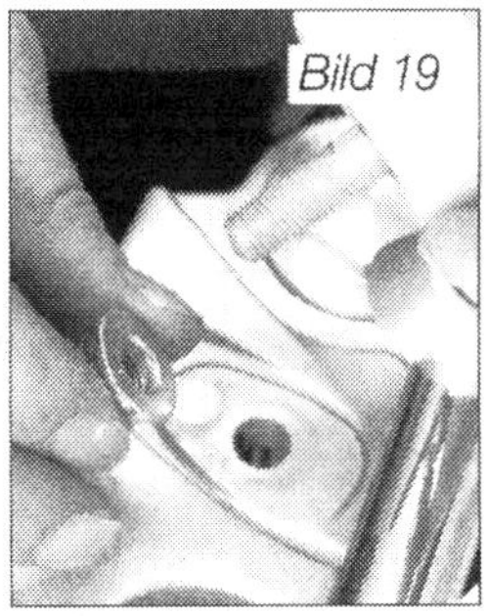

Bilder 16 bis 22: Die zu den Bildern gehörenden Arbeitsschritte zum Einstellen des Lenkers sind im Lauftext entsprechend beschrieben.

■ Bild 19: Scheibe zwischen Gabelbrücke und Lenkerhalter.

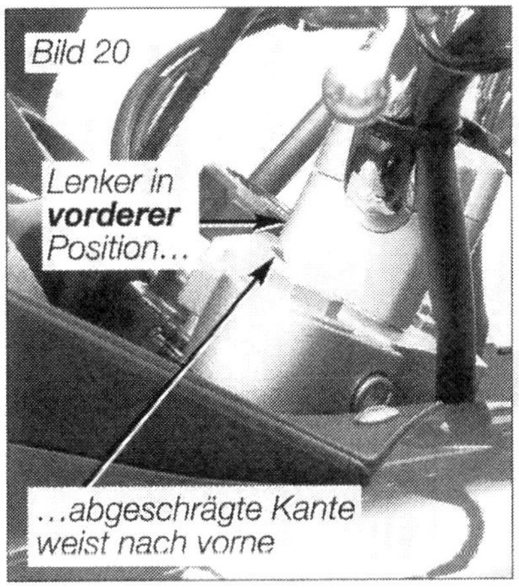

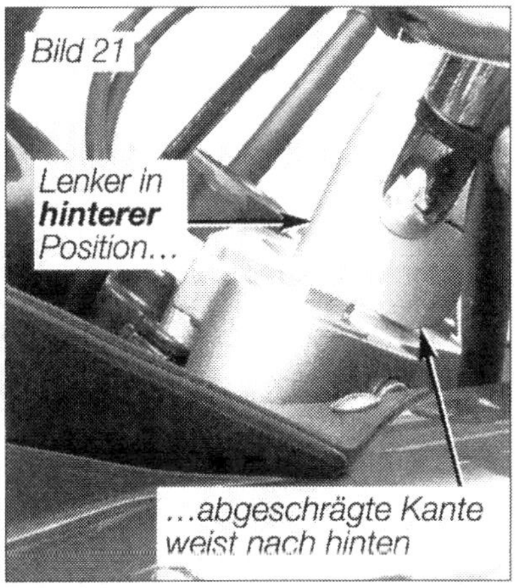

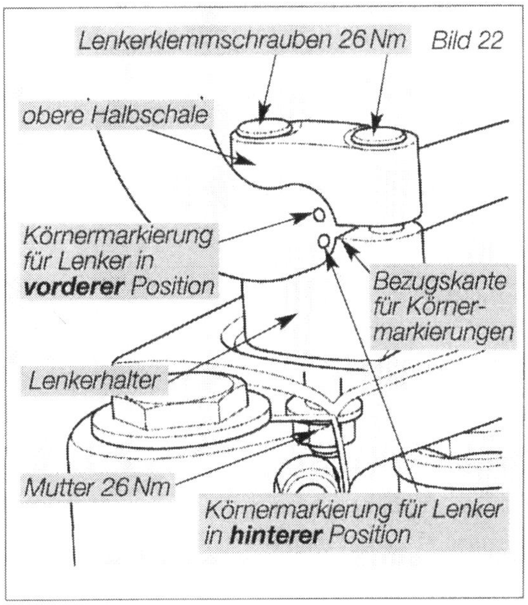

Sichtprüfung Messen

Haltebügel im Schloss einrastet.

3. Fahrersitz kann nur bei abgebautem Soziussitz abgebaut werden:

3.1. Befestigungsschrauben rechts und links hinten ausschrauben (Bild 24).

3.2. Hintere Seite des Fahrersitzes anheben und nach hinten abnehmen.

Aufbau: Nase unten am Sitz vorne unter Querrohr des Sitzrahmens schieben, Sitz hinten nach unten drücken, Befestigungsschrauben eindrehen und gut handfest anziehen.

■ Bundbuchsen nicht vergessen (Bild 24a)!

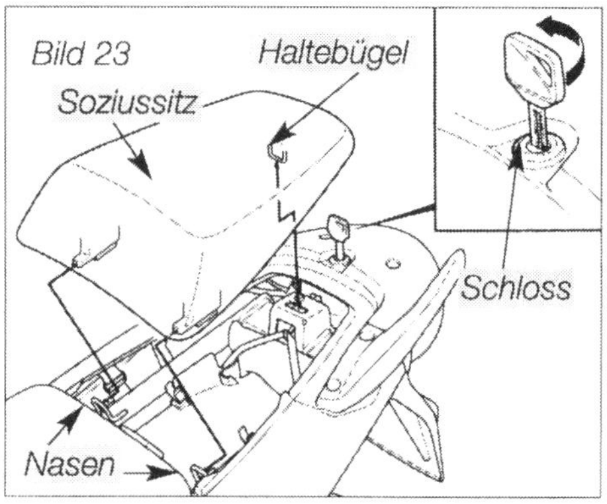

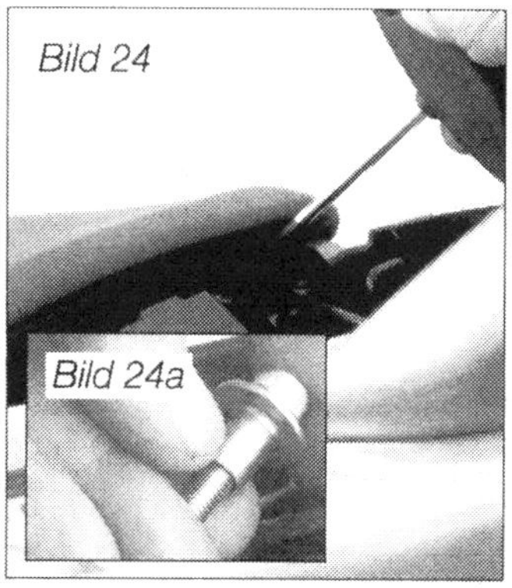

Bilder 23, 24 und 24a: Sozius- und Fahrersitz ab- und aufbauen.

Bilder 25 und 26: Fahrersitz-Rahmen.

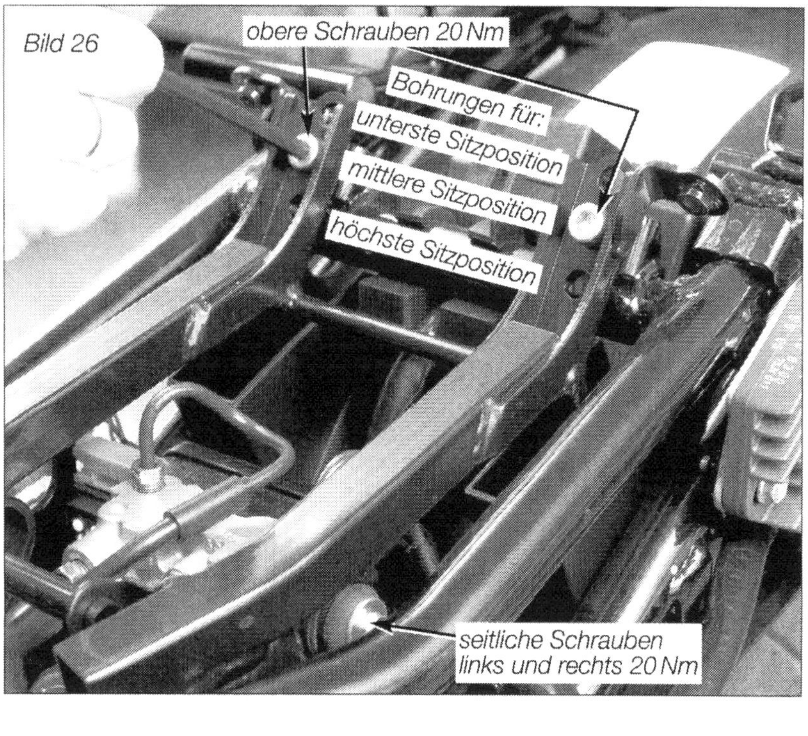

Sitzhöhe einstellen

Der Fahrersitz kann über die Einbaulage des Sitzrahmens in drei Höhen positioniert werden. Fahrersitz muss dazu abgenommen sein.

1. Obere Schrauben lösen und ausdrehen.
2. Die beiden vorderen, von rechts und links erreichbaren Schrauben lösen und ausdrehen.
3. Sitzrahmen herausnehmen.

Beim Einbau beachten:

1. Sitzrahmen einsetzen: Vorne, hinten, rechts und links gleichmäßig auf 1., 2. oder 3. Stellung (Bohrung) positionieren. NICHT schräg einschrauben!

2. Alle vier Schrauben zuerst nacheinander eindrehen, gleichmäßig handfest anziehen, mit 20 Nm festziehen.

Windschutzscheibe

Windschutzscheibe einstellen

Die Windschutzscheibe kann in zwei Höhen angebaut werden.

1. Abdeckungen rechts und links abbauen (Bild 27): Mit einem mittleren Schraubenzieher vorsichtig (!) darunter fahren und abhebeln.
2. Alle vier Schrauben ausdrehen (Bild 28).
3. Windschutzscheibe abnehmen.

Einbau in umgekehrter Reihenfolge. Achten Sie bitte besonders auf Folgendes:

■ Abstandshalter müssen korrekt in den zugehörigen Bohrungen in der Scheibe sitzen (wie in Bild 29 gezeigt).

■ Die Schrauben werden in Gummimuttern eingedreht, die sich entsprechend zusammenziehen und so die Schrauben sichern. Alle vier Schrauben gleichmäßig »gut handfest« anziehen, aber nicht allzu fest (sonst kann die Scheibe reißen!).

Leerweg am Gasgriff

Der Leerweg am Gasgriff muss 2 bis 6 mm betragen und wird am Umfang des Gasgriffgummis zum Lenkerende gemessen (Bild 30). Die richtige Einstellung des Leerwegs ist wichtig für die Gasdosierung und bestimmt entscheidend das Gefühl beim Gas geben. Bei einem ordentlich gepflegten Motorrad verändert sich das Spiel in den Gaszügen (bzw. der Leerweg am Gasgriff) kaum.

Gasgriff und Gaszüge prüfen

Vor einer Einstellung des Leerwegs am Gaszug bei ausgeschaltetem Motor (!) den Gasgriff einige Male auf Vollgas drehen und loslassen, der Gasgriff muss von alleine in die Nullstellung zurückschnappen. Damit wird geprüft, ob Gasgriff, Öffner- und Schließergaszug leichtgängig sind.

Dann den Motor starten und im Leerlauf laufen lassen. Lenkung einige Male ganz nach links und rechts einschlagen und dabei prüfen, ob der Leerlauf gleich bleibt.

1. »JA«: Verlegung der Züge ist in Ordnung, Gasgriff ist leichtgängig.

2. »NEIN«:

2.1. Gaszüge überprüfen, sie dürfen sich nicht an einem anderen Bauteil spannen und dürfen auch nicht geknickt sein.

2.2. Leichtgängigkeit des Gasgriffs überprüfen; wenn er schwer geht, muss er zerlegt, gereinigt und geschmiert werden (siehe dazu Kapitel 3 »Pflege« und Kapitel 23 »Einspritzung«).

2.3. Wenn sich beim vollen Lenkeinschlag die Leerlaufdrehzahl verändert, ist wahrscheinlich das Leerspiel im Öffnergaszug zu gering und muss überprüft und ggf. vergrößert werden.

3. Es kann auch sein, dass eine der beiden Gaszughüllen geknickt oder der innere Zug aufgespleißt ist und »hakt«, also nicht mehr leicht genug läuft. Dann muss der Gaszug erneuert werden (siehe dazu Kapitel 23 »Einspritzung«).

4. Beachten: Zwischen vibrationshemmendem Gewicht im rechten Lenkerende und Rand des Gasgriffgummis muss ein Spalt von mindestens 2 mm vorhanden sein, sonst reibt das Gasgriffgummi daran und der Gasgriff lässt sich nur schwer bewegen.

Leerweg am Gasgriff einstellen

1. Gummitülle vom oberen Gaszugeinsteller abziehen: Wenn sie auf dem Zug verklebt ist, an einem Ende etwas Kriechöl einsprühen, das löst die Verklebung.

2. Kontermutter vom Einsteller lösen, Einsteller mit einem 10er-Schlüssel gegenhalten (BIld 31).

3. Einsteller entsprechend aus- oder eindrehen, bis das Spiel 2 bis 6 mm beträgt.

■ Stellen Sie das Spiel auf 3 bis 4 mm ein, das gibt das beste Gasgriff-Gefühl!

4. Kontermutter gegen den Einsteller handfest anziehen, Einsteller dabei gegenhalten.

5. Gummitülle überschieben.

6. Jetzt noch einmal prüfen, ob sich der Gasgriff leicht öffnet und selbstständig schließt, Motor laufen lassen und erneut prüfen, ob bei vollem Lenkeinschlag das Standgas gleich bleibt.

Gute Fahrt mit dem perfekt auf Ihre Anatomie eingestellten Motorrad!

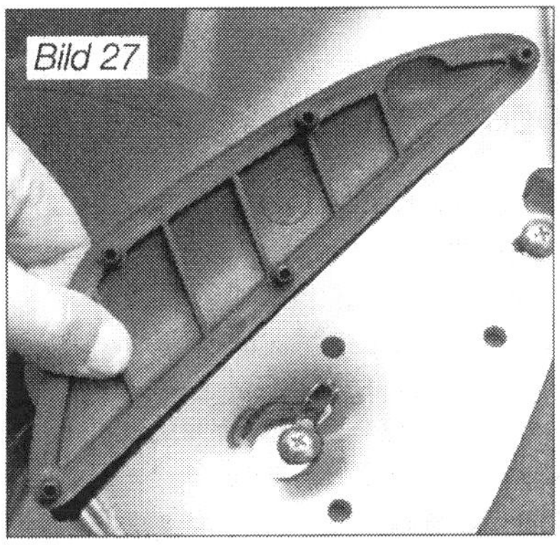

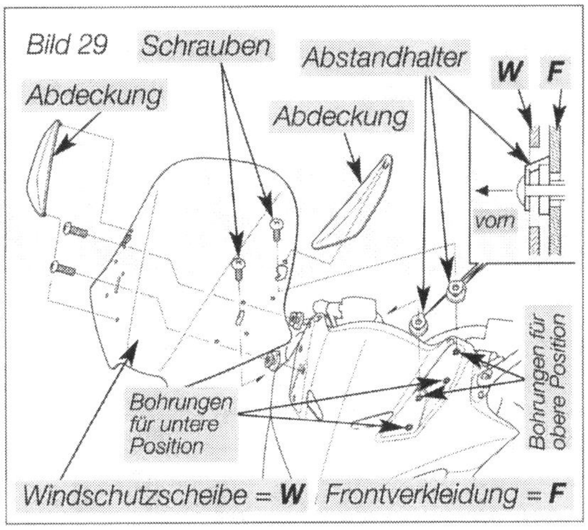

Bilder 27 bis 29: Verstellung der Windschutzscheibe.

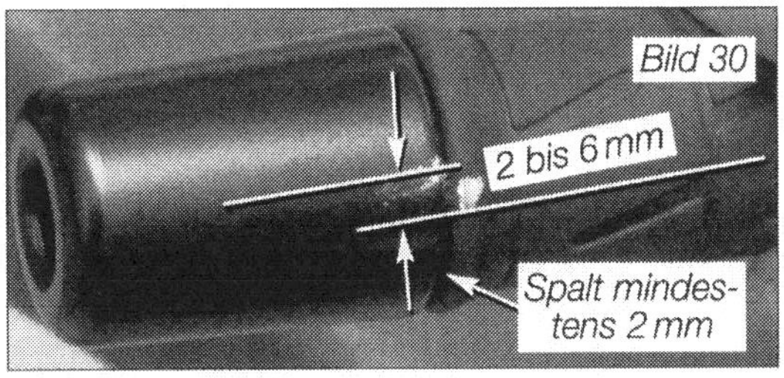

Bilder 30 und 31: Der Leerweg am Gasgriff muss zwischen 2 und 6 mm betragen, gemessen vom Gasgriffgummi zum Lenkerende hin.

■ Zum Einstellen den oberen Gaszugeinsteller entsprechend ein- oder ausdrehen (Bild unten).

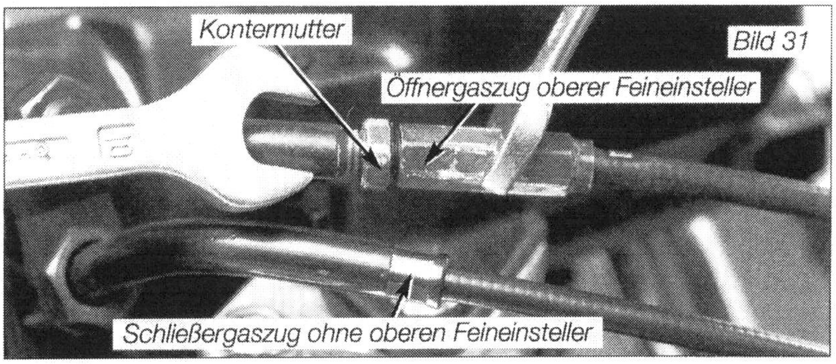

Wartung

In diesem Kapitel: Inspektionen erklärt · Wartungs- und Inspektionsintervalle · Reparaturen · Regelmäßige Kontrollen von Beleuchtung, Reifen, Bremsen, Ölstand, Kühlflüssigkeit · Seitenständerschalter prüfen, ggf. erneuern

Inspektionen

In der unten stehenden Tabelle sind die von Honda vorgegebenen Inspektionsintervalle und die zugehörigen Arbeiten aufgelistet. Die CBF 1000 muss zum ersten Mal bei 1000 km, dann bei 6000 km und danach alle weiteren 6000 Kilometer zur Inspektion in die Werkstatt. Die Inspektionen alle 6000 km bezeichnet man als »kleine Inspektionen«, die alle 12 000 km als »große Inspektionen«.
Wenn 6000 km als Jahresfahrleistung nicht erreicht werden, sollte man das Motorrad dennoch einmal im Jahr in der Werkstatt inspizieren und die nötigen Arbeiten, wie z. B. einen Ölwechsel, durchführen lassen. Denn Öl altert schon alleine durch den Kontakt mit Luft, es »oxydiert«, worunte die Qualität leidet. Auch Bremsflüssigkeit altert, Reifen können beim Stehen den Luftdruck verlieren und/oder rissig werden – an sicherheitsrelevanten Pflegearbeiten sollte man niemals sparen bzw. diese auf »eine lange Bank« schieben!

Bei einer Inspektion werden Motor- und Fahrwerk durchgesehen, verschlissene Teile ersetzt und zu enge oder weite Ventilspiele korrigiert. Zu »verschlissene Teile« gehören z. B. Motoröl und Ölfilter und, je nach Abnutzungsgrad, auch Bremsbeläge und Reifen.

Innerhalb der ersten 24 Monate ab Kauf bzw. Datum der Erstzulassung sollten alle Inspektionen von einer Honda-Fachwerkstatt durchgeführt und im Wartungsheft abgestempelt werden, damit die Ansprüche auf Garantie oder Kulanz gegenüber Importeur und Hersteller erhalten

Fußnoten zur Wartungstabelle:
1) Wartungsintervalle bei 42 000 km siehe die bei 6000 km; bei 48 000 km siehe bei 12 000 km, usw/usf.
2) Bei häufigen Fahrten und Extrembedingungen wie Staub, Schmutz, viel Kurzstrecke, Wintereinsatz, etc. ist eine häufigere Wartung ratsam.
3) Wenn 6000 bzw. 12 000 km nicht innerhalb eines Jahres erreicht werden, sollen die entspechenden Inspektionen (bzw. nur die markierten Prüfpunkte) einmal im Jahr abgearbeitet werden (»Jahresinspektion«).

Wartungs- und Inspektionsintervalle Honda CBF 1000

Baugruppe / Intervall [1]	1000 km	6000 km	12 000 km	18 000 km	24 000 km	30 000 km	36 000 km	siehe Kapitel
Motor								
Gasdrehgriff und Gaszüge [2]	–	–	Prüfen	–	Prüfen	–	Prüfen	4, 23
Luftfilter [2]	–	–	–	Erneuern	–	–	Erneuern	21
Kurbelgehäuseentlüftung	–	Reinigen	Reinigen	Reinigen	Reinigen	Reinigen	Reinigen	21
Kraftstoffleitungen, Anschlüsse	–	–	Prüfen	–	Prüfen	–	Prüfen	6, 23
Zündkerzen	–	–	Prüfen	–	Prüfen	–	Prüfen	19
Ventilspiel	–	–	–	–	Prüfen/Einstellen	–	–	30
Motoröl [2] [3], Motorölfilter	Erneuern	–	Erneuern	–	Erneuern	–	Erneuern	5, 25
Sekundärluftsystem	–	–	Prüfen	–	Prüfen	–	Prüfen	22
Kühlflüssigkeit, Kühlsystem	–	–	Prüfen	–	Prüfen	–	Erneuern	5, 26
	Kühlmittel entweder alle 36 000 km oder mindestens alle zwei Jahre erneuern							
Antrieb								
Antriebskette [2], Kettenschleifschutz	Alle ca. 1000 km Kette reinigen, schmieren, Kettendurchhang (Kettenspannung) prüfen, ggf. einstellen. Kettenschleifschutz prüfen							10
Kupplungsflüssigkeit	Prüfen	Prüfen	Prüfen	Erneuern	Prüfen	Prüfen	Erneuern	4, 27
Bremsen								
Bremsflüssigkeit	Prüfen	Prüfen	Prüfen	Erneuern	Prüfen	Prüfen	Erneuern	5, 9
	Wenn 18 000 km nicht in zwei Jahren erreicht werden, Bremsflüssigkeit spätestens nach zwei Jahren erneuern							
Bremsbelagverschleiß [2]	–	Prüfen	Prüfen	Prüfen	Prüfen	Prüfen	Prüfen	9
Bremsschläuche, Anschlüsse	Prüfen	Prüfen	Prüfen	Prüfen	Prüfen	Prüfen	Prüfen	9
	Bremsschläuche bei Rissen und Knicken erneuern. Empfehlung: Alle 4 Jahre erneuern, auch wenn keine Beschädigung sichtbar ist.							
Bremslichtschalter	–	–	Prüfen/Einstellen	–	Prüfen/Einstellen	–	Prüfen/Einstellen	5, 9
Rahmen und Fahrwerk								
Scheinwerfereinstellung	–	–	Prüfen/Einstellen	–	Prüfen/Einstellen	–	Prüfen/Einstellen	15
Seitenständer [2], Seitenständerschalter	–	–	Prüfen/Schmieren	–	Prüfen/Schmieren	–	Prüfen/Schmieren	5, 6
Lenkkopflager [2]	–	–	Prüfen/Einstellen	–	Prüfen/Einstellen	–	Prüfen/Einstellen	12
Federung [2]	–	Prüfen	Prüfen	Prüfen	Prüfen	Prüfen	Prüfen	11, 13, 14
Räder und Reifen [2]	–	Prüfen	Prüfen	Prüfen	Prüfen	Prüfen	Prüfen	7, 8
Wichtige Befestigungselemente	Prüfen	–	Prüfen	–	Prüfen	–	Prüfen	6, 33

bleiben. Wer nach der zweijährigen Garantiezeit seine Maschine selbst warten und inspizieren möchte, erhält in diesem Buch die notwendigen Basisinformationen. Es liegt also im Ermessen jedes Fahrzeugbesitzers, wie er damit umgeht.

Tipp: Die vorgeschriebenen Wartungsintervalle müssen bei normaler Fahrweise und Belastung nicht immer ganz genau eingehalten werden. Wenn das Motorrad grundsätzlich gut gepflegt wird, kann man z. B. eine während einer Urlaubsfahrt fällig werdende »große Inspektion« durchaus um 1000 bis 2000 Kilometer hinausschieben – wobei es generell besser ist, eine anstehende Inspektion rechtzeitig *vor* einer längeren Urlaubsfahrt durchzuführen.

Für alle kleinen wie großen Wartungsarbeiten gilt: Nur mit gutem Werkzeug in den entsprechenden Größen (siehe dazu auch Kapitel 2 »Werkstatt«) mit dem Schrauben anfangen. Lesen Sie vor Beginn aller Arbeiten das betreffende Kapitel in aller Ruhe durch, um die benötigten Werkzeuge und den Zeitaufwand abschätzen zu können.

Wartungs- und Inspektionstabelle

In der Tabelle auf der linken Seite sind die von Honda vorgeschriebenen Wartungs- und Inspektionsarbeiten aufgeführt. In der letzten Spalte »siehe Kapitel« finden Sie Verweise zu den Kapiteln in diesem Buch, in denen die Arbeiten beschrieben sind.

■ Bei »Erneuern«, z. B. beim »Ölwechsel«, bei 1000 km, bei 12 000 km und dann alle weiteren 12 000 km, kommen neues Öl in und ein neuer Ölfilter an den Motor (mehr dazu in Kapitel 25 »Schmiersystem«).

■ »Prüfen/Einstellen« bedeutet zum Beispiel beim Punkt »Ventilspiel« neben der Prüfung des vorgeschriebenen Ventilspiels auch gegebenenfalls eine Neueinstellung. Beim Vierzylinder der CBF 1000 ist die Püfung des Ventilspiels eine ziemlich aufwändige Arbeit, denn es müssen viele Teile abgebaut werden, bis man das Ventilspiel bei jedem der 16 Ventile messen kann. Wenn dabei festgestellt wird, dass das Ventilspiel nur bei einem einzigen Ventil nicht stimmt, müssen die Nockenwellen ausgebaut werden, damit man an die in den Tassenstößel eingesetzten Einstellplättchen gelangt – das ist eine sehr schwierige Arbeit! Deswegen empfehlen wir schon an dieser Stelle allen Lesern, die weder die nötigen Werkzeuge noch fachliches Können haben, diese Arbeit in der Honda-Fachwerkstatt durchführen zu lassen.

■ »Wichtige Befestigungselemente« betrifft die Kontrolle wichtiger Schraubverbindungen alle 12 000 km bzw. z. B. Vorder- und Hinterachse, Befestigungsschrauben der Bremssättel und Motorhalteschrauben.

■ Honda empfiehlt, die offen laufende Hinterrad-Antriebskette alle 1000 km zu reinigen und zu schmieren, wobei dabei auch die Kettenspannung (»Kettendurchhang«) geprüft und ggf. korrigiert wird. Die Angabe »alle 1000 km« ist in der Praxis variabel zu sehen, denn bei schlechtem Wetter oder überwiegendem Fahrbetrieb in staubigen, schmutzigen Gegenden ist Kette reinigen und schmieren eher alle 300 bis 500 km nötig; während bei reinem Schönwetterbetrieb und sanfter Fahrweise die Kette nur alle 2000 km gepflegt werden muss.

■ Über die Betrachtung und Einhaltung der vorgeschriebenen Wartungspunkte hinaus sollten die Gelenke von Hand- und Fußhebel regelmäßig mit einigen Tropfen Öl bedacht werden; speziell nach einer Fahrzeugwäsche. Im Kapitel 3 »Pflege« sind diese Schmierstellen beschrieben.

Regelmäßige Kontrollen

Unten steht eine Tabelle mit der alles aussagenden Überschrift »Regelmäßige Prüfpunkte der Fahrsicherheit und Maschinentechnik«. Daraus geht hervor, was an der Maschine einmal am Tag (bzw. bevor man losfährt), während der Fahrt, beim Tanken und mindestens einmal die Woche alles geprüft werden sollte. Das mag nun für den einen oder anderen ziemlich spießig erscheinen, aber mit der Zeit bekommt man einen scharfen Blick für diese Kontrollen – und viele Prüfpunkte kann man schon beim Starten bzw. Losfahren auf den ersten paar Metern überprüfen.

Reparatur-Auftrag geben

Tipp: *Wenn Ihre Maschine eine Störung hat und Sie zum Auffinden und Beheben des Fehlers weder technische Fertigkeiten noch Spezialwerkzeuge haben, dann ist es zu empfehlen, die Fehlersuche und Behebung beim Honda-Händler gezielt in Auftrag zu geben. Wenn wild darauflos geschraubt wird, besteht die Gefahr, bei halb zerlegtem Motorrad hilflos dazustehen, weil entsprechende Spezialwerkzeuge oder Ersatzteile nicht greifbar sind. Ein »gezielter Auftrag« beim Händler sollte schriftlich erfolgen, das Problem möglichst klar schildern und eine finanzielle Obergrenze enthalten.*

■ *Beispiel: »Motor stottert beim Beschleunigen und geht bei Kolonnenfahrt öfter aus. Wenn die Reparatur 120 Euro übersteigen sollte, rufen Sie mich bitte an«.*

Regelmäßige Prüfpunkte der Fahrsicherheit und Maschinentechnik		
Beleuchtungs- und Signalanlage	vor jeder Fahrt	siehe Kapitel 15
Reifenprofil, Luftdruck	vor jeder Fahrt, bei jedem Tanken	siehe Kapitel 7
Hand- und Fußbremse	vor jeder Fahrt und während der Fahrt	siehe Kapitel 4, 9
Warn-/Kontrollleuchten, Instrumente	Prüfung erfolgt vor und während der Fahrt	
Lenkung, Federung und Dämpfung	mindestens einmal wöchentlich und nach Gefühl beim Fahren	
Brems- und Kupplungsflüssigkeit	vor jeder Fahrt und während der Fahrt	siehe Kapitel 4, 27
Schaltung	vor jeder Fahrt und während der Fahrt	siehe Kapitel 28
Motoröl	Ölstand prüfen beim Tanken	siehe Kapitel 25
Batterie	Wartung/Laden wichtig vor der Saison	siehe Kapitel 17

Beleuchtung

Werfen Sie vor jeder Fahrt einen Blick auf die Beleuchtung und betätigen Sie dabei auch beide Bremsen: Leuchtet das Bremslicht auf, brennen alle Kontrolllampen, hupt die Hupe (»Signalhorn«), geht die Lenkung nach beiden Seiten bis zum Anschlag gleichmäßig leicht, federn Vorder- und Hinterrad leicht ein und gedämpft aus? Bei einem gut gepflegten Motorrad kann man davon ausgehen, dass alles in Ordnung ist; bei einem eher schlecht gewarteten Motorrad quietscht möglicherweise etwas. Gehen Sie der Sache auf den Grund, bevor sich ein größerer Schaden entwickelt!

Reifen

Einmal die Woche, spätestens alle 500 Kilometer, einen Blick auf die Reifen werfen: Profil ok? Klemmt irgendwo ein Stein in einer Profilrille? Ist die Ventilkappe noch vorhanden, sitzt sie fest? **Luftdruck bei kalten Reifen prüfen – sie dürfen nach der Kurzstreckenfahrt zur Tankstelle maximal handwarm sein!** Die von Honda vorgeschriebenen Luftdruckwerte sind: 2,5 bar im Vorderrad und 2,9 bar im Hinterrad (siehe dazu auch Kapitel 7 »Reifen«).

Bremsen

Den Vorratsbehältern für Brems- und Kupplungsflüssigkeit (Bilder 1 und 2) täglich einen Blick schenken: Sinkt der Pegelstand im Schauglas (vorne) bzw. der durchsichtigen Seitenwand (hinten) unter die Mitte in Richtung LOWER ab, wird es höchste Zeit, nach der Dicke der Bremsbeläge zu sehen; eventuell muss Bremsflüssigkeit aufgefüllt werden. **Wichtig:** Verdunkelt sich die Bremsflüssigkeit in den Behältern, ist sie alt und muss umgehend erneuert werden.

Achtung: Arbeiten an den hydraulischen Scheibenbremsen und erst recht am ABS-System dürfen aus Sicherheitsgründen nur von ausgebildeten Mechanikern durchgeführt werden, die sehr gute technische Kenntnisse, handwerkliche Fertigkeiten und passende Werkzeuge haben. Wenn Sie diese nicht haben: Honda-Händler um Rat fragen, er ist immer aktuell und bestens informiert.

Motorölstand

Den Ölstand nicht zu Beginn einer Fahrt bei kaltem Motor kontrollieren, sondern erst dann, wenn der Motor mindestens 10 Minuten gelaufen und warm ist.

■ Zum korrekten Prüfen des Ölstands den Motor abschalten, das Motorrad in die Senkrechte bringen (auf Mittelständer aufbocken, wenn vohanden) und eine bis zwei Minuten warten, bis das Öl von oben aus dem Motor nach unten in die Ölwanne abgelaufen ist.

■ Der Ölstand im Schauglas (Bild 3) sollte sich zwischen den Markierungen befinden.

Mehr zum Thema Motorölstand und Motoröl finden Sie im Kapitel 25 »Schmiersystem«.

Kühlflüssigkeit

Der Ausgleichsbehälter des Kühlsystems ist mit einem Blick von links hinten in den Rahmen über der Kette zu sehen (Bilder 5 und 6): Die Markierung am Ausgleichsbehälter oben bedeutet UPPER (= voll), die untere LOWER (= niedrig): Bei warmem Motor muss der Kühlmittelstand dazwischen sein.

Beachten:

Der Stand der Kühlflüssigkeit im Ausgleichsbehälter ist bei heißem Motor etwas höher als bei kaltem.

Der Pegelstand der Kühlflüssigkeit muss sich stets zwischen den beiden Markierungen befinden (Bilder 5 und 6).

Wenn der Pegelstand der Kühlflüssigkeit unter die untere Markierung abgesunken oder nicht zu sehen ist, stimmt etwas nicht: Entweder ist die Kühlflüssigkeit schon zu lange drin und ein Teil davon ist verdunstet oder das Kühlsystem hat ein Leck. Bevor aber der komplette Kühlkreislauf umgekrempelt wird, zuerst

Bilder 1 und 2: Stand der Brems- und Kupplungsflüssigkeit regelmäßig prüfen. ■ Wenn die Flüssigkeit dunkel ist, ist sie wahrscheinlich älter als zwei Jahre und es ist höchste Zeit, sie zu wechseln.

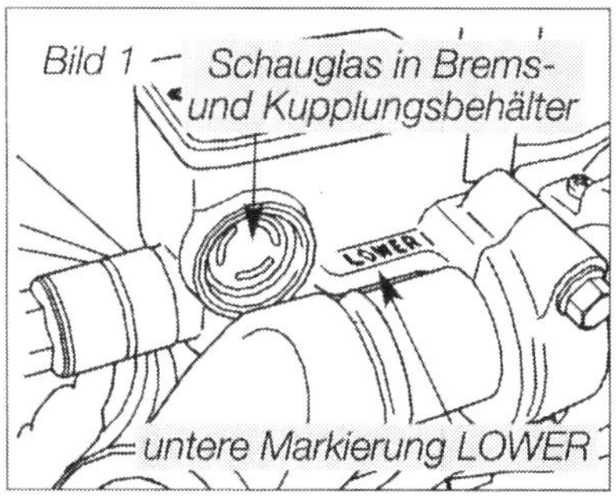

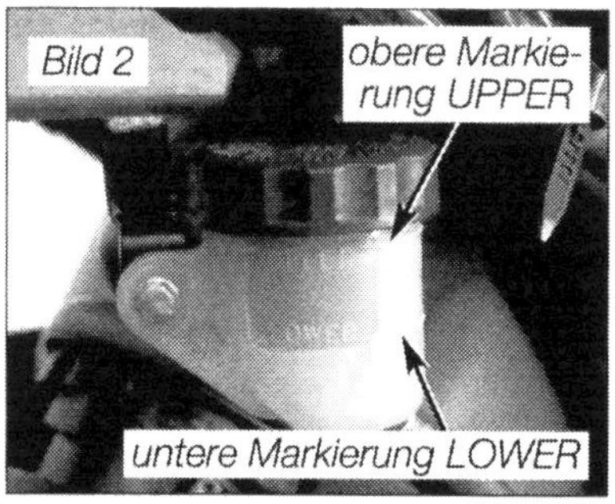

Bild 3: Ist der Motorölstand nahe an der unteren Markierung oder gar darunter, muss Öl nachgefüllt werden: Achten Sie darauf, dass Sie die Ölsorte nachfüllen, die bereits drin ist (mehr dazu siehe Kapitel 25 »Schmiersystem«).

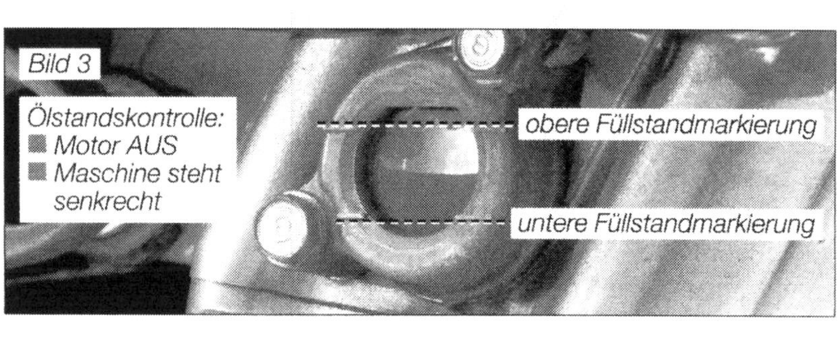

den Ausgleichsbehälter mit Kühlflüssigkeit bis zur oberen Markierungslinie auffüllen, weiterfahren und beobachten, wo das Zeug bleibt.

Wichtig! Wenn Kühlmittel fehlt und nachgefüllt werden muss, wird dieses in den Ausgleichsbehälter gefüllt: Fahrersitz abnehmen, Gummideckel am Behälterstutzen abnehmen, Kühlflüssigkeit mit Hilfe eines Trichters einfüllen, damit nichts danebenschwappt, Gummideckel wieder sicher aufdrücken.

Achtung: Deckel des Ausgleichsbehälters (Bild 4) nicht bei heißem Motor öffnen, denn heißes Kühlmittel kann plötzlich herausschießen – Verbrühungen sind die Folge!

Tipp: Falls Sie unterwegs Kühlmittelverlust feststellen und deswegen Kühlmittel kaufen und auffüllen müssen, achten Sie darauf, dass dieses für Aluminiummotoren und -kühler geeignet ist. Falls nur eine kleine Menge Kühlmittel fehlt, können Sie auch reines Wasser auffüllen. Füllen Sie niemals Leitungswasser ein (denn das ist kalkhaltig), sondern ausschließlich destilliertes Wasser.

Mehr zum Thema »Kühlkreislauf und Kühlmittel« erfahren Sie in Kapitel 26 »Kühlsystem«.

Seitenständerschalter prüfen

Der Seitenständerschalter sollte regelmäßig auf Funktion geprüft werden. Er sitzt links am Seitenständergelenk (Bild 7) und ist Dreck und Nässe ausgesetzt. Wenn er nicht mehr richtig funktioniert, verhindert er entweder das Starten des Motors, oder im anderen Extremfall wird ein Wegfahren der Maschine mit ausgeklapptem Seitenständer ermöglicht – und das ist ziemlich gefährlich.

Der Seitenständerschalter wird folgendermaßen auf einwandfreie Funktion geprüft:

- Motor mit ***aus**geklapptem* Seitenständer und eingelegtem Leerlauf starten.
- Kupplung ziehen, Gang einlegen: Motor muss ausgehen.

Umkehrprobe:

- Motor mit ***ein**geklapptem* Seitenständer und eingelegtem Leerlauf starten.
- Kupplung ziehen, Gang einlegen.
- Kupplung gezogen halten, Seitenständer ausklappen: Motor muss ausgehen.

Hat der Seitenständerschalter diese Tests bestanden, ist er technisch und elektrisch in Ordnung. Ansonsten, wenn sich also z. B. mit ausgeklapptem Seitenständer der Gang einlegen und womöglich sogar losfahren lässt, muss der Seitenständerschalter unbedingt erneuert werden.

Zum Auswechseln des Seitenständerschalters einfach seine Befestigungsschraube ausdrehen (Bild 8). Beim Eindrehen der Schraube einen Tropfen Loctite »mittelfest« an ihr Gewinde geben. Zum Auffinden des Steckers des vom Seitenständerschalter zum Kabelbaum führenden Kabels einfach das Kabel nach oben verfolgen. Das neue Kabel exakt wie das alte im Rahmen verlegen.

Bilder 4 bis 6: Kühlflüssigkeit im Ausgleichsbehälter sollte sich zwischen den Markierungen befinden.

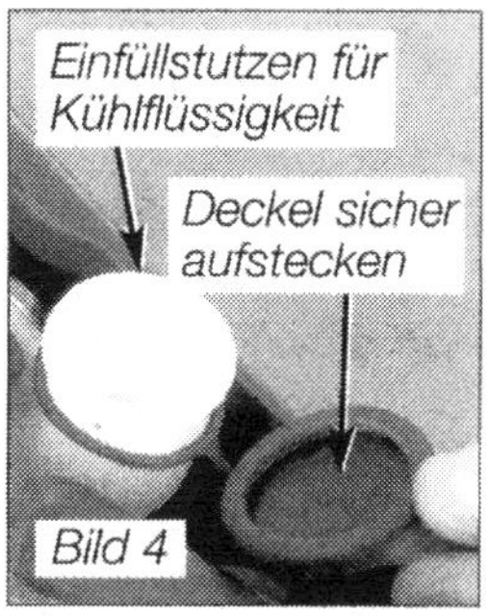

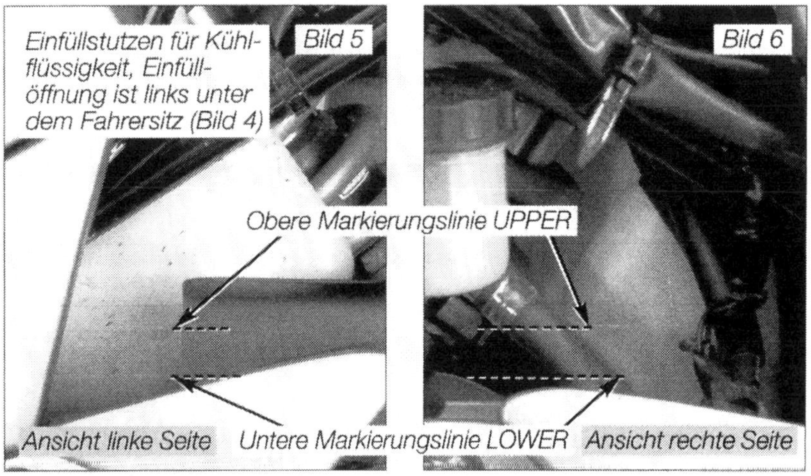

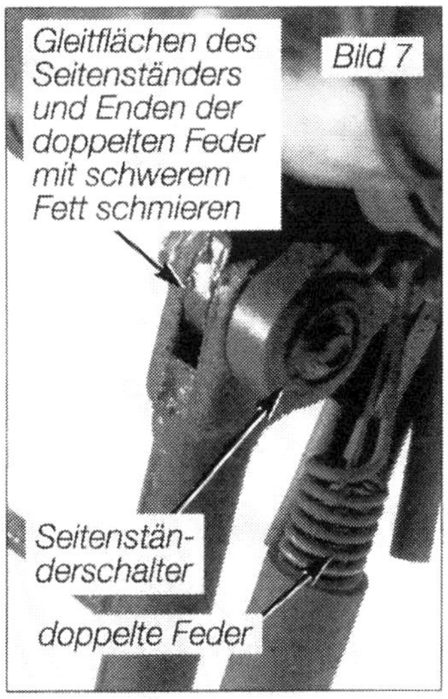

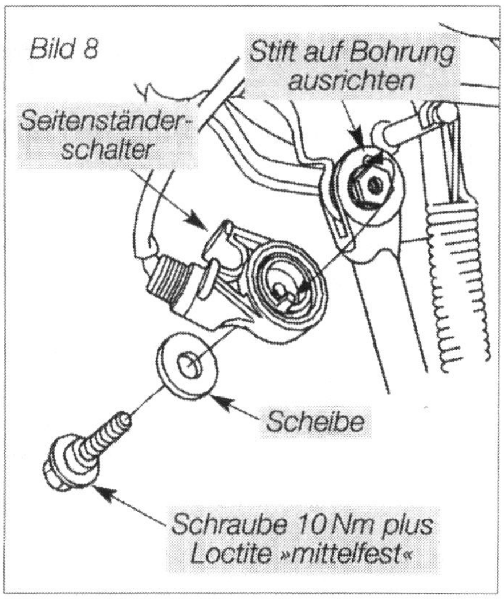

Bilder 7 und 8: Der Seitenständerschalter ist am Gelenk des Seitenständers angebracht. Gelenkflächen mit schwerem Fett oder Kettenspray schmieren.

Verkleidung · Tank · Rahmen

In diesem Kapitel: Verbindungsnippel · Verkleidungsteile ab- und anbauen · Tank ab- und aufbauen · Nummern und Aufkleber · Lenkanschlag prüfen · Seitenständer ab- und anbauen, schmieren · Fußrasten · Motor aus- und einbauen.

Bilder 1 und 2: Aus- und Einbau eines Kunststoffnippels. Zum Abschluss den Mittelzapfen eindrücken, bis er bündig mit dem Kopf ist. Damit ist der Kunststoffnippel gespannt und sitzt fest in seiner Bohrung.

Bild 3: Gummibuchsen mit Silikonpaste fetten, dann bleiben sie elastisch.

Verbindungsnippel

Zur Befestigung einiger Verkleidungsteile sind Verbindungsnippel aus Kunststoff eingesetzt, auch »Nietschnapper« oder »Druckniet« genannt (Bilder 1 und 2). Wenn man nicht weiß, wie die Dinger funktionieren, bricht man beim Herumdrücken von der falschen Seite Teile ab – der Nippel ist kaputt, aber immer noch nicht draußen. Dabei ist seine Bedienung einfach.

■ **Lösen:** Mit einem spitzen Dorn in der Mitte leicht eindrücken (Bild 1): Mittelzapfen schnappt ein, Nippel entspannt sich und kann herausgezogen werden.

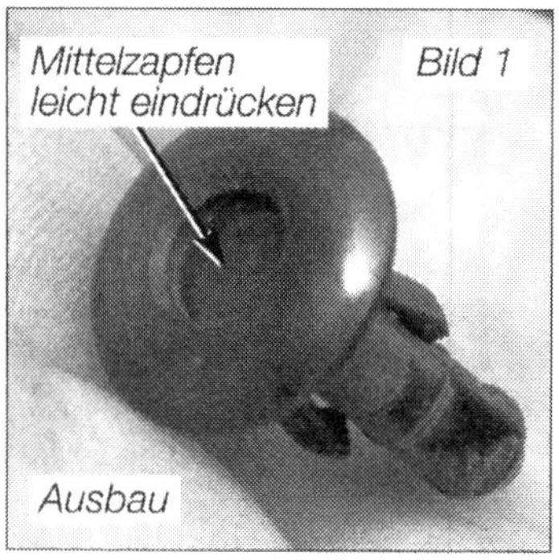

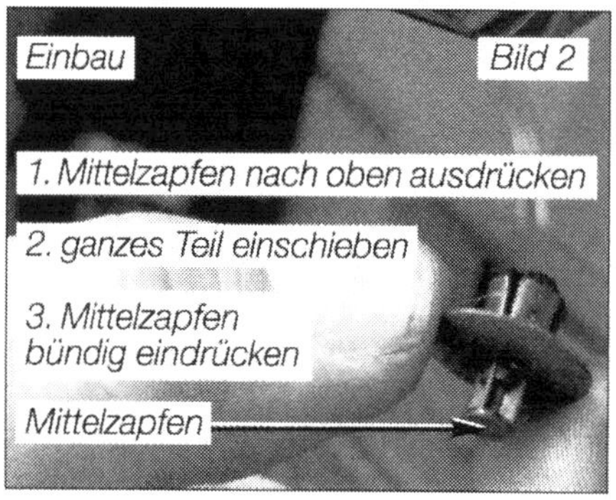

■ **Befestigen:**

1. Zuerst den ausgebauten Nippel mit dem eingedrückten Mittelstück zwischen zwei Finger nehmen, mit dem Daumen der anderen Hand den Bolzen ganz zur Oberseite durchschieben, es klickt zweimal (Bild 2).

2. Den so vorbereiteten Nippel in seine Befestigungsbohrung einsetzen, dann das Mittelstück bis zum Kopf bündig einschieben: Wenn es fühl- und hörbar klickt, ist er richtig befestigt.

Weil diese Verbindungsnippel die Teile nur zusammenhalten, aber nicht fest verspannen, sind sie während der Fahrt hohen Vibrationen ausgesetzt. Wenn sie ausgebaut sind, sollten sie gepflegt werden, damit der innere Spannbolzen mit den Zacken seine Freigängigkeit behält:

1. Nippel mit Bürste in heißem Wasser reinigen.

2. Zwei Tropfen Silikonpaste auf einen spitzen Schraubenzieher nehmen und in den Nippel einbringen.

3. Mittelzapfen einige Male hin und her bewegen und so das Silikonfett verteilen – fertig.

Verkleidung ab- und anbauen

Tipps zur Verkleidungsmontage

■ Kein Verkleidungsteil mit Gewalt abziehen oder einstecken – vor allem mit dem Alter spröde gewordener Kunststoff kann leicht brechen!

■ Üben Sie sich beim Ab- und Anbau aller Verkleidungsteile in Geduld: Schritt für Schritt abbauen, in umgekehrter Reihenfolge wieder anbauen.

■ Beim Aus- und Eindrehen von Verkleidungsschrauben die Verkleidung sicher halten, damit sie nicht plötzlich herunterfällt.

Tipps, Hinweise und Achtung für dieses Kapitel

Kein Verkleidungsteil mit Gewalt abziehen oder einstecken – vor allem mit dem Alter spröde gewordener Kunststoff kann leicht brechen!

Merken Sie sich gut, wie Sie die Verkleidungsteile abgebaut haben. Sie werden in umgekehrter Reihenfolge wieder angebaut. Die Explosionszeichnungen können auch helfen, die verschiedenen Schrauben den Verkleidungsteilen wieder richtig zuzuordnen.

Nehmen Sie immer exakt passende Werkzeuge – wenn Sie Billigwerkzeug nehmen, werden die Schraubenköpfe beschädigt und sehen dann vermurkst und somit wüst aus.

Legen Sie abgebaute Verkleidungsteile auf sauberen Lappen ab und platzieren Sie diese außerhalb jeglicher Fußreichweite, denn man tritt während des Schraubens an der Maschine rasch auf ein am Boden liegendes Teil. Im Extremfall bricht es, garantiert zerkratzt es.

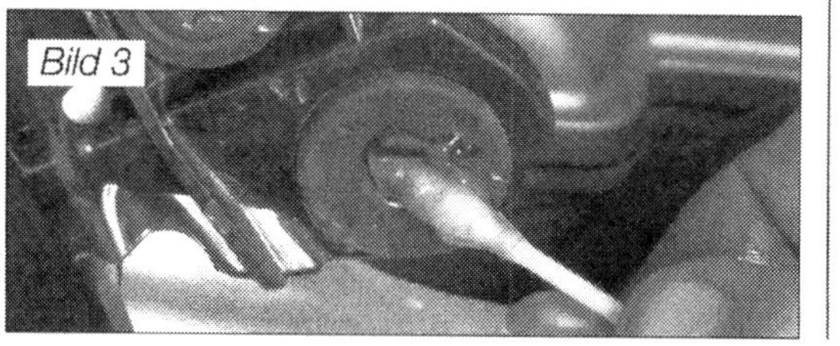

Wenn man die an verschiedenen Stellen eingebauten Gummibuchsen, in die die Haltezapfen einiger Verkleidungs-Bauteile eingesteckt werden, mit etwas Silikonpaste einstreicht (Bild 3), bleiben sie flexibel und weich und die Zapfen lassen sich leichter montieren.

Die Schrauben der Verkleidungsscheibe sind in »Gummimuttern« eingeschraubt, die sich beim Festziehen der Schraube in sich spannen. Ziehen Sie die Schrauben mit viel Gefühl an, denn wenn sie zu fest angezogen werden, wird entweder die Gummimutter zerstört oder die Scheibe reißt.

■ Legen Sie die abgebauten Verkleidungsteile auf sauberen Lappen ab (holen Sie dazu ruhig Mutters Bettzeug) oder hängen Sie sie mit S-Haken an die Wand.

■ Platzieren Sie abgeschraubte Verkleidungsteile außerhalb jeglicher Fußreichweite, denn man tritt während des Schraubens an der Maschine rasch auf ein am Boden liegendes Teil. Im Extremfall bricht es, garantiert zerkratzt es.

■ Bei der Montage im Honda-Werk werden die Verkleidungsschrauben »trocken« eingeschraubt, also ohne Öl. Wenn die Maschine einige Zeit auf dem Buckel hat, sind die Schrauben korrodiert. Gönnen Sie ihnen deswegen beim Wiedereinschrauben etwas Öl.

■ Achten Sie beim An- und Zusammenbau der Verkleidung darauf, dass keine Kabel, Stecker oder Bowdenzüge eingeklemmt werden. Wenn es doch passiert, nehmen Sie das Verkleidungsteil wieder ab und verlegen die Kabel, Stecker oder Bowdenzüge sauber und klemmfrei.

Rückspiegel

Jeder Rückspiegel ist mit zwei Inbusschrauben am Verkleidungshalter (Bild 4) befestigt. Der Abbau ist problemlos: Spiegel mit einer Hand halten, Schrauben ausdrehen, Spiegel abnehmen.

■ Beim Anbau darauf achten, dass die Bohrungen in der Verkleidung richtig auf den beiden Bünden am Verkleidungshalter sitzen, dann Rückspiegel ansetzen, Schrauben eindrehen und gleichmäßig in mehreren Schritten auf 14 Nm festziehen.

Seitenverkleidungen

Von den beiden seitlichen Schwingenlager-Rahmenteilen nach oben ist rechts und links je ein Verkleidungsteil angebracht. Wenn z. B. der Tank abgebaut werden soll, müssen diese beiden Seitenverkleidungen vorher abgebaut werden.

1. Untere Halteschraube lösen und ausdrehen.

2. Vorsichtig oben am Verkleidungsteil ziehen und so den Zapfen aus der Gummibuchse ziehen, Seitenverkleidung abnehmen (Bilder 5 und 6).

Seitliche Frontverkleidungen

Die seitlichen Fontverkleidungsteile rechts und links, in die die vorderen Blinker eingebaut sind, müssen abgebaut werden, wenn z. B. der Tank abgenommen werden soll. Bitte nehmen Sie sich

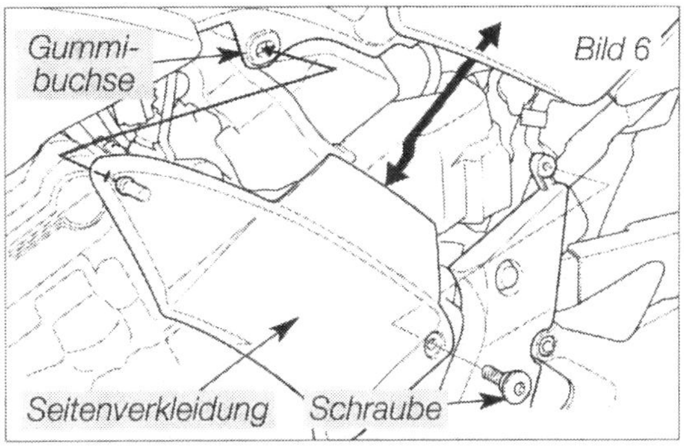

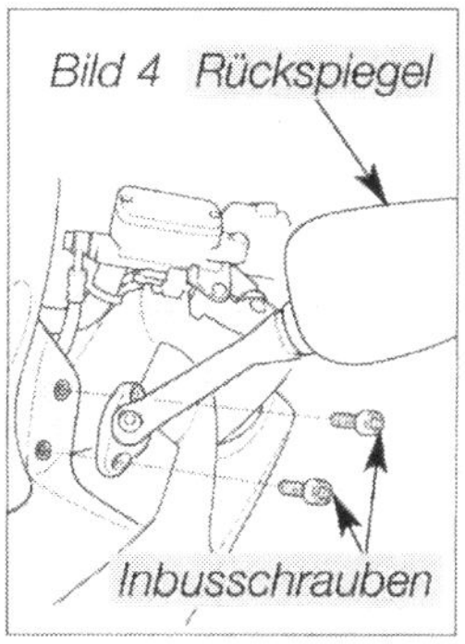

Bilder 4 bis 9c: Im Lauftext sind die zu den Bildern gehörenden Arbeitsschritte nummeriert beschrieben.

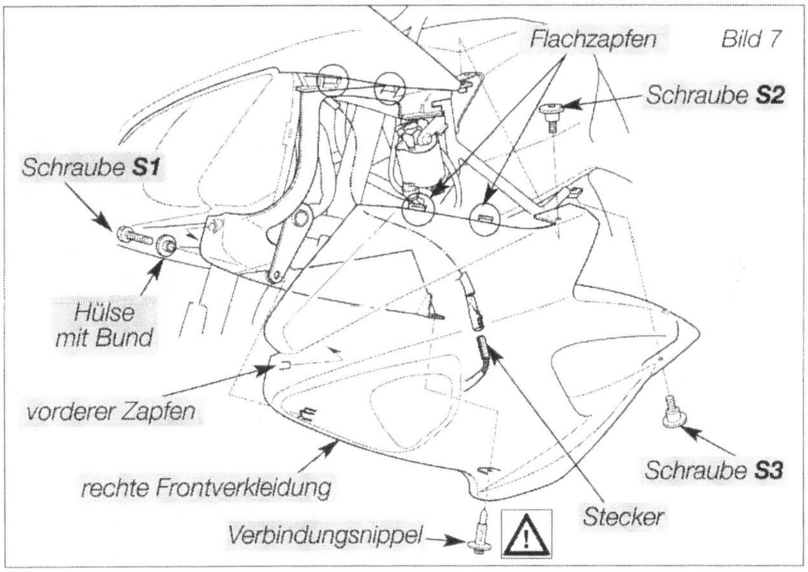

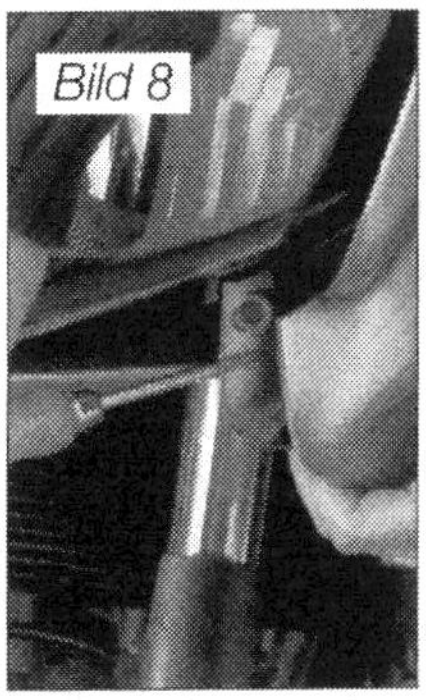

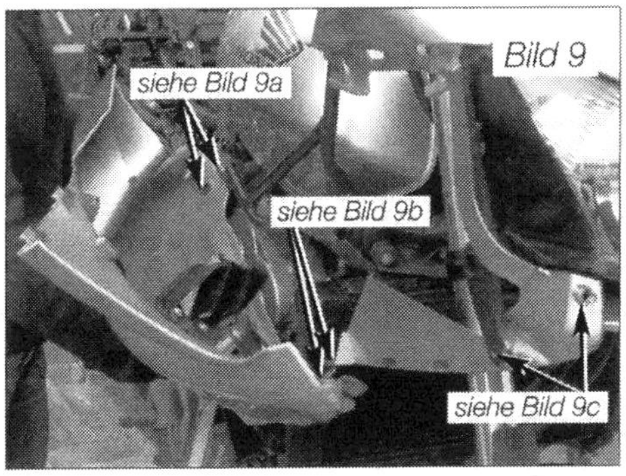

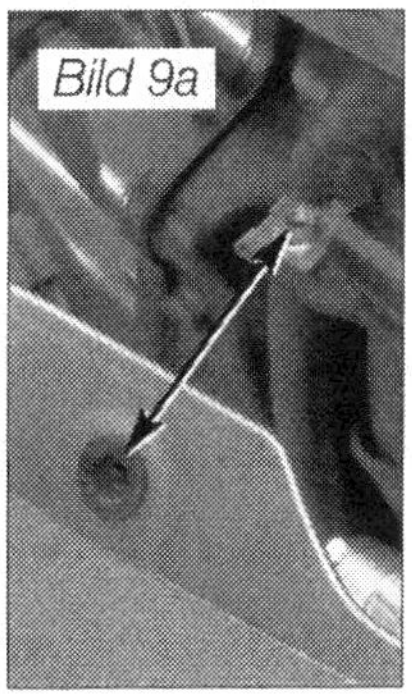

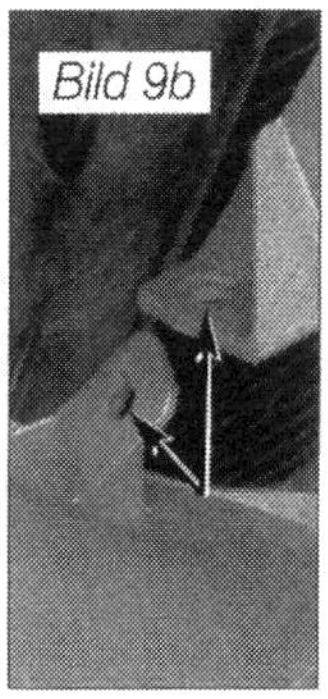

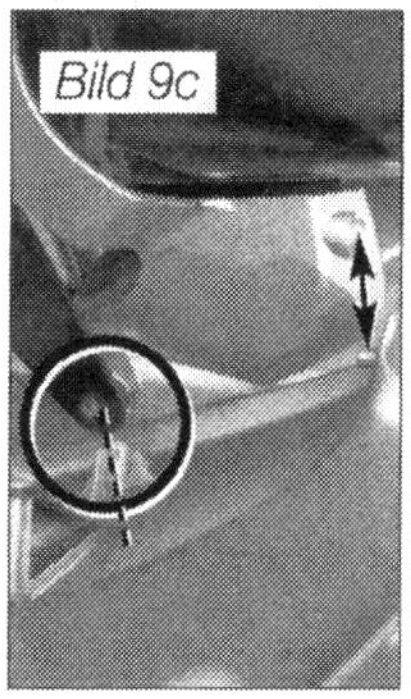

Sichtprüfung Messen

zum Ab- und Anbau die Zeichnung in Bild 7 und die Bilder 8 bis 9c zu Hilfe.

1. Schraube S1 vorne-unten lösen, ausdrehen.
2. Verbindungsnippel ausbauen.
3. Schraube S2 oben lösen und ausdrehen.

3.1. Schraube S3 unten lösen und ausdrehen.
4. Stecker des Blinkerkabels trennen.
5. Verkleidungsteil unten anpacken und etwas nach außen schwenken (Bild 9).
5.1. Gleichzeitig vorderen Zapfen aus Sitzbohrung vorne in der Frontverkleidung lösen (Bild 8).
5.2. Verkleidungsteil vorsichtig weiter nach außen schwenken. Gleichzeitig die vordere Nase und die mittleren Flachzapfen aus ihren Verankerungen in der Mittelverkleidung lösen, Verkleidungsteil abnehmen.

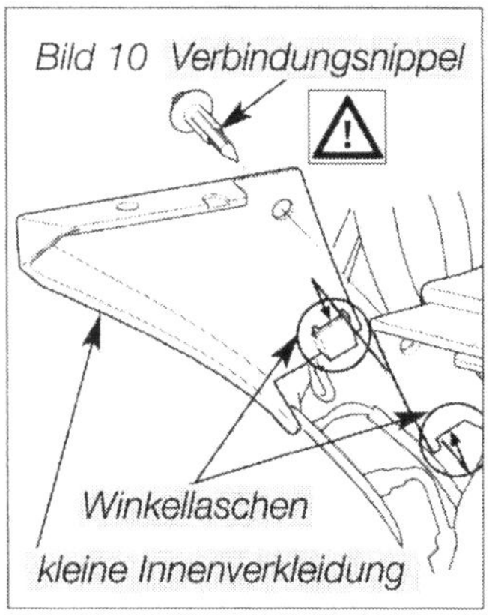

Bild 10

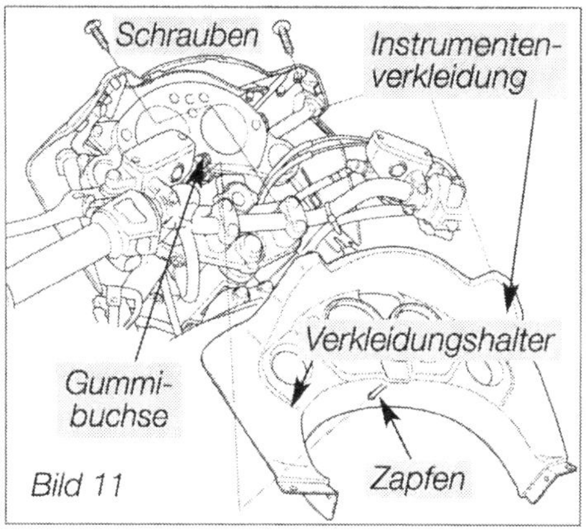

Bild 11

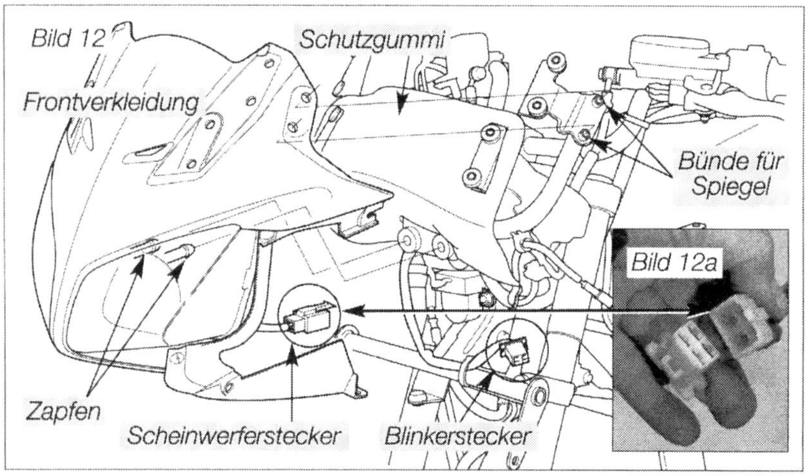

Bild 12

Instrumentenverkleidung

1. Die beiden kleinen Innenverkleidungen (Bild 10) abbauen: Verbindungsnippel ausbauen, Innenverkleidung von Halterung und Ende der Instumentenverkleidung lösen, nach unten herausnehmen: Dabei auf die Winkellasche unten achten, NICHT quer daran reißen!
2. Instrumentenverkleidung nach oben abziehen: ■ Direkt unter dem »Honda«-Signet ist ein Zapfen angebracht, der in eine Gummibuchse eingesteckt ist: senkrecht nach oben abziehen (Bild 11)!

Mittlere Frontverkleidung

1. Scheinwerferstecker trennen (Bild 12a).
2. Rechts und links oben in der Verkleidung sind zwei Bohrungen: Diese von den Bünden der Verkleidungshalter lösen (Bild 12).
3. Vor die Maschine stehen, Vorderrad zwischen die Knie nehmen, Hände rechts und links an die Kante der Verkleidung in Höhe der Lampen und komplette Verkleidung nach vorne ziehen: Beide Zapfen werden aus ihren Gummibuchsen gezogen, Verkleidung kann abgenommen werden.

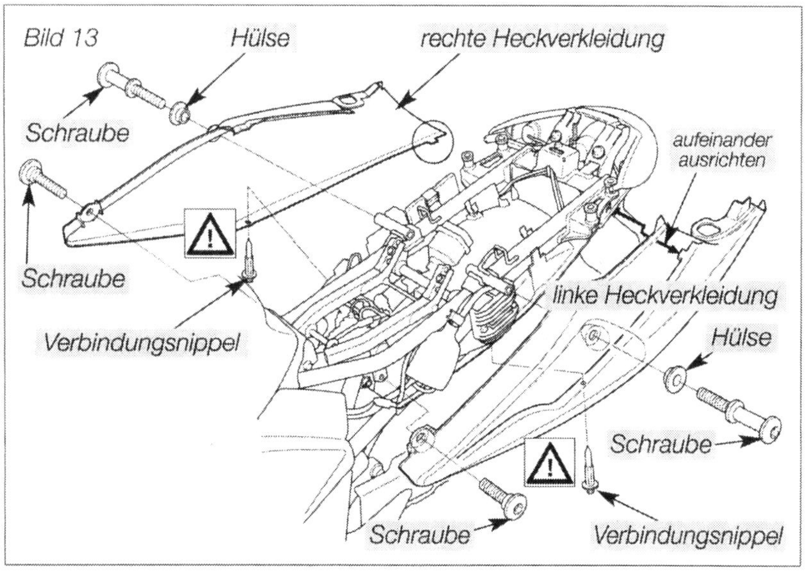

Bild 13

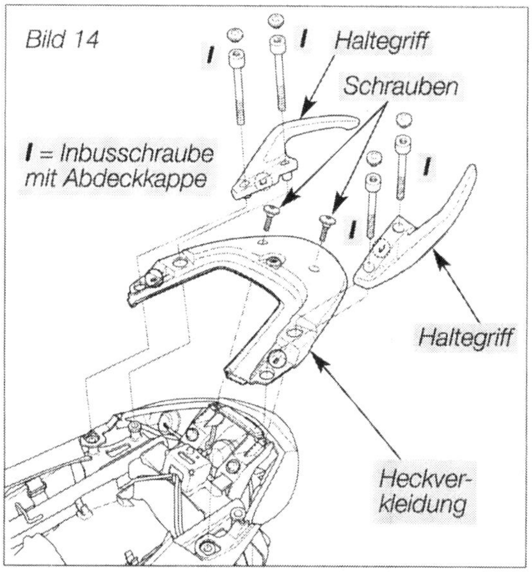

Bild 14

Heckverkleidungen

Wenn die seitlichen sowie die obere Heckverkleidungen ab- und angebaut werden sollen, nehmen Sie sich die Zeichnungen in den Bildern 13 und 14 zu Hilfe. Alle Teile sind einfach abzubauen und wieder zu montieren.

Tank ab- und aufbauen

Wenn der Tank abgebaut wird, soll er möglichst leer sein; nicht nur weil er weniger wiegt, sondern weil dann weniger Sprit ausläuft. Wenn ein voller Tank ab muss, dann pumpen Sie vorher möglichst allen Sprit ab.

Achtung: Beim Abbau des Tanks nicht rauchen, keine offenen Flammen und kein Funkenflug in weitem Umkreis der Schraubstelle!

Achtung: Für ausreichende Belüftung des Raumes sorgen! Motor NIEMALS in geschlossenen Räumen laufen lassen!

Tank abbauen

1. Motor muss kalt sein, Zündung AUS.
2. Sozius-/Fahrersitz und Verkleidung abbauen wie in diesem Kapitel und Kapitel 4 »Einstellungen« beschrieben.
3. Vordere Befestigungsschrauben des Tanks ausschrauben (Bild 18a).
4. Mutter auf hinterer (langer) Tankhalteschraube abschrauben (Bild 18).
5. Tank vorne anheben und abstützen (z. B. mit einem Stück Holz, Bild 17a).
6. Stecker der Benzinpumpe trennen.
7. Druck im Benzinsystem abbauen: Motor starten und im Leerlauf so lange laufen lassen, bis er ausgeht. Zündung ausschalten.
8. Untere Schraube der Öse am Tanksicherungszug lösen und ausdrehen.
9. Lappen unterlegen, unter den Tank greifen, Entlüftungs- und Überlaufschlauch von Stutzen abziehen.
■ Wenn Benzin ausläuft: Sofort aufputzen!
10. Benzinschlauch abziehen:
10.1. Gummisicherung zurückschieben.
10.2. Vordere Enden des Kupplungseinsatzes zusammendrücken und gleichzeitig die Kupplung vom Stutzen abziehen (Bilder 15 bis 17).
11. Tank abnehmen und so lagern, dass kein Benzin ausläuft!
■ Ausgelaufenes Benzin sofort aufputzen!

Beim Aufbau des Tanks in umgekehrter Reihenfolge besonders darauf achten:

■ Neuen inneren Kupplungseinsatz (Bild 17) verwenden (Honda-Vorschrift!).
■ Kupplungseinsatz in Kupplungsgehäuse einsetzen, zusammendrücken und gleichzeitig auf den Rohrstutzen aufschieben: Es muss fühl- und hörbar klicken (Bild 16).
■ Gummisicherung einschieben.
■ Entlüftungs- und Überlaufschlauch auf ihre Stutzen auf der Tankunterseite schieben, sie müssen knickfrei verlegt sein.
■ Stecker der Benzinpumpe richtig zusammenstecken (muss klicken).

Bilder 10 bis 18 und 18a: Im Lauftext sind die zu den Bildern gehörenden Arbeitsschritte nummeriert beschrieben.

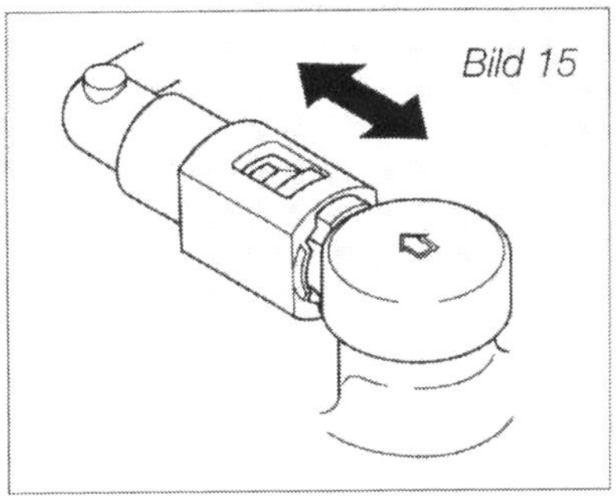

Bild 15

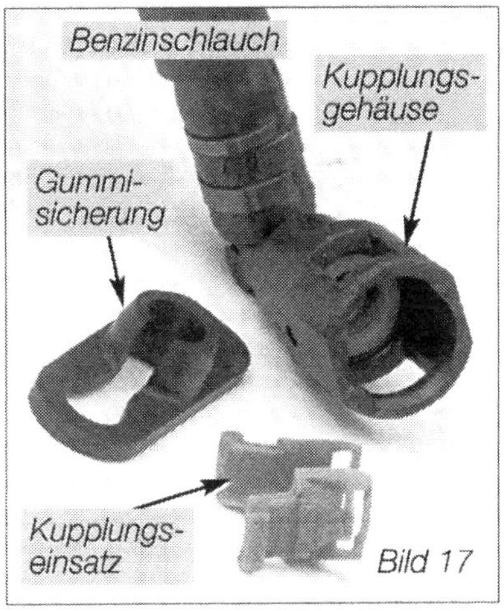

Bild 17

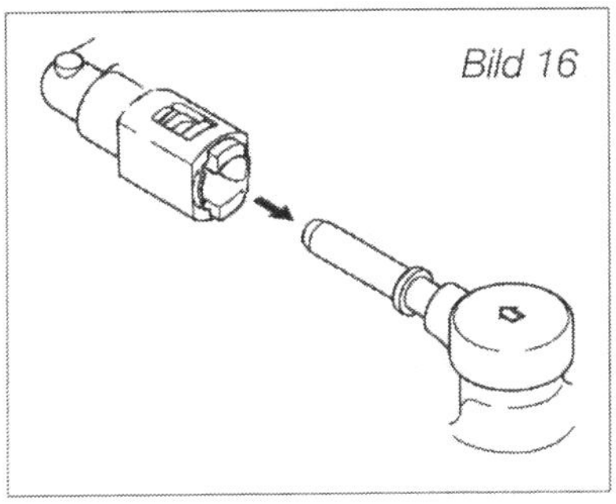

Bild 16

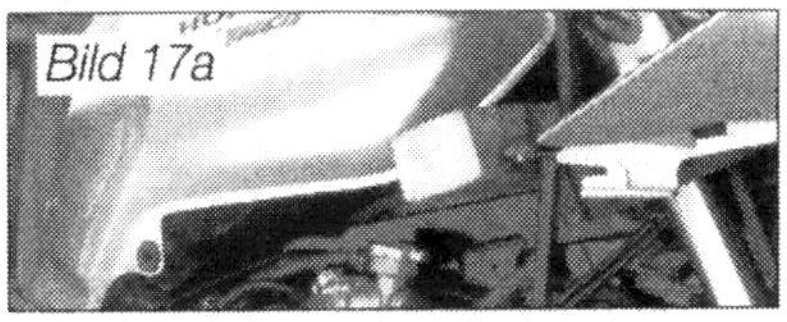

Bild 17a

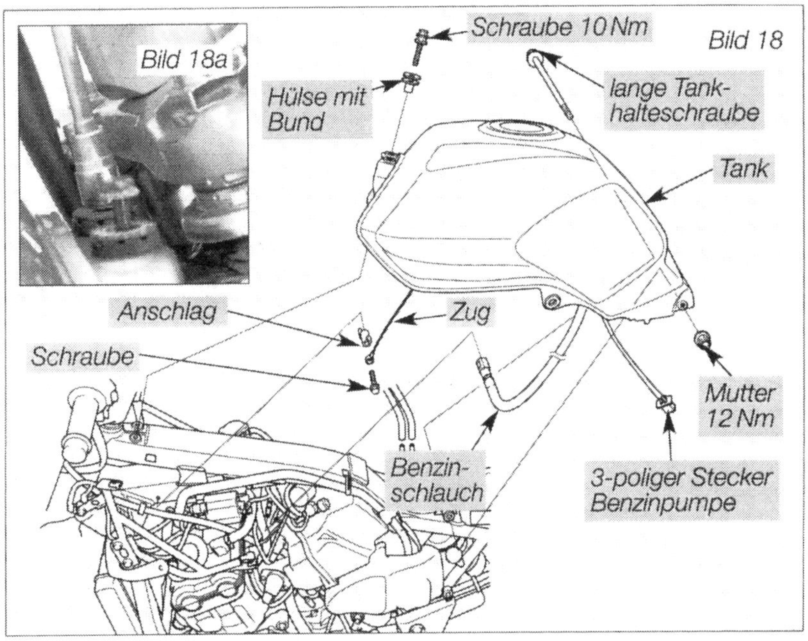

Bild 18

Nummern und Aufkleber

Die CBF 1000 ist mit verschiedenen Nummern und Aufklebern bestückt. Wir erklären hier die wichtigsten.

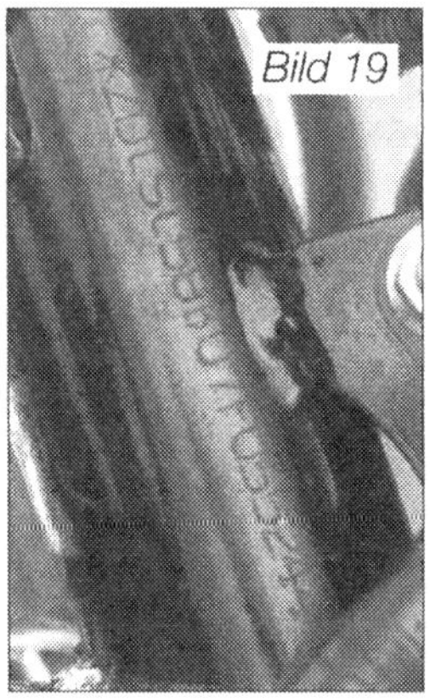
Bild 19

Bild 20

Bilder 19 bis 25: Im Lauftext sind die zu den Bildern gehörenden Arbeitsschritte nummeriert beschrieben.

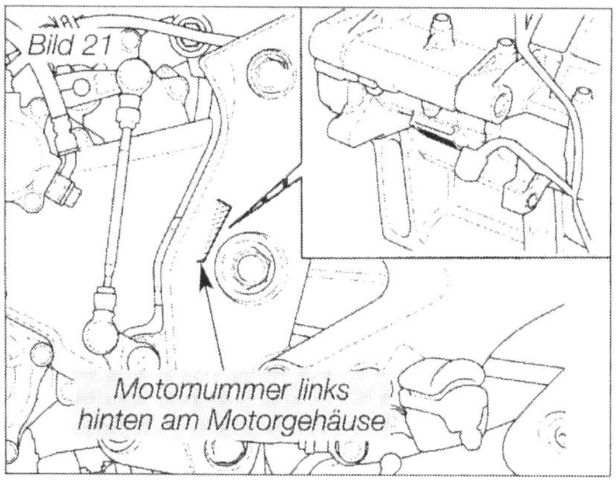

Bild 21

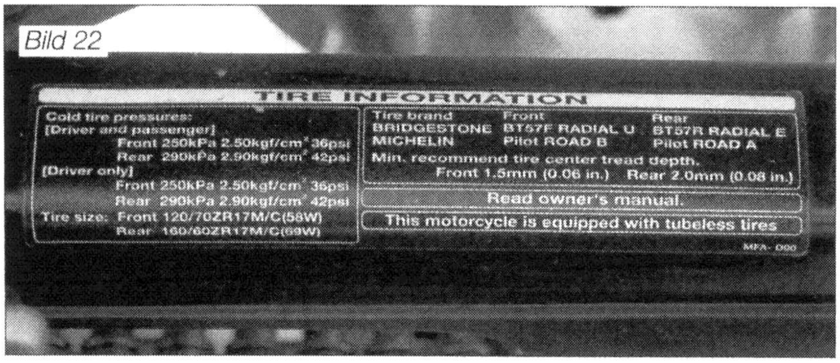

Bild 22

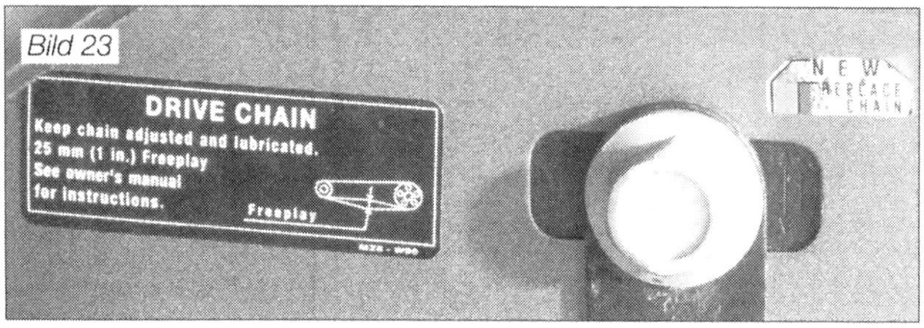

Bild 23

Fahrgestellnummer: Die wichtigste Nummer zur Identifikation der Maschine ist die Fahrgestellnummer. Diese ist rechts vorne am Lenkkopf eingestanzt (Bild 19). Sie ist ein zweites Mal auf dem Typenschild (Bild 20) am Rahmenrohr links vorne (hinter dem Kühler) zu finden. Beide Nummern müssen gleich sein und mit der Nummer im Fahrzeugbrief und im Fahrzeugschein übereinstimmen.

Motornummer: Die Motornummer ist links hinten in das Motorgehäuse eingeschlagen (Bild 21). Sie ist nicht identisch mit der Fahrgestellnummer, hat keine zulassungsrechtliche Bedeutung und ist auch weder im Kraftfahrzeugbrief noch im Fahrzeugschein vermerkt. Dennoch ist zu empfehlen, sie für eigene Zwecke zu notieren. Ebenfalls sollte die Motornummer bei einem Verkauf des Fahrzeugs oder beim Gebrauchtkauf im Kaufvertrag festgehalten werden.

Reifenkleber: Er ist auf die Kettenabdeckung aufgeklebt (Bild 22) und gibt Informationen über die serienmäßig aufgezogenen Reifen, den vorgeschriebenen Luftdruck und die Profiltiefe.

Kettenkleber: Er befindet sich am linken Schwingenholm (Bild 23) und weist auf den vorgeschriebenen Kettendurchhang (»Kettenspannung«) hin (siehe Kapitel 10 »Kette«). Am Ende der Schwinge ist über dem Hinterachs-Langloch ein weiterer Kettenkleber zu finden mit einem roten und grünen Feld: Wenn beim Kettenspannen die innere Markierung auf dem Achsaufnehmer das rote Feld erreicht, ist die Kette verschlissen und muss erneuert werden.

Zubehör- und Zuladungs-Aufkleber: Er ist unter der Sitzbank auf dem hinteren Schutzblech aufgeklebt (Bild 24) und weist auf Zubehör und Zuladung hin.

Farbkleber: Er ist auf einem Rahmenrohr unter der Sitzbank aufgeklebt (Bild 25). Wenn Sie farbige Ersatzteile kaufen wollen (z. B. Verkleidungsteile), wird der Farbcode zwingend benötigt.

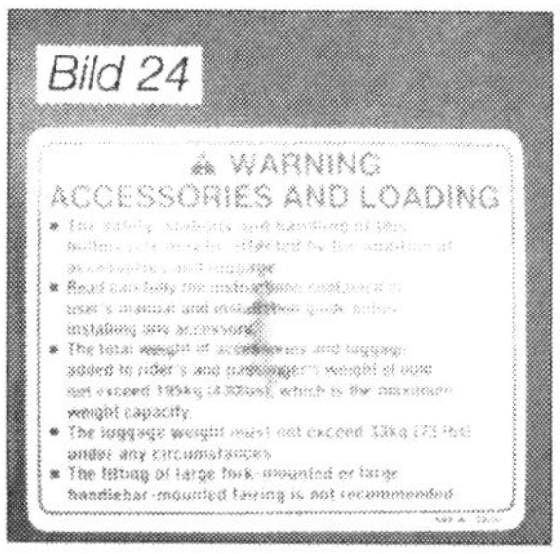

Bild 24

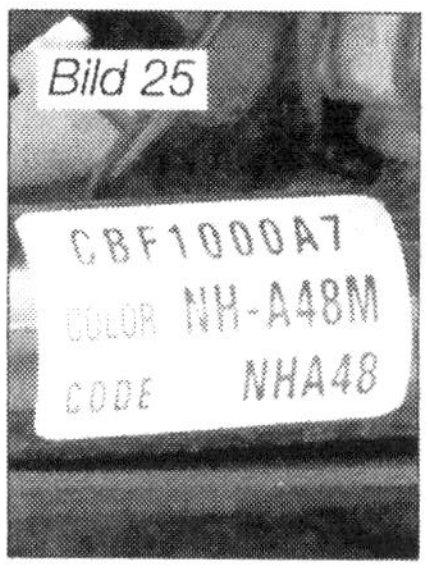

Bild 25

Rahmen

Lenkanschlag prüfen

Als Lenkeinschlag-Begrenzer sind auf der Oberseite der unteren Gabelbrücke rechts und links zwei Vorsprünge angegossen (Bild 26), die bei entsprechendem Lenkeinschlag an den rahmenfesten Gegenstücken anschlagen. Alle Anschlagstellen gelegentlich kontrollieren: Weist auch nur eine davon Risse auf oder ist gar abgebrochen, ist dies ein sicherer Hinweis auf einen Unfall der Maschine (wichtig beim Gebrauchtkauf).

Seitenständer

In Kapitel 5 »Wartung« sind wir auf die Prüfung des Seitenständerschalters eingegangen, hier behandeln wir das Gelenk des Seitenständers:

- Beim Aus- und Einklappen muss sich der Seitenständer leicht bewegen lassen; beim Einklappen muss er zuverlässig nach oben an den Anschlag in die Waagerechte schnappen.
- Wenn der Seitenständer-Lagerbolzen längere Zeit trocken (also ungeschmiert) betätigt wird, dann verschleißen der Lagerbolzen sowie die Lagerstelle. Dies ist bei einem alten, schlecht gepflegten Motorrad oft der Fall. Die Seitenständerfeder (Bild 27) darf weder gerissen noch an ihren umgebogenen Enden verschlissen sein. Wenn doch, unbedingt ersetzen!

Seitenständer abbauen

1. Motorrad sicher auf Mittelständer abstellen, Seitenständer muss hochgeklappt sein.
2. Doppelfeder zuerst am Haken des Ständers aushängen, dann am Haken des Rahmens.
3. Seitenständerschalter abschrauben.
4. Kontermutter vom Seitenständer-Lagerbolzen lösen und abschrauben.
5. Seitenständer-Lagerbolzen ausschrauben.
Wichtig: Wenn das Gewinde des Seitenständer-Lagerbolzens nicht mehr einwandfrei ist, neuen Originalbolzen mit Mutter kaufen. Keine billige Eisenschraube aus dem Baumarkt oder unbekannter Herkunft aus einer typischen Werkstatt-Schraubenkiste verwenden!

Seitenständer anbauen

1. Lagerstelle von Seitenständer, Rahmen und Federhalter mit Fett einschmieren.
2. Federn am Seitenständer anhängen (Bild 27).
3. Seitenständer an Rahmen anführen, Federn am Rahmen einhängen, Seitenständer in hochgeklappter Stellung ansetzen und auf Gelenkbohrung ausrichten.
4. Seitenständer-Lagerbolzen eindrehen und mit 15 Nm festziehen.
5. Bundmutter aufdrehen und mit 39 Nm festziehen. Dabei den Seitenständer-Lagerbolzen mit einem Schlüssel gegenhalten, damit er sich nicht wieder aufdreht.
6. Schalter und Betätigungsgabel anbringen.

Fußrasten

Die Fahrerfußrasten sind auf Gelenkbolzen beweglich in den Fußrastenhaltern gelagert. Diese Gelenkstelle liegt im Spritzwasserbereich und ist deswegen anfällig für Korrosion. Der Ausbau der Fußraste ist einfach:

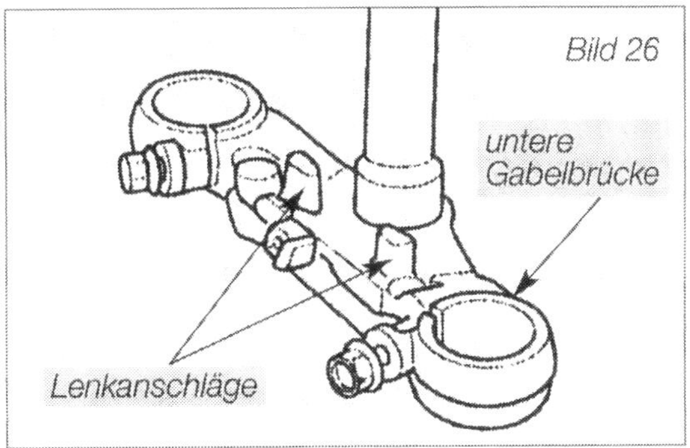

Bild 26: Lenkanschläge auf der unteren Gabelbrücke.

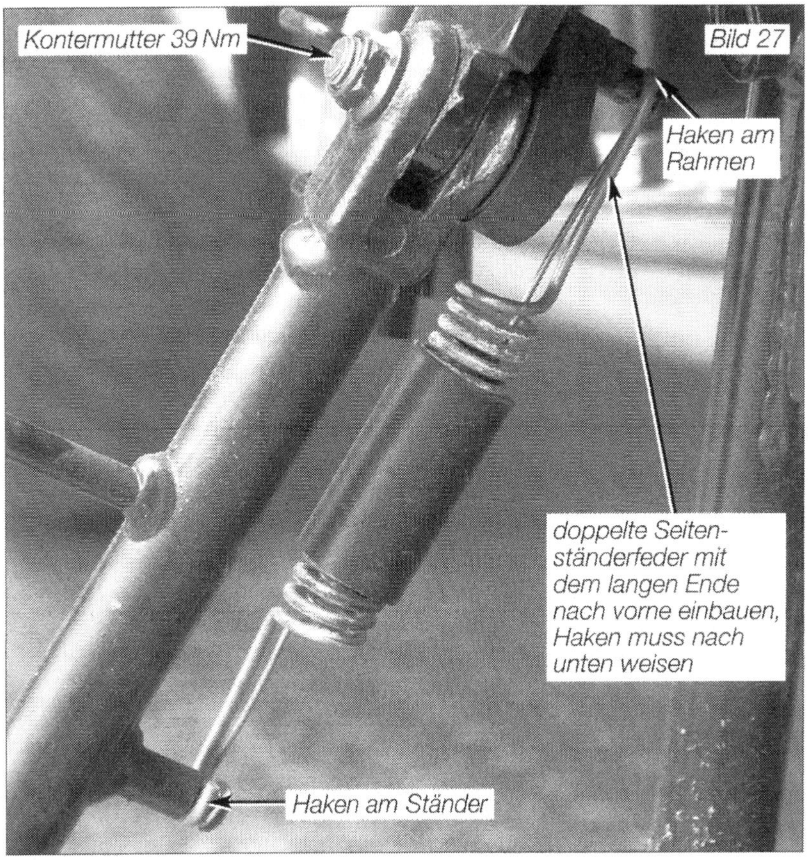

Bild 27: Die doppelte Seitenständerfeder ist mit dem langen Ende nach vorne eingebaut.

1. Splint gerade biegen und ausziehen.
2. Gelenkbolzen ausdrücken.
3. Teile gut reinigen und mit schwerem Fett einschmieren.

Beim Zusammenbau darauf achten, dass die Feder richtig herum eingesetzt wird: Ihre Enden müssen in die dafür vorgesehenen Bohrungen eingreifen. Bolzen einschieben, Splint einsetzen, beide Enden sicher umbiegen (Bild 29).

Bild 28

Bild 29

Fußrasten-Gelenkbolzen: Bei Bedarf mit Fett schmieren, Splint muss vorhanden und an beiden Enden sicher umgebogen sein

Bilder 28 und 29: Klappbare Fahrerraste. Der Bolzen muss gelegentlich geschmiert werden, die Enden des Splints müssen sauber umgebogen sein.

Motor aus- und einbauen

Zum Aus- und Einbau des Motors muss die Maschine sicher aufgebockt sein, am besten auf Front- und Heckmontageständer.
Wichtig: Motor nicht auf dem Ölfilter abstützen!

Motorausbau:
1. Sitze, Verkleidung, Tank, Batterie abbauen.
2. Kühlflüssigkeit und Motoröl ablassen.
2.1. Um eine drohende Ölsauerei zu vermeiden: Motoröl-Ablassschraube und Motorölfilter wieder eindrehen und povisorisch festziehen.
3. Abbauen: Kühler (muss nicht unbedingt weg, ist aber besser!), Auspuffanlage, Schaltgestänge, Kupplungsnehmerzylinder (Druckstange herausziehen!), vorderes Kettenritzel. Luftfilterkasten, Drosselklappenkörper. Zündkerzenstecker abziehen, Zündspulen abbauen, Schläuche und Schaltventil der Sekundärlufteinblasung.
4. Hinterachsmutter lösen und die Kettenspanner so weit nach vorne drehen, dass die Kette so weit wie möglich durchhängt.
5. Kabelklemmen lösen, alle Steckverbinder der Kabel zwischen Rahmen und Motor trennen, Kabel herausziehen bzw. so zur Seite legen, dass sie beim Motorausbau nicht hindern.
5.1. Kabelklemme vom Anlassermotor und Massekabel abschrauben.
6. Motor mit Wagenheber unterbauen, Hölzer dazwischenlegen. Wagenheber leicht hochbocken.
7. Vordere Motorhalteschrauben lösen und ausdrehen, Distanzbuchsen wegnehmen.
8. Muttern der Motorhaltebolzen hinten oben und unten lösen und abdrehen.
Wichtig: Motorhaltebolzen am Kopf gegenhalten, Mutter lösen und abdrehen.
9. Mutter des Schwingenlagerbolzens lösen und abdrehen, Scheibe abnehmen.
■ Schwingenlagebolzen NICHT ausziehen!
10. Mutter von den beiden Motorhaltebolzen, die oben und unten durch die Schwingenlagerträger durchgesteckt sind, lösen und abdrehen.
11. Linken Schwingenlagerträger etwas nach außen ziehen und nach links (= gegen den Uhrzeigersinn) drehen.
12. Mutter rechts unten innen lösen, abdrehen,
12.1. Mutter rechts oben innen lösen, abdrehen.
13. Nochmal nachsehen, ob der Wagenheber auch richtig unter dem Motor sitzt!
13.1. Wenn »ja«, hintere Motorhaltebolzen ausziehen, Buchsen wegnehmen, Motor aus dem Rahmen ziehen. Dabei die Kette von der Getriebeabtriebswelle abnehmen.

Tipp: Während des Motorausbaus immer wieder nachsehen, ob nicht doch noch irgendwo ein Kabel »hängt« bzw. zum Rahmen hin mit dem Stecker verbunden ist!

Motoreinbau:
1. Motor in den Rahmen einfahren. Kette über die Getriebeabtriebswelle hängen, bevor der Motor in seine endgültige Einbauposition gebracht wird.
2. Kabel und Gaszüge vorsortieren und in die ungefähre Endlage bringen.
3. Motor mit dem Wagenheber in Einbauposition hochheben und in Einbauposition bringen.
4. Alle hinteren Motorhaltebolzen einsetzen: Buchsen siehe Zeichnung in Bild 30.
4.1. Muttern aufdrehen (NICHT festziehen!), Scheiben siehe Zeichnung in Bild 30.
5. Vordere Motorhalteschrauben: Distanzbuchsen einsetzen, Schrauben eindrehen und handfest anziehen.
6. Anzugsreihenfolge:
6.1. Vordere Motorhalteschrauben 60 Nm
6.2. Mutter auf hinterem oberen und unteren Bolzen 60 Nm
6.3. Mutter auf Schwingenlagerbolzen 98 Nm
6.4. Muttern in Schwingenlagerträger oben und unten 69 Nm
7. Abgebaute Teile in umgekehrter Aus- und Abbaureihenfolge wieder anbauen.
7.1. Kabelstecker sicher zusammenklicken.
7.2. Motoröl und Kühlflüssigkeit einfüllen.

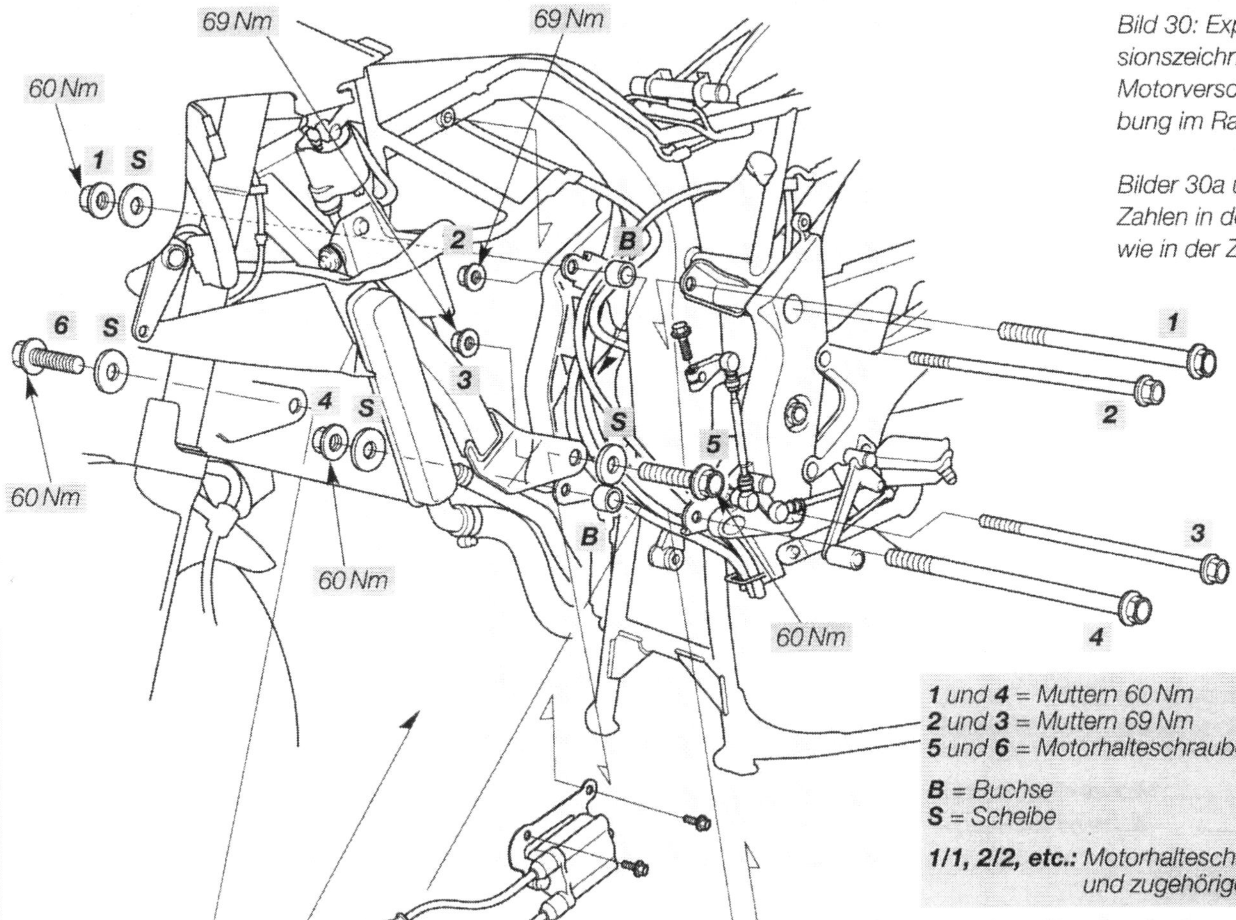

Bild 30: Explosionszeichnung der Motorverschraubung im Rahmen.

Bilder 30a und 30b Zahlen in den Bildern wie in der Zeichnung.

***1** und **4** = Muttern 60 Nm*
***2** und **3** = Muttern 69 Nm*
***5** und **6** = Motorhalteschrauben 60 Nm*

***B** = Buchse*
***S** = Scheibe*

***1/1, 2/2, etc.:** Motorhalteschrauben und zugehörige Mutter*

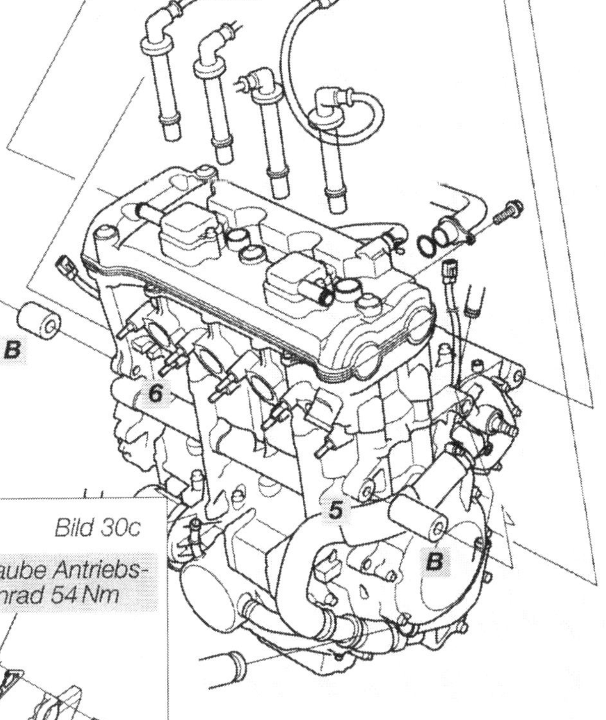

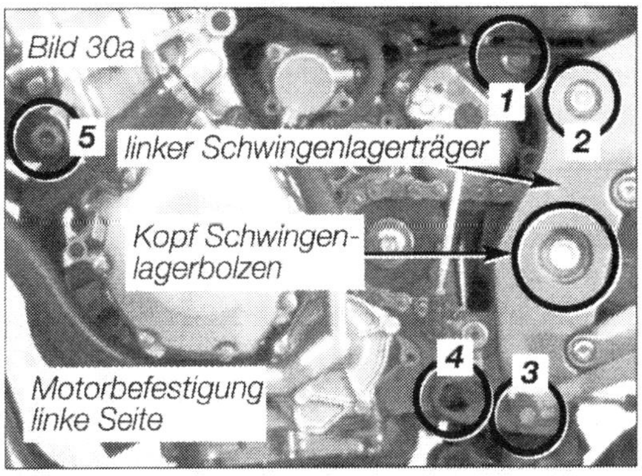

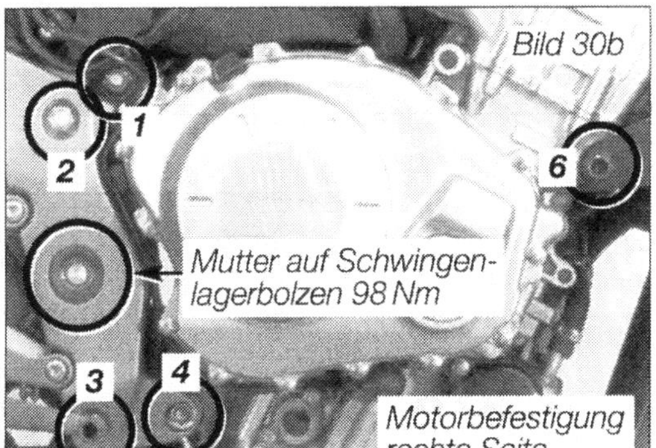

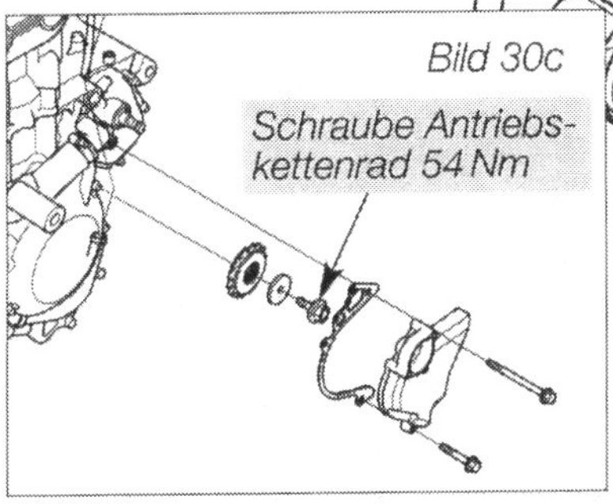

Reifen

In diesem Kapitel: Felgen- und Reifengrößen · Reifenluftdruck · Luftdruckkontrolle · Reifendruckprüfer · Reifenverschleiß · Profiltiefe · Nachrüstreifen · Adressen Reifenhersteller und Importeure · Zugelassene Reifen für die CBF 1000 · Montage, Auswuchtung · Reifenlebensdauer, Reifenlagerung.

Felgen und Reifen

Felgen- und Reifengrößen

Vorderrad:
Felge .... 17M/C x MT 3.50
Reifen .... 120/70 ZR17 M/C (58W)
Hinterrad:
Felge .... 17M/C x MT 5.00
Reifen .... 160/60 ZR17 M/C (69W)

Serienmäßig montierte Reifen

vorne: ...... Bridgestone BT 57 F Radial U
hinten: ..... Bridgestone BT 57 R Radial E
oder
vorne: .... Michelin Pilot Road B
hinten: .... Michelin Pilot Road A

Reifenluftdruck

Achten Sie immer auf korrekten Reifenluftdruck. Dieser soll bei kalten Reifen gemessen werden. Die von Honda für alle CBF 1000 vorgeschriebenen Reifenluftdrücke betragen:
vorne .... 2,5 bar
hinten... 2,9 bar
Diese gelten für alle Zuladungsarten, also solo, mit Sozius und Gepäck.

Luftdruckkontrolle

Der Reifenluftdruck sollte mindestens alle zwei Wochen geprüft (Bild 1) und ggf. korrigiert werden. Immer dicht schließende Ventilkappen mit einwandfreier Gummidichtung verwenden (Bild 2)! Wenn keine Kappe aufgeschraubt ist, geraten nicht nur Staub und Schmutz in das Ventil hinein, sondern es kann sich auch bei hohen Geschwindigkeiten aufgrund der starken Fliehkräfte der Ventileinsatz öffnen und Luft entweichen.

Reifendruckprüfer

Verlassen Sie sich bei der Kontrolle des Reifenluftdrucks nicht unbedingt auf die Angabe auf der Skala des Tankstellengeräts, sondern besorgen Sie sich einen ordentlichen Reifendruckprüfer und führen diesen im Motorrad mit. Kaufen Sie KEIN billiges Plastikteil im Baumarkt, sondern ein Präzisionsmessgerät. Sehr gut ist das Druckmessgerät mit stabilem Alugehäuse vom deutschen Hersteller Flaig (Bild 1). Erhältlich ist es in gut sortierten Motorrad- und Zubehörläden.

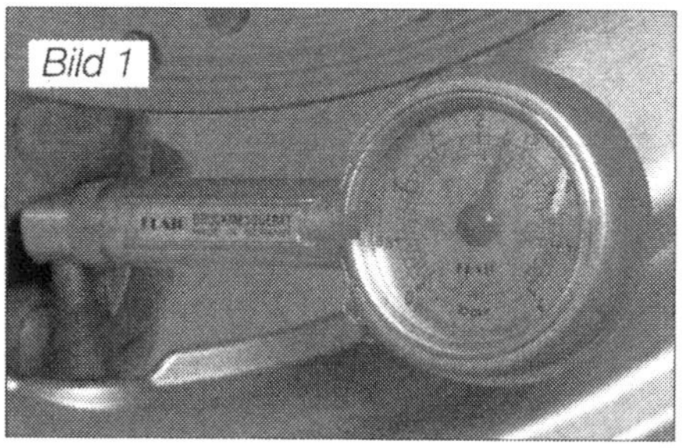

Luftdruck bei kaltem Reifen prüfen: Vorgeschriebene Werte beachten!

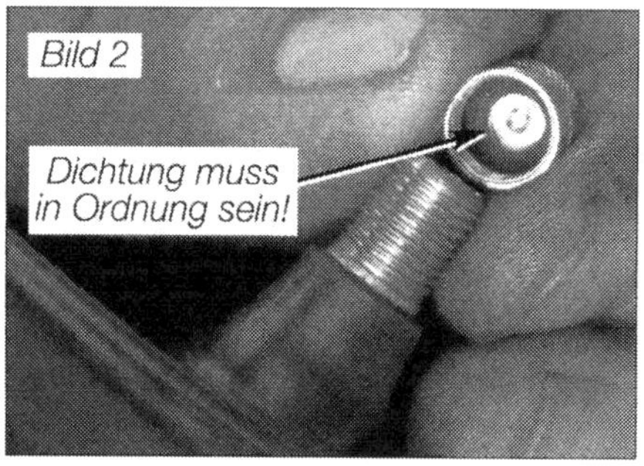

Auf das Reifenventil gehört eine Schraubkappe mit einwandfreier Dichtung.

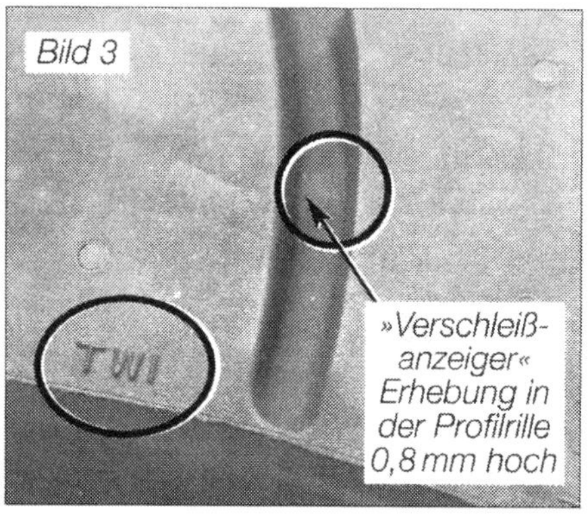

Verschleißanzeiger in der Profilrille, TWI-Kennzeichnung am Rand des Profils.

Produktionsdatum: Dieser Reifen wurde in der 35. Kalenderwoche 2003 gefertigt.

Reifenverschleiß

Reifen sind Verschleißteile, irgendwann sind sie abgefahren: Die Oberfläche (»Lauffläche«) des Reifens wird immer dünner, die Rillen (»Profilrillen«) immer niedriger.

Profiltiefe

In die Profilrillen sind 0,8 mm hohe Verschleißanzeiger eingearbeitet; ihre Lage ist außen am Profilrand mit TWI bezeichnet (Bild 3). »TWI« ist die Abkürzung von »Tread Wear Indicator«. Manche Hersteller haben auch nur ein kleines Dreieck angebracht. Ein TWI markiert an der Seitenwand eine Hauptprofilrille, in der 0,8 mm hohe Erhebungen eingearbeitet sind: Wenn diese bündig sind mit der Reifenoberfläche, ist der Reifen abgefahren, weil er nur noch 0,8 mm Profiltiefe hat!

Tatsächliche Pofiltiefe

Wichtig: Gemessen wird die tatsächliche Profiltiefe _neben_ einer TWI-Erhebung.

Übrigens entsprechen die 0,8 mm Höhe der kleinen Erhebungen nicht der bei uns gesetzlich vorgeschriebenen Mindestprofiltiefe von 1,6 mm; denn diese 0,8 mm-Erhebungen sind ausschließlich für den amerikanischen Straßenverkehr angebracht, wo eine Mindestprofiltiefe von 0,8 mm gilt. Europaweit gesetzlich vorgeschrieben ist eine Mindestprofiltiefe von 1,6 mm. Wir empfehlen, schon bei 2 mm neue Reifen aufzuziehen.

Wenn bei einer Polizeikontrolle festgestellt wird, dass die Profiltiefe weniger als 1,6 mm beträgt, wird es ungemütlich, denn neben 50 Euro Bußgeld gibt es auch drei Punkte in Flensburg auf's Konto. Weiterhin informiert die Polizei das zuständige Landratsamt und dieses verlangt eine Beseitigung der Mängel innerhalb von zwei Wochen. Wird der Nachweis der »Mängelbeseitigung«

nicht erbracht, legt die Behörde das Motorrad zwangweise still.

Nachrüstreifen

Alle bei Redaktionsschluss dieser Reparaturanleitung (März 2008) für die CBF 1000 für den öffentlichen Straßenverkehr freigegebenen Reifen der namenhaften Hersteller sind in diesem Kapitel auf den folgenden Seiten aufgelistet und abgebildet.

Wenn Sie einen bestimmten Reifen einer Marke und/oder einer Profilbezeichnung montieren möchten, der nicht in die Papiere eingetragen ist, kontaktieren Sie zuerst den Hersteller bzw. Importeur der Reifen und fragen nach Freigaben und Verfügbarkeit. Meist sind die aktuellen Freigaben auch auf den Internetseiten der Hersteller abzurufen (Adressen siehe unten).

Immer gut über Freigaben und Bereifungsmöglichkeiten informiert sind die Honda-Motorradhändler. Verfolgen Sie zum Thema »neue Reifen« auch die aktuelle Motorrad-Fachpresse.

Freigabebescheinigung

In den EU-konformen Kfz-Papieren, die seit Anfang 2006 bei einer Neu- oder Wiederzulassung ausgegeben werden, ist nur noch die Reifengröße vermerkt, nicht jedoch eine Marken- und Profilbindung. Nach dem momentanen Stand der Bürokratie zum Redaktionsschluss dieser Reparaturanleitung genügt es, wenn die Freigabebescheinigung des Reifenherstellers vom Fahrer mitgeführt und bei einer Verkehrskontrolle vorgezeigt wird.

Übrigens: In der Schweiz ist keine Freigabebescheinigung nötig. Es dürfen alle Reifen montiert werden, die in Größe, Tragkraft und Geschwindigkeitsindex den Werksvorschriften entsprechen.

Produktionsdatum

Das Alter der Reifen kann einfach überprüft werden: An einer Stelle der Seitenwand ist hinter der Bezeichnung DOT eine mehrstellige Buchstaben- und Zahlenkombination einvulkanisiert (Bild 4). Produktionswoche und Produktionsjahr gehen eindeutig aus den letzten vier Ziffern hervor (siehe Bild 4). Für neue Reifen garantiert jeder Reifenhersteller

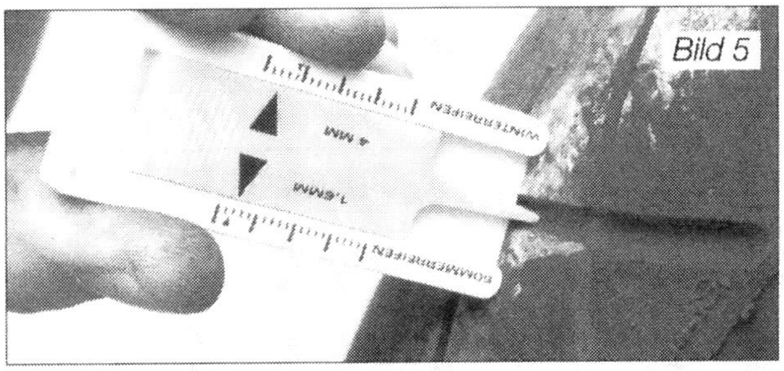

Bild 5: Das ist zwar kein Präzisionsmessgerät, aber es ist besser als nur zu schätzen: Dieser Reifen hat noch 2 mm Profiltiefe und sollte umgehend erneuert werden.

Adressen der Reifenhersteller und Importeure in D, A, CH

Avon

- **Cooper Tire & Rubber Company Deutschland GmbH**
  Hans-Böckler-Straße 4
  D-64823 Groß-Umstadt
  www.avon-motorradreifen.de
- **Autoplus GmbH**
  Richard-Strauss-Straße 14, A-1232 Wien
  www.avonmotorcycle.com
- **Cooper Avon (Suisse) S.A.**
  Hagackerstrasse 12, CH-8953 Dietikon
  www.avontyres.com

Bridgestone

- **Bridgestone Deutschland GmbH**
  Du-Pont-Straße 1
  D-61352 Bad Homburg v.d.H.
  www.bridgestone.de
- **Bridgestone Austria GmbH**
  Laxenburgerstraße 252, A-1232 Wien
  www.bridgestone.at
- **Bridgestone Schweiz**
  Limmatpark
  Pfadackerstr. 6, CH-8957 Spreitenbach
  www.bridgestone.ch

Continental

- **Continental AG**
  GB Motorradreifen
  Continentalstr. 3–5, D-34497 Korbach
  www.conti-moto.de

Dunlop

- **Dunlop GmbH & Co. KG**
  Abteilung PM-M
  Dunlopstraße 2, D-63450 Hanau
  www.dunlop.de
- **Goodyear Dunlop Tires Austria GmbH**
  Pottendorfer Straße 25, A-1120 Wien
  www.dunlop.at
- **Goodyear Dunlop Tires Suisse SA**
  Industriestrasse 21, CH-8604 Hegnau
  www.dunlop.ch

Heidenau

- **Reifenwerk Heidenau GmbH & Co. KG**
  Hauptstraße 44, D-01809 Heidenau
  www.reifenwerk-heidenau.de
- **Reifen Brawenec GmbH point-S**
  Triester Straße 342, A-1230 Wien
  www.reifen-brawenec.at
- **Josef Faber GmbH**
  Kirchstetterngasse 21, A-1160 Wien
  www.faber.at
- **RSD-Jelinek Motorradreifen**
  Hubertsgasse 14, A-1160 Wien
  www.jelinek.at
- **Ofrag Vertriebsgesellschaft**
  Hübelacherstrasse 1, CH-5242 Lupfig
  www.ofrag.ch

Weitere Kooperationspartner:

- **RH Reifen Service AG**
  Amriswilerstrasse 41, CH-8589 Sitterdorf
  www.rh-reifen.ch
- **Hostettler AG**
  Haldenmattstrasse 3, CH-6210 Sursee
  www.yamaha-motor.ch

IRC

- **IXS Germany Hostettler GmbH**
  Neuenburger Str. 33, D-79379 Müllheim
  www.hostettler.com
- **Hostettler AG Pneuservice**
  Haldenmattstrasse 3, CH-6210 Sursee
  www.pneu-service.ch

Maxxis

- **Maxxis International GmbH**
  Kaddenbusch 31, D-25578 Dägeling
  www.maxxis.de (siehe »reifen-krupp«)

Metzeler

- **Pirelli Deutschland AG Metzeler Motorradreifen**
  Gneisenaustraße 15, D-80992 München
  www.metzelermoto.de
- **Metzeler Motorradreifen**
  Salzburger Straße 196, A-4600 Wels
- **Hostettler AG Pneuservice**
  Haldenmattstrasse 3, CH-6210 Sursee
  www.pneu-service.ch

Michelin

- **Michelin Reifenwerke AG & Co. KGaA**
  Michelinstraße 4, D-76185 Karlsruhe
  www.michelin-motorrad.de
- **Michelin Verkaufsgesellschaft**
  Wiegelestraße 10, A-1231 Wien
- **SA des Pneumatiques Michelin**
  Route Jo Siffert 36, CH-1762 Givisiez

Pirelli

- **Pirelli Deutschland AG Pirelli Motorradreifen**
  Gneisenaustraße 15, D-80992 München
  www.pirellimoto.de
- **Pirelli Austria**
  Salzburger Straße 196, A-4600 Wels
- **Hostettler AG Pneuservice**
  Haldenmattstrasse 3, CH-6210 Sursee
  www.pneu-service.ch

Reifenfreigaben

- **Alpha Technik GmbH & Co. KG**
  Reifenfreigaben, TÜV-Gutachten
  Äußere Salzburger Straße 201
  D-83071 Stephanskirchen
  www.alphatechnik.de
- **D. Theobald M & A Reifenhandel**
  Reifen-Großhändler
  Lindenstraße 4, D-97892 Kreuzwertheim
  www.dtheobald.de

Zugelassene Reifen* für die Honda CBF 1000 und CBF 1000A (mit ABS)

Avon

Vorderradreifen	Hinterradreifen
AV 59 Viper, Sport, Supersport in 120/70-ZR17 M/C (58W) TL	AV 60 Viper, Sport, Supersport in 160/60-ZR17 M/C (69W) TL

Bridgestone

Vorderradreifen	Hinterradreifen
BT 014 F Radial SE in 120/70 ZR17	BT 14 R Radial in 160/60 ZR17

Bridgestone

Vorderradreifen	Hinterradreifen
BT 21 F Radial in 120/70 ZR17	BT 21 R Radial in 160/60 ZR17

Bridgestone

Vorderradreifen	Hinterradreifen
BT 57 F Radial U in 120/70 ZR17	BT 57 R Radial E in 160/60 ZR17

Erstausrüstung. In Papieren eingetragen, keine Freigabe erforderlich.

Continental

Vorderradreifen	Hinterradreifen
ContiRoadAttack Z in 120/70 ZR17 M/C (58W) TL	ContiRoadAttack in 160/60 ZR17 M/C (69W) TL

Continental

Vorderradreifen	Hinterradreifen
ContiSportAttack in 120/70 ZR17 M/C (58W) TL	ContiSportAttack in 160/60 ZR17 M/C (69W) TL

Dunlop

Vorderradreifen	Hinterradreifen
Sportmax D 220 F ST in 120/70 ZR17 M/C (58W) TL	Sportmax D 220 ST in 160/60 ZR17 M/C (69W) TL

Dunlop

Vorderradreifen	Hinterradreifen
Sportmax Roadsmart in 120/70 ZR17 M/C (58W) TL	Sportmax Roadsmart in 160/60 ZR17 M/C (69W) TL

Metzeler

Vorderradreifen	Hinterradreifen
Roadtec Z6 Front in 120/70 ZR17 M/C (58W) TL	Roadtec Z6 in 160/60 ZR17 M/C (69W) TL

* Bis zum Drucktermin dieses Buchs im März 2009

die von ihm zugesagten Qualitätseigenschaften für den Zeitraum von mindestens fünf Jahren. Ein neuer Reifen, der laut Produktionscode vor drei Jahren produziert wurde, gilt als »frisch«.

Gebrauchte Reifen
Wenn ein montierter Reifen zwar noch genügend Profil hat, aber langsam »blank« wird und älter als fünf Jahre ist, sollte er sicherheitshalber erneuert werden. Dies gilt vor allem bei Reifen ungewisser Herkunft oder beim Kauf einer Gebrauchtmaschine.

Montage, Auswuchtung

Die Montage neuer Reifen sollte generell beim Honda-Händler oder Reifenhändler erfolgen, denn mit normalen Reifenmontiereisen lassen sich Schlauchlosreifen weder ab- noch aufziehen. In der Fachwerkstatt stehen in der Regel auch moderne elektronische Auswuchtmaschinen zur Verfügung, mit denen die Reifenmonteure auch umgehen können.

Unwucht
Pro Rad sind maximal 60 Gramm an Wuchtgewichten zulässig. Dies bedeutet: Hat ein Reifen eine Unwucht von mehr als 60 Gramm, muss er erneuert werden.

Reifenlebensdauer

Weiter vorne in diesem Kapitel haben wir die beiden miteinander verwandten Themen schon kurz gestreift, nachstehend vertiefen wir sie weiter, weil wir sie für sehr wichtig halten!

Alle namhaften Hersteller von Motorradreifen garantieren Folgendes: *»Ein bis zu maximal 5 Jahren sachgemäß gelagerter Reifen entspricht der Spezifikation eines Neureifens und ist in seiner Verwendungstauglichkeit und Qualität nicht beeinträchtigt und damit neuwertig. Daraus ergibt sich jedoch nicht zwangsläufig, dass Reifen, welche älter als 5 Jahre sind und immer sachgemäß gelagert wurden, nicht mehr verkehrssicher sind oder irgendwelchen qualitativen Einschränkungen unterliegen«.*

Reifenlagerung
Das wichtigste Kriterium für die Haltbarkeit eines neuen Reifens ist seine Lagerung:
- Der Reifen-Lagerraum muss kühl, trocken, dunkel und mäßig belüftet sein.
- Reifen dürfen nicht in einem Raum gelagert werden, in dem auch Lösungsmittel, Benzin oder Chemikalien lagern.
- Wenn Ihr Motorrad seit Jahren unbewegt mit einem Plattfuß in der Garage steht, sollten Sie bei einer Wiederinbetriebnahme schon im eigenen Interesse neue Reifen aufziehen, egal wie tief das Profil noch ist.

Reifen länger als fünf Jahre fahren?
Wenn ein Reifen montiert wird, der vor vier Jahren und elf Monaten produziert wurde, ist er in einem Monat fünf Jahre alt. Wenn der Reifen jedoch regelmäßig gefahren wird, bleibt er »frisch«: Denn durch die Walkarbeit des Reifens laufen in seinem Inneren chemische Prozesse ab, durch die der Reifen seine zugesicherten Eigenschaften erhält. Wenn das Motorrad regelmäßig gefahren wird und die Winterpause nicht länger als vier oder fünf Monate dauert, kann der Reifen mit gutem Gewissen noch zwei oder drei Jahre gefahren werden.

Fazit: Weil Reifen so ziemlich die wichtigsten Fahrwerksbauteile sind, empfehlen wir, auf sie sehr zu achten – und im Zweifelsfall lieber neue Reifen aufzuziehen als mit alten gebrauchten zu fahren!

Michelin

Vorderradreifen	Hinterradreifen
Pilot Power in 120/70 ZR17 M/C (58W)	Pilot Power in 160/60 ZR17 M/C (69W)

Erstausrüstung. In Papieren eingetragen, keine Freigabe erforderlich.

Michelin

Vorderradreifen	Hinterradreifen
Pilot Road (oder Pilot Road B) in 120/70 ZR17 M/C (58W)	Pilot Road (oder Pilot Road A) in 160/60 ZR17 M/C (69W)

Pirelli

Vorderradreifen	Hinterradreifen
Diablo Strada Front in 120/70 ZR17 M/C (58W) TL	Diablo Strada in 160/60 ZR17 M/C (69W) TL

Pirelli

Vorderradreifen	Hinterradreifen
Diablo Rosso Front in 120/70 ZR17 M/C (58W) TL	Diablo Rosso in 160/60 ZR17 M/C (69W) TL

Freigabe in Vorbereitung (Stand März 2008)

Räder

In diesem Kapitel: Zum Radaus- und -einbau benötigte Werkzeuge · Anziehdrehmomente · Wird Loctite gebraucht? · Vorderrad aus- und einbauen · Bauteile reinigen, prüfen · Hinterrad aus- und einbauen · Radlager, Räder und Radachsen prüfen, vermessen · Räder auf Rundlauf prüfen · Radlager wechseln mit Bremsscheiben ab- und anschrauben.

Bild 1

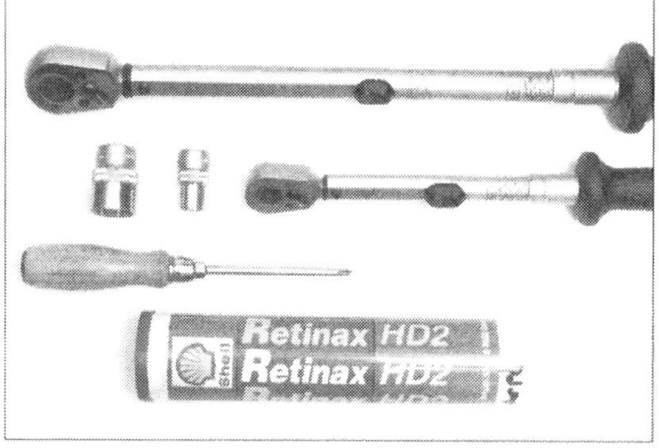

Bild 2

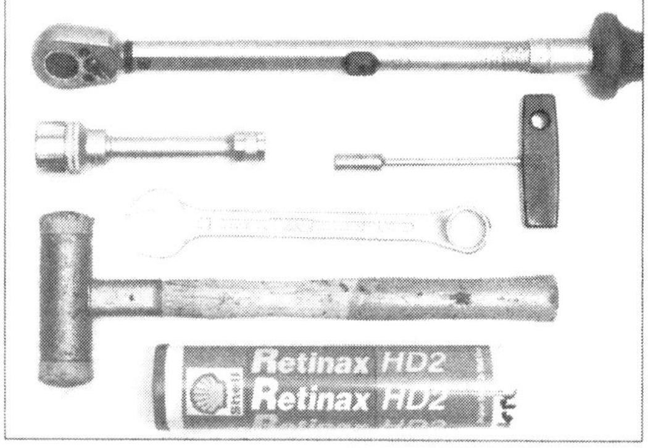

Bilder 1 und 2: Zum Aus- und Einbau von Vorderrad (Bild 1) und Hinterrad (Bild 2) benötigte Werkzeuge.

Räder aus- und einbauen

Werkzeuge fürs Vorderrad (Bild 1)

- Kleiner und großer Drehmomentschlüssel
- Achsschraube rechts .... Nuss SW 22
- Achskopf links .... Dorn/Schraubenzieher
- Achsklemmschrauben und Bremssattel-Befestigungsschrauben .... Nuss SW 12
- Gummiflitsche zum Weghängen der Bremssättel

Werkzeuge fürs Hinterrad (Bild 2)

- Drehmomentschlüssel mit Verlängerung
- Achsmutter rechts .... Sechskantnuss SW 27
- Schlüssel zum Gegenhalten der Achse am Sechskant-Achskopf links ..... Schlüssel SW 22
- Ab- und Anschrauben der Kettenschutzbefestigung .... Schlüssel SW8
- Kettenspanner .. Gabelschlüssel SW 12 und 14
- Kunststoffhammer zum Austreiben der Achse

Obwohl die CBF 1000 ABS einen Mittelständer hat, braucht man zum Aus- und Einbau des Vorderrads zusätzlich einen hydraulischen Wagenheber und Holzklötze, womit die Maschine vorne so hochgebockt wird, dass das Vorderrad gut eine Handbreit vom Boden frei kommt (Bild 3).

⚠ **Achtung:** Wenn die Maschine zum Aus- und Einbau der Räder auf einer Hebebühne steht, mit Riemen sichern (Bild 3). Wird die Maschine auf der Erde stehend beschraubt, darauf achten, dass sie nicht nur sicher steht, sondern auch niemand versehentlich dagegen stößt und sie deswegen entweder vom Ständer rollt oder seitlich umkippt. Werden beide Räder gleichzeitig ausgebaut, muss eine Sicherung rechtzeitig und sorgfältig vor Beginn des Radausbaus erfolgen!

Sicherheitshinweise ⚠ Achtung und ☞ Tipps für dieses Kapitel

⚠ Hand- bzw. Fußbremshebel nicht betätigen, wenn die Bremszangen abgeschraubt sind! Sonst rutschen die Klötze in die Zange und man kann sie nicht mehr montieren.

☞ Vor dem Abbau der Bremszangen einen Lappen so dick um den Gasgriff wickeln, dass der Bremshebel blockiert ist.

⚠ Wenn Vorder- oder Hinterradachse wegen Korrosion fest sitzen sollte, NICHT mit einem Eisenhammer oder einem Rohrstück auf das Ende der Achse bzw. auf deren Gewinde klopfen, um die Achse auszutreiben! Falls die Achse festsitzen sollte, was bei einem älteren Motorrad schon mal vorkommen kann, Kriechöl (»Rostlöser«) satt auf die Stellen sprühen, wo die Achse durch die Aufnahmen der Gabel, Schwinge und Radlager führt. Einige Minuten einwirken lassen und erneut versuchen. Gummi- oder Kunststoffhammer zu Hilfe nehmen.

⚠ Nach jeder Radmontage alle Schrauben und Muttern nochmals auf Festsitz kontrollieren!

Ganz penible Menschen machen sich Farbmarkierungen an die Schraubenköpfe und Muttern, die mit dem richtigen Drehmomentwert angezogen sind.

⚠ Beim Zusammenbau nur originale Schrauben und Muttern verwenden, also keine Teile undefinierbarer Herkunft aus einer Schraubenkiste.

⚠ Nach der Radmontage alles überschüssige Fett von den Radlagersimmerringen sauber abwischen, damit es nicht auf die Bremsscheiben gelangt!

⚠ Vor der ersten Fahrt nach der Radmontage die Bremsklötze durch Pumpen am Bremshebel in Position bringen.

Anziehdrehmomente am Vorderrad
Achsschraube in Vorderradachse .... 59 Nm
Achsklemmschrauben .... 22 Nm
Befestigungsschrauben Bremssattel .... 30 Nm

Anziehdrehmomente am Hinterrad
Mutter auf Hinterradachse .... 98 Nm
Muttern auf Kettenspannergewinde .... 21 Nm

Wird Loctite gebraucht?
Manche Mechaniker geben einen Tropfen Öl oder spezielles Aluminiumfett ans Gewinde der Bremssattel-Befestigungsschrauben, manche schwören auf das Einsetzen mit flüssiger Schraubensicherung Loctite »mittelfest«. Es gibt hierfür keine allgemein gültige Vorschrift.

Wichtig ist in jedem Fall, dass die Gewinde der Bremssattel-Befestigungsschrauben und in der Bremssattelhalterung einwandfrei in Ordnung sind, die Gewinde der Schrauben vor dem Wiedereindrehen mit einer Messingbürste gesäubert und mit dem vorgeschriebenen Drehmoment festgezogen werden.

Mehr zum Gebrauch von Loctite weiter hinten in diesem Kapitel im Textabsatz »Radlager aus- und einbauen« beim Ab-/Anbau der Bremsscheiben.

Vorderrad aus- und einbauen

Vorderrad ausbauen
Maschine ist dazu so aufgebockt, wie im Text weiter vorne beschrieben und in Bild 3 gezeigt. Holzklötze und Wagenheber unter dem Motor sauber ansetzen (Kreis in Bild 3), Auspuffrohre nicht zerdrücken!

1. Beide Bremssättel abschrauben (Bild 4) und von den Bremsscheiben ziehen. Nach rechts und links mit Gepäckgummis außerhalb des Rades weghängen (Bild 5).
■ Bremsschläuche dabei nur so wenig wie nötig verdrehen und nicht knicken!
■ Bei ABS-Maschinen: Vorsichtig mit dem Sensorkabel umgehen (Pfeil in Bild 5). Am besten VOR dem Radausbau die beiden Kabelhalter vom Gabeltauchrohr abschrauben.
Wichtig: Achsklemmschrauben in den Gabelfäusten (Bild 8) noch nicht öffnen!
2. Achsschraube rechts mit Sechskantnuss (Bild 6) SW 22 lösen (Bild 7) und ausschrauben.
3. Achsklemmschrauben in der rechten und linken Gabelfaust lösen (Bild 8) und mindestens zwei Umdrehungen öffnen.
4. Schraubenzieher in die Bohrung im Achskopf links einstecken, Achse unter gleichzeitigem Drehen und Ziehen ausziehen (Bild 9).
■ Rad dabei mit einer Hand etwas hoch halten.
5. Achse ganz herausziehen, Rad ablassen

Bild 3: Zum Aus- und Einbau des Vorderrads aufgebockte Maschine.

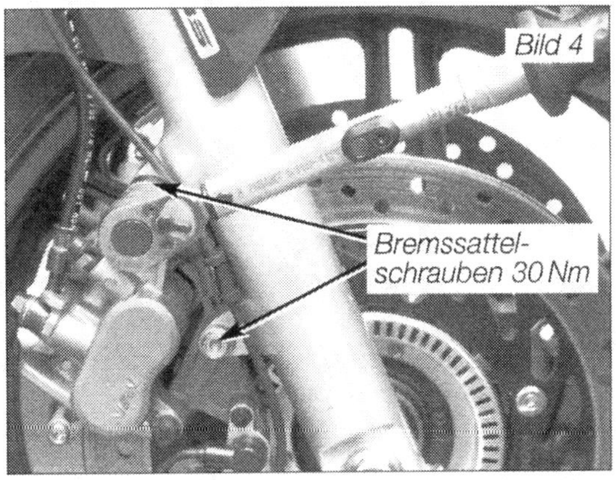

Bilder 4 bis 8: Im Lauftext sind die zu den Bildern gehörenden Arbeitsschritte nummeriert beschrieben.

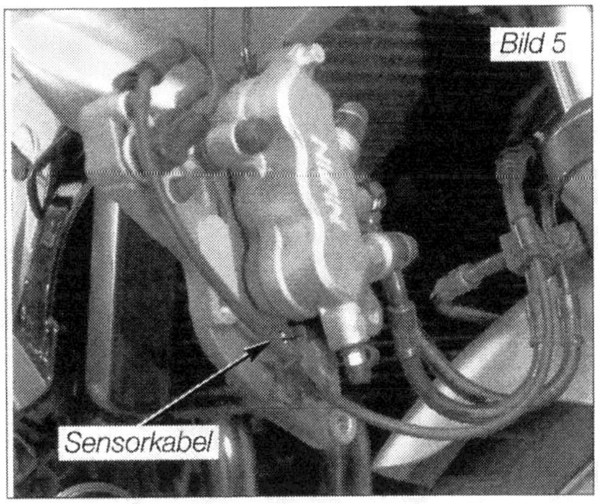

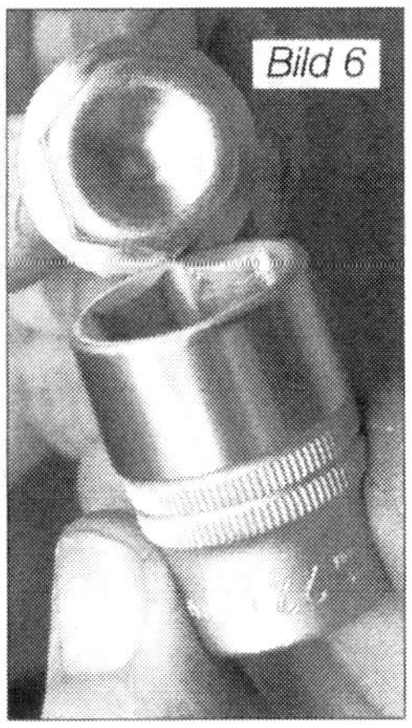

Sichtprüfung Messen

Bilder 9 bis 17: Im Lauftext sind die zu den Bildern gehörenden Arbeitsschritte beschrieben.

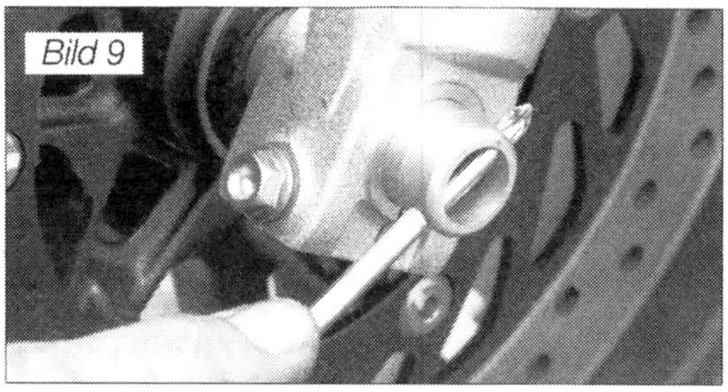
Bild 9

Bild 10

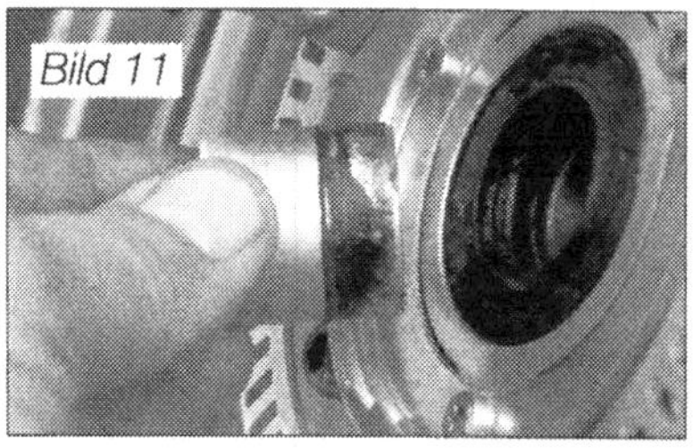
Bild 11

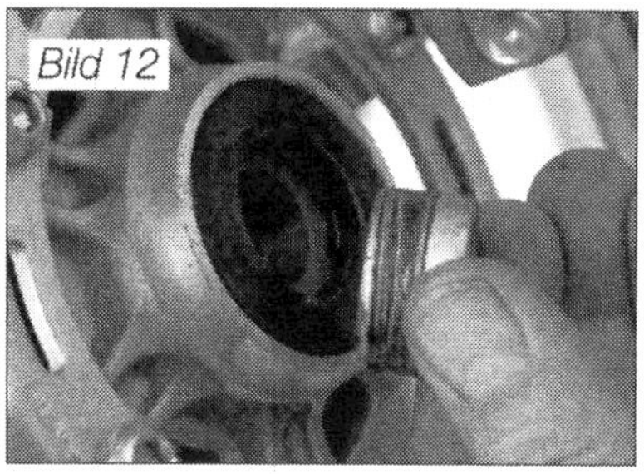
Bild 12

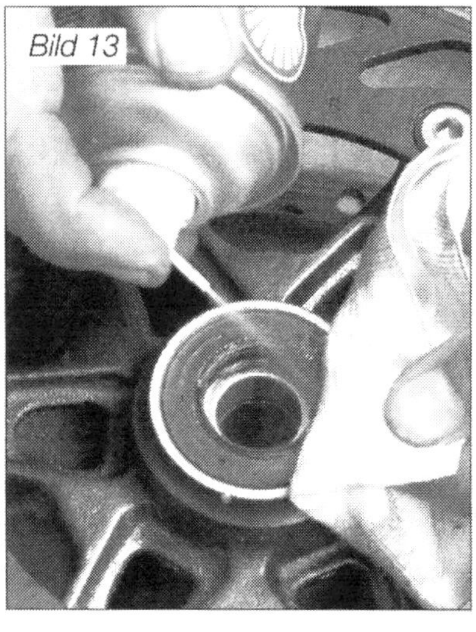
Bild 13

Bild 14

(Bild 10), Distanzbuchsen rechts (Bild 11) und links (Bild 12) herausnehmen, Rad nach vorne aus der Gabel herausnehmen.

Bauteile reinigen, prüfen

1. Distanzbuchsen (Bilder 11 und 12), Achsschraube und Achse (Bild 15) mit Ölspray (Bild 13) reinigen. Prüfen: Sind Oberflächen und Gewinde einwandfrei in Ordnung?

- Wenn »ja«, leicht mit Wälzlagerfett einfetten.
- Wenn »nein«, durch Neuteile ersetzen.

2. Gabelfäuste mit Ölspray reinigen. Klemmschrauben und Gewinde in Ordnung?

3. Radlager prüfen: Zeigefinger in den Innenring des Lagers stecken und drehen. Man spürt mit dieser »Fingerprobe« wie das Lager läuft.

- Wenn die Lager spielfrei sind und ohne fühlbares Knacken und Rubbeln laufen, sind sie in Ordnung.
- Wenn die Lager beschädigt sind, also Luft haben oder laut, knackend oder schwer laufen, müssen sie ersetzt werden. Wie das geht, steht weiter hinten in diesem Kapitel.

4. Radlager-Simmerringe rechts und links mit Ölspray reinigen (Bild 13). Einen Finger voll Wälzlagerfett in und hinter die Simmerringe schmieren (Bild 14).

5. Bremssättel mit Bremsenreiniger säubern. Dicke der Bremsbeläge kontrollieren (siehe dazu auch Kapitel 9 »Bremsen«).

6. Befestigungsschrauben der Bremssättel mit einer Messingbürste reinigen, entweder leicht einölen oder einen Tropfen Loctite »mittelfest« auf ihre Gewinde geben. In Reichweite auf den Kopf stellen, sie werden gleich gebraucht!

Vorderrad einbauen

1. Rad von vorne in die Telegabel einführen.

2. Distanzbuchsen einsetzen:

- Die längere gehört nach rechts (Bild 11).
- Die kürzere gehört nach links (Bild 12).

3. Rad anheben, Lagerbohrungen im Rad mit den Bohrungen der Gabelfäuste zueinander in Flucht bringen, Achse von links einführen (Bilder 15 und 16) und ganz durchschieben.

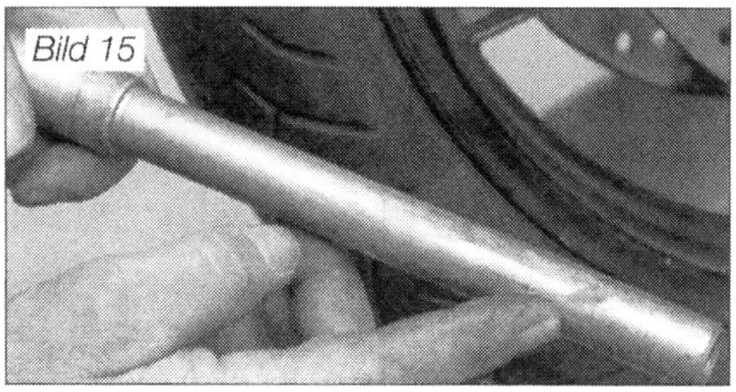
Bild 15

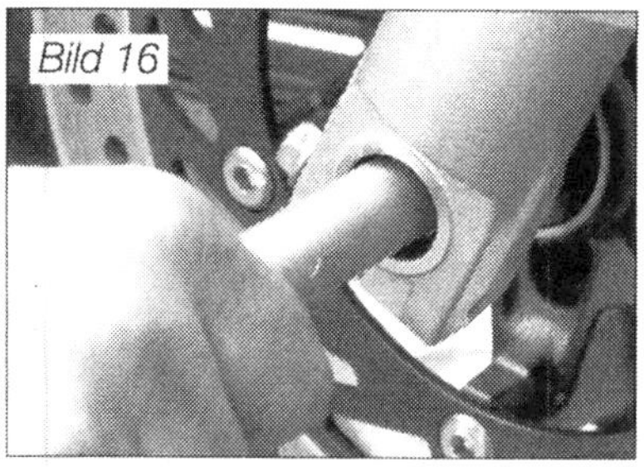
Bild 16

Bild 17

4. Achsschraube in das Gewinde der Achse von Hand eindrehen (Bild 17).
5. Schraubenzieher in den Achskopf links einstecken (Bild 9), 22er-Sechskantnuss auf den Kopf der Achsschraube rechts aufstecken und mit 59 Nm festziehen (Bild 18).
■ Achsklemmschrauben noch nicht festziehen.
6. Bremsscheiben mit Bremsenreiniger säubern. Bremssättel auf die Bremsscheiben aufschieben, Schrauben eindrehen und mit 30 Nm festziehen.
7. Wagenheber unter dem Motor wegnehmen, Motorrad vom Mittelständer abbocken, senkrecht stellen und mit nicht betätigter Vorderradbremse einige Male ein- und ausfedern.
■ Dadurch »setzt« sich die Achse in den Gabelfäusten, Verspannungen werden ausgeglichen bzw. vermieden.
7.1. Motorrad wieder aufbocken.
8. Erst jetzt die Klemmschrauben in den Gabelfäusten mit 22 Nm festziehen (Bild 19).
9. Bremse einige Male betätigen, dann ganz lösen. Rad durchdrehen und prüfen, ob es leicht und frei läuft.
10. Wichtig: Überschüssiges Fett von Simmerringen, Achse und Schraubstellen gut abwischen, damit nichts auf die Bremse gerät.

Hinterrad aus- und einbauen

Wenn man beim Aus- und Einbau des Hinterrads alleine arbeitet, kann das zu einer ziemlichen Frickelei ausarten, bis der hintere Bremssattel korrekt eingebaut ist. Organisieren Sie sich vor dem Radausbau einen Holzklotz, der knapp so dick ist, dass er (bei aufgebockter Maschine) zwischen Hinterrad und Boden passt (Bild 20). Dann knallt das (doch ziemlich schwere) Rad nicht plötzlich herunter, wenn die Achse ausgezogen ist, und es lässt sich auch viel einfacher wieder einbauen.

Hinterrad ausbauen

Hinweis: Der Bremssattel braucht zum Ausbau des Hinterrads nicht abgeschraubt zu werden.
1. Achsmutter rechts mit Sechskantnuss SW 27 (Bild 21) lösen und abschrauben.
■ Verlängerung benutzen (Bild 21), sonst stößt der Drehmomentschlüssel am Auspuff an.
1.1. Wenn sich die Achse mitdreht, am Achskopf links mit einem 22er-Schüssel gegenhalten.
2. Mutter, Scheibe, L-Unterlage abnehmen (Bild 22).
3. Achse mit einem Kunststoffhammer nach links etwas ausschlagen (Bild 23).
4. Achse am Sechskant-Achskopf packen und ganz ausziehen (Bild 24). Rad ablassen

Bilder 18 bis 23: Im Lauftext sind die zu den Bildern gehörenden Arbeitsschritte nummeriert beschrieben.

■ Montagetipp zum Ausbau des Hinterrads: Eine passende Holzlatte zwischen Hinterradreifen und Bodenfläche legen erleichtert den Rad-Aus- und Einbau erheblich.

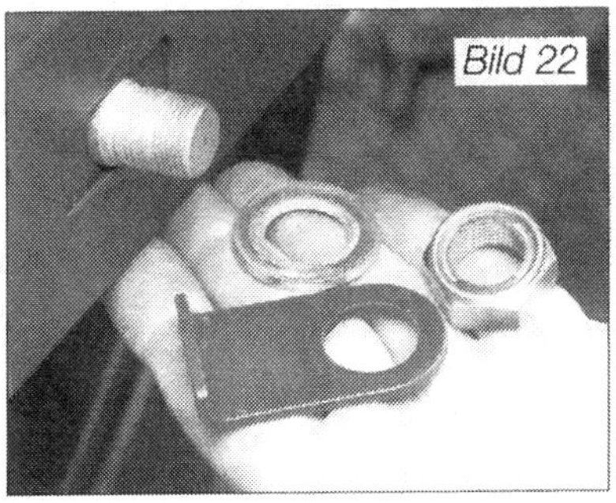

Bild 24

Bild 25

Bilder 24 bis 31: Im Lauftext sind die zu den Bildern gehörenden Arbeitsschritte nummeriert beschrieben.

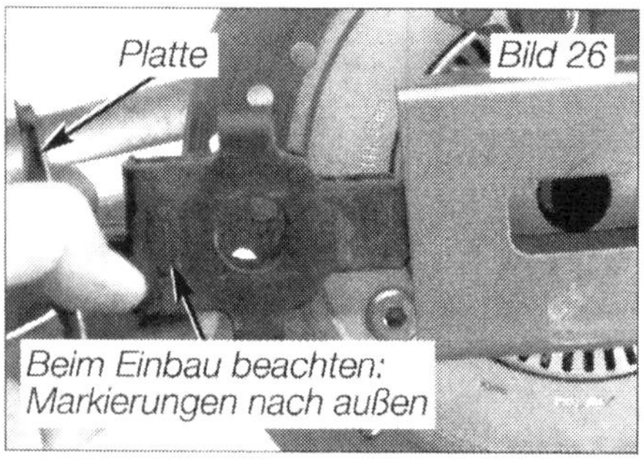

Bild 26

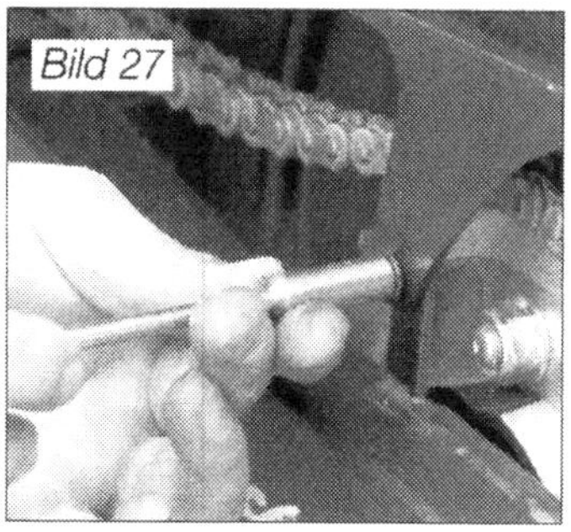
Bild 27

Bild 28

und nach vorne schieben (Bild 25).
5. Achsaufnahmen herausziehen (Bild 26).
6. Hintere Befestigungsschraube der Kettenabdeckung ausschrauben (Bild 27), Kettenabdeckung nach oben anheben, Kette nach links außen herunternehmen, auf der Schwinge ablegen (Bild 28). Lappen dazwischenlegen!
7. Rad so weit nach hinten ziehen, bis die Bremsscheibe aus dem Bremssattel ist (Bild 29).
8. Bremssattelhalter nach hinten vom Widerlager (Bild 31) ziehen, nach oben heben und außen auf der Schwinge ablegen (Bild 30). Lappen dazwischen legen!
9. Rad nach hinten rollen (Bild 33), Distanzbuchsen rechts (Bild 34) und links (Bild 35) aus den Simmerringen ziehen, Rad nach hinten herausnehmen.

Sehr Wichtig: Wenn die Räder zum Reifenwechsel gebracht werden, müssen Sie unbedingt Folgendes tun:
1. Rad mit der Bremsscheibenseite auf eine saubere Unterlage legen (Bild 36).
2. Kettenblattträger abziehen (Bild 37), Ruckdämpfergummis herausnehmen.
3. **Wichtig:** Auf die Distanzbuchse im Lager des Kettenblattträgers achten (Bilder 37 und 38). Sie sitzt normalerweise fest im Lagerinnenring (das heißt ja nicht, dass es immer so sein muss!).

Bauteile reinigen, prüfen
Es gelten die Arbeits- und Prüfschritte wie im Text »Vorderrad ausbauen« schon beschrieben.
Zusätzlich für das Hinterrad:
1. Ruckdämpfergummis und O-Ring (Bild 37) auf Verschleiß prüfen, reinigen und mit etwas Silikonfett einreiben, das hält sie geschmeidig.
2. Kettenblattträger außen und innen sowie das Kettenrad gründlich mit Ölspray reinigen.
3. Lager im Kettenblattträger kontrollieren, ob es in Ordnung ist (»Fingerprobe« wie bei den Radlagern, siehe Text weiter vorne).
4. Achsaufnahmen reinigen, leicht einfetten.

Bild 29

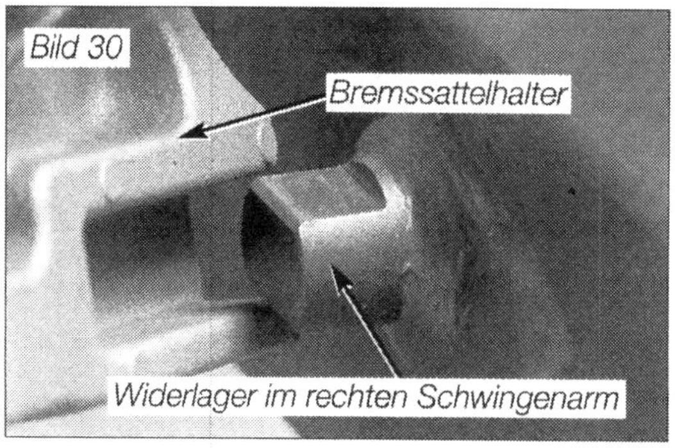

Bild 30

Bild 31

Hinterrad einbauen

1. Ruckdämpfer in die Hinterradnabe einsetzen. Kettenblattträger auf das Hinterrad schieben. **Wichtig:** Distanzbuchse im Lager des Kettenblattträgers muss eingebaut sein (siehe dazu Bilder 37 und 38).

2. Rad in Schwinge einfädeln und nach vorne schieben.

3. Distanzbuchsen rechts und links einsetzen:
- Buchse ohne Bund rechts (Bild 34).
- Buchse mit Bund links (Bild 35).

4. Kette auf Kettenrad legen, Rad zurückziehen.

5. Bremssattel auf Bremsscheibe schieben.

6. Achsaufnahmen in die Enden der Schwinge einschieben und dabei beachten: Markierungen müssen nach außen zeigen, damit sie in den Langlöchern der Schwingenholme sichtbar sind (Bild 26).

7. Rad etwas zurückziehen und hochheben, Achse von links ansetzen und mindestens zwei Drittel einschieben.

8. Nut im Bremssattelhalter auf Widerlager innen am rechten Schwingenende (Bild 30) ausrichten, Bremssattelhalter auf- bzw. einschieben.

9. Bohrung im Bremssattelhalter zum Radlager und der Bohrung in der rechten Achsaufnahme ausrichten.

9.1. Achse ganz durchschieben, Rad dabei etwas hin und her kippeln.

10. L-Scheibe mit der abgewinkelten Seite nach unten-innen (Bild 32) auf die Achse schieben, Scheibe aufschieben, Achsmutter aufdrehen.

11. Plattenlager der Achsaufnahmen korrekt in die Enden der Schwinge einsetzen, Rad so weit es geht nach vorne drücken.

12. Achsmutter mit 98 Nm festziehen (Bild 21).
- Dabei unbedingt darauf achten, dass die Achsaufnahmen nicht nach hinten rutschen: Die Platten der Achsaufnahmen müssen korrekt in den Enden der Schwinge sitzen bleiben!

13. Bremse einige Male betätigen, damit sich die Bremsbeläge an der Bremsscheibe anlegen.

13.1. Bremse lösen, Rad durchdrehen und prüfen, ob es leicht und frei läuft. Überschüssiges Fett von der Außenseite der Simmerringe und Achse gut abwischen.

14. Kettenspannung kontrollieren, ggf. einstellen. Dabei auch Kette reinigen und schmieren (siehe dazu Kapitel 10 »Kette«).

Bilder 32 bis 38: Im Lauftext sind die zu den Bildern gehörenden Arbeitsschritte nummeriert beschrieben.

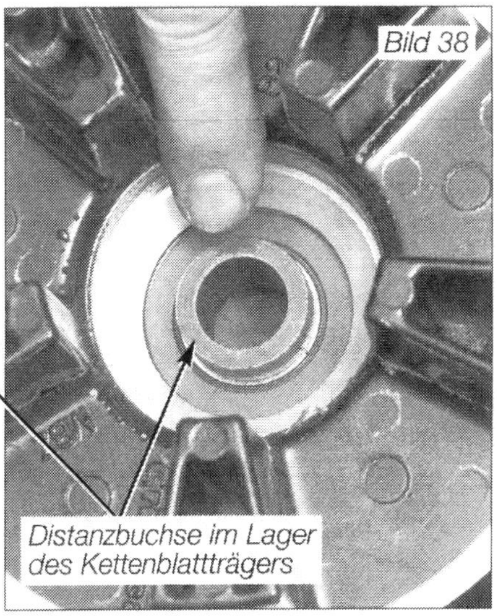

Sichtprüfung · Messen

Bild 39: Benötigte Werkzeuge und Hilfsmittel zum Wechsel der Radlager.

Bilder 40 und 41: Wenn einseitig geschlossene Lager verwendet werden, offene Lagerseite gut mit hochwertigem Wälzlagerfett füllen.

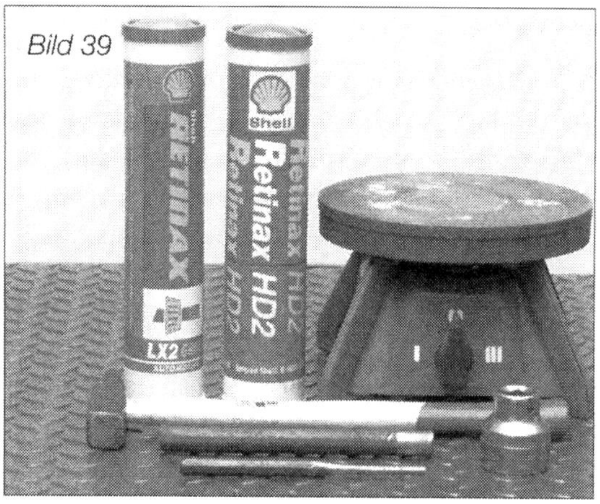

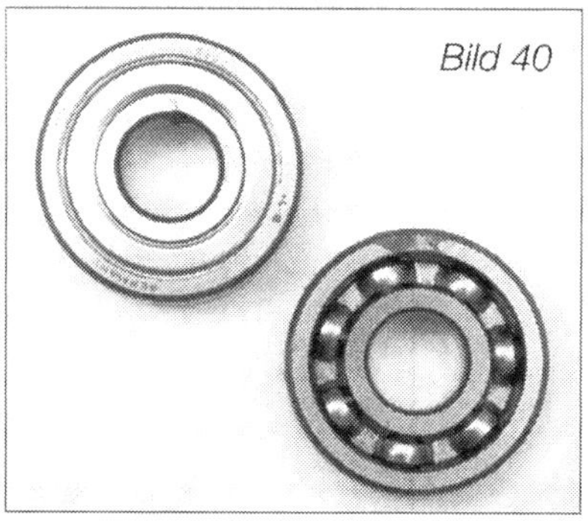

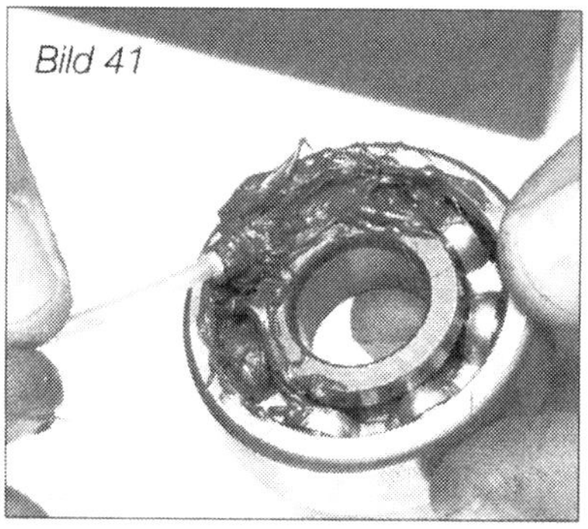

Radlager wechseln

Anziehdrehmomente

■ Vorderrad:

Schrauben Bremsscheiben .... 20 Nm
Torxschrauben ABS-Sensorring .... 7 Nm

■ Hinterrad:

Schrauben Bremsscheibe .... 42 Nm
Torxschrauben ABS-Sensorring .... 7 Nm

Ab einer Laufleistung von ca. 30 000 km können die Radlager viel Spiel haben. Deswegen speziell bei älteren Maschinen bei jedem Radausbau die Radlager prüfen (siehe Text weiter vorne in diesem Kapitel und im Kasten auf dieser Seite).

Als erste Wahl gelten neue Originallager, diese sind beidseitig abgedeckt und brauchen deswegen vor dem Einbau nicht zusätzlich mit Fett versorgt zu werden.

Wenn es nicht möglich ist, Originallager zu kaufen, dann kann man auch Nachrüst-Radlager aus dem Kfz-Zubehörhandel verwenden; diese sollten ebenfalls beidseitig abgedeckt sein. Gibt es diese auch nicht und Sie müssen Nachrüstlager mit nur

Radlager, Räder und Radachsen prüfen

Bild 42: Vermessen des Rads auf Seiten- und Höhenschlag.

Bild 43: Vermessen der Radachse.

Radlager prüfen

Zur Prüfung der Lager steckt man den Zeigefinger in den Innenring des Lagers, dreht diesen und spürt im Finger, wie das Lager läuft.

■ Wenn die Lager spielfrei sind und ohne fühlbares Knacken und Rubbeln laufen, sind sie o.k.

■ Wenn die Lager beschädigt sind, also »Luft« haben oder laut und knackend laufen, müssen sie ausgebaut und durch Neuteile ersetzt werden.

Rad auf Rundlauf prüfen

1. Rad in Zentrierständer einhängen. Wenn keiner zur Verfügung steht:

■ Radachse in einen Schraubstock spannen und Messuhrenhalter auf der Werkbank befestigen.

Oder eingebaut prüfen:

■ Messuhr an Gabelholm (Vorderrad) oder Hinterradschwinge (Hinterrad) befestigen.

2. Felgenrand putzen, mit Allzweckspray einsprühen, Messspitze der Messuhr anführen:

■ Zum Messen des Höhenschlags innen am Felgenhorn auf der bearbeiteten Fläche (Bild 42).

■ Zum Messen des Seitenschlags außen am Felgenhorn (muss unbeschädigt sein, Bild 42).

3. Verschleißgrenze Axial- und Radialschlag 2,0 mm.

Radachse auf Schlag prüfen: Radachse in Prismenblöcke legen (Bild 43), Achsschlag mit Messuhr feststellen, Verschleißgrenze 0,2 mm.

Beachten: Der tatsächliche Schlag ist nur halb so groß wie der von Messuhr angezeigte Wert.

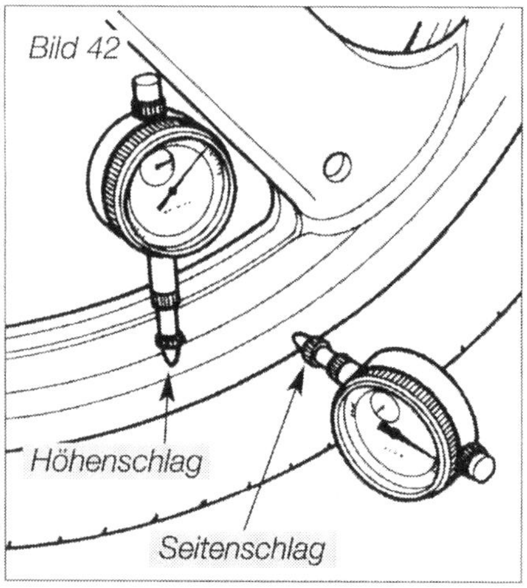

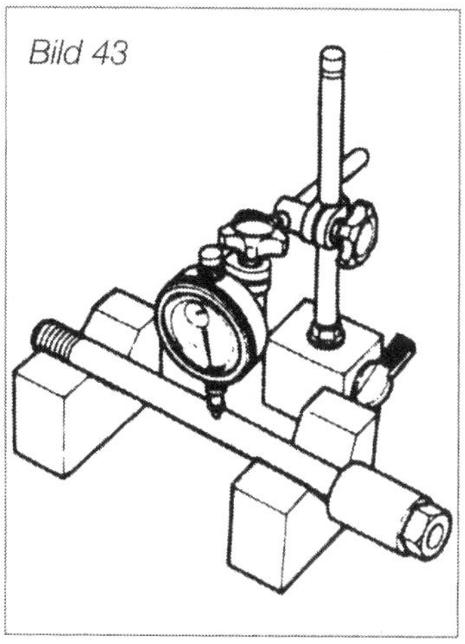

einer Abdeckscheibe verwenden, vor dem Einbau die offene Lagerseite gut mit Wälzlagerfett füllen (Bilder 40 und 41).

Aus- und Einbau von Radlagern mit Hammer und Dorn erfordert fachliches Können und Fingerspitzengefühl. Besser ist der von Honda als Spezialwerkzeug angebotene Lagerausbausatz oder ein entsprechender Lagerauszieher aus dem Kfz-Werkzeughandel. Dann ist die Gefahr geringer, dass sich die Lagersitze beim Ausschlagen der alten Lager durch falsche Behandlung aufweiten oder die neuen Kugellager beim Einbau beschädigt werden.

Wenn keine Lagerauszieher zur Verfügung stehen, sollte man eine Heizplatte haben (Bild 39): Zum Ausbau der Lager das Rad mit der Nabe einige Minuten lang auf die kalte Heizplatte legen, Schalter auf mittlere Stufe stellen, Heizplatte und Radnabe zusammen langsam aufheizen bis mindestens 80 °C, maximal 120 °C (Bild 47). Dann fallen die Lager fast alleine heraus, wenn das Rad von der Heizplatte heruntergenommen wird. Ist keine Heizplatte vorhanden, kann man auch mit einem Heißluftföhn die Radnabe erwärmen.

Serienmäßige ALOC-Schrauben oder Loctite?

Wenn die Bremsscheiben abgebaut waren und wieder angebaut werden, müssen nach Honda-Vorschrift neue Schrauben verwendet werden, deren Gewinde mit einer Klebeschicht versehen sind (Honda-Bezeichnung »Aloc-Schraube«). Aber: Nach Erfahrung von Honda Spezialisten können die Schrauben mehrmals verwendet werden, sofern sie mechanisch unbeschädigt sind: Gewinde der ausgedrehten Schrauben mit Bremsenreiniger und Messingbüste reinigen, einen Tropfen Loctite »mittelfest« an die Gewinde der Schrauben geben, nach Vorschrift eindrehen und sorgsam mit dem vorgeschriebenen Anziehdrehmoment festziehen.

Radlager ausbauen

1. Kettenblattträger des Hinterrads abziehen. Dämpfergummis herausnehmen.

Die weiteren Arbeitsschritte gelten für Vorder- und Hinterrad.

2. Bremsscheiben abmontieren:

2.1. Vor dem Abbau die Drehrichtung der Bremsscheiben mit einem dicken Filzstift zeichnen.

2.2. Die Bremsscheibenschrauben gehen schwer heraus, denn sie sind mit Loctite »hochfest« ein-

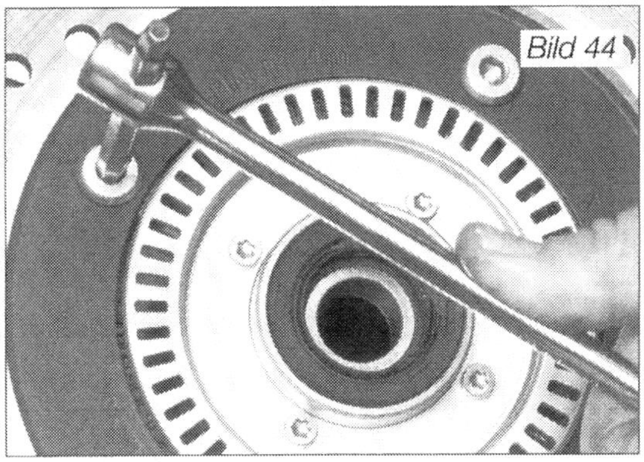

Bild 44: Die Bremsscheibenschrauben gehen schwer heraus, denn sie sind eingeklebt: Schraube vom Kopf her mit einem Heißluftföhn anwärmen löst die Verklebung. Exakt passenden Inbusschlüssel verwenden!

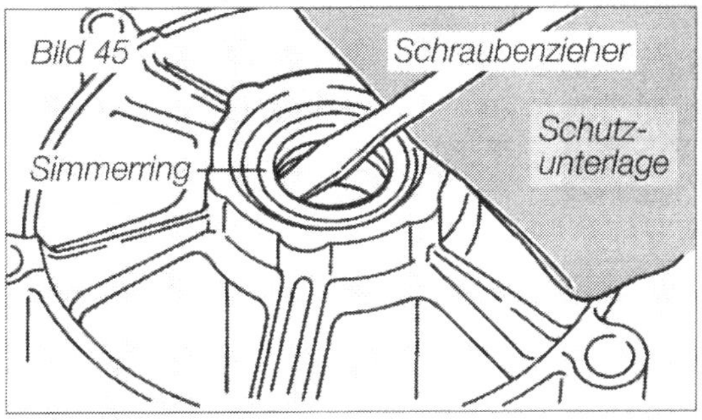

Bild 45: Aushebeln des Radlager-Simmerrings mit einem breiten Schraubenzieher.

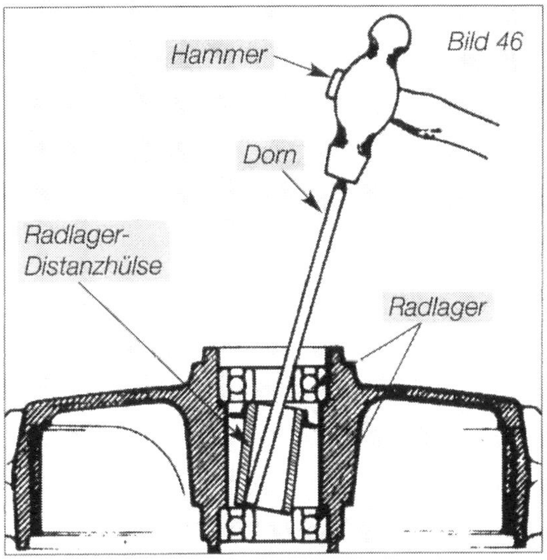

Bilder 46: Austreiben der Radlager mit Hammer und einem langen Dorn.

Bild 47: Temperatur der Radnabe beobachten, sie soll 120 °C nicht übersteigen.

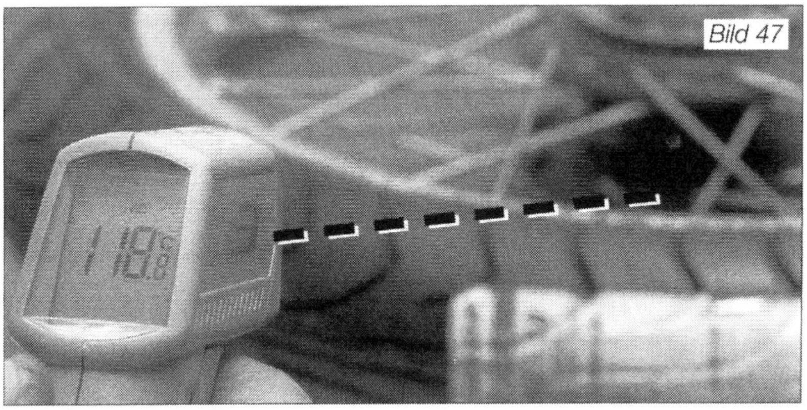

geklebt. Deswegen die Schrauben mit einem Heißluftföhn am Kopf etwas anwärmen, das löst die Verklebung.

2.3. Exakt passenden Inbusschlüssel verwenden (Bild 44), Schrauben über Kreuz lösen und ausdrehen. Bremsscheibe abnehmen.

Bilder 48 und 49: Austreiben der Radlager mit Hammer und einem langen Dorn.

Bilder 50 und 51: Eintreiben des neuen Lagers mit einem Dorn, der auf dem Lageraußenring angesetzt wird.

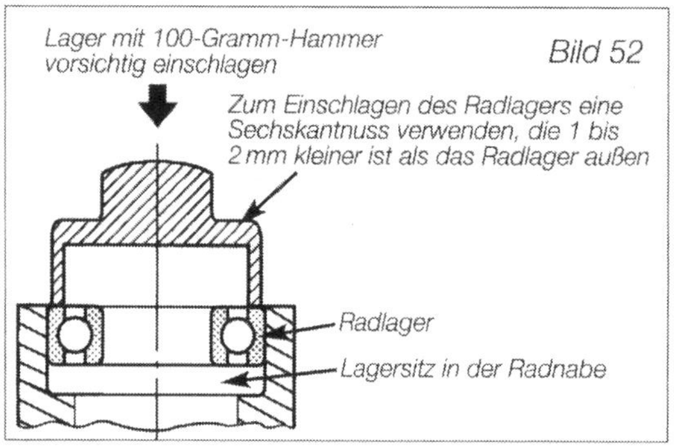

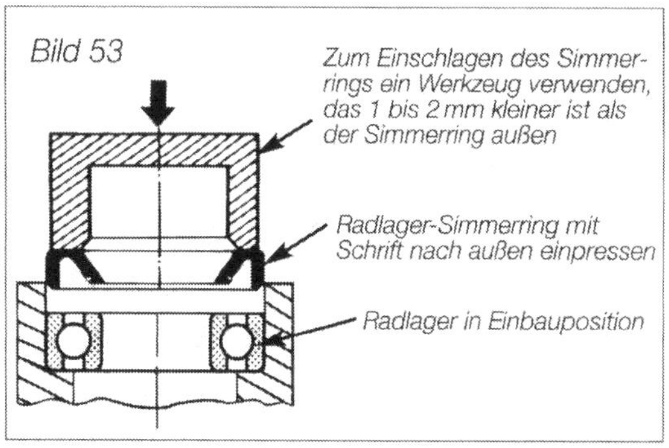

Bilder 52 und 53: Eintreiben des neuen Lagers und Simmerrings mit einer Nuss bzw. speziellen Hülse.

3. Maschine mit ABS: Sensorring abschrauben.

4. Simmerringe mit einem Reifenmontierhebel oder einem breiten, stumpfen Schraubenzieher aushebeln (Bild 45).

5. Rad auf eine feste Unterlage legen, die unten so weit offen ist, dass das auszutreibende Lager Platz hat und beim Herausschlagen nach unten herausfallen kann.

■ Am besten die Backen eines Schraubstocks weit genug öffnen und das Rad unter Zwischenlegen von Hölzern darauf ablegen.

6. Radlager mit einem mindestens 1 cm dicken und mindestens 20 cm langen Dorn schrittweise mit trockenen, bedachten Hammerschlägen am Innenring über Kreuz austreiben (Bilder 46, 48 und 49). Schrittweise und über Kreuz deswegen, weil dadurch das Lager immer ein kleines Stück weiter ausgetrieben und ein Aufweiten der Lagersitze vermieden wird.

7. Nach dem Austreiben der Lager die Lagersitzbohrungen gut reinigen. Beim Austreiben eventuell entstandene Grate mit sehr feinem Schmirgelleinen (»Läpppapier« oder »Polierleinen«) vorsichtig und punktgenau entfernen.

Radlager einbauen

1. Radnabe auf der Heizplatte auf maximal 120 °C anwärmen (Bild 47).

2. Lager mit der Aufschrift nach außen weisend einbauen (bei einseitig geschlossenen Lagern muss die offene Lagerseite nach innen weisen).

2.1. Lager in den erwärmten Lagersitz einschieben, es fällt fast von alleine hinein.

2.2. Mit einer passenden Nuss, deren Außendurchmesser ca. 1 bis 2 mm geringer ist als der Durchmesser des Lagers (bzw. Passbohrung), und einem 100-Gramm-Hammer Schritt für Schritt sanft nachklopfen, bis das Lager im Grund der Passbohrung aufsitzt (Bild 52).

■ Wenn keine passende Nuss vorhanden ist: Dorn nehmen und diesen unbedingt am Lageraußenring ansetzen (Bilder 50 und 51).

3. Radlager-Distanzhülse einsetzen, Lager der anderen Seite einschieben, evtl. mit Dorn oder einer passenden Nuss (Bild 52) und Hammer am Lageraußenring sanft nachklopfen.

4. Jetzt mit dem Finger prüfen, ob die Distanzbuchse zwischen den Lagerinnenringen fluchtet, nicht zu viel Spiel hat bzw. nicht zu fest sitzt. Sie muss satt zwischen den Lagerinnenringen sitzen und darf sich nur ganz leicht seitlich bewegen!

5. Neue Simmerringe sauber ansetzen und mit einer Nuss einschlagen, deren Außendurchmesser ca. 1 bis 2 mm geringer ist als der Durch-

messer der Ringe (bzw. Passbohrung, Bild 53).
6. Bremsscheiben montieren:
6.1. Anlageflächen der Bremsscheiben und Gewinde der Befestigungsschrauben mit einer Messingbürste reinigen.
6.2. Flüssige Schraubensicherung Loctite »hochfest« auf die Gewinde auftragen.
6.3. Befestigungsschrauben eindrehen und über Kreuz Schritt für Schritt bis auf das vorgeschriebene Drehmoment von 20 Nm (vordere Bremsscheiben) bzw. 42 Nm (hintere Bremsscheibe) festziehen.
7. Maschine mit ABS: Sensorring anschrauben, Schrauben mit 7 Nm festziehen.
8. Vor dem Radeinbau die Bremsscheiben mit Bremsenreiniger reinigen.

Bild 54

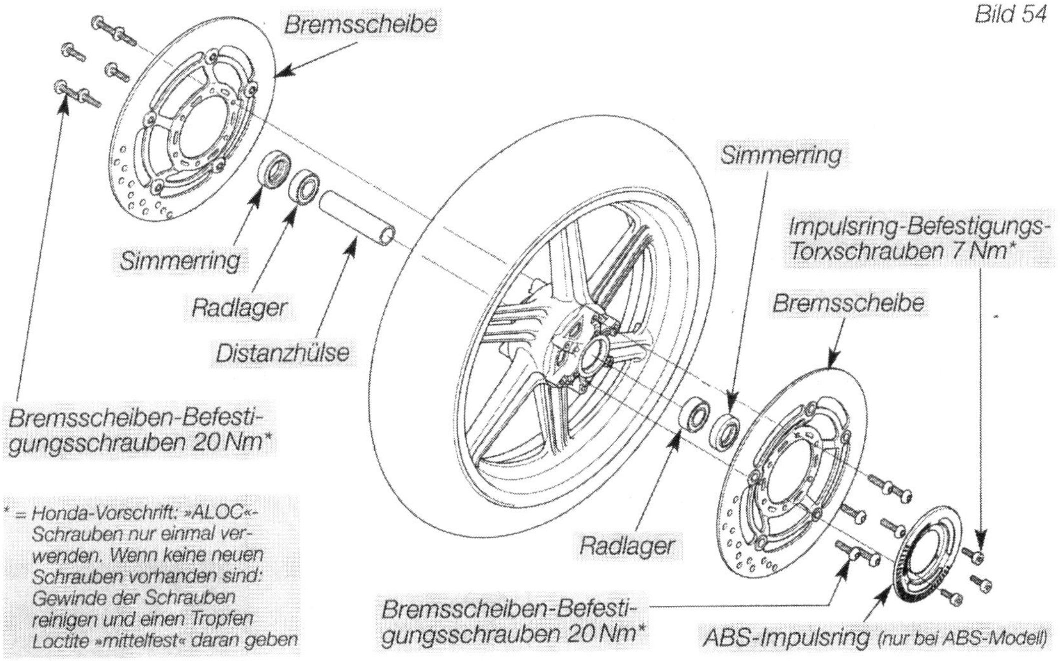

* = Honda-Vorschrift: »ALOC«-Schrauben nur einmal verwenden. Wenn keine neuen Schrauben vorhanden sind: Gewinde der Schrauben reinigen und einen Tropfen Loctite »mittelfest« daran geben

Bild 55

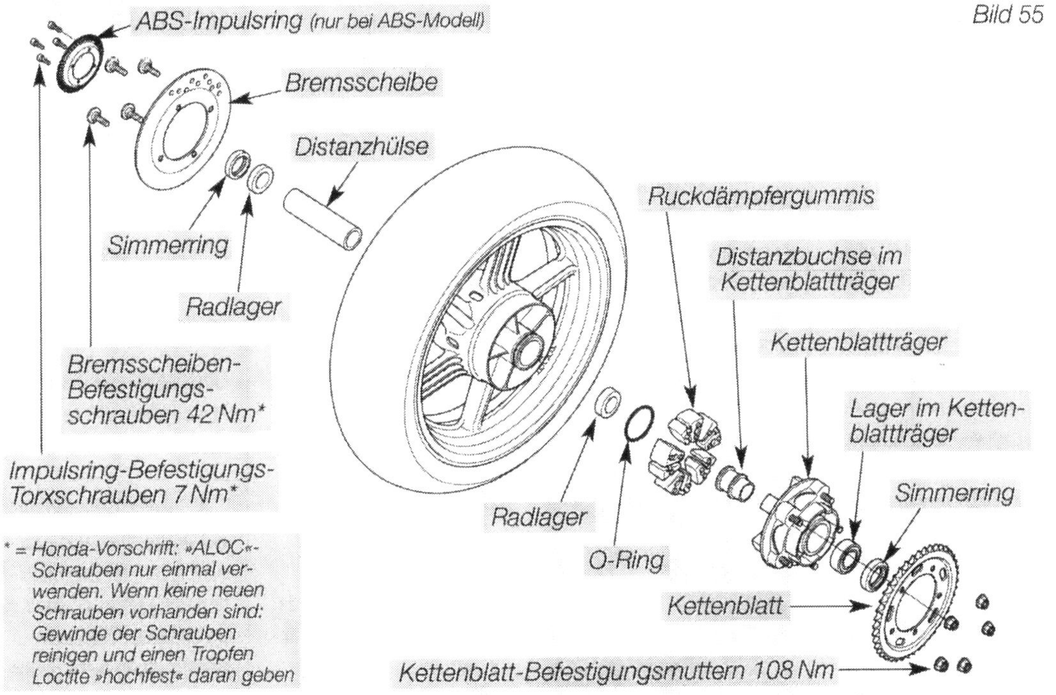

* = Honda-Vorschrift: »ALOC«-Schrauben nur einmal verwenden. Wenn keine neuen Schrauben vorhanden sind: Gewinde der Schrauben reinigen und einen Tropfen Loctite »hochfest« daran geben

Bilder 54 und 55: Explosionszeichnungen von Vorderrad und Hinterrad mit Teilebezeichnung und Anziehdrehmomentwerten.

Sichtprüfung Messen

Bremsen

Bild 1: Professionelles Bremsflüssigkeitswechsel- und Entlüftungsgerät (Lucas/Schüller).

Bild 2: Farbmarkierungen an Schrauben und Muttern, die mit dem richtigen Drehmomentwert angezogen sind.

In diesem Kapitel: Bremsanlage · ALOC-Schrauben, Loctite, Werkzeuge für die Bremsanlage · Bremsanlage prüfen · Bremsbelagverschleiß · Bremsflüssigkeit · Bremsklötze wechseln · Bremsflüssigkeit wechseln, Bremse entlüften · Bremssättel und Bremspumpen zerlegen und zusammenbauen · Probleme mit dem ABS? · Stahlflexleitungen.

Bremsanlage

Man mag einem Motorrad kurzzeitig einen defekten Auspuff oder ein durchgebranntes Blinkerlämpchen zugestehen, doch bei den Bremsen gibt es keine Kompromisse: Die hundertprozentige Leistungsfähigkeit und Betriebssicherheit der Bremsanlage muss auf jedem Meter Fahrstrecke zur Verfügung stehen, denn es geht schließlich um die eigene Haut.

Besonders zu beachtende Punkte

1. Zu Anfang dieses Kapitels beschreiben wir wichtige Kontroll- und Wartungsarbeiten wie die Kontrolle der Bremsflüssigkeit und Prüfung der Bremsanlage, beides kann jeder selbst machen, egal ob die Maschine ABS hat oder nicht.

1.1. Zum Wechsel der Bremsklötze mit Ab- und Anbau der Bremssättel und ihrer Reinigung ist höhere Schrauberqualifikation nötig. Auf dieser Stufe ist auch ein Wechsel der Bremsflüssigkeit sowie der Bremsscheiben zu sehen.

1.2. Meisterliche Kenntnisse sind nötig bei Reparaturen von Bremssätteln und Bremspumpen.

Daraus folgt: Wer seine eigenen Schrauberkenntnisse als »nicht besonders gut« einstuft, der sollte alle Wartungs- und Reparaturarbeiten

Sicherheitshinweise ⚠ Achtung und ☞ Tipps für dieses Kapitel

☞ Gebirgstouren mit Passabfahrten, Reisen in besonders staubige Gebiete oder Rennstreckenfahrten bedeuten extreme Belastungen für die Bremsen. Der Verschleiß der Bremsbeläge ist dabei sehr hoch. Bevor Sie mit der CBF 1000 in den Jahresurlaub, auf Passtour oder die Rennstrecke fahren, machen Sie rechtzeitig vorher einen umfangreichen Check der Bremsanlage.

⚠ Bei abgebautem Bremssattel bzw. entfernten Belägen den Bremshebel nicht betätigen! Sonst fahren die Kolben ungehindert aus und müssen mühsam wieder in den Sattel gedrückt werden. Wenn sie ganz aus ihren Zylindern im Sattel herausrutschen, verursacht das eine üble Bremsflüssigkeitssauerei!

⚠ Bremsenreiniger ist meist in Spraydosen erhältlich und ziemlich aggressiv. Nur im Freien oder in gut gelüfteten Werkstatträumen verwenden. Nicht rauchen! Nicht auf die Haut, in die Augen oder Atemwege sprühen! Einatmen vermeiden!

■ Bei Benutzung von Bremsenreiniger alle Teile im Umkreis des einzusprühenden Bremssattels mit Lappen großflächig abdecken.

■ Bremsenreiniger sparsam und ganz gezielt einsetzen, Sprühkopf direkt auf die zu reinigende Stelle richten und nicht länger als zwei Sekunden betätigen.

■ Teile nach Besprühen mit Bremsenreiniger sofort mit weichem, nicht fusselndem Lappen durchputzen.

■ Druckluft bei Reinigung und anderen Arbeiten am Bremssattel nur sehr sparsam und gezielt einsetzen.

⚠ Nicht mit scharfkantigen Gegenständen wie Schraubenzieher oder Schraubenschlüssel im Bremssattel herumwerken, sonst können die Gleitflächen der Bremskolben zerkratzt werden!

⚠ Niemals unterschiedlich dicke Bremsbeläge oder solche von verschiedenen Herstellern in einem Bremssattel verwenden! Niemals einen neuen und einen alten Belag in einen Sattel einsetzen!

☞ Im Motorrad-Zubehörhandel sowie im Kfz-Werkzeughandel gibt es Bremsentlüftungs- und Saug-Vakuumpumpen, mit denen man ohne Kontakt zur Bremsflüssigkeit und ohne Gefahr des Verschüttens die Bremsen entlüften bzw. Bremsflüssigkeit wechseln kann.

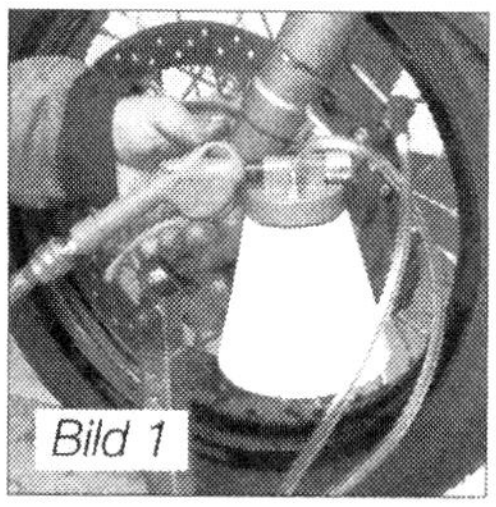

Bild 1

⚠ Bremsflüssigkeit ist giftig. Hautkontakt vermeiden. Nicht in die Augen, nicht in die Atemwege, nicht auf die Schleimhäute kommen lassen. Nicht trinken! Immer nur geeignete Gefäße verwenden. Bremsflüssigkeit umweltgerecht beseitigen (bei einer Entsorgungsstelle abgeben).

⚠ Wenn ein Bremsflüssigkeitsbehälter offen ist, unbedingt darauf achten, dass kein Schmutz in den Behälter und in die Bremsflüssigkeit gelangt.

⚠ Nach jeder Bremssattelmontage Schrauben und Muttern nochmals auf Festsitz kontrollieren! Ganz penible Menschen setzen Farbmarkierungen an die Schraubenköpfe und Muttern (Bild 2), die sie mit dem richtigen Drehmomentwert angezogen haben.

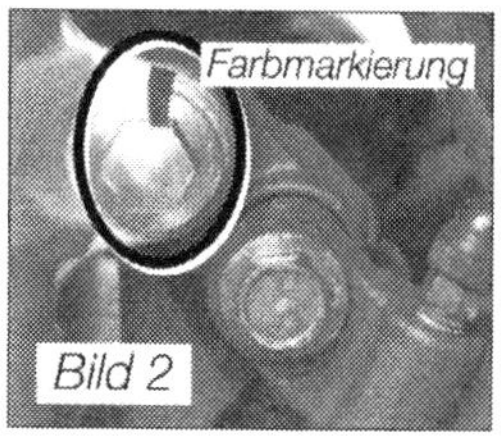

Bild 2

☞ Riefige Bremsscheiben, die noch nicht ihre Minimaldicke erreicht haben, können nachgeschliffen werden. Solche Arbeiten erledigen Spezialbetriebe zum Preis von etwa 50 bis 80 Euro pro Bremsscheibe. Eine neue Originalbremsscheibe kostet etwa 150 bis 200 Euro.

⚠ Beim Zerlegen des Bremssattels bzw. Ausblasen der Bremskolben gilt: Luftdruck vorsichtig dosieren, damit die Bremskolben nicht unkontrolliert herausschießen!

an der Bremsanlage der Honda-Motorradwerkstatt überlassen, was ganz besonders für die Maschinen mit ABS gilt. Denn jeder Honda-Vertragshändler verfügt über die notwendigen Prüf- und Einstellgeräte sowie ausgebildete Mechaniker, die beim Honda-Importeur auf die ABS-Bremsanlage geschult wurden.

2. Wenn bei einem Sturz Schmutz in die Bremssättel und Bremspumpen hineingekommen ist, muss die ganze Bremsanlage zerlegt, gereinigt und mit neuen Dichtringen bestückt werden.

2.1. Dies ist meist auch dann nötig, wenn eine Maschine über eine sehr lange Zeit abgestellt war, die Bremsflüssigkeit sich verdickt hat und die Bremskolben fest sitzen.

3. In die Bremssättel der CBF 1000 sollen nur originale Honda-Bremsbeläge eingebaut werden; dies gilt ganz besonders für die Maschinen mit ABS.

3.1. Wenn Sie neue Bremsbeläge kaufen, legen Sie dem Honda-Händler den Kfz-Schein vor. Ist die Maschine abgemeldet, dann notieren Sie sich vor dem Gang zum Händler das Modelljahr sowie die Fahrgestellnummer.

ALOC-Schrauben, Loctite

Honda schreibt vor, dass die Bremssattel-Befestigungsschrauben nur einmal verwendet werden dürfen. Es müssen also bei jeder Montage der Bremssättel, die z. B. beim Aus- und Einbau des Vorderrads nötig ist, neue Schrauben eingebaut werden, weil die Gewinde der so genannten »ALOC-Schrauben« mit Gewindesicherungsmittel beschichtet sind.

Auch die Befestigungsschrauben der Bremsscheiben an der Radnabe sowie die Torxschrauben des ABS-Sensorrings und die Halteschrauben der ABS-Sensoren sind ALOC-Schrauben.

Honda-Spezialisten sagen dazu: Wenn Gewinde, Köpfe und Anlageflächen der Schrauben in Ordnung sind, können sie mehrmals verwendet werden. Man muss sie dann allerdings wie folgt präparieren:

- Vor dem Wiedereindrehen mit einer Messingbürste säubern, einen Tropfen Loctite »mittelfest« an das Gewinde geben, Schrauben eindrehen und mit dem vorgeschriebenen Drehmoment festziehen ist technisch in Ordnung.

Loctite »mittelfest« wird für die Bremsscheibenschrauben benötigt (siehe Kapitel 8 »Räder« im Textabsatz »Radlager aus- und einbauen«).

Bremsanlage prüfen

1. Alle Bremsschläuche und Bremsleitungen auf Risse, Knicke und Scheuerstellen überprüfen.

2. Alle Hydraulikanschlüsse der Bremsleitungen sowie die Bremspumpen und Radbremssättel müssen in einwandfreiem Zustand sein, also staubtrocken.

3. Verglaste, riefige und abgenutzte Bremsbeläge reduzieren die Bremswirkung, deshalb entsorgen und durch Neuteile ersetzen.

4. Die Faltenbälge auf den Stiften, auf denen die Bremssättel gleiten, müssen in korrekter Form sein und auf der einen Seite sicher über den Bünden der Stifte sitzen (Bild 4).

5. Verschmierte Bremsscheiben ausschließlich mit Bremsenreiniger reinigen.

6. Ältere Bremsscheiben haben Riefen (Bild 5), die man beim Drüberfahren mit dem Fingernagel spürt. Bis zu einer gewissen Tiefe ist das ganz normal. Wenn der Nagel von Riefe zu Riefe deutlich stolpert, ist die Bremsscheibe verschlissen.

7. Weisen die Bremsscheiben im Übergang zur Fläche, die nicht vom Bremsbelag berührt wird (außen am Rand und innen zu den Befestigungsbohrungen hin), tiefe Riefen oder Absätze auf, ist es Zeit für neue Bremsscheiben.

8. Dicke der Bremsscheiben an mehreren Punk-

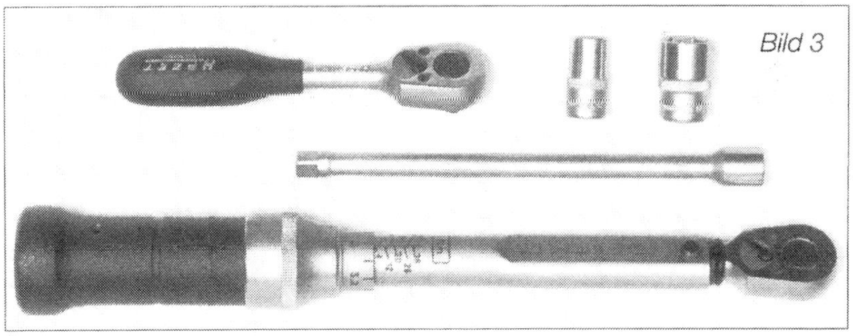

Bild 3

Bild 3: Werkzeuge für Arbeiten an Vorder- und Hinterradbremse.

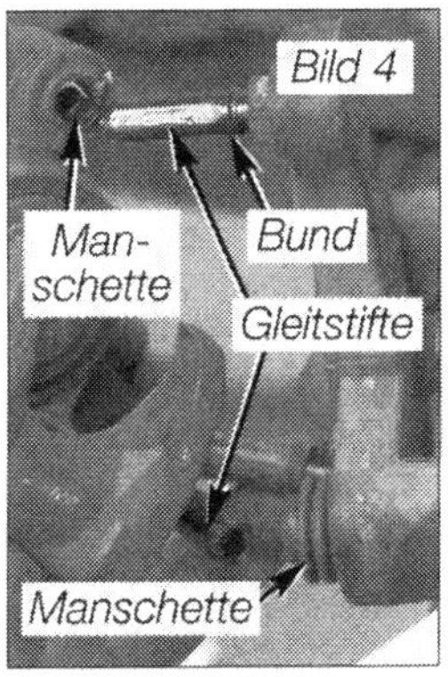

Bild 4

Bild 4: Die Enden der Gummimanschetten müssen sicher über den Bünden der Stifte sitzen (im Bild sind die Teile auseinander gezogen).

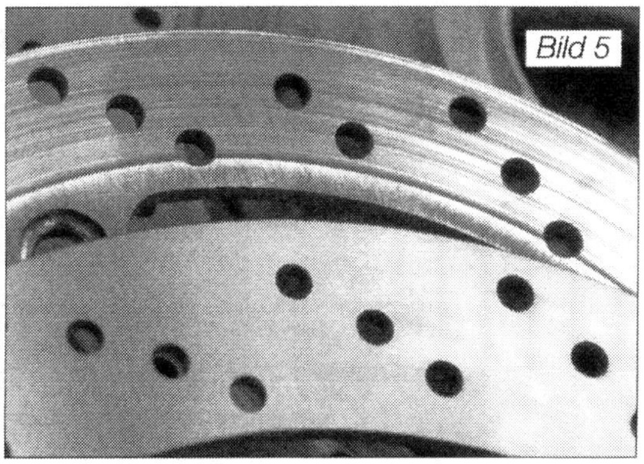

Bild 5

Bild 5: Im Bild vorne eine nachgeschliffene Bremsscheibe, dahinter eine mit deutlichen Gebrauchsspuren.

Bilder 6 und 7: Bremse vorne und hinten beim ABS-Modell.

Bilder 8 und 9: Bremse vorne und hinten beim Modell ohne ABS.

Bild 10: Schnitt durch einen Bremsklotz.

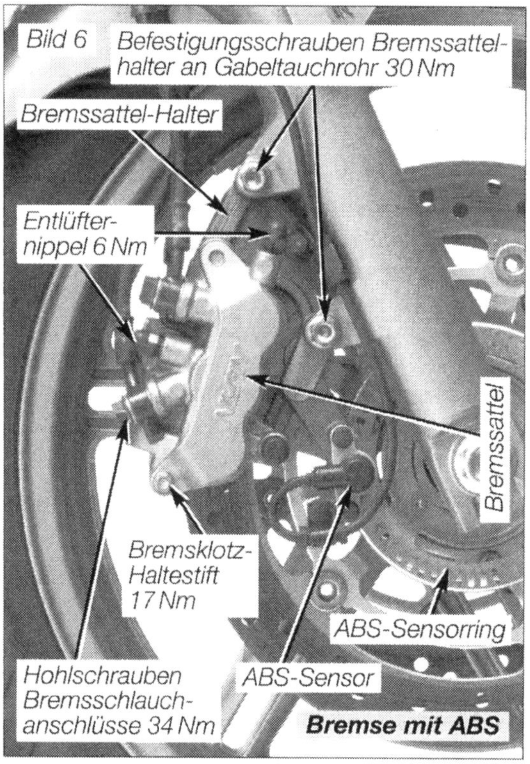

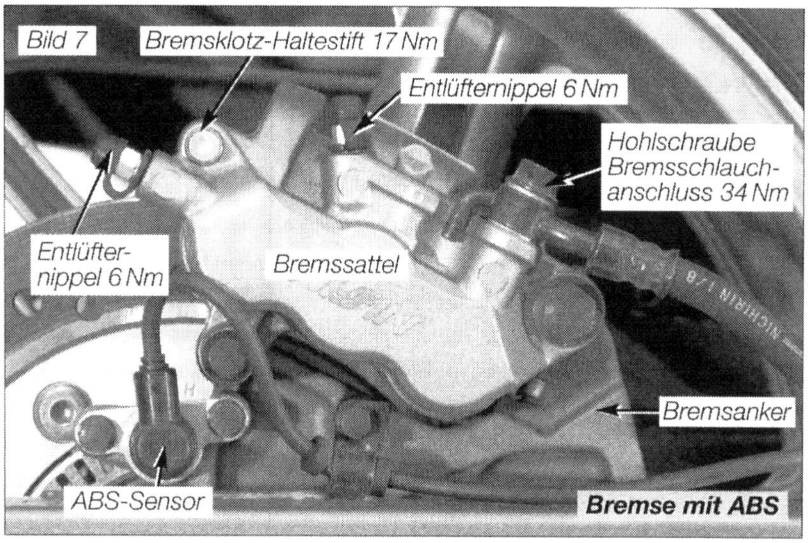

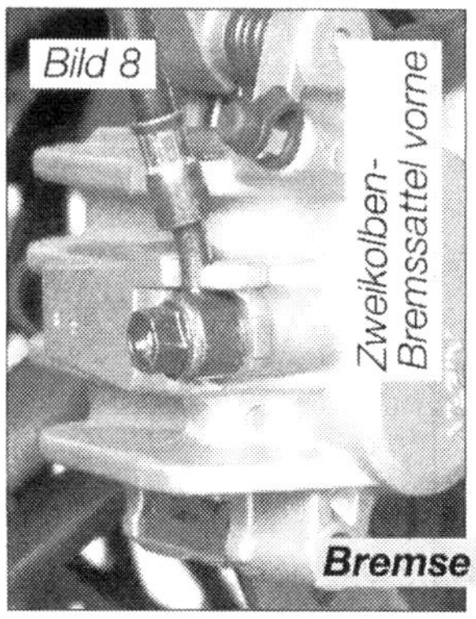

ten messen. Die zulässigen Mindestdicken (Verschleißgrenzen) der Bremsscheiben sind auf den Bremsscheiben eingraviert.

9. Verzug (Schlag) der Bremsscheiben mit Messuhr ermitteln. Er sollte möglichst nicht messbar sein, darf jedoch bis zu 0,2 mm betragen.

Bremsbelagverschleiß

In die Bremsbeläge sind Nuten eingearbeitet, sie dienen als Verschleißmarkierungen. Wenn der Belag so weit abgefahren ist, dass die Nuten nicht mehr sichtbar sind, dann ist der Bremsbelag nur noch ca. 1,0 mm dick (Bild 10) und es ist höchste Zeit für neue Bremsklötze.

Zur Kontrolle der Dicke der Bremsbeläge an der Bremsscheibe entlang in den Bremssattel reinschauen, Taschenlampe zu Hilfe nehmen. Wenn einer der beiden Bremsbeläge in einem Bremssattel stärker verschlissen ist als der andere, beide Bremsbeläge erneuern: Niemals einen neuen und einen gebrauchten Bremsbelag einsetzen.

Wenn ein Bremsbelag pro Bremssattel weit stärker (oder gar schräg) verschlissen ist als der andere, liegt wahrscheinlich ein Fehler in der Bremsanlage vor, wie z. B. nicht mehr freigängige Bremskolben durch defekte Kolbenmanschetten oder Dichtringe. Ein solcher Fehler muss sofort vom Fachmann behoben werden.

Bremsflüssigkeit

Bei Betätigung des Bremshebels wird vom Kolben im Hauptbremszylinder ein Druck auf die Bremsflüssigkeit aufgebaut, der von dieser auf die Kolben in den Radbremszylindern weitergegeben wird. Diese Kolben fahren aus ihren Bohrungen aus und pressen die Beläge gegen die sich drehenden Bremsscheiben. Dadurch wird eine Reibkraft aufgebaut, das Rad bremst ab.

Um den Betrag, den die Bremsbeläge verschleißen, wandern die Kolben immer weiter aus ihren Bohrungen hinaus. Dementsprechend

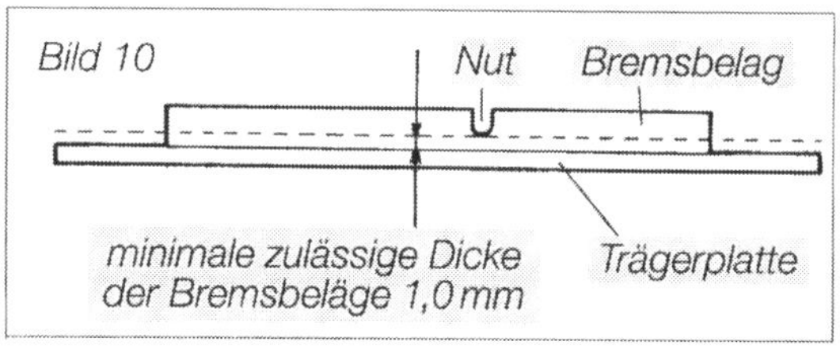

läuft Bremsflüssigkeit nach. Damit sinkt auch der Pegelstand im Flüssigkeitsbehälter. Daher muss der Bremsflüssigkeitsstand regelmäßig überprüft und ggf. ergänzt werden. Die vorgeschriebene Qualität der Bremsflüssigkeit ist DOT 4. Es kann auch Bremsflüssigkeit der Qualität DOT 5.1 verwendet werden (Bild 11).

Für alle Bremsflüssigkeiten gilt:

- Keine Flüssigkeiten anderer Art verwenden oder dazumischen und nie ältere Bremsflüssigkeitsreste einfüllen.
- Möglichst immer neue Bremsflüssigkeit aus einer neuen, ungeöffneten Dose benutzen.
- Keinesfalls dürfen Verunreinigungen, Schmutz oder Wasser in den Behälter gelangen.
- Bremsflüssigkeit verhält sich hygroskopisch, sie zieht Wasser aus der Luft an, woduch der Siedepunkt sinkt – deswegen muss Bremsflüssigkeit spätestens alle zwei Jahre gewechselt werden.
- Bremsflüssigkeit gibt es in kleinen, preiswerten Gebinden. Wenn ein Wechsel der Bremsflüssigkeit ansteht, wird ungefähr ein halber Liter benötigt.

Silikon-Bremsflüssigkeit DOT 5.0

Wenn Silikon-Bremsflüssigkeit in der Qualität DOT 5.0 verwendet werden soll, darf diese nicht mit DOT 3/4 oder DOT 5.1 (Bild 11) gemischt werden. Vor einer Verwendung von Silikon-Bremsflüssigkeit DOT 5.0 muss die Bremsanlage komplett entleert, zerlegt und gründlich gereinigt werden.

Es wird auch dringend empfohlen, in Bremspumpen und Bremssättel neue Kolbenmanschetten und Dichtringe einzusetzen, denn einmal mit DOT 3/4 betriebene Bremsmanschetten quellen bei Kontakt mit Silikonbremsflüssigkeit DOT 5.0 auf, was nach einer gewissen Zeit mit Sicherheit zum Festgehen der Bremskolben führt – und dies bedeutet einen Totalausfall der Bremse!

Bremsflüssigkeit kontrollieren, auffüllen

1. Motorrad steht auf ebenem Untergrund. Lenker drehen, bis der vordere Bremsflüssigkeitsbehälter waagerecht steht.
2. Der Bremsflüssigkeitsstand lässt sich leicht am Auge im vorderen bzw. am transparenten Behälter hinten ablesen. Er sollte über LOWER stehen (Bilder 12 und 13).
3. Wenn Bremsflüssigkeit aufgefüllt werden muss:
3.1. Vor dem Öffnen des Deckels den Behälter mit einem weichen, saugfähigen Lappen umwickeln (Bild 14), damit eventuell ausschwappende Hydraulikflüssigkeit nicht an Lackteile kommen kann.
3.2. Vorderer Behälter: Kreuzschlitzschrauben ausschrauben. Deckel abnehmen, Stützscheibe und Membran langsam herausnehmen (Bild 14).
3.3. Hinterer Behälter: Behälter am besten abschrauben. Deckel abdrehen, Stützscheibe und Membran langsam herausnehmen (Bild 15), Bremsflüssigkeit auffüllen.

Bilder 11 bis 15: Arbeitsschritte im Lauftext.

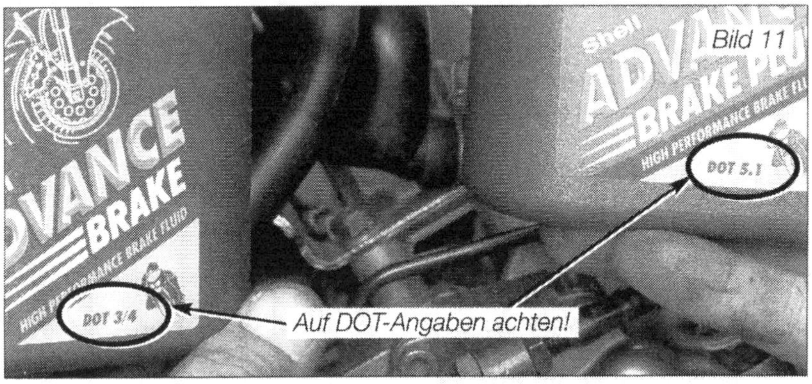

Bild 11

Bild 12

Bild 13

4. Reinigen mit nicht fusselndem Lappen: Membran, Stützscheibe, Deckel und Rand des Bremsflüssigkeitsbehälters.
5. Membran in korrekte Form bringen.
5.1. Membran langsam einsetzen.

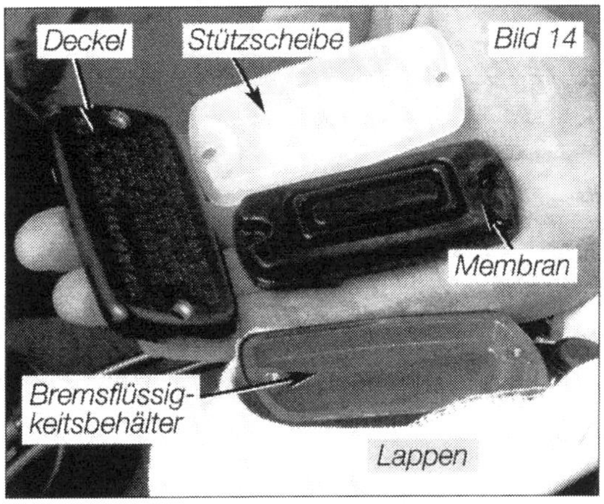

Bild 14

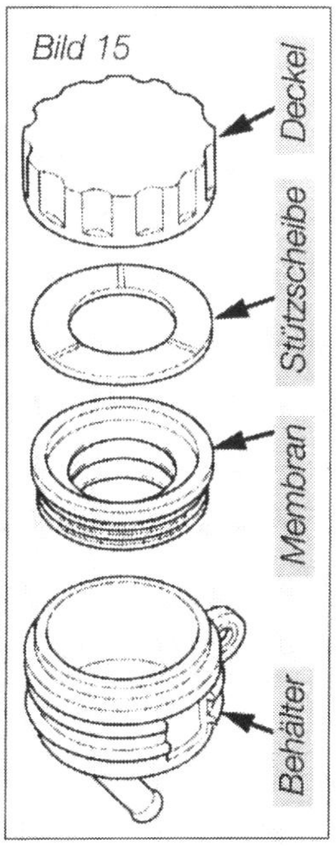

Bild 15

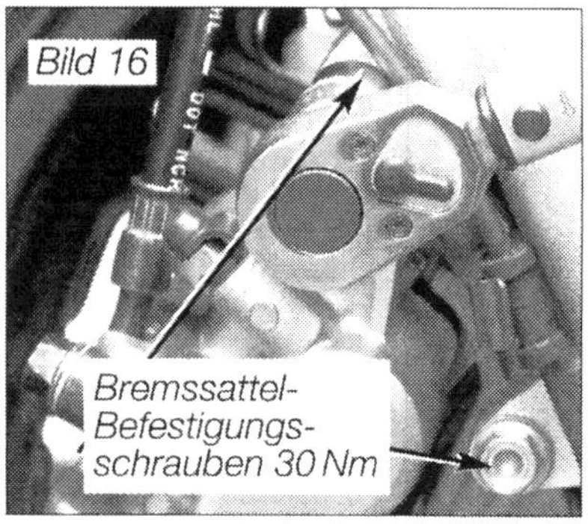

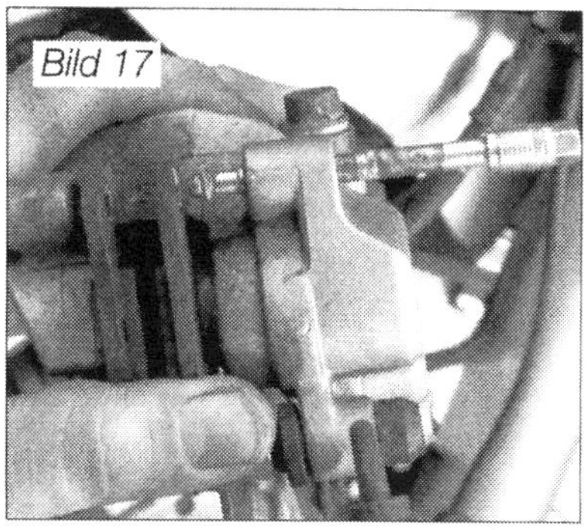

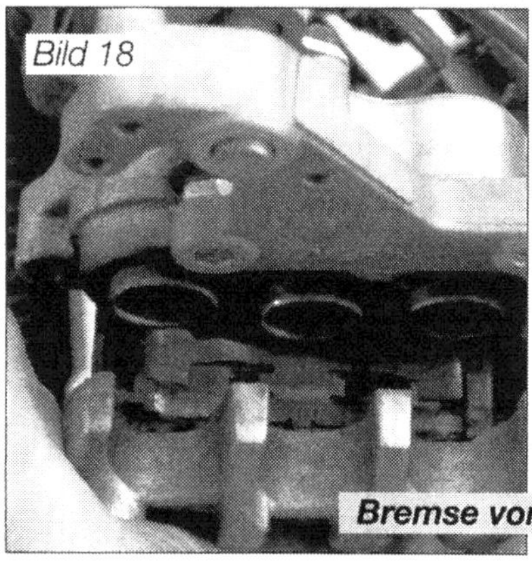

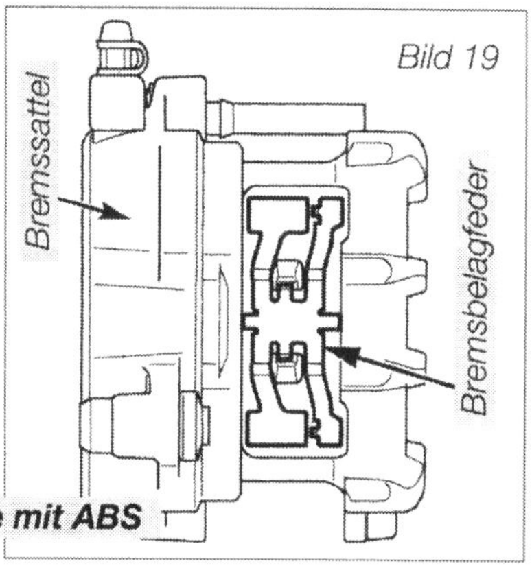

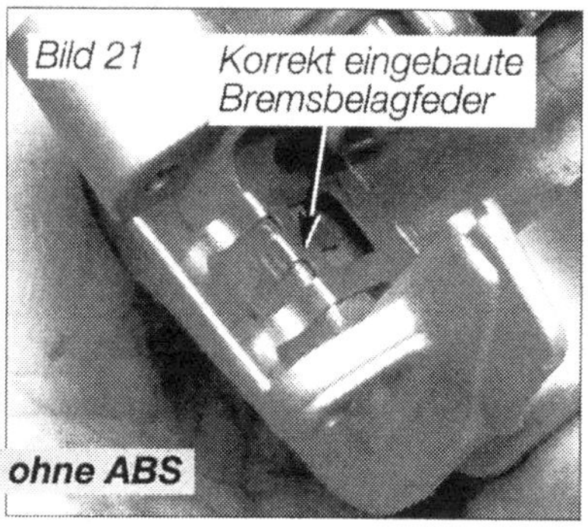

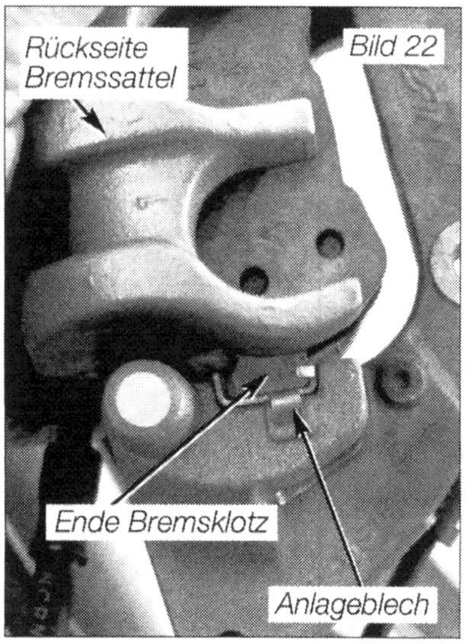

5.2. Stützscheibe einsetzen, Deckel aufsetzen, Schrauben eindrehen bzw. (hinten) Deckel aufdrehen und handfest anziehen.
5.3. Hinteren Behälter wieder anschrauben.
■ Eventuell ausgespritzte oder übergelaufene Bremsflüssigkeit mit reichlich klarem Wasser abspülen und gut abtrocknen.

Vordere Bremsklötze wechseln

Neue Bremsklötze kaufen
Am Vorderrad sind zwei Bremssättel mit jeweils zwei Bremsklötzen montiert, man braucht für eine Neubestückung der Vorderradbremse zwei Satz Bremsklötze.

Die Bremsklötze vorne und hinten können zwar ohne Abbau der Bremssättel gewechselt werden, jedoch sollten bei einer Neubestückung die Bremssättel gründlich gereinigt werden, wozu man sie am besten abbaut.

⚠ **Achtung:** Bremsbelagschacht im Bremssattel nur mit Bremsenreiniger reinigen, keinesfalls mit Ölspray. Siehe dazu auch Tipps und Warnhinweise am Anfang dieses Kapitels.

⚠ **Achtung:** Beim Wechsel der vorderen und hinteren Bremsklötze gilt generell: Wenn die Bremskolben zurückgedrückt werden, um Platz für die neuen (dickeren) Bremsklötze zu schaffen, steigt der Flüssigkeitsstand im Bremsflüssigkeits-Vorratsbehälter. Deswegen den Stand im Behälter im Auge behalten: Steigt dieser bis zur Oberkante, mit einer kleinen Spritze etwas Bremsflüssigkeit absaugen.

Wichtig: Neue Bremsbeläge müssen eingefahren werden. Deswegen die neuen Bremsbeläge auf den ersten 100 bis 150 Kilometern sanft einfahren und der Bremse nicht die maximale Leistung abfordern.

Alte Bremsklötze ausbauen, Bremssattel abbauen
1. Bremsklotz-Haltestift lösen und etwas ausdrehen, aber noch nicht ausziehen.
2. Bremssattel-Befestigungsschrauben lösen und ausdrehen (Bild 16), Bremssattel von der Scheibe abziehen, in der Hand halten.
3. Enden der Bremsklötze gegen die Bremsbelagfeder drücken (Bild 17), Bremsklotz-Haltestift ausschrauben und ausziehen.
4. Bremsbeläge herausnehmen. Belagfeder herausnehmen (Bilder 18 und 19, 20 und 21).

Bremssattel reinigen, Gleitstifte prüfen

1. Bremsbelagschacht, Bremsbelagfeder und Bremssattelhalter mit Bremsenreiniger reinigen, mit sauberem Lappen putzen.

1.1. Hartnäckige Ablagerungen mit Messingbürste oder harter Zahnbürste entfernen.

2. Gängigkeit der Bremssattel-Gleitstifte prüfen:

2.1. Bremssattel fest in eine Hand nehmen und mit der anderen Hand den Bremssattelhalter vorsichtig hin und her schieben: Er muss sich über beide Bremssattel-Gleitstifte gleichmäßig leicht und »saugend« bewegen lassen (siehe dazu auch Bilder 4, 28 und 29).

2.2. Gummimanschette muss über dem Bund am Bremssattel-Gleitstift sitzen (Bild 4).

3. Falls sich die Gleitstifte nicht leicht bewegen:

3.1. Bremssattelhalter abziehen. Gleitbohrungen im Bremssattel, Gummimanschetten und Bremssattel-Gleitstifte reinigen.

3.2. Etwas Silikonfett in die Gummimanschetten hineinschmieren (Bild 29).

3.3. Bremssattelhalter exakt ansetzen, Bremssattel-Gleitstifte einschieben, Enden der Gummimanschetten sicher über ihre Bünde schieben!

Neue Bremsklötze einbauen

1. Zum Einbau der neuen Bremsklötze müssen nun die Bremskolben zurückgedrückt werden, um Platz für die neuen Bremsklötze zu schaffen.

1.1. Dazu einen alten Bremsklotz auf die Bremskolben setzen und diese gleichzeitig mit einem kräftigen Daumendruck zurückdrücken.

Wichtig 1: Muss mit bloßer Handkraft gehen, KEINE Zange zu Hilfe nehmen!

Wichtig 2: Stand der Bremsflüssigkeit im Vorratsbehälter im Auge behalten, er darf nicht überlaufen!

2. Bremsbelagfeder einsetzen: Siehe dazu Bilder 18 und 19, 20 und 21.

3. Neue Bremsklötze einbauen:

3.1. Bremsklötze auf ihrer Rückseite und an den vorderen Enden dünn mit Kupferpaste einschmieren, das verhindert Korrosion und Quietschen (Bild 24).

■ **NICHTS auf den Bremsbelag schmieren!**

3.2. Neue Bremsklötze mit den Belagseiten zueinander so in den Bremssattel einschieben, dass ihre vorderen Enden in das vordere Anlageblech eingreifen (Bild 22).

4. Gereinigten Bremsklotz-Haltestift leicht mit Kupferpaste einschmieren.

4.1 Enden der Bremsklötze gegen die Bremsbelagfeder drücken (Bild 17), Bremsklotz-Haltestift durch die Bohrungen von Bremssattel und Bremsklötzen führen, eindrehen und handfest anziehen.

Bremssattel anbauen

1. Bremsscheiben mit Bremsenreiniger und sauberem Lappen reinigen.

2. Bremssattel-Befestigungsschrauben mit einer Messingbürste reinigen. Einen Tropfen Loctite »mittelfest« auf die Gewinde geben.

3. Bremssattel auf Bremsscheibe schieben, Befestigungsschrauben eindrehen, mit 30 Nm festziehen (Bild 16).

4. Bremsklotz-Haltestift mit 17 Nm festziehen.

5. Bremsbeläge durch mehrmaliges Pumpen am Handbremshebel an die Bremsscheiben anlegen.

6. Stand Bremsflüssigkeit prüfen, ggf. auffüllen.

7. Rad von Hand durchdrehen und prüfen, ob es frei läuft oder etwas schleift. Handbremshebel zwei-, dreimal betätigen, loslassen und Rad drehen: Alles in Ordnung?

Hintere Bremsklötze wechseln

Nachstehend beschreiben wir den Wechsel der Bremsbeläge bei eingebautem Hinterrad. Wenn allerdings der Einbau neuer Bremsbeläge mit einem Reifenwechsel zusammenfällt, bei dem das Hinterrad eh ausgebaut werden muss, sind Bremssattel, Bremsanker und Bremsscheibe bei ausgebautem Hinterrad gut zugänglich (Bild 27) und können gereinigt werden.

Hinweise zur Hinterradbremse ohne ABS:

1. Zum Aus- und Einbau der Bremsklötze muss die Schraube, mit der der Bremssattel am Bremsanker hinten befestigt ist, ausgeschraubt werden (Bild 26).

1.1. Das macht man am besten erst dann, wenn der Bremsklotz-Haltestift schon ausgeschraubt ist (Bild 25).

2. Danach den Bremssattel etwas nach oben klappen (Drehpunkt ist die vordere Schraube) und dann können die Bremsbeläge aus- und eingebaut werden.

Alte Bremsklötze ausbauen

1. Bremsklotz-Haltestift lösen und ausdrehen (Bild 25).

Bilder 16 bis 23 auf der linken Seite: Im Lauftext sind die zu den Bildern gehörenden Arbeitsschritte nummeriert beschrieben.

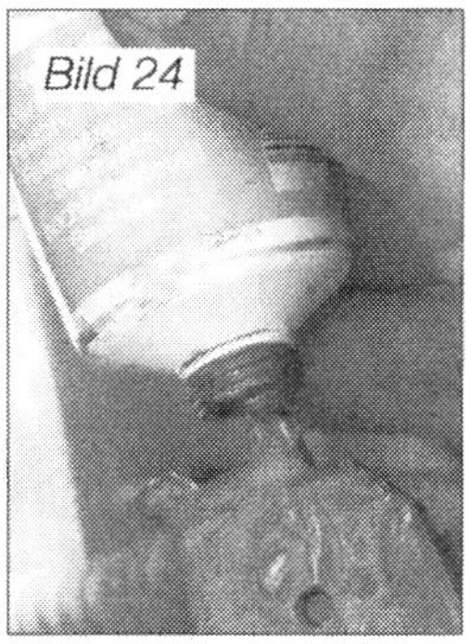

Bild 24: Mit Kupferpaste kann man die Rückseite der Bremsbelag-Trägerplatte, ihre Kanten und die Bremsklotz-Haltestifte leicht einschmieren, dies sorgt für Korrosionsschutz und verhindert ein Quietschen der Bremse.

Bilder 25 und 26: Ausbau der Bremsbeläge aus dem hinteren Bremssattel ohne ABS.

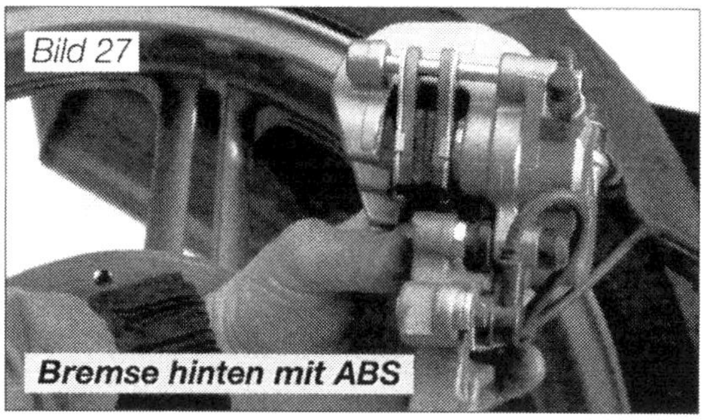

Bilder 27 bis 33: Im Lauftext sind die zu den Bildern gehörenden Arbeitsschritte nummeriert beschrieben.

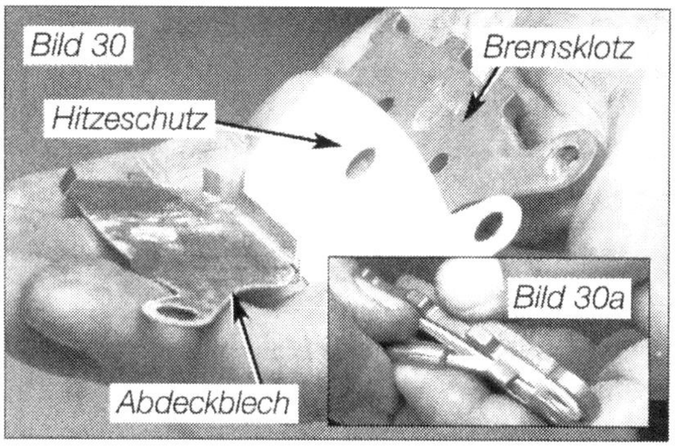

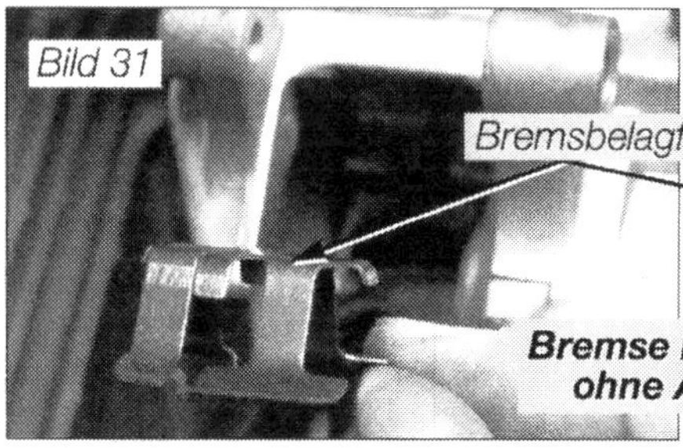

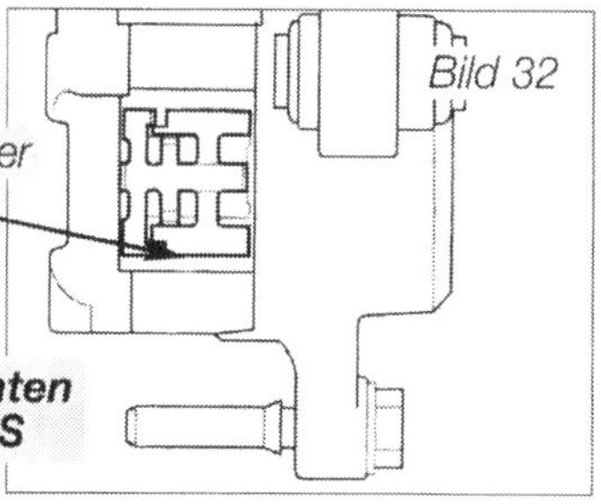

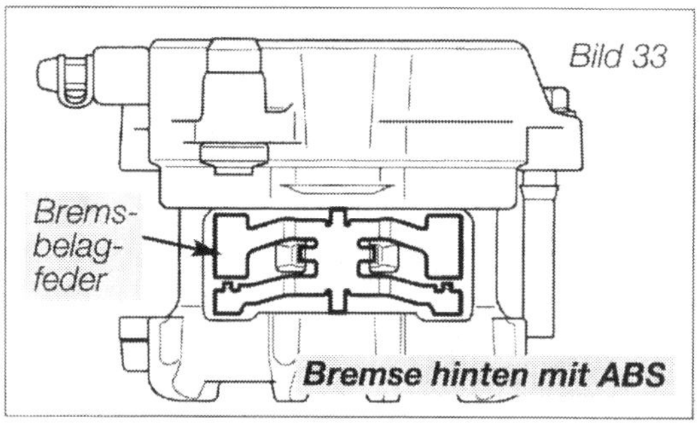

2. Alte Bremsklötze herausziehen.
2.1. Bremsbelagfeder herausnehmen (Bilder 31, 32 und 33).

Bremssattel reinigen, Gleitstifte prüfen
Hinteren Bremssattel ebenso wie den vorderen reinigen. Beim ABS-Sattel die Gängigkeit der Bremssattel-Gleitstifte prüfen (Bilder 28 und 29): Bitte lesen Sie die Arbeitsschritte eine Seite weiter vorne beim vorderen Bremssattel nach.

Auch der Bremssattel der Bremse ohne ABS muss sich axial leicht verschieben lassen. Wenn es hart geht: Bremssattel abbauen, Manschetten und Buchsen reinigen, mit Silikonfett einschmieren und wieder zusammenbauen.

Neue Bremsklötze einbauen
1. Bremskolben zurückdrücken (wie vorne),
2. Kontrollieren: Anlageblech vorne im Bremssattelhalter muss fest sitzen (Bild 40).
3. Bremsbelagfeder innen oben korrekt einsetzen (Bilder 31 und 32, 33), Pfeil auf Bremsbelagfeder muss in Raddrehrichtung weisen.
4. Abdeckbleche von den alten Bremsklötzen abziehen (Bilder 30 und 30a), Hitzeschutz abnehmen, Teile reinigen und auf die neuen Bremsklötze aufklicken.
4.1. Bremsklötze an den vorderen Enden (die später in das Anlageblech eingesetzt werden) und den Bremsbelag-Haltestift dünn mit Kupferpaste einschmieren, das verhindert Korrosion und Quietschen (Bild 24).
■ **NICHTS auf den Bremsbelag schmieren!**
5. Bremsklötze in den Bremssattel einschieben, vordere Enden in Anlageblech einsetzen.
6. Bremsklötze hinten nach oben gegen die Federkraft der Bremsbelagfeder drücken, bis die Bohrungen am Ende der Bremsklötze mit den Bohrungen im Bremssattel fluchten (Bild 25).
7. Bremsklotz-Haltestift einschieben (Bild 25), eindrehen und mit 17 Nm festziehen (Bild 26).
8. Wenn das Rad und der Bremssattel wieder eingebaut sind: Bremsbeläge durch Pumpen am Fußbremshebel an die Scheibe anlegen.
9. Stand Bremsflüssigkeit prüfen, ggf. auffüllen.
10. Fußbremshebel zwei-, dreimal betätigen, loslassen, Rad von Hand durchdrehen und prüfen, ob es frei läuft oder etwas schleift.

Bremsflüssigkeit wechseln

Spätestens alle 18 000 km (oder zwei Jahre) soll die Bremsflüssigkeit erneuert werden. Denn je älter Bremsflüssigkeit wird, desto mehr Wasser nimmt sie aus der Luft auf. Ihre Temperaturstabilität sinkt, sie beginnt entsprechend früher zu kochen, weil sich bei entspechender Hitze Dampfblasen in ihr bilden.

Dann besteht die Gefahr, dass die Bremsen bei extremem Einsatz, etwa bei Passabfahrten oder Rennstreckenbetrieb, plötzlich versagen: Der Bremshebel fällt regelrecht durch, weil die auftretenden Dampfblasen kompatibel sind und verhindern, dass der vom Bremshebel aufgebaute Druck an die Bremskolben weitergegeben wird.

Schnelle Fahrer oder pässebegeisterte Biker wechseln die Bremsflüssigkeit alle 12 Monate, weil sie wissen, dass durch den ständigen Wechsel von Erhitzen und Abkühlen die Bremsflüssigkeit besonders stark belastet wird.

Maschinen ohne ABS: Die Arbeitsbeschreibungen dieses Kapitelabschnitts gelten für das Entlüften der vorderen und hinteren Bremse bei Maschinen ohne ABS. Wir haben einfachste Hilfsmittel verwendet. Besser ist es natürlich allemal, wenn ein automatisches Bremsflüssigkeits-Absauggerät zur Verfügung steht (siehe »Sicherheitshinweise und Tipps« am Anfang dieses Kapitels).

Maschinen mit ABS: Die CBF 1000 A mit ABS-Bremsen sind mit einer von Honda entwickelten Kombibremsanlage ausgestattet:
- Beim Betätigen des Handbremshebels werden im Bremssattel vorne links alle drei Bremskolben betätigt, im rechten vorderen Bremssattel dagegen nur zwei, nämlich der untere Bremskolben (»1. in Raddrehrrichtung«) sowie der obere (»3. in Raddrehrichtung«).
- Beim Betätigen des Fußbremshebels werden im Bremssattel hinten alle drei Bremskolben betätigt sowie der mittlere Bremskolben im vorderen rechten Bremssattel.
- Alle Bremsleitungen sind an die ABS-Zentraleinheit (»ABS-Modulator«) angeschlossen (Lage siehe Zeichnung in Bild 45).

Wir erklären zwar die Arbeitsschritte zum Entlüften der Bremshydraulik und zum Wechsel der Bremsflüssigkeit, dennoch raten wir generell dazu, diese Arbeiten beim Honda-Motorradhändler machen zu lassen.

Bremsflüssigkeit wechseln und Bremsen entlüften bei Maschinen ohne ABS

Die Arbeitsschritte zum Wechsel der Bremsflüssigkeit und zum Entlüften der Bremsen an Vorder- und Hinterradbremse sind gleich. An der Vorderradbremse zuerst den linken Bremssattel mit der längeren Bremsleitung bearbeiten, dann den rechten.

Oben an der Handbremsarmatur:
1. Behälterdeckel samt Membran entfernen.
2. Alte Bremsflüssigkeit aus dem Behälter absaugen, z. B. mit einer Einwegspritze.
3. Behälter mit sauberem Lappen reinigen.
4. Frische Bremsflüssigkeit einfüllen.

Unten am Bremssattel:
1. Gummikappe am Entlüfternippel abziehen.
2. Exakt passenden Ringschlüssel auf den Sechskant des Entlüfternippels aufstecken.
3. Exakt passenden, durchsichtigen Schlauch über den Entlüfternippel stülpen, sein anderes Ende in einem Klarsichtgefäß enden lassen.
4. Etwas Bremsflüssigkeit in das Gefäß geben, Schlauchende in Bremsflüssigkeit eintauchen.
4.1. Auffanggefäß etwas oberhalb des Bremssattels aufhängen, damit das Niveau der Bremsflüssigkeit höher steht als der Entlüfternippel.
5. Bremshebel bzw. Bremspedal ein paar Mal anziehen/runterdrücken, bis Widerstand spürbar ist. Schön langsam pumpen und den Hebel/das

Bilder 34 und 35: Systemanordnung für die Bremsentlüftung ohne spezielles Gerät, also »per Hand« mit Glas, durchsichtigem Schlauch und Ringschlüssel.

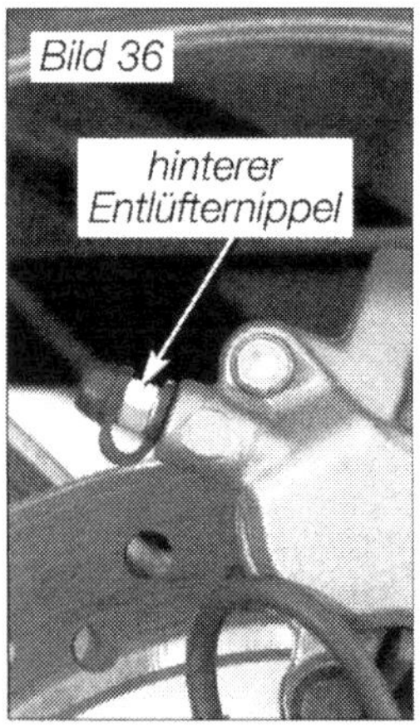

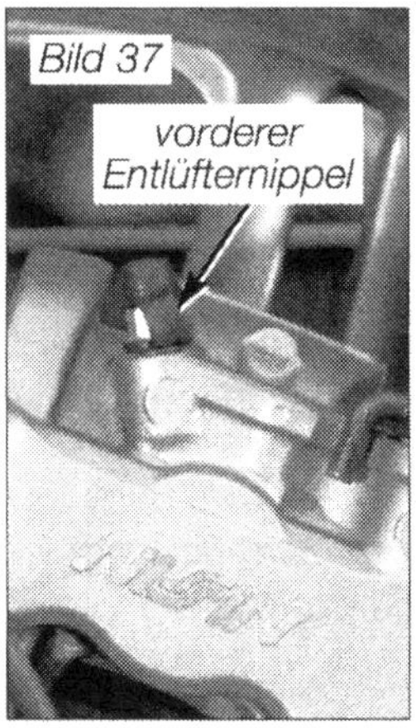

Bilder 36 und 37: Zuerst über den hinteren Entlüfternippel und dann über den vorderen Entlüfternippel entlüften.

Pedal zwischendurch immer einige Sekunden in Ruhestellung lassen, um zu gewährleisten, dass Bremsflüssigkeit luftfrei nachläuft.
6. Hebel/Pedal betätigen und am Widerstandspunkt gezogen/gedrückt halten.
7. Entlüfternippel 1/4 bis 1/3 Umdrehung öffnen, Hebel bzw. Bremspedal ganz durchziehen/durchdrücken, Entlüfternippel schließen.
8. Hebel langsam wieder loslassen. Einige Male pumpen, Hebel in Druckposition halten, Entlüfternippel aufdrehen und schließen.
9. Schritte 5. bis 8. so lange wiederholen, bis nur noch saubere Bremsflüssigkeit aus dem Schlauch kommt.
9.1. Dazwischen immer wieder nachsehen, ob im Vorratsbehälter noch genügend Bremsflüssigkeit ist: Pegelstand darf nicht unter Minimum fallen. Rechtzeitig nachfüllen, damit keine Luft ins System gelangt.
10. Tritt am Entlüftungsschlauch nur frische Bremsflüssigkeit ohne Luftbläschen aus, Bremshebel nochmals durchziehen/durchdrücken, Entlüfternippel zudrehen (6 Nm).
10.1. Die im Entlüfternippel stehende Bremsflüssigkeit trocken austupfen, eine kleine Menge Silikonfett in den Entlüfternippel geben und die Gummikappe aufdrücken
11. Abschließend Bremsflüssigkeitsstand prüfen, bis zur Markierung auffüllen. Bremsflüssigkeits-Vorratsbehälter sicher verschließen.

Bremsflüssigkeit wechseln und Bremsen entlüften bei Maschinen mit ABS

Vorderradbremse

Wichtig: Sorgen Sie während des Entlüftens bzw. beim Wechsel der Bremsflüssigkeit dafür, dass keiner der Bremsflüssigkeits-Vorratsbehälter ganz leer wird, denn wenn eine Luftblase in eine ABS-Bremsleitung gelangt, ist es fast unmöglich, diese beim Gebrauch der einfachen Hilfsmittel wieder auszupumpen. Dann muss die Maschine zum Honda-Händler gebracht werden.
1. Die Bremsleitung, die von der Handbremspumpe zur ABS-Zentraleinheit und von dort zum rechten und linken vorderen Bremssattel führt, wird über die oben an den Bremssätteln angebrachten Entlüfternippel (Bild 40) entlüftet.
2. Die Arbeitsschritte zum Entlüften und zum Wechsel der Bremsflüssigkeit sind gleich bei der Bremsanlage ohne ABS.

Kombibremse von hinten nach vorne

1. Hinteren Bremsflüssigkeits-Vorratsbehälter abschrauben, Deckel abschrauben, Stützring und Membrane herausnehmen, Vorratsbehälter provisorisch wieder anschrauben.
2. Am vorderen Bremssattel (= es folgt eine Kurzanleitung, lange Version siehe »ohne ABS« weiter vorne):
2.1. Gummikappe vom mittleren Entlüfternippel abziehen, Ringschlüssel auf Sechskant des mittleren Entlüfternippels, Schlauch über mittleren Entlüfternippel stülpen, anderes Ende in Gefäß mit Bremsflüssigkeit hängen, Gefäß oberhalb des Bremssattels aufhängen.
2.2. Fußbremspedal einige Male langsam nach unten drücken, bis Widerstand spürbar ist.
2.3. Hebel in gedrückter Position halten, mittleren Entlüfternippel öffnen, Fußbremspedal durchdrücken, Entlüfternippel zudrehen.
Hinweis: Auch wenn das Bremspedal deutlichen Widerstand bietet (»etwas geht schwer«), muss es kräftig nach unten durchgedückt werden, damit das Regelventil (»PCV = Proportionalregelventil«, angebracht rechts hinten am Heckrahmen unter der seitlichen Heckverkleidung, siehe Bild 45) den Durchgang der Bremsflüssigkeit nach vorne auch sicher aufmacht.
3. Wichtig: Immer wieder nachsehen, ob im hinteren Bremsflüssigkeits-Vorratsbehälter noch genügend Bremsflüssigkeit ist und immer wieder nachschütten.
4. Wenn nur noch saubere Bremsflüssigkeit ohne Blasen im Schlauch zu sehen ist, den Entlüfternippel zudrehen (6 Nm), Schlauch abziehen.
5. Die im Entlüfternippel stehende Bremsflüssigkeit trocken austupfen, etwas Silikonfett in den Entlüfternippel geben, Gummikappe aufdrücken.
6. Fußbremse: Nachdem der vordere rechte Bemssattel entlüftet ist, kommt der hintere Bremssattel an die Reihe: Zuerst über den hinteren Entlüfternippel (Bild 36) und dann über den vorderen Entlüfternippel (Bild 37) entlüften.

Bremssättel und Bremspumpen

Falls Dreck in die Bremsanlage gekommen ist (z. B. Sturz!), bei dem Teile der Bremsanlage zerstört wurden, muss die Bremse geöffnet, gereinigt und mit neuen Manschetten und Dichtringen bestückt werden. Bei einem schlecht gewarteten oder lange gestandenen Motorrad kann es vorkommen, dass die Bremskolben durch starke Verschmutzung festsitzen, Kolbenmanschetten undicht sind und dadurch die Bremse nicht mehr einwandfrei funktioniert.

Bremsen selbst reparieren?

Wenn Sie Probleme mit der Bremsanlage haben, konsultieren Sie zuerst den Honda-Händler. Denn alle Arbeiten an Bremssätteln und Bremspumpen setzen meisterliche Fähigkeiten und reichlich Motorraderfahrung voraus.

Beim Honda-Motorradhändler gibt es komplette Ersatzteil-Kits mit allen Ersatzteilen, die zum Überholen von Bremssätteln und Bremspumpen nötig sind.

Vorbereitende Arbeiten zum Zerlegen der Bremssättel und Bremspumpen

1. Bremsbeläge ausbauen.
2. Reichlich Lappen bereithalten: Hohlschrauben, mit der die Bremsschläuche an den Bremssätteln bzw. Bremspumpen befestigt sind, schon dann öffnen, wenn Bremssattel bzw. Bremspumpe noch festgeschraubt sind.
3. Ausgelaufene Bremsflüssigkeit sofort mit reichlich Wasser neutralisieren und aufputzen, sonst gibt es hässliche Flecken an der Maschine.

Bremssattel zerlegen

1. Bremssattel ganz abschrauben.
2. Bremssattel von den Gleitstiften der Halteplatte abziehen.
3. Bremskolben herausdrücken:
3.1. Lappen mehrfach gewickelt über Bremskolben legen oder ein Stück Holz einlegen (Bild 38).
3.2. Bremssattel auf eine feste Holzunterlage legen, Bremskolben weisen nach unten.
3.3. Druckluft durch Bremsflüssigkeits-Zulaufbohrung oder Bohrung von Entlüfternippel blasen und die Bremskolben dadurch ausstoßen.

Achtung: Vorsicht beim Umgang mit Druckluft! Luftdruck sorgsam dosieren, damit die Bremskolben nicht herausschießen! Finger aus dem Bremssattel nehmen, um Verletzungen zu vermeiden.

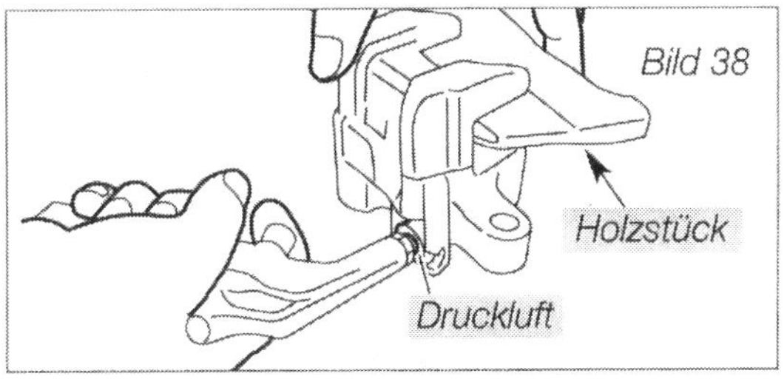

Bild 38: Ausblasen der Bremskolben.

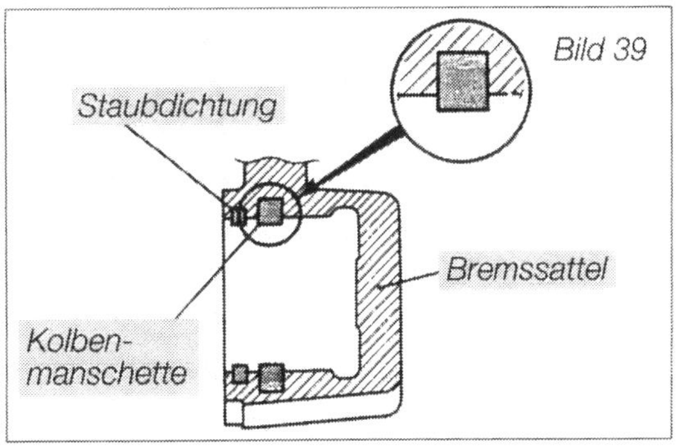

Bild 39: Beim Einsetzen von neuen Kolbenmanschetten und Staubdichtungen darauf achten, dass diese sich möglichst wenig verformen und satt in ihre Nuten eingesetzt werden.

Bild 40: Explosionszeichnung des rechten vorderen Bremssattels. Der linke ist spiegelbildlich.

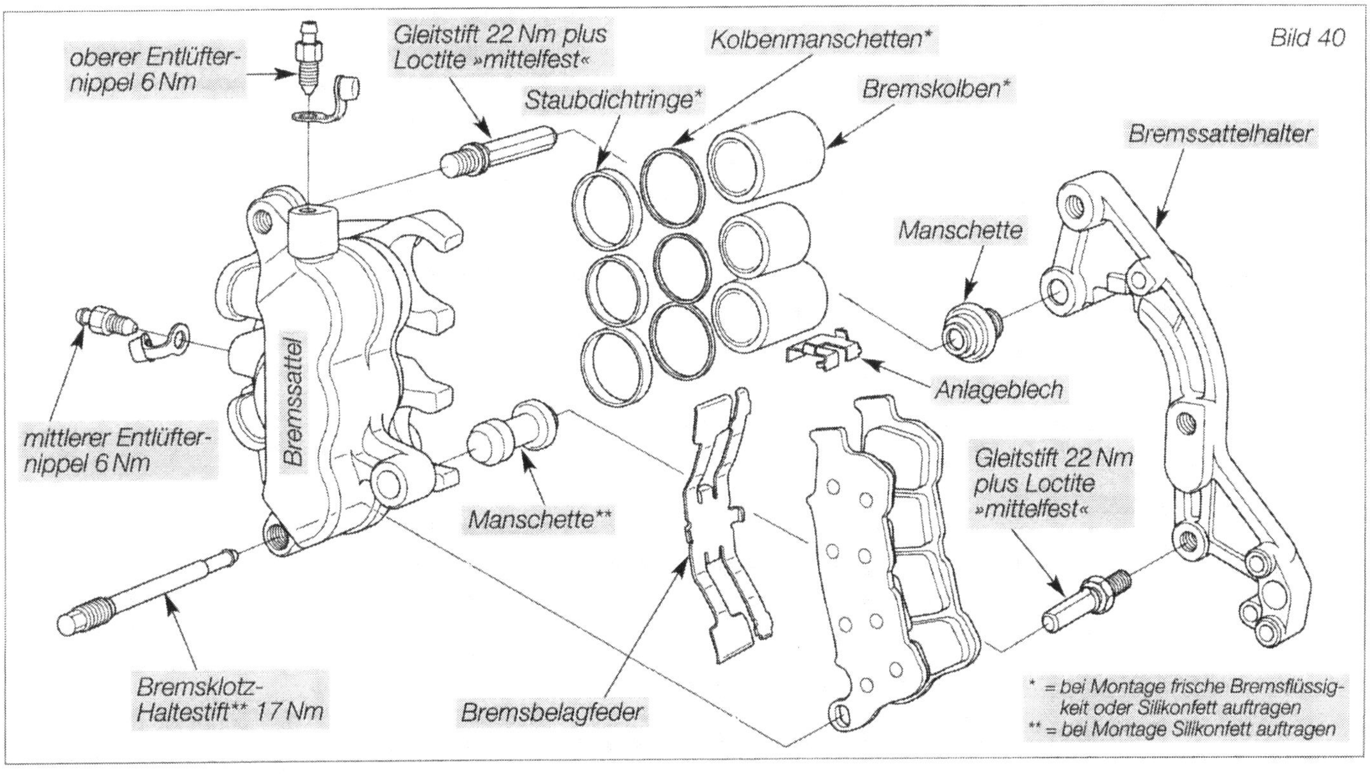

Bilder 41 und 42: Explosionszeichnungen von hinterer und vorderer Bremspumpe.

4. Staubdichtungen und Kolbenmanschetten mit einem Zahnarzthaken oder einem kleinen, stumpfen Schraubenzieher heraushebeln.
Wichtig: Staubdichtringe und Kolbenmanschetten nicht wieder verwenden, Neuteile also rechtzeitig vor Beginn der Arbeiten besorgen!
5. Ausgebaute Kolben, Kolbenbohrungen und Dichtringnuten reinigen.

Bauteile prüfen und vermessen

1. Bremskolben und zugehörige Bohrungen in den Bremssattelhälften dürfen keine Riefen, Kratzer, Rostnarben oder sonstige Beschädigungen aufweisen. Wenn doch, müssen sie erneuert werden. Beim geringsten Zweifel am einwandfreien Zustand der Kolbenoberflächen müssen neue Kolben eingebaut werden.
2. Festsitzenden Dreck mit reichlich Bremsenreiniger und rauem Lappen abrubbeln.
Wichtig: Weder Bremskolben noch Kolbenbohrungen mit Schmirgelpapier bearbeiten!
3. Wenn Präzisionsmessgeräte zur Verfügung stehen, kann man das Spiel zwischen Bremskolben (Außendurchmesser) und Gehäusebohrung (Innendurchmesser) messen. Anhaltswert: Das Spiel darf rund 1/10 mm betragen!

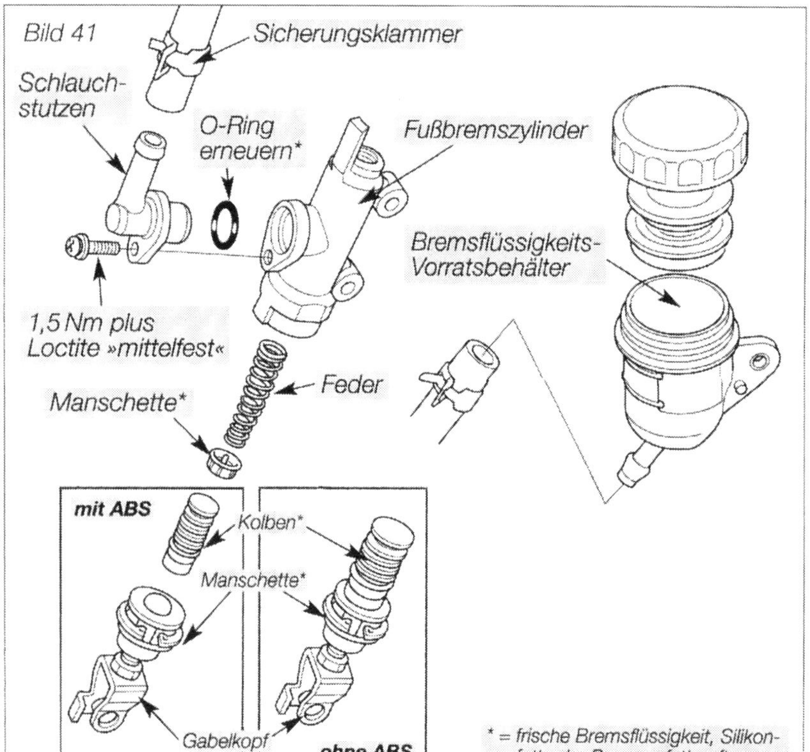

* = frische Bremsflüssigkeit, Silikonfett oder Bremsenfett auftragen

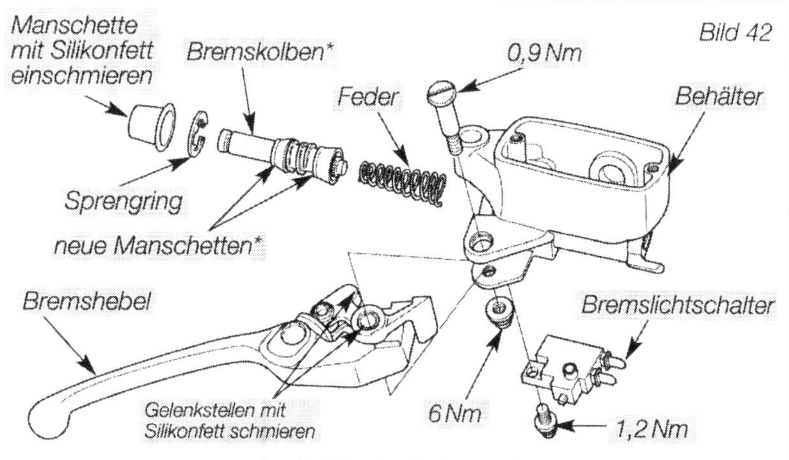

* = frische Bremsflüssigkeit, Silikonfett oder Bremsenfett auftragen

Extra-Reparaturtipp für den Notfall

■ Falls Sie sich an einem unwirtlichen Ort dieser Welt aufhalten und dort eine Bremspumpe oder einen Bremssattel zerlegen müssen, weil Bremskolben nicht mehr gängig sind, und Sie feststellen, dass Bremskolben riefig sind, aber keine Chance haben, an Neuteile zu kommen, ziehen Sie die beschädigte Kolbenfläche mit Läppleinen unter Zugabe von reichlich Schleiföl (dünnes Motoröl geht auch) sorgfältig ab.
■ Wenn Sie keine Ersatzteile haben und deswegen auch die Kolbenmanschetten und Staubringe ein weiteres Mal verbauen müssen, gehen Sie beim Zerlegen sehr sorgsam damit um.
■ Wenn Staubdichtringe und Kolbenmanschetten in einer Notsituation beim Zusammenbau wieder verwendet werden müssen: Sie müssen in einwandfreiem Zustand sein, also weder rissig noch porös, sondern »wie neu«.
■ Wie gesagt: Diese Tipps gelten nur im Notfall!

Bremssattel zusammenbauen

Umgekehrt zur Zerlegung. Speziell beachten:
1. Sauberkeit der Nuten für Bremsmanschetten und Dichtringe in jedem Winkel kontrollieren, bevor die neuen Dichtringe eingesetzt werden!
2. Manschetten und Dichtringe vor dem Einsetzen mit reinem Silikonfett oder einer speziellen Paste für Bremsen (»Bremsenfett«) einschmieren.
■ Wenn kein reines Silikonfett oder Bremsenfett zur Verfügung steht, alle Bauteile mit sauberer Bremsflüssigkeit anfeuchten.
3. Manschetten und Staubdichtringe sorgfältig in ihre Nuten einsetzen (Bild 39).
4. Bremskolben mit der geschlossenen Seite nach innen (also der offenen Seite nach außen!) an der Bohrung ansetzen, ganz tief in die Sackbohrung eindrücken.
Wichtig: Dichtlippen der Dichtringe dürfen sich beim Einsetzen der Kolben nicht umwenden!

Bremspumpe zerlegen
Wenn die Bremssättel zerlegt werden müssen, sollten auch die Bremspumpen zerlegt und die Bremsschläuche gereinigt (oder erneuert!) werden. Denn wenn Schmutz in die Bremsanlage gelangt ist, sitzt dieser auch in den Bremspumpen und den Schläuchen.
1. Bremsflüssigkeit absaugen, Schlauchanschlüsse trennen, Bremshebel abschrauben.
■ Hintere Bremspumpe: Fußrastenplatte abschrauben, Federn aushängen, Gelenkstift zwischen Gabelkopf und Bremshebel ausbauen, Bremspumpe abschrauben.
2. Staubschutzbalg aus Bremszylinder vorsichtig herausziehen.
3. Seegerring aus seiner Nut ausbauen:
■ Dabei den Kolben gegen die Feder drücken, damit der Sicherungsring entlastet ist.
4. Kolben und Feder entnehmen.

Bauteile kontrollieren
Hierfür gelten die gleichen Punkte wie im Text weiter vorne unter »Bauteile des Bremssattels prüfen und vermessen«.

Bremspumpe zusammenbauen
1. Konische Feder mit dem großen Durchmesser nach innen weisend einsetzen.
2. Kolbensatz in Pumpe eindrücken, Staubbalg einschieben, Seegerring einsetzen.
3. Handpumpe am Lenker anbringen:
3.1. Kontaktfläche (»Stoßfläche«) von Bremszylinder und Halteschale ist oben – Kennzeichnung »UP« beachten!
3.2. Obere Spannschraube zuerst festziehen, dann untere (12 Nm). Bremshebel anbringen.
4. Fußpumpe an Fußrastenplatte anbringen:
4.1. Gabelkopf auf Bremshebel ansetzen, Gelenkbolzen fetten und einsetzen, neuen Splint einbauen.
4.2. Befestigungsschrauben der Fußpumpe reinigen, Tropfen Loctite »mittelfest« dran geben, eindrehen.
4.3. Federn für Bremslichtschalter und Hebelrückstellung einhängen.
4.4. Schrauben reinigen, Tropfen Loctite »mittelfest« ans Gewinde geben, Fußrastenplatte an Rahmen anlegen, Schrauben eindrehen und mit 27 Nm festziehen.
4.5. Befestigungsschrauben der Fußpumpe mit 12 Nm festziehen.
4.6. Schlauch zum Bremsflüssigkeitsbehälter aufschieben, Sicherungsklammer anbringen.
5. Bremsschlauchverbindungen mit neuen Dichtscheiben installieren. Ggf. Bremslichtschalter anbringen, Kabel für Bremslicht aufstecken.
6. Befüllen des Hydrauliksystems und Bremse entlüften siehe Text weiter vorne in diesem Kapitel.

Probleme mit dem ABS?

Wenn das ABS nicht funktioniert, wird der Fehler durch das Leuchten der ABS-Anzeige im Cockpit angezeigt: Die Lampe geht nicht mehr aus.

Die Zeichnung in Bild 45 zeigt die Lage der für das ABS wichtigen Systembaugruppen. Bild 43 zeigt die Sicherung »ABS-Ausfallsicherheitsrelais«. Wenn also das ABS nicht funktioniert, zuerst diese Sicherung püfen sowie ihre Steckverbindungen auf Korrosion.

Bilder 43, 44 und 45: Sicherungen, ABS-Anzeigeleuchte und Schaubild der ABS-Baugruppen und Lage der Bauteile.

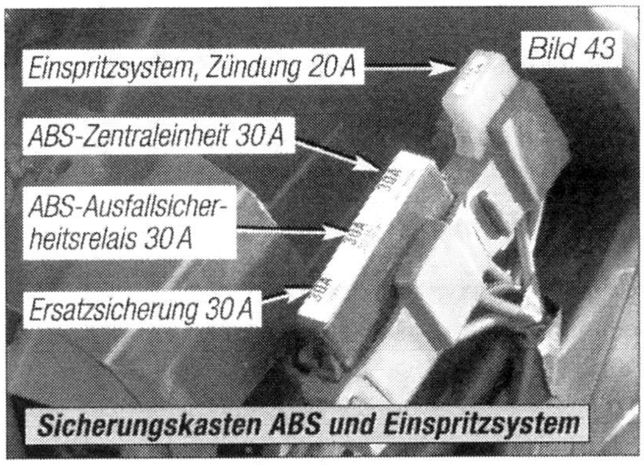

Sicherungskasten ABS und Einspritzsystem

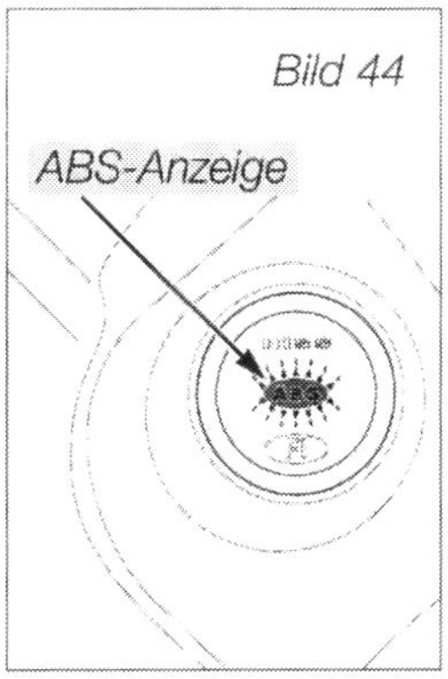

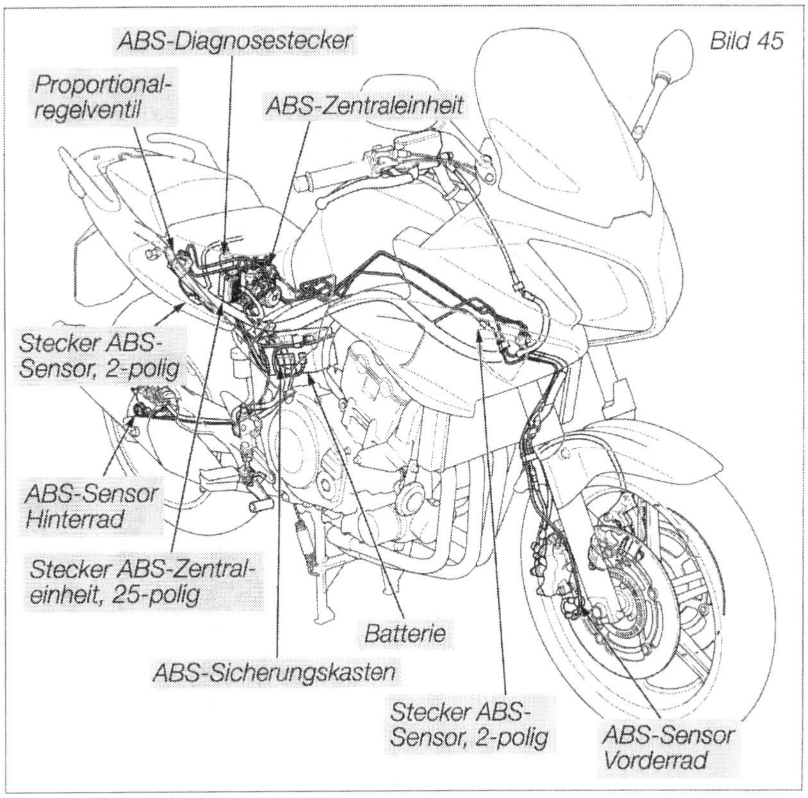

Sichtprüfung Messen

Wenn das nichts bringt, checken Sie den Luftspalt der ABS-Sensoren zum ABS-Sensorring: Er darf zwischen 0,2 und 1,2 mm betragen. Die Sensoren müssen sauber sein, ihre Kabelstecker ebenso. Der 25-polige Zentralstecker muss sicher in die ABS-Zentraleinheit eingesteckt sein.

Wenn das ABS dann immer noch nicht funktioniert: Mehr Prüfungs-Hausmittel gibt es nicht, es bleibt nur noch der Gang zum Honda-Händler, denn dieser schließt seine Prüf- und Diagnosegeräte an und kann damit Fehler auslesen und Fehlerquellen eingrenzen.

Stahlflexleitungen

Bremsleitungen aus Gummi sollen nach einer gewissen Zeit erneuert werden, weil sie durch den ständigen Kontakt mit Bremsflüssigkeit porös und dadurch »weich« werden, der Druckpunkt wird mit der Zeit immer weniger exakt definierbar, eine weiche Bremsleitung spürt man »in der Bremshand«.

Weil das Erneuern von Gummibremsleitungen mit erheblichen Kosten verbunden ist, bietet sich zumindest bei Maschinen ohne ABS ein Umbau auf Stahlflexleitungen an. Für ABS-Modelle beim Honda-Händler nachfragen!

Eine Stahlflexleitung besteht aus einem inneren Teflonschlauch, der mit einem flexiblen Geflecht aus Edelstahl ummantelt ist. Der Teflonschlauch übernimmt den Flüssigkeitstransport, während die Drahtumflechtung die Druckkräfte aufnimmt. Teflon altert nicht, weil es (im Gegensatz zu Gummi) weder Luft noch Wasser aufnimmt.

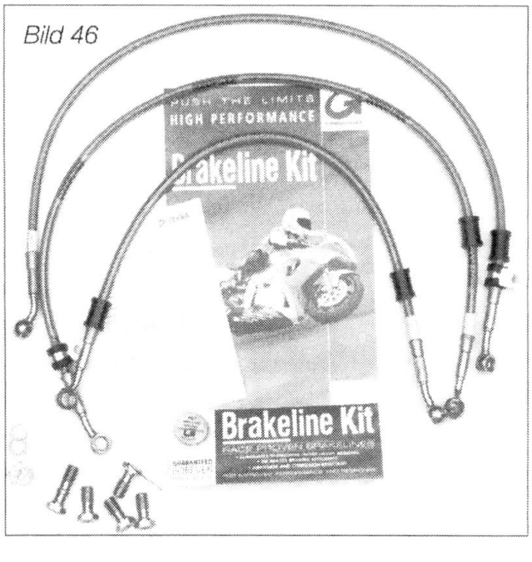

Bild 46: Komplette Stahlflex-Kits werden mit neuen Hohlschrauben und Dichtringen geliefert.

Neben dem Vorteil der Alterungsbeständigkeit dehnt sich eine Stahlflexleitung unter dem Bremsdruck nicht aus, die Bremse spricht direkter an. Sportlich ambitionierte Motorradfahrer schwören auf den Einsatz der Stahlflexleitungen.

Qualitativ hochwertige Stahlflexleitungen sind zusätzlich mit einem Kunststoffüberzug versehen, der andere Teile des Motorrads wie z. B. Gabel und Verkleidung vor Beschädigung schützt. Denn das äußere, sehr harte Edelstahlgewebe neigt im Laufe der Zeit durch die Bewegungen des Fahrzeugs dazu, sich in weichere Teile, an denen es auf- oder anliegt, einzuarbeiten wie ein Sägeblatt; es kann auch der Stahlflexschlauch selbst beschädigt werden.

Der Kunststoffüberzug wird in verschiedenen Farben angeboten, so dass man seinem Motorrad über die Bremsleitungen einen zusätzlichen individuellen Farbtouch geben kann.

Stahlflexleitungen sind im Motorrad- und Zubehörhandel erhältlich. Sie müssen fachgerecht angebaut werden:

- Die Leitungen dürfen nirgends scheuern oder gar geknickt werden.
- Oftmals empfiehlt es sich, die Stahlflexleitungen mit Kabelbindern zu fixieren, wenn sie nicht schon serienmäßig angebunden sind. Dabei dürfen die Kabelbinder nicht zu fest angezogen werden.
- Im Bereich der Gabel ist es besonders wichtig, den Einfederweg und den Negativfederweg zu berücksichtigen: Die Bremsleitungen müssen beim vollen Eintauchen der Gabel und beim vollständigen Ausfedern genügend Spiel haben, sie dürfen dabei keinesfalls spannen, also auf Zug belastet werden. Sonst können Beschädigungen an der Leitung auftreten, der Schlauch kann an der Anschlussstelle abknicken; im schlimmsten Fall bricht das Fitting (Ringanschluss) ab.

Bremsleitungen abbauen

1. Bremsflüssigkeit aus dem Bremsflüssigkeitsbehälter saugen.

2. Schlauch auf den Entlüfternippel am Bremssattel schieben, Ende in einen geeigneten Behälter stecken, Entlüfternippel öffnen und die restliche Flüssigkeit abpumpen oder durch die Schwerkraft ablaufen lassen (Aufbau siehe Texte und Bilder »Bremse entlüften« weiter vorne in diesem Kapitel).

3. Hohlschrauben der Bremsleitungen am Bremssattel abschrauben, restliche Flüssigkeit in einen geeigneten Behälter abfließen lassen.

Reichlich Lappen bereithalten!
4. Obere Hohlschraube der Bremsleitung lösen und herausdrehen. Befestigungsstellen der Bremsleitungen an unterer Gabelbrücke und Gabeltauchrohren abschrauben.
5. Alle Anschlüsse sauber putzen, dazu Bremsenreiniger verwenden und nicht fusselnde Lappen.
■ Falls Bremsflüssigkeit auf Bauteile gelangt ist, diese mit Bremsenreiniger und lauwarmem Wasser mit einem Schuss Spüli oder Pril abspülen und trocken putzen.

Bremsleitungen anbauen
Bei qualitativ hochwertigen Stahlflex-Bremsleitungen sind auch neue Anschluss-Hohlschrauben und neue Alu- oder Kupferdichtringe dabei. Sollten diese wider Erwarten nicht dabei sein, kaufen Sie neue Dichtringe. Vergleichen Sie die Dicke der neuen Stahlflex-Anschlüsse mit denen der alten Leitungen, damit die neuen Hohlschrauben weder zu kurz noch zu lang sind.

1. Halterungslaschen von den alten Bremsleitungen abbauen und an die neuen Stahlflexleitungen anbringen.
2. Neue Stahlflexleitungen mit den alten Gummileitungen auf Länge, Anschlüsse und Winkel der Ringanschlüsse vergleichen: Dazu beide Leitungen auf einer (sauberen!) Werkbank gestreckt parallel zueinander auslegen.
3. Stahlflexleitungen zuerst ohne Hohlschrauben von Hand an Anschluss der Hand-/Fußbremspumpe und am Bremssattel anlegen. Die Anschlüsse müssen wie von selbst anliegen!
3.1. Falls nicht: Ringanschluss in einen Schraubstock mit glatten Backen (bzw. Schutzbacken verwenden) spannen und die Presshülse mit einer Wasserpumpenzange vorsichtig (!) etwas verdrehen.
4. Leitungen mit den neuen Hohlschrauben und neuen Dichtringen provisorisch befestigen.
■ Hohlschrauben noch nicht festziehen!
5. Halterungen der Bremsleitungen anschrauben und kontrollieren, ob die Leitungen an jeder Stelle spannungsfrei verlegt sind.
6. Gabel und Schwinge einfedern und dabei die Leitungen beobachten: Leitungen an jeder Stelle scheuerfrei, knickfrei und nicht verdreht? Ansonsten korrigieren.
7. Hohlschrauben langsam handfest anziehen, dabei die Ringanschlüsse auf Position festhalten.
8. Hohlschrauben mit dem vom Hersteller vorgeschriebenen Anziehdrehmoment festziehen.
■ Jetzt die Verlegung der Bremsleitung nochmals kontrollieren.
9. Bremsflüssigkeitsbehälter mit frischer Bremsflüssigkeit befüllen, langsam durchpumpen oder durch die Schwerkraft nach unten durchlaufen lassen.
9.1. Entlüfternippel unten am Bremssattel muss offen sein, Schlauchende muss in ein geeignetes Gefäß eingesteckt sein.
9.2. Einen Bremssattel nach dem anderen füllen, also nicht beide gleichzeitig offen haben!
10. Ist die Bremsanlage mit genügend Bremsflüssigkeit befüllt, muss sie entlüftet werden (siehe dazu Text weiter vorne in diesem Kapitel »Bremsanlage entlüften«).
■ Umbau der hinteren Bremsanlage analog zur vorderen.

Stahlflex-Bremsleitungen werden meist mit einem Teilegutachten ausgeliefert. Der fachgerechte Anbau muss von einem Gutachter abgenommen und in die Kfz-Papiere eingetragen werden (Dekra, KÜS, TÜV). Die Eintragung entfällt, wenn den Bremsleitungen eine ABE beiliegt.

Ein Wort zum Schluss: Mit einer auf Stahlflexleitungen umgebauten Bremsanlage muss man sich einige Zeit vertraut machen, da die Bremse jetzt schneller anspricht bzw. unmittelbar voll zupackt. Bei einer Schreckbremsung blockiert das Vorderrad schneller als bei einer Gummileitung, was bei einem ungeübten Fahrer zum Sturz führen kann.

Dieser musterhafte Umbau wurde mit Goodridge-Stahlflexleitungen durchgeführt. (Goodridge Deutschland, Talstrasse 227, D-67434 Neustadt, *www.goodridge.de*).

Bild 47

Bild 47: Hohlschrauben mit dem vom Hersteller vorgeschriebenen Drehmoment anziehen.

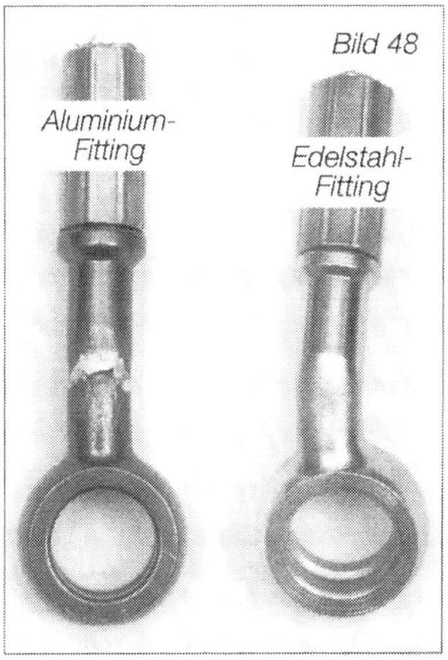

Bild 48

Bild 48: Ein Edelstahl-Fitting ist aufgrund seiner höheren Elastizität widerstandsfähiger gegen Verbiegung. Im Gegensatz dazu bricht ein Aluminium-Fitting schon bei geringer Biegung, wie es z. B. bei einem Sturz vorkommen kann, spröde ab.

Kette

Bilder 1 und 2: Aufbau einer Hinterrad-Antriebskette (Enuma) mit O- oder X-Ringen zwischen den Laschen. Eine X-Ring-Kette ist teurer als eine O-Ring-Kette, hält aber auch länger als die CBF 1000-Kette mit O-Ringen.

In diesem Kapitel: Hinterrad-Antriebskette · Kettenverschleiß · Werkzeuge · Kette und Kettenräder reinigen, kontrollieren, schmieren · Kettenspannung messen und einstellen · Kette und Kettenräder wechseln, vernieten.

Hinterrad-Antriebskette

Die serienmäßige Hinterrad-Antriebskette der CBF 1000 ist eine endlose Rollenkette mit O-Ringen zwischen den Laschen, 120 Rollen lang.

- Marke DID, Typ 50VA8 oder
- Marke RK, Typ 50HFOZ5

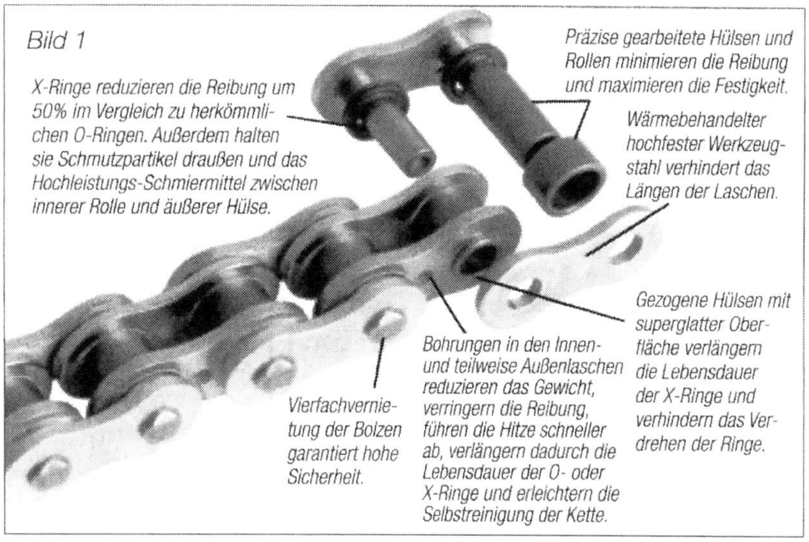

Bild 1

Diese Kette kann bei normaler Belastung und sehr guter Pflege eine Lebensdauer von 40 000 bis 50 000 km haben. Entscheidend für eine so lange Lebensdauer von Kette, Kettenritzel und Kettenrad ist, dass sie immer gut und richtig gepflegt werden, was nicht nur regelmäßige Reinigung und Schmierung bedeutet, sondern auch, dass die Kette immer korrekt gespannt ist.

Laut Honda-Wartungsplan soll die Kette alle 1000 km geprüft, geschmiert und, falls es notwendig sein sollte, gespannt werden. Bei Einsatz unter großer Motorbelastung oder bei schlechtem Wetter soll die Kette öfter gewartet werden; dagegen genügt es bei normaler Belastung und Fahrt bei schönem Wetter die Kette einmal täglich anzusehen, ob sich noch Schmiermittel auf den Rollen befindet und die Spannung (»Kettendurchhang«) in Ordnung ist. Vorgeschrieben sind 20 bis 30 mm Kettendurchhang (»Kettenspannung«, Bild 19); wenn er größer ist, muss er korrigiert werden.

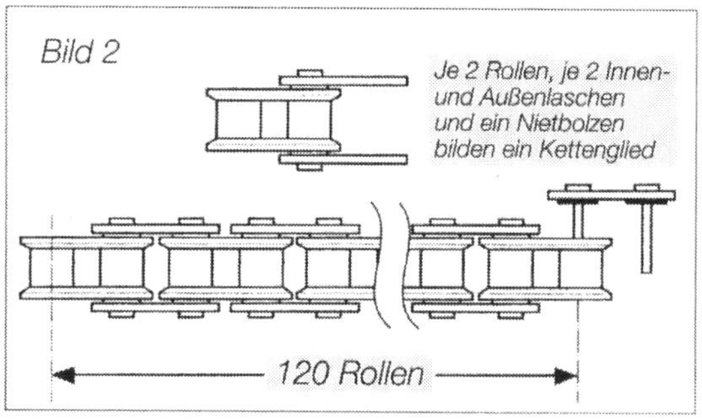

Bild 2

Sicherheitshinweise ⚠ Achtung und ☞ Tipps für dieses Kapitel

⚠ Bei allen Arbeiten an der Kette gilt:

- Motor ist ausgeschaltet, Zündschlüssel am besten abgezogen.
- Leerlauf einlegen.
- Maschine auf Mittel- oder Heckmontageständer aufbocken, so lässt sich besser daran arbeiten, als wenn sie schräg nach links geneigt auf dem Seitenständer abgestellt ist.

☞ Im vorderen Bereich der Kette unter der Abdeckung sammelt sich abgeschleudertes Kettenfett vermischt mit Straßendreck, das zu festen Klumpen zusammenbäckt. Bei jeder größeren Reinigung der Maschine mit anschließender Kettenpflege ist es zu empfehlen, die vordere Kettenritzelabdeckung und den Kettenschutz komplett abzubauen, um den darin sitzenden Dreck herausputzen und alles gut reinigen zu können.

⚠ Beim Aufflexen der Kette unbedingt folgende Sicherheitsmaßnahmen beachten:

- Schutzbrille aufsetzen.
- Genügend Sicherheitsabstand zu Behältern mit brennbaren Flüssigkeiten oder Materialien einhalten (eventuell abgebauten Tank weit weg legen!).
- Weiter Abstand von der Schleifstelle zu brennbaren Materialien (auch Sägespäne gehören dazu, nicht nur offenes Waschbenzin!).
- Schild gegen den Funkenflug aufstellen, speziell gegen Lack- und Verkleidungsteile des Motorrads, damit diese durch Funkenflug oder herumfliegende Teile der aufgeflexten Kette nicht beschädigt werden.

☞ Von der Kettenmarke Enuma (Importeur Schüller, *www.enuma.de*) gibt es Ketten mit Niet- oder Schraubschloss (Bild 3) für

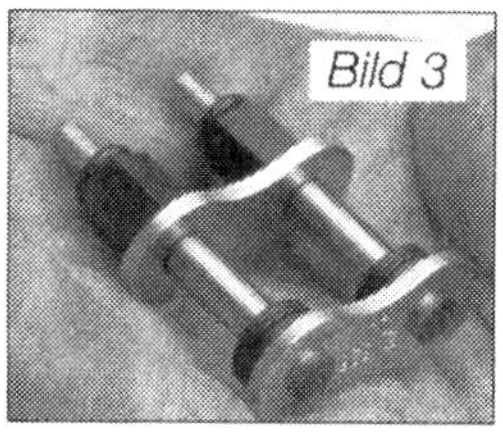
Bild 3: Schraubschloss von Enuma.

die Honda CBF 1000 sowie Kettenräder und Ritzel in Erstausrüstungsqualität. Das Enuma-Schraubschloss kann ohne Spezialwerkzeug montiert werden, es gilt in Fachkreisen als sehr betriebssicher und langlebig. Ebenfalls bei Enuma-Importeur Schüller gibt es ein qualitativ hochwertiges Spezialwerkzeug zum Trennen und Vernieten von Ketten, es nennt sich »Roller Chain Cutter/Reviter«. Enuma-Produkte sind ausschließlich im Motorrad-Fachhandel erhältlich.

Zu allen Arbeiten an der Kette das Motorrad auf dem Mittelständer aufbocken. Wenn es auf dem Seitenständer abgestellt ist, werden Reinigen, Schmieren und Spannen der Kette zu mühseligen Angelegenheiten. Bei der CBF 1000 ohne ABS, die ja keinen Mittelständer hat, sollte man einen Heckmontageständer benutzen.

Kettenverschleiß

Das Lebensende der Kette deutet sich an, wenn die Zähne der Kettenräder stark verschlissen sind und übermäßig »spitz« werden (Bild 4) und sich die Kette am hintersten Punkt des hinteren Kettenrads mit den Fingern um mehr als eine halbe Zahnhöhe vom Kettenrad abheben lässt.

Ein weiteres Indiz für das Ende der Kettenlebensdauer ist auch, wenn die Hinterradachse schon sehr weit hinten steht und die Kettenspann-Möglichkeit damit nahezu erschöpft ist.

Am Ende des linken Schwingenholms über dem Achslangloch ist ein »Kettenverschleiß-Aufkleber« angebracht (Bild 5). Korrekte Kettenspannung vorausgesetzt, kann der Verschleiß auf einen Blick festgestellt werden:

- Steht die Pfeil-Strichmarkierung auf der Achsaufnahme unterhalb des grünes Felds, ist die Kettenlänge in Ordnung.
- Steht die Pfeil-Strichmarkierung auf der Achsaufnahme dagegen unterhalb des roten Felds, ist die Kette verschlissen und muss zusammen mit den Kettenrädern erneuert werden.

Werkzeuge

Zum Spannen der Kette werden folgende Werkzeugteile benötigt (Bild 6):

- 27er-Nuss für die Hinterachsmutter
- Drehmomentschlüssel mit einem Einstellbereich bis mindestens 110 Nm
- 12er-, 14er- und 19er-Gabelschlüssel
- Empfehlung: Laserlinien-Kettenfluchttester »Laser CAT« (Bild 7)

Wenn Kette und Kettenräder erneuert werden müssen, braucht man zusätzlich:

- 8er-Steckschlüssel (Nuss) für die Schrauben von Kettenritzelabdeckung und Kettenabdeckung
- 14er-Nuss für die Ritzelschraube
- Verlängerung von 14er-Nuss zum Drehmomentschlüssel (für die Ritzelschraube)
- 17er-Nuss für die selbstsichernden Muttern am hinteren Kettenrad
- kombiniertes Kettentrenn- und Vernietwerkzeug plus 250-Gramm-Hammer
- Reinigungsmittel (Bremsenreiniger), reichlich Lappen und gutes Wälzlagerfett zum Einfetten der Keilnuten in der Getriebausgangswelle

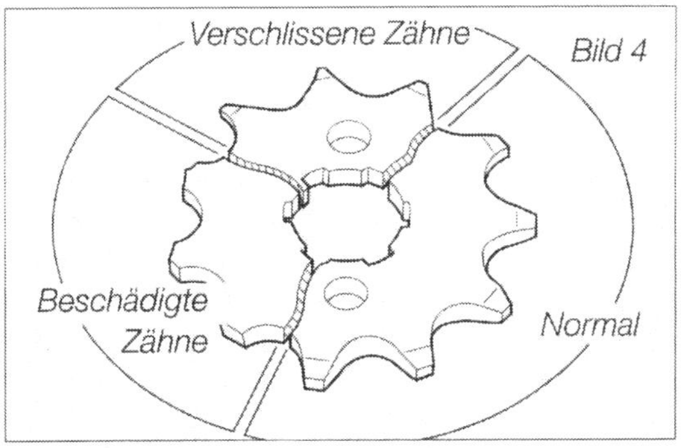

Bild 4: Verschleißzustände am Kettenritzel.

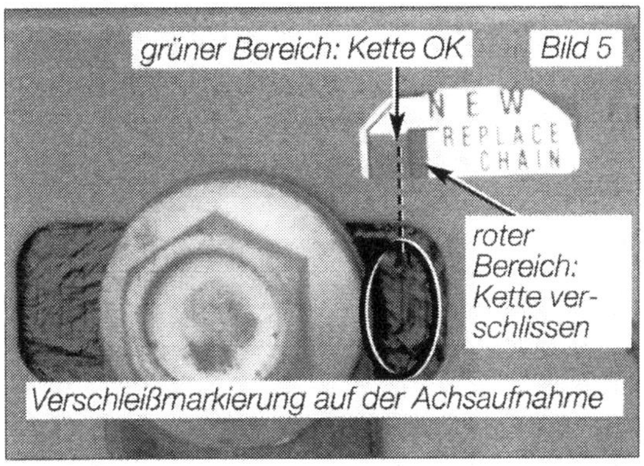

Bild 5: Verschleißmarkierungen links an der Schwinge und der Achsaufnahme.

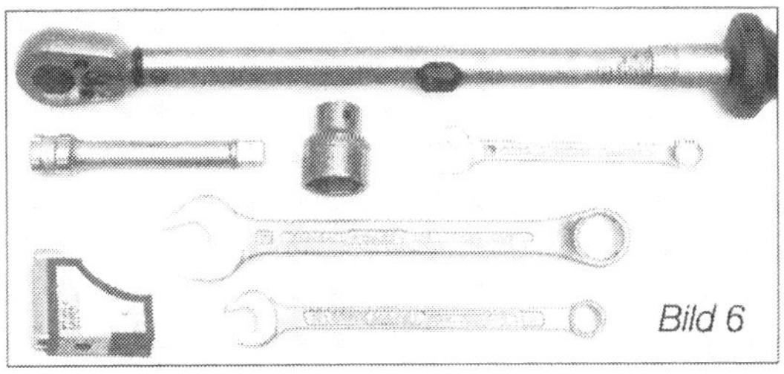

Bild 6: Benötigte Werkzeuge zum Spannen der Kette.

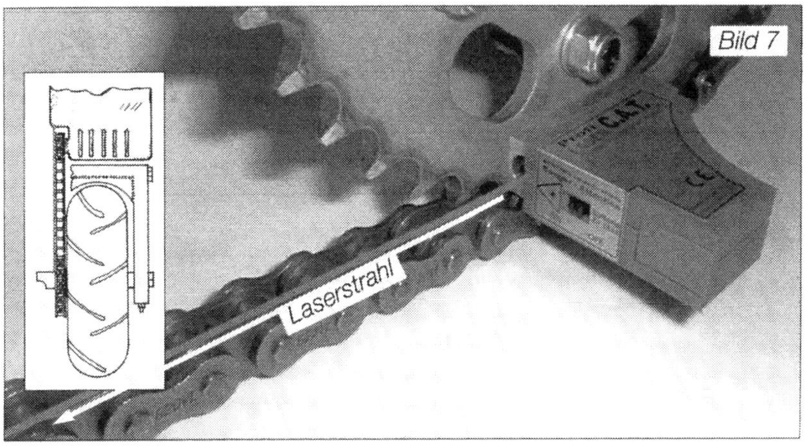

Bild 7: Lasermessgerät »Laser CAT« zur Einstellung der korrekten Kettenflucht (www.profiproducts.de).

Sichtprüfung Messen

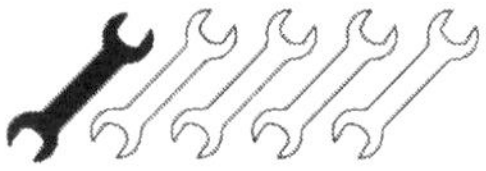

Bilder 8 bis 12:
Zur intensiven Kettenreinigung die vordere Ritzelabdeckung abbauen.

Kette reinigen und schmieren

Kette reinigen

1. Bei einer intensiven Kettenreinigung sollte auch die vordere Abdeckung am Getriebeausgang abgenommen und der Dreck herausgeputzt werden (Bilder 8 und 9): Dazu den kleinen Schalthebel oben auf der Schaltwelle abbauen, Kupplungsnehmerzylinder ausbauen, Druckstange ausziehen, Deckel abschrauben.

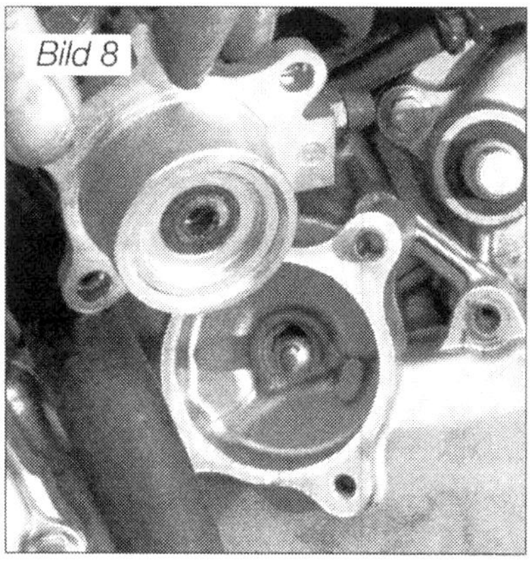

Bild 8

Bild 9

Bild 10

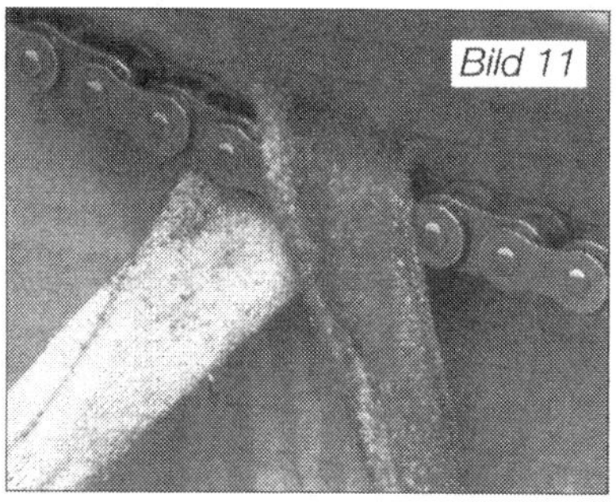

Bild 11

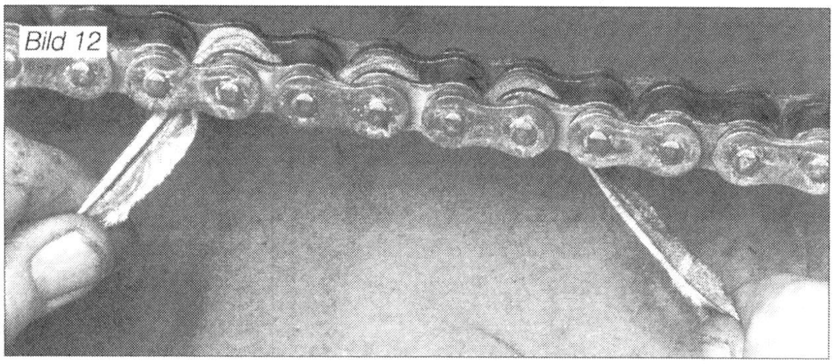

Bild 12

Reifen zur Kette hin mit einem Stück Pappe abdecken.

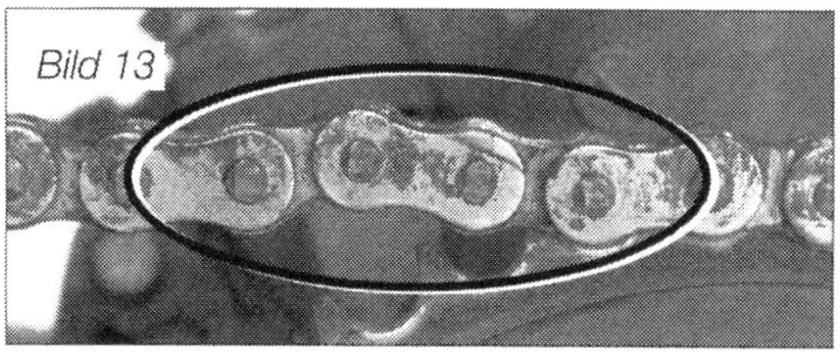

Bild 13

Bild 13: Festes Kettenglied.

2. Kette mit speziellem Kettenreiniger (Dieselöl geht auch) und hartem Pinsel reinigen, gut mit nicht fusselndem Lappen abputzen und trocknen lassen (Bilder 10 und 11).

Wichtig:

- Zwischen Kette und Reifen ein Stück feste Pappe einstecken, damit weder Reinigungsmittel, Dreck oder Kettenfett auf den Reifen gerät.
- Kein zu scharfes Reinigungsmittel verwenden, dieses kann die O-Ringe in der Kette zerstören.
- Ausdrücklich geeignet zur Kettenreinigung ist der Metall-Schnellreiniger von Enuma (Bild 10), er greift die O-Ringe nicht an.

3. Wenn Sie etwas Zeit und Muße haben, reinigen Sie sorgfältig auch die Zähne von Ritzel und Kettenrad sowie die Kettenrollen mit einem Lappenstreifen (Bild 12). Das mag zwar mühsam sein, aber festgebackener Dreck in den Zähnen der Kettenräder und auf den Rollen der Kette muss ab, denn er wirkt wie Schmirgelpaste und damit stark verschleißfördernd.

Kette kontrollieren

1. Kette sorgfältig Glied für Glied auf lockere Nieten, beschädigte Rollen, trockene, verrostete, geknickte, verklemmte Glieder (Bild 13), übermäßige Abnutzung und fehlende O-Ringe überprüfen.

2. Kettenräder auf übermäßig abgenutzte, z. B. spitz zulaufende, abgebrochene oder beschädigte Zähne kontrollieren (Bild 4).

3. Muttern am hinteren Kettenrad und Schraube am vorderen Kettenritzel an der Getriebewelle auf festen Sitz prüfen. Im Normalfall lösen sich diese Schraubverbindungen nicht.

- »Normalfall« bedeutet: Kettenritzel und Kettenrad sind noch serienmäßig (Erstausrüstung) oder beim letzten Wechsel der Kette und Kettenräder wurde sorgfältig gearbeitet.

4. Prüfen, ob das Kettenschleif-Führungsteil (wird auch »Kettengleitstück« oder »Kettenschleifschutz« genannt) links vorne auf der Schwinge genügend dick und an keiner Stelle durchgeschliffen ist.

- Wenn es beschädigt ist, muss es unbedingt erneuert werden, sonst besteht die Gefahr, dass die Kette die Schwinge oder den Rahmen an- oder gar durchschleift!

Kette schmieren

Zur Schmierung der Kette eignet sich dickes Motoren- oder Getriebeöl (ca. SAE 80); besser ist spezielles Kettenschmiermittel (»Kettenspray«, Bild 16), wie man es überall kaufen kann. Noch besser ist Kettenfett in der Dose, das mit einem

Pinsel oder aus einer Flasche mit Auslaufpipette auf die Kette Rolle für Rolle aufgebracht wird. Das dauert allerdings länger als einfaches Aufsprühen des Schmiermittels, aber ein solches Kettenschmiermittel ist preiswert und effektiv.

Beispielhaft erwähnen wir die »HKS Hochleistungs-Ketten-Schmiere« (Bilder 14 und 15) von Ing. Czech (*www.hks-czech.de*). HKS ist ein synthetisches Schmiermittel, das Festschmierstoffe enthält. Es erzeugt auf den Rollen einen nahezu dauerhaft dicken, wasserfesten Schmierfilm ähnlich einer Kunststoffversiegelung.

Wichtig ist sowohl beim Schmieren mit Öl, Kettenspray oder Kettenfett, dass die Kette nach dem Reinigen frei von Reinigungsmittelrückständen und absolut trocken ist.

- Schmiermittel immer von innen auf die Kette auftragen (Bilder 15 und 16).
- Alles auf der Außenseite der Kette aufgebrachte Schmiermittel nutzt nichts, sondern fliegt nur davon und versaut die Maschine!
- Nach dem Schmieren nicht gleich losfahren, sondern gut zehn Minuten warten, denn die Lösungsmittel müssen sich erst verflüchtigen.

Kettenspannung

Als Kettenspannung wird der Durchhang der Kette an der straffsten Stelle bezeichnet. Er soll 20 bis 30 mm betragen (Bild 19). Die Kettenspannung wird am unteren Kettentrum zum Schwingenholm gemessen, ungefähr in der Mitte zwischen vorderem Kettenritzel und hinterem Kettenrad (Bilder 17, 18 und 19).

Kettenspannung messen

Motor ist abgeschaltet, Leerlauf eingelegt, Maschine steht auf Mittel- oder Heckmontageständer:

- Hinterrad mit einer Hand drehen und gleichzeitig mit der anderen Hand die Kette am unteren Kettentrum wippend leicht nach oben drücken. Damit wird die straffste Stelle gesucht, denn

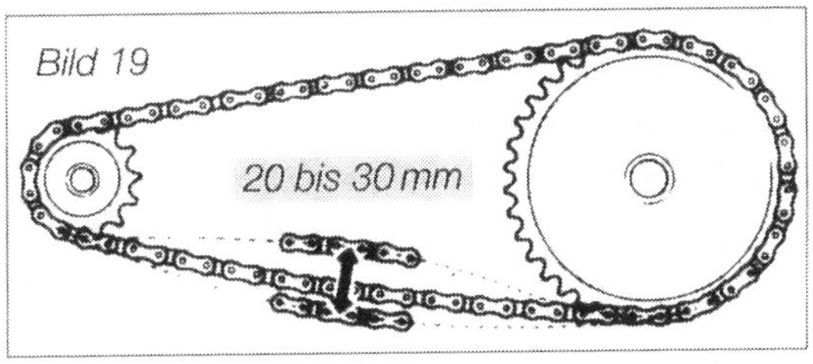

Bild 19

Bild 19: Vorgeschriebene Kettenspannung.

Bild 14

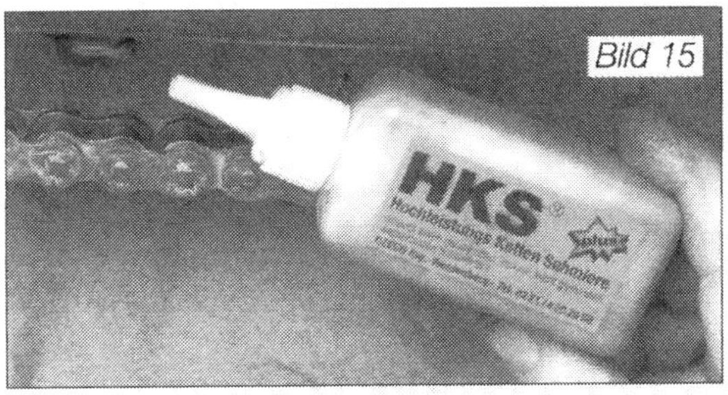

Bild 15

Bilder 14 und 15: HKS-Kettenschmiermittel in Vorratsdose und Plastikflasche mit Spitze.

Bild 16: Kettenspray innen auf die Kette auftragen.

Bilder 17 und 18: Messen der Kettenspannung:
- *Kette nach oben drücken, Maß nehmen (ca. 23 mm in Bild 17).*
- *Kette nach unten ziehen, Maß nehmen (ca. 72 mm in Bild 18).*
- *Die Differenz (ca. 49 mm) ist der Kettendurchhang.*

Bild 16

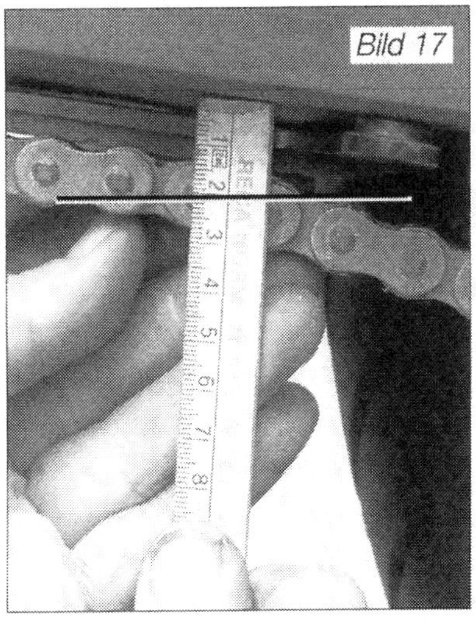

Bild 17

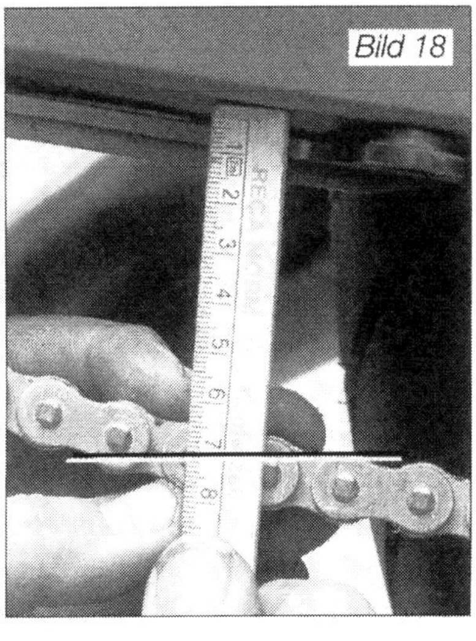

Bild 18

eine Kette verzieht sich im Laufe ihres Lebens unregelmäßig.

Kettenspannung einstellen

1. Achsmutter zwei Umdrehungen lösen, damit sich die Hinterachse leicht verschieben lässt.
2. Kettenspann-Kontermuttern auf beiden Seiten um zwei Umdrehungen lösen (Bilder 20 und 21).
3. Einstellmuttern gegen die Endplatten der Achsaufnahmen drehen (Bilder 20 und 21).

Bilder 20 und 21: Einstellmarkierungen und wichtige Bauteile zum Spannen der Kette.

Bild 22: Spezialwerkzeug »Laser-CAT« zum Einstellen und Überprüfen der Kettenflucht wird auf dem hinteren Kettenrad angelegt.

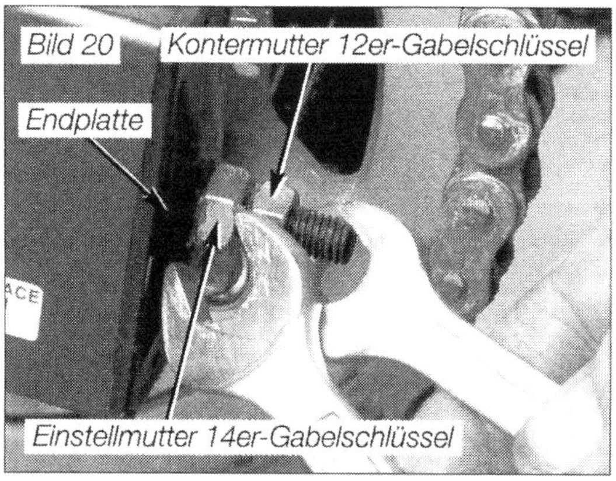

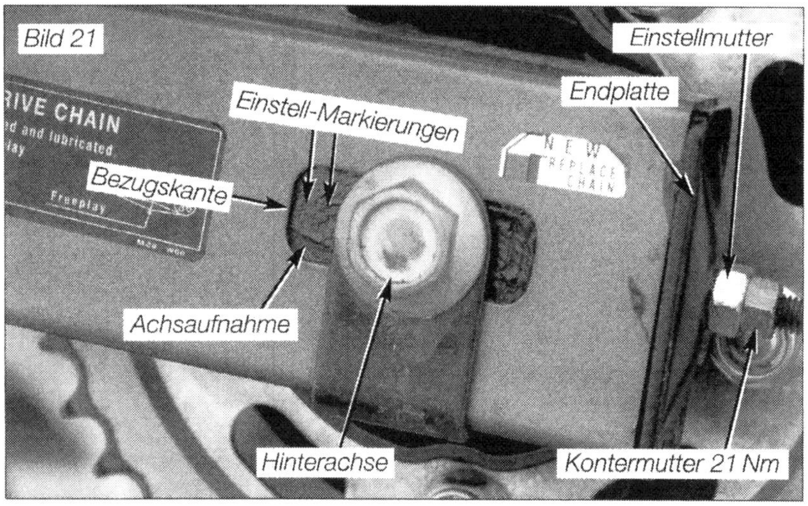

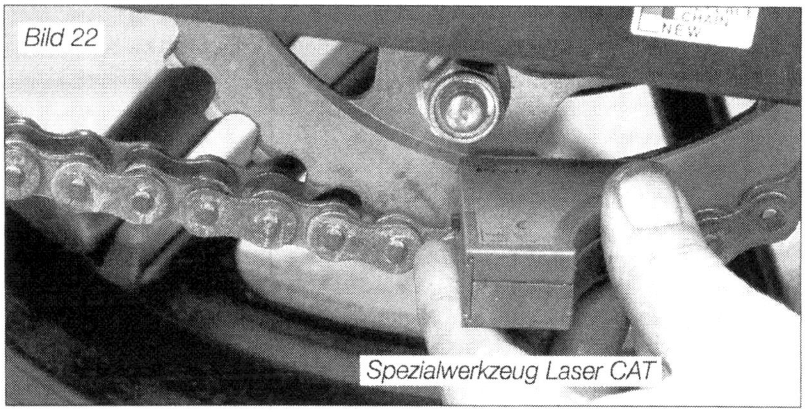

3.1. In Vierteldrehungen rechte Einstellmutter – linke Einstellmutter – rechte Einstellmutter – linke Einstellmutter vorgehen, bis die Kette den korrekten Durchhang erreicht.
3.2. Dabei kann man sich grob an den Einstell-Markierungen orientieren, die rechts und links auf den Achsaufnahmen angebracht und durch das Achslangloch zu sehen sind (Bild 21). Bezugskante ist die Vorderkante des Achslanglochs.
3.3. Einstell-Markierungen rechts und links müssen zum jeweiligen Ende des Achslanglochs fluchten.
4. Achsmutter mit 98 Nm anziehen.
5. Einstellmutter mit 14er-Gabelschlüssel in Einstellposition halten, Kontermutter mit 12er-Schlüssel gegen die Einstellmutter festziehen mit 21 Nm (ist »gut handfest«).

■ Kettendurchhang erneut prüfen.

Tipp: Damit nach dem Spannen der Kette die Kettenflucht stimmt, empfehlen wir das kleine, pfiffige Spezialwerkzeug Laser CAT *(www.profi-products.de)*. Mit ihm kann die Kettenflucht während des Spannvogangs exakt überprüft und eingestellt werden. Übrigens ist eine exakte Kettenflucht auch die erste Voraussetzung, dass Hinter- und Vorderrad in einer Spur laufen. Laser CAT (Bilder 7 und 22) ist klein, leicht und passt prima ins Bordwerkzeug.

Kette wechseln

Falls wegen übermäßiger Längung oder anderer Beschädigung eine neue Kette erforderlich ist, müssen auch die Kettenräder erneuert werden. Bei normalem Verschleiß sind Kettenräder und Kette zugleich verschlissen. Wenn man einen extrem billigen Kettensatz montiert, verschleißen die Kettenräder schneller als die Kette. Deswegen raten wir dazu, einen originalen bzw. qualitativ hochwertigen Kettensatz zu montieren.

Wichtig: Nie Neu- und Altteile kombinieren, sie nutzen sich gegenseitig extrem schnell ab.

Neue Kette kaufen

Wenn eine neue Kette notwendig wird und Sie sich keine Honda-Originalkette kaufen können (oder möchten), haben Sie im Zubehörhandel die Wahl zwischen drei verschiedenen Ketten: endlos vernietete, solche mit Nietschloss oder mit Federclipschloss.

■ Um eine **endlos vernietete Kette** zu montieren, müssen Teile der Schwingenlagerung ausgebaut werden.
■ Am besten eine **offene Kette mit Nietschloss** kaufen. Zum Vernieten ist allerdings ein Spezialwerkzeug erforderlich.
■ **Kaufen Sie in keinem Fall eine Billigkette mit Federclipschloss!**

Eine mit Nietschloss montierte Kette ist sicherer als eine Kette mit Federclipschloss. Falls Sie keine Möglichkeit haben, eine neue Kette mit Nietschloss fachgerecht zu vernieten, können Sie die neue Kette auch mit einem Schraubschloss montieren (siehe dazu Bild 3 und den zugehörigen Textabsatz in »Achtung und Tipps« am Anfang dieses Kapitels).

Bei jedem neuen Kettensatz sind neue O- oder X-Ringe, ein neues Kettennietglied (»Kettenschloss«) und eine kleine Menge Kettenfett für das neue Kettennietglied dabei.

Wichtig: Nie alte O- oder X-Ringe oder gar gebrauchte Laschen bei der Montage einer neuen Kette verwenden!

Sowohl zum Trennen der alten Kette wie auch zum fachgerechten Zusammenbau und Vernieten der neuen zeigen wir beispielhaft in diesem Kapitel das kombinierte Kettentrenn-Vernietwerkzeug von Enuma. Sollte ein solches Spezialwerkzeug nicht zur Hand sein, kann man die Kette auch an den Laschen oder den Nietköpfen mit einer Flex durch- bzw. aufschleifen (»aufflexen«). Das nach dem Aufziehen der neuen Kette nötige »freihändige« Vernieten der Niet-Überstände der Kettengliedbolzen verlangt allerdings eine geübte Hand, die den Hammer zielsicher führen kann, was nicht jedermanns Sache ist. Deswegen ist ein Kettentrenner-Vernietwerkzeug immer die beste Wahl – es sei denn, man verwendet ein Schraubschloss (Bild 3)!

Alte Kette abnehmen

1. Motorrad steht sicher aufgebockt auf dem Mittelständer oder Heckmontageständer.
2. Kettenabdeckung und Deckel über dem vorderen Ritzel abnehmen. Dreck herauspulen und sauber putzen.

Kette trennen

1. Kettenritzel-Befestigungsschraube öffnen (Bilder 23 bis 25):
Wichtig: Exakt passende 14er-Sechskantnuss und halblange Verlängerung verwenden. NICHT versuchen, die Ritzelschraube mit einem Gabelschlüssel zu öffnen, das geht schief und ist sehr gefährlich, was Verletzungen der Hände angeht!
1.1. Hinterrad durch Druck auf den Fußbremshebel blockieren. KEINEN Gang einlegen und die Ritzelschraube bei stehendem Motor öffnen!
1.2. Falls sich das Hinterrad mitdreht, weil die Schraube extrem fest ist und die Bremskraft zum Gegenhalten beim Öffnen der Schraube nicht ausreicht, einen Hammerstiel (Bild 24) oder ein Holzstück durch das Rad stecken und eine Speiche gegen die Schwinge blockieren.
1.3. Man kann die Schraube auch mit einem Druckluft-Schlagschrauber öffnen (Bild 25), das spart das Gegenhalten!
2. Nach dem Öffnen der Ritzelschraube die fünf Kettenrad-Befestigungsmuttern am Hinterrad lösen und zwei Umdrehungen öffnen.
3. Kette mit dem Kettentrennwerkzeug durchtrennen:
3.1. Das Nietglied suchen (Bild 26), daran lässt sich die Kette am leichtesten trennen.
3.2. Bild 27: Kettentrenner ansetzen, Gewindebuchse mit einer Zange festziehen, Durchschlag

Bilder 23, 24 und 25: Im Lauftext sind die zu den Bildern gehörenden Arbeitsschritte nummeriert beschrieben.

Bild 23

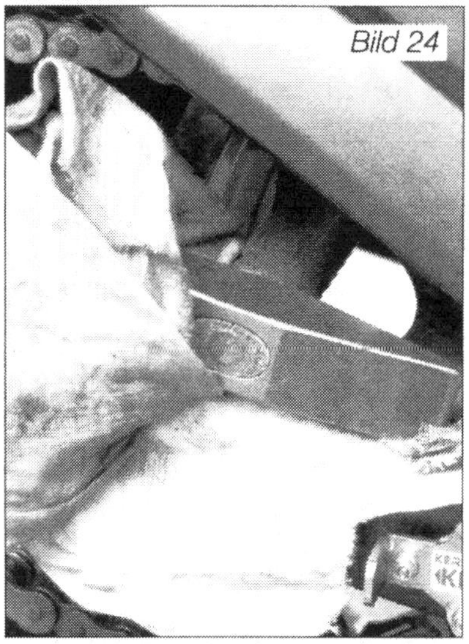
Bild 24

Bild 25

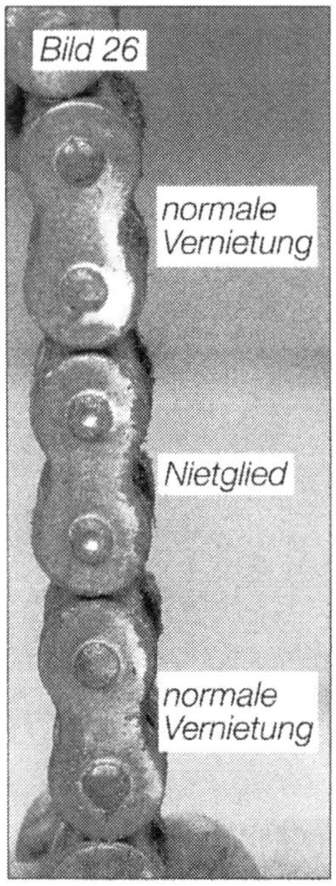

Bild 26

Bilder 26 bis 31: Im Lauftext sind die zu den Bildern gehörenden Arbeitsschritte nummeriert beschrieben.

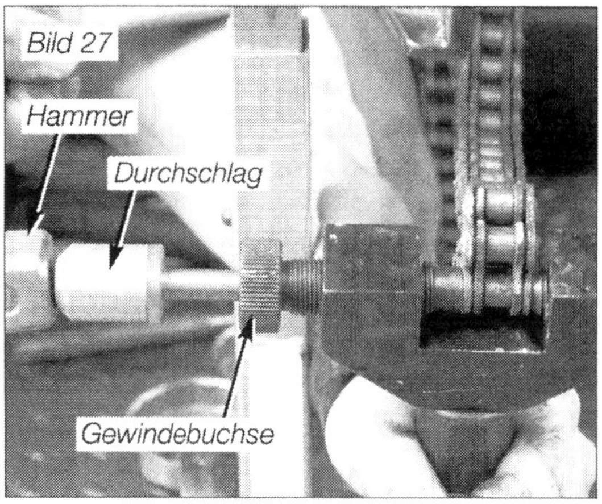

Bild 27

Bild 28

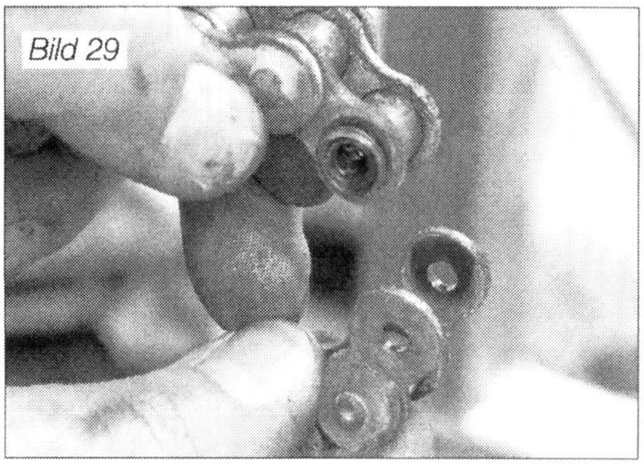
Bild 29

einsetzen, Kettentrenner mit einer Hand festhalten und mit dem Hammer in der anderen Hand kräftig auf den Durchschlag klopfen: Bolzen wird entnietet (Bilder 27 und 28).

4. Entnietete Kette trennen (Bild 29) und von den Kettenrädern abziehen.

Neue Kette und Kettenräder montieren

1. Altes Kettenritzel vorne abziehen. Getriebeabtriebswelle mit Bremsenreiniger reinigen. Keilnuten mit Fett schmieren (z. B. Shell RETINAX, das ist ein spezielles Fett, das hohen Druck aushält).

2. Neues Ritzel aufschieben. Gereinigte, leicht eingeölte Ritzelschraube handfest eindrehen.

3. Kettenrad hinten wechseln:

3.1. Hinterrad ausbauen, Kettenradmuttern abdrehen, altes Kettenrad abnehmen.

3.2. Anlageflächen und Gewinde der Bolzen gut reinigen (Bremsenreiniger), neues Kettenrad mit der Zahl nach außen hin aufsetzen, Muttern einölen, handfest anziehen.

3.3. Beide Kettenspannmuttern bis zum freien Ende des Gewindes drehen, Achsaufnahmen tief in die Schwinge einschieben, Hinterrad einbauen, Hinterachse ganz weit nach vorne schieben.

4. Neue Kette auf die Kettenräder aufziehen, neue O- oder X-Ringe aufschieben (Bild 31), Kettenschloss gut mit Kettenfett einfetten, in beide Enden der Kette einstecken.

5. Neue Lasche aufschieben und mit Kettenwerkzeug etwas aufpressen.

■ Die neue Kette sieht jetzt schon fast fertig montiert aus, ist es aber noch nicht!

6. Abstandslehren auf beiden Seite der Kette einstecken (Bild 32): Damit werden die O- oder X-Ringe fixiert und gleichzeitig verhindert, dass die Kettenlasche zu weit aufgepresst wird.

Wichtig: Bei verschiedenen Nachrüstketten ohne beigelegte Abstandslehren ist das exakte Maß für den Überstand der Nietbolzen im Beipackzettel vermerkt (Beispiele siehe Bild 34).

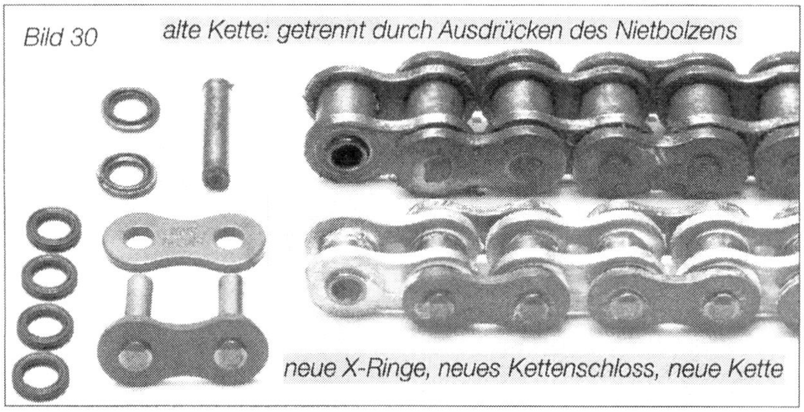

Bild 30

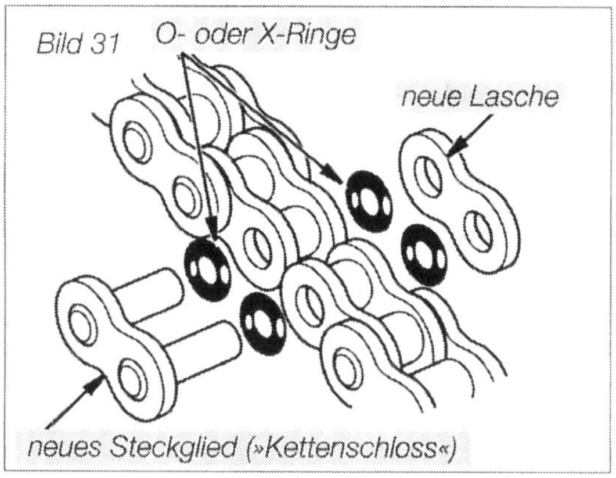

Bild 31

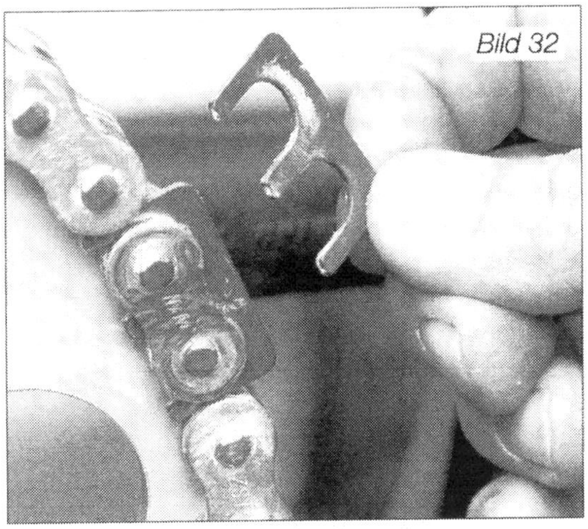

6.1. Kettentrenner ansetzen: Mit der Gewindebuchse die Kettenlasche auf beide Bolzen aufpressen, bis sie auf der Abstandslehre ansteht.
6.2. Mit dem Nietwerkzeug die Bolzenüberstände vernieten (Bilder 33 bis 37). Abstandslehren herausziehen.
7. Ritzelschraube mit 54 Nm festziehen.
8. Selbstsichernde Muttern der hinteren Kettenblatt-Befestigung festziehen (Bilder 38 und 39).
Wichtige Anmerkung: Honda gibt ein Anziehdrehmoment von 108 Nm für die selbstsichernden Muttern des hinteren Kettenrads an. Dies ist nach Meinung von Honda-Spezialisten zu hoch, denn es besteht die Gefahr, dass die Stehbolzen aus dem Aluminium-Kettenblattträger herausgezogen werden!
Empfehlung: Muttern mit 70 Nm festziehen und mit einer Farbmarkierung zum Kettenrad hin versehen. Nach 100 bis 250 Kilometern den Festsitz aller Muttern überprüfen.
9. Kette spannen. Ritzelabdeckung (Kettenschleifschutzbogen mit einbauen!), Schalthebel und Kupplungsnehmerzylinder montieren. Kettenabdeckung anbringen.

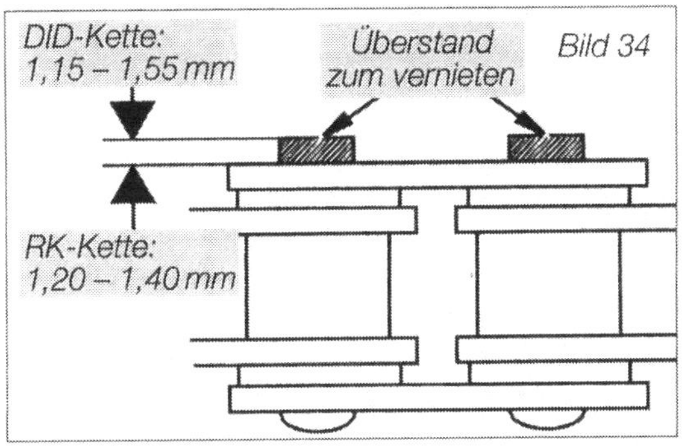

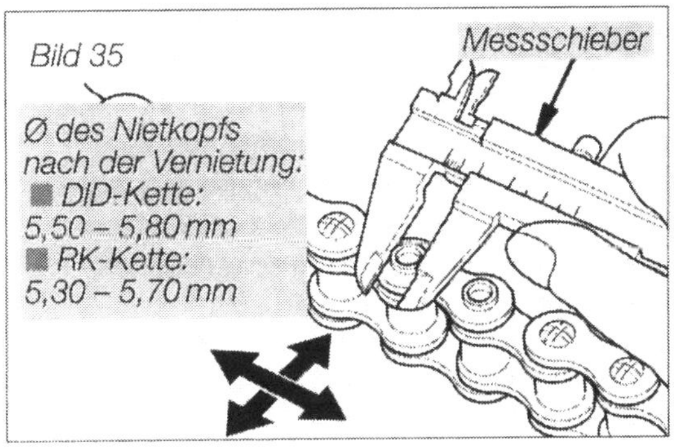

Bilder 32 bis 37: Im Lauftext sind die zu den Bildern gehörenden Arbeitsschritte nummeriert beschrieben.

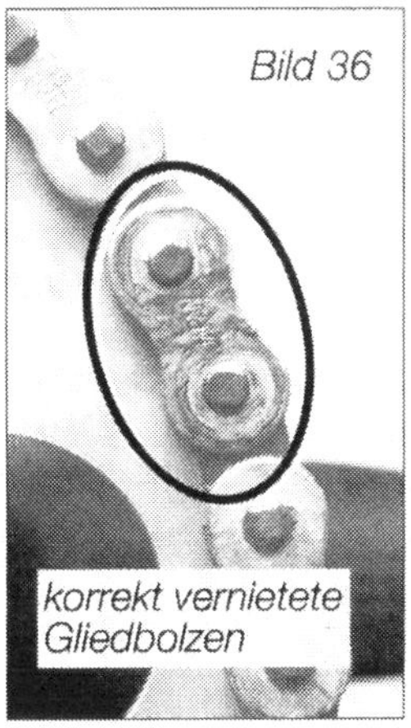

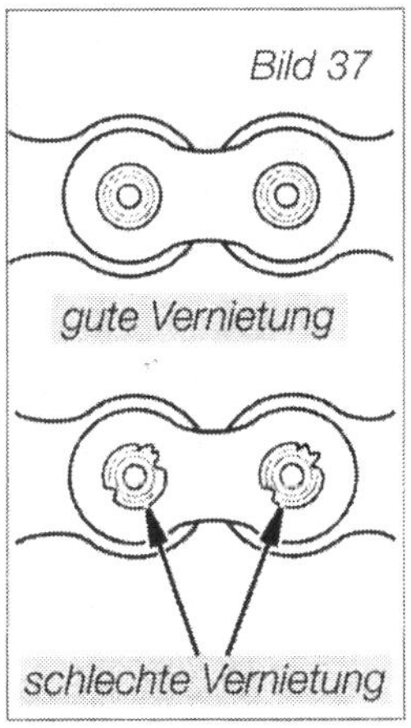

Bilder 38 und 39:
- *Das von Honda vorgeschriebene Anziehdrehmoment der Kettenblatt-Muttern beträgt 108 Nm. Dies erscheint als zu hoch.*
- *Empfehlung: Muttern mit 70 Nm festziehen.*
- *Wichtig: Festsitz der Muttern nach einigen Kilometern überprüfen, ggf. nachziehen.*

Bild 1: Wenn der Gabelsimmerring defekt ist, sind Stand- und Tauchrohr stark ölig.

Bild 2 : Einstellmöglichkeiten der hinteren Feder.

Bild 3: Federvorspannung mit Hakenschlüssel und Verlängerung (Bordwerkzeug) einstellen.
■ Vorher einen Schuss Ölspray an die Federvorspannhülse geben!

Federung · Dämpfung

In diesem Kapitel: Vorder- und Hinterradfederung prüfen und einstellen.
■ Korrespondenzkapitel: 12 »Lenkung«, 13 »Telegabel«, 14 »Federbein · Schwinge«

Federung und Dämpfung prüfen

Vorderradfederung

■ Dichtringe in den Gabeltauchrohren müssen dicht sein, es darf kein Öl auslaufen.
■ Gabelstandrohre dürfen keine Riefen oder Kratzer haben.
■ Wenn der Gabelsimmerring defekt ist, läuft Öl außen am Tauchrohr herunter (Bild 1). Zum Erneuern des Simmerrings muss das Gabelbein zerlegt werden.
■ Defekte oder bei einem Unfall verbogene Gabelstand- und Tauchrohre sowie Gabelbrücken müssen erneuert werden.

Hinterradfederung

■ Aus dem Federbein darf an keiner Stelle Öl auslaufen, es muss überall trocken sein.
■ Dämpferstange darf weder Riefen noch Kratzer aufweisen.
■ Feder und Federvorspannhülse dürfen weder verformt noch gebrochen sein, Widerlager der Federvorspannhülse und Federauflage müssen formstabil vorhanden sein.
■ Schwinge, Umlenkhebel, Federbeinbefestigungen dürfen kein Auf- und Abspiel haben:
1. Zur Prüfung die Maschine so aufbocken, dass das Hinterrad frei ist.
2. Hinter die Maschine stehen, Hinterrad mit beiden Händen packen und versuchen, die Schwinge ruckartig auf und ab sowie nach rechts und links zu bewegen. Man spürt dabei eventuelles Spiel (»Luft«) in der Federbeinanlenkung und im Schwingenlager.

Standprüfung der Federung

1. Maschine steht frei auf den Rädern, Seitenständer eingeklappt, Motor aus, Leerlauf drin.
2. Vorderradfederung: Mechaniker steht über der Sitzbank, beide Füße platt auf der Erde, umfasst fest beide Lenkerenden, betätigt die Vorderradbremse und gibt Druck auf die Vordergabel.
■ Mit stoßenden Bewegungen den Vorderbau nach unten drücken und frei ausfedern lassen.
3. Hinterradfederung: Mechaniker lässt sein Körpergewicht immer wieder in den Sitz fallen.
■ Wer fit ist im Umgang mit seinem Motorrad, stellt sich dahinter, nimmt das Motorrad vom Seitenständer, stellt es frei senkrecht und drückt mit den Händen wippend auf das Sitzbankende.
4. Vorne wie hinten muss Einfedern schneller gehen als Ausfedern (ca. 1 : 3).
■ Beim Ausfedern dürfen weder Vorder- noch Hinterbau nachschwingen, Telegabel und hinteres Federbein müssen über den gesamten Einfederweg »saugend« wieder ausfedern. Erst ganz zum Schluss federn Telegabel und Heck etwas zurück auf den Tragenullpunkt.
5. Bei dieser Prüfung zeigt sich auch, ob Telegabel und Hinterradschwinge leicht und frei einfedern und die Dämpfung gut dämpft.
■ Man kann dabei feststellen, ob die Gabelbeine in ihrer Beweglichkeit behindert sind, z. B. durch verspannten Einbau der Vorderachse oder der Gabelbeine in den Gabelbrücken.
■ Es zeigt sich auch, ob sich die Schwinge frei bewegt oder eingeschränkt, z. B. durch feste Schwingenlager.

Fahrprüfung

1. Wenn Telegabel oder Hinterradfederung beim Betätigen der Vorderradbremse oder beim Überfahren einer Bodenwelle schnell durchschlagen, sind die Federn der Telegabel bzw. die Feder des Stoßdämpfers ermüdet. Dies darf nur bei einer sehr alten Maschine der Fall sein.
2. Wenn Fahrzeugfront oder Heck nach dem Überfahren von Bodenwellen nachschwingen und sich die Maschine »weich« anfühlt, hat die Dämpferwirkung nachgelassen. Dann sollte das Dämpferöl der Telegabel gewechselt werden.
2.1. Wenn das Federbein schneller einfedert als im Neuzustand und schon bei leichten Bodenwellen durchschlägt, ist es defekt und muss erneuert werden.

Hinterradfederung einstellen

Wichtig: Durch eine Veränderung der Vorspannung der hinteren Stoßdämpferfeder wird nicht die Federhärte verändert, sondern die Nulllage des Hecks entsprechend nach oben oder unten verschoben: leichte Fahrer stellen auf niedrige Vorspannstufe, mit Sozius/Gepäck oder schwere Fahrer auf eine höhere Vorspannstufe ein.

Federvorspannung: Die Vorspannung der Feder kann über Verdrehen der Federvorspannhülse in 7 Stufen eingestellt werden (Bilder 2 und 3):
■ leichter Fahrer: Stufe 1 oder 2
■ schwerer Fahrer, Sozius, Gepäck: Stufen 5 bis 7.

Lenkung

In diesem Kapitel: Lenklagerung · Lenklagerung prüfen · Losbrechmoment messen · Lenklagerung nachstellen · Untere Gabelbrücke mit Lenkschaftrohr aus- und einbauen · Lenklager wechseln.

Lenklagerung

Die Lenklagerung setzt sich zusammen aus dem unteren und oberen Lenklager, dem Lenkschaftrohr sowie dem rahmenfesten Lenkkopf (siehe dazu Bild 1). Sie wird laut Wartungsplan bei jeder großen Inspektion alle 12 000 km überprüft und ggf. eingestellt.

Die Abdichtung des unteren und oberen Lenklagers gegen Staub und Schmutz mit je einer Staubdichtscheibe ist sehr gut. Dennoch kann es im Laufe der Zeit vorkommen, dass das Fett im Lenklager hart wird und dadurch seine Schmierfähigkeit verliert oder sich das Fett verflüchtigt. Dann laufen die Lager trocken und damit ungeschmiert. Ein guter Mechaniker spürt trockene Lenklager, wenn er die Lenkung entsprechend hin und her bewegt. Ab einer Laufleistung von ca. 50 000 km kann eine Reinigung und Neueinfettung der Lenklagerung notwendig werden, wozu die Lenklagerung zerlegt werden muss.

Einstellung der Lenklagerung

Die Lenklagerung muss so eingestellt sein, dass leichtes Schwenken und sicheres Fahren gewährleistet sind. Wenn die Maschine in lang gezogenen Kurven nicht mehr die gewohnt saubere Linie halten will (sofern die Reifen vom Profil her in Ordnung sind und der Luftdruck stimmt!) und es beim kurzen Anziehen der Vor-

Bild 1: Explosionszeichnung der Lenklagerung mit Teilebezeichnungen und Anziehdrehmomentwerten.

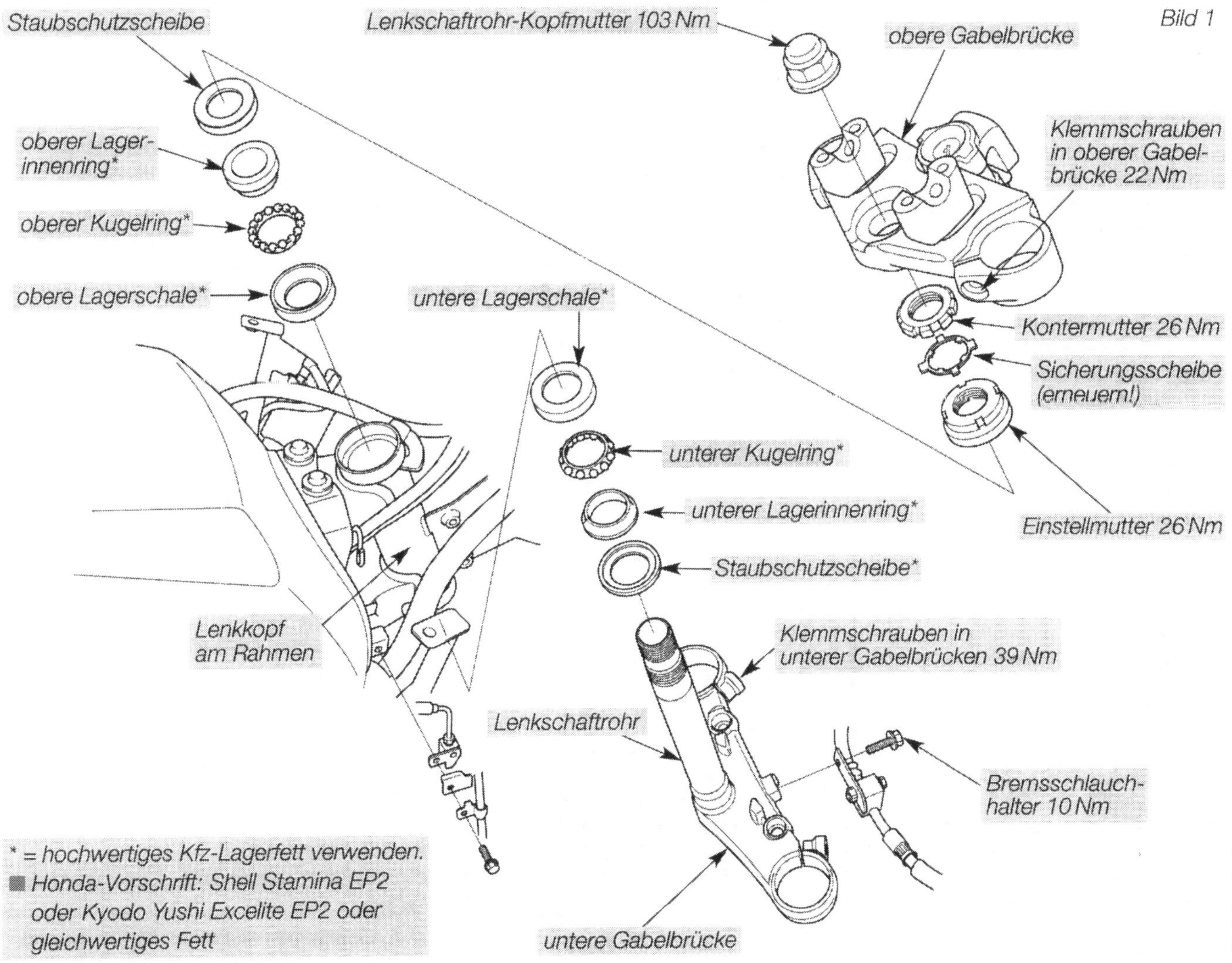

* = hochwertiges Kfz-Lagerfett verwenden.
■ Honda-Vorschrift: Shell Stamina EP2 oder Kyodo Yushi Excelite EP2 oder gleichwertiges Fett

derradbremse verdächtig in der Lenkung knackt, hat meist die Lenklagerung zu viel Spiel.

■ Eine zu lockere Einstellung der Lenklagerung führt zu instabilem Fahrverhalten bei niedrigen Geschwindigkeiten, bei höheren Geschwindigkeiten flattert das Vorderrad.

■ Eine zu straffe Einstellung der Lenklagerung verursacht Pendelbewegungen der Maschine bei niedrigen und hohen Geschwindigkeiten und erschwert Lenkbewegungen. Vor allem die Zielgenauigkeit bei Kurvenfahrten leidet beträchtlich, man »trifft« die Kurven nicht mehr richtig.

Lenklagerung prüfen

Zur Überprüfung der Lenklagerung müssen Vorderrad und Lenkung frei beweglich sein.

Grundpüfung der Beweglichkeit

1. Maschine auf Mittelständer aufbocken und hinten so belasten, dass das Hinterrad Bodenkontakt bekommt und Vorderrad und Lenkung frei beweglich sind (oder vorne aufhängen).

2. Lenkung von Anschlag zu Anschlag schwenken und dabei auf ungleichmäßige Bewegung, Rastung oder Knacken im Bereich des oberen und unteren Lenklagers achten. Seilzüge und Kabel dürfen den Lenkeinschlag nicht behindern.

3. Falls die Schwenkbewegung der Lenkung ungleichmäßig verläuft und die Lenklagerung Spiel hat, muss sie nachgestellt werden.

4. Rastet die Lenkung in verschiedenen Stellungen ein, sind die Lenklager defekt und müssen erneuert werden. Dann haben sich die Kugeln so in die Lagerschalen eingedrückt, dass Vertiefungen entstanden sind.

Bild 2

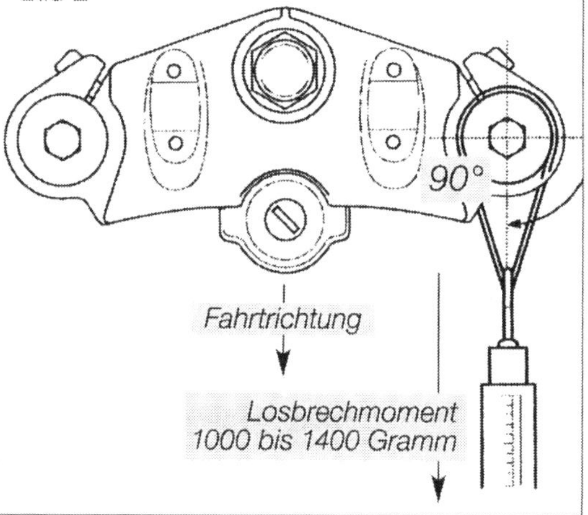

Bild 2: Messen des Losbrechmoments der Lenklagerung mit einer Federwaage; der Sollwert liegt bei 1000 bis 1400 Gramm.

Losbrechmoment

Falls die Lenklagerung Spiel aufweist, sich die Lenkung aber dennoch von Lenkanschlag zu Lenkanschlag bewegen lässt, ohne dass die Lager knacken oder an einem Punkt einrasten, muss die Lenklagerung nachgestellt werden. Vorher und nachher sollte das Lenklager-Losbrechmoment nach Honda-Anweisung geprüft werden. Hierzu ist eine kleine Federwaage nötig.

Wichtig: Wenn das Losbrechmoment des Lenklagers im Rahmen einer Inspektion gemessen wird, ist es in der Regel zu niedrig, weil das Lagerspiel zu groß ist. Zu großes Lagerspiel entsteht durch »Setzen« der Lagerbauteile und/oder Verschleiß, sie bekommen mit der Zeit »Luft« zueinander.

Losbrechmoment messen

1. Vorderrad und Lenkung sind frei beweglich, Vorderrad in Geradeausstellung, Federwaage mit einem Kabelbinder an einem der beiden Standrohre 90 Grad zu den Gabelbeinen bzw. parallel zur Fahrzeuglängsachse anbringen (Bild 2).

2. Langsam an der Federwaage ziehen. Sobald sich die Lenkung zu bewegen beginnt, den angezeigten Wert ablesen.

2.1. Die Anfangskraft der Lenkerbewegung soll 1000 bis 1400 Gramm betragen.

3. Auf der anderen Seite ebenso verfahren.

Nachstehend zwei populäre Prüfmethoden, zu denen keine Federwaage benötigt wird.

Mechaniker-Methode 1:

1. Motorrad ist so aufgebockt, dass der Vorderbau frei ist.

2. Bild 3: Mechaniker steht vor dem Vorderrad, packt bei gerader Radstellung beide Gabelholme

■ Das Motorrad muss so aufgebockt sein, dass die Lenkung frei ist und das Vorderrad keinen Bodenkontakt hat.

Bild 3

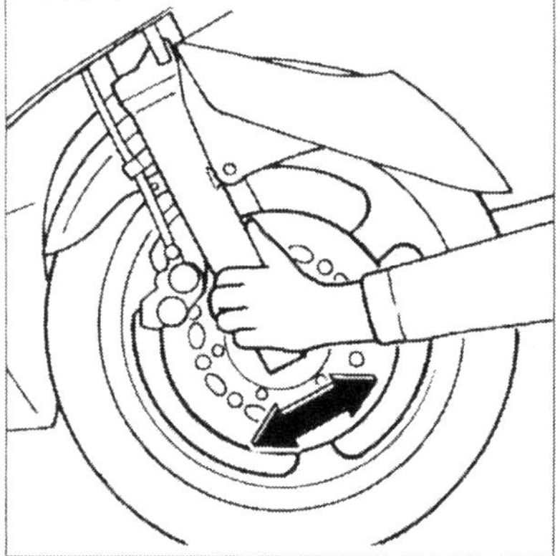

Bild 3: Prüfen der Lenklagerung durch Hin- und Herrütteln der Telegabel.

Bild 4

Bild 4: Prüfen der Lenklagerung bei abgebocktem Motorrad: Vorderradbremse betätigen, Zeigefinger und Daumen der linken Hand an Lenkkopf und obere Gabelbrücke, einige Male kräftig einfedern, eventuelles Spiel ist zu spüren.

unten und bewegt die Telegabel ruckartig nach vorne und hinten.
■ Wenn das Lenklager Luft hat, spürt man das ganz deutlich.

Mechaniker-Methode 2:
1. Bild 4: Motorrad steht abgebockt auf dem Boden. Mechaniker stellt sich im Bereich des Sitzes neben die Maschine.
2. Rechte Hand betätigt die Vorderradbremse.
3. Linke Hand: Daumen liegt auf der linken Seite der oberen Gabelbrücke, Zeigefinger am Rahmen in Höhe des oberen Lenklagers.
4. Maschine mit gezogener Bremse kräftig mehrmals nach vorne stoßen und zurückziehen.
■ Wenn das Lenklager Luft hat, spürt man dieses Spiel in Daumen und Zeigefinger der linken Hand. Es muss dabei nicht unbedingt hörbar knacken!

Hinweis 1: Das »Erspüren« des Lenklagerspiels ist nicht nur Erfahrungssache, sondern auch von Maschine zu Maschine verschieden. Wichtig ist, dass das Spiel beseitigt wird, die Lenklagerung nicht zu fest angezogen wird, also gleichzeitig spielfrei und leichtgängig bleibt.

Hinweis 2: Wenn sich bei der Messung des Losbrechmoments ergibt, dass es niedriger ist als der von Honda genannte untere Wert von 1000 Gramm (z. B. 890 Gramm), die Lenklagerung aber kein fühlbares Spiel hat, braucht keine Nachstellung zu erfolgen.

Lenklagerung einstellen

Falls die Lenklagerung Spiel aufweist, sich die Lenkung aber dennoch von Lenkanschlag zu Lenkanschlag bewegen lässt, ohne dass die Lager knacken oder an einem Punkt einrasten, muss die Lenklagerung nachgestellt werden.

Lenklager nachstellen

Honda empfiehlt zum Einstellen der Lenklager das Honda-Spezialwerkzeug »Steuerkopfschaft-Steckschlüssel« (Nr. 07916-3710101): Ein Steckschlüssel mit vier Zapfen und Vierkantaufnahme für einen Drehmomentschlüssel (Bild 8), womit die untere Nutmutter (»Lenklager-Einstellmutter«) entsprechend der Honda-Vorschrift drehmomentgenau angezogen werden kann. Steht dieses Werkzeug nicht zur Verfügung, kann man sich auch mit einem Hakenschlüssel helfen (Bild 7) und die Lenklagerung nach Gefühl einstellen.

Nachstehend beschreiben wir das Nachstellen der Lenklager nach Honda-Vorschrift:
1. Schrauben der Lenkerklemmung lösen und ausdrehen, Klemmschalen abnehmen, Lenker nach vorne ablegen.
2. Obere Gabelbrücke abmontieren:
2.1. Lenkschaftrohr-Kopfmutter lösen und abdrehen, Scheibe abnehmen.
2.2. Obere Standrohr-Klemmschrauben lösen und mindestens zwei Umdrehungen aufdrehen.
2.3. Obere Gabelbrücke nach oben abziehen.
■ Zur Unterstützung leicht mit einem Plastikhammer von unten nach oben klopfen (Bild 5).

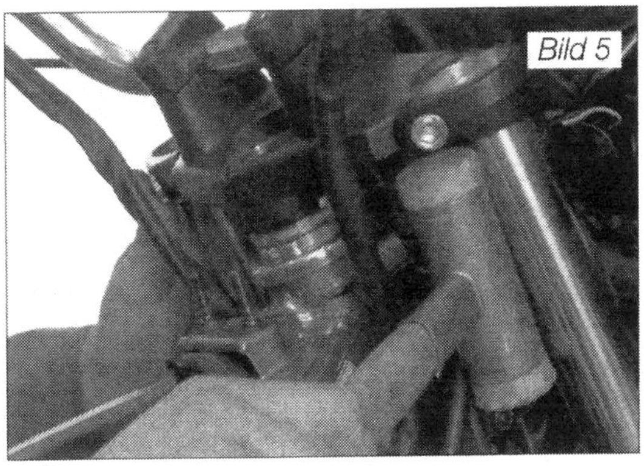

Bild 5: Obere Gabelbrücke nach Öffnen der Klemmschrauben mit einem Plastikhammer etwas nach oben schieben.

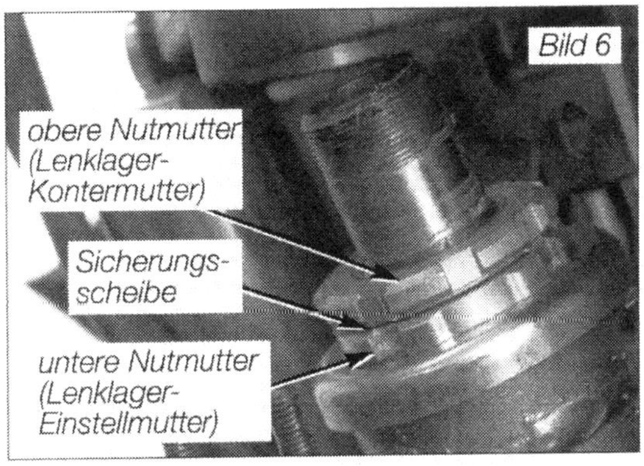

Bild 6: Bauteile der oberen Lenklager-Einstellung. Bevor die obere Nutmutter entkontert wird, muss das Sicherungsblech aus der Nut gebogen werden.

Bild 7: Zum Beschrauben der Nutmuttern einen korrekt sitzenden Hakenschlüssel verwenden.

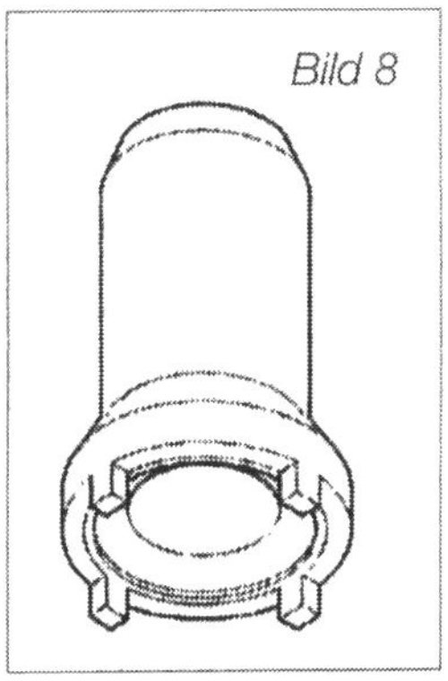

Bild 8: Honda-Spezialwerkzeug »Steuerkopfschaft-Steckschlüssel« (Nr. 07916-3710101).

■ Wenn die Gabelbrücke fest sitzen sollte, die Kontaktstellen mit Kriechöl einsprühen, kurz einwirken lassen und die Gabelbrücke mit leichten Schlägen (Plastikhammer) von unten nach oben abtreiben.
3. Sicherungsscheibe mit den umgebogenen Laschen abziehen (Bild 6).
4. Obere Nutmutter (»Kontermutter«) mit dem Vierzapfen-Steckschlüssel lösen und abschrauben.

Jetzt beginnt die Nachstellung:
1. Untere Nutmutter (»Lenklager-Einstellmutter«) etwas lösen, dann handfest anziehen und mit 26 Nm festziehen.
2. Lenkung hin und her bewegen: Prüfen, ob sie sich leicht und ohne zu sperren bewegen lässt.
■ Falls »ja«, mit 3. fortfahren.
2.1. Falls »nein«: Untere Nutmutter wieder etwas lösen, erneut mit 26 Nm festziehen.
2.2. Jetzt die Lenkung wieder hin und her bewegen. Falls sie sich jetzt immer noch nicht leicht und ohne zu sperren bewegen lässt, sollte das Lenklager zerlegt und kontrolliert werden, ob es noch in Ordnung ist (siehe weiter hinten in diesem Text unter »untere Gabelbücke aus- und einbauen«). Gegebenenfalls müssen neue Lenklager eingebaut werden.
3. Sicherungsscheibe aufsetzen, Kontermutter aufdrehen und so weit gut handfest anziehen, bis sich die Nuten der oberen und unteren Nutmutter zueinander decken (Bild 6).
4. Sicherungsscheibe aufstecken, Laschen müssen satt in den Nuten sitzen.
■ Wenn eine neue Sicherungsscheibe verwendet wird, die Laschen in die Nuten einbiegen (Bild 6).
5. Gabelbrücke aufstecken, Scheibe aufschieben, Lenkschaftrohr-Kopfmutter aufdrehen und handfest anziehen.
6. Obere Gabelbrücken-Klemmschrauben mit 22 Nm festziehen.
7. Lenkschaftrohr-Kopfmutter mit 103 Nm festziehen.
8. Lenker aufbauen und einstellen siehe Kapitel 4 »Einstellungen«.
9. Die unteren Gabelbrücken-Klemmschrauben wurden zwar nicht geöffnet, sollten zur Sicherheit allerdings gelöst und erneut festgezogen werden mit 39 Nm.
10. Jetzt die Lenkung einige Male hin und her schwenken und prüfen, ob sie sich leicht und ohne zu »sperren« drehen lässt.
10.1. Losbrechmoment noch einmal messen, der gemessene Wert muss zwischen 1000 und 1400 Gramm liegen. Alles in Ordnung?
■ Liegt der Messwert über 1400 Gramm, ist das Lenklager zu stramm angezogen.
■ Liegt der Messwert unter 1000 Gramm, kann das Lager noch zu viel Spiel haben (siehe dazu »Hinweis 2« auf der vorherigen Seite).
■ In beiden Fällen Einstellung wiederholen!
11. Gummideckel in die Inbusköpfe der Lenkerbefestigungsschrauben einstecken.
■ Vorher einen Schuss Ölspray in die Inbusköpfe geben, das schützt vor Rost!

Untere Gabelbrücke mit Lenkschaftrohr aus- und einbauen

Sollte es notwendig sein, die Lenklager zu reinigen und neu einzufetten, oder müssen sie gar erneuert werden, müssen zum Ausbau des Lenkschaftrohres die Gabelbeine ausgebaut werden (siehe Kapitel 13 »Telegabel«).

Das Motorrad so aufbocken, dass der Vorderbau frei ist. Ab- und ausgebaut sind Verkleidung, Vorderrad, Bremssättel, Bremsschläuche (Hydraulikanschlüsse nicht trennen!), Gabelbeine, obere Gabelbrücke.

1. Obere Nutmutter ganz abdrehen, Sicherungsscheibe abnehmen.
2. Mit einer Hand die untere Gabelbrücke nach oben halten, mit der anderen Hand die untere Nutmutter vom Lenkschaftrohr abdrehen.
3. Untere Gabelbrücke mit Lenkschaftrohr nach unten herausziehen.
4. Obere Staubschutzscheibe, Lagerinnenring und oberen Kugelring herausnehmen.
5. Vom Lenkschaftrohr den unteren Kugelring abziehen. Alle Teile sorgfältig reinigen.

Ausgebaute Lenklager prüfen
Zustand der Lager auf Sicht prüfen:
■ Sie dürfen nicht beschädigt, eingelaufen, punktuell eingedrückt oder anderweitig beschädigt sein (z. B. durch Korrosion).
■ Auch dann, wenn die Laufbahn der Lagerkugeln in den Lagerschalen matt ist, sollten die Lager ausgewechselt werden.
■ Lagersitzringe und Lagerinnenringe müssen fest und spielfrei in ihren Passbohrungen des Rahmens bzw. auf dem Lenkschaftrohr sitzen.
■ Alle Kugeln müssen rund sein und dürfen keine flachen Stellen, Vertiefungen (»Krater«), Materialausbrüche, eingelaufene oder eingeschlagene Stellen haben.

■ Die Kugelkäfige müssen zur Gänze vorhanden sein, dürfen nirgendwo ausgebrochen oder gerissen sein und alle Kugeln so halten, dass sie sich leicht bewegen, aber nicht herausfallen können.

Lenklager fetten und einbauen

1. Gereinigte Lagerschalen, Lagerinnenringe und Wälzkörperringe satt mit Wälzlagerfett (z. B. Shell RETINAX HD2) einfetten.
2. Unteren Kugelring über das Lenkschaftrohr fädeln und auf den unteren Lagerinnenring setzen. Lenkschaftrohr von unten in Lenkkopf einführen, Gabelbrücke mit der Hand nach oben halten!
3. Oberen Kugelring einsetzen, Lagerinnenring und Staubschutzscheibe aufschieben, gereinigte Einstellmutter einölen, aufschrauben und handfest anziehen.
4. Lenklager einstellen siehe Text weiter vorne in diesem Kapitel. Gabelbeine einbauen siehe Kapitel 13 »Telegabel«.

Lenklager wechseln

Wenn die Lagerschalen Riefen oder eingelaufene Stellen haben, müssen sie ausgebaut und durch neue ersetzt werden. Dabei auch die Lagerinnenringe, Kugelringe und Staubschutzscheiben erneuern, also immer komplett neue Lagersätze verwenden.

Honda bietet Spezialwerkzeuge zum Aus- und Einbau der Lenklager an. Diese arbeiten auf Gewindespindelbasis, also ohne Erwärmung (und damit Ausdehnung) des Materials. Nachstehend erklären wir den Aus- und Einbau der Lenklager mit konventionellen Werkzeugen nach üblicher Mechanikerart. Außerdem empfehlen wir das Kapitel 31 »Fahrwerk optimieren«.

Lager ausbauen

1. Den unteren Lagerinnenring auf dem Lenkschaftrohr fettfrei reinigen, mit einem Heißluftföhn anwärmen, ganzes Teil auf einer stabilen Holzunterlage ablegen, Lagerring mit Hammer und Meißel von seinem Sitz treiben (Bild 9).
2. Mit einem Heißluftföhn, auf dessen Spitze eine runde Düse aufgesteckt ist, oberen und unteren Lagersitz des Rahmens auf ca. 80 °C erwärmen. Dann lassen sich die Lagerschalen leichter austreiben als bei kaltem Rahmen.
3. Obere und untere Lagerschale mit einem langen Dorn unter leichten Schlägen mit einem Stahlhammer schrittweise über Kreuz aus ihren Sitzbohrungen im Rahmen treiben (Bild 10).

Lager einbauen

Ausgangslage für den Lagereinbau: Alle Lagerstellen sind penibel gereinigt und haben keine mechanischen oder korrosionsbedingten Schäden oder Verformungen. Die Lagerschalen sind Neuteile.
1. Untere Staubschutzscheibe über das Lenkschaftrohr bis ganz nach unten schieben und satt aufsetzen.
2. Mit dem Heißluftföhn (oder auf der Heizplatte oder im Ölbad) den unteren Lagerinnenring so weit erwärmen, dass man ihn gerade eben nicht mehr in die Hand nehmen kann.
■ »Spuckprobe« machen, es zischt bei ca. 70 bis 80 °C.
■ Nur mit Hitzeschutz-Handschuhen anfassen!
3. Erwärmten Lagerinnenring auf das kalte Lenkschaftrohr auffädeln, nach unten auf den Sitz schieben, mit passendem Rohrstück und kurzen Hammerschlägen in den Sitz drücken (Bild 11).
4. Oberen und unteren Lagersitz des Rahmens mit dem Heißluftföhn kurz und heftig erwärmen (ca. 80 °C).

Bild 9: Unteren Lagerinnenring mit einem Föhn ringsum erwärmen und mit einem Meißel vorsichtig vom Lenkschaftrohr abtreiben.

Bild 10: Austreiben der Lagerschalen des Lenkkopfs über Kreuz mit Hilfe eines langen Schlagdornes.

Bild 11: Neues unteres Lager mit einem passenden Rohrstück auf Lagerstelle treiben.

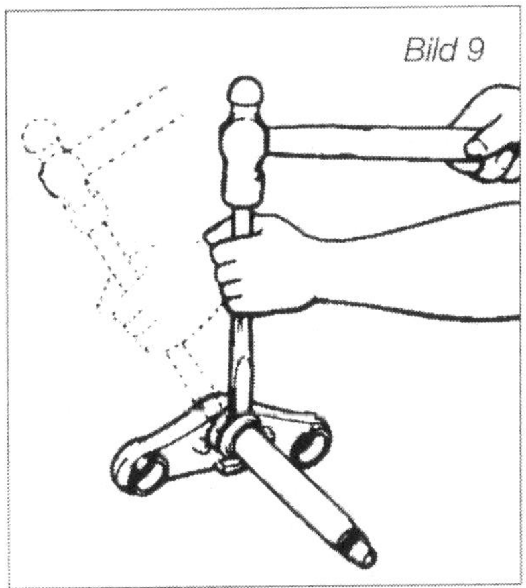
Bild 9

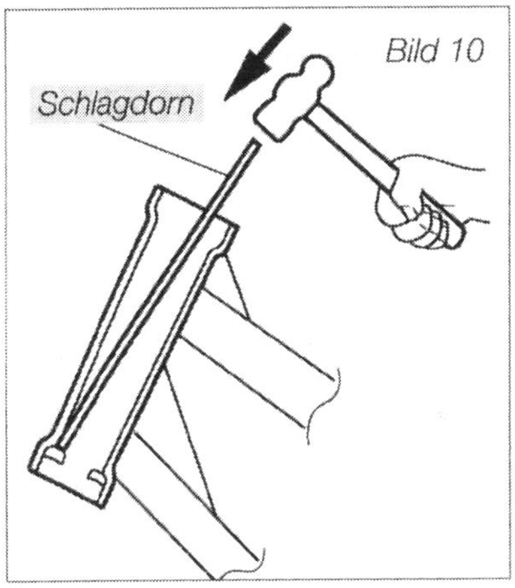

Bild 10

5. Lagerschalen oben in die Lagerstelle des Lenkkopfs einfallen lassen, bzw. von unten nach oben einschieben.
5.1. Mit einem einfachen Hilfsmittel lassen sich die Lagerschalen fest in ihren Sitz drücken: Eine dicke Gewindestange durch den Lenkkopf führen, oben und unten je eine Karosseriescheibe auf die Lager setzen und mit zwei Muttern gegeneinander festziehen.
■ Gewindestange erst dann entfernen, wenn Lagerschalen und Lenkkopf gleiche Temperatur haben.
6. Weiterer Einbau der Lager, Gabelbrücken und Gabelbeine, sowie Lenklagerspiel einstellen, siehe Texte weiter vorne in diesem Kapitel.

Bild 11

Sichtprüfung · Messen

Korrespondenzkapitel:
- 8 »Räder«
- 9 »Bremsen«
- 11 »Federung · Dämpfung«
- 12 »Lenkung«

Bild 1: Auf dem Boden des Behälters ist deutlich der Gabelabrieb zu sehen, ein Indiz für Verschleiß und mechanische Arbeit der Gabelinnereien. Solange der Abrieb spanlos bleibt, ist er normal und unbedenklich.

Bild 2: Neuen Gabelsimmerring vor dem Einbau gut mit Silikonpaste einschmieren.

Telegabel

In diesem Kapitel: Warum Gabelölwechel? · Telegabel aus- und einbauen · Gabelöl wechseln · Gabelbeine zerlegen, prüfen, zusammenbauen · Gabelsimmerringe wechseln.

Warum Gabelölwechsel?

Von Honda gibt es weder eine Vorschrift noch eine Empfehlung, ob und bei welchem km-Stand das Gabelöl gewechselt werden muss. Die Gabelöle sind als Dauerfüllung ausgelegt. Dennoch verschleißt das Gabelöl, weil es feinste Abriebpartikel von den aufeinander gleitenden Oberflächen der Gabelbauteile aufnehmen muss (»Abrieb« in Bild 1) und mit zunehmendem Alter immer dünnflüssiger wird, womit es wiederum seine spezifischen Eigenschaften verliert.

Gabelöl sollte spätestens dann gewechselt werden, wenn die Dämpfkraft der Telegabel nachlässt (siehe dazu Kapitel 11 »Federung · Dämpfung«), denn unter nachlassender Gabeldämpfung leidet das Fahrverhalten. Auch hat altes und damit »verbrauchtes« Gabelöl einen großen Teil seiner Schmierfähigkeit verloren, was erhöhten Verschleiß aller an- und aufeinander gleitenden Gabelbauteile nach sich zieht.

Die Telegabel muss zum Wechsel des Gabelöls teilzerlegt werden, was ein gewisses Maß an Schraubererfahrung plus sorgfältigem Arbeiten (!) erfordert. Für Leute mit wenig Erfahrung ist es praktischer, dies einer Fachwerkstatt zu überlassen, worunter wir nicht nur Honda-Motorradhändler verstehen, sondern auch Werkstätten, die sich auf Federung und Dämpfung spezialisiert haben. Stellvertretend seien hier Namen wie Hubert Hoffmann, Benny Wilbers, White Power oder Öhlins (Zupin) genannt (siehe Kapitel 35 »Adressen«).

Telegabel aus- und einbauen

Die beiden Gabelbeine müssen sowohl zum Wechsel des Gabelöls, als auch zum Austausch undichter Simmerringe ausgebaut werden. Motorrad wie beim Aus- und Einbau des Vorderrads aufbocken, die Telegabel muss frei zugängig sein (siehe Kapitel 8 »Räder«).

Gabelbeine aus- und einbauen
Die Gabelbrücken bleiben eingebaut. Bei etwas schrauberischem Geschick kann auch die Verkleidung angebaut bleiben.
1. Ab- bzw. ausbauen: Bremssättel, Vorderrad, Halterungen der Bremsschläuche, Schutzblech.
2. Klemmschrauben in der oberen Gabelbrücke lösen und drei Umdrehungen öffnen (Bild 4a).
2.1. Wenn das Gabelöl gewechselt oder die Gabelbeine zerlegt werden sollen, dann jetzt schon die Gabeldeckelschrauben in beiden Standrohren lösen (Bild 4a), aber noch nicht ausdrehen.
3. Klemmschrauben in der unteren Gabelbrücke lösen und drei Umdrehungen öffnen (Bild 4b).
■ Dabei das Gabelbein mit einer Hand halten, damit es nicht herausfällt. Wenn die Schrauben gelöst sind, Gabelbein langsam nach unten herausziehen.

Einbau in der umgekehrten Reihenfolge, dabei Folgendes beachten:
1. Standrohr-Klemmstellen in oberer und unterer Gabelbrücke reinigen, leicht einfetten (Bild 3).
2. Gabelbein so weit in die obere Gabelbrücke einschieben, bis die Unterkante der Gabeldeckelschraube (bzw. Oberkante des Standrohres) bündig ist mit der Oberfläche der Gabelbrücke (Bild 4a).
3. Mit Drehmomentschlüssel festziehen:
3.1. Zuerst die Standrohr-Klemmschrauben in der <u>unteren</u> Gabelbrücke mit 39 Nm (Bild 4b).

Sicherheitshinweise Achtung und Tipps

Achtung: Beim Ausschrauben der Gabeldeckelschraube beachten, dass die Gabelfeder von unten dagegendrückt und die Gabeldeckelschraube unter Spannung steht. Beim Ausschrauben vorsichtig sein, damit der letzte Gewindegang nicht vermurkst wird.

Tipp: Gabelsimmerringe vor dem Zusammenbau gut mit reinem Silikonfett einreiben (Bild 2), das hält sie geschmeidig, lässt sie leicht gleiten, verbessert das Ansprechverhalten der Gabel enorm und sichert auf lange Zeit ihre Dichtfunktion.

Tipp: Verbogene Gabelstandrohre können bis zu einem gewissen Verbiegungsgrad wieder gerichtet werden. Spezialist hierfür ist: Roadrunner Bikeshop GmbH, Johannes-Kepler-Straße 1, D-55129 Mainz-Hechtsheim
www.roadrunner-bikeshop.de

3.2. Wenn die Gabeldeckelschrauben lose sind: Beide mit 22 Nm festziehen.
3.3. Zuletzt die Standrohr-Klemmschrauben in der _oberen_ Gabelbrücke mit 22 Nm festziehen (Bild 4a).

Gabelöl wechseln

Gabelöl ablassen
Das Gabelbein ist dazu ausgebaut, die Gabeldeckelschraube wurde schon vor dem Ausbau gelöst (Bild 4a).
1. Gabelbein am Bremssattelhalter quer in Schraubstock spannen (Bild 5), Alubacken und Lappen dazwischen legen.
2. Mit Inbussteckschlüssel durch die Achsfaust die untere Inbusschraube lösen und ausdrehen.

Schraubertipp: Wenn sich die Dämpfereinheit mitdreht und die Inbusschraube sich deswegen nicht ausschrauben lässt, benutzen Sie einen Schlagschrauber (Bild 5). Wenn sich die Dämpfereinheit jedoch immer noch mitdreht, lassen Sie das Standrohr von einem Helfer gegen die Federkraft so weit es geht in das Tauchrohr eindrücken, dann wird nämlich die Dämpfereinheit durch die Gabeltragfeder nach unten gedrückt,

Bilder 3 bis 5: Im Lauftext sind die zu den Bildern gehörenden Arbeitsschritte nummeriert beschrieben.

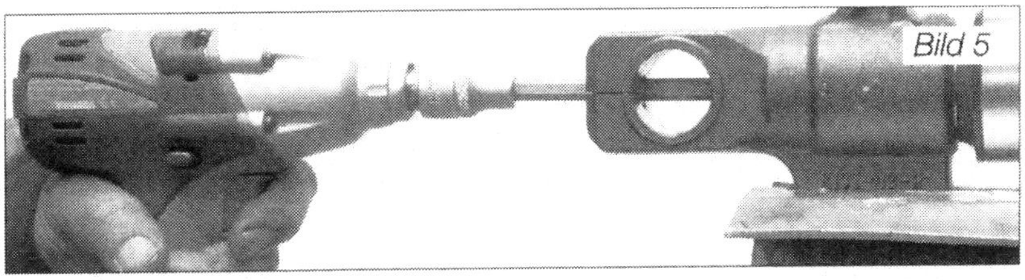
Bild 5

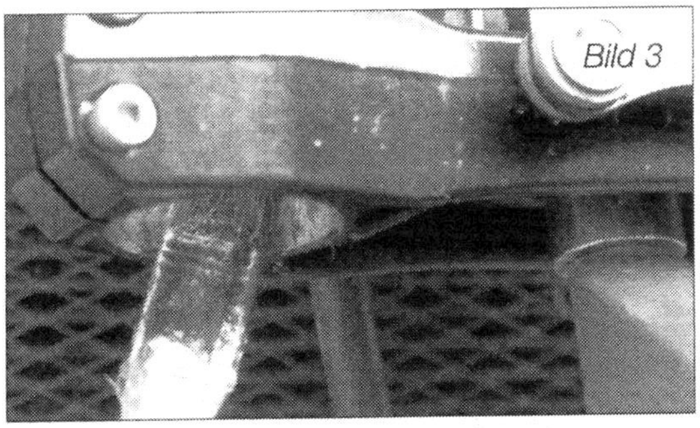
Bild 3

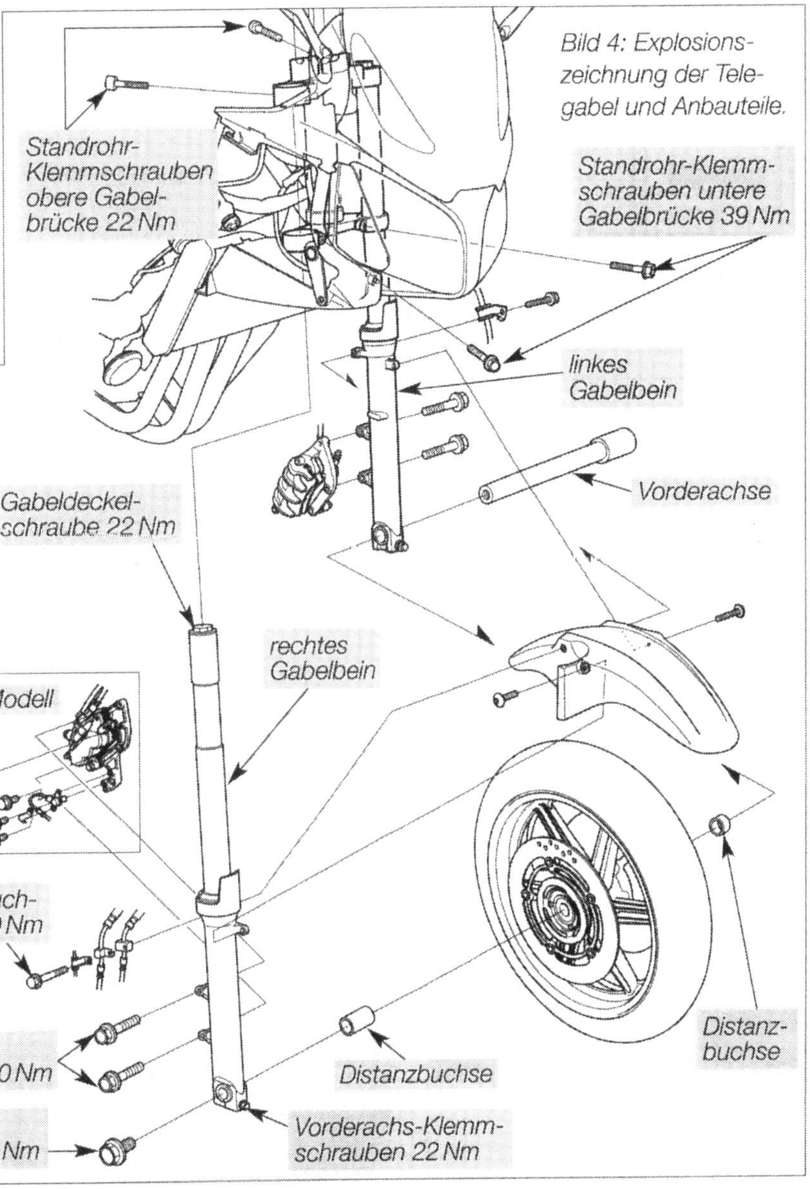

Bild 4: Explosionszeichnung der Telegabel und Anbauteile.

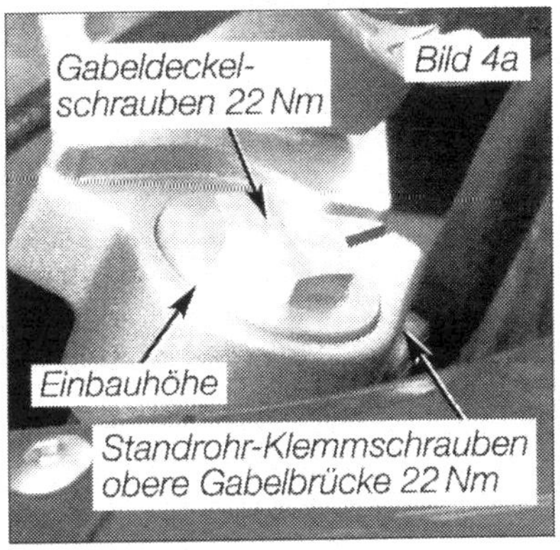

Bild 4a

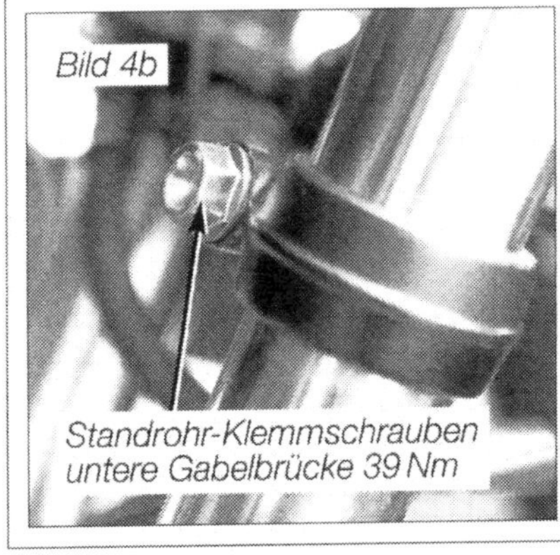

Bild 4b

Bilder 6 bis 9: Ölstand, Luftpolster, frisches Öl einfüllen und selbstgemachte Ölabsaugflasche.

am Drehen gehindert und die Schraube müsste sich jetzt ausschrauben lassen.
Wichtig: Wenn die Schraube ausgedreht ist, läuft Gabelöl aus. Einen großen Ölauffangbehälter unterstellen.
3. Gabelbein am Bremssattelhalter senkrecht in den Schraubstock spannen.
4. Gabeldeckelschraube aus dem Standrohr herausdrehen: Standrohr mit der Hand festhalten, Gabeldeckelschraube gegen Ende vorsichtig drehen, weil die Feder von innen drückt.
5. Standrohr etwas nach unten schieben, bis die Distanzhülse zu sehen ist.
5.1. Gabeldeckelschraube fest in der Hand nach oben halten, mit der anderen Hand die Distanzhülse etwas nach unten drücken und einen 14er-Gabelschlüssel auf die Kontermutter auf der Dämpferstange schieben.
6. Gabeldeckelschraube gegenhalten, Mutter entkontern, Gabeldeckelschraube von der Dämpferstange abdrehen.
7. Distanzhülse herausnehmen.

Bild 6

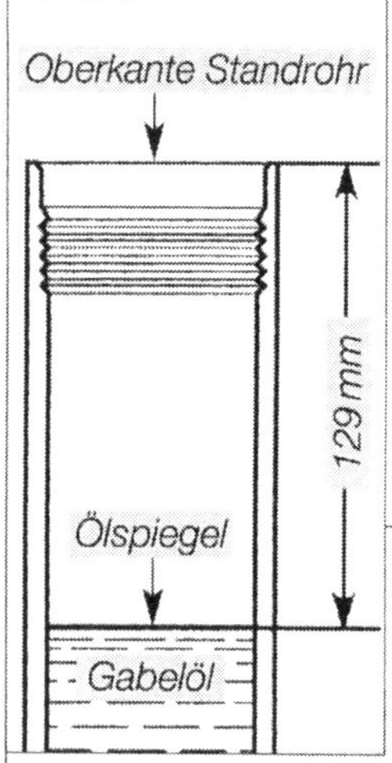

Bild 7

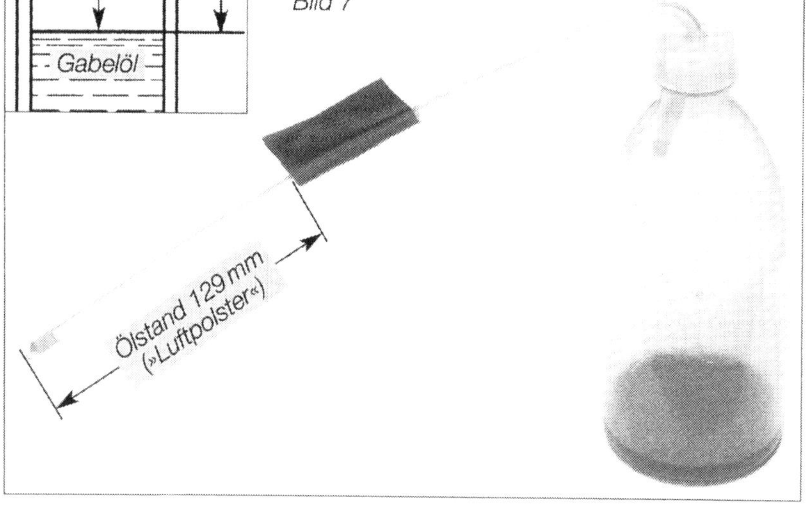

Bild 8

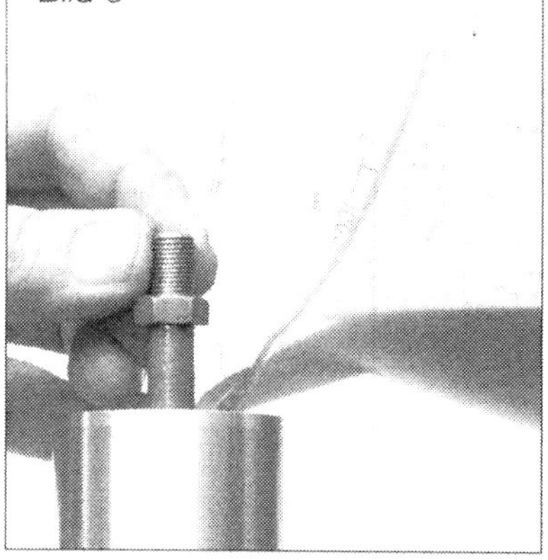

Bild 9

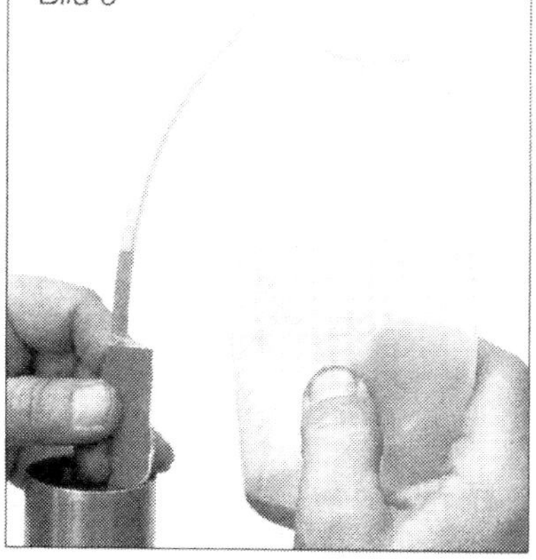

8. Gabelbein kopfüber in Ölauffangbehälter kippen, restliches Gabelöl ablassen.
■ Dabei fallen folgende Teile heraus: Dämpfereinheit mit Scheibe und Gabeltragfeder, untere Dämpferbuchse.
9. Standrohr einige Male im Tauchrohr hin und her bewegen, damit alles Gabelöl herausgepumpt wird, oben und unten auslaufen und lange genug austropfen lassen.
10. In das Gabelbein einen guten Schuss (ca. 100 cm³) Benzin oder Waschbenzin einfüllen und damit gründlich ausspülen.
11. Die ausgebaute Dämpfereinheit ebenfalls mit Benzin oder Waschbenzin reinigen und mehrmals hin und her bewegen, damit die Dämpferinnereien von altem Gabelöl und Schmutz gereinigt werden.
12. Dämpfereinheit trocknen lassen, mit leichter Druckluft vosichtig ausblasen.

Wenn nur das Gabelöl gewechselt werden soll, braucht das Gabelbein nicht weiter zerlegt werden. Wenn das Gabelbein komplett zerlegt werden soll, etwa zum Einbau neuer Gabelsimmerringe, lesen Sie bitte weiter in diesem Kapitel unter »Gabelbein zerlegen«.

Gabelöl

Vorgeschrieben ist »Honda Ultra Cushion Oil 10W« (teuer!); es kann aber auch ein preiswerteres Öl, wie etwa Shell ADVANCE Fork 10 oder Öhlins Front Fork Suspension verwendet werden. Diese Öle haben die Viskosität SAE 10. Zu einem Gabelölwechsel wird 1 Liter benötigt.

Für die einzufüllende Menge des Gabelöls pro Gabelbein gibt es zwei Bezugsgrößen: die Gabelölmenge und den Gabelölstand. Gemessen wird von der Oberkante des Gabelstandrohres aus nach unten zum Ölstand (Bilder 6 und 9). Das Gabelstandrohr ist dabei ohne Feder ganz in das Gabeltauchrohr eingeschoben.

Füllmengen und Maße

■ Gabelöl je Gabelholm 437 ± 2,5 cm³
■ Gabelölstand 129 mm, gemessen von der Oberkante des Standrohres auf die Oberfläche. Das Gabelstandrohr ist dabei ohne Gabelfeder ganz in das Tauchrohr eingeschoben (Bild 6).

Gabelöl einfüllen, Gabel zusammenbauen

1. Gabelbein an den Befestigungen des Bremssattels quer in den Schraubstock spannen.
2. Die untere Dämpferbuchse auf die Dämpfereinheit aufstecken, komplettes Teil in das Gabelbein einführen und unten zentrisch ansetzen.

3. Untere Inbusschraube mit neuem Dichtring bestücken, einen Tropfen Loctite »mittelfest« an das gereinigte Gewinde geben.
3.1. Dämpfereinheit im Gabelbein zentrisch halten, Inbusschraube eindrehen und mit 20 Nm festziehen.
4. Gabelbein umspannen: An den Befestigungen des Bremssattels senkrecht in den Schraubstock spannen.
4.1. Frisches Gabelöl in der vorgeschriebenen Menge 437 cm³ einfüllen (Bild 8).
5. Dämpferstange langsam immer wieder ganz ausziehen und einschieben. So wird das frische Gabelöl gleichmäßig in der Gabel verteilt und eventuell eingeschlossene Luft herausgedrückt.
■ Wenn sich die Dämpferstange gleichmäßig bewegen lässt, ist die Dämpfereinheit entlüftet.
6. Gabelölstand messen (Bilder 6, 9, 10). Dazu das Gabelstandrohr ganz in das Gabeltauchrohr einschieben und mit einem Maßstab bis nach unten auf den Ölspiegel fahren (Bild 10).
6.1. Maß zur Oberkante der Gabel messen: Es soll möglichst exakt 129 mm betragen.
■ Sollte sich zu viel Öl im Gabelbein befinden, dieses mit einer geeigneten Spritze absaugen.
■ Zu geringen Ölstand auffüllen.
Schraubertipp: Besorgen Sie sich eine Absaugflasche, an deren Schlauch das Maß 129 mm mit Klebeband markiert wird (Bild 7) und stellen Sie damit den Ölstand ein (Bild 9).
7. Gabelstandrohr und Dämpferstange ganz nach oben ziehen. Gabelfeder mit den engen Windungen nach unten, Scheibe und Distanzhülse in das Gabelbein einführen.
8. O-Ringe auf den Gabeldeckelschrauben kontrollieren: Wenn nicht ok, neue O-Ringe aufziehen, mit Gabelöl einstreichen.
■ Wenn die alten O-Ringe noch in Ordnung sind, können sie ein weiteres Mal verwendet werden.
9. Gabeldeckelschraube auf Dämpferstange aufschrauben, mit 22 Nm gegen die Mutter kontern.
■ Dabei die Feder und die Distanzhülse nach unten drücken.
10. Standrohr nach oben ziehen, Gabeldeckelschraube eindrehen und handfest anziehen.

Einbau der Gabelbeine siehe in diesem Kapitel weiter vorne.

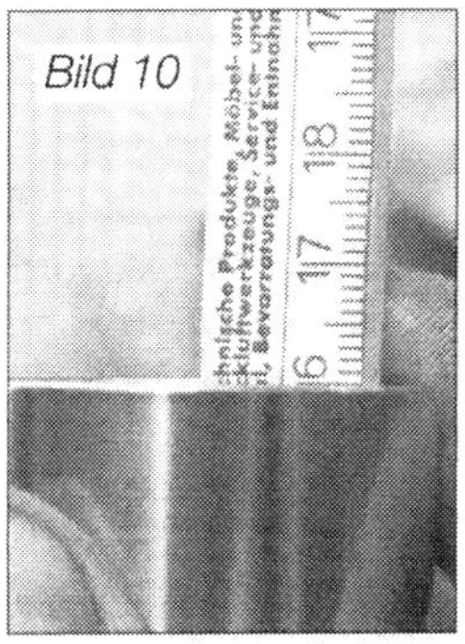

Bild 10: Ölstand mit Maßstab messen.

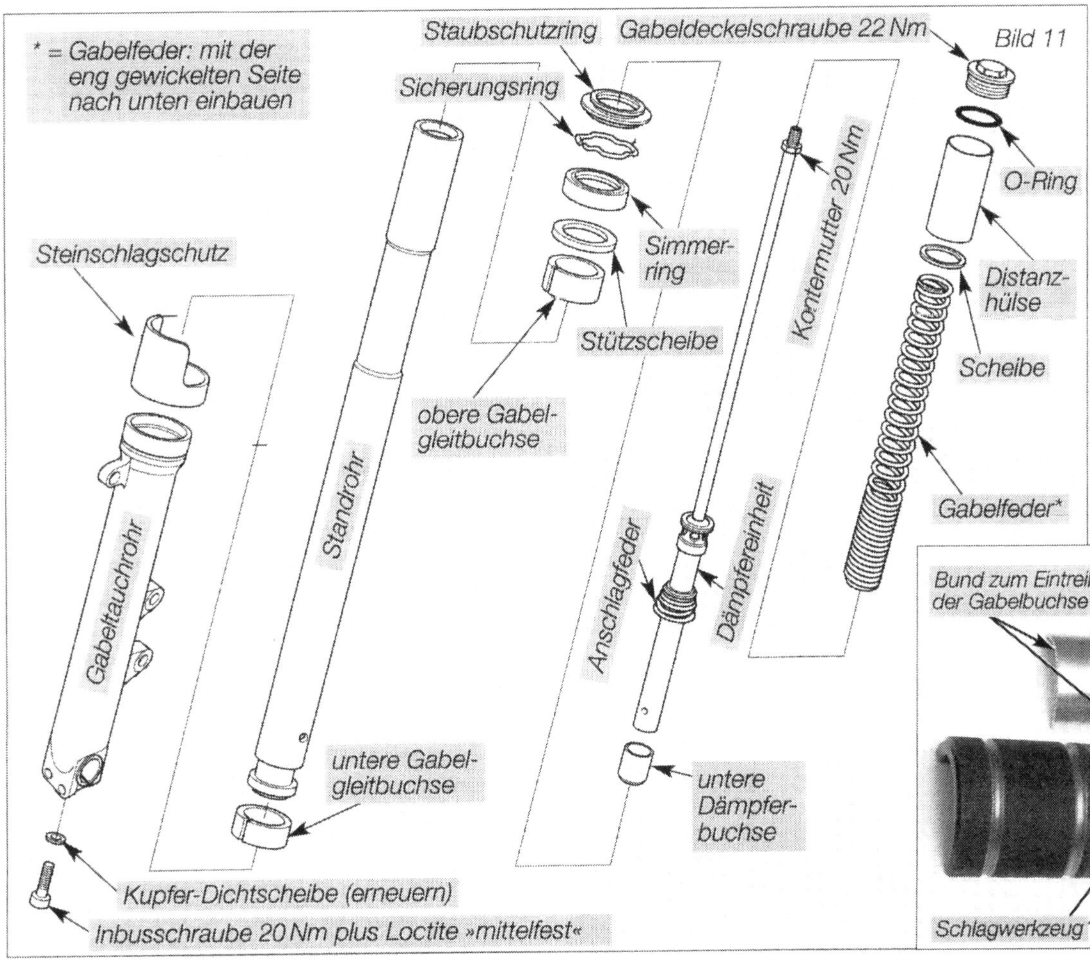

Bild 11: Explosionszeichnung eines Gabelbeins mit allen Bauteilen.

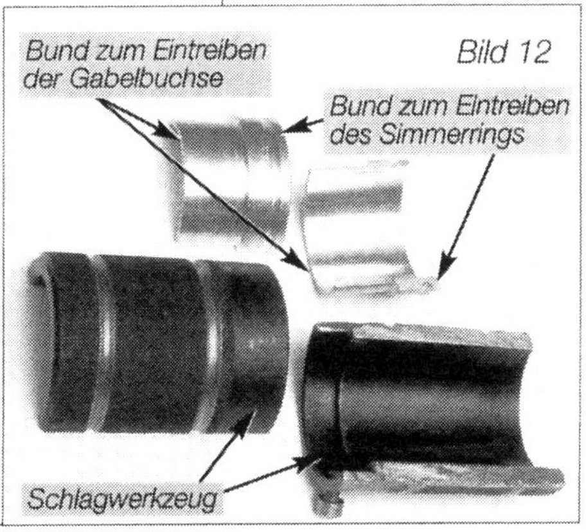

Bild 12: Eigenbau-Gabelwerkzeug zum Eintreiben der Buchse und des Simmerrings in das Tauchrohr. Es besteht aus einer Alu-Buchse und einem Stahl-Schlaggewicht, beide sind der Länge nach geteilt.

Gabelsimmerringe wechseln

Gabelbeine zerlegen

Gabelbeine sind ausgebaut und so weit zerlegt, wie weiter vorne unter »Gabelöl wechseln« beschrieben, das Öl ist abgelassen.

1. Mit einem Werkstattföhn den Steinschlagschutz leicht erwärmen und von seinem Sitz auf dem Tauchrohr abziehen (Bild 13).
2. Staubschutzring mit kleinem Schraubenzieher heraushebeln und abziehen (Bild 14).
3. Sicherungsring mit kleinem Schraubenzieher herausholen (Bild 15).
4. Tauchrohr am oberen Rand ringsum gleichmäßig etwas erwärmen, dann das Standrohr mit beiden Händen packen und das Gabelbein ruckartig ganz auseinander ziehen (Bild 16).
4.1. Es kommen heraus: Simmerring, Stützscheibe, obere Gabelbuchse (Bild 17).
5. Gabelstandrohr ganz herausziehen.
6. Wenn die Gabelbuchsen gewechselt werden, die untere aus dem Gabelstandrohr nehmen: Ihre offenen Enden mit den Fingernägeln oder einem kleinen Schraubenzieher etwas auseinanderziehen, Buchse gleichzeitig aus der Nut nehmen, abziehen (Bild 18).

Bilder 13, 14 und 15: Ab- und Ausbau von Steinschlagschutz, Staubschutzring und Sicherungsring.

Bild 13

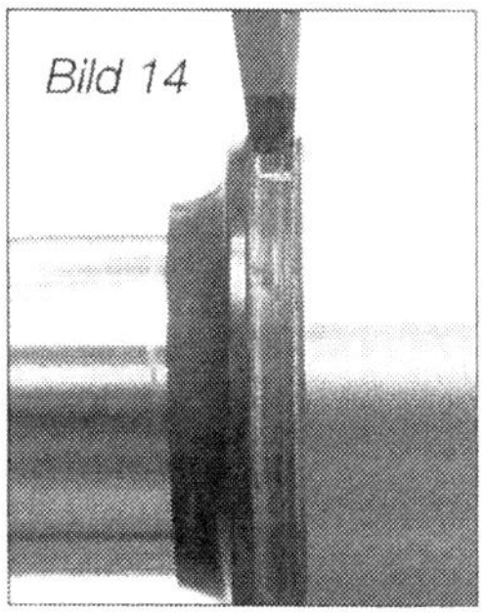
Bild 14

Bild 15

Bilder 16 und 17: Beim Ausziehen des Standrohres werden Gabelbuchse und Simmerring zusammen ausgetrieben.

Bild 18: Abziehen der unteren Gabelbuchse.

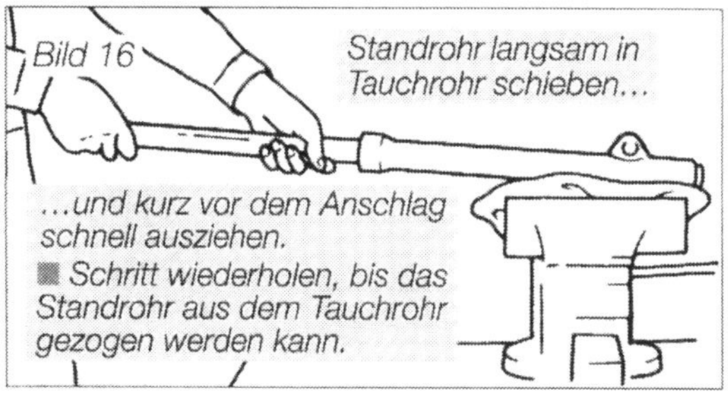

Bild 16

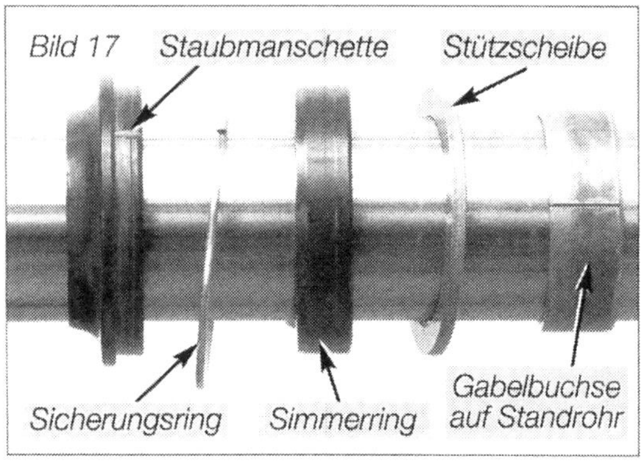

Bild 17

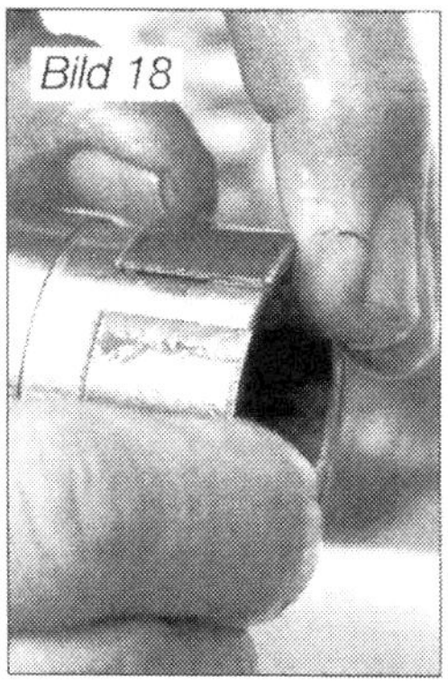
Bild 18

Bild 19: Eintreiben von Gabelbuchse und Simmerring mit dem Spezialwerkzeug. Alubuchse und Schlaggewicht werden von Kabelbindern zusammengehalten.

Bild 19

Gabelbauteile prüfen

- Gabelstandrohr (außen) und Gabeltauchrohr (innen) auf Riefen, Kratzer, Druckstellen und Verschleiß prüfen.
- Dämpfereinheit auf Verschleiß oder Beschädigungen prüfen. Wenn sie beschädigt ist, muss die Einheit komplett erneuert werden.
- Gabelstandrohr in Prismenböcke legen und mit einer Messuhr den Schlag messen. Beachten, dass der tatsächliche Schlag nur halb so groß ist wie der von der Messuhr angezeigte Wert. Verschleißgrenze: 0,20 mm.
- Gabelbuchsen besonders dahingehend prüfen, ob sie ein normales Tragbild zeigen. Buchse muss ausgewechselt werden, wenn die Oberfläche angekratzt, riefig oder großflächig abgeschabt ist (Richtwert: Verschleiß mehr als ein Fingernagel groß).
- Immer nur einen kompletten Satz neuer Buchsen in beide Gabelbeine einbauen, also obere und untere Buchse zusammen erneuern.

Gabelbeine zusammenbauen

Vor dem Zusammenbau alle Gabelteile gut mit Lösungsmittel reinigen, z. B. mit Bremsenreiniger oder Aceton. Zusammenbau in umgekehrter Reihenfolge der Zerlegung. Dabei besonders beachten:

- Gabelsimmerringe vor dem Zusammenbau gut mit reinem Silikonfett einreiben, mit markierter Seite nach oben zeigend einpressen.

Zum Einpressen von oberer Gabelgleitbuchse und Simmerring werden Honda-Spezialwerkzeuge »Eintreibgewicht für Gabeldichtring« (Nr. 07947-KA50100) und »Treibervorsatz für Gabeldichtring« (Nr. 07947-KF00100) benötigt. Ein ähnliches Werkzeug wie in den Bildern 12 und 19 gezeigt, kann auf einer Drehbank selbst gemacht werden.

Federbein · Schwinge

In diesem Kapitel: Federbein und Hinterradschwinge ausbauen, prüfen, einbauen.

Federbein

Schrauben, Muttern, Werkzeug

1. An die beiden Federbeinschrauben und Muttern kommt man mit dem Werkzeug nicht besonders gut ran:

■ Die obere Federbeinschraube ist von links erreichbar, die zugehörige Mutter von rechts.

■ Die untere Federbeinschraube dagegen ist von rechts eingebaut, die Mutter auf der linken Seite.

2. Die Federbeinschrauben haben Inbusköpfe. Diese erreicht man am besten mit einem langen Inbussteckschlüssel SW8.

3. Zum Gegenhalten der Muttern benutzen Sie am besten einen Gabelschlüssel SW17.

4. Motorrad auf Mittelständer aufbocken. Damit die Maschine nicht nach vorne vom Ständer rollen kann, den Mittelständer mit einem Riemen zum Voderrad hin sichern!

4.1. Wenn kein Mittelständer vorhanden ist: Maschine am Heckrahmen an Werkstattkran oder Flaschenzug aufhängen, Fahrzeugheck muss frei sein, Hinterrad darf keinen Bodenkontakt haben.

Achtung: Darauf achten, dass Kabel oder elektrische Bauteile nicht von den Riemen gedrückt oder gequetscht werden.

5. Holzlatte bündig zwischen Hinterrad und Boden schieben.

Federbein ausbauen

1. Seitenverkleidungen und Heckverkleidungen rechts und links abbauen.

2. ABS-Sensorkabel auf dem rechten Schwingenholm aus der Klammer lösen und so zur Seite rücken, dass es beim Ausbau der unteren Federbeinschraube nicht stört.

3. 17er-Schlüssel an Mutter der oberen Federbeinschraube ansetzen, Schraube mit 8er-Inbussteckschlüssel lösen, Mutter abdrehen.

■ Schraube noch stecken lassen!

4. Untere Federbeinschraube ebenso ausbauen.

5. Untere Schraube herausziehen: Mit der Holzlatte unter dem Reifen die Hinterradschwinge etwas nach oben und unten bewegen, Schraube lässt sich so leichter ausziehen.

6. Federbein mit der Hand halten, obere Schraube ausziehen. Federbein herausnehmen.

Federbein einbauen

Einbau in umgekehrter Reihenfolge. Dabei besonders beachten:

■ Bei ausgebautem Federbein die Beweglichkeit der eingebauten Schwinge prüfen, sie muss sich gleichmäßig weich auf und ab bewegen lassen, die Lagerung darf kein Spiel haben.

■ Das Seitenspiel am Ende der Schwinge darf nur 1 bis 2 mm betragen.

■ Dichtscheiben und Buchse aus dem Nadellager im unteren Federbeinkopf ausziehen, Teile reinigen. Buchse einstecken und das Lagerspiel erfühlen. Sollten Sie feststellen, dass das Nadellager defekt ist, es unbedingt erneuern: Einpresstiefe rechts und links je 5,0 bis 5,5 mm. Zum neuen Nadellager auch eine neue Buchse einbauen.

■ Nadellager und Dichtscheiben gut einfetten.

■ Schraubverbindungen der Federbeinbefestigung oben und unten mit 42 Nm festziehen.

■ Nur einwandfreie Schrauben und Sicherungsmuttern verwenden. Wenn auch der geringste Zweifel an deren Qualität besteht, wenn sie angegammelt (korrodiert), ihre Gewinde oder Sechskante bzw. Inbusköpfe vermurkst sind, neue Original-Schrauben und -Muttern beim Honda-Händler kaufen und einbauen.

Korrespondenzkapitel:

■ 8 »Räder«
■ 9 »Bremsen«
■ 11 »Federung · Dämpfung«
■ 31 »Fahrwerk optimieren«

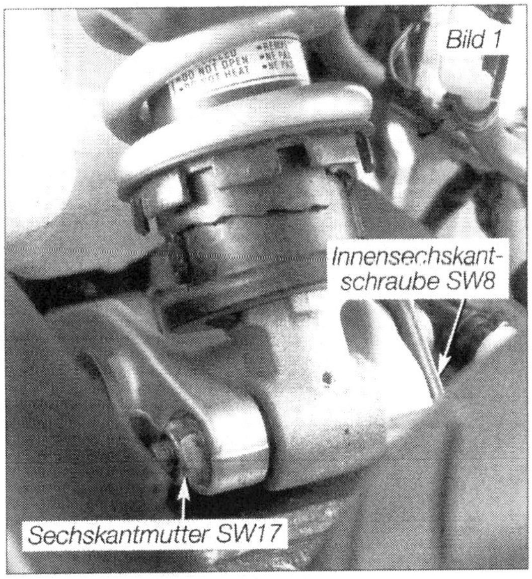

Bild 1: Untere und obere Federbeinschrauben sind nicht besonders gut erreichbar.

Sicherheitshinweise Achtung und Tipps

Bei Federbein, Umlenkhebel und Schwinge nur originale Honda-Schrauben und Muttern verwenden! Nie irgendwelche Schrauben undefinierbarer Herkunft aus einer typischen Werkstatt-Schraubenkiste verwenden!

Defekte Serienfederbeine können nur vom Spezialisten instand gesetzt werden. Ein neues Serienfederbein ist teurer als ein spezielles Nachrüstfederbein. Die gibt es von verschiedenen Herstellern für die Honda CBF 1000 (Adressen Kapitel 35).

Sichtprüfung Messen

Hinterradschwinge

Das Federbein muss zum Aus- und Einbau der Schwinge nicht ausgebaut werden. Es genügt, die Schraubverbindung des unteren Federbeinkopfes zum Umlenkhebel zu öffnen und die Schraube auszuziehen.

Bild 2: Explosionszeichnung von Federbein, Umlenkhebel und Hinterradschwinge mit Teilebezeichnung und Anziehdrehmomenten.

Hinterradschwinge ausbauen

1. Kettenschutz und Halteklammern der Bremsleitung abschrauben, Hinterrad ausbauen.

1.1. Bremssattel sicher zur Seite hängen. Bremsleitung weder stark verdrehen noch knicken!

■ Auf den ABS-Sensor und besonders das Kabel achten, nicht daran ziehen, nicht knicken!

2. Kurzen Schalthebel von der Schaltwelle abschrauben: Klemmschraube ausschrauben, Hebel abziehen.

3. Rechte und linke Fußrastenhalteplatte abschrauben, Bremsflüssigkeits-Vorratsbehälter ebenfalls. Bauteile sicher zur Seite hängen.

4. Untere Federbeinschraube ausschrauben.

■ Beim Ausziehen der Schraube die Schwinge mit der Hand etwas nach oben und unten bewegen, damit die Schraube leichter herausgeht.

5. Schraubverbindung von Umlenkhebel an Rahmen trennen.

6. Mutter der Schwingenachse auf der rechten Seite lösen und abnehmen, Scheibe herausnehmen.

7. Obere und untere Schraube der linken Aluplatte über dem Schwingenlager lösen.

8. Schwingenachse nach links herausziehen.

■ Schwinge dabei mit einer Hand festhalten, damit sie nicht plötzlich herunterfällt.

■ Wenn die Schwingenachse fest sitzen sollte,

Bild 2

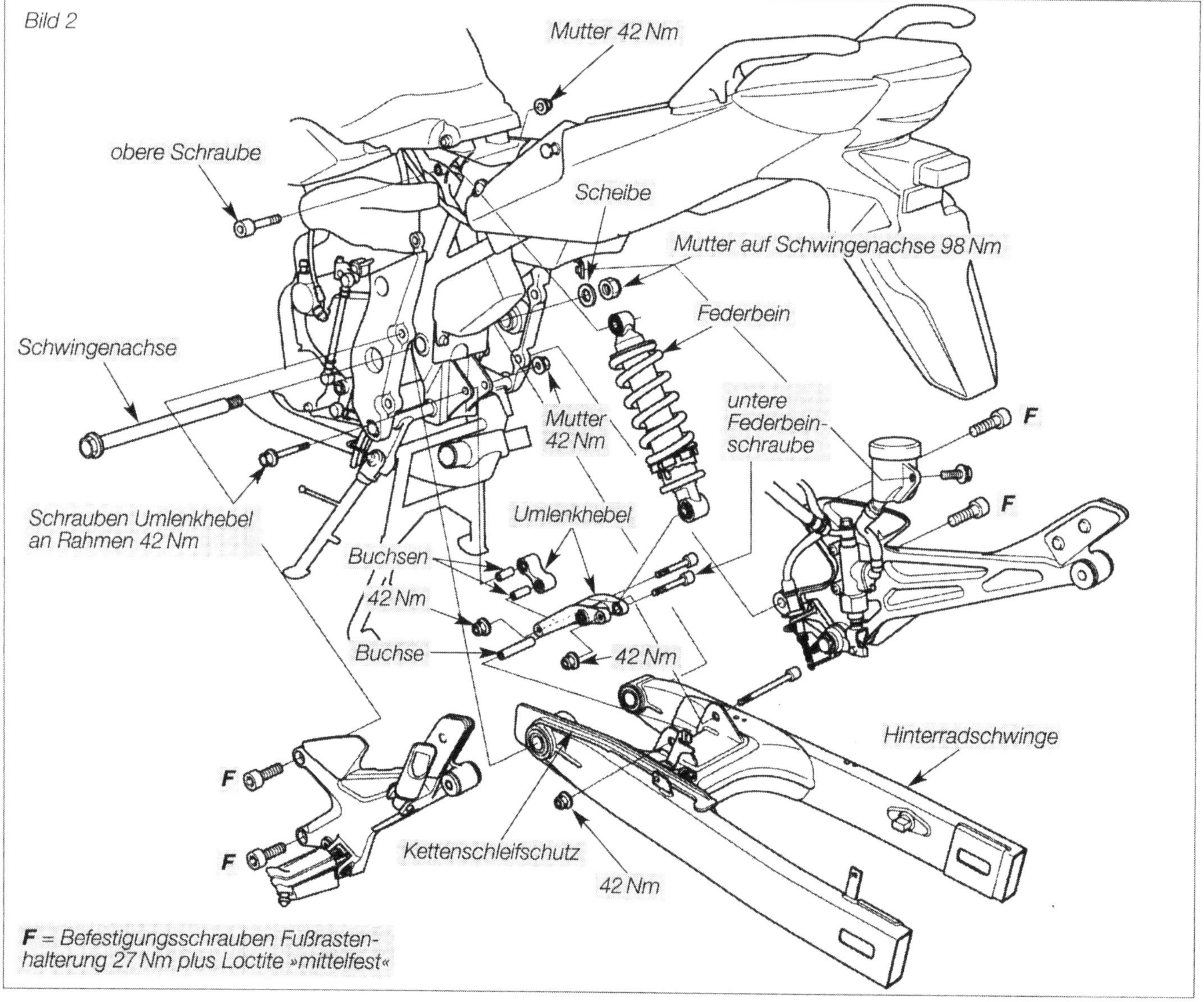

F = Befestigungsschrauben Fußrastenhalterung 27 Nm plus Loctite »mittelfest«

was bei einem alten Motorrad vorkommen kann, die Kontaktstellen mit Rostlöser einsprühen und einige Zeit einwirken lassen. Nicht mit Eisenhammer auf das Gewinde klopfen, sondern einen Kupfer- oder Messingdorn zu Hilfe nehmen! Wenn die Schwingenachse herausgeschlagen werden muss, sind die Schwingenlager garantiert defekt.
9. Schwinge nach hinten herausziehen.

Ausgebaute Hinterradschwinge prüfen
1. Schwinge auf Verzug und Risse untersuchen, speziell den Umlenkhebel und die Anlenkungen des Federbeins, dort die Bohrung auf Rundheit kontrollieren.
2. Nadel- und Kugellager dürfen weder schwer gehen noch rubbeln oder Spiel haben. Wenn auch nur ein Lager defekt ist, alle Lager erneuern.
Hinweis: Zum Wechseln der Kugel- und Nadellager werden Honda-Spezialwerkzeuge sowie eine hydraulische Presse zwingend benötigt. Lassen Sie solche Arbeiten deswegen beim Honda-Händler durchführen.
3. Kettenschleifschutz auf ungewöhnliche Abnutzung und Beschädigung untersuchen. Falls abgeschürft oder zerfleddert, ersetzen.
4. Schwingenachse auf Schlag überprüfen, Verschleiß ab 0,2 mm.
5. Schwingenachse und alle Buchsen, Dichtscheiben, Lager und Hinterachsaufnahmen mit Kettenspanngewinde gut reinigen.
■ Lager am besten mit Petroleum oder Dieselöl reinigen, nicht mit aggressivem Bremsenreiniger! Nadel- und Kugellager nicht mit hartem Pressluftstrahl ausblasen!

Hinterradschwinge einbauen
1. Kettenschleifschutz anbringen, Halteschrauben mit 6 Nm festziehen.
2. Lager, Hülsen und Dichtscheiben satt einfetten, Buchsen einschieben (siehe Bilder 2 und 3).
3. Schwinge von hinten anschieben. Schwingenachse leicht einfetten und von links einführen, ganz durchstecken.
4. 12 mm-Schrauben oben und unten an der rechten Aluplatte über dem Schwingenlager mit 69 Nm festziehen.
5. Scheibe aufstecken, Mutter aufdrehen und festziehen (98 Nm).
5.1. Umlenkhebel an Rahmen schrauben (42 Nm)
■ Nach dem Einbau die Schwinge auf Beweglichkeit nach oben und unten prüfen, sie muss sich in beide Richtungen leicht und ohne zu haken bewegen lassen.
6. Federbein einbauen siehe Text weiter vorne in diesem Kapitel, restliche Teile in umgekehrter Reihenfolge des Ausbaus ein- und anbauen.
■ Anziehdrehmoment der Mutter auf der unteren Federbeinschraube 42 Nm.
■ Anziehdrehmoment der Schrauben der Fußrastenhalteplatte 27 Nm.
■ Anziehdrehmoment Klemmschraube im kurzen Schalthebel auf der Schaltwelle 10 Nm.

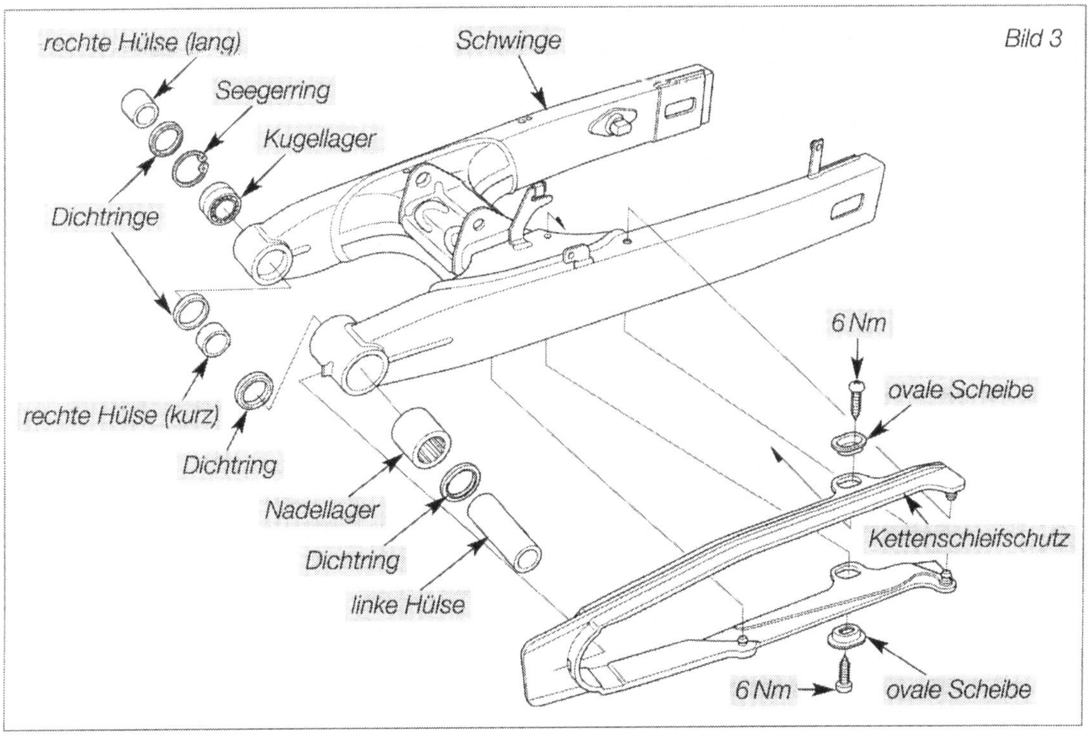

Bild 3: Explosionszeichnung der Schwingenlagerung.

Korrespondenzkapitel:
- 6 »Verkleidung · Tank · Rahmen«
- 16 »Sicherungen · Relais · Stecker«

Licht · Hupe

In diesem Kapitel: Beleuchtung kontrollieren · Scheinwerfer einstellen · Lampen wechseln in Scheinwerfer, Rücklicht, Kennzeichenbeleuchtung und Blinkern · Scheinwerfer ausbauen · Hupe · Instrumenteneinheit.

Beleuchtung kontrollieren

Die Kontrolle der Beleuchtungs- und Signalanlage ist keine Wartungsarbeit starr nach Wartungsplan, sondern gehört zu den sicherheitsrelevanten Tätigkeiten, die vom Fahrer leicht selbst erledigt werden können. Ein Check der Beleuchtung ist schnell gemacht, Aufwand und Nutzen stehen in günstiger Relation und bringen ein unverzichtbares Maß an Fahrsicherheit.

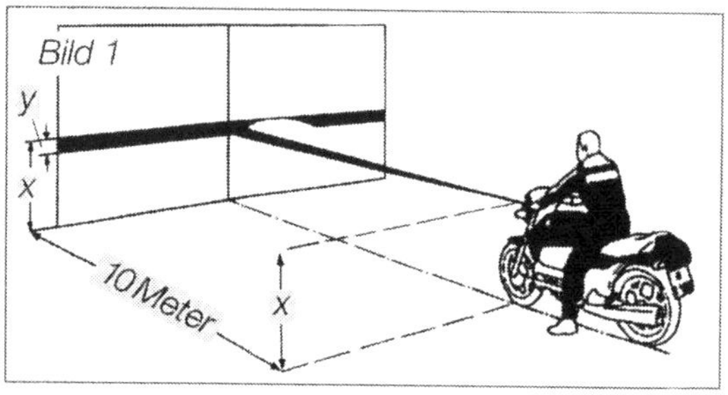

Bild 1: Schemazeichnung des Aufbaus zur Scheinwerfereinstellung. x = Mitte des Scheinwerfers, y = 10 cm.

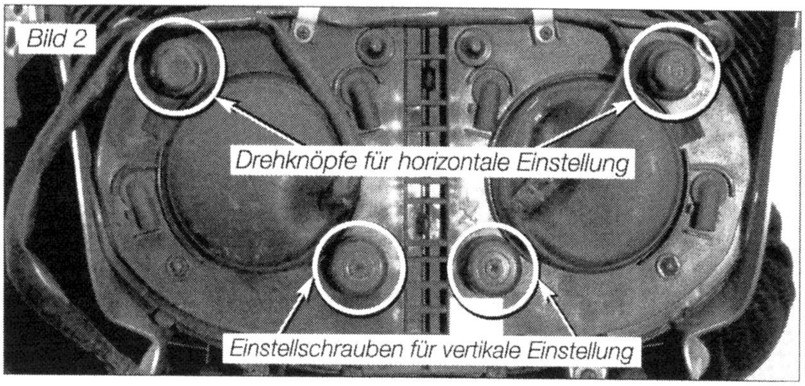

Bild 2: Die Drehknöpfe für die horizontale Einstellung der Scheinwerfer sitzen oberhalb der beiden Scheinwerfer im Gehäuse.

Lampen der CBF 1000 und CBF 1000 ABS

Fernlicht/Abblendlicht	12 V/55 W (je 1 St.)
Standlicht	12 V/5 W (2 St.)
Blinkleuchte	12 V/21 W (4 St.)
Brems-/Rücklicht	12 V/21/5 W (1 St.)
Kennzeichenleuchte	12 V/5 W (1 St.)
Instrumentenbeleuchtung	LED (1 St.)
Blinkkontrolle	LED (1 St.)
Fernlichtkontrolle	LED (1 St.)
Leerlaufkontrolle	LED (1 St.)
Temperatur	LED (1 St.)
Fehleranzeigeleuchte (»MIL«)	LED (1 St.)
Öldruckkontrolle	LED (1 St.)
Wegfahrsperrenanzeige	LED (1 St.)
ABS-Kontrolle (CBF 1000 ABS)	LED (1 St.)

Scheinwerfereinstellung

Die Einstellung des Scheinwerfers sollte mit korrektem Reifenluftdruck und der Federeinstellung überprüft und ggf. vorgenommen werden, mit der normal gefahren wird, denn die Einstellung des Federbeins beeinflusst die Höhe des Hecks und damit die Leuchtweite. Werden jedoch ein anderes Federbein oder andere Gabelfedern eingebaut, dann muss der Scheinwerfer neu eingestellt werden.

Besonders die Zuladung mit zwei Personen und Gepäck hat großen Einfluss auf die Leuchtweite, weil die Maschine hinten tiefer in die Feder sinkt als vorne. Deswegen sollte vor einer Urlaubsfahrt die Leuchtweite mit der Urlaubs-Zuladung überprüft und ggf. eingestellt werden, damit eine Blendung des Gegenverkehrs vermieden wird.

Scheinwerfereinstellung prüfen, korrigieren

1. Motorrad in 10 Metern Abstand vor einer Wand aufstellen: Boden muss eben sein, Maschine steht abgebockt auf den Rädern, Fahrer hat sein Gewicht im Sitz und stützt sich mit den Füßen nur leicht auf dem Boden ab (Bild 1).
2. Abstand vom Boden bis zur Mitte des Scheinwerfers messen. Dieses Maß mit einem Kreidekreuz auf die Wand übertragen.
3. Unter dieses Kreuz im Abstand von 10 cm ein weiteres Kreuz anzeichnen.
4. Motor starten, Abblendlicht ist eingeschaltet.
5. Die Hell-/Dunkelgrenze soll in der Mitte des unteren Kreuzes beginnen, bis zur Höhe des oberen Kreuzes nach rechts ansteigen und dann wieder abfallen. Falls nicht, einstellen.

Sicherheitshinweise ⚠ Achtung und ☞ Tipps

☞ Wenn Sie an einer roten Ampel zufällig vor einem Schaufenster stehen und Ihr Spiegelbild darin betrachten, betätigen Sie abwechselnd die Hand- und Fußbremse und checken das Bremslicht.

⚠ Wenn Lampen ersetzt werden, müssen grundsätzlich Motor und Zündung ausgeschaltet sein! Dies gilt auch für alle anderen Arbeiten an der Lichtanlage.

⚠ Brennende Glühlampen werden bis einschließlich Metallsockel sehr heiß. Bevor eine Lampe herausgenommen wird, immer sicherstellen, dass sie genügend abgekühlt ist.

☞ Beim Einbau einer Lampe beachten:
- Glaskörper und Steckkontakte nicht mit bloßen Fingern anfassen, sonst setzen sich Hautfette ab und brennen sich ins Glas ein, was Leuchtkraft und Lebensdauer mindert.
- Schmutz oder Fingerabdrücke mit Spiritus abwischen!

Scheinwerfer einstellen

Abblend- und Fernlicht der CBF 1000 können einzeln horizontal und vertikal eingestellt werden. Die Höheneinstellung (horizontale Ausrichtung), erfolgt über je einen Drehknopf (Bild 2).

- Drehknopf links herum drehen: Scheinwerfer wird niedriger eingestellt, Lichtkegel wird niedriger, Licht leuchtet weniger weit.
- Drehknopf rechts herum drehen: Scheinwerfer wird höher eingestellt, Lichtkegel wird höher, Licht leuchtet weiter.

Die vertikale Einstellung des Lichtkegels (Verstellung in einer Ebene nach links oder rechts) der Scheinwerfer erfolgt über Einstellschrauben (Bild 2).
Linker Scheinwerfer: Einstellschraube nach rechts drehen: Scheinwerferkegel wird nach rechts bewegt. Einstellschraube nach links drehen: Scheinwerferkegel wird nach links bewegt.
Rechter Scheinwerfer: Einstellschraube nach rechts drehen: Scheinwerferkegel wird nach links bewegt. Einstellschraube nach links drehen: Scheinwerferkegel wird nach rechts bewegt.
Zum Einstellen der Scheinwerfer müssen die beiden Seitenverkleidungen rechts und links abgebaut werden.

Lampen wechseln

Scheinwerferlampen aus- und einbauen

Zum Austausch einer defekten Lampe sollten die Seitenverkleidungen und die Frontverkleidung abgebaut werden. Zwar lässt sich die linke Scheinwerferlampe auch noch bei angebauter Frontverkleidung wechseln (linke Seitenverkleidung muss ab sein!), rechts ist dies aber wegen des quer laufenden Kabelstrangs kaum möglich.

Nach Lösen der mittleren Frontverkleidung:
1. Gummischutzkappe abziehen (Bild 3), dabei NICHT an den Kabeln ziehen!
2. Lampenstecker abziehen (Bild 4).
3. Sicherungsbügel der Lampe gleichzeitig nieder- und ausdrücken (Bild 5).
4. Lampe aus dem Gehäuse entnehmen (Bild 6).

Einbau einer neuen Lampe in umgekehrter Reihenfolge. Dabei besonders beachten:

- Laschen am Lampensockel müssen in die zugehörigen Nuten eingesetzt werden.
- Lampe nicht mit bloßen Fingern anfassen, nur mit sauberem Tuch angreifen (Bild 7).
- Sicherungsbügel sicher einrasten lassen.
- Lasche der Gummikappe muss in Aussparung am Scheinwerfergehäuse passen (Bild 8).

Standlichtlampen wechseln

Oberhalb der beiden Scheinwerfer sitzen links und rechts außen die beiden Standlichtlampen (Bild 9). Zum Wechseln der Standlichtlampen muss die mittlere Frontverkleidung mit Innen-

Bilder 3 bis 10: Im Lauftext sind die zu den Bildern gehörenden Arbeitsschritte nummeriert beschrieben.

- *Lampen nicht mit bloßen Fingern anfassen, sondern nur mit sauberem Lappen oder Krepppapier (Bild 7)!*
- *Die Standlichtlampen sitzen oberhalb der beiden Scheinwerfer links und rechts in der mittleren Frontverkleidung (Bilder 9 und 10).*

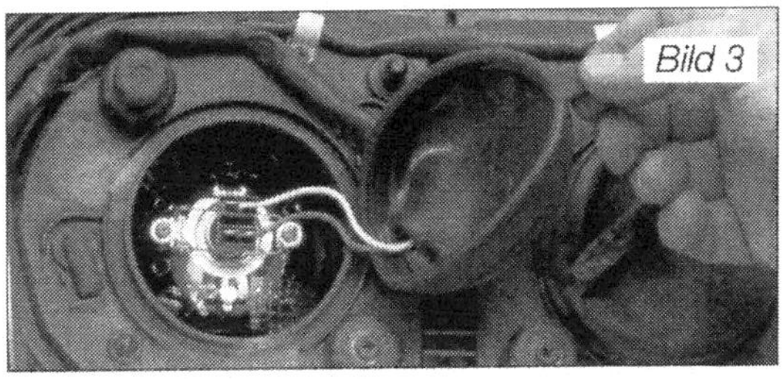
Bild 3

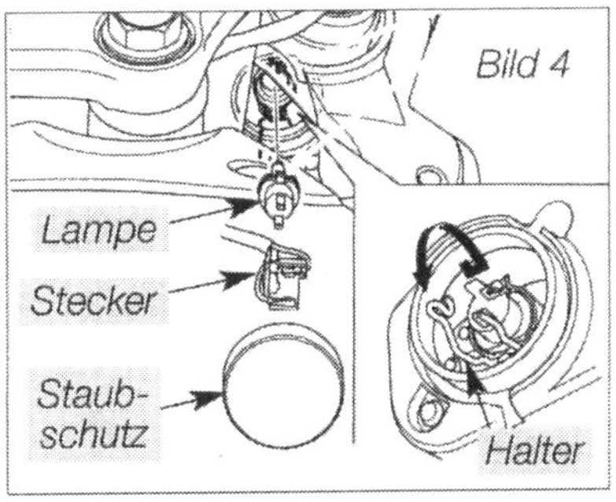

Bild 4

Bild 5

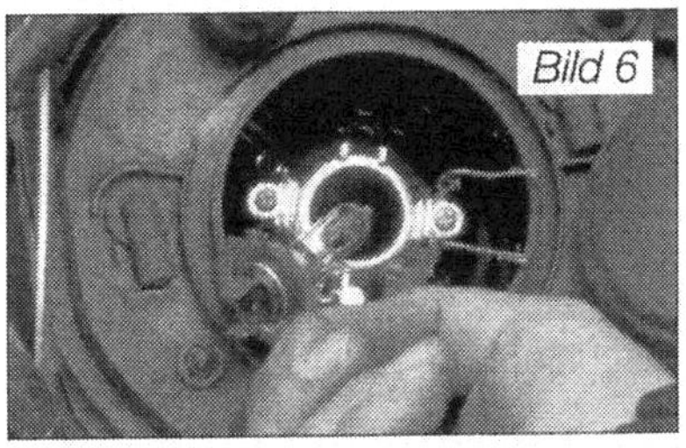
Bild 6

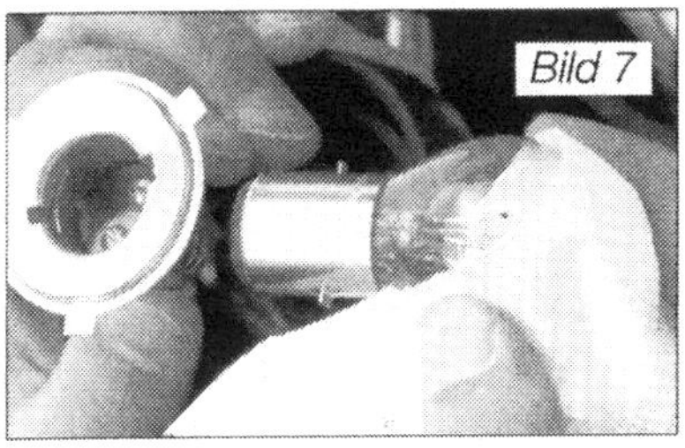
Bild 7

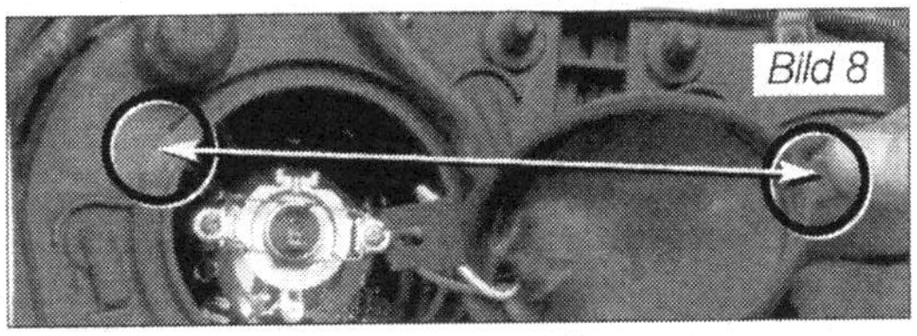
Bild 8

Bild 9

Bild 10

Bild 13: Blinkerkabel zwischen Blinkleuchte und Frontverkleidung führen.

Bild 14: Gummidichtung des Blinkerglases exakt einsetzen, Schraube nicht zu fest anziehen!

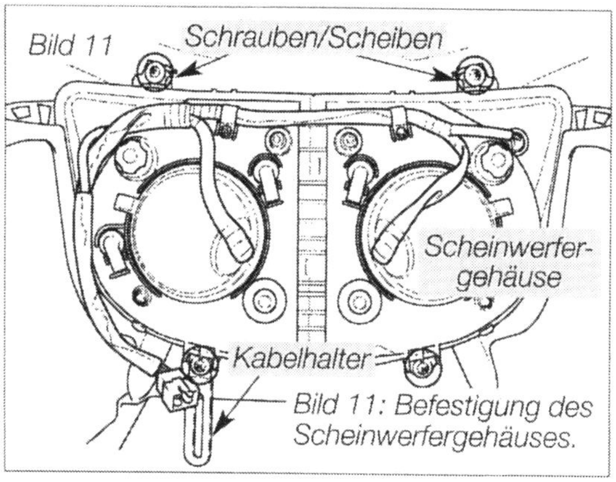

Bild 11: Befestigung des Scheinwerfergehäuses.

Bild 12: Zum Ausbau der vorderen Blinklampen die Lampenfassung links herum drehen.

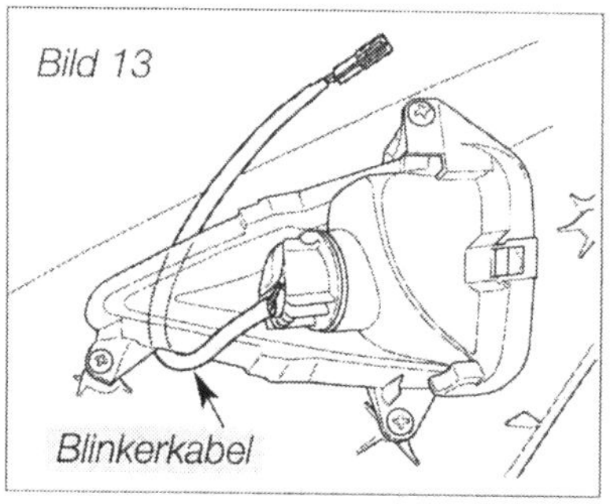

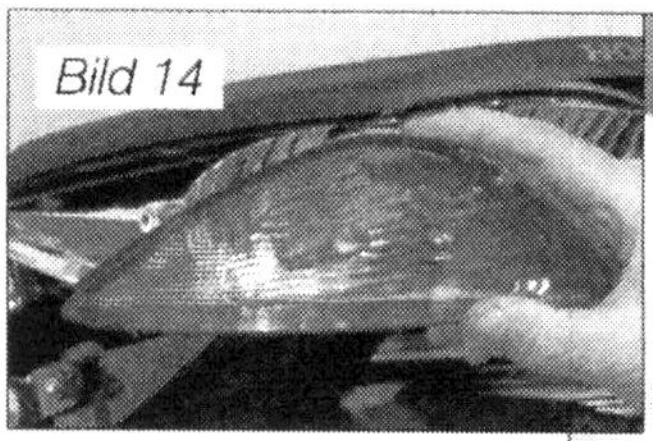

Bilder 15, 15a: Brems-/Rücklicht im Heckbürzel.

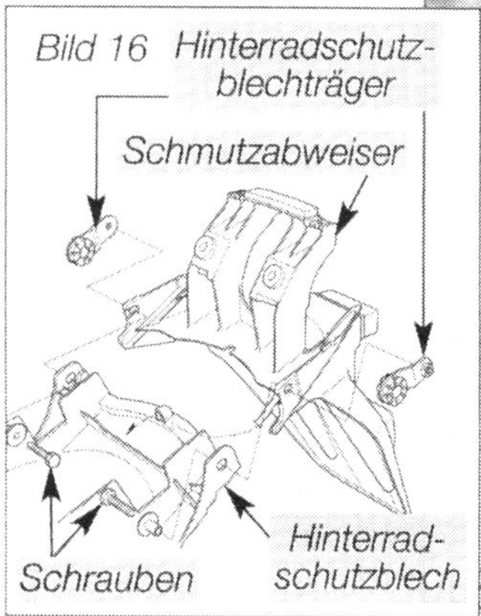

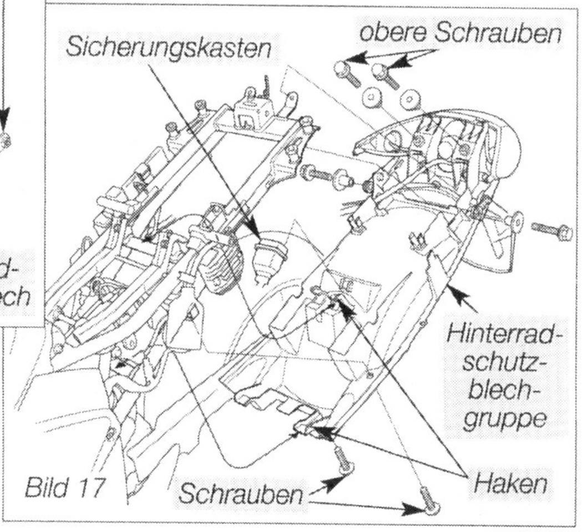

Bilder 16 und 17: Zum Wechseln des Brems-/Rücklichts muss die Hinterradabdeckung abgebaut werden.

und Seitenverkleidungen abgebaut werden (siehe Kapitel 6 »Verkleidung · Tank · Rahmen). Mit einem kleinen Schraubenzieher die Lampenfassung aus der Verkleidung lösen, dann die Glühlampe nach leichtem Drehen aus der Fassung herausziehen. (Bild 10).

■ Nach Wechsel der Lampe die Gummikappe der Fassung mit etwas Silikonfett einstreichen, damit sie leichter eingebaut werden kann und sich das nächste Mal einfacher lösen lässt. Gummikappe satt eindrücken, mittlere Frontverkleidung wieder anbringen.

Scheinwerfer aus- und einbauen

Wenn die Scheinwerfereinheit ausgetauscht werden muss, weil z. B. Glas oder Reflektor beschädigt sind, muss die Frontverkleidung komplett abgebaut werden:

1. Seitenverkleidungen rechts und links abbauen.

2. Stecker des Scheinwerfers/Standlichts abziehen.

3. Beide obere Befestigungsschrauben des Scheinwerfergehäuses links und rechts ausdrehen, Befestigungshalter unten links sowie untere rechte Schraube lösen und Scheinwerfergehäuse nach hinten wegziehen (Bild 11).

■ Der Einbau erfolgt in umgekehrter Reihenfolge. Darauf achten, dass die Kabel sauber verlegt sind, damit sie nicht gequetscht werden. Scheinwerfer neu einstellen.

Vordere Blinklampe wechseln

Zum Wechseln der vorderen Blinklampen jeweils die linke oder rechte Seitenverkleidung abbauen. Dann die Lampenfassung gegen den Uhrzeigersinn drehen und Fassung herausziehen. Glühlampe leicht eindrücken und gegen den Uhrzeigersinn aus dem Bajonettverschluss herausnehmen (Bild 12).

■ Zusammenbau in umgekehrter Reihenfolge.

■ Die Blinkereinheit selbst kann durch Lösen der beiden Befestigungsschrauben leicht aus der Verkleidung heraus gelöst werden.

Bild 18: Die Lampe der Kennzeichenbeleuchtung ist einfach eingesteckt.

■ Beim Einbau der Blinker darauf achten, dass das Blinkerkabel zwischen Blinker und Frontverkleidung so verlegt wird, dass es nicht gequetscht wird (Bild 13).

Hintere Blinklampe wechseln

Zum Wechseln der hinteren Blinklampen müssen die beiden Schrauben des Brems-/Rücklichts ausgedreht werden. Lampenglas abnehmen, dann die Schraube des Blinkerglases lösen und dieses wegnehmen. Glühlampe leicht eindrücken und gegen den Uhrzeigersinn herausdrehen.

■ Zusammenbau in umgekehrter Reihenfolge, dabei darauf achten, dass die Gummidichtung exakt anliegt (Bild 14).

Brems- und Rücklicht wechseln

Im Heckbürzel ist das kombinierte Brems- und Rücklicht untergebracht. Wechsel einer defekten Lampe wie folgt vornehmen:

1. Beide Schrauben des Brems-/Rücklichtglases lösen und Glas wegnehmen (Bild 15).

2. Glühlampe eindrücken und gegen den Uhrzeigersinn drehen, herausnehmen und gegen eine neue tauschen.

■ Zusammenbau in umgekehrter Reihenfolge.

Soll die Brems-/Rücklichteinheit komplett gewechselt werden, muss dazu die Hinterradabdeckung abgebaut werden (Bilder 16 und 17). Dazu die Heckverkleidungen entfernen, die Stecker von Brems-/Rücklichtschalter und Kennzeichenleuchte trennen, Befestigungsschrauben vorne, seitlich und oben lösen, Sicherungskasten abnehmen und Befestigungszapfen aus ihren Halterungen drehen. Dann kann die Hinterradabdeckung abgenommen werden und die Brems-/Rücklichteinheit durch Lösen der vier Schrauben getrennt werden.

Kennzeichenbeleuchtung

Um die Glühlampe der Kennzeichenbeleuchtung zu wechseln, beide Kreuzschlitzschrauben der Abdeckkappe der Kennzeichenbeleuchtung lösen, Glühlampe aus der Fassung entnehmen (Bild 18). Einsetzen einer neuen Glühlampe und Zusammenbau in umgekehrter Reihenfolge.

Hupe

Die Hupe, auch »Signalhorn« genannt, befindet sich rechts unten unterhalb des Kühlers und ist mit einer Halterung am Rahmen befestigt (Bild 19). Wenn sie nicht ordnungsgemäß funktioniert, liegt dies meist an defekten Kabeln oder Steckverbindungen.

1. Kabel von Hupenschalter zu Hupe auf Bruch und durchgescheuerte Stellen kontrollieren (Bild 20).

2. Steckverbindungen säubern, Kontakte mit feinem Schleifpapier von Korrosionsschicht befreien, ggf. mit Kontaktspray behandeln.

3. Steckverbindung der Hupe prüfen: Spannungsmesser an kabelbaumseitige Kontakte anlegen (Bild 21). Bei Betätigung des Hupenschalters muss Batteriespannung anliegen.

4. Falls die Hupe trotz funktionierender Stromversorgung keinen Laut von sich gibt, Bauteil ersetzen: Stecker abziehen, Befestigungsschrauben lösen und Hupe abnehmen.

■ Einbau in umgekehrter Reihenfolge.

■ Weitere Hinweise auf Sicherungen für Hupe und Lampen: Kapitel 16 »Sicherungen · Relais · Stecker«.

Instrumenteneinheit

Wenn die Instrumenteneinheit abgebaut werden soll, müssen dazu die mittlere Frontverkleidung und die Innenverkleidung entfernt werden. Die Instrumenteneinheit ist mit vier Schrauben auf dem Hilfsrahmen angeschraubt (Bild 22). Nach dem Entfernen der vier Schrauben den Instrumentenstecker abziehen und die Instrumenteneinheit vom Hilfsrahmen abnehmen.

■ Einbau in umgekehrter Reihenfolge.

Bilder 19, 20 und 21: Sitz und Prüfen der Hupe.

Bild 22: Die Instrumenteneinheit ist mit vier solcher Schrauben (Kreis) auf dem Hilfsrahmen befestigt.

Bild 19

Bild 20

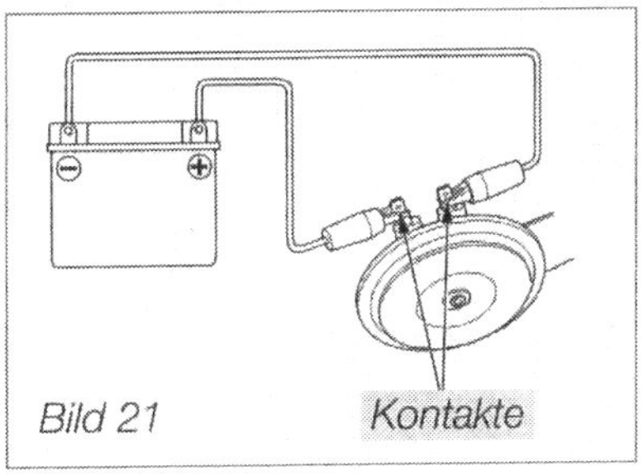

Bild 21

Bild 22

Korrespondenzkapitel:
- 15 »Licht · Hupe«
- 17 »Batterie«
- 18 »Ladesystem«
- 36 »Schaltpläne«

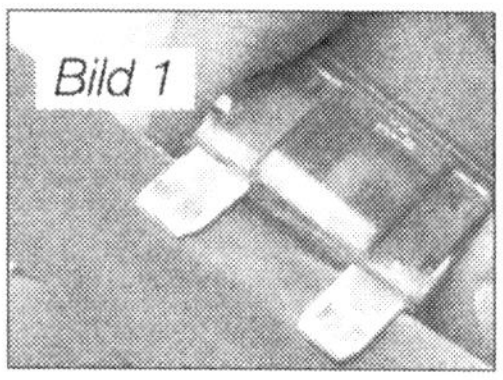
Bild 1

Sicherungen · Relais · Stecker

In diesem Kapitel: Elektrische Bauteile · Sicherungen · Relais · Einbaulage elektrischer Bauteile · Elektrische Stecker trennen · Aufgescheuerte Kabel.

Elektrische Bauteile

Das Kraftstoff-Einspritzsystem der Honda CBF 1000 heißt PGM und ist mit einem Selbstdiagnosesystem ausgestattet: Wird im Kraftstoffsystem eine Störung erkannt, schaltet das ECM eine Fehleranzeige in der Instrumenteneinheit ein und der Fehler wird mit einem zugehörigen Code gespeichert. In der Honda-Fachwerkstatt kann mit entsprechenden Mess- und Diagnosegeräten der Fehler ausgelesen und gelöscht werden.

Übersicht der Sensoren, Relais, Schalter, Steuerventile und anderer elektrischer Bauteile

Sensoren
- Ansaugluftdruck-Sensor (Bild 10d)
- Ansauglufttemperatur-Sensor (Bild 11a)
- Geschwindigkeits-(Tacho-) Sensor (Bild 10n)
- Drosselklappenpositions-Sensor (Bild 10)
- Kühlmitteltemperatur-Sensor (Bild 13d)
- Kurbelwellenpositions-Sensor (Bild 13l)
- Lambdasonde (Bild 12i)
- Umkipp-Sensor (Bild 13t)
- Raddrehzahl-Sensor (ABS) Hinterrad (Bild 12f)
- Raddrehzahl-Sensor (ABS) Vorderrad (Bild 13h)

Relais
- Anlasserrelais(schalter) (Bild 12b)
- Blinkerrelais (Bild 12e)
- Relaiskasten (Bild 12e) beinhaltet folgende Relais:
  - Scheinwerferrelais
  - Benzinpumpenrelais
  - Motorabschaltrelais
  - Kühlerventilator-Relais

Schalter
- Seitenständerschalter (Bild 11e)
- Leerlaufschalter (Bild 12h)
- Zündschalter (Zündschloss) (Bild 10b)
- Vorderrad-Bremslichtschalter (unter Bremshebel)
- Hinterrad-Bremslichtschalter (Bild 12g)
- Anlasserrelaisschalter (Bild 12b)
- Motoröldruckschalter (Bild 13k)
- Motorstoppschalter (»Killschalter« am rechten Lenkerschalter)
- Kupplungsschalter (unter Kupplungshebel)

Steuerventile
- Einspritzventile (Bild 10c)
- Lufteinlass-Steuerventil (IDC-Magnetventil, Bild 10e)
- PAIR-Steuermagnetventil (Bild 13e)
- Leerlaufregelventil (Bild 13b)

Elektrische Bauteile
- Regler/Gleichrichter (Bild 11)
- Anlasser (Elektrostarter) (Bild 11)
- Zündkerzen, Kerzenstecker, Zündspulen (Bilder 10i, 10k, 10l)
- Batterie (Bild 12c)
- Motorsteuergerät ECM (Bild 12a)
- Sicherungskasten mit Diode (Bilder 3, 4, 11d)
- Sicherungskasten ABS und Einspritzsystem (Bilder 2, 12d)
- Hauptsicherung 30 A (Bild 12b)
- Wegfahrsperre m. Antenne u. Stecker (Bild 10b, 10g)
- Zündschloss (Bild 10b)

Hinweis: Bilder und Angaben in diesem Kapitel beziehen hauptsächlich sich auf das Modell CBF 1000 A mit ABS. Abweichungen zur CBR 1000 ohne ABS entnehmen Sie bitte den Schaltplänen in Kapitel 36.

Sicherungen

Beim Arbeiten an Sicherungen beachten:
- Vor einem Sicherungswechsel die Zündung sicher ausschalten, Zündschlüssel abziehen.
- Defekte Sicherungen nicht reparieren, etwa mit alubeschichtetem Papier aus der Zigarettenschachtel: Die Gefahr, dass die Maschine anfängt zu brennen, ist ziemlich hoch!
- Verbrauchte Reservesicherungen (10 A bzw. 20 und 30 A) umgehend ersetzen.
- Nur vorgeschriebene Sicherungen verwenden!
- Die Zungen einer gebrauchten Sicherung können zur Kontaktsicherung auch mit feinem Schmirgelpapier abgezogen werden (Bild 1).

⚠ **Achtung:** Falls eine Sicherung wiederholt durchbrennt, den Fehler suchen und beheben. Auf keinen Fall eine Sicherung mit einem höheren Ampere-Wert einsetzen.

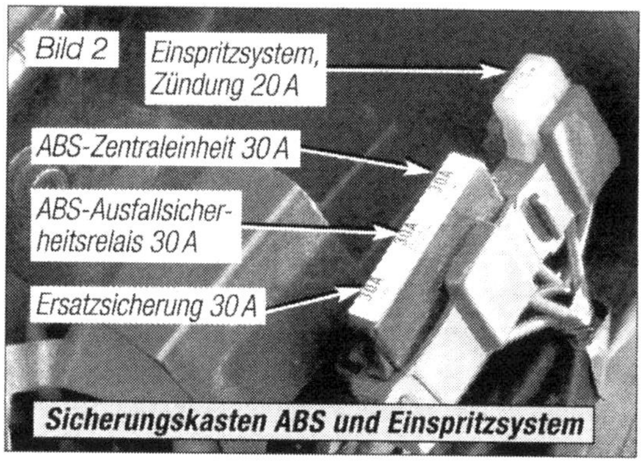

Bild 2 Sicherungskasten ABS und Einspritzsystem

Bild 3 Sicherungskasten

Bild 4

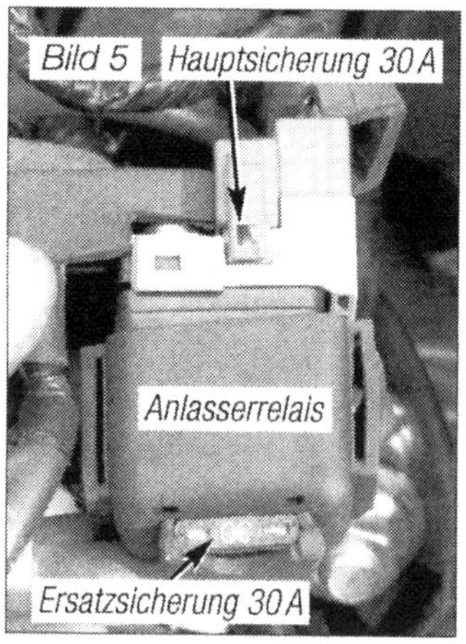

Bild 5

Hauptsicherung 30 Ampere (Bild 5): Ist im Anlasserrelais eingebaut. Dieses sitzt unterhalb des Soziussitzes, der für den Zugang zum Relais abgebaut werden muss. Zum Ausbau der Sicherung den Stecker vom Anlasserrelais abziehen.

Sicherungskasten (Bilder 3 und 4): Sitzt unterhalb des Fahrersitzes (Bild 11d). Die zu den entsprechenden Baugruppen gehörenden Sicherungen sind in den Bildern 3 und 4 bezeichnet.

Sicherungskasten ABS und Einspritzsystem (Bild 2): Sitzt unterhalb der rechten vorderen Seitenverkleidung (Bild 12d). Die zu den entsprechenden Baugruppen gehörenden Sicherungen sind im Bild 2 bezeichnet.

Sicherungsstärke: Welche Sicherung zu welcher Baugruppe gehört und welche Stärke sie hat, ist auf den Deckeln der jeweiligen Sicherungskästen vermerkt. Die Bilder 2 bis 5 zeigen die Sicherungen mit Stärken und Einbaulage.

Defekte Sicherung auswechseln:
- Deckelriegel mit kleinem Schraubenzieher oder leichtem Fingerdruck lösen, Deckel aufklappen.
- Defekte Sicherung mit Spitzzange aus der Steckklemme ziehen.
- Neue Sicherung mit identischem Ampere-Wert einsetzen.

Relais

Die Steuerrelais für Scheinwerfer, Benzinpumpe, Motorstopp und Kühlerventilator sind im Relaiskasten untergebracht. Dieser befindet sich unter der rechten hinteren Seitenverkleidung (Bild 12e). Das Blinkerrelais ist direkt neben dem Relaiskasten (Bild 12e) angebracht, das Anlasserrelais neben der Batterie (Bild 12b). Die Anlasserdiode ist im Sicherungskasten zu finden (Bild 4).

Tipp zur Fehlersuche: Falls eine elektrische Baugruppe nicht funktioniert, die zugehörige Sicherung jedoch in Ordnung ist und die stromzuführenden Kabel ebenfalls, kann das Relais »hängen«: Leicht gegen das Relais klopfen und erneut versuchen. Falls immer noch nichts geht, testweise ein erwiesenermaßen funktionstüchtiges Relais einsetzen.

Elektrische Stecker trennen

Bei manchen Wartungsarbeiten oder beim Auswechseln elektrischer Bauteile müssen elektrische Stecker getrennt werden, z. B. beim Abbau der Scheinwerferverkleidung oder des Tanks.

Achtung: Niemals versuchen, durch Ziehen an den Kabeln einen Stecker zu trennen, sonst reißen die Kabel aus!

Beim Trennen von Steckern beachten:
- Bei einfachen Steckern sind Kabelschuhe auf Kontakte aufgeschoben: Gummikappe anheben, Kabelschuh packen und abziehen.
- Bei vielen Steckern ist ein kleiner Zapfen angebracht: Durch Niederdrücken entriegeln, dann Steckerhälften auseinanderziehen.
- **Generell gilt:** Stecker vor dem Trennen genau ansehen, wie er zusammengesteckt ist.

Bilder 6 bis 8: Verschiedene Stecker der CBF 1000.

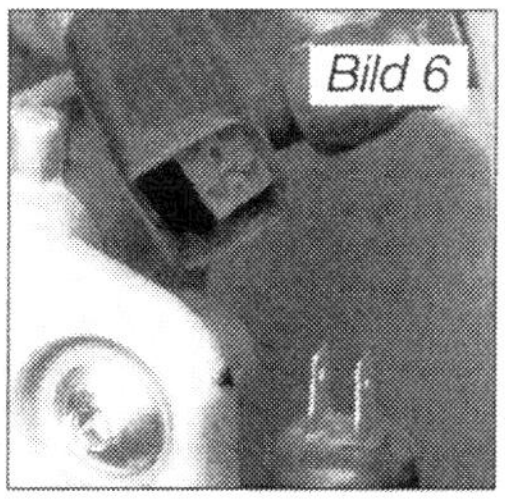
Bild 6

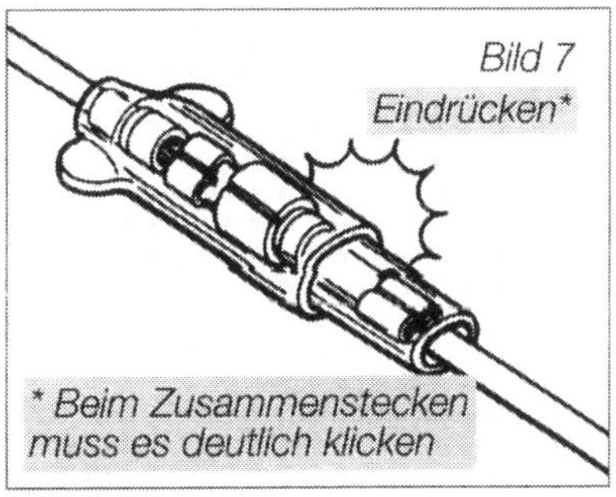

Bild 7

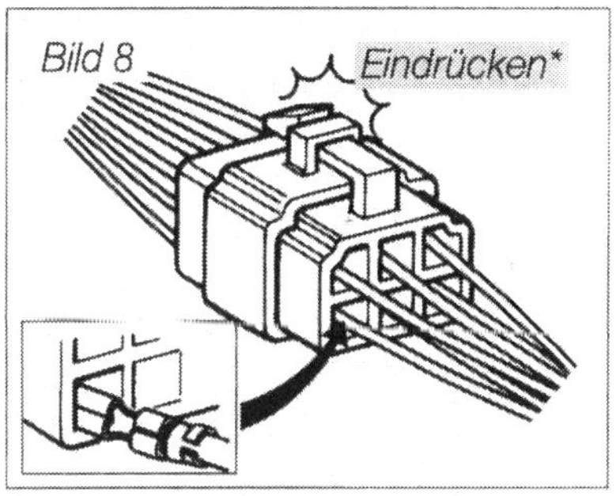

Bild 8

Aufgescheuerte Kabel

Problem: Elektrische Kabel sind mit einem Gummimantel überzogen (»Isolierung«). Falls ein Kabel mal eingeklemmt war oder unglücklich an einem Bauteil gescheuert hat, kann es vorkommen, dass die Isolierung beschädigt und das blanke Kabel zu sehen ist (Bild 9). Wenn das Kabel noch in der Gänze vorhanden (also nicht durchgescheuert) ist, muss man solche Stellen mit einem Isolierband abkleben, damit kein Kurzschluss entstehen kann, was wiederum zum Durchbrennen der Sicherung führt.

Lösung: Isolierband so weit um Scheuerstelle herum kleben, bis es ca. zwei Zentimeter davor und dahinter anliegt. Das Kabel ist jetzt geschützt, es kann kein Wasser mehr eindringen oder bei Kontakt an einem Metallteil (Rahmen, Motor) keinen Kurzschluss auslösen.

Wichtig: Ursache der Beschädigung herausfinden und abstellen, denn der Einsatz von Isolierband ist keine Dauerlösung.

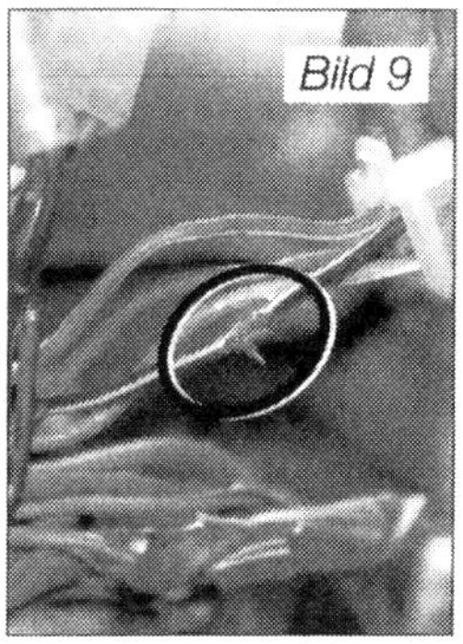
Bild 9

Bild 9: Beschädigte Isolierung, das blanke Kabel ist zu sehen.

Sichtprüfung Messen

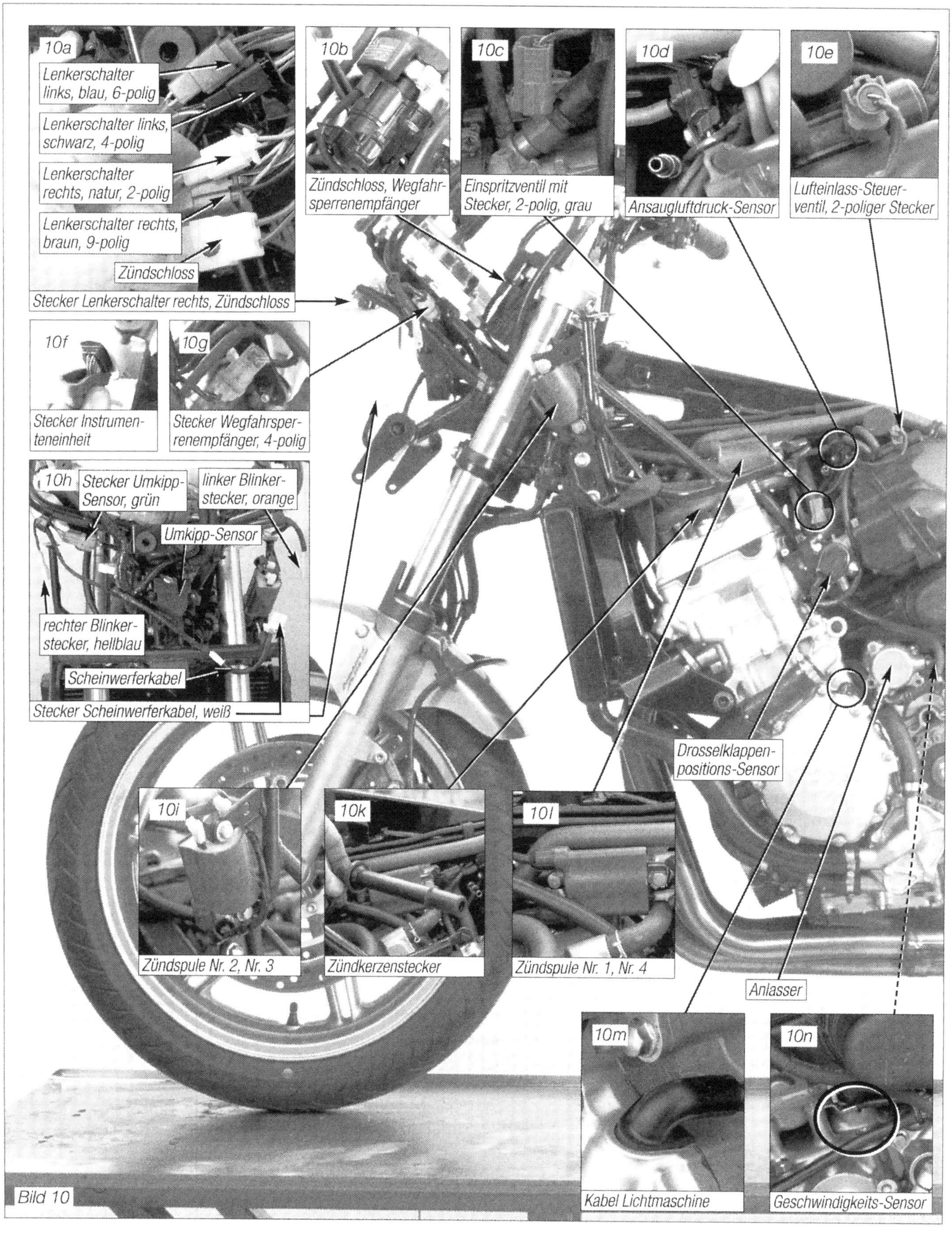

Bild 10

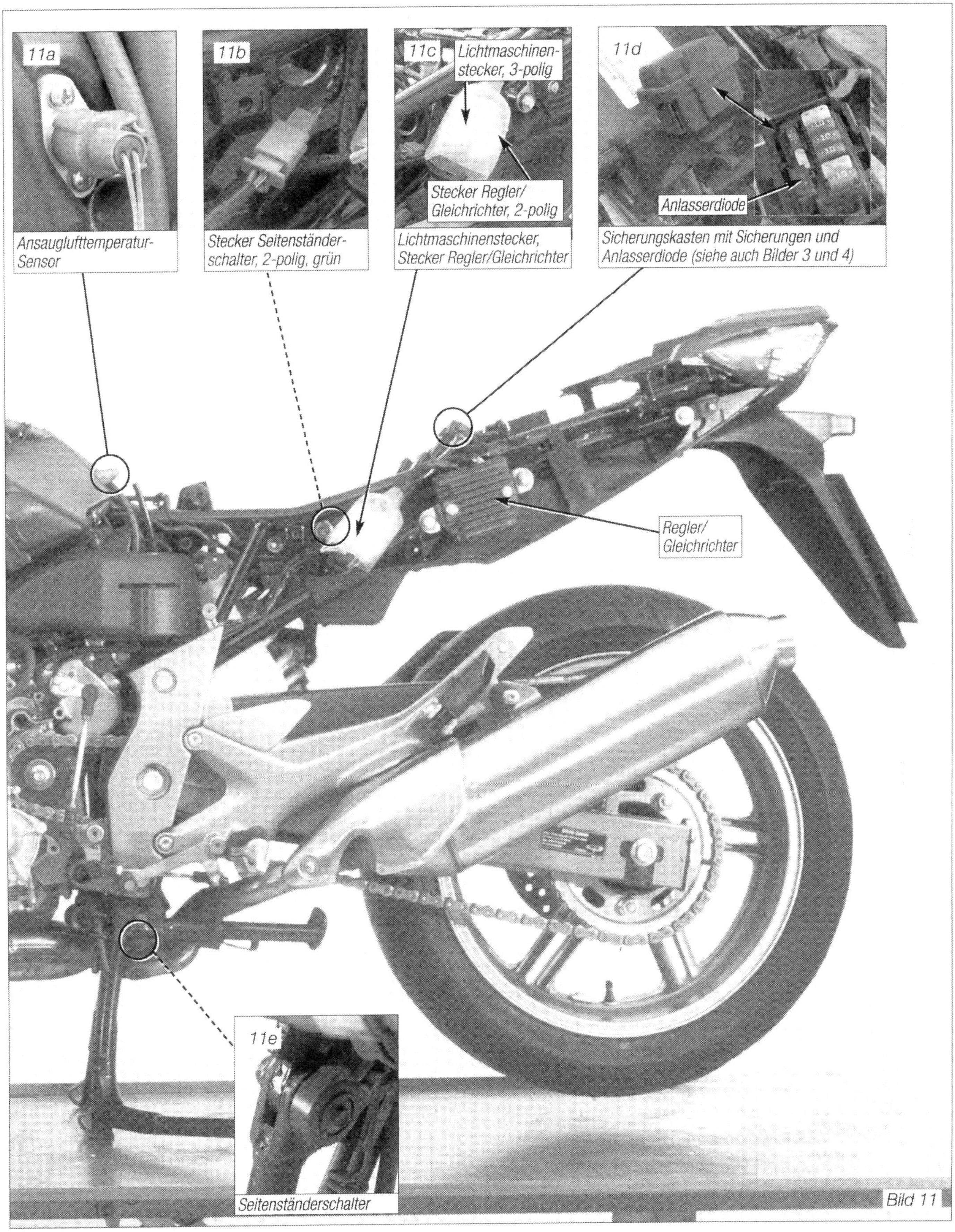
11a
Ansaugluftttemperatur-Sensor
11b
Stecker Seitenständer-schalter, 2-polig, grün
11c
Lichtmaschinen-stecker, 3-polig
Stecker Regler/Gleichrichter, 2-polig
Lichtmaschinenstecker, Stecker Regler/Gleichrichter
11d
Anlasserdiode
Sicherungskasten mit Sicherungen und Anlasserdiode (siehe auch Bilder 3 und 4)
Regler/Gleichrichter
11e
Seitenständerschalter

Bild 11

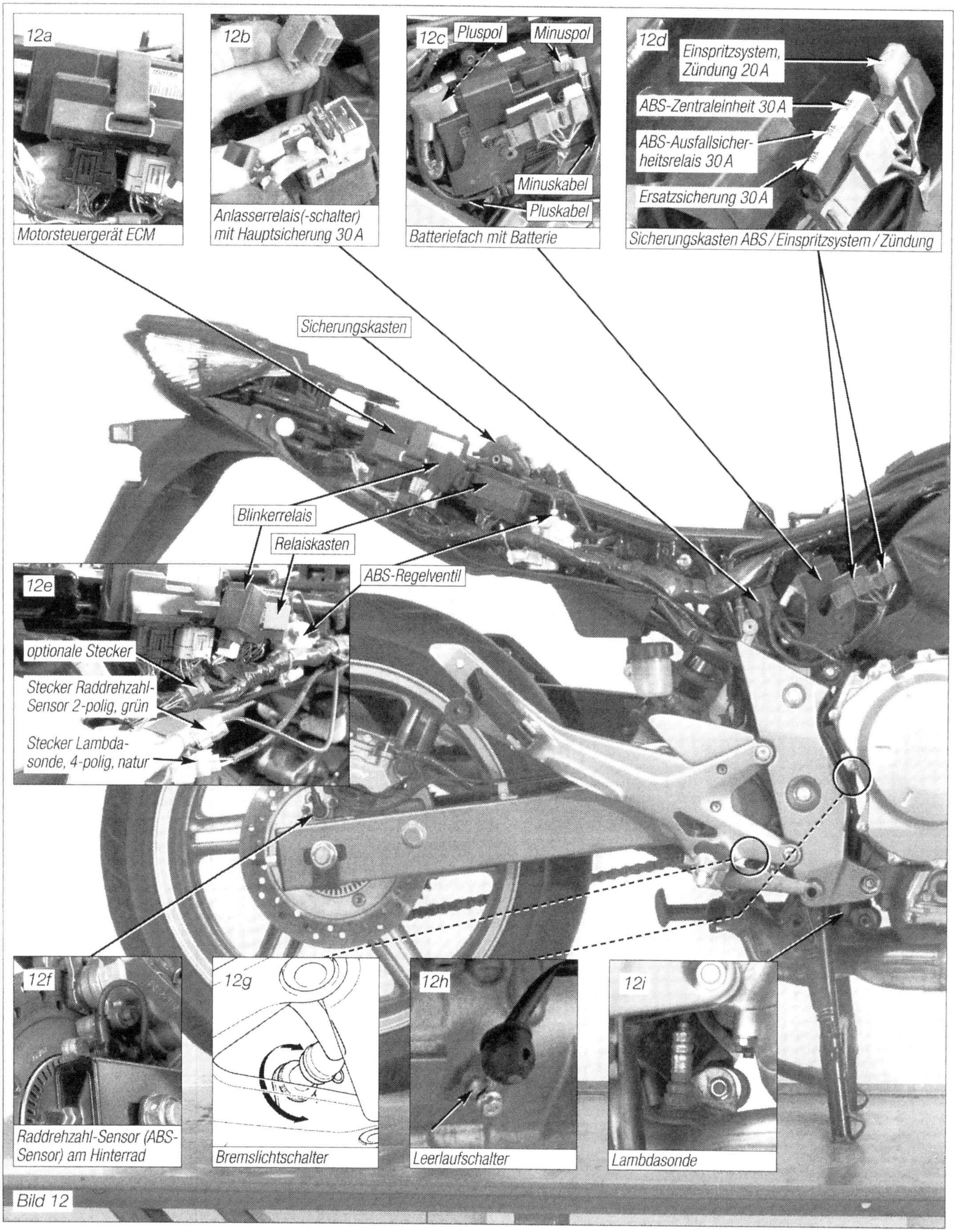
12a
Motorsteuergerät ECM
12b
Anlasserrelais(-schalter) mit Hauptsicherung 30 A
12c
Pluspol
Minuspol
Minuskabel
Pluskabel
Batteriefach mit Batterie
12d
Einspritzsystem, Zündung 20 A
ABS-Zentraleinheit 30 A
ABS-Ausfallsicherheitsrelais 30 A
Ersatzsicherung 30 A
Sicherungskasten ABS / Einspritzsystem / Zündung
Sicherungskasten
Blinkerrelais
Relaiskasten
ABS-Regelventil
12e
optionale Stecker
Stecker Raddrehzahl-Sensor 2-polig, grün
Stecker Lambdasonde, 4-polig, natur
12f
Raddrehzahl-Sensor (ABS-Sensor) am Hinterrad
12g
Bremslichtschalter
12h
Leerlaufschalter
12i
Lambdasonde
Bild 12

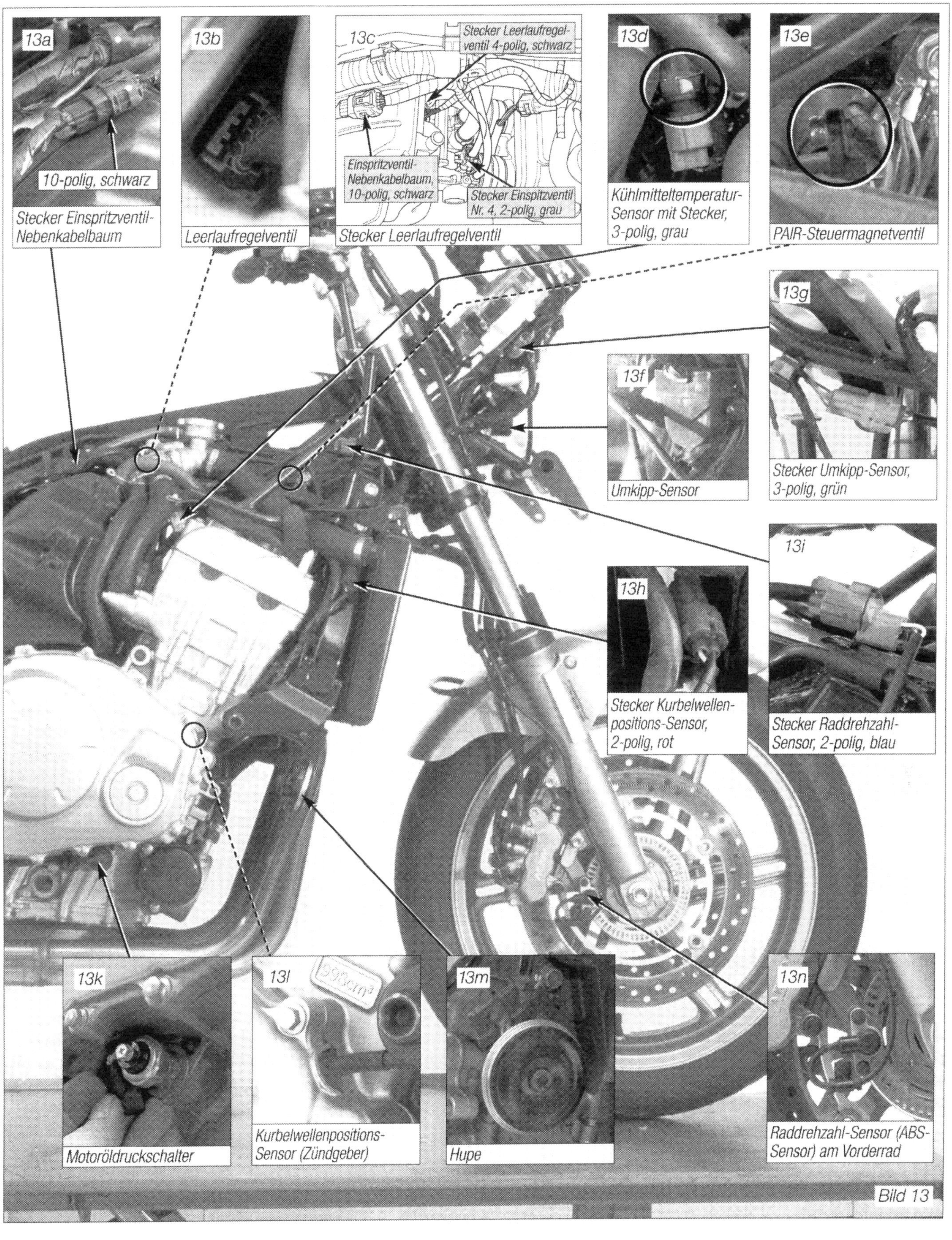
13a
10-polig, schwarz
Stecker Einspritzventil-Nebenkabelbaum
13b
Leerlaufregelventil
13c
Stecker Leerlaufregelventil 4-polig, schwarz
Einspritzventil-Nebenkabelbaum, 10-polig, schwarz
Stecker Einspritzventil Nr. 4, 2-polig, grau
Stecker Leerlaufregelventil
13d
Kühlmitteltemperatur-Sensor mit Stecker, 3-polig, grau
13e
PAIR-Steuermagnetventil
13f
Umkipp-Sensor
13g
Stecker Umkipp-Sensor, 3-polig, grün
13h
Stecker Kurbelwellen-positions-Sensor, 2-polig, rot
13i
Stecker Raddrehzahl-Sensor, 2-polig, blau
13k
Motoröldruckschalter
13l
998cm³
Kurbelwellenpositions-Sensor (Zündgeber)
13m
Hupe
13n
Raddrehzahl-Sensor (ABS-Sensor) am Vorderrad
Bild 13

Korrespondenzkapitel:
- 16 »Sicherungen · Relais · Stecker«
- 18 »Ladesystem«
- 29 »Anlasser«

Batterie

In diesem Kapitel: Batterie prüfen, ausbauen, laden, einbauen · Neue wartungsfreie Batterie befüllen und erstladen.

Batterie

Die Honda CBF 1000 und CBF 1000 A (mit ABS) ist serienmäßig mit einer wartungsfreien Batterie, Typ Yuasa YTZ 10S MF, 12 V/8,6 Ah ausgestattet.

Die Batterie muss immer in bestem Zustand sein, damit sie auch bei kalter Witterung ausreichend Energie für den Startvorgang (Elektrostarter, Einspritzanlage) liefern kann. **Wichtig:** Bei der wartungsfreien Batterie die obere Stopfenleiste nicht entfernen, denn der Säurestand kann und braucht nicht überprüft zu werden, auch das Nachfüllen von destilliertem Wasser entfällt.

Bei normaler Ladung einer wartungsfreien Batterie entsteht nur Sauerstoff. Dieser reagiert an der Minusplatte mit dem dort gebundenen Wasserstoff und verwandelt sich wieder in Wasser, der Flüssigkeitsstand in der Batterie bleibt immer konstant. Da eine wartungsfreie Batterie keinen Flüssigkeitsverlust hat, braucht sie auch keinen Entlüftungsschlauch wie eine normale Batterie, die auch Wasserstoff freisetzt.

Eine wartungsfreie Batterie baut kleiner, braucht weniger Raum und ist leichter; der Bauraum wird also besser ausgenutzt, denn es wird kein Sicherheitspolster (Ausdehnungsvolumen) gebraucht. Zur Sicherheit ist ein Ventil eingebaut, das bei Überdruck öffnet und bei Erreichen des Normaldrucks wieder schließt. Weiterhin befindet sich unter dem Deckel auf dem Sicherheitsventil ein Keramikfilter, der als Schutz gegen Entzündung oder Explosion dient.

Wird eine neue Batterie notwendig, dann kaufen Sie im Fachhandel eine wartungsfreie Motorradbatterie guter Qualität – NIEMALS eine Billigbatterie aus dem Baumarkt oder Kaufhaus!

Bild 1: Serienmäßige Batterie.

Bild 2: Beim Laden auf richtige Polung der Zangen achten. Das im Bild gezeigte Ladegerät »fritec Ladeprofi kompakt BV 11800« verwenden wir in unserer Werkstatt (fritec Friedrich & Hitschfel GmbH, Mittelrüsselbach 38, D-91338 Igensdorf, www.fritec.de).

Batterie prüfen

Eine schwache Batterie ist vor allem am »müden« Elektrostarter zu spüren, der den Motor nicht mehr richtig durchdreht. Das Motorrad soll vor der Messung der Batteriespannung mindestens 30 Minuten nicht gefahren worden sein.

1. Zündung AUSschalten, Fahrersitz abnehmen.
- Kabel bleiben an der Batterie angeschlossen.

2. Spannung der Batterie mit Multimeter messen:

2.1. Über 13,0 bis 13,2 Volt: Gut geladene Batterie.

Sicherheitshinweise ⚠ Achtung und ☞ Tipps für dieses Kapitel

⚠ Zu allen Arbeiten an der Batterie muss die Zündung ausgeschaltet sein! Zündschlüssel am besten abziehen.

⚠ Bauen Sie niemals eine nicht wartungsfreie Blei-Säurebatterie ein, denn durch die gekippte Einbauposition kann Säure auslaufen!

⚠ Beim Laden der Batterie können aus der Batterie explosive Gase entweichen. Offenes Feuer, Funkenflug und brennende Zigaretten in weitem Umkreis von der am Ladegerät hängenden Batterie fern halten. Für ausreichende Belüftung des Raumes sorgen, in dem die Batterie geladen wird!

⚠ Hängen Sie die Batterie der CBF 1000 NICHT über Winter an ein »Batterie-Frischhaltegerät«, bei dem die Batterie fortwährend im Wechsel geladen und entladen wird. Das schadet der Batterie mehr als ihr gut tut.

☞ Beim Überwintern Ihrer Maschine die Batterie ausbauen, mit 0,9 Ampere maximal 10 Stunden laden und in einem kühlen, trockenen Raum lagern. Im Frühjahr vor dem ersten Start die Batterie unter fließendem Wasser gut reinigen, abtrocknen, erneut vorschriftsmäßig laden und dann sorgfältig einbauen.

2.2. Weniger als 12,4 Volt: Nicht ausreichend geladene Batterie, nachladen!

Batterie ausbauen
1. Rechte Seitenverkleidung abnehmen.
2. Befestigungsschraube der Batteriehalterung lösen und diese zusammen mit dem Sicherungskasten (ABS/Zündung) nach vorne seitlich wegklappen.
3. Batteriepole abklemmen: Zuerst Minuspol (Bild 3), dann Pluspol abschrauben.
4. Batterie herausziehen.

Batterie laden
1. Batterie an Ladegerät anschließen (Bild 2):
■ Zuerst Pluspol anklemmen, dann Minuspol.
2. Die auf der Batterie angegebenen Ladeströme und Ladezeiten sollen nicht überschritten werden, da sonst die Batterie beschädigt wird:
3. Vorgeschriebene Ladezeit 5 bis 10 Stunden.
4. Vorgeschriebener Ladestrom: 0,9 Ampere.
5. Maximal zulässige Ladespannung: 15,5 Volt
6. Schnellladung: Soll nicht vorgenommen werden. Wenn es doch sein muss, weil es nicht anders geht:
■ 1 Stunde mit maximal 4,5 Ampere
Wichtig: Die Batterie bei nächster Gelegenheit noch einmal langsam laden!
7. Die geladene Batterie vor dem Einbau eine halbe Stunde ruhen lassen.

Batterie einbauen
1. Ladedatum auf der Batterie vermerken.
2. Batterie in Batteriekasten einsetzen mit den Polanschlüssen nach außen (Bilder 5 und 6).
3. Pluskabel an Batterie anschrauben (Bild 4).
3.1. Minuskabel anschrauben.
4. Batteriehalterung mit Sicherungskasten wieder einbauen und festschrauben (Bild 5).
5. Batterieanschlüsse mit Säureschutzfett einfetten, Kappe über Pluspol schieben.
6. Rechte Seitenverkleidung wieder anbringen.

Neue wartungsfreie Batterie
Eine neue, wartungsfreie Batterie muss vor ihrem Einbau zunächst mit Säure befüllt und dann geladen werden. Sie ist zwar trocken vorgeladen und theoretisch nach der Erstbefüllung mit Säure sofort einsatzbereit, doch je sorgsamer eine neue Batterie auf ihren ersten Einsatz vorbereitet wird, desto länger lebt sie!
1. Klebestreifen über den Einfüllöffnungen der Batterie entfernen.
2. Schutzfolie vom Säurebehälter abziehen. Säurebehälter exakt auf die Einfülllöcher der Batterie ansetzen und gleichmäßig eindrücken.
Wichtig: Säuremenge und Fließgeschwindigkeit sind exakt auf die Batterie abgestimmt. Die Behälter NICHT anstechen in dem Glauben, dass die Säure nur dann fließt! Wenn der Säureabfluss stockt, Behälter leicht mit einem Finger anstoßen.
3. Nach ca. einer Stunde ist alle Säure in die Batterie eingelaufen: Leeren Säurebehälter von der Batterie abziehen. Stopfenleiste fest aufdrücken, ggf. mit Gummihammer leicht nachklopfen.
4. Batterie vorschriftsmäßig (!) laden (Text weiter vorne), 1/2 Stunde ruhen lassen, einbauen.

Ausbau *Bild 3*

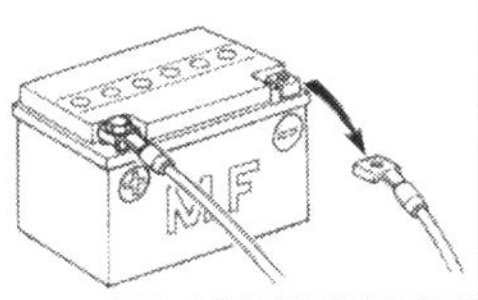

Einbau *Bild 4*

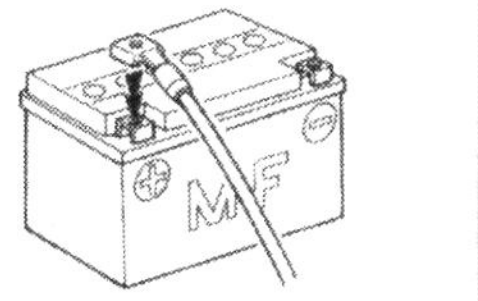

Bilder 3 bis 6: Im Lauftext sind die zu den Bildern gehörenden Arbeitsschritte nummeriert beschrieben.

Bild 5

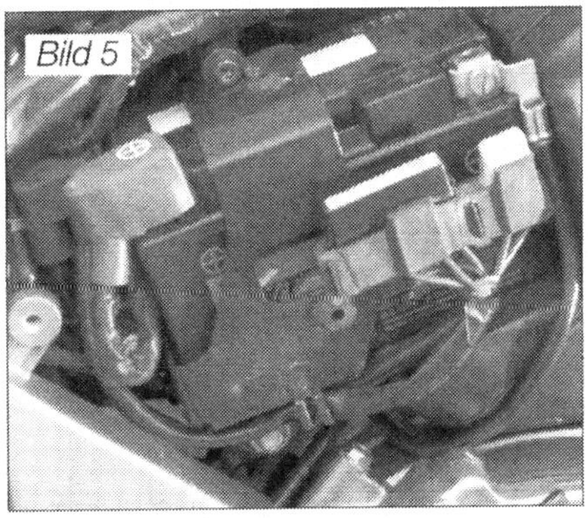

Bild 6

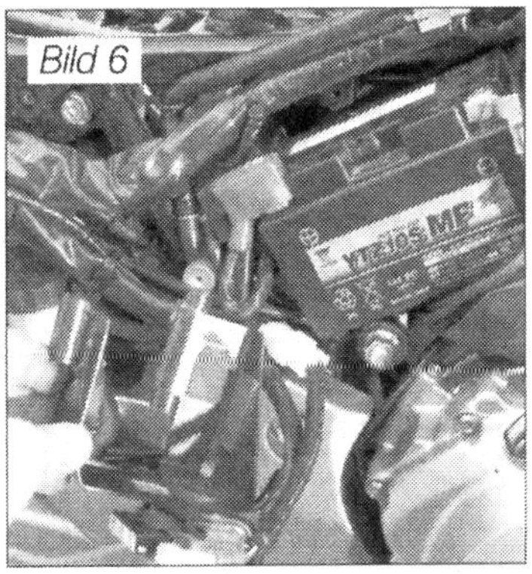

Ladegeräte verschiedener Leistungs- und Preisklassen *Bild 7*

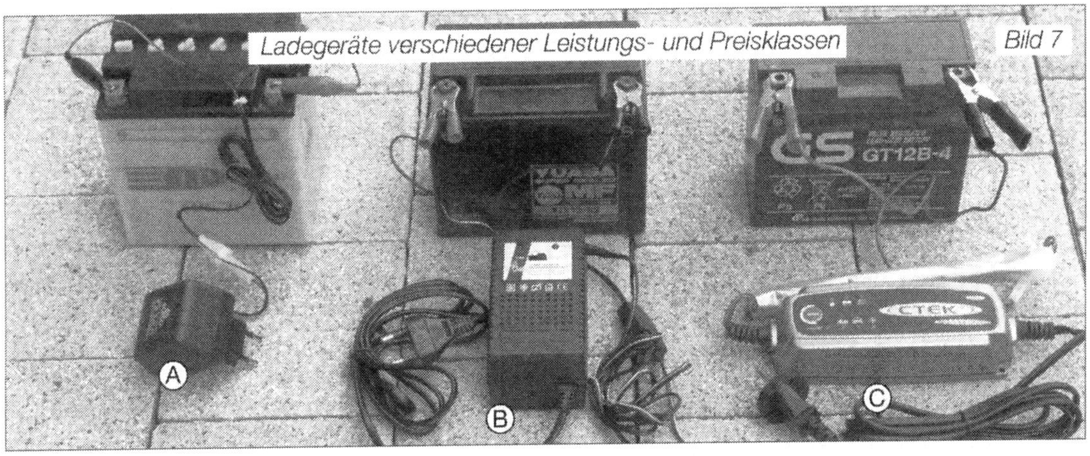

Bild 7:
*■ Gerät **A** (ca. 10 €), lädt mit 0,3 Ampere. Geeignet für langsames Laden der Batterie.*
*■ Gerät **B** (ca. 25 €), lädt mit 1,6 Ampere und entlädt im Wechsel – nicht zu empfehlen.*
*■ Mit dem High-Tech-Gerät **C** (ca. 80 €), können tiefentladene Batterien wieder regeneriert werden.*

Ladesystem

In diesem Kapitel: Ladesystem prüfen · Ladespannung prüfen · Generatorstator prüfen und auswechseln.

Ladesystem überprüfen

Wenn die Batterie nicht richtig geladen wird, kann eine Störung im Ladesystem vorliegen. Zur Überprüfung ist ein Multimeter notwendig; die Messtemperatur beträgt in allen Fällen 20 °C.

Batterie und Hauptsicherung müssen in Ordnung sein. Ist die Batterie leer, weil es ein Problem mit der Ladespannung gibt, zu nachfolgender Prüfung eine andere, voll geladene Batterie einbauen, die mindestens 13,0 Volt liefert.

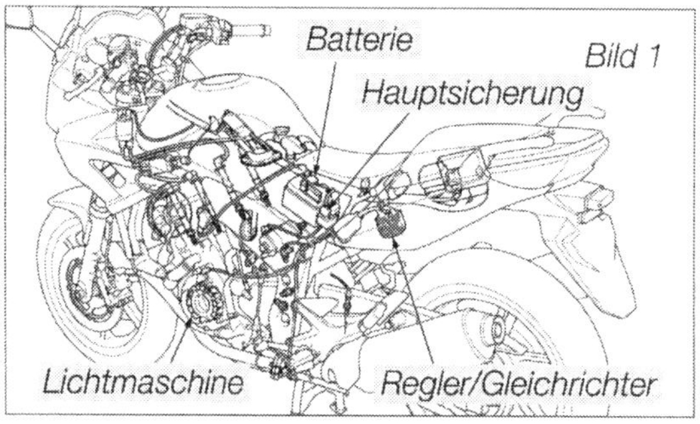

Bild 1: Lage der Ladesystem-Bauteile.

Bild 2: Blockschaltbild des Ladesystems.

■ Der Regler/Gleichrichter sitzt links außen am Heckrahmen (siehe Kapitel 16 »Sicherungen · Relais · Stecker«). Falls die Ladekontrollleuchte brennt und »Lichtmaschine lädt nicht« signalisiert, zuerst Steck- und Masseverbindung prüfen.

Bild 3: Widerstand der Statorwicklung mit Multimeter prüfen.

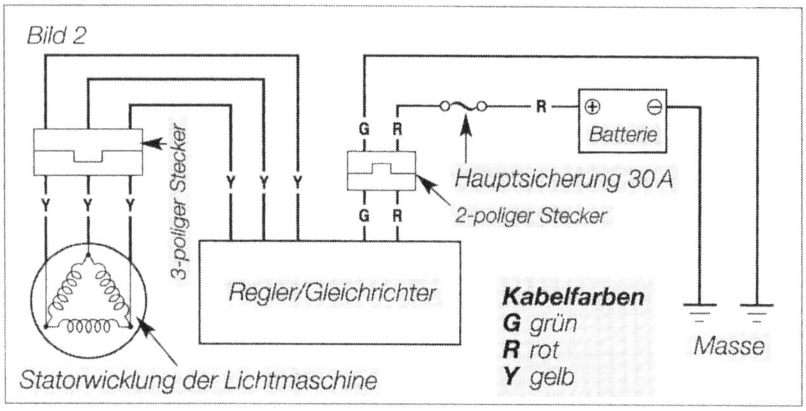

■ 1. Prüfschritt: Positive Prüfspitze an gelb 1, negative Prüfspitze an gelb 2. ■ 2. Prüfschritt: Positive Prüfspitze an gelb 1, negative Prüfspitze an gelb 3. ■ Widerstand muss 0,1 bis 1,0 Ω betragen.

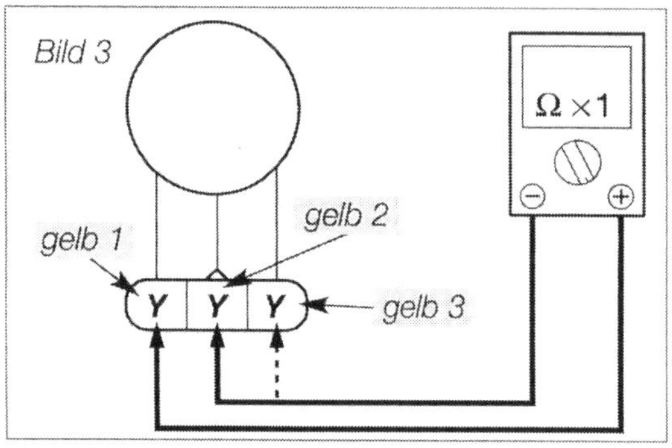

Ladespannung prüfen

Plus- und Minuskabel bleiben an die Batterie angeschlossen.

1. Motor starten und auf Betriebstemperatur bringen (ca. 80 °C Öltemperatur).
2. Motor ausschalten, Multimeter anschließen: Plusklemme auf Pluspol der Batterie, Minusklemme auf Minuspol.
3. Batteriespannung ablesen (Beispiel: 13,0 Volt).
4. Motor starten, Motor auf 5000/min hochdrehen, die auf dem Multimeter angezeigte Spannung muss ca. 15,5 Volt betragen.
4.1. Liegt sie im Bereich von 15,5 Volt, ist die Ladespannung in Ordnung und damit auch die Lichtmaschine sowie der Regler/Gleichrichter.
4.2. Ist die angezeigte Spannung kleiner oder gleich der Batteriespannung, können Lichtmaschine oder Regler/Gleichrichter defekt sein.
4.3. Ist die angezeigte Spannung viel höher als 15,5 Volt, können folgende Störungen vorliegen: Masseanschluss am Regler schlecht, Batterie defekt, Regler/Gleichrichter defekt.
5. Ein Defekt in den Kabeln oder Kabelsteckern kann ebenfalls vorliegen. Diese Teile auf Bruch und einwandfreie Kontakte überprüfen!
5.1. Kontakte der Steckverbindungen auf lose Anschlüsse und Korrosion prüfen: Lockere Kontakte beseitigen, Stecker der Kabel richtig befestigen (z. B. anlöten).
5.2. Korrosion beseitigen: korrodierte Steckkontakte mit feinem Schmirgelpapier abziehen.
5.3. Zwischen keiner der gelben Klemmen und Masse darf Stromdurchgang bestehen.
6. Sind alle Komponenten des Ladesystems in Ordnung, die Steckkontakte nicht locker oder korrodiert, den Regler/Gleichrichter gegen ein erwiesenermaßen funktionierendes Teil austauschen und die Ladespannung erneut prüfen.

Batterieleitung prüfen

1. 2-poligen Stecker mit den Kabeln grün und rot vom Regler abziehen (siehe Bild 2).
2. Multimeter anschließen:
■ Plusprüfspitze an Buchsenkontakt roter Kabelstecker
■ Minusprüfspitze an Buchsenkontakt grüner Kabelstecker
3. Messergebnis werten: Es muss ständig Batteriespannung anliegen.
3.1. Wenn keine Batteriespannung anliegt, Kabel überpüfen, besonders die Masseverbindung!

Generatorstator prüfen

Zur Prüfung des Statorwicklungskabels bleibt der Generatorstator (»Ladespule«) eingebaut.

1. 3-polige Steckverbindung des Kabels, das aus dem Lichtmaschinendeckel unten am Motor heraus nach oben führt (exakte Lage in Kapitel 16 »Sicherungen · Relais · Stecker«) trennen, Widerstand zwischen allen drei Klemmen im Stecker messen (Bild 3).
■ Sollwert 0,1 bis 1,0 Ohm.
2. Stromdurchgang zwischen jeder der drei gelben Klemmen und Masse prüfen.
■ Es darf kein Stromdurchgang bestehen.
3. Wenn die Messwerte außerhalb der Toleranz liegen oder Stromdurchgang zur Masse besteht, Generatorstator auswechseln.
Hinweis: Der Lichtmaschinenrotor geht normalerweise nicht kaputt. Muss er ausgewechselt werden, werden Honda-Spezialwerkzeuge benötigt: Schwungradhalter (Nr. 070MB-MELC100) und Rotorabzieher (Nr. 07733-0020001).

Generatorstator auswechseln

Der Generatorstator ist in den linken Gehäusedeckel eingesetzt und mit vier Inbusschrauben befestigt (Bild 4). Vor dem Abbau des Deckels das Öl ablassen. Oder die Maschine schräg nach rechts geneigt abstellen, dann läuft beim Schrauben kein Öl aus.
1. Deckel abschrauben: Schrauben über Kreuz in 1/3-Schritten lösen und dann ausdrehen.
1.1. Wenn sich der Deckel nicht löst, klebt er über die Dichtung am Gehäuse fest: Leichte Schläge mit einem Plastikhammer auf den Deckel helfen, ihn zu lösen.
2. Deckel abnehmen, auf Passbuchse achten. Statorkabelhalter abschrauben, Kabel herausnehmen.
3. Befestigungsschrauben des Stators ausdrehen, Stator herausnehmen (müsste leicht gehen).
4. Neuen Stator einsetzen, Schraubenlöcher müssen mit den Gewindebohrungen fluchten, Kabel exakt verlegen.
5. Befestigungsschrauben des Stators gut reinigen, eindrehen, über Kreuz zuerst handfest, dann auf 12 Nm festziehen.
■ Empfehlung: Etwas Loctite »mittelfest« auf die Gewinde der Schrauben geben.
6. Statorkabelhalter ansetzen, Schraube eindrehen und mit 12 Nm festziehen.
7. Kabelgummitülle mit etwas Silikondichtmittel bestreichen und in den Ausschnitt des Deckels eindrücken.
8. Deckel anbringen: Dichtfläche sehr sauber reinigen, etwas Silikondichtmittel an die Dichtflächen von Deckel und Motorgehäuse geben, einige Minuten ablüften lassen, Passbuchsen einsetzen, Deckel aufsetzen, Schrauben eindrehen, über Kreuz Schritt für Schritt auf 10 Nm festziehen.
9. Lichtmaschinenstecker zusammenstecken. Ölstand kontrollieren, ggf. nachfüllen!

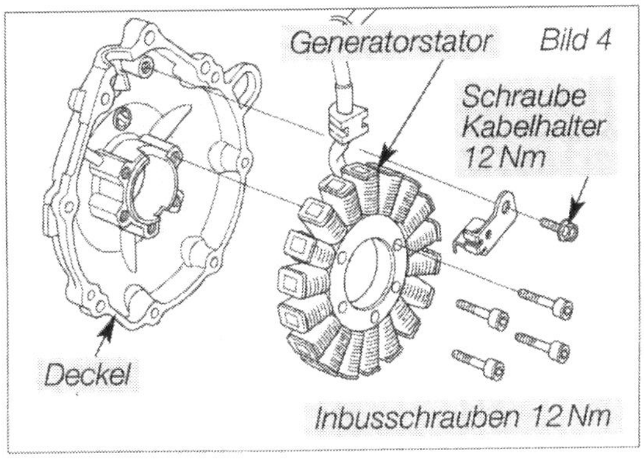

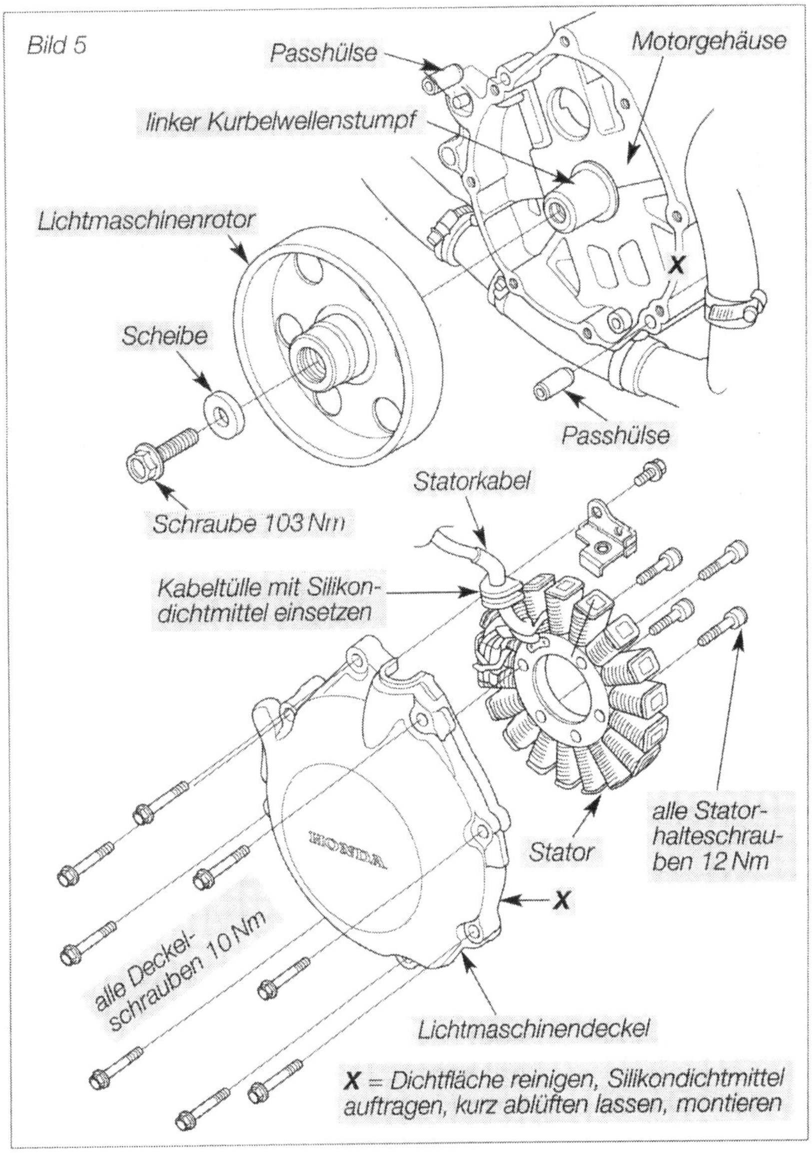

Korrespondenzkapitel:
■ 16 »Sicherungen · Relais · Stecker«
■ 36 »Schaltpläne«

Bilder 4 und 5: Explosionszeichnung der Lichtmaschine mit Teilebezeichnung und Anziehdrehmomentwerten.

Korrespondenzkapitel

- 6 »Verkleidung · Tank · Rahmen«
- 16 »Sicherungen · Relais · Stecker«
- 17 »Batterie«
- 20 »Zündanlage«
- 36 »Schaltpläne«

Zündkerzen

In diesem Kapitel: Zündkerzen für die CBF 1000 · »Bessere« Zündkerzen? · Zündkerzen ausbauen, reinigen, einbauen · Elektrodenabstand messen und korrigieren.

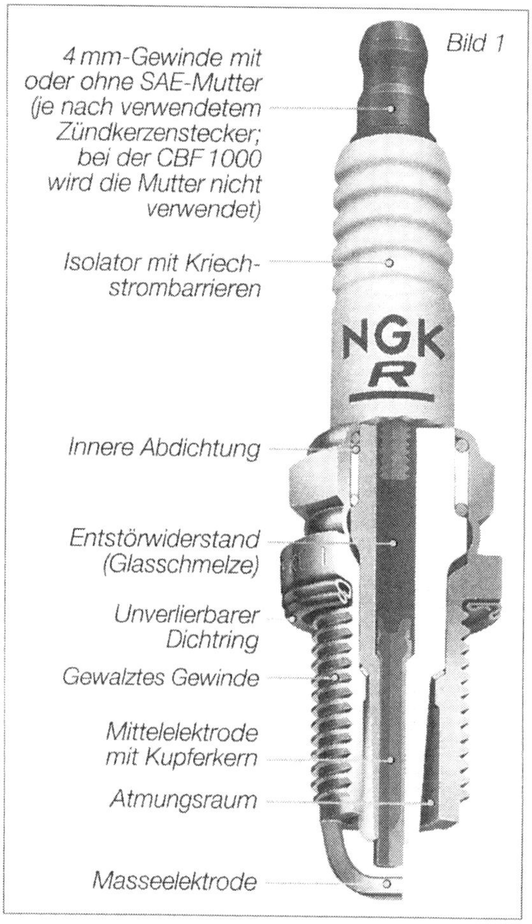

Bild 1: Aufbau einer modernen Motorrad-Zündkerze.

Zündkerzen

Die vier Zündkerzen der CBF 1000 werden bei jeder großen Inspektion alle 12 000 km ausgebaut, auf Beschädigungen untersucht, gereinigt und wieder eingebaut. Alle 24 000 km sollen sie erneuert werden. Das Alter einer Zündkerze ist nicht ausschlaggebend, ob sie erneuert werden muss; es zählt in erster Linie die Laufleistung.

Serienmäßige Zündkerzen:

- NGK CR8EH9 oder Denso U24FER9
- Elektrodenabstand 0,8 bis 0,9 mm
- Anziehdrehmoment 16 Nm

Die serienmäßigen Zündkerzen sind qualitativ hochwertig und betriebssicher, sie sind für alle Betriebsbedingungen, die bei Fahrten mit der CBF 1000 auftreten können, bestens geeignet. Ihre Elektrode wird bei normalen Verbrennungstemperaturen (ca. 400 bis 800 °C) so heiß, dass etwaige Rußablagerungen stets verbrennen, bleiben aber auch so kühl, dass Motor und Kerze nicht beschädigt werden.

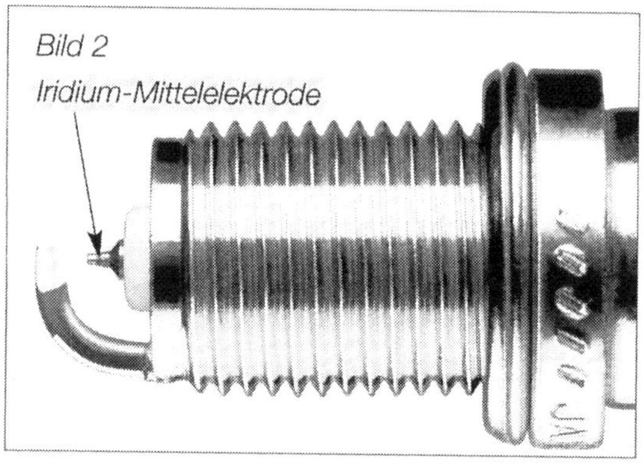

Bild 2: Sehr dünne Mittelelektrode bei der NGK CR8EHIX-9.

Sicherheitshinweise ⚠ Achtung und ☞ Tipps für dieses Kapitel

⚠ Bei Prüfungen von Bauteilen der Zündanlage keine Stecker bei laufendem Motor abziehen, weil dadurch die elektronischen Bauteile beschädigt werden können.

⚠ Zu allen Montagearbeiten an der Zündanlage muss die Zündung zuverlässig ausgeschaltet sein! Zündschlüssel am besten abziehen.

⚠ Zum Abziehen des Zündkerzensteckers keine Zange zu Hilfe nehmen! Auch nicht mit Reifenmontiereisen, Schraubenzieher oder Flacheisen am Zündkerzenstecker herumhebeln, denn dadurch kann er beschädigt werden.

⚠ Kerzenstecker und Zündkerzen nicht fallen lassen oder hart anschlagen! Dadurch können Teile innen oder außen brechen bzw. Risse bekommen, was Stromkreisunterbrechungen bzw. Kurzschlüsse zur Folge hat.

⚠ Zündkerzenstecker nicht mit Hammer auf Zündkerzen auftreiben!

☞ Zündkerzengewinde vor dem Einbau mit einem kleinen Tropfen Kupferpaste hauchdünn einschmieren, dies verhindert Festbacken des Gewindes.

⚠ Beim Einbau der Zündkerze unbedingt darauf achten, dass schon der erste Gewindegang richtig greift, das Außengewinde der Kerze also richtig am Innengewinde im Zylinderkopf angesetzt ist. Eine schräg angesetzte Kerze ruiniert mit ihrem harten Stahlgewinde das Alugewinde im Zylinderkopf bereits nach einer halben Umdrehung.

⚠ Halten Sie bei einer Funkenprüfung der Zündkerze bei ausgebauter Zündkerze einen Feuerlöscher betriebsbereit; unterwegs genügt auch ein großer Eimer Wasser! Es ist schon passiert, dass der Motor »ersoffen« war, sich das aus dem Zündkerzenloch austretende Gemisch entzündet hat und die ganze Maschine sofort in Flammen stand.

»Bessere« Zündkerzen?

Wer es gut meint mit seinem Motor, kann ihm höherwertige Zündkerzen spendieren, z. B. die NGK CR8EHIX-9 mit Iridiumelektrode (Bild 2). Diese Iridiumkerze kostet rund 20 Euro und ist damit fast doppelt so teuer als eine Serienkerze; sie bietet aber auch viele Vorteile wie noch sicherere Funkenbildung und geringere Empfindlichkeit gegen Verschmutzungen, wie sie zum Beispiel bei überwiegender Stadt- und Kurzstreckenfahrt auftreten können. Außerdem hat die NGK-Iridium eine doppelt so hohe Lebenserwartung; sie muss frühestens nach 48 000 km erneuert werden.

Zündkerzen prüfen

Werkzeug

Der serienmäßig im Bordwerkzeug vorhandene Zündkerzenschlüssel ist zum Aus- und Einbau der Zündkerzen der CBF 1000 bedingt geeignet. Besser ist ein Zündkerzenschlüssel mit Haltegummi innen und kardanischem Vierkantansatz für den Drehmomentschlüssel (Bilder 3 und 4).

Zündkerzen ausbauen

Damit man alle vier Zündkerzen aus- und einbauen kann, müssen abgebaut werden: Seitenverkleidungen, Tank, Zündspulen, Kubelgehäuse-Entlüftungsschlauch. Weil man an den Zündkerzenstecker und die Zündkerze von Zylinder 3 schlecht herankommt, die Halteschraube des Thermostatgehäuses ausdrehen und das Thermostatgehäuse vorsichtig zur Seite drücken.

1. Zündkerzenstecker von Hand abziehen.
■ Stecker etwas drehen, damit er sich löst, er sitzt ziemlich fest!
2. Zündkerzenschächte mit weicher Druckluft ausblasen, damit werden sie von eventuell darin angesammeltem Schmutz gereinigt.
3. Kerzenschlüssel ganz tief in den Schacht einstecken, entsprechende Verlängerung aufsetzen (Bild 4), Zündkerze lösen und herausdrehen.
4. Offene Zündkerzenbohrung mit nicht fusselndem, kleinen Lappen verstopfen, damit Schmutz oder Fremdteile (Schrauben, Muttern, Unterlegscheiben) nicht in den Motor gelangen und dort Beschädigungen verursachen können.

Zündkerze reinigen

Zündkerze niemals mit einer Stahldrahtbürste reinigen! Besser (und billiger) ist eine harte Zahnbürste (Bild 5). Zündkerze mit Bremsenreiniger einsprühen und mit Druckluft ausblasen. Prüfen des Elektrodenabstands siehe im Text weiter hinten unter »Elektrodenabstand«.

Zündkerze einbauen

1. Einen ganz kleinen Tropfen Kupferpaste auf das Gewinde der Zündkerze geben (Bild 6, vermeidet »Festbacken« des Gewindes).
2. Zündkerze in Zündkerzenschlüssel einstecken und ohne mit der Elektrode irgendwo anzuschla-

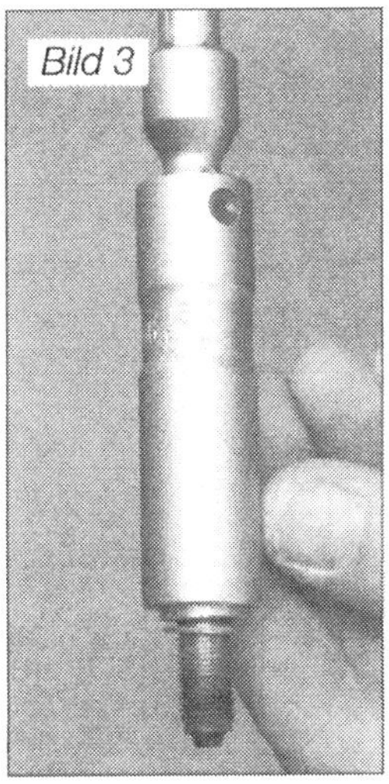

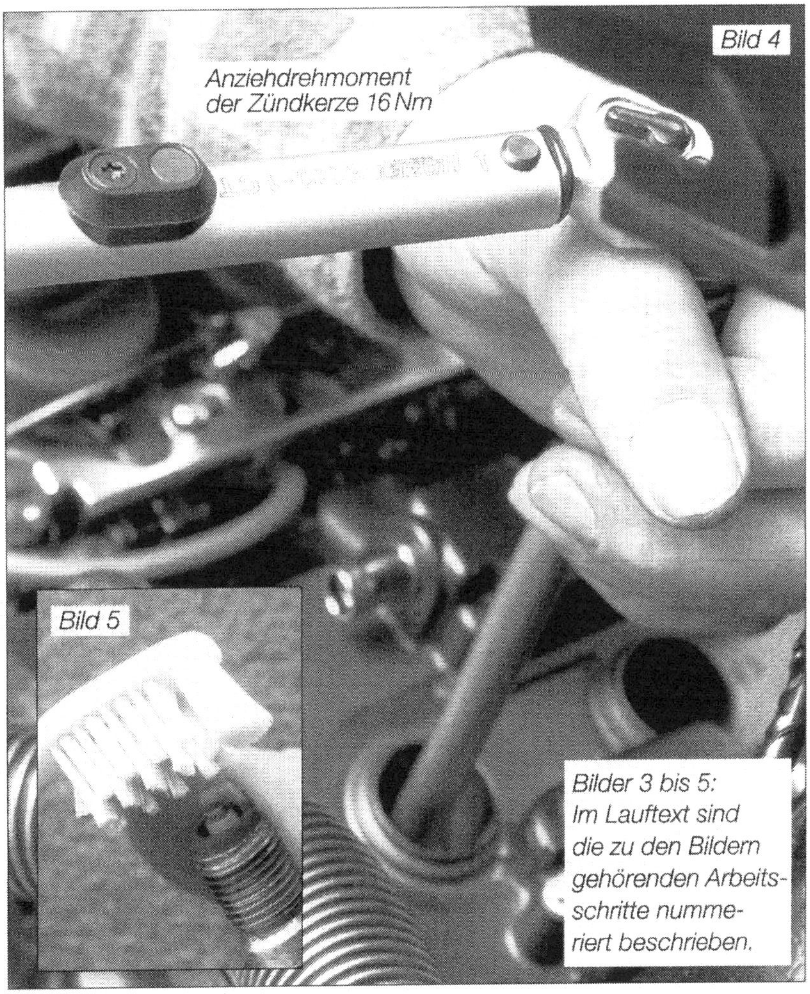

Bilder 3 bis 5: Im Lauftext sind die zu den Bildern gehörenden Arbeitsschritte nummeriert beschrieben.

Bild 6: Ein Tropfen Kupferpaste an das Gewinde der Zündkerze verhindert Festbacken.

gen in den Schacht einführen, von Hand gefühlvoll ansetzen und einschrauben.

3. Zündkerze von Hand (also ohne Nutzung des Hebelarms des Schlüssels!) ganz einschrauben.

4. Zündkerze festziehen:

■ **Gebrauchte Zündkerze:** Wenn eine bereits benutzte Zündkerze wieder montiert wird, bei der sich der Dichtring schon gesetzt hat: Zündkerze mit 16 Nm festziehen.

■ **Neue Zündkerze:** Wenn eine neue Zündkerze mit einem neuen Dichtring montiert wird: Zündkerze nach Aufsitzen des Gewindebundes um 1/4 bis 1/2 Umdrehung anziehen, wieder lösen und endgültig mit 16 Nm festziehen.

5. Zündkerzenstecker in Bohrung einschieben und aufstecken, es muss hör- und fühlbar klicken.

Elektrodenabstand

Wichtig für die ordnungsgemäße Funktion der Zündkerze ist vor allem der korrekte Elektrodenabstand von 0,8 bis 0,9 mm (Bild 8).

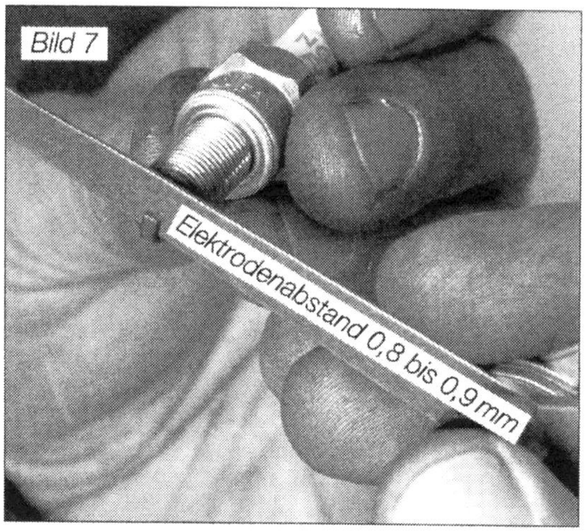

Bild 7: Elektrodenabstand zwischen Mittel- und Außen- (Masse-)elektrode messen.

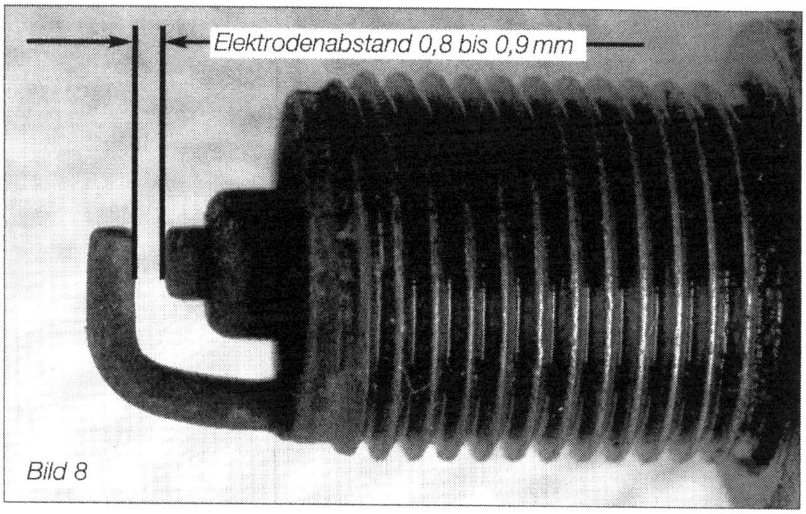

Bild 8: Als Elektrodenabstand wird der Abstand zwischen Mittel- und Außenelektrode bezeichnet.

Elektrodenabstand messen

Zum Messen des Elektrodenabstands eine Flächenfühlerlehre verwenden (Bild 7).

■ **Anhaltswert:** Die Zündkerze muss erneuert werden, wenn Masse- oder Mittelelektrode starken Abbrand zeigen und ihr Abstand mehr als 0,9 mm beträgt.

Elektrodenabstand korrigieren

Wenn es nicht möglich ist, eine neue Zündkerze zu kaufen, kann der Elektrodenabstand gefühlvoll korrigiert werden. **Doch Vorsicht:** Die Masseelektrode sollte eigentlich nicht nachgebogen werden, weil die Gefahr groß ist, dass sie abbricht. Für eine gefühllos oder zu oft hin und her gebogene Elektrode besteht im Betrieb höchste Bruchgefahr!

1. Elektrodenabstand mit Fühlerlehre messen. Der Sollwert beträgt 0,8 bis 0,9 mm.

2. Ist der Elektrodenabstand zu weit, was bei einer alten Zündkerze meistens der Fall ist, die Masseelektrode nachbiegen:

2.1. Zündkerze kopfüber in der einen Hand halten.

2.2. Mit der anderen Hand einen Schraubenzieher verkehrt herum nehmen und mit dem Griff des Schraubenziehers gaaaanz leicht auf die Elektrode klopfen. Gaaaanz leicht heißt: Lieber einen Hau zu wenig als einen zu viel!

3. Wenn die Masseelektrode aus Versehen zu stark zusammengeklopft wurde, der Elektrodenabstand also zu eng ist (weniger als 0,8 mm), vorsichtig mit einer kleinen Spitzflachzange aufbiegen.

■ In jedem Falle gilt: Beim Einstellen des Elektrodenabstandes sehr viel Gefühl walten lassen!

Zündkerzen überprüfen

Wichtig: Halten Sie bei nachfolgender Prüfung einen Feuerlöscher bereit (siehe Warnhinweise am Anfang dieses Kapitels).

Wenn die Zündkerzen keinen oder nur einen schwachen Funken abgeben, folgende Hausmittel-Prüfung durchführen.

1. Zündung ausschalten.

2. Alle vier Zündkerzen ausdrehen.

3. Eine Zündkerze nach der anderen auf Funken prüfen:

3.1. In den zugehörigen Kerzenstecker stecken.

3.2. Mit dem Sechskant an Masse des Zylinders anlegen.

3.3. Zündung einschalten, Elektrostarter betätigen und nachsehen, ob die Zündkerze funkt.

Wichtig: Dabei KEIN Gas geben!

4. Zeigt keine der Zündkerzen einen Funken, das Spiel mit einem anderen Zündkerzenstecker überprüfen. Funkt's dann, ist der zuvor getestete Zündkerzenstecker defekt.

■ Bevor ein neuer Zündkerzenstecker gekauft wird, den Sitz des Zündkabels im Kerzenstecker und im Anschluss in der Zündspule prüfen (siehe nachfolgender Text »Weitere einfache Prüfungen«).

Weitere einfache Prüfungen:

■ Alle Kabel und Anschlüsse der Zündanlage auf einwandfreie Isolierung und korrekten Sitz überprüfen. Schon ein kleiner Fehler in der Isolierung eines (durchgescheuerten) Kabels kann das gesamte Zündsystem lahm legen.

■ Besonders die Steckverbinder auf den Zündspulen auf Korrosion und festen Sitz überprüfen (Bild 10).

■ Etwaige Korrosion an den Steckverbindungen mit feinem Schmirgelpapier beseitigen.

■ Dabei auch prüfen, ob Feuchtigkeit im Zündkabelanschluss des Kerzensteckers und der Zündspule sitzt: Es muss staubtrocken sein, schon die geringste Feuchtigkeit bringt Zündprobleme.

■ Seitenständerschalter prüfen: Ist dieser defekt, ist die Zündung unterbrochen. Dann dreht sich weder der Anlasser noch springt der Motor durch Anschieben an.

Bild 9: Funkenprüfung bei ausgebauter Zündkerze.

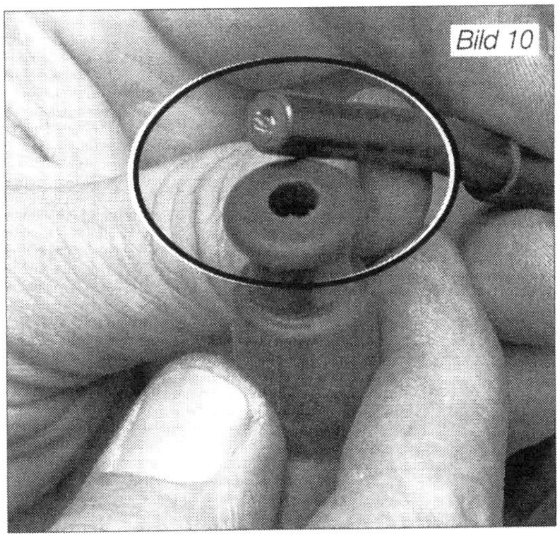

Bild 10: Das Zündkabel muss fest im Zündkerzenstecker und in der Zündspule eingeschraubt sein.

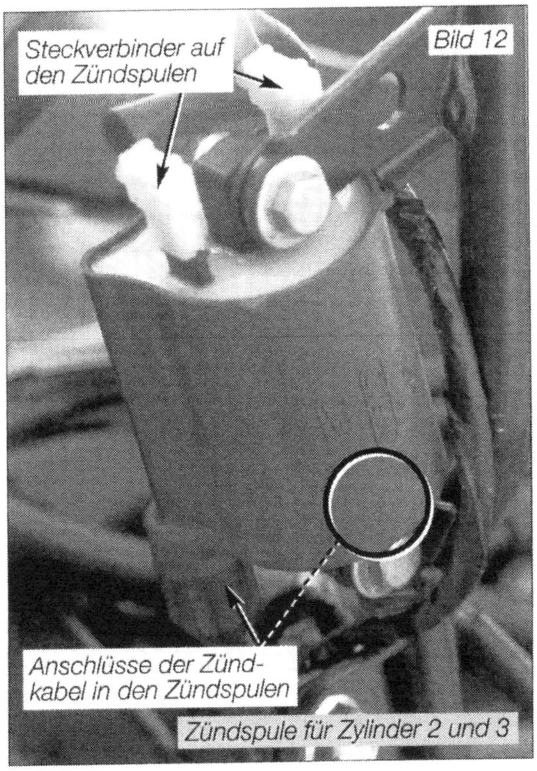

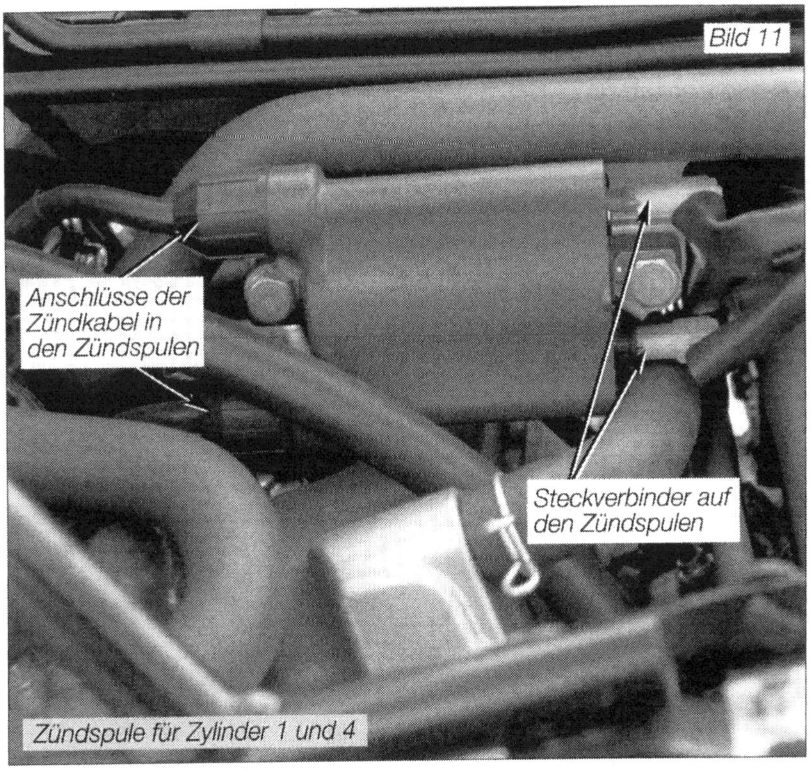

Bilder 11 und 12: Die beiden Zündspulen sind getrennt voneinander untergebracht.

Korrespondenzkapitel:
- 16 »Sicherungen · Relais · Stecker«
- 17 »Batterie«
- 19 »Zündkerzen«
- 36 »Schaltpläne«

Bild 1: Darauf achten, dass die vorgeschriebenen Zündkerzen eingebaut sind.

Bilder 2 und 3: Das Zündkabel muss fest in der Zündspule und im Zündkerzenstecker eingeschraubt, alle Anschlüsse müssen trocken sein.

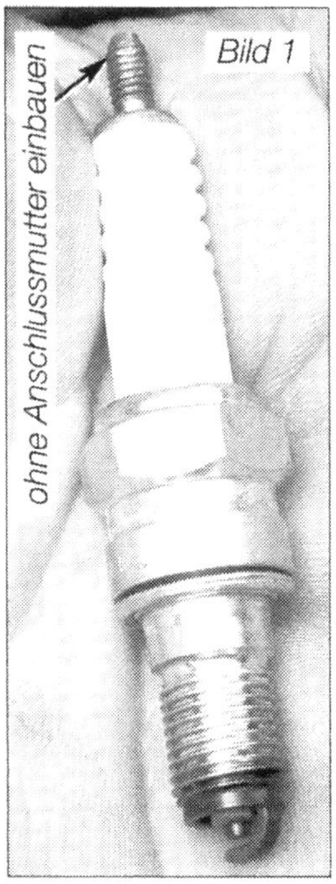

Bild 1

Zündanlage

In diesem Kapitel: Zündkerze und Stecker prüfen · Bauteile der Zündanlage prüfen, vermessen.

⚠ **Achtung:** Zu allen Montagearbeiten an der Zündanlage muss die Zündung zuverlässig ausgeschaltet sein! Zündschlüssel abziehen.

⚠ **Achtung:** Bei Prüfungen von Bauteilen der Zündanlage keine Stecker bei laufendem Motor oder eingeschalteter Zündung abziehen, weil dadurch die elektronischen Bauteile beschädigt werden können.

Zündanlage prüfen

Einfache Prüfungen, mit denen getestet werden kann, ob die Zündkerzen keinen oder einen nur schwachen Funken abgeben, haben wir im Kapitel 19 »Zündkerzen« schon beschrieben. Honda-Spezialisten wissen aufgrund von Langzeiterfahrungen, dass der weitaus größte Teil von Zündproblemen nicht an defekten Bauteilen liegt, sondern an schadhaften Zuleitungen und Steckverbindungen: Dreck oder Nässe drin, Kabel angescheuert (Massekurzschluss) oder gebrochen, weil falsch montiert.

Zündkabel und Zündspule

Die Zündkabel müssen satt in den Anschlüssen der Zündspulen sitzen. Wenn ein Zündkabel rissig ist oder an seinen Anschlüssen abgeknickt oder ausgefranst, muss das Zündkabel erneuert werden. Dann gleich alle Zündkabel mitsamt den Zündkerzensteckern erneuern!

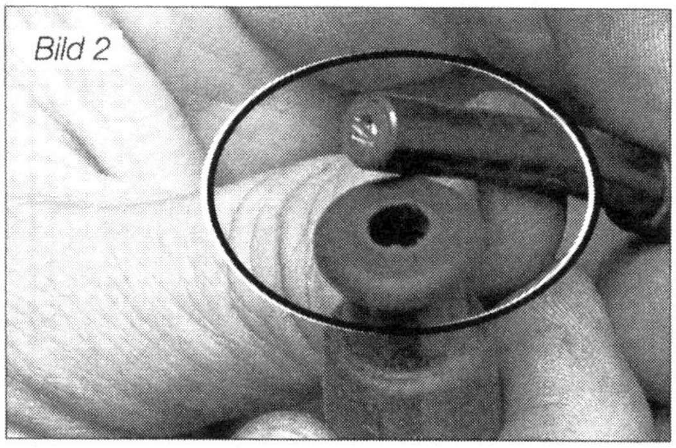

Bild 2

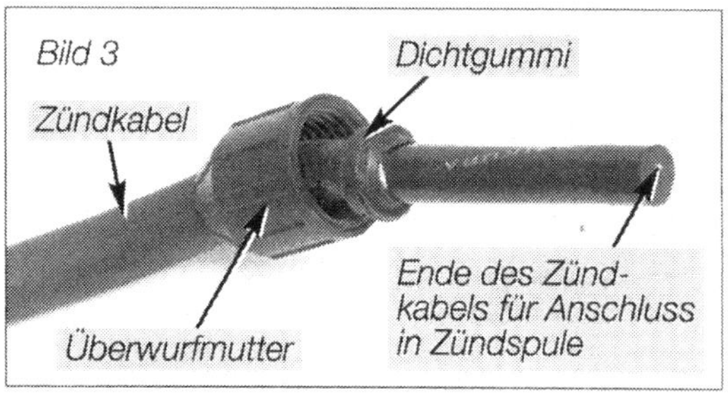

Bild 3

Sollte die Zündanlage in irgendeiner Form nicht funktionieren, z. B. dass sich kein oder ein unregelmäßiger Funke an der Zündkerze zeigt und der Motor deswegen nicht läuft oder patscht und ruckelt, müssen einzelne Bauteile bzw. Baugruppen der Zündanlage Schritt für Schritt durchgeprüft werden. Das probateste Hausmittel vor allen aufwändigen Prüfungen ist allerdings, neue Zündkerzen, neue Zündkerzenstecker und neue Zündkabel zu montieren – das kann Wunder wirken!

Einzelteile der Zündanlage prüfen

1. Alle Kabel und Anschlüsse der Zündanlage auf einwandfreie Isolierung und korrekten Sitz überprüfen. Schon ein kleiner Fehler in der Isolierung eines an- oder durchgescheuerten Kabels kann das gesamte Zündsystem lahm legen.

2. Prüfen, ob die flachen Stecker auf den Zündspulen fest sitzen. Sicherheitshalber abziehen und wieder aufstecken. Etwaige Korrosion mit feinem Schmirgelpapier beseitigen.

3. Sitzen die Zündkabel fest eingeschraubt in den Zündkerzensteckern? Zündkabel fest in die Hand nehmen, mit der anderen Hand am Stecker leicht ziehen und drehen und somit prüfen, ob das Kabel wirklich satt im Zündkerzenstecker eingeschraubt ist.

4. Dabei auch prüfen, ob es am Zündkabelanschluss feucht ist. Dort muss es staubtrocken sein, schon geringe Feuchtigkeit bringt Zündprobleme.

4.1. Dazu den Zündkerzenstecker abschrauben: Zündkabel mit der einen Hand festhalten, mit der anderen den Zündkerzenstecker abschrauben. Durch Ausblasen trocknen.

5. Sind die Zündkabel fest in den Zündspulen? Dazu die Überwurfmutter an der Zündspule abdrehen, Zündkabel ausziehen und das Ende des Zündkabels prüfen: Wenn es ausgefranst ist, ein kleines Stück abschneiden und wieder einstecken (Bild 3).

5.1. Der kleine Gummidichtring (Bild 3) muss satt im inneren Bund im Zündkabelanschluss der Zündspule sitzen.

6. Seitenständerschalter prüfen: Ist dieser defekt, ist die Zündung unterbrochen. Dann dreht sich weder der Anlasser noch springt der Motor durch Anschieben an.

7. Wenn sich überhaupt kein Funke zeigt: Motorsteuergerät beim Honda-Händler überprüfen.

Zündbauteile durchmessen

Für die im nachfolgenden Text erklärten Prüfschritte werden entsprechende Prüf- und Messgeräte benötigt. Dazu ist ordentliches Elektrofachwissen zwingend notwendig.

1. Haupt- und Zündsicherung prüfen siehe Kapitel 16 »Sicherungen · Relais · Stecker«.

2. Batterie prüfen, Mindest-Ruhespannung muss über 12,3 Volt betragen (Kapitel 17 »Batterie«).

3. Zündkerzen prüfen: Sind die vorgeschriebenen Zündkerzen eingebaut? Nur die von Honda empfohlenen und freigegebenen Zündkerzen garantieren einwandfreien Motorlauf (siehe Kapitel 19 »Zündkerzen«).

4. Zündkerzenstecker: Sind originale Zündkerzenstecker aufgebaut? Mit anderen kann es Zündprobleme geben.

5. Zündfunkenstrecke messen: Hierzu wird ein Spezialwerkzeug »Zündfunkenstreckentester« benötigt (Bild 4). Mindestlänge des Zündfunkens 6 mm (Gebrauchsanleitung des verwendeten Geräts beachten!).

5.1. Wenn die Zündfunkenstrecke mit aufgestecktem Zündkerzenstecker weniger als 6 mm beträgt, eine zweite Messung machen: Zündkerzenstecker abziehen, Zündkabel direkt am Tester anschließen. Ist der Zündfunke jetzt 6 mm lang, ist der Zündkerzenstecker defekt.

6. Primärspitzenspannung der Zündspulen mit Multimeter prüfen, sie muss mindestens 100 Volt betragen. Dazu die Plus- und Minusprüfspitze an die Kabelkontakte an der Zündspule anlegen:

■ Zündspule für Zylinder 1 und 4:
Plusprüfspitze an gelb/blau (+)
Minusprüfspitze an Fahrzeugmasse

■ Zündspule für Zylinder 2 und 3:
Plusprüfspitze an blau/gelb
Minusprüfspitze an Fahrzeugmasse

6.1. Getriebe im Leerlauf, Zündschloss auf ON, Motorabstellschalter auf RUN: Batteriespannung muss anliegen.

6.2. Motor mit dem Anlasser durchdrehen, gleichzeitig messen: mindestens 100 Volt.

7. Spitzenspannung Kurbelwellenpositions-Sensor (»Zündgeber«, Bild 5) messen:

7.1. Sitzbank abbauen, 33-poligen Stecker vom Motorsteuergerät abziehen.

7.2. Prüfspitzen des Diagnosegeräts wie in Bild 5 gezeigt anschließen: Plusprüfspitze an gelb, Minusprüfspitze an Fahrzeugmasse.

7.3. Messung durchführen: Motor mit dem Anlasser durchdrehen, Spitzenspannung muss mindestens 0,7 Volt betragen.

■ Wenn das Messergebnis nicht in Ordnung ist, die Spitzenspannung am roten Stecker des Kurbelwellenpositions-Sensors messen:

8. Spitzenspannung am Stecker des Kurbelwellenpositions-Sensors messen: Stecker sitzt unter der linken Seitenverkleidung (Bild 6).

8.1. Stecker trennen, Prüfspitzen des Diagnosegeräts wie in Bild 6 gezeigt an gelb und weiß/gelb im Stecker anschließen.

8.2. Messung durchführen: Motor mit dem Anlasser durchdrehen, Spitzenspannung muss mindestens 0,7 Volt betragen.

Ergebnisse von 7. und 8. werten:
Liegen die Messergebnisse weit auseinander, kann ein Defekt in den Kabeln vorliegen oder der Kurbelwellenpositions-Sensor ist defekt. Zum Erneuern des Kurbelwellenpositions-Sensors den rechten unteren Motorseitendeckel (»Kupplungsdeckel«) abschrauben, der Kurbelwellenpositions-Sensor ist vorne eingebaut.

9. Folgende Bauteile mit Multimeter auf Durchgang prüfen: **Zündschloss, Motorstoppschalter** an der rechten Lenkerarmatur, **Leerlaufschalter, Seitenständerschalter, Kupplungsschalter** am Kupplungshandhebel.

■ Einbaulage der Teile siehe Kapitel 16 »Sicherungen · Relais · Stecker«, Kapitel 36 »Schaltpläne«.

Bild 4: Spezialwerkzeug Zündfunkenstreckentester.

Bilder 5 und 6: Anschlussmuster zum Durchmessen des Kurbelwellenpositions-Sensors (Zündgeber).

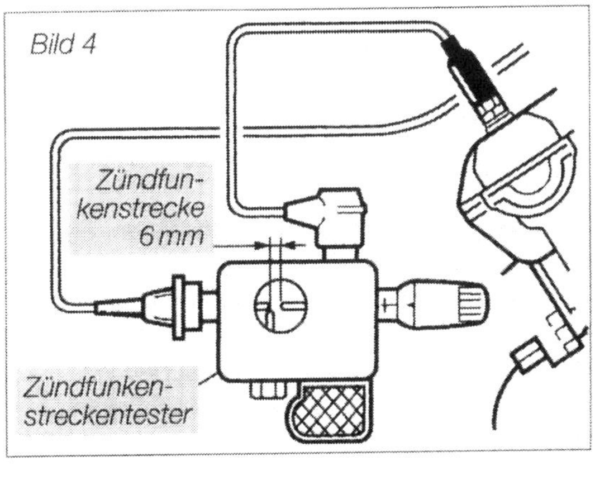

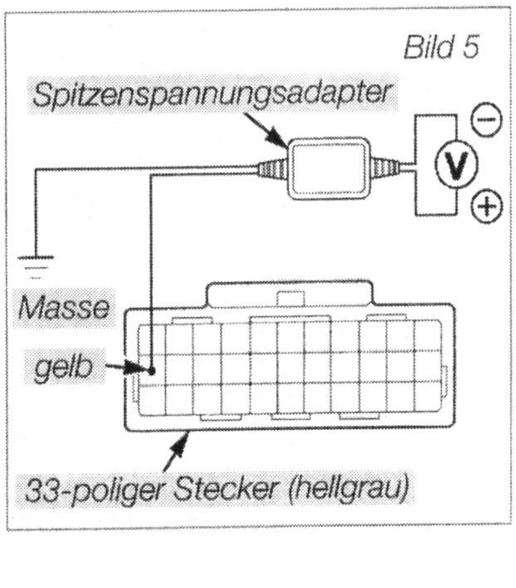

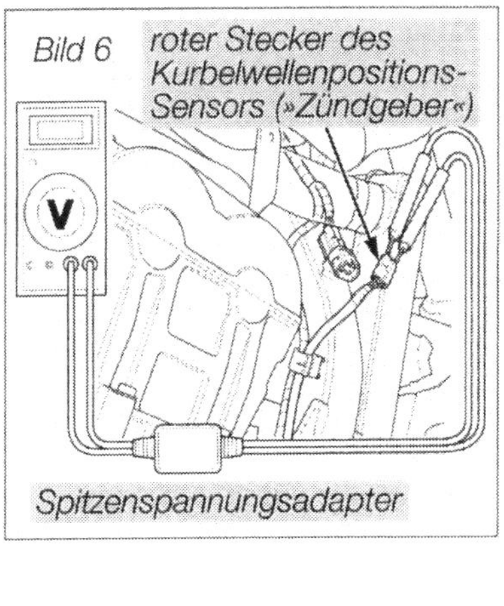

Luftfilter

In diesem Kapitel: Luftfilter ausbauen, reinigen und einbauen.

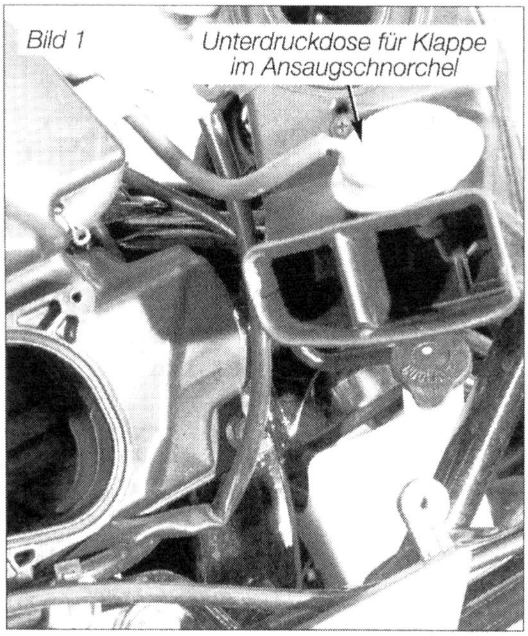

Bild 1: Luffilterkasten mit abgenommenem Deckel. Gut zu sehen ist die Klappe im Ansaugrohr: Abhängig vom Unterdruck im Ansaugsystem verändert sie den Querschnitt.

Bilder 2 bis 5: Im Lauftext sind die zu den Bildern gehörenden Arbeitsschritte nummeriert beschrieben.

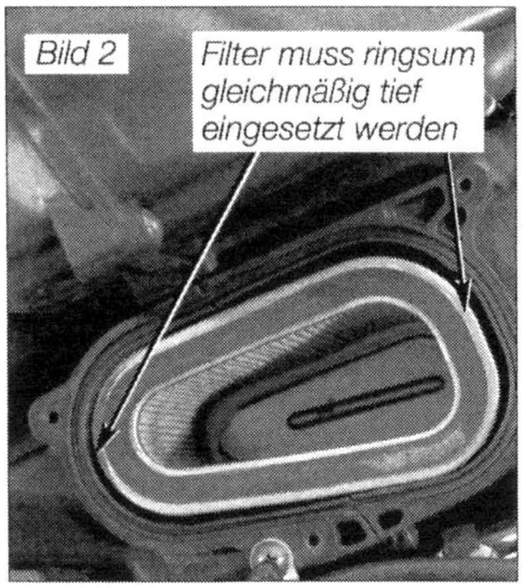

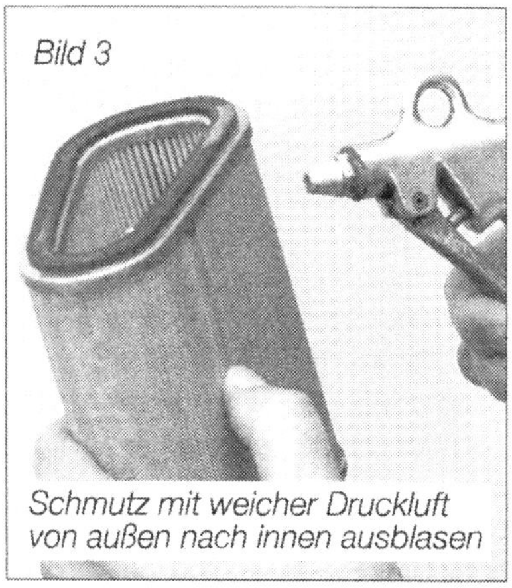

Schmutz mit weicher Druckluft von außen nach innen ausblasen

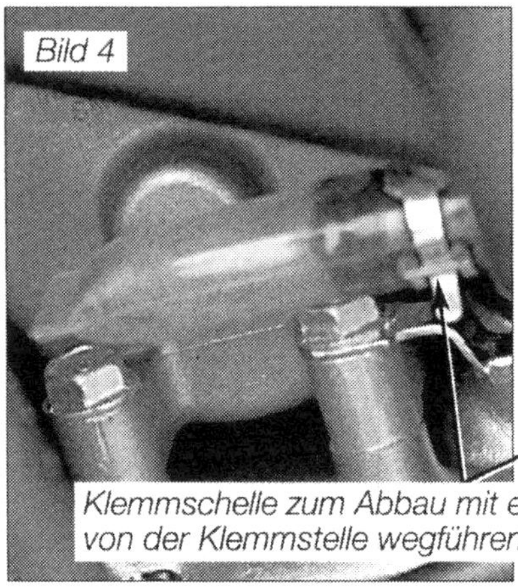

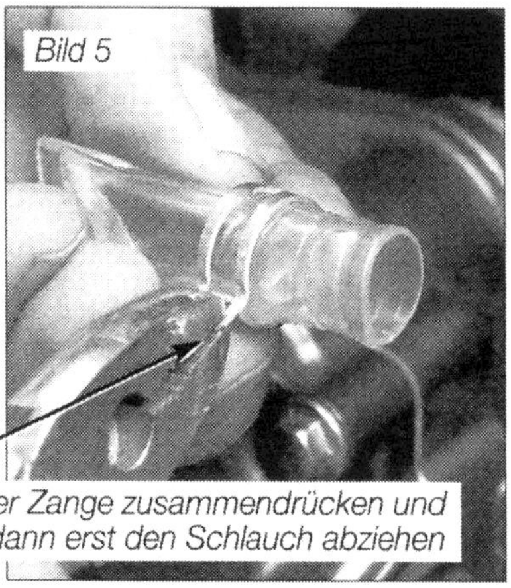

Klemmschelle zum Abbau mit einer Zange zusammendrücken und von der Klemmstelle wegführen, dann erst den Schlauch abziehen

Luftfilter

Der Motor zieht seine Ansaugluft durch den Ansaugschnorchel am Luftfilterkasten unter dem linken Seitendeckel (Bild 1), wo sie einen Trockenluftfilter passiert und gereinigt wird.

Honda-Vorschrift: Luftfilter muss laut Wartungsplan alle 18 000 km erneuert werden. Wir raten jedoch dazu, den Luftfilter bei jeder Inspektion alle 6000 km auszubauen und zu reinigen. Dabei auch den Luftfilterkasten und das Ansaugrohr gut sauber machen.

Bei Fahrten durch staubige Gebiete ist eine Reinigung öfter nötig. Denn durch einen verschmutzten Luftfilter kann der Motor nicht mehr richtig atmen, die Motorleistung sinkt und der Verbrauch steigt übermäßig stark an.

Luftfilter ausbauen, reinigen und einbauen
Zum Aus- und Einbau des Luftfilters die linke Seitenverkleidung abbauen.

1. Schrauben im Rand des Luftfilterdeckels ausdrehen.
2. Luftfilterdeckel abnehmen (Bild 2), Luftfilter herausziehen.
3. Luftfilter reinigen:
3.1. Luftfilter vorsichtig auf eine Holzunterlage klopfen; der am Filterpapier haftende grobe Schmutz wird dadurch abgeklopft.
3.2. Luftfilter von außen nach innen mit weicher Druckluft abblasen (Bild 3) oder von innen mit einem Staubsauger aussaugen.
4. Luftfilterkasten und Ansaugrohr mit einem mit Motorradreiniger getränkten Lappen ausreiben, trocken putzen.
5. Transparenten Ablaufsack unten am Luftfilterkasten (Bild 4) von Öl- und Benzinrückständen reinigen:
5.1. Schelle zusammenklemmen und zurückziehen (Bild 5), Ablaufsack abziehen, Dreck ausputzen, Ablaufsack aufstecken, Schelle zusammenklemmen und exakt auf die Klemmstelle setzen (Bild 4).
6. Gereinigten bzw. neuen Luftfilter einsetzen: Darauf achten, dass Bund und Dichtfläche exakt sitzen (Bild 2).
7. Klappe im Luftfilterdeckel kontrollieren: Sie muss sich leicht bewegen lassen, der Unterdruckschlauch darf nicht porös sein und muss sicher auf die Unterdruckdose aufgesteckt sein.
8. Luftfilterdeckel aufsetzen, Schrauben eindrehen, gut handfest anziehen. Linke Seitenverkleidung anbauen.

Sekundär-luftsystem

In diesem Kapitel: Sekundärluftsystem · Motor patscht beim Gas zumachen?

Das Sekundärluftsystem bewirkt durch Zufuhr von Frischluft (»gefilterte Ansaugluft«) in den Auslasstrakt eine Nachverbrennung, bei der eine beträchtliche Menge unverbrannter Kohlenwasserstoffe und Kohlenmonoxyd in relativ harmloses Kohlendioxyd und Wasser umgewandelt wird.

Ein so genanntes »PAIR-Steuerventil« öffnet oder verschließt den Luftweg. Gesteuert wird dieses von einem Magnetventil, welches seinerseits von dem für die programmierte Kraftstoffeinspritzung zuständigen PGM-FI-Steuergerät entspechend angesteuert und kontrolliert wird. Im Zylinderkopfdeckel sind Membranventile eingebaut, die das Eindringen von Auspuffgasen in die Frischluftleitung verhindern (Bilder 4, 5, 6).

Am Sekundärluftsystem kann nichts eingestellt werden, Störungen sind die Ausnahme. Wichtig ist, dass kein Schlauch porös ist und alle Schläuche richtig auf ihren Stutzen sitzen.

Motor patscht beim Gas zumachen?

Wenn der Motor beim Gas zumachen (»Schiebebetrieb«) unkontrolliert aus dem Auspuff patscht und knallt, ist dies ein Zeichen für einen Fehler im Sekundärluft-System. Zuerst alle Schläuche auf korrekte Anschlüsse (Bild 3), Löcher, Risse und Porosität überprüfen. Auch die elektrischen Anschlüsse am PAIR-Steuermagnetventil auf Korrosion prüfen und ggf. beseitigen. Im Zweifelsfall das PAIR-Steuermagnetventil gegen ein erwiesenermaßen funktionsfähiges Teil versuchsweise austauschen.

Membraneinsätze noch intakt?

Eine andere Fehlerquelle sind defekte Membraneinsätze: Wenn Membrane und/oder Feder defekt sind, schließt das Membranventil nicht mehr. Wenn der Zylinderkopfdeckel zur Kontrolle des Ventilspiels abgenommen ist, sollte man die Membranen begutachten, sie müssen dicht sein und dürfen keine russigen Abgas-Verfärbungen aufweisen. Wenn doch, diese mit Bremsenreiniger und Lappen entfernen.

Wichtig beim Zusammenbau: Darauf achten, dass alle Anschlüsse wirklich dicht sind!

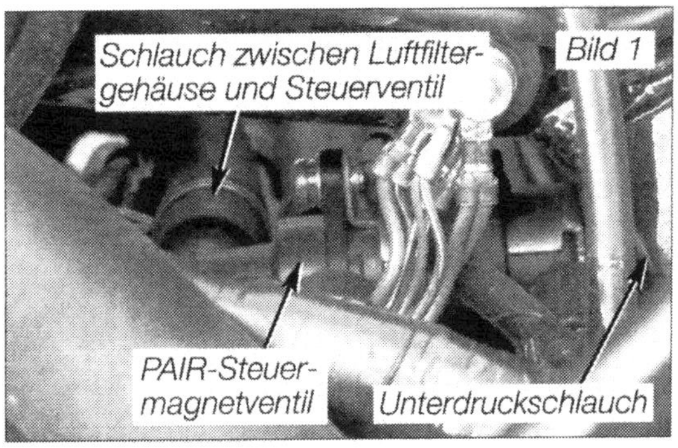

Bilder 1 bis 6: Im Lauftext sind die zu den Bildern gehörenden Arbeitsschritte nummeriert beschrieben.

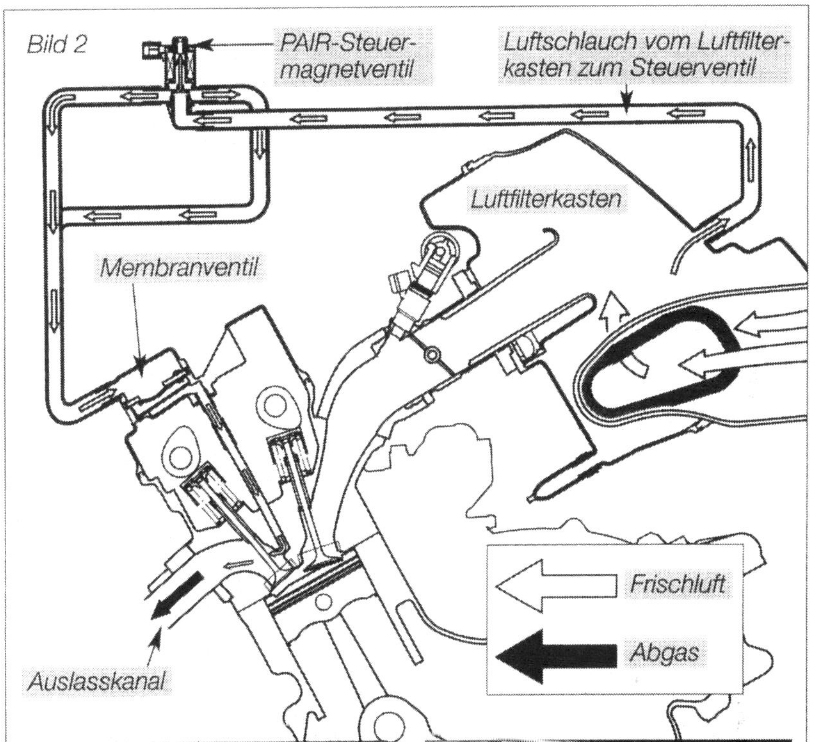

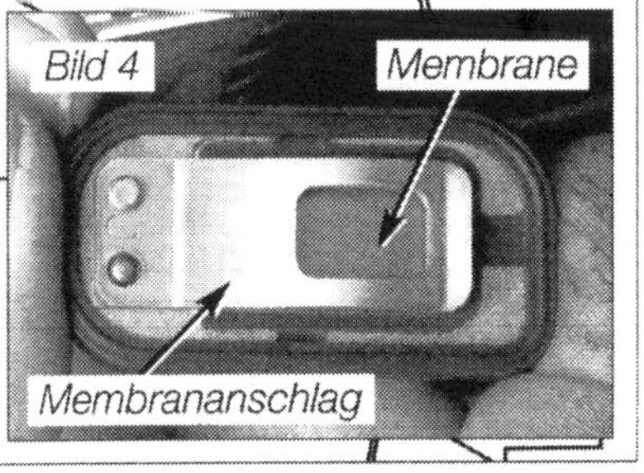

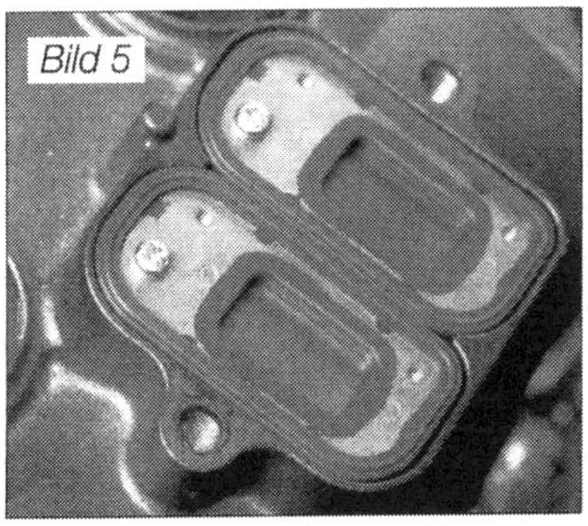

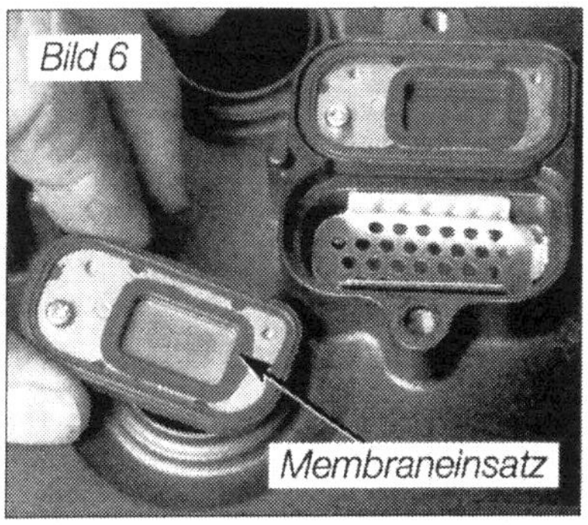

Korrespondenzkapitel:
- 6 »Verkleidung · Tank · Rahmen«
- 16 »Sicherungen · Relais · Stecker«
- 17 »Batterie«
- 36 »Schaltpläne«

Bild 1: Lage der Bauteile der Einspritzung.

Für dieses Kapitel gilt der generelle Warnhinweis: Vorsicht beim Umgang mit Benzin, es ist äußerst gesundheitsschädlich und höchst explosiv. Nicht rauchen und keine offenen Flammen in weitem Umkreis des Arbeitsplatzes, an dem mit Benzin hantiert wird! Die Arbeitsräume müssen gut gelüftet sein.

Zur Überprüfung der Einspritzung und verschiedener Bauteile muss der Motor laufen. Bei Arbeiten mit laufendem Motor in geschlossenen Räumen für ausreichende Belüftung sorgen! Abgase enthalten giftiges und geruchloses Kohlenmonoxid, das Bewusstlosigkeit verursachen und zum Tod führen kann. Alle Fenster und Türen öffnen! Am sichersten ist eine Abgas-Absauganlage, die die giftigen Abgase ins Freie führt. Dieser Warnhinweis gilt für alle Einstellarbeiten, bei denen der Motor laufen muss. Wenn keine Belüftungs- und Entlüftungsmöglichkeit der Werkstatträume gegeben ist, im Freien arbeiten!

Einspritzung

In diesem Kapitel: Einspritzanlage · Gaszüge wechseln · Mögliche Störungen · Fehlersuche · Umkipp-Sensor und Benzinpumpe überprüfen · Fehlercodes/Blinkzeichen · Einspritz-Schaltplan.

Einspritzanlage

Betätigung der Drosselklappen

Im Drosselklappenkörper sind vier Drosselklappen eingebaut, für jeden Zylinder eine. Diese werden über den Gasgriff, je einen Öffner- und Schließergaszug und eine Drosselklappenmechanik (bestehend aus zwei Drosselklappenwellen, Verbindungsstücken und Federn) betätigt. Der Fahrer bestimmt damit die Stellung der Drosselklappen und somit den Öffnungsquerschnitt für die Ansaugluft, er gibt damit mehr oder weniger Gas.

Alles weitere oganisiert die vollelektronische Benzineinspritzung, genannt »PGM-FI« (Programmed Fuel Injection), völlig selbstständig. Auch die Leerlaufdrehzahl von 1200 Umdrehungen pro Minute (± 100/min) wird von der Einspritzung geregelt (siehe dazu Bilder 2 bis 4); eine Leerlaufeinstellschraube gibt es nicht.

Die PGM-FI wird zusammen mit der Zündung durch das Motorsteuergerät »ECM« (Engine Control Module) gesteuert, das sich unter der Sitzbank befindet. Weitere Hauptfunktionen des Motorsteuergeräts sind Eigendiagnose und Prüfung der einwandfreien Funktionsfähigkeit von Einspritzung und Zündung.

Zu den Hauptvorteilen dieser modernen Technik zählen Wartungsfreiheit, hohe Zuverlässigkeit und exakte Zünd- und Einspritzzeitpunkte, wodurch beste Leistungsentfaltung und günstiger Kraftstoffverbrauch erreicht werden.

Motorsteuergerät

Aus einer Vielzahl von Daten errechnet das Motorsteuergerät (ECM) die optimale Benzinmenge pro Zylinder sowie den richtigen Zündzeitpunkt. Die notwendigen Daten, wie zum

Bild 1

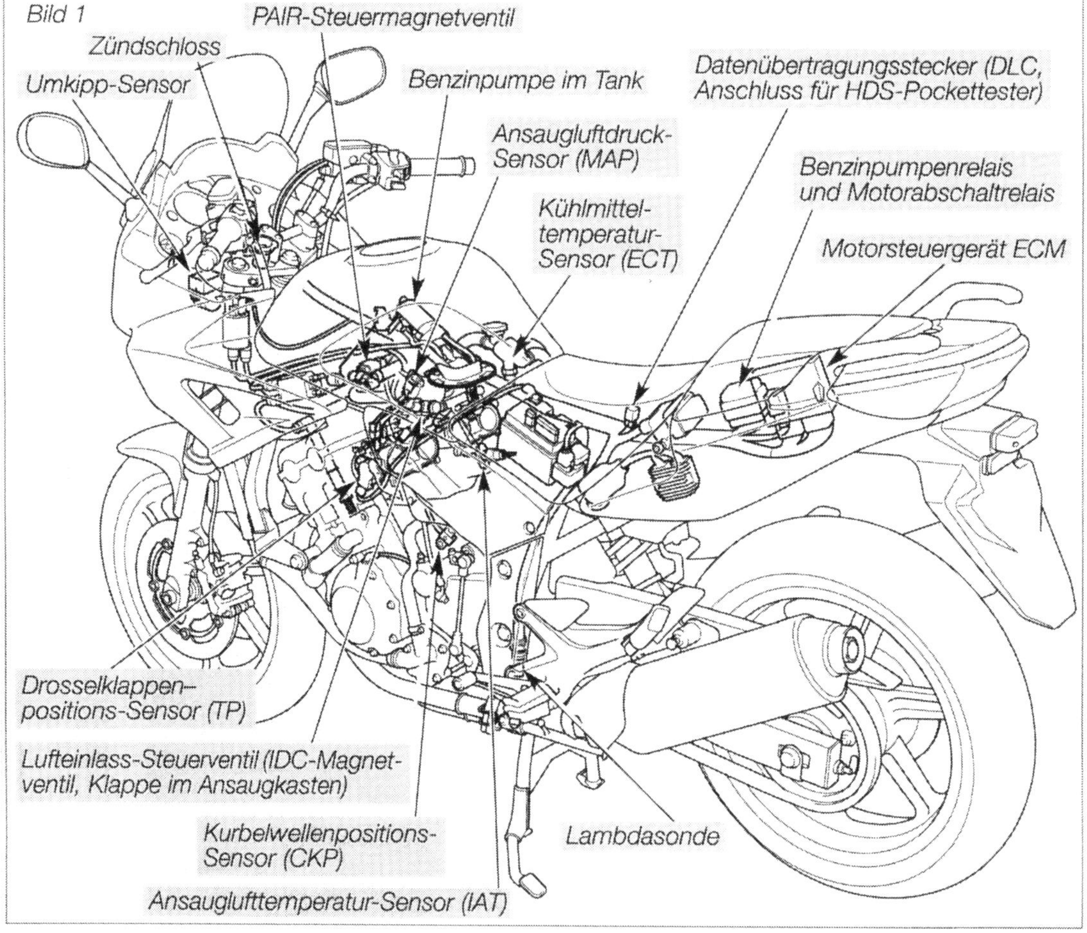

Beispiel Gasgriffstellung (und damit die Stellung der Drosselklappen), Temperatur des Motorkühlmittels, Ansaugluftdruck, Ansauglufttemperatur, Kurbelwellenstellung sowie die gefahrene Geschwindigkeit, bezieht das Motorsteuergerät (ECM) von entsprechenden Sensoren, deren Lage in Bild 1 bezeichnet ist.

Fehlermeldung
Tritt im Einspritzsystem ein Fehler auf, wird über das Motorsteuergerät ECM die Fehleranzeigeleuchte MIL (Bild 19) in der Instrumenteneinheit eingeschaltet und mit einem Blinkcode auf den Fehler hingewiesen. Gleichzeitig wird dieser Fehlercode im Speicher des Motorsteuergerätes ECM niedergelegt. Mit einem HDS-Pocket-Tester, der an einem eigens dafür angebrachten »Datenübertragungsstecker« (unter der Sitzbank neben der ABS-Zentraleinheit) angeschlossen wird, kann dieser Fehlercode ausgelesen werden. Steht dieses Testgerät nicht zur Verfügung, kann der Fehlercode auch über die Fehleranzeigeleuchte MIL ausgelesen werden (mehr dazu siehe Seite 128 in diesem Kapitel).

Ausfallsicherung
Das Einspritzsystem PGM-FI ist mit einer Ausfallsicherung ausgestattet, die bei nahezu allen Störungen ein Weiterfahren ermöglicht, auch wenn dies nicht dem optimalen Normalzustand entspricht. Nur bei einer Störung an den Einspritzventilen und/oder am Kurbelwellenpositions-Sensor wird der Motor aus Sicherheitsgründen abgeschaltet.

Gaszüge

Der Gasgriff muss jederzeit leichtgängig sein: »Gas geben« muss mit wenig Handkraft gehen, bei »Gas zu« muss der Gasgriff von alleine in die »zu«-Stellung schnappen.

Wenn der Gasgriff schwer geht, muss er abgebaut, gereinigt und geschmiert werden. Wenn man spürt, dass einer der Gaszüge »reibt« und

Bilder 2, 3 und 4: Leerlaufsystem.

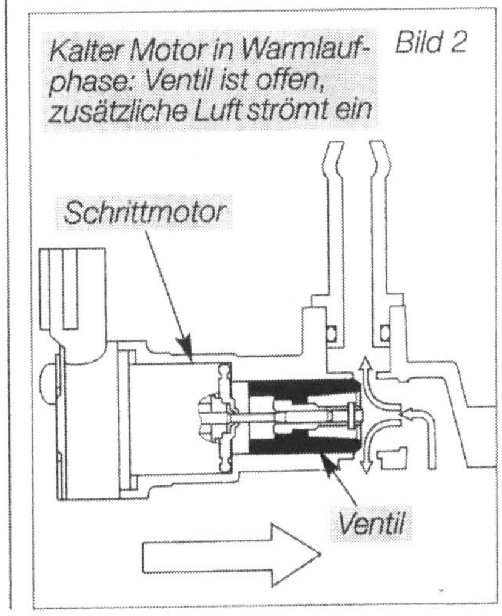

Bild 2

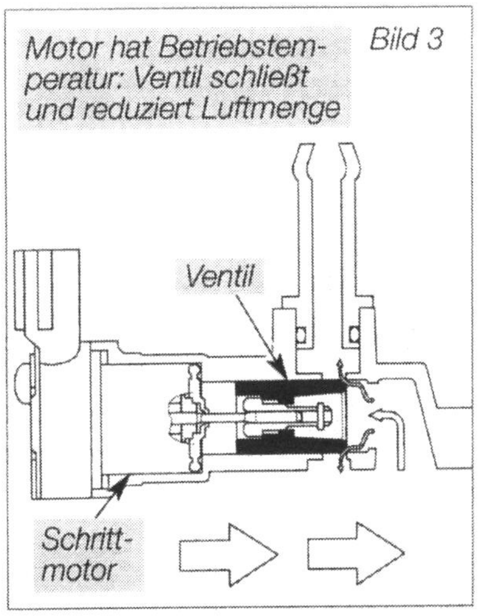

Bild 3

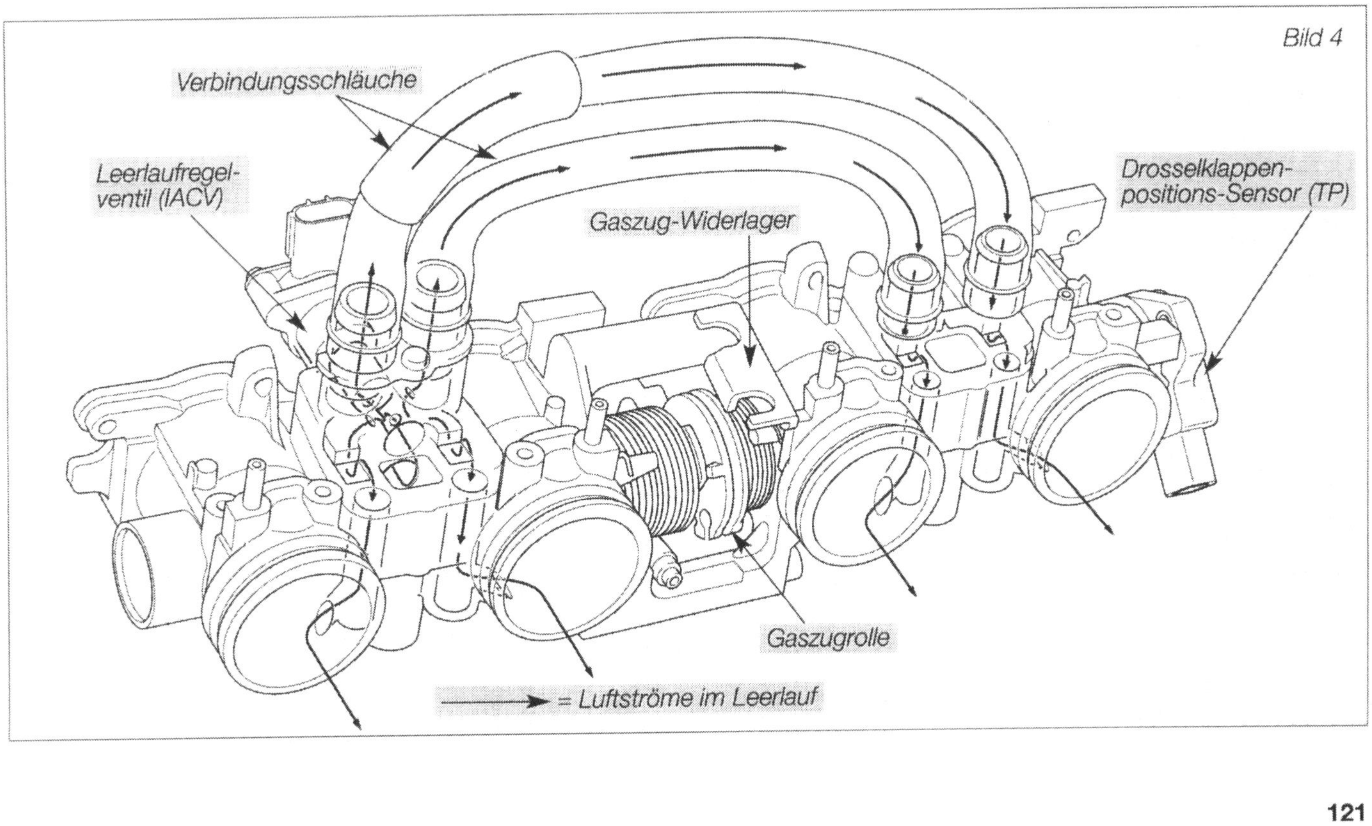

Bild 4

Bilder 5 bis 9: Die »Vibrationskiller« sind komplizierter aufgebaut als man denkt.

■ Zum Ausbau mit 21er-Gabelschlüssel und Hammer nachhelfen, dann kommt die Innerei aus dem Lenkerrohr heraus.

■ Beim Einbau etwas Fett an die Innereien geben und darauf achten, dass der Zapfen am inneren Sicherungsblech in die Bohrung im Lenker einrastet. Schraube mit Loctite »mittelfest« einschrauben.

Bild 6

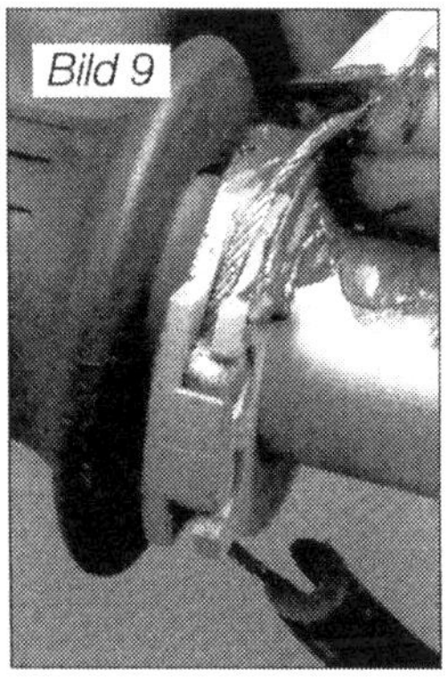
Bild 9

sich der Gasgriff deswegen nur ungleichmäßig oder gar schon hart bewegen lässt, ist einer der beiden Gaszüge eben dabei, kaputt zu gehen. Dann müssen umgehend zwei neue Gaszüge eingebaut werden, wozu der Gasgriff zerlegt und der Tank abgebaut werden müssen.

Gasgriff zerlegen

1. Tank abbauen siehe Kapitel 6 »Verkleidung · Tank · Rahmen«.

2. Das außen im rechten Lenkerrohr angesetzte Gewicht (»Vibrationskiller«) ausbauen:

2.1. Kreuzschlitzschraube außen im Lenkergewicht lösen und ausdrehen.

■ Weil sie mit Loctite »mittelfest« eingeklebt ist,

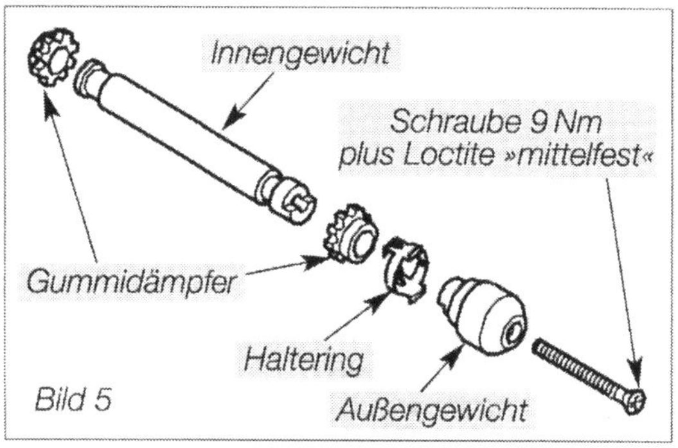

Bild 5

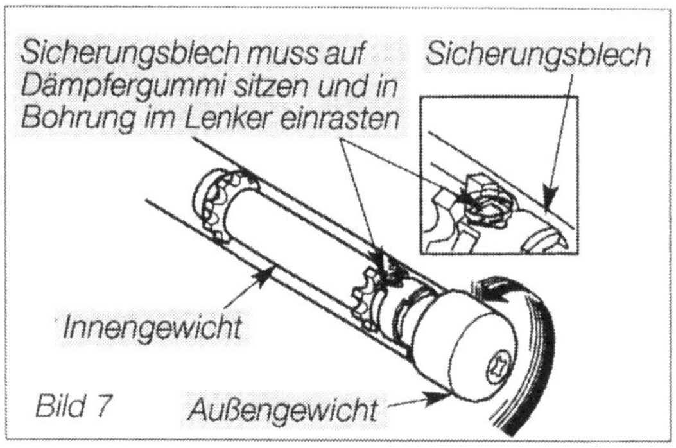

Bild 7

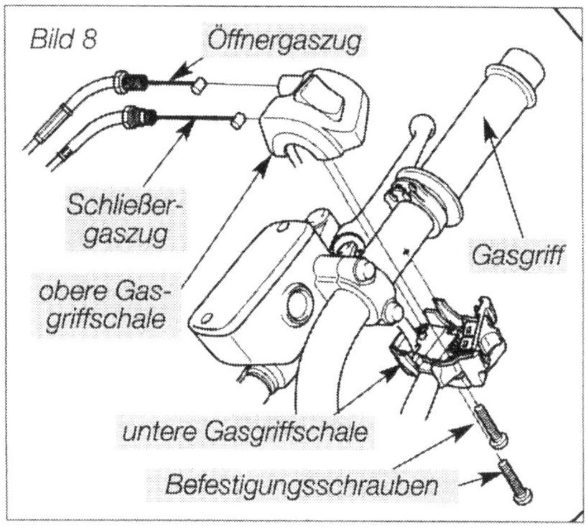

Bild 8

dreht sich wahrscheinlich das Innengewicht mit: Lenkergewicht festhalten und Schraube mit einem Schlagschrauber ausdrehen.

2.2. Lenkergewicht abnehmen und etwas Ölspray in den Lenker einspritzen.

2.3. Lenkergewicht wieder ansetzen, Schraube eindrehen und handfest anziehen.

2.4. In kleinen Schritten am Lenkergewicht sehr fest nach links und rechts drehen und dabei kräftig ziehen: Innengewicht müsste jetzt Stück für Stück nach außen kommen.

■ Wenn es doch nicht will: 21er-Gabelschlüssel über den Bund des Außengewichts schieben und dieses mit einem 250-Gramm-Hammer austreiben (Bild 6).

2.5. Ausgebaute Teile gut reinigen. Zentralschraube lösen, Gewicht abnehmen.

3. Kontermuttern beider Gaszugeinsteller lösen, Einsteller ganz eindrehen, damit die Gaszüge maximales Spiel bekommen (»lose« sind).

4. Nun die beiden Schrauben, welche die Gasgriff-Gehäusehälften zusammenhalten (Bild 8), ausschrauben und die Gehäusehälften vorsichtig voneinander trennen.

5. Nippel der Gaszüge aushängen (Bild 9).

6. Gasgriff vom Lenkerrohr abziehen, reinigen.

Wichtig 1: Zur Reinigung des Gasgriffs keine aggressiven Lösungsmittel wie z. B. Bremsenreiniger verwenden, denn diese können die Verklebung des Gasgriffgummis lösen! Am besten Gasgriff und Lenkerrohr mit Ölspray (WD-40) und sauberen Lappen reinigen.

7. Wenn neue Gaszüge eingebaut werden, die alten Gaszüge ausbauen: Kontermuttern der Gaszug-Führungsrohre lösen, Führungsrohre aus Gewinde drehen, Gaszüge aus Gasgriff-Halbschale ausziehen.

■ Die alten Gaszüge noch nicht aus dem Rahmen ziehen!

Neue Gaszüge einbauen, Gasgriff zusammenbauen

1. Die Gaszug-Führungsrohre der neuen Gaszüge in die untere Gasgriff-Halbschale eindrehen, Kontermuttern noch nicht festziehen.

2. Neue Gaszüge neben den alten verlegen.

3. Alte Gaszüge unten am Drosselklappengehäuse aushängen, neue Gaszüge einhängen.

■ Etwas hochwertiges Fett in die Bohrungen von Nippel und Nut in der Gaszugrolle geben.

3.1. Muttern am Gaszug-Widerlager kontern.

4. Gasgriff schmieren: Hochwertiges, leichtes Fett dünn auf Lenkerrohr und im Gasgriff auftragen (Bild 9). Gasgriff auf Lenker schieben.

5. Gaszugnippel in Bohrungen im Gasgriff ein-

hängen, Gasgriffschalen zusammensetzen. Schrauben eindrehen und gut handfest anziehen.
5.1. Alte Gaszüge ausziehen.
6. Kontermuttern an den Gaszug-Führungsrohren handfest anziehen. Gaszugspiel einstellen siehe Kapitel 4 »Einstellungen«.
7. Lenkergewicht einbauen
7.1. Innengewicht gut mit schwerem Fett einschmieren und in den Lenker einschieben.
7.2. Lenkergewicht ansetzen, Schraube eindrehen und handfest anziehen.
7.3. Lenkergewicht mit der Hand fest packen und unter leichtem Drehen und Drücken in den Lenker einschieben, Zapfen am Sicherungsblech muss in Bohrung im Lenker einrasten.
■ Zwischen Gasgriffgummi und Lenkergewicht muss ein Spalt von 2 bis 5 mm bleiben!
7.4. Wenn das Lenkergewicht sicher eingeschoben ist, die Schraube wieder ausdrehen und das Außengewicht abnehmen.
7.5. Gewinde der Schraube gut reinigen und einen dicken Tropfen Loctite »mittelfest« daran geben.
7.6. Lenkergewicht exakt ansetzen, Schraube eindrehen und mit 9 Nm festziehen.

Mögliche Störungen

Wenn eine Störung am PGM-FI-System auftritt, und es ist kein Honda-Händler in greifbarer Nähe, suchen Sie als Erstes nach möglichen Wackelkontakten in den elektrischen Leitungen und Steckern und beheben diese.

Wichtig: An den mit weißem Siegellack lackierten Anschlag- und Befestigungsschrauben (Bilder 10 bis 15) NIEMALS herumdrehen, sonst wird die Grundeinstellung verstellt. Falls an Ihrem Motorrad doch daran herumgedreht wurde, was am zerstörten Siegellack erkenntlich ist, bringen Sie das komplette Motorrad zum Honda-Händler, denn nur dieser kann mit seinen Spezialmessgeräten wieder eine Grundeinstellung vornehmen.

Fehlersuche
■ Alle in Frage kommenden Stecker checken, ob sie korrekt zusammengesteckt sind.
■ Einen Stecker nach dem anderen auseinanderziehen und die inneren Kontakte mit harter Zahnbürste und Kontaktspray reinigen, ausblasen und auf festen Sitz prüfen.
■ Alle in Frage kommenden Schläuche und Leitungen auf Brüche, Knicke oder Quetschungen kontrollieren! Wenn auch nur einer der Benzin- oder Luftschläuche gequetscht oder eingerissen ist oder nicht richtig auf seinem Stutzen sitzt, hat dies negative Auswirkungen auf das gesamte Ansaug- und Einspritzsystem.

Schmutz in der Einspritzanlage
Wenn der Motor garantiert in Ordnung ist, aber auf einem (oder mehreren) Zylinder(n) nicht richtig läuft, besteht der dringende Verdacht, dass die Drosselklappenkörper innen verdreckt bzw. einzelne Luftkanäle zugestopft sind. Bauen Sie dann das komplette Drosselklappengehäuse ab, bringen es zum Honda-Händler und geben eine intensive Reinigung im Ultraschallbad in Auftrag. Das kostet zwar Geld (je nach Verschmutzungsgrad mehr oder weniger), wirkt aber Wunder!

Wichtig: NIEMALS harte Stahldrähte in scheinbar verschmutzte oder tatsächlich zugestopfte Bohrungen einführen!

Am besten ist es allerdings, wenn Sie das komplette Motorrad zum Händler bringen, denn die Einspritzung besteht ja nicht nur aus dem Drosselklappenkörper, sondern auch aus Schläuchen, Kabeln, Schaltern und Sensoren, die ebenfalls defekt sein können. Honda-Mechaniker wurden beim Importeur speziell auf die Einspritzung geschult. Außerdem stehen sie mit den Servicespezialisten beim Importeur in Verbindung, sie haben deswegen raschen Zugriff zu aktuellen Messtechniken und können deswegen einen möglichen Fehler viel schneller einkreisen, erkennen und das defekte Bauteil auswechseln.

Fehlersuche

In diesem Kapitelabsatz listen wir verschiedene Fehlersymptome mit zugehörigen Diagnoseverfahren und Prüfpunkten auf. Bevor Sie versuchen, die Fehler zu beheben, sehen Sie nach, welcher Diagnose-Fehlercode gespeichert ist bzw. welchen Code die MIL (Fehleranzeigeleuch-

Bild 10: Versiegelte Muttern an der Drosselklappenbetätigung.

Bild 10

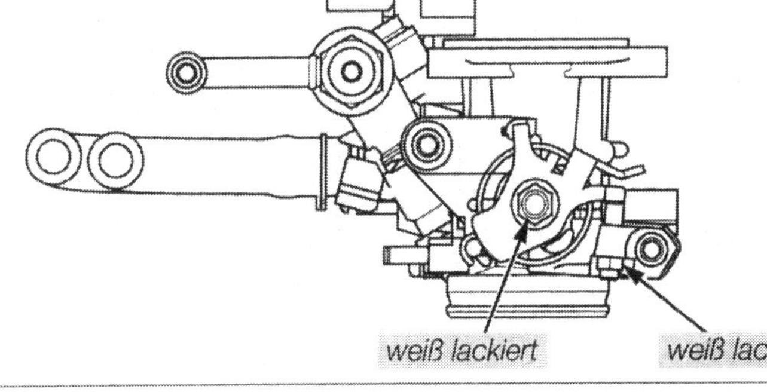

Sichtprüfung Messen

te) blinkt. Danach ermitteln Sie aus der Tabelle auf Seite 128 die zugehörigen Funktionsfehler und Symptome. Wenn das ECM keinen Diagnose-Fehlercode/MIL-Code gespeichert hat, führen Sie eine symptombezogene Diagnose durch. Gehen Sie dazu Schritt für Schritt in der unten beschriebenen Reihenfolge vor.

Symptom: Motor dreht sich beim Betätigen des Elektrostarters, springt aber nicht an. Es ist kein Diagnose-Fehlercode gespeichert und die MIL blinkt nicht.

Diagnoseverfahren:

1. Anlasser länger als zehn Sekunden betätigen, anschließend den Diagnose-Fehlercode auslesen und die in der Tabelle auf Seite 128 vorgeschlagene Fehlersuche durchführen.

2. Prüfpunkte:

- Einspritzventile erhalten kein Benzin:
  - Benzinfilter verstopft
  - Benzinförderschlauch gequetscht/verstopft
  - Tankentlüftungsschlauch gequetscht/verstopft
  - Benzinpumpe defekt
  - Fehler in Benzinpumpen-Stomversorgung

Bild 11

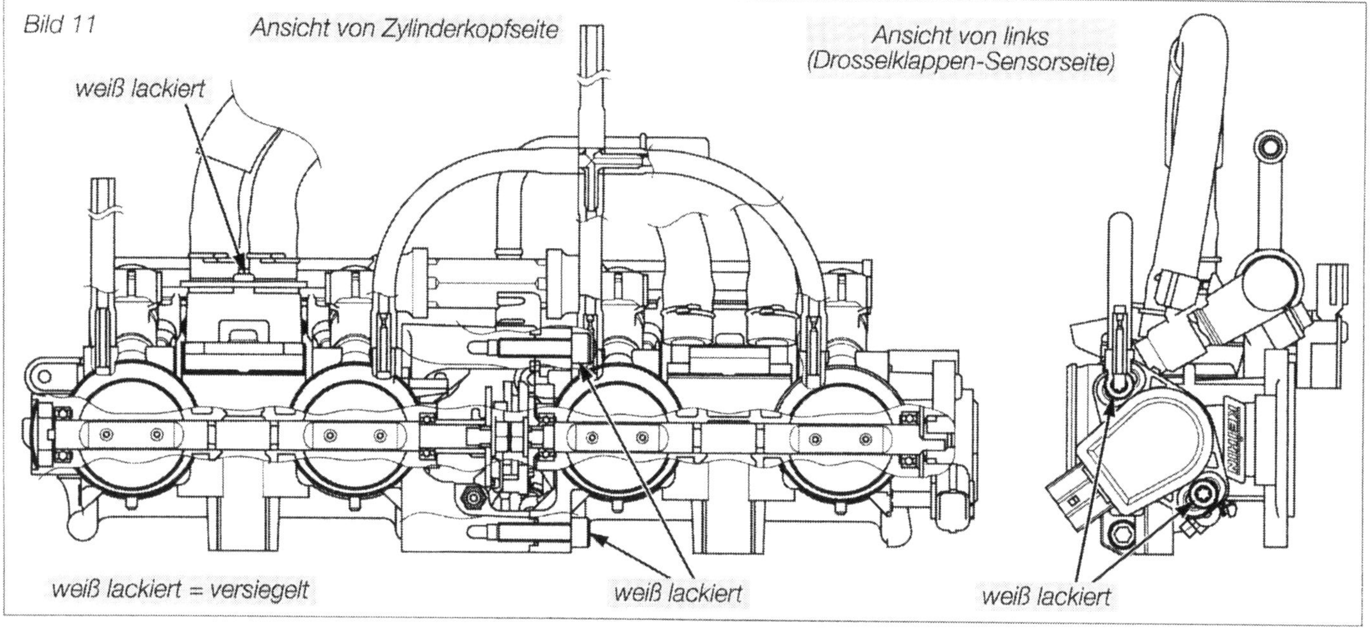

Bild 12

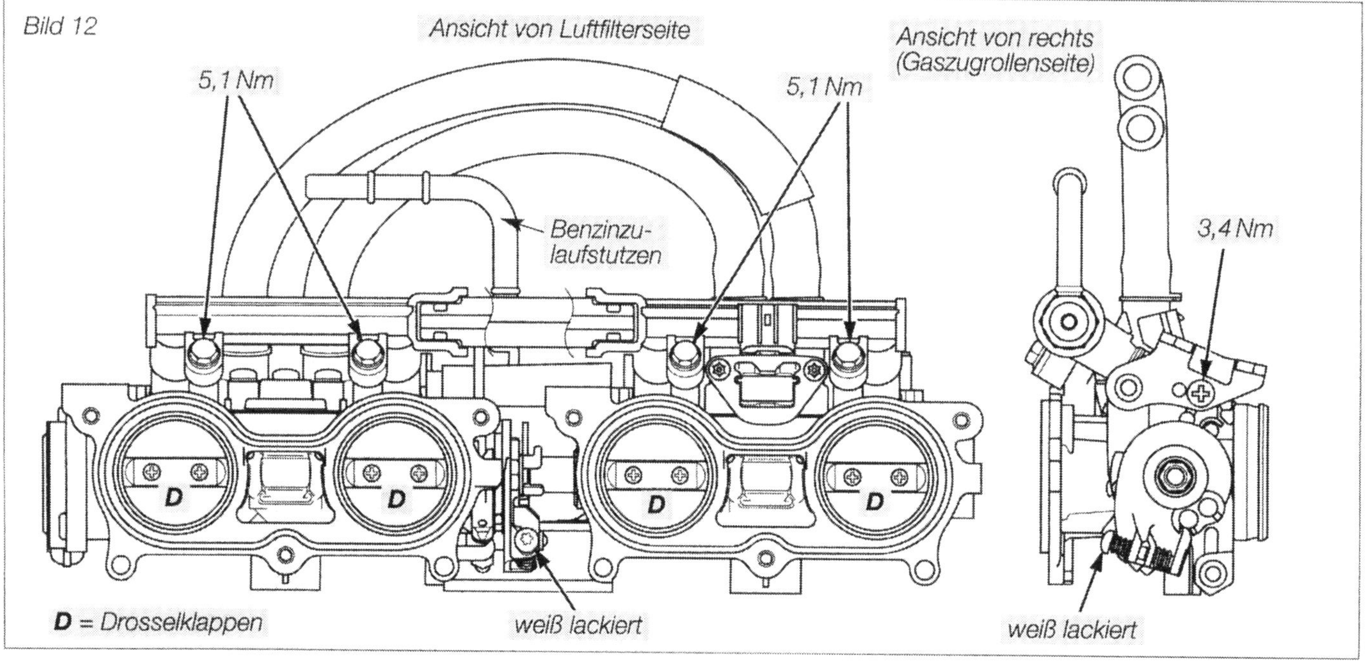

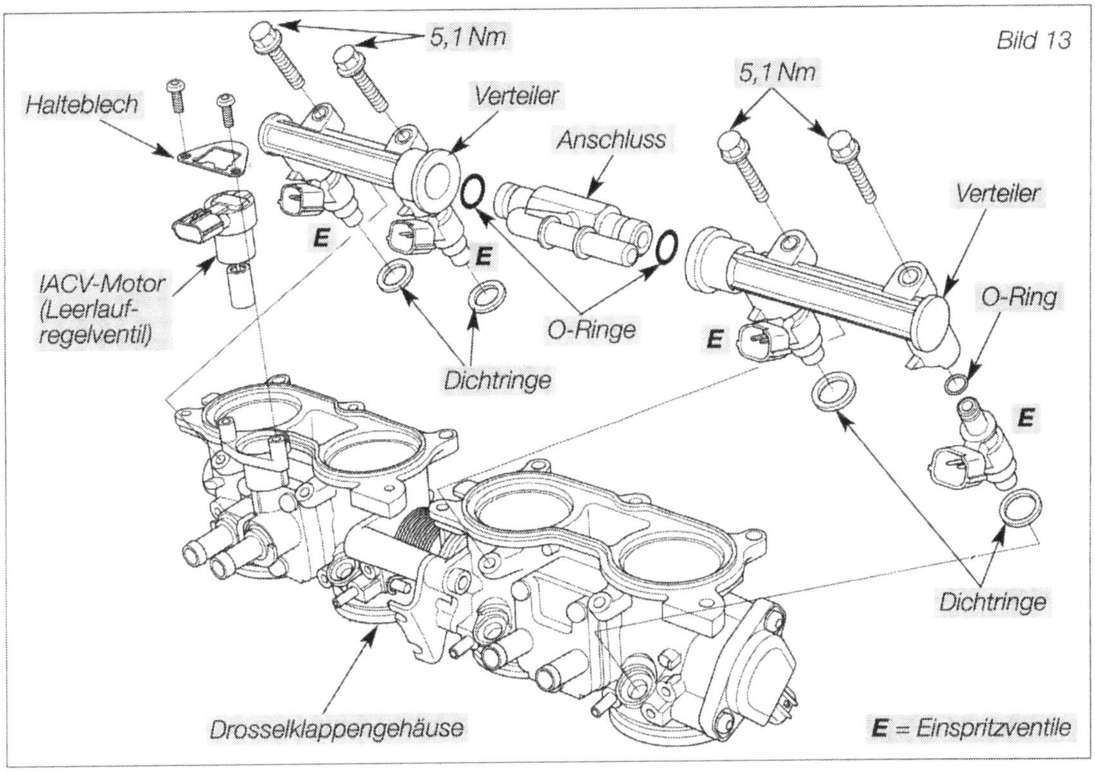

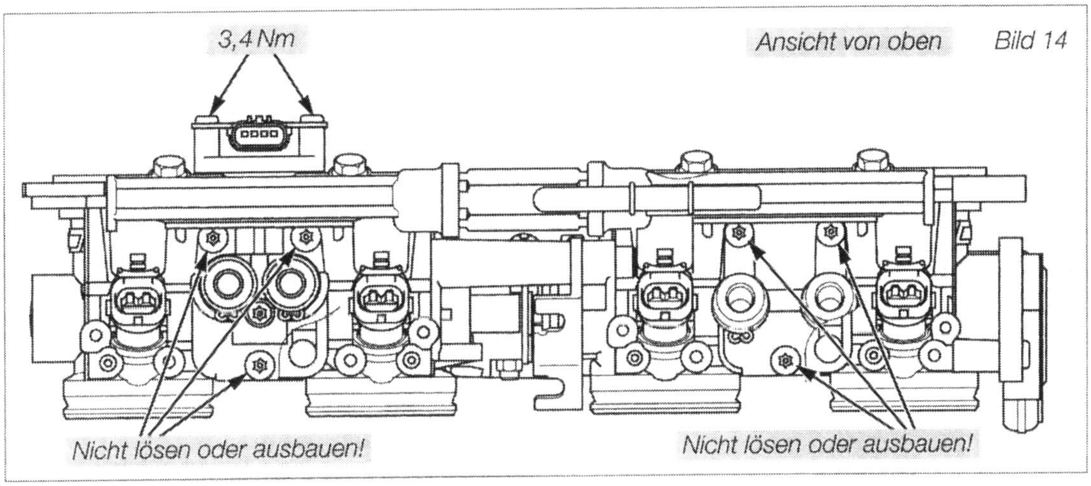

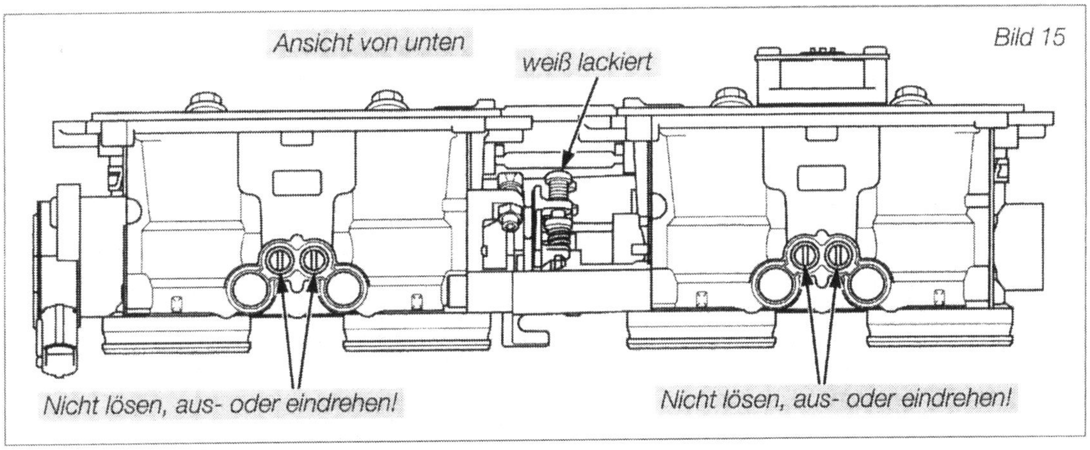

Bilder 11 bis 15: Allseitige Ansichten und Explosionszeichnung des Drosselklappenkorpus.

- Luftverlust im Einlasstrakt
- Benzin verunreinigt oder schlechte Qualität
- Einspritzventil defekt
- Leerlaufregelventil festgefressen
- Fehler im Zündsystem

Symptom: Motor dreht sich beim Betätigen des Elektrostarters, springt aber nicht an. Beim Einschalten der Zündung auf »ON« ist kein Betätigungsgeräusch von der Benzinpumpe zu hören.
Diagnoseverfahren:
1. Fehlersuche in Spannungs- und/oder Massestromkreisen des ECM.
2. Kraftstoffversorgung überprüfen.
Weitere Prüfpunkte:
- Sicherung (20 A) Einspritzsystem/Zündung durchgebrannt.
- Nebensicherung (10 A) durchgebrannt (Anlasser/Umkipp-Sensor).
- Unterbrechung im Spannungsversorgungs- und/oder Massekabel des ECM.
- Umkipp-Sensor defekt oder Fehler im zugehörigen Schaltkreis.
- Benzinpumpenrelais defekt oder Fehler im zugehörigen Schaltkreis.
- Motorabstellschalter defekt oder Fehler im zugehörigen Schaltkreis.

Symptom: Motor springt schlecht an, stirbt immer wieder ab, hat unrunden Leerlauf.
Diagnoseverfahren:
1. Leerlaufdrehzahl prüfen.
2. Leerlaufregelventil überprüfen.
3. Kraftstoffversorgung überprüfen.
Weitere Prüfpunkte:
- Tankentlüftungsschlauch verengt
- Kraftstoff verunreinigt oder schlechte Qualität
- Benzinförderschlauch verengt
- Luftverlust im Einlasstrakt
- Leerlaufregelventil defekt
- Fehler im Zündsystem

Symptom: Nachverbrennung bei Motorbremse (= Motor patscht bei »Gas zu« aus dem Auspuff)
Diagnoseverfahren:
1. PAIR-System überprüfen.
Weitere Prüfpunkte:
- Fehler im PAIR-System (Sekundärluftzufuhr):
  - PAIR-Steuermagnetventil defekt
  - PAIR-Membranventil defekt
  - Schlauch im PAIR-System verstopft
- Fehler im Zündsystem

Symptom: Fehlzündungen beim Beschleunigen
Diagnoseverfahren:
1. Zündsystem überprüfen (siehe Kapitel 19 »Zündkerzen« und 20 »Zündanlage«).
Weitere Prüfpunkte:
- Fehler im Zündsystem

Symptom: Schlechte Leistung, unrunder Motorlauf, hoher Kraftstoffverbrauch.
Diagnoseverfahren:
1. Ansaugluftdruck-Sensor, Schlauchanschlüsse
2. Kraftstoffversorgung überprüfen.
Weitere Prüfpunkte:
- Benzinförderschlauch gequetscht/verstopft
- Druckregler defekt (Benzinpumpe)
- Einspritzventil defekt
- Fehler im Zündsystem
- Ansaugluftdruck-Sensor
- Ansaugluftdruck-Sensorschlauch

Symptom: Leerlaufdrehzahl unter dem Sollwert oder schnelle Leerlaufdrehzahl zu niedrig. Es ist kein Diagnose-Fehlercode gespeichert, die MIL blinkt nicht.
Diagnoseverfahren:
1. Leerlaufdrehzahl prüfen.
2. Leerlaufregelventil überprüfen.
Weitere Prüfpunkte:
- Leerlaufregelventil hängt in Stellung »geschlossen«
- Fehler in der Kraftstoffversorgung
- Fehler im Zündsystem

Symptom: Leerlaufdrehzahl bei kaltem und warmem Motor deutlich über dem Sollwert von 1200/min (± 100/min). Kein Diagnose-Fehlercode gespeichert, die MIL blinkt nicht.
Diagnoseverfahren:
1. Leerlaufdrehzahl prüfen.
2. Gasbetätigung und Gaszugspiel prüfen.
3. Leerlaufregelventil überprüfen.
Weitere Prüfpunkte:
- Leerlaufregelventil hängt in Stellung »offen«
- Fehler im Zündsystem
- Luftverlust im Einlasstrakt
- Mechanisches Problem im Zylinderkopf
- Luftfilterzustand schlecht

Symptom: MIL geht nicht aus, aber es ist kein Diagnose-Fehlercode gespeichert, oder MIL leuchtet überhaupt nicht auf.
Diagnoseverfahren:
1. Schaltkreis der MIL überprüfen.
Weitere Prüfpunkte:
- Fehler im Schaltkreis der MIL

Symptom: MIL geht nicht aus. Es ist kein Diagnose-Fehlercode gespeichert.
Diagnoseverfahren:
1. Den Datenübertragungskreis überprüfen.
Weitere Prüfpunkte:
- Kurzschluss in einem Datenübertragungs-stecker (DLC)-Kabel

Bauteile überprüfen

Umkipp-Sensor

Arbeitsweise: Erfassung von Magnetströmen mit einem Erfassungswinkel von mehr als 60 bis 70 Grad für jede Schräglage, Erfassungszeit innerhalb 0,5 bis 1,0 Sekunde.
Anbauvorschrift: Pfeil auf Sensorgehäuse zeigt nach oben.

Überprüfung

1. Umkipp-Sensor abschrauben: Dazu muss die vordere Verkleidung abgebaut werden siehe Kapitel 6 »Verkleidung · Tank · Rahmen«.
2. Umkipp-Sensor in der Senkrechten halten (Bilder 16 und 17), Zündung EINschalten, Motorabstellschalter auf ON stellen.
3. Rechts hinten unter der Heckverkleidung im Relaiskasten ist das Motorabschaltrelais eingebaut. Genau hinhören: Motorabschaltrelais muss klicken, dann ist der Stromkreis geschlossen.
4. Weitere Prüfungen: Umkipp-Sensor um etwa 60 Grad nach links und/oder nach rechts kippen: Es muss wieder klicken, wenn der Stromkreis getrennt wird.

Benzinpumpe überprüfen

Wenn der Motor nicht anspringt oder während der Fahrt ausgeht und der Verdacht besteht, dass die in den Tank eingebaute Benzinpumpe keinen Sprit fördert, sie folgendermaßen überprüfen:
1. Zündung AUSschalten.
2. Ein Ohr seitlich rechts oder links hinten nahe an den Tank halten und das andere Ohr zuhalten (wegen der Umweltgeräusche!).
3. Zündung EINschalten, nun muss die Benzinpumpe anlaufen.
- Das Anlaufen der Benzinpumpe ist durch ein »Summen« zu hören.

4. Die Benzinpumpe stoppt nach 3 Sekunden selbsttätig.
5. Zündung AUSschalten.

Wenn nichts zu hören war, wiederholen Sie die Überprüfung. Wenn auch beim zweiten und dritten Mal nichts zu hören ist, überprüfen Sie als Erstes, ob der dreipolige schwarze Stecker am Elektrokabel zur Benzinpumpe unter dem Tank richtig sitzt.

Benzinpumpenkabel überprüfen

1. Zündung AUSschalten. Stecker am Elektrokabel zur Benzinpumpe bleibt zusammengesteckt!
2. Messspitzen eines Multimeters an die Kabel hinter dem Steckverbinder anlegen:
- Plus (+) an braunes Kabel.
- Minus (–) an grünes Kabel.

3. Zündung EINschalten.
4. Multimeter muss 3 Sekunden lang die Batteriespannung anzeigen, danach 0.

Ergebnis werten:
- Wenn die Batteriespannung für 3 Sekunden angezeigt wird, sind Stromzufuhr und Benzinpumpenrelais in Ordnung. Wenn der Motor dennoch nicht läuft, ist wahrscheinlich die Benzinpumpe defekt und muss ersetzt werden.
- Wenn die Batteriespannung länger als 3 Sekunden angezeigt wird, also niemals 0, das Benzinpumpenrelais und das Motorsteuergerät (ECM) überprüfen.
- Wenn nichts angezeigt (also »0« gemessen) wird, ein anderes Benzinpumpenrelais einbauen, das erwiesenermaßen funktioniert.

Benzinpumpe aus- und einbauen

Wichtig: Der in die Benzinpumpe eingebaute Filter ist wartungsfrei und kann weder gereinigt noch ersetzt werden. Wenn er stark verschmutzt ist, etwa weil längere Zeit schmutziges Benzin im Tank war, muss die komplette Pumpe ersetzt werden.
1. Tank abbauen.
2. Befestigungsschrauben der Benzinpumpe lösen, Pumpeneinheit mit Dichtung herausnehmen.
3. Ausgebaute Pumpe mit externer Batterie prüfen, ob sie anläuft.
- Einbau umgekehrt: Neue Dichtung verwenden, Muttern über Kreuz bis auf 10 Nm festziehen.

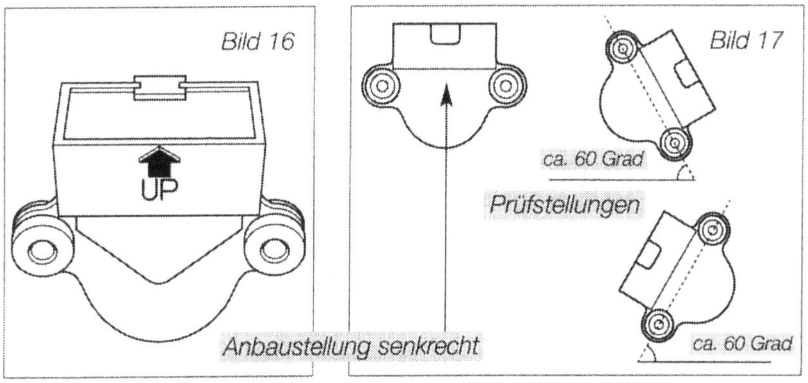

Bilder 16 und 17: Aufbau- und Prüfstellungen des Umkipp-Sensors.

Tabelle unten: Fehlerdiagnosecodes (DTC) mit zugehörigen MIL-Blinkzeichen (BLZ).

Zur unten stehenden Tabelle
Der Diagnose-Fehlercode besteht aus Ziffern für den Hauptcode sowie für den Untercode, die beim Auslesen mit dem HDS Pocket-Tester mit einem Trennstrich angezeigt werden.

Die Ziffern vor dem Trennstrich sind der Hauptcode, der die fehlerhafte Komponente bzw. die Fehlerart anzeigt. Die Ziffern hinter dem Trennstrich sind der Untercode und bezeichnen das genaue Symptom bzw. die spezielle Fehlerart.

Das Blinkmuster der Fehleranzeigeleuchte MIL entspricht dem Hauptcode, wobei die MIL den Untercode nicht anzeigt.

Wird ein aktuelles Problem erfasst, beginnt die MIL beim Einschalten der Zündung bzw. im Leerlauf bei ausgeklapptem Seitenständer zu blinken. Die Fehlercodes werden mit langen und kurzen Blinkzeichen gemeldet: das lange Blinkzeichen dauert 1,3 Sekunden, das kurze 0,5 Sekunden. Ein langes Blinkzeichen entspricht zehn kurzen Blinkzeichen.

DTC – MIL-Blinkzeichen	**Funktionsfehler**	**Symptom Ausfallsicherheitsfunktion**
1-1 → **BLZ 1**	Schaltkreis des Ansaugluftdruck-Sensors, Spannung niedrig (unter 0,2 V) – Störung im Ansaugluftdruck-Sensor oder im zugehörigen Schaltkreis	– Motor läuft normal – Sollwertsteuerung: 760 mmHg (1.013 kPa)
1-2 → **BLZ 1**	Schaltkreis des Ansaugluftdruck-Sensors, Spannung hoch (über 3,9 V) – schlechter Kontakt oder Wackelkontakt am Ansaugluftdruck-Sensorstecker – Störung im Ansaugluftdruck-Sensor oder im zugehörigen Schaltkreis	– Motor läuft normal – Sollwertsteuerung: 760 mmHg (1.013 kPa)
2-1 → **BLZ 2**	Störung im Ansaugluftdruck-Sensor-Schlauchanschluss – lockerer oder falscher Anschluss der Ansaugluftdruck-Sensorschläuche	– Motor läuft normal
7-1 → **BLZ 7**	Schaltkreis des Kühlmitteltemperatur-Sensors, Spannung niedrig (unter 0,07 V) – Störung im Kühlmitteltemperatur-Sensor oder im zugehörigen Schaltkreis	– Schlechtes Anspringen bei niedrigen Temperaturen – Sollwertsteuerung: 85 °C – Kühlerventilator springt an
7-2 → **BLZ 7**	Schaltkreis des Kühlmitteltemperatur-Sensors, Spannung hoch (über 4,93 V) – schlechter Kontakt oder Wackelkontakt am Kühlmitteltemperatur-Sensor – Störung im Kühlmitteltemperatur-Sensor oder im zugehörigen Schaltkreis	– Schlechtes Anspringen bei niedrigen Temperaturen – Sollwertsteuerung: 85 °C – Kühlerventilator springt an
8-1 → **BLZ 8**	Schaltkreis des Drosselklappenpositions-Sensors, Spannung niedrig (unter 0,3 V) – schlechter Kontakt oder Wackelkontakt am Drosselklappenpositions-Sensor – Störung im Drosselklappenpositions-Sensor oder im zugehörigen Schaltkreis	– Schlechte Motorbeschleunigung – Sollwertsteuerung: 0 °C
8-2 → **BLZ 8**	Schaltkreis des Drosselklappenpositions-Sensors, Spannung hoch (über 4,93 V) – schlechter Kontakt oder Wackelkontakt am Drosselklappenpositions-Sensor – Störung im Drosselklappenpositions-Sensor oder im zugehörigen Schaltkreis	– Schlechte Motorbeschleunigung – Sollwertsteuerung: 0 °C
9-1 → **BLZ 9**	Schaltkreis des Ansauglufttemperatur-Sensors, Spannung niedrig (unter 0,07 V) – Störung im Ansauglufttemperatur-Sensor oder im zugehörigen Schaltkreis	– Motor läuft normal – Sollwertsteuerung: 28 °C
9-2 → **BLZ 9**	Schaltkreis des Ansauglufttemperatur-Sensors, Spannung hoch (über 4,93 V) – schlechter Kontakt oder Wackelkontakt am Ansauglufttemperatur-Sensor – Störung im Ansauglufttemperatur-Sensor oder im zugehörigen Schaltkreis	– Motor läuft normal – Sollwertsteuerung: 28 °C
11-1 → **BLZ 11**	– Störung im Geschwindigkeitssensor, gibt kein Signal ab – schlechter Kontakt oder Wackelkontakt am Geschwindigkeitssensor-Stecker – Störung im Geschwindigkeitssensor oder im zugehörigen Schaltkreis	– Motor läuft normal
12-1 → **BLZ 12** (13-1/14-1/15-1; → **BLZ 13/14/15**)	Störung im Schaltkreis des Einspritzventils Nr. 1 (DTC 13=2; 14=3; 15=4) – schlechter Kontakt oder Wackelkontakt am Einspritzventilstecker – Störung im ensprechenden Einspritzventil oder zugehörigen Schaltkreis	– Motor springt nicht an – Abschaltung aller Einspritzventile, Benzinpumpe und Zündung
21-1 → **BLZ 21**	Störung an der Lambdasonde – schlechter Kontakt oder Wackelkontakt am Lambdasondenstecker – Störung in der Lambdasonde oder im zugehörigen Schaltkreis	– Motor läuft normal
23-1 → **BLZ 23**	Störung im Schaltkreis der Lambdasonden-Heizung – schlechter Kontakt oder Wackelkontakt am Stecker der Lambdasonden-Heizung – Störung im Heizelement der Lambda-Sonde oder im zugehörigen Schaltkreis	– Motor läuft normal
29-1 → **BLZ 29**	Störung im Schaltkreis des Leerlaufregelventils – schlechter Kontakt oder Wackelkontakt am Leerlaufregelventilstecker – Störung im Leerlaufregelventil oder im zugehörigen Schaltkreis	– Motor stirbt ab, springt schlecht an, unrunder Leerlauf

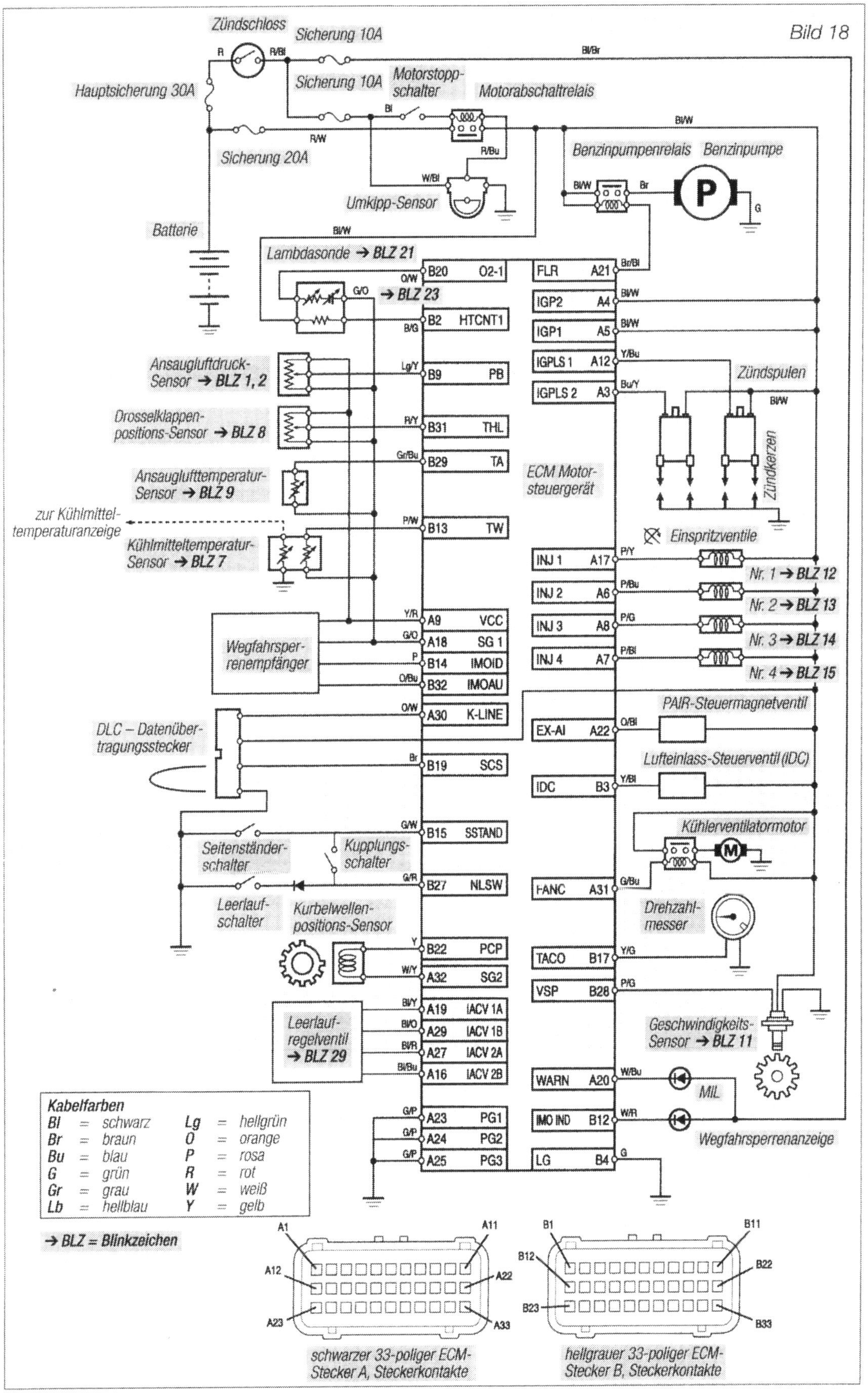

Bild 18: Einspritz-Schaltplan der Honda CBF 1000.

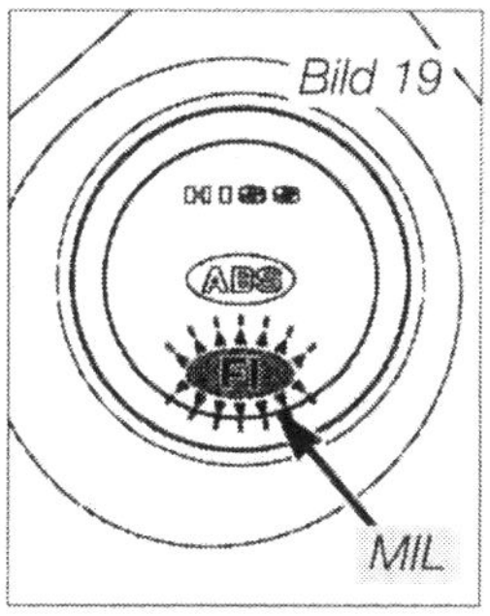

Bild 19: Kontroll-lampe MIL.

Diagnose über BLZ (Blinkzeichen)

Rechts außen im Drehzahlmesser ist bei »4 Uhr« eine rote Leuchte angebracht, die so genannte MIL. Diese leuchtet beim Einschalten für einige Sekunden auf und geht dann aus. Wenn das Motorsteuergerät einen Fehler feststellt, blinkt die MIL entsprechend (siehe Tabelle linke Seite).

- Langes Blinkzeichen 1,3 Sekunden.
- Kurzes Blinkzeichen 0,5 Sekunden.
- 1 langes Blinkzeichen entspricht 10 kurzen.

Beispiel: Wenn die Leuchte 2 x lang und 5 x kurz blinkt, entspricht dies dem MIL-Fehlercode 25:

2 x lang = 20
\+ 5 x kurz = 5
= 25

Auspuffanlage

In diesem Kapitel: Dichtungen in der Auspuffanlage prüfen · Auspuffanlage abbauen, kontrollieren, anbauen · Krümmer ab- und anbauen · Zubehör-Auspuffanlagen.

Bilder 1 und 2: Dichtungen der Auspuffanlage.

Bild 3: Falsch eingebaute Paketdichtung, sie steht vorne heraus. Außerdem ist die Klemmschelle nicht korrekt positioniert, die Klemmung muss weiter nach innen zum Rad hin positioniert werden.

Bild 4: Auspuffschelle so positionieren, dass der Haken in den Ausschnitt eingreift (Kreis).

Auspuffanlage

Die CBF 1000 ist mit einer 4-in-2-Auspuffanlage ausgestattet. In der Auspuffanlage sind sechs Dichtungen verbaut: je eine Ringdichtung (Bild 1) oben zwischen Auspuffkrümmer und Zylinderkopf und zwei Paketdichtungen (Bild 2) in den Klemmstellen der Anschlussrohre vom Auspufftopf an das untere, gegabelte Krümmerrohr. Alle Dichtungen müssen jederzeit dicht sein, sonst blasen Abgase unkontrolliert ins Freie ab bzw. zieht die Auspuffanlage Falschluft.

Auspuffanlage prüfen

Bei einer Kontrolle der Auspuffanlage die Schraubverbindungen auf Festsitz sowie Dichtheit der Anlage prüfen.

Dichtungen prüfen

Motor laufen lassen und die Hand zwei Zentimeter vor die jeweilige Auspuffdichtung halten. Ist eine Dichtung defekt, spürt man die durchblasenden Abgase an der Hand. **Achtung heiß!** Oft genügt schon eine Sichtprüfung, denn undichte Auspuffdichtungen erkennt man an der Schwarzfärbung entsprechender Stellen.

Wichtig: Durchblasende Dichtungen kann man nicht durch ein stärkeres Anziehen der Flansche bzw. der Auspuffschellen beheben, dadurch werden nur die Bauteile dauerhaft verzogen. Wenn eine Dichtung der Auspuffanlage durchbläst, muss sie durch ein neues Originalteil ersetzt werden, wozu die entsprechenden Bauteile abgebaut werden müssen.

Auspufftopf ab- und anbauen

Abbau

1. Klemmschraube der Auspuffschelle an der Verbindung von Auspufftopf zu Auspuffkrümmer lösen, mindestens drei Umdrehungen aufdrehen. ■ Diese Schraube ist meistens schmutzig und stark korrodiert: zuerst mit Drahtbürste den gröbsten Dreck abputzen, mit Rostlöser einsprühen, einige Minuten wirken lassen. Schraube mit einer Sechskantnuss öffnen.

2. Mutter und Befestigungsschraube am Auspufftopf an der Soziusfußraste mit Rostlöser einsprühen. Mutter öffnen, Schraubenkopf gegenhalten.

Bild 1

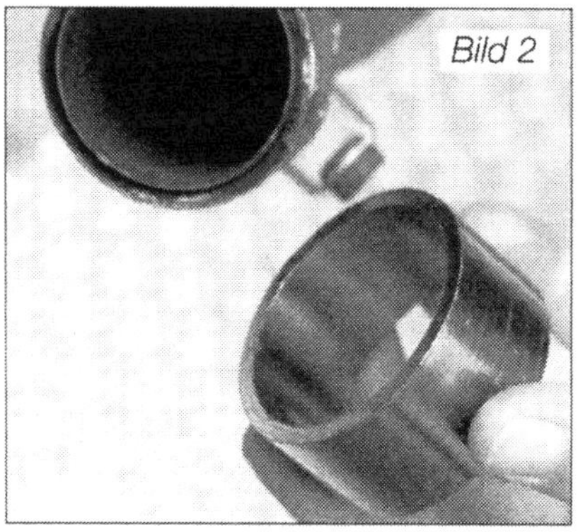
Bild 2

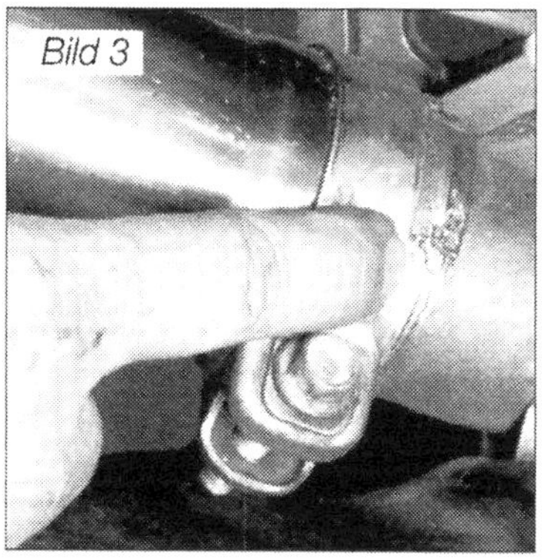
Bild 3

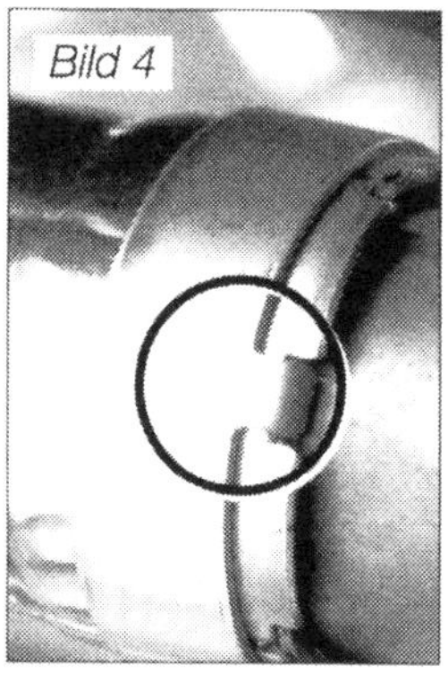
Bild 4

Sicherheitshinweise Achtung und Tipps für dieses Kapitel

Zu allen Arbeiten an der Auspuffanlage diese kalt werden lassen, nicht in heißem Zustand anfassen.

Bei allen Montagearbeiten an der Auspuffanlage reichlich Kupferpaste an die Gewinde von Muttern und Schrauben geben. Ein Festbacken der Gewinde wird damit verhindert. KEIN Motoren- oder Schmieröl, Kettenspray oder Fett verwenden, denn das brennt sich ein und backt fest!

Bei älteren Maschinen können die Krümmermuttern so fest sitzen, dass sich beim Versuch, die Muttern zu öffnen der Stehbolzen aus dem Zylinderkopf herausdreht. Wenn keine Möglichkeit zur Reparatur des Gewindes besteht (z. B. mit Heli-Coil) und das Gewinde von Stehbolzen und Zylinderkopf in Ordnung ist, kann man den Stehbolzen mitsamt der darauf verklemmten Mutter wieder einschrauben. Gut mit Kupferpaste einschmieren. Das Gewinde sollte jedoch bei nächster Gelegenheit repariert werden. Vor dem Einschrauben darauf achten, dass keine herausgerissenen Gewindegänge des Zylinderkopfmaterials am Stehbolzen hängen. Wenn doch, gleich reparieren.

3. Auspufftopf abbauen:
3.1. Wenn die Paketdichtung zerbröselt ist durch Alterserscheinung oder falsche Montage und deswegen der Auspufftopf abgebaut werden muss, lässt er sich leicht abziehen.
3.2. Ist die Dichtung alt, dann ist sie in ihrem Sitz verklebt. Mit Rostlöser einsprühen, Auspufftopf mit beiden Händen packen und mit leichten Drehbewegungen abziehen.

Anbau

1. Neue Auspuffdichtung besorgen. Diese silbrigschwärzlich glänzende Hülse (Bild 2) ist ähnlich einer Mullbinde aufgebaut und muss vorsichtig behandelt werden: Nicht drücken oder knicken!
2. Alte Paketdichtung abbauen, ggf. kleine Säge zu Hilfe nehmen (Bilder 5 und 6). Kontaktstellen der Auspuffdichtung außen am Auspuffkrümmerrohr und in der Klemmstelle des Auspufftopfes (Bilder 7, 9 und 10) gut reinigen. Korrosion und alte Dichtungsreste mit Stahlbürste, Dreikantschaber und Schmirgelpapier ab- und herausputzen.
3. Neue Auspuffdichtung innen und außen mit Kupferpaste einschmieren (Bild 8) und in ihren Sitz in die Klemmstelle des Anschlussrohrs am Auspufftopf ganz nach unten an den Anschlag einschieben.
■ Muss leicht gehen, nichts darf klemmen – wenn etwas klemmt, Dichtung vorsichtig wieder herausziehen und Öffnung vorsichtig leicht aufweiten.
4. Auspufftopf in Linie zum Krümmerrohr aufschieben, nicht verkanten (sonst geht Dichtung zu Bruch), mit leichten Drehbewegungen den Topf so weit aufschieben, dass die hintere Halteöse zur Anlage auf der Haltebohrung kommt.
5. Klemmschelle so ansetzen, dass der Haken in den Ausschnitt eingreift (Bild 4) und die Klemmstelle nach hinten-unten zum Reifen hinweist. Schraube eindrehen und mit 22 Nm festziehen.
6. Scheibe auf Schraube aufschieben, Schraube einstecken, Scheibe aufschieben, Mutter aufdrehen, mit 22 Nm festziehen.

Tipp: In die Auspuffhalterung am Fußrastenausleger ist eine vibrationshemmende Gummibuchse eingesetzt. Diese kontrollieren, ob sie noch komplett vorhanden und formstabil, also nirgends gerissen ist: Wenn defekt, unbedingt erneuern. Denn wenn diese Gummibuchse defekt ist oder fehlt, leidet die Paketdichtung und der Auspuff hält nicht richtig.

Auspufftopf kontrollieren
■ Sichtprüfung: Alle Schweißnähte dicht?
■ Oberfläche ohne Dellen, Löcher, Korrosion?
■ Hörprobe: Auspufftopf schütteln, es darf nichts klappern. Wenn doch, haben sich innere Bauteile gelöst, Auspufftopf muss ersetzt werden.

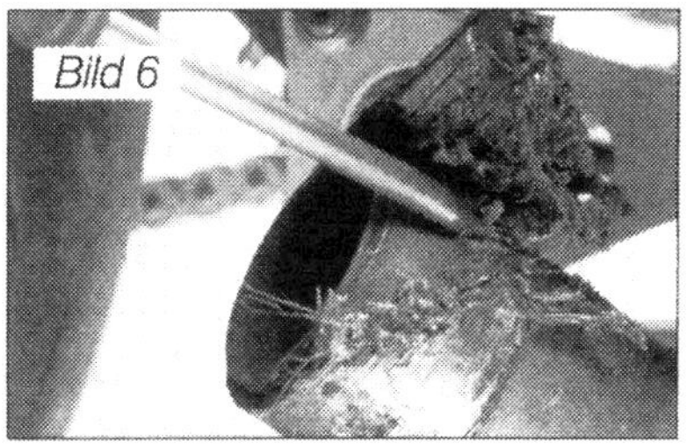

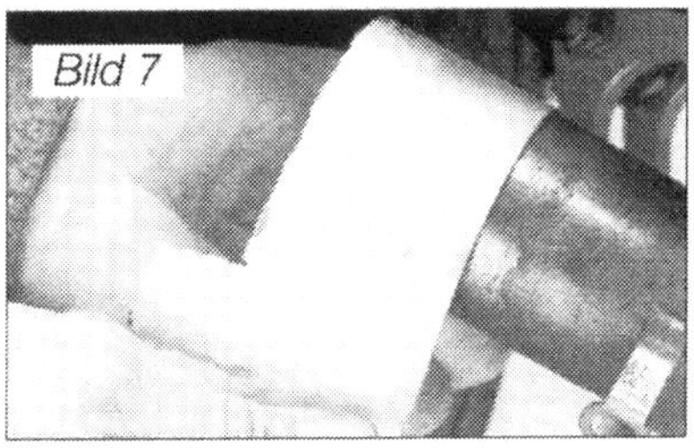

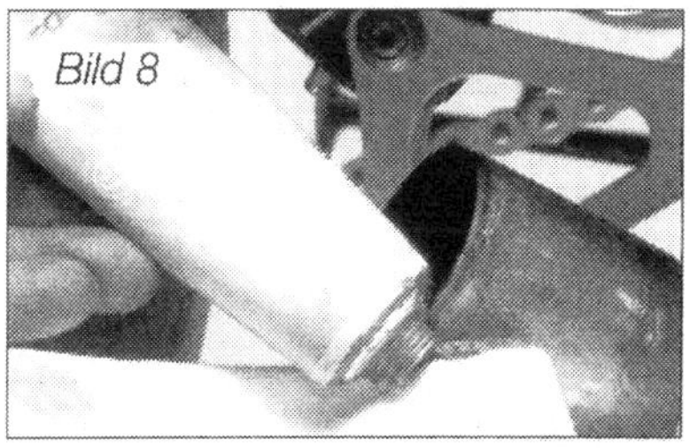

Bilder 5 bis 10: Vorbereitung der Dichtstellen am Auspuffkrümmer und im Anschlussrohr des Auspufftopfs zur Montage einer neuen Paketdichtung.

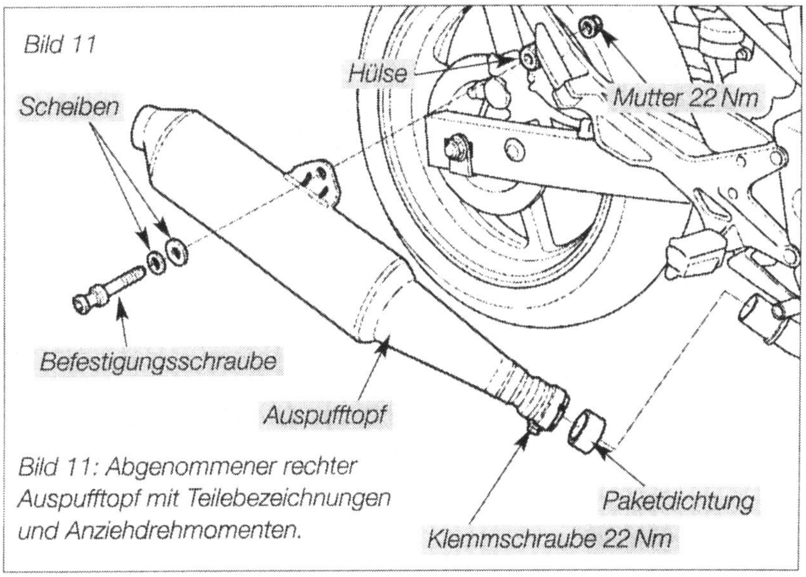

Bild 11: Abgenommener rechter Auspufftopf mit Teilebezeichnungen und Anziehdrehmomenten.

Sichtprüfung Messen

Krümmer ab- und anbauen

Krümmer abbauen

1. Beide Auspufftöpfe abbauen.
2. Kabel der Lambdasonde am Stecker trennen (exakte Lage siehe dazu Kapitel 16 »Sicherungen · Relais · Stecker«).
3. Schraube im Gummilager unten am Rahmen lösen und ausdrehen (Bild 12).
4. Bundmuttern von den Stehbolzen am Zylinderkopf abdrehen.
4.1. Alle Krümmerflansche vom Zylinderkopf an den Auspuffrohren entlang wegführen.
5. Auspuffkrümmer oben feste packen, etwas daran wackeln und nach vorne herausziehen.
6. Alte Dichtungen aus den Bohrungen im Zylinderkopf herausholen, ggf. Schraubenzieher zu Hilfe nehmen.

Bild 12: Explosionszeichnung der Auspuffanlage mit Teilebezeichnungen und Anziehdrehmomenten.

Krümmer anbauen

■ Anbau generell umgekehrt zum Abbau.

■ Neue Dichtungen werden bei der Montage stark gequetscht, durch die Verformung passen sie sich an die Dichtstelle an. Deswegen müssen alle Dichtungen der Auspuffanlage bei der Montage erneuert werden.

■ Dichtungen und Muttern mit Kupferpaste einschmieren.

■ Sollten Sie im Notfall keine neuen Dichtungen zur Hand haben, setzen Sie die alten Dichtungen mit reichlich Kupferpaste ein. Bei nächster Gelegenheit erneuern!

■ Muttern und Schrauben mit den entsprechenden Anziehdrehmomenten anziehen, um Verzug zu vermeiden. Anziehreihenfolge:

1. Alle Schrauben und Muttern leicht anziehen.
2. Endgültig festziehen:

■ Klemmschrauben Auspuffschellen
■ Befestigungsschrauben Schalldämpfer
■ Befestigungsschraube unteres Gummilager

Wichtig: Stecker des Lambdasondenkabels zusammenstecken.

Bild 12

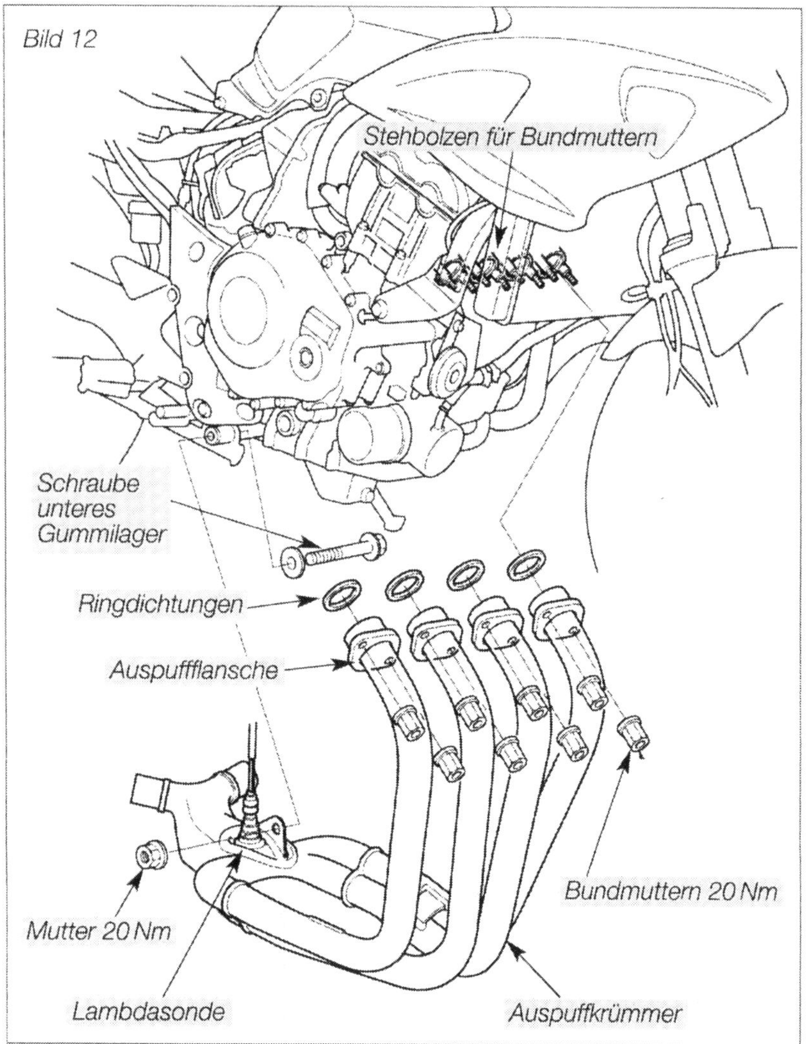

Zubehör-Auspuffanlagen

Für den Anbau einer Nachrüst-Auspuffanlage spielen unterschiedliche Gründe eine Rolle: Defekt oder Verschleiß der serienmäßigen Anlage (z. B. nach Sturz), Optik, Sound, Gewicht, Tuning oder einfach nur der Spaß an der Freude.

Es gibt auf dem Auspuffmarkt mehr als 30 Firmen, die Nachrüstanlagen anbieten. Das Angebot reicht vom Endtopf, der an den Krümmer angebracht wird, bis zur Komplettanlage inklusive Krümmer. Die Preise reichen von ca. 250 bis weit über 1500 Euro.

Für Straßenbetrieb muss der Auspufftopf eine »Allgemeine Betriebs-Erlaubnis« (ABE) haben. Diese wird vom Auspuffhersteller erstellt, liegt der Auspuffanlage bei und ist EU-weit gültig. Im Auspufftopf ist die Nummer der ABE aufgebracht. Wenn bei einer Polizeikontrolle der Nachrüstauspuff auffällt, genügt es normalerweise, dass man den kontrollierenden Polizisten auf die Nummer hinweist. Das Mitführen der ABE-Bescheinigung ist nicht zwingend notwendig; es ist jedoch sinnvoll, die Bescheinigung dabei zu haben, um möglichen Stress mit dem Auge des Gesetzes zu vermeiden. In der Schweiz (kein EU-Land) gelten andere Bestimmungen. Schweizer (und auch österreichische!) Polizisten gehen oft sehr rigide mit Ausländern um, die eine ihrer Meinung nach »zu laute Auspuffanlage« an ihrer Maschine haben, egal ob mit oder ohne EU-ABE.

Schmiersystem

In diesem Kapitel: Schmiersystem · Motoröl · Ölstand · Ölwechsel · Öldruck und Öldruckschalter · Öldruck messen, Messung bewerten · Öldruckregler überprüfen, aus- und einbauen.

Schmiersystem

Nasssumpf-Druckumlaufschmierung mit vom Kühlwasser umspülten Ölkühler, kettengetriebene Trochoidenölpumpe, Öldruckregler, Ölsieb, Feinstölfilter (so wird die auswechselbare Ölfilterpatrone bezeichnet).

Füllmengen:

- 2,7 Liter ohne Filterwechsel
- 3,5 Liter mit Filterwechsel
- 3,6 Liter, wenn der Motor nach einer Zerlegung wieder befüllt wird.

Motoröl

Honda schreibt folgende Motoröle vor: *»Honda 4-Takt-Motorradöl oder gleichwertiges Motoröl. API-Klasse: SG oder höher (außer Öle, die laut dem Aufkleber mit der API-Serviceklasse ›energiesparend‹ sind). Viskosität SAE 10W-30. JASO T 903-Spezifikation: MA«*

In direkter Abhängigkeit von der Außentemperatur können noch weitere Mehrbereichs-Motorrad-Motoröle verwendet werden:

- von – 30 bis 20 °C........................SAE 0W-30
- von – 15 bis 30 °C........................SAE 5W-30
- von – 10 bis 30 °C......................SAE 10W-30
- von – 5 bis 45 °C........................SAE 20W-40
- von 0 bis 50 °C...........................SAE 20W-50

Honda erlaubt auch die Verwendung von Einbereichsöl. Doch dieses sollte wirklich nur im Notfall verwendet werden, weil die Temperatur-

Bild 1: Eine solche Ölauffang-Transportwanne eignet sich prima zum Ölwechsel.

Sicherheitshinweise Achtung und Tipps für dieses Kapitel

Tipp: Zur Kontrolle des Ölstands das Motorrad nicht schräg nach links geneigt auf dem Seitenständer abstellen, sondern waagerecht und senkrecht (Mittelständer).

Achtung: Ins Gewinde des Öleinfüllstopfens ist ein kleiner O-Ring eingesetzt. Diesen kontrollieren, ob er in Ordnung ist, also keine geklemmte oder ausgerissene Stelle hat. Sollte er beschädigt sein, unbedingt erneuern, sonst drückt es (bzw. zieht der Fahrtwind!) Öl heraus. Keine Zange benutzen, um damit Stopfen besonders fest anziehen zu wollen – nur handfest anziehen!

Tipp: Vor einer längeren Fahrt zu Hause den Ölstand kontrollieren und ggf. mit dem richtigen Öl auffüllen. Wer auf mehrtägige Fahrt geht, sollte sich eine flache, 0,5 bis 0,75 Liter fassende, ölfeste Plastikflasche mit öldichtem Verschluss mit dem Motoröl auffüllen, das garantiert im Motor drinnen ist, und die Flasche ins Gepäcksystem packen. Entsprechende Flaschen gibt es z. B. im Chemiefachhandel.

Tipp: Motoröl nur in betriebswarmem Zustand wechseln, also vorher den Motor mindestens zehn Kilometer warm fahren. Damit wird sichergestellt, dass Metallabriebteile, die sich noch nicht abgesetzt haben, sondern noch in der Schwebe sind, vom heißen Öl aufgenommen und beim Ablassen mit herausgespült werden.

Achtung: Altöl niemals wegschütten, sondern an einer Sammelstelle oder Tankstelle abliefern. Jeder Ölverkäufer ist zur Rücknahme einer entsprechenden Menge Altöls verpflichtet! Beim Kauf von neuem Öl die Quittung aufbewahren und bei der Rückgabe des Altöls vorzeigen!

Achtung: Keine Getränkeflaschen als Altölbehälter verwenden! Besser sind etwa alte Benzinkanister, die mit einem dauerhaften Etikett »Altes Motoröl« versehen werden.

Achtung: Dem Altöl keine anderen Flüssigkeiten beimischen, wie z. B. Brems- oder Kühlflüssigkeit. Diese extrem giftigen und wenig umweltfreundlichen Betriebsstoffe müssen in extra Behältern aufgefangen und zu Problemstoff-Sammelstellen gebracht werden.

Achtung: Zum Ölablassen ein so großes Gefäß verwenden, das den Bereich von Ölablassöffnung und Ölfilter unterm Motor nicht nur abdeckt, sondern allseitig um mindestens zehn Zentimeter übersteht. Es gibt im Motorrad-Zubehörhandel kombinierte Ölfangwannen-Behälter, bei denen das Öl in eine Wanne und von dort direkt in den Sammelbehälter läuft. Dieser ist verschließbar und mit einem Tragegriff versehen, also leicht transportabel (Bild 1). Das Altöl zur Ölsammelstelle bringen, wo es umweltgerecht entsorgt wird.

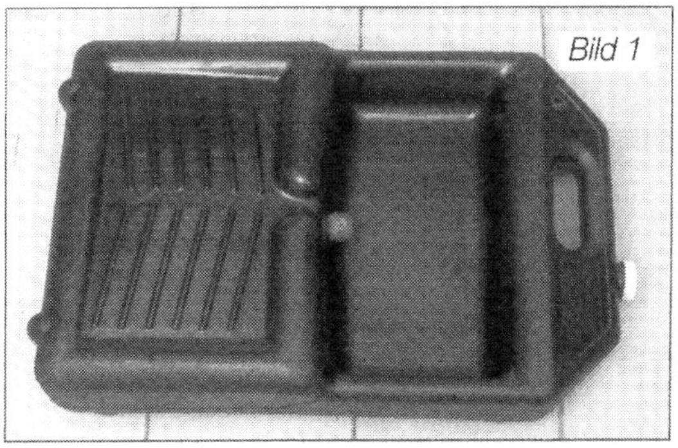
Bild 1

Achtung: Wenn die Ölablassschraube ihren letzten Gewindegang erreicht hat, beginnt das Öl bereits zu laufen. Finger rasch wegziehen! Es ist besser, die Ölablassschraube mit dem ersten Schuss Öl ins Auffanggefäß fallen zu lassen, als sich am heißen Öl die Finger zu verbrühen! Öl läuft erst im Strahl, nach einiger Zeit nur noch tropfenweise. Also geduldig warten, bis auch der letzte Tropfen im Auffanggefäß gelandet ist.

Sichtprüfung Messen

Bild 2: Shell-Öle für die CBF 1000: ADVANCE VSX ist ein halbsynthetisches, ULTRA ein vollsynthetisches Öl.

Bild 3: Schematische Darstellung des Ölkreislaufs.

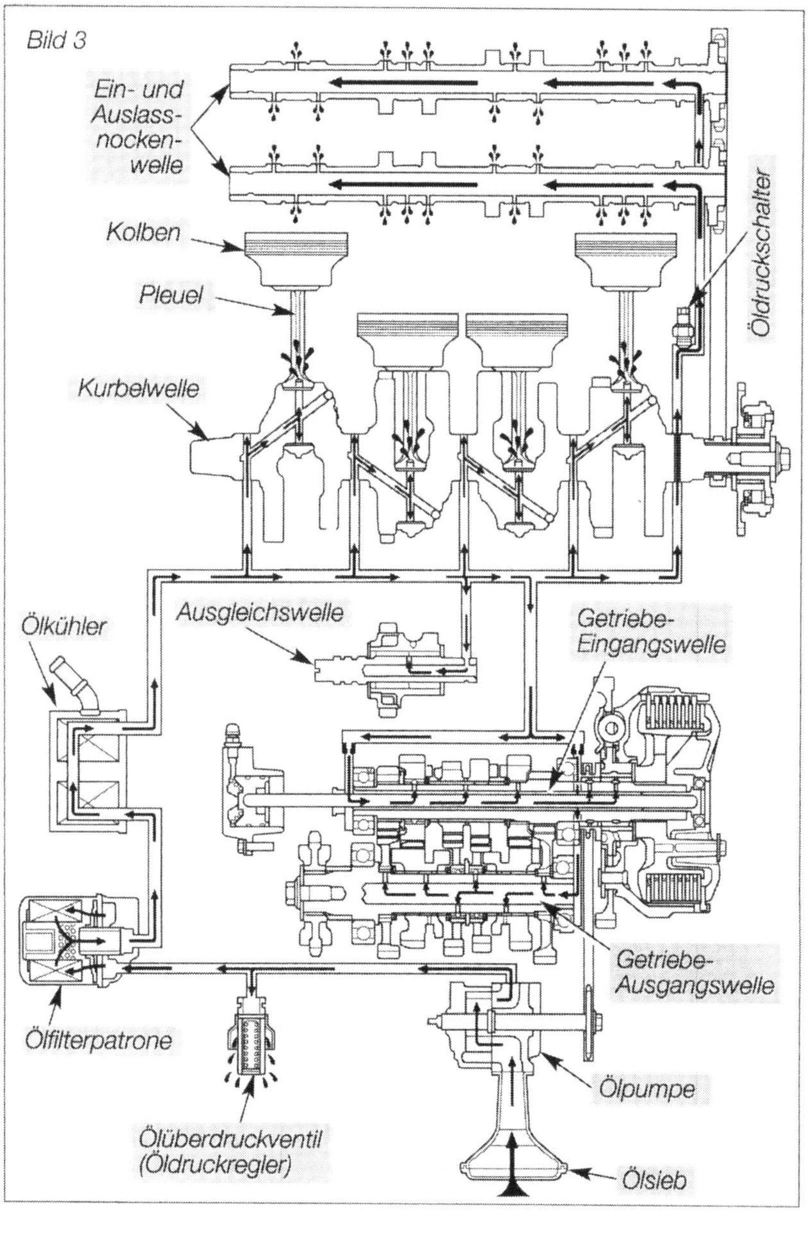

Einsatzbereiche stark eingeschränkt sind:

- von 0 bis 40 °C .... SAE 30
- von 5 bis 50 °C .... SAE 40

Die Honda-Ölvorschriften sagen deutlich:

- Ausschließlich herkömmliche Motorrad-Motoröle verwenden.
- Keine Öle mit Graphit- oder Molybdänzusatz verwenden, sonst besteht die Gefahr, dass die Kupplung rutscht.
- Keine Ölzusätze dem Motoröl zugeben! Wir raten sogar dringend davon ab.
- Nicht verwenden sollte man die so genannten »Leichtlauföle« ab SAE 5 oder Ultra-Mehrbereichsöle wie z. B. SAE 0W50. Diese sind für Automotoren entwickelt worden, wo ja weder Kupplung noch Getriebe im Motorölbad laufen. Für Motorradmotoren sind sie nicht geeignet.
- Nicht verwendet werden dürfen Dieselöle mit der Spezifikation »CD« und Öle der Spezifikation »Energy Conserving«.

Empfehlung: Honda-Spezialisten empfehlen bei den bei uns in Mitteleuropa herrschenden klimatischen Bedingungen Mehrbereichs-Motorrad-Motoröle der Viskositätsklassen SAE 10W-30, 15W-40 oder 20W-50.

Mineralöl oder Synthetiköl?
Es gibt zwei verschiedene Motorölsorten: Mineralöl und synthetisches Öl. Mineralöl ist billiger, halb- oder vollsynthetisches Öl teurer. Der Motor der CBF 1000 kann mit beiden Ölen betrieben werden.

Für die tourensportliche CBF 1000, deren Motor sowohl im Alltag auf Kurzstrecken mit niedrigen als auch sehr sportlich mit hohen Drehzahlen gefahren werden kann, empfehlen wir halb- oder vollsynthetisches Öl. Im Zweifelsfall fragen Sie Ihren Honda-Motorradhändler, der ist immer gut informiert, welche Ölmarken und Ölsorten von Honda freigegeben bzw. empfohlen werden.

Honda arbeitet auf dem Schmiermittelsektor seit vielen Jahren mit verschiedenen Ölherstellern zusammen. Beispielhaft sei hier die Marke Shell erwähnt, die unter dem Namen ADVANCE verschiedene Öle und Schmiermittel speziell für Motorräder (Bild 2) anbietet. Aus diesem Programm sind für die CBF 1000 besonders geeignet: vollsynthetisches Öl Shell ADVANCE Ultra, halbsynthetisches ADVANCE VSX oder auch das Mineralöl ADVANCE SX4 in den oben genannten SAE-Spezifikationen.

Ölstand kontrollieren

Rechts hinten am Motor ist ein Ölschauglas eingebaut (Bild 4) mit Markierungen am Rand.
■ Ölstand nicht bei kaltem Motor kontrollieren, er sollte mindestens zehn Kilometer gefahren worden sein.
1. Motorrad eben abstellen (Mittelständer) bzw. gerade halten, also NICHT schräg auf dem Seitenständer abstellen!
2. Motor abschalten und mindestens zwei Minuten warten, damit das Motoröl in die Ölwanne ablaufen kann.
3. Genau hingucken (Bild 4):
■ Der Ölstand sollte irgendwo zwischen der oberen (maximal) und unteren Markierung (minimal) liegen, also weder darunter (dann ist zu wenig Öl im Motor) noch darüber (dann ist zu viel Öl im Motor).

Motoröl nachfüllen
Ist der Motorölstand zu niedrig, muss Öl durch die Gewindebohrung rechts oben im Kupplungsdeckel (Bild 5) nachgefüllt werden. Füllen Sie in kleinen Schritten auf, sonst leert man schnell einmal zu viel Öl ein, denn die Füllmenge zwischen Minimal- und Maximalmarkierung beträgt weniger als 0,5 Liter.

Falls Sie kein Öl zum Nachfüllen dabei haben, lassen Sie sich vom Tankwart nicht einen Liter vom teuersten Öl aufschwatzen, sondern verlangen exakt die Ölsorte, die Sie im Motor drin haben, also entweder halb- oder vollsynthetisches Öl oder eben Mineralöl.

Wenn es das nicht gibt, können Sie zum Nachfüllen folgende Motoröle miteinander mischen:
■ Wenn Mineralöl im Motor und keines zum Auffüllen vorhanden ist, mit halbsynthetischem Öl auffüllen.
■ Wenn halbsynthetisches Öl im Motor und keines zum Auffüllen vorhanden ist, mit vollsynthetischem oder Mineralöl auffüllen.
■ Wenn vollsynthetisches Öl im Motor und keines zum Auffüllen vorhanden ist, mit halbsynthetischem Öl auffüllen.

Ölwechsel

Ölwechsel ist erstmals bei 1000 km, danach alle 12 000 km vorgeschrieben. Egal, welche Fahrleistung man im Jahr schafft, es sollte einmal im Jahr ein Öl- mit Filterwechsel durchgeführt werden.

Sobald der Motor läuft, befindet sich das Öl in ständigem Kreislauf vom Ölsumpf durch den Ölfilter zu allen Motorschmierstellen, tropft von dort wieder zurück in den Ölsumpf, um dann erneut durch den Filter zu den Schmierstellen gedrückt zu werden. Der Ölfilter fängt feinste Schmutzpartikel auf und verhindert das Vordringen in die Lagerstellen, um dort möglicherweise irreparable (Lager-)Schäden anzurichten.

Ölwechsel nur bei warmem Motor durchführen. Selbst wenn der Motor einige Monate nicht mehr gelaufen ist, sollte man das Motoröl nicht kalt ablassen, sondern den Motor vorher 10 bis 15 Minuten warm laufen lassen.

Motoröl ablassen
Zum Aus- und Anschrauben des Ölfilters ist ein spezieller Ölfilterschlüssel nötig (Bild 8, Honda-Ersatzteilnummer 07HAA-PJ70101). Passende Schlüssel sind auch im Zubehörhandel erhältlich.

1. Maschine auf Mittelständer abstellen.
2. Geeignetes Auffanggefäß (siehe Bild 1) mit mindestens 5 Litern Fassungsvermögen unter den Motor schieben.
3. Öleinfüllverschluss ausdrehen.
4. Die Ölablassschraube befindet sich unten am tiefsten Punkt des Motors an der Ölwanne zwischen den Auspuffrohren (Bild 6).

Achtung: Auspuffrohre sind heiß! Zum Öffnen am besten eine 17er-Sechskant-

Bild 4: Zum Ablesen des Ölstands Motorrad senkecht abstellen und mindestens zwei Minuten warten: Minimaler Ölstand unten, maximaler oben.

■ Öl wird durch die Bohrung im rechten Motordeckel nachgefüllt. Verschluss nicht mit einer Zange, sondern nur handfest anziehen!

Bild 5: O-Ring muss vohanden und unbeschädigt sein.

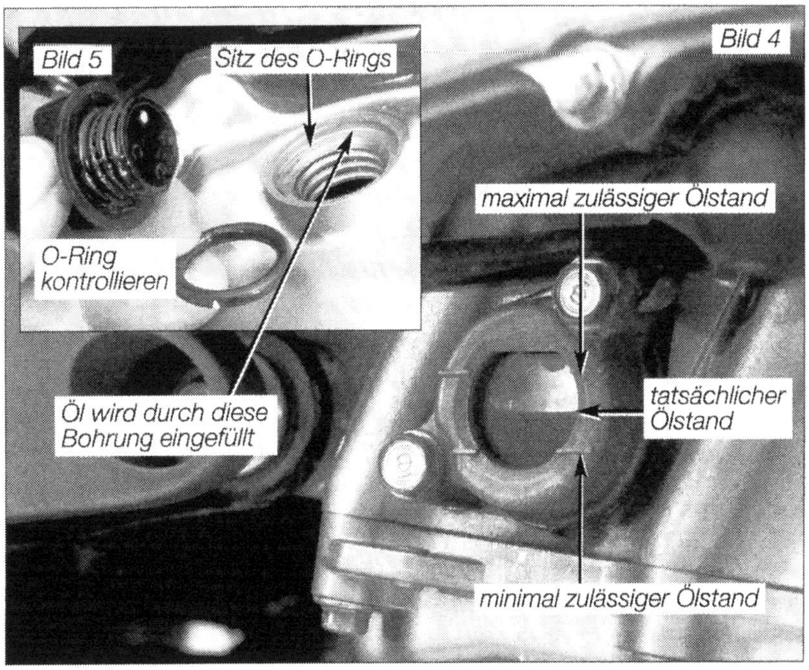

nuss (Bild 6) oder einen exakt passenden Ringschlüssel verwenden. Ölablassschraube ausdrehen, Öl läuft aus.

5. Abdeckkappe (Bild 7) über dem Ölfilter abschrauben: Beide M6-Schrauben mit 8er-Schlüssel lösen und ausdrehen, Kappe abziehen.

6. Ölfilter mit passendem Ölfilterschlüssel abschrauben (Bild 8).

Altöl auch aus dieser Öffnung lange genug auslaufen und abtropfen lassen.

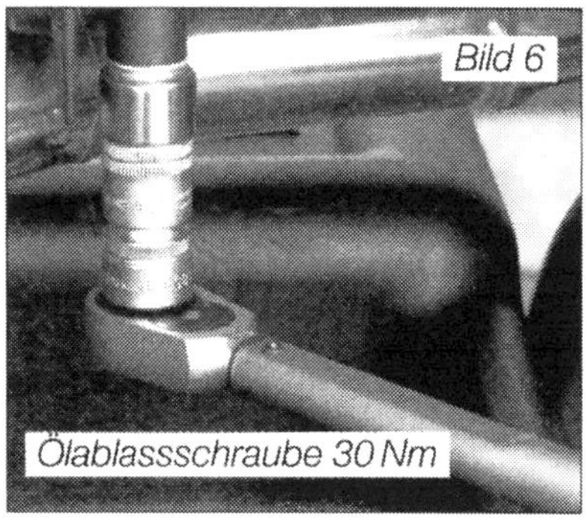

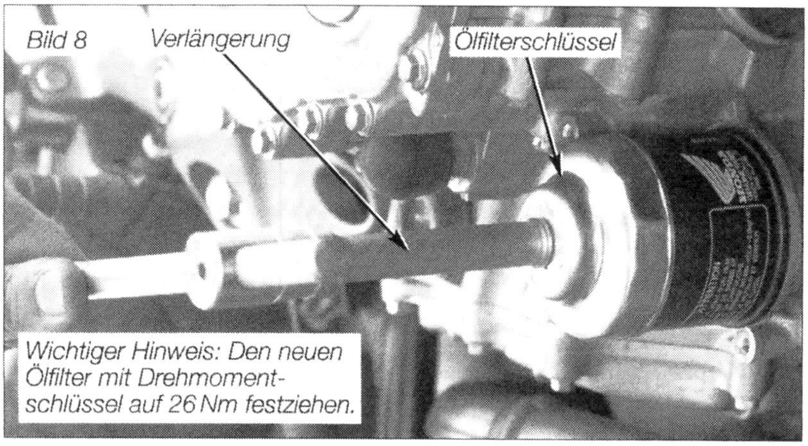

Bilder 6 bis 9: Im Lauftext sind die zu den Bildern gehörenden Arbeitsschritte nummeriert beschrieben.

Bild 10: Lage der Öldruck-Kontrollleuchte im Armaturenbrett.

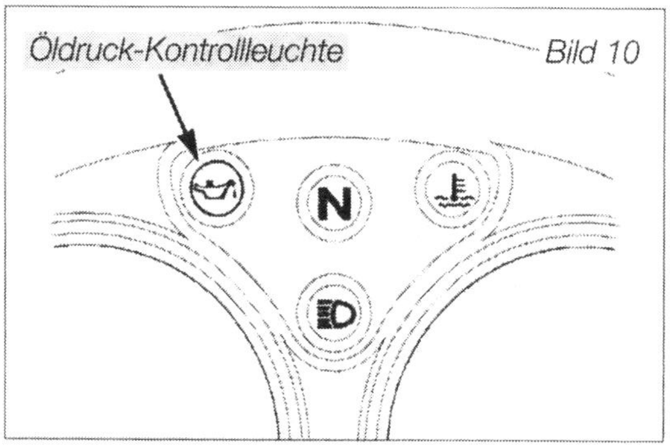

Neuen Ölfilter anschrauben, Öl einfüllen

1. Anlageflächen des Ölfilters und der Ölablassschraube mit einem sauberen, nicht fusselnden Lappen abwischen.

2. Ölablassschraube mit neuem Dichtring versehen, eindrehen, mit 30 Nm festziehen (Bild 6).

3. Dichtring und Einschraubgewinde des neuen Ölfilters mit frischem Motoröl bestreichen (Bild 9).

4. Ölfilter exakt am Gewinde des Motors ansetzen und von Hand andrehen, bis der Dichtring an der Dichtfläche am Motorgehäuse anliegt.

5. Ölfilterschlüssel am Ölfilter ansetzen, mit Drehmomentschlüssel auf 26 Nm festziehen (Bild 8).

6. Durch die Einfüllöffnung im Kupplungsdeckel frisches Öl einfüllen (Füllmengen siehe Anfang dieses Kapitels).

7. Öleinfüllverschluss in die Einfüllöffnung eindrehen und handfest anziehen.

8. Motor starten und zwei bis drei Minuten im Leerlauf laufen lassen: Der Ölfilter muss sich füllen. Ölfilterrand und Ölablassschraube auf Dichtheit prüfen.

9. Motor abstellen und den Ölstand nach einigen Minuten kontrollieren. Ölstand am Messstab sollte nun etwas über der Mitte der beiden Markierungen liegen.

Öldruckschalter, Öldruck

Öldruckschalter: Beim Einschalten der Zündung leuchtet eine Öldruck-Kontrollleuchte im Cockpit auf, die Leuchte mit dem Ölkännchen-Symbol (Bild 10). Nach dem Starten des Motors erlischt sie, wenn sich genügend Öldruck aufgebaut hat.

Erlischt die Öldruck-Kontrollleuchte nicht:

1. Wenn der Motor abnormale Geräusche hat, also z. B. laut klappert, Motor SOFORT abstellen, dann hat er wahrscheinlich einen Lagerschaden – ein Fall für die Honda-Fachwerkstatt.

2. Wenn er mit normalen Motorgeräuschen läuft, abstellen und Motoröl-Stand überprüfen, ggf. korrigieren. Leuchtet die Lampe dann trotz korrektem Motorölstand weiterhin, deutet dies auf einen defekten Öldruckschalter hin.

3. Leuchtet die Öldruck-Kontrollleuchte schon beim Einschalten der Zündung nicht auf, Lampenfassung und Kabelverbindung der Öldruck-

Kontrollleuchte prüfen. Sind diese einwandfrei, ist wahrscheinlich der Öldruckschalter defekt.

Hinweis: Zum Auswechseln des Öldruckschalters sind die gleichen Arbeitsschritte nötig wie zum Messen des Öldrucks. Wir empfehlen auch dann, wenn der Öldruckschalter als defekt erkannt und ausgewechselt wird, eine Messung des Öldrucks – denn wenn dieser in Ordnung ist, hat man sein Gewissen beruhigt.

Öldruck: Ab einer Laufleistung von ca. 50000 km sollte man den Öldruck bei jeder großen Inspektion überprüfen. Daraus lassen sich Rückschlüsse auf den Zustand des Schmiersystems und der Kurbelwellenlager ziehen.

Öldruck messen

1. Ölstand kontrollieren, ggf. korrigieren. Motor warm laufen lassen, bis das Motoröl ca. 80 °C warm ist. Motor abschalten.
2. Gummikappe vom Öldruckschalter abziehen, Kabel abschrauben (Bild 12).
3. Öldruckschalter ausdrehen.
3.1. Öldruckmesser mit passenden Adapter in Gewinde im Motorblock anschließen (Bild 13).
4. Motor starten und mit Standgas laufen lassen, Öldruck vom Öldruckmanometer ablesen.
4.1. Gas geben bis auf 6000/min, Drehzahl stabil halten, Öldruck muss ca. 5,1 bar betragen.
5. Öldruckmesser abschrauben.
6. Neuen Öldruckschalter einbauen:
6.1. Etwas Silikondichtmittel an das Gewinde des Öldruckschalters geben. KEIN Silikondichtmittel an die vorderen Gewindegänge bringen (Bild 11).
6.2. Öldruckschalter eindrehen und mit 12 Nm festziehen. Kabel anschrauben, Gummikappe aufdrücken.

Öldruckmessung bewerten

Öldruck liegt bei 5,1 bar

- Motorinnereien in Ordnung.

Öldruck viel niedriger als 5,1 bar?

Es können folgende Ursachen vorliegen:

- Ölfilter verstopft
- Ölleitung undicht
- Ölpumpe defekt
- Kurbelwellenlager defekt

Eventuell liegt auch eine Kombination mehrerer Fehler vor.

Öldruck viel höher als 5,1 bar?

Es können folgende Ursachen vorliegen:

- Ölviskosität zu hoch (zu dickes Öl im Motor)
- Ölkanal verstopft
- Ölfilter beschädigt

Öldruckregler überprüfen

Wenn der Öldruck zu niedrig ist, kann der Öldruckregler (auch »Ölüberdruckventil« genannt) festhängen. Dieser Schaden ist bei einem normal gepflegten Motor nicht zu erwarten. Er kann auftreten, wenn grober Schmutz in das Motoröl hineingekommen ist.

Falls der Öldruckregler (Bild 14) nachgesehen werden muss: Ölwanne abschrauben (Öl vorher ablassen!). Reglerfunktion durch Eindrücken des Kolbens mit einer geeigneten Stange überprüfen: Regler darf nicht hängen.

Falls er doch hängt:
1. Regler ausbauen, zerlegen (Bild 14).
2. Reglerkolben und Kolbenbohrung auf Fressstellen untersuchen und diese ggf. beseitigen.
3. Federspannung prüfen: Wenn die Feder lahm ist, neue Feder einsetzen.
4. Ölsieb ausziehen, reinigen, mit neuem O-Ring wieder einstecken.
5. Zusammenbau umgekehrt zur Zerlegung. Silikondichtmittel auf Dichtfläche der Ölwanne, Schrauben in mehreren Schritten bis auf 12 Nm festziehen.

Bild 11: Silikondichtmittel an das Gewinde des Öldruckschalters.

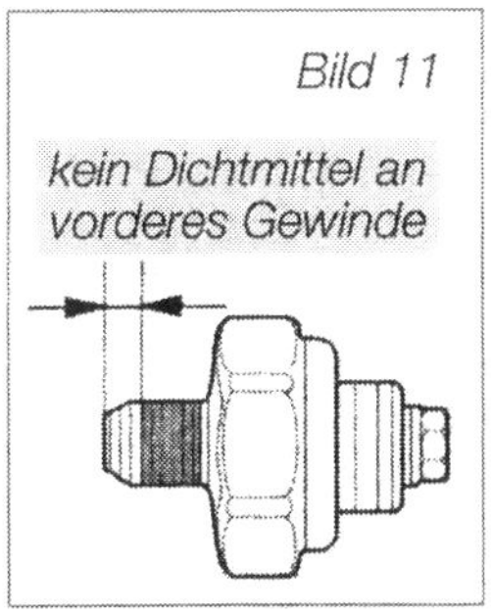

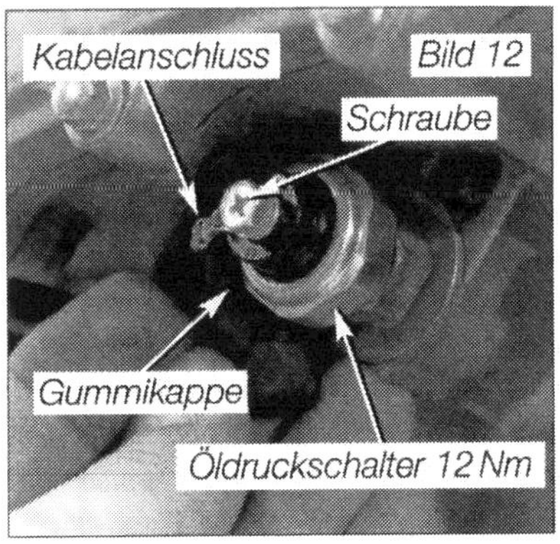

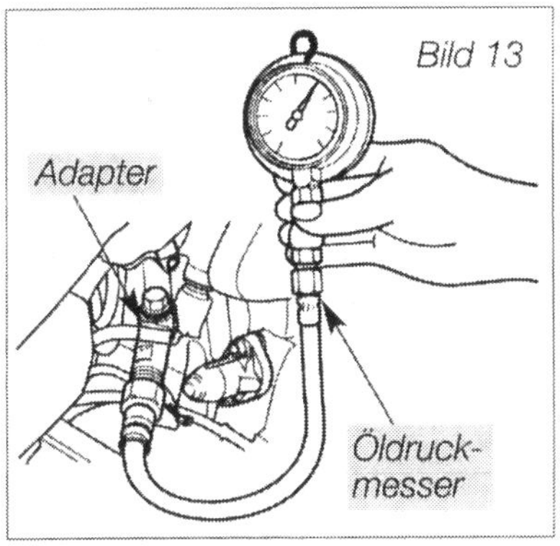

Bilder 12 und 13: Lage des Öldruckschalters, Anschluss eines Öldruckmanometers.

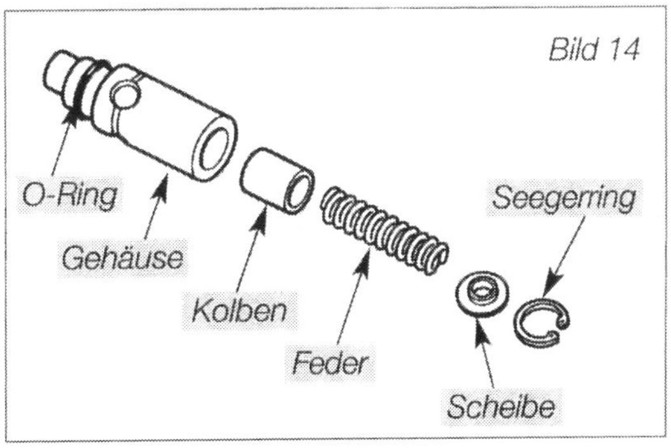

Bild 14: Explosionszeichnung des Öldruckreglers (Ölüberdruckventils).

Kühlsystem

In diesem Kapitel: Motorkühlung · Daten Kühlsystem · Kühlflüssigkeit prüfen, ergänzen, wechseln · Thermostat aus- und einbauen, prüfen und vermessen · Kühler prüfen · Öffnungsdruck des Kühlsystemdeckels · Kühler abbauen, reinigen, prüfen, anbauen · Kühlerventilator und Schalter prüfen · Wasserpumpe ausbauen, prüfen, einbauen.

Motorkühlung

Das Kühlsystem der CBF 1000 ist lebenswichtig für den wassergekühlten Motor. Technisch richtig heißt es »flüssigkeitsgekühlt«, denn reines Wasser ist es ja nicht, was im Kühlsystem zirkuliert, sondern eine Flüssigkeit, die aus einer Mischung verschiedener Komponenten besteht.

Kühlflüssigkeit wird fertig gemischt angeboten. Beim Kauf darauf achten, dass die Kühlflüssigkeit für Aluminiummotoren geeignet ist. Kühlflüssigkeit für Graugussmotoren ist nicht geeignet!

Kühlflüssigkeit trägt auch zur Schmierung der Wasserpumpe und zur Verhinderung von Korrosion bei. Es sollte also immer verwendet werden, selbst wenn man nur im Sommer fährt und keine Minustemperaturen zu erwarten sind.

Daten Kühlsystem

Kühlflüssigkeit

- Gesamtmenge in Motor, Kühler und Ausgleichbehälter .... 2,70 Liter
- davon im Ausgleichsbehälter .... 0,30 Liter

Öffnungsdruck des Kühlerdeckels.. 1,1 bis 1,4 bar

Bei der Prüfung der Kühlflüssigkeit mit einem Hydrometer beträgt das spezifische Gewicht (Dichte) des Kühlmittels:

- bei kaltem Motor und 20 °C Kühlmittel- bzw. Umgebungstemperatur .... 1,077 g/cm³
- bei kaltem Motor und 30 °C Kühlmittel- bzw. Umgebungstemperatur .... 1,071 g/cm³

Thermostat

- beginnt zu öffnen bei .... 80 bis 84 °C
- voll geöffnet bei..................................... 90 °C
- Thermostat-Ventilhub .... 8 mm

Kühlflüssigkeit prüfen

Bei den großen Inspektionen alle 12 000 km (12 Monate) sollen der Kühlflüssigkeitsstand, alle Schläuche, Anschlüsse und Schlauchschellen kontrolliert weden. Die Kühlflüssigkeit soll alle 36 000 km (oder zwei Jahre) erneuert werden. Ab und zu ein prüfender Blick auf das Kühlsystem

Sicherheitshinweise ⚠ Achtung und ☞ Tipps für dieses Kapitel

⚠ Kaufen Sie neue Kühlflüssigkeit NICHT im Baumarkt oder gar in der Kfz-Abteilung eines Lebensmittel-Supermarktes, auch wenn das Preisangebot scheinbar noch so verlockend ist! Kaufen Sie Kühlflüssigkeit entweder beim Honda-Händler oder im Motorrad- bzw. Kfz-Zubehör-Fachhandel!

⚠ Kühlflüssigkeit kann Lack beschädigen und auf blankem Metall Flecken hinterlassen. Nichts auf die Haut kommen lassen, nicht verschütten, altes Kühlmittel umweltgerecht entsorgen!

⚠ Motorkühlmittel kann Haut und Augen sowie innere Organe schädigen. Jeglichen Körperkontakt vermeiden, keinesfalls trinken. Falls Haut oder Augen damit in Berührung kommen, mit reichlich klarem Wasser ab- bzw. ausspülen. Nach Verschlucken KEIN Erbrechen herbeiführen, sondern Arzt bzw. Giftnotzentrale anrufen.

⚠ Deckel des Kühlers nicht bei heißem Motor öffnen: Heißes Kühlmittel steht unter Druck und schießt beim Öffnen des Deckels heraus – Verbrühungen wären die Folge.

⚠ Bei Arbeiten mit laufendem Motor in geschlossenen Räumen für ausreichende Belüftung sorgen! Abgase enthalten giftiges und geruchloses Kohlenmonoxid, das Bewusstlosigkeit verursachen und zum Tod führen kann. Alle Fenster und Türen öffnen! Am sichersten ist eine Abgasabsauganlage ins Freie. Dieser Warnhinweis gilt für alle Einstellarbeiten, bei denen der Motor laufen muss. Wenn keine oder ungenügende Belüftungs- und Entlüftungsmöglichkeit der Werkstatträume gegeben ist, im Freien arbeiten!

⚠ Sowohl bei einer Prüfung des Kühlers bei abgenommenem Zustand als auch bei einer Dichtprüfung des gesamten Kühlsystems in eingebautem Zustand den maximal zulässigen Prüfdruck von 1,4 bar nicht überschreiten, denn zu hoher Druck kann Bauteile des Kühlsystems beschädigen!

☞ Ist der Thermostat defekt und Sie haben keine Möglichkeit, einen neuen zu kaufen, können Sie den Motor eine gewisse Zeit lang auch ohne Thermostat betreiben (zumindest im Sommer). Noch ein Tipp: Falls der Thermostat verkalkt ist, deswegen klemmt und nicht mehr öffnet, legen Sie ihn zwei Stunden lang in Kaffeemaschinen-Entkalker, Haushaltsessig oder Zitronensaft. Dadurch löst sich der Kalk und das Thermostatventil wird wieder freigängig. Es kann durchaus sein, dass der Thermostat danach wieder richtig funktioniert.

☞ Wenn Sie partout keinen Ersatzkühlerschlauch für Ihre Honda CBF 1000 finden, sehen Sie bei anderen Honda-Modellen nach, zum Beispiel bei CBR 900/1000.

(und dabei ganz gezielt auf den Kühlflüssigkeitsstand im Ausgleichbehälter, Bild 2) während dieser Zeit beruhigt die Nerven (siehe dazu auch Kapitel 5 »Wartung«).

Wenn der Pegelstand der Kühlflüssigkeit unter die untere Markierungslinie absinkt, stimmt etwas nicht: Entweder ist die Kühlflüssigkeit schon zu lange drin und ein Teil davon ist verdunstet, oder das Kühlsystem hat ein Leck.

In einem solchen Fall den Ausgleichsbehälter bis zur oberen Markierungslinie mit Kühlflüssigkeit auffüllen, weiterfahren und scharf beobachten, wo das Zeug bleibt.

Hinweis: Der Stand der Kühlflüssigkeit im Ausgleichsbehälter ist bei heißem Motor etwas höher ist als bei kaltem.

Kühlflüssigkeit wechseln

Vorbereitung: 3 Liter Kühlflüssigkeit kaufen (siehe Anfang dieses Kapitels). Motorrad auf Mittelständer oder Heckmontageständer stellen. Motor muss kalt sein, höchstens handwarm. Tank hochstellen, dazu Sitze und entspechende Verkleidungsteile abbauen.

Kühlsystem entleeren

1. Kühlsystemdeckel (Bild 1) abnehmen. Auffangbehälter unter den Motor stellen, er muss mindestens 5 Liter fassen. Am besten einen großen, flachen Behälter verwenden (Waschschüssel oder alten Plastikkanister aufschneiden!).
2. Ablassschraube im Wasserpumpendeckel ausdrehen (Bild 3).
2.1. Kühlflüssigkeit läuft heraus, austropfen lassen. Kühlwasserschläuche von Hand durchwalken.
3. Ablassschraube mit neuem Dichtring wieder eindrehen und mit 12 Nm festziehen.
4. Ausgleichsbehälter entleeren:
4.1. Gummideckel abnehmen.
4.2. Batterie ausbauen (dahinter ist der Syphonschlauch verlegt).
4.3. Schlauch vom oberen Anschluss am Thermostatgehäuse abziehen und nach unten in den Auffangbehälter verlegen: Alte Kühlflüssigkeit auslaufen lassen.
4.4. Behälter und Schlauch mit heißem Wasser ausspülen und reinigen.
4.5. Schlauch wieder exakt nach oben verlegen und auf oberen Anschluss aufstecken, Schlauchschelle sicher anbringen. Batterie einbauen.

Kühlsystem neu befüllen

1. Frisches Kühlmittel in den Einfüllstutzen im Thermostatgehäuse einfüllen: Einen Trichter benutzen, Kühlmittel langsam und in kleinen »Schlucken« einfüllen.
2. Frisches Kühlmittel in den Ausgleichsbehälter bis zur oberen Markierung einfüllen.

Kühlsystem entlüften

1. Getriebe in Leerlauf schalten. Motor starten, zwei bis drei Minuten im Leerlauf laufen lassen.
2. Zum Ende des Probelaufs drei- bis viermal kräftig Gas geben. Damit erhöht sich die Drehzahl der Wasserpumpe und die Kühlflüssigkeit wird ordentlich durch alle Leitungen gejagt, Luft wird aus dem Kühlsystem gedrückt.
3. Motor abstellen, Kühlflüssigkeitsstand in Thermostatgehäuse und Ausgleichsbehälter prüfen, ggf. auffüllen.

Bild 1: Kühlsystemdeckel am Thermostatgehäuse.

Bild 2: Kühlflüssigkeits-Ausgleichsbehälter. Fehlende Kühlflüssigkeit wird hier aufgefüllt!

Bild 3: Wasserpumpe mit Anziehdrehmomentwerten.

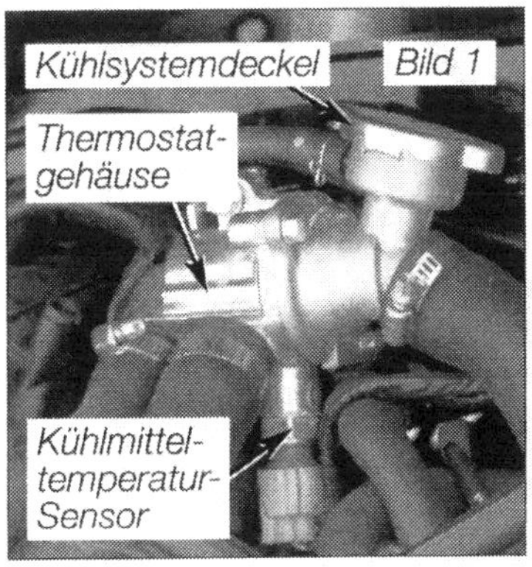

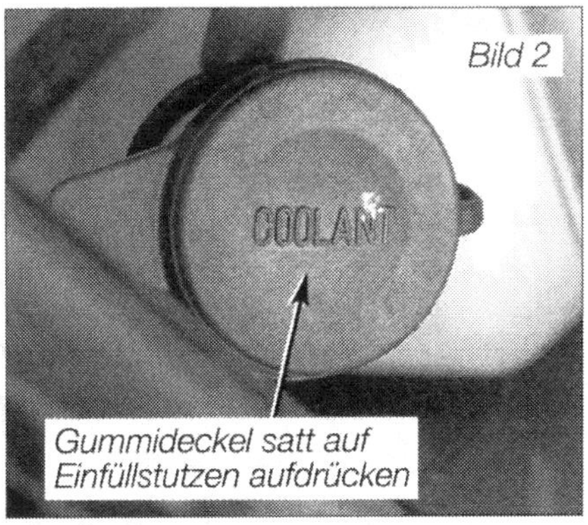

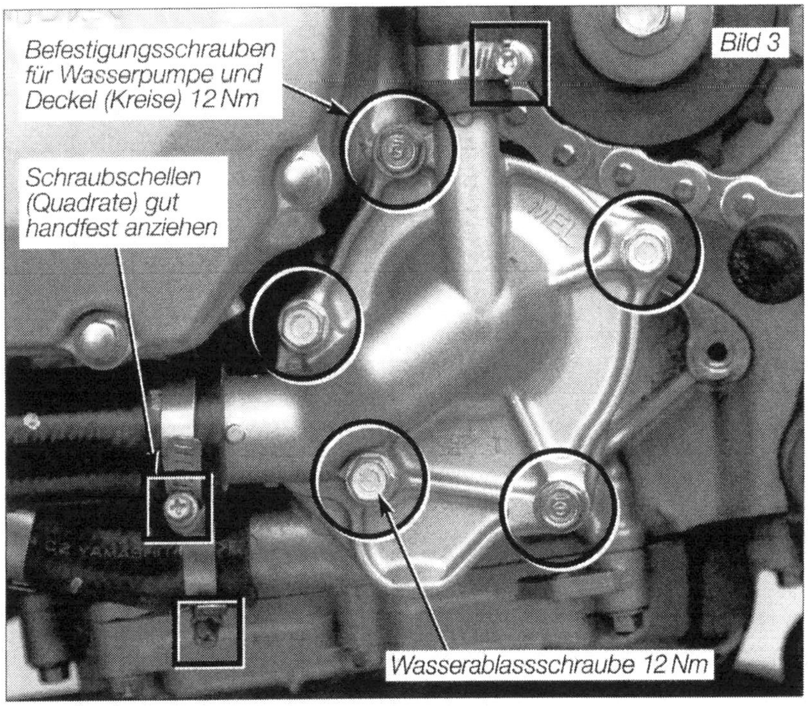

Sichtprüfung Messen

Bilder 4 bis 7: Im Lauftext sind die zu den Bildern gehörenden Arbeitsschritte nummeriert beschrieben.

4. Kühlsystemdeckel aufsetzen und fest zudrehen, Einrastung muss leicht knacken.
5. Tank und Verkleidungsteile aufbauen.

Thermostat

Der Thermostat sitzt hinten im Thermostatgehäuse (auf der gegenüberliegenden Seite des Kühlsystemdeckels, Bilder 1 und 4). Wenn der Motor zu heiß wird, obwohl garantiert genügend Kühlflüssigkeit im Kühlsystem ist und der Kühlerventilator läuft, dann liegt der Grund oft ganz banal darin, dass der Thermostat durch Kalkablagerungen fest ist (Bild 5) und den großen Kühlmittelkreislauf nicht aufmacht. Er muss dann ausgebaut, gereinigt oder erneuert werden.

Um einem festen Thermostat vorzubeugen, empfehlen wir, beim Wechsel der Kühlflüssigkeit auch den Thermostat auszubauen (auch wenn dies mit etwas Aufwand verbunden ist!) und Thermostat und Innenwände des Thermostatgehäuses mit einem mit Essig getränkten Lappen von Ablagerungen zu reinigen.

Thermostat aus- und einbauen
1. Kühlflüssigkeit ablassen.
2. Deckelschrauben ausdrehen, Thermostatdeckel abnehmen.
3. Thermostat aus dem Thermostatgehäuse entnehmen (Bild 6).

Einbau in umgekehrter Reihenfolge.
- Neuen eingefetteten O-Ring verwenden.
- Thermostat mit dem gefederten Teil nach innen in das Gehäuse einsetzen, die kleine Bohrung muss nach oben weisen (Bild 6).
- Schrauben mit 12 Nm anziehen.
- Kühlflüssigkeit ergänzen, System entlüften.

Thermostat prüfen und vermessen
Falls man sich nicht sicher ist, ob der Thermostat richtig funktioniert, und kein neuer Thermostat zur Hand ist, kann man ihn prüfen.

Dazu werden benötigt: Eine elektrische Heizplatte (oder Gasflamme, Gasherd oder Campingkocher), ein mittelgroßer Topf mit 5 Liter Fassungsvermögen, der zur Hälfte mit Kühlflüssigkeit gefüllt wird, ein Stück stabile Schnur, ein Reifenmontiereisen (großer Schraubenschlüssel geht auch) und ein großes Thermometer mit einem Messbereich bis mindestens 100 °C (Bild 7).

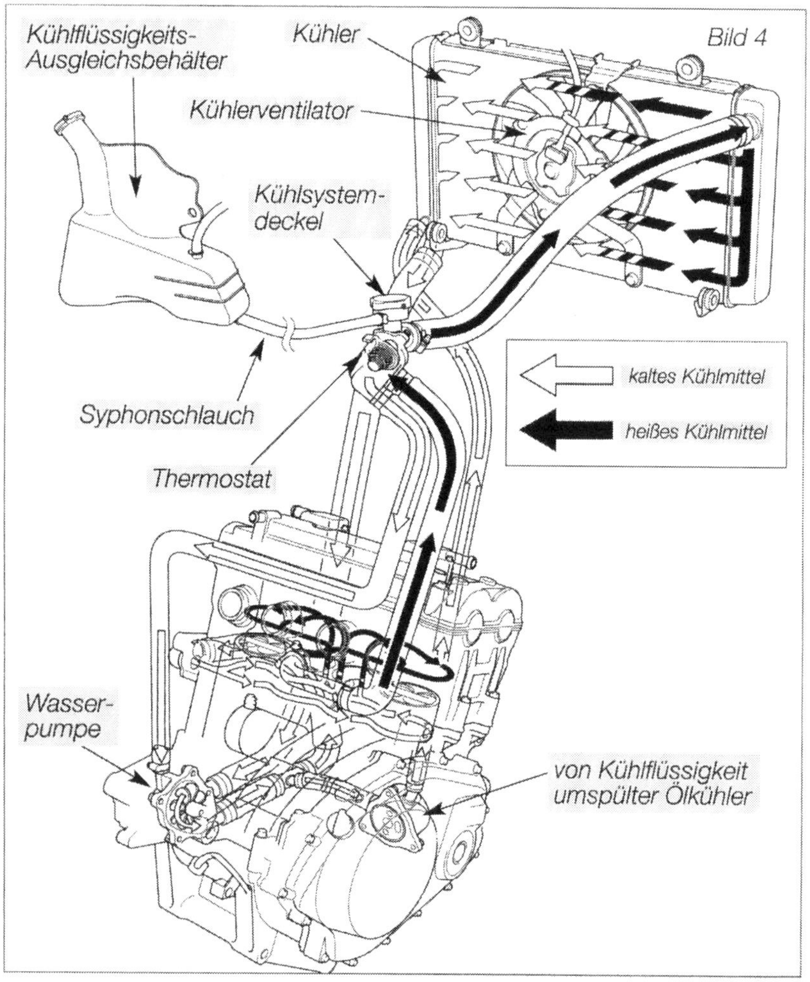

Bild 4

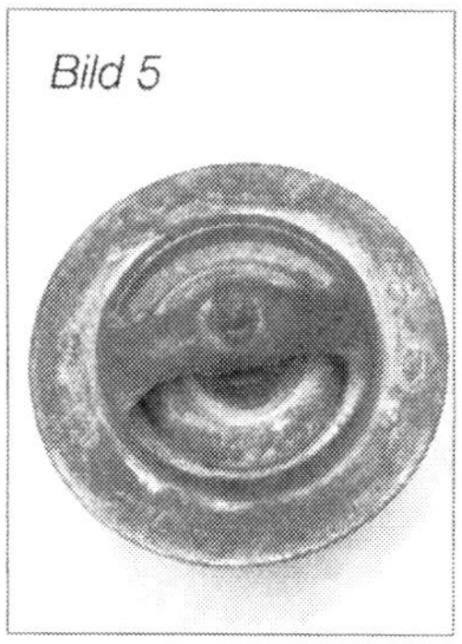
Bild 5

Bild 6

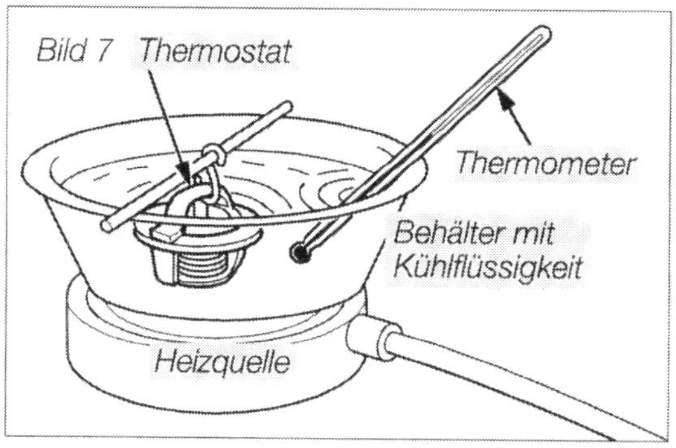

Bild 7

1. Vorher den Thermostat und Gehäusedeckel auf Risse, Klemmstellen, Kalkablagerungen und defekte Feder untersuchen. Wenn der Thermostat sichtbar defekt ist, dann kann man sich die Prüfung sparen!
2. Schnur durch den Flansch des Thermostats ziehen und ihn daran frei schwebend in den Wassertopf hängen.
■ Thermostat und Thermometer dürfen das Metallgefäß nicht berühren, sonst werden die Messergebnisse verfälscht!
2.1. Wasser erwärmen und den Temperaturanstieg am Thermometer verfolgen.
2.2. Das Thermostatventil muss bei 80 bis 84 °C beginnen zu öffnen.
3. Zum Messen des Ventilhubs das Wasser weiter erwärmen:
3.1. Bei 95 °C muss sich das Thermostatventil mindestens 8 mm angehoben haben.
4. Fehlerhaft arbeitenden Thermostat erneuern.

Wichtig: Man kann einen verkalkten Thermostat auch einige Stunden lang in Haushalts-Zitronensäure legen, das löst den Kalk und macht den Thermostat wieder gängig. Besser ist es jedoch allemal, einen neuen Thermostat einzubauen.

Kühler

Kühler und Kühlsystem prüfen

■ Wenn Verlust von Kühlflüssigkeit festgestellt wird und man weiß nicht, wohin sie verschwindet, sollte man in zusammengebautem Zustand eine Prüfung des gesamten Kühlsystems auf Dichtheit unter maximal 1,4 bar Druck mit einem Kühlerprüfgerät durchführen. Bei dieser Prüfung muss der mit dem Kühlerprüfgerät in das Kühlsystem eingebrachte Druck 6 bis 10 Sekunden lang gehalten werden.
■ Wird der Druck nicht gehalten, das Leck (oder die Lecks) lokalisieren und beheben.

Öffnungsdruck Kühlerdeckel prüfen

1. Dichtflächen des Kühlerdeckels anfeuchten, Deckel am Testgerät anschließen (Bild 8).
2. Druck bis mindestens 1,1 bar, aber nicht mehr als 1,4 bar aufbauen. Testgerät dabei ruhig halten.
3. Deckel muss den aufgebauten Druck mindestens 10 Sekunden lang halten.
4. Falls der Druck nicht gehalten wird, den Deckel erneuern.

Kühler abbauen

1. Tank hochstellen, dazu nötige Verkleidungsteile abbauen.
2. Kühlsystemdeckel abnehmen, Kühlmittel ablassen, Schläuche vom Kühler abziehen:
■ Schlauchschelle weit genug öffnen, dann Schlauchanschluss auf dem Stutzen etwas drehen, damit sich die »Verklebung »löst, dann erst abziehen.
3. Befestigungsschrauben des Kühlers ausdrehen. Kühler abnehmen.

Kühler reinigen, prüfen

1. Unter fließendem Wasser mit einer Wurzelbürste reinigen. Lamellen dabei nicht verbiegen!
2. Schmutz mit Druckluft aus Kühler blasen.
3. Verbogene Rippen und Lamellen mit kleinem Schraubenzieher und Spitzzange richten.
■ Wenn die Lamellen so stark verbogen sind, dass ein großer Teil des Luftdurchgangs verschlossen ist, einen neuen Kühler anschaffen.
4. Kühler mit Kühlerprüfgerät auf Dichtheit unter

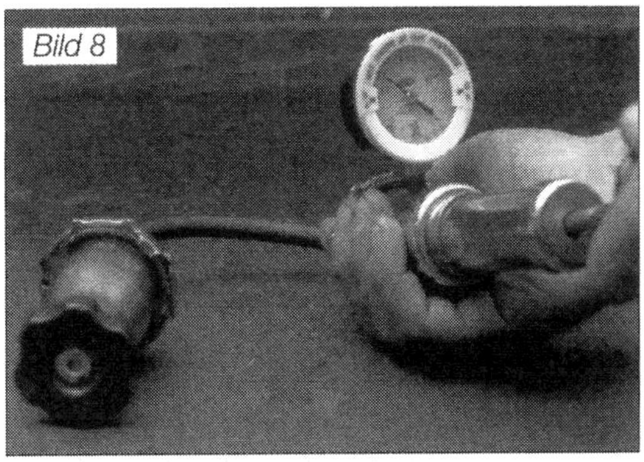

Bild 8: Der Kühlsystemdeckel muss den Prüfdruck mindestens 10 Sekunden lang halten.

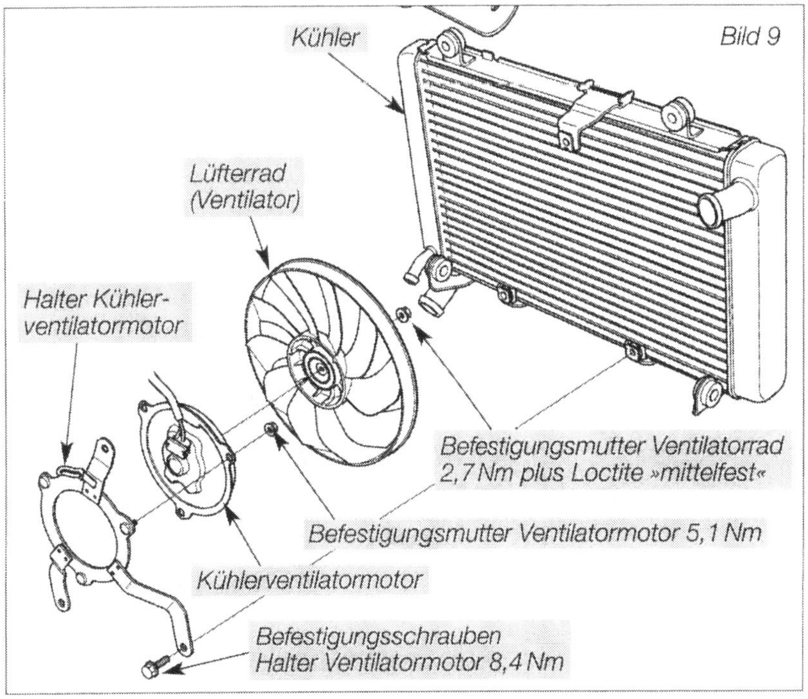

Bild 9: Explosionszeichnung des Kühlers.

Druck von 1,4 bar prüfen. Wenn undichte Stellen festgestellt werden, diese reparieren lassen.

■ Kühler können in Spezialbetrieben geschweißt werden. Im örtlichen Telefonbuch unter »Kühlerbau« nachsehen. Auch Werkstätten, in denen Kühlaggregate (»Kälte- und Klimaanlagenbau«) gewartet und repariert werden, können Alukühler fachgerecht schweißen.

Kühler anbauen

Anbau des Kühlers in umgekehrter Reihenfolge des Ausbaus. Dabei besonders beachten:

■ Kühlerventilator (falls demontiert) anbringen, siehe dazu Bild 9.

■ **Wichtig:** Gummitüllen in der Kühlerbefestigung müssen vorhanden und in Form sein. Kühler niemals ohne die vibrationshemmenden Gummitüllen anbauen, sonst reißt die Befestigung!

■ Schläuche aufschieben, Schellen in richtige Position bringen und »gut handfest« anziehen.

Nach Abschluss aller Arbeiten alle Schläuche und Schlauchschellen auf korrekten Sitz prüfen. Motor laufen lassen, auf Betriebstemperatur bringen, alle Schlauchanschlüsse prüfen: Es darf nirgends Kühlflüssigkeit auslaufen oder ein Anschluss feucht werden!

Bilder 10 und 11: Ausbau und Prüfung des Kühlerventilatorrelais (Lüfterrelais).

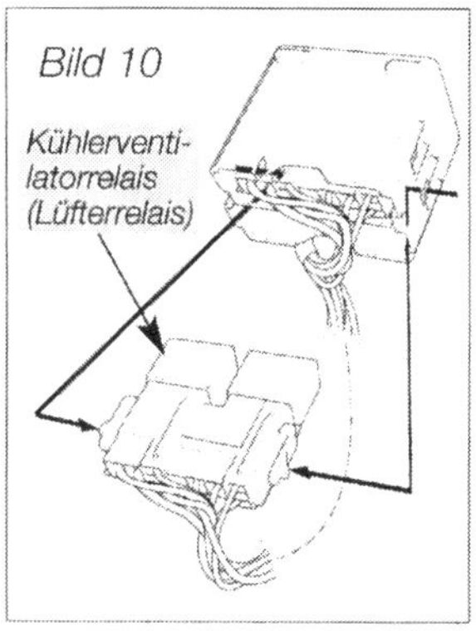

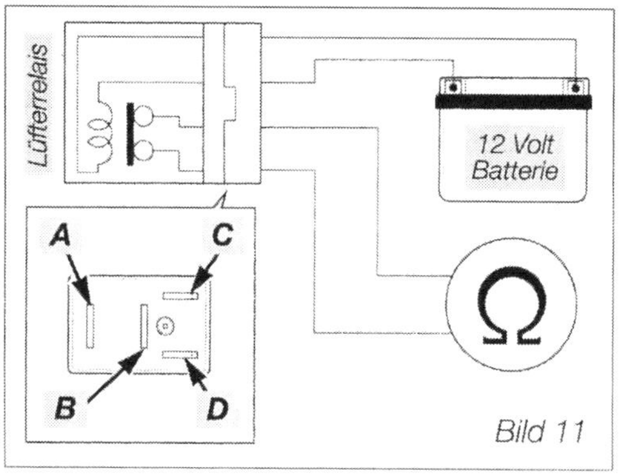

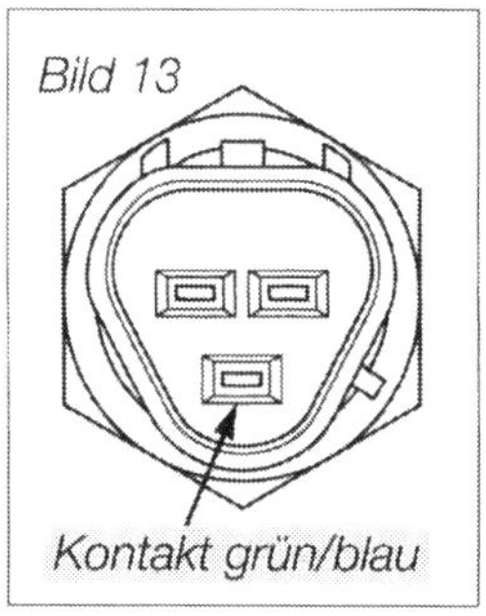

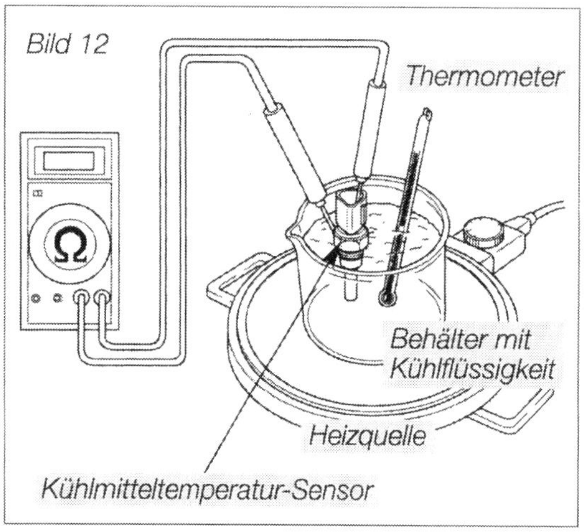

Bilder 12 und 13: Prüfung des Kühlmitteltemperatur-Sensors.

Kühlerventilator

Wenn der Motor überhitzt, kann neben einem klemmenden Thermostatventil (bleibt immer »zu«, siehe Text weiter vorne) ein nicht anlaufender Kühlerventilator der Grund sein. Oder die Wasserpumpe ist defekt. Wenn der Motor dagegen zu kühl bleibt, kann das Thermostatventil ebenfalls defekt sein (bleibt immer »offen«) und/oder der Kühlerventilator läuft immer, er schaltet sich also nicht automatisch ab.

Dafür kommen vier Bauteile in Betracht:

1. Sicherung (20 Ampere) des Kühlerventilators, sie sitzt im Sicherungskasten (Bild 4 in Kapitel 16 »Sicherungen · Relais · Stecker«): Sicherung prüfen, ggf. erneuern.

2. Relais des Kühlerventilatormotors (Bild 12e in Kapitel 16 »Sicherungen · Relais · Stecker«), Prüfung siehe nächster Textabsatz.

3. Kühlmitteltemperatur-Sensor (Bild 13d in Kapitel 16 »Sicherungen · Relais · Stecker«), Prüfung siehe übernächster Textabsatz.

4. Der Kühlerventilatormotor selbst, Prüfung im über-übernächsten Textabsatz.

Relais des Kühlerventilatormotors prüfen

Das Relais des Kühlerventilatormotors (»Lüfterrelais«) sitzt rechts hinten am Heckrahmen (siehe Kapitel 16 »Sicherungen · Relais · Stecker« Bilder 12 und 12e).

1. Heckverkleidung abbauen.

2. Relaiskasten aus Halterung nehmen. Braunen Stecker abziehen. Lüfterrelais ausziehen (Bild 10).

3. Bild 11: Multimeter auf Ω einstellen, Messspitzen anlegen an Kontakt A (rot/grün) und Kontakt B (schwarz/blau)

4. Bild 11: 12-Volt-Batterie an Kontakt C (schwarz/weiß) und Kontakt D (grün/blau) im Motorabschaltrelais-Stecker anschließen.

5. Messen: Bei angeschlossener Batterie muss Durchgang gegeben sein.

5.1. Wenn kein Durchgang besteht, das Kühlerventilatorrelais eneuern.

Kühlmitteltemperatur-Sensor prüfen

1. Tank hochstellen. Ca. 0,5 Liter Kühlmittel an der Ablassschraube der Wasserpumpe ablassen.

2. Kurbelgehäuse-Entlüftungsschlauch vom Stutzen auf dem Ventildeckel abziehen. Befestigungsschraube des Themostatgehäuses ausdrehen, Themostatgehäuse abnehmen.

3. Thermostatgehäuse umdrehen, Stecker abziehen, Kühlmitteltemperatur-Sensor ausdrehen.

4. Bild 12: Kühlmitteltemperatur-Sensor an einer

Schnur frei schwebend bis Gewinde in Gefäß mit Kühlmittel hängen. Thermometer einlegen.
5. Bilder 12 und 13: Mulimeter auf kΩ stellen, eine Messspitze anlegen an Kontakt grün/blau im Sensor, die andere Messspitze außen an das Sechskant des Sensors.
6. Messen:
6.1. Bei 80 °C Widerstand 2,1 bis 2,6 kΩ
6.2. Bei 120 °C Widerstand 0,65 bis 0,73 kΩ
Wichtig: Vor jeder Messung die Messtemperatur ca. 3 Minuten konstant halten.
7. Weichen die Messwerte mehr als 10% ab, den Kühlmitteltemperatur-Sensor erneuern.
8. Beim Einbau des Sensors auch neuen Dichtring verwenden. Anziehdrehmoment 23 Nm. Kühlflüssigkeit auffüllen, Kühlsystem entlüften.

Kühlerventilatormotor prüfen

1. Stecker am Kabel des Kühlerventilatormotors trennen.
2. Eine voll geladene Batterie an die Steckkontakte anschließen:
2.1. Wenn sich der Kühlerventilatormotor jetzt dreht, ist er in Ordnung. Dann muss der Fehler in einem anderen Bauteil gesucht werden.
2.2. Wenn sich der Kühlerventilatormotor nicht dreht, ist er wahrscheinlich defekt.
3. Zum Ab- und Anschrauben des Kühlerventilatormotors den Kühler an seinen Anschlüssen lösen und etwas nach vorne ziehen. Befestigungsteile und Anziehdrehmomente siehe Bild 9.

Wasserpumpe

Die Wasserpumpe muss ausgebaut werden, wenn entweder Öl in der Kühlflüssigkeit oder Kühlflüssigkeit im Öl festgestellt wird.

■ **Öl in der Kühlflüssigkeit** schwimmt als Schicht oder Fettaugen auf der Kühlflüssigkeit.
■ Ein Indiz für **Kühlflüssigkeit im Öl** ist, wenn der Kühlflüssigkeitsstand absinkt, der Ölstand ansteigt und im Ölschauglas heller, wässriger Schaum zu sehen ist.
■ Tritt ein solcher Schaden auf, müssen eine neue Wasserpumpe eingebaut sowie Kühlflüssigkeit und Motoröl erneuert werden. Defekte Wasserpumpendichtungen können nicht repariert werden.

Hinweis: Vor dem Erneuern der Wasserpumpe (bzw. Ausbau) zuerst noch prüfen, ob Kühlflüssigkeit an der Wasserpumpen-Kontrollbohrung austritt: Diese ist beim Blick direkt von unten auf die Wasserpumpe zu sehen.

Wasserpumpe ausbauen

1. Schläuche von der Wasserpumpe abziehen.
2. Schrauben ausdrehen, Deckel abnehmen. Einsatz herausnehmen.
3. Wasserpumpe aus dem Motorgehäuse ziehen.
4. Den großen O-Ring vorsichtig aus seiner Nut nehmen und genau prüfen: Wenn er in Ordnung ist, kann er beim Zusammenbau wieder verwendet werden.

Wasserpumpe prüfen

1. Dreht sich die Wasserpumpenwelle leicht? Bei Undichtheit, Schwergängigkeit oder starken Laufgeräuschen die Wasserpumpe erneuern.
2. Flügelrad und Innenseiten von Wasserpumpengehäuse und -deckel müssen frei sein von Kalkablagerungen und Korrosion.

Wasserpumpe einbauen

1. Neuen O-Ring auf den Bund des Wasserpumpengehäuses aufziehen, mit etwas Fett oder frischem Motoröl bestreichen.
2. Schlitz in der Wasserpumpenwelle per Auge auf den Flächenzapfen der Gegenwelle ausrichten. Wasserpumpengehäuse in das Motorgehäuse einschieben, dabei etwas am Flügelrad drehen, bis die Nut in der Welle den Flächenzapfen erwischt, Wasserpumpe einschieben.
3. Etwas Fett in die O-Ring-Nut im Wasserpumpengehäuse schmieren, O-Ring einsetzen.
4. Einsatz und Wasserpumpendeckel in bzw. auf das Gehäuse aufsetzen, Bohrungen ausrichten, Schrauben eindrehen und leicht anlegen, dann ringsum mit 12 Nm festziehen.
5. Schläuche aufschieben, Schellen überschieben und gut handfest anziehen.
6. Kühlflüssigkeit und Motoröl einfüllen, Kühlsystem entlüften siehe weiter vorne in diesem Kapitel.

Bild 14: Explosionszeichnung der Wasserpumpe.

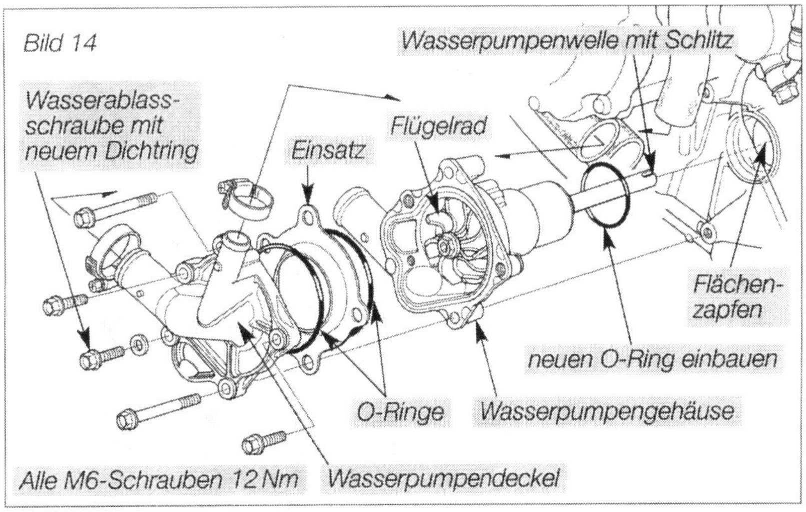

Korrespondenzkapitel:
- 4 »Einstellungen«
- 25 »Schmiersystem«
- 28 »Schaltung«

Bilder 1, 2 und 4: Explosionszeichnungen von Kupplungshandpumpe und Nehmerzylinder

Bild 3: Geklammerter Kolben verhindert das Herausrutschen.

Kupplung

In diesem Kapitel: Kupplung: Aufbau, Funktion, erste Tipps, Kupplungshydraulik · Mögliche Kupplungsprobleme · Kupplungsscheiben ausbauen · Kupplungsbauteile prüfen und vermessen · Kupplungsscheiben einbauen · Kupplungskorb und Kupplungsnabe aus- und einbauen.

Kupplung

Die Kupplung wird hydraulisch über einen Geberzylinder oben am Lenker und einen Nehmerzylinder unten am Motor betätigt (siehe dazu Explosionszeichnungen in Bildern 1, 2, 4 und 5). Wenn der Pegelstand im Schauglas des Behälters an der Lenkerarmatur abfällt, muss Bremsflüssigkeit aufgefüllt werden, denn sollte der Pegel unter »Lower« abfallen, kommt Luft ins System, die Kupplung trennt nicht mehr sauber und das Getriebe kracht beim Schalten.

Die Arbeitsschritte zum Auffüllen von Bremsflüssigkeit, Entlüften der Kupplungshydraulik und Wechsel der Flüssigkeit sind gleich wie bei den Bremsen (siehe dazu Kapitel 9 »Bremsen«).

Wenn sich die Kupplung nur noch schwer bewegen und schlecht dosieren lässt und/oder wenn die Hydraulikflüssigkeit stark verschmutzt ist, sollte man Kupplungshandpumpe und Nehmerzylinder (Bilder 1, 2 und 4) abbauen, zerlegen und inklusive der Hydraulikleitung reinigen. Neue O-Ringe für den Kolben sind eine weitere Maßnahme, um die Kupplungsbetätigung wieder gangbar zu machen.

Das Zerlegen, Reinigen, Prüfen und Zusammenbauen der Kupplungshandpumpe und des Nehmerzylinders ist vergleichbar mit »Bremspumpe und Bremssattel zerlegen und zusammenbauen«. Wenn die serienmäßige Gummi-Kupplungsleitung durch eine Stahlflexleitung ersetzt werden soll, ist dies vergleichbar mit dem Anbau einer Stahlflexleitung an die Bremsanlage (für alles siehe Kapitel 9 »Bremsen«).

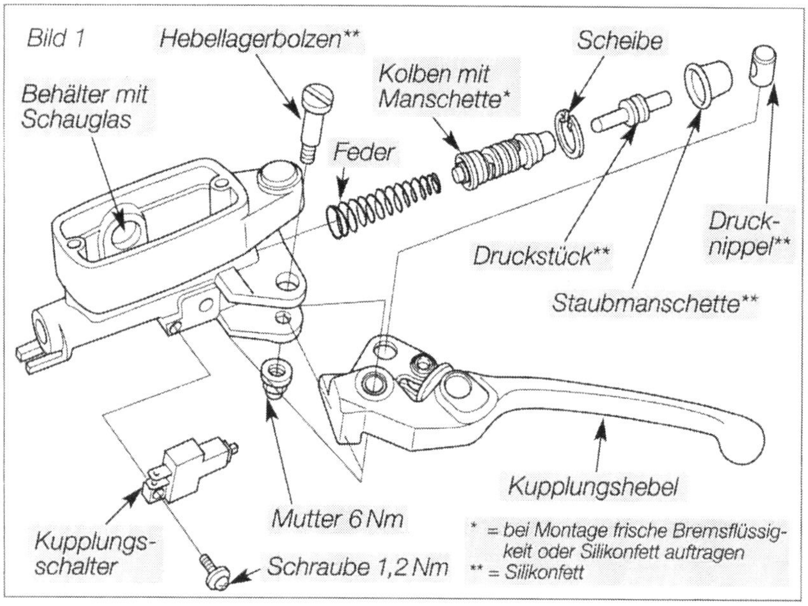

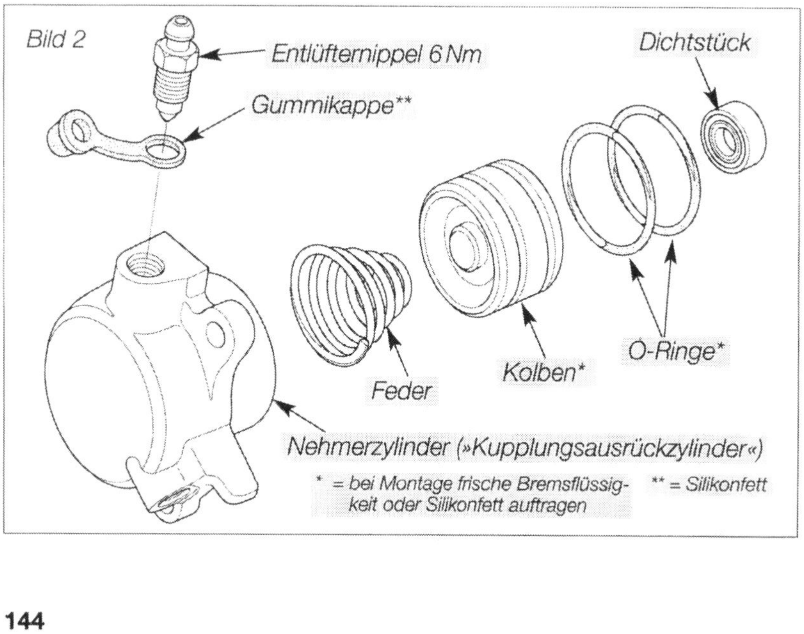

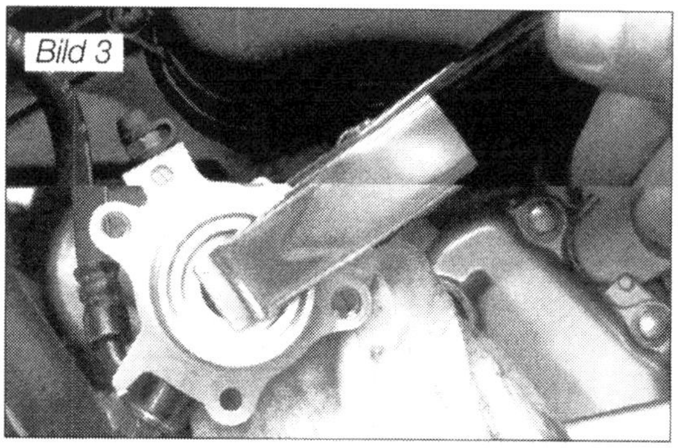

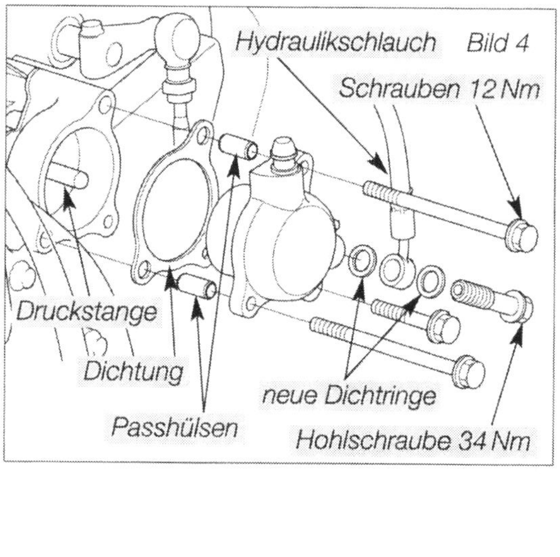

Beim Anbau der Hydraulikleitung unbedingt darauf achten, dass sie knickfrei verläuft, nirgends ansteht oder gequetscht wird. Beim Montieren der Schlauchanschlüsse neue Dichtscheiben verwenden, Anziehdrehmoment der Hohlschrauben 34 Nm.

Wenn der Nehmerzylinder links unten am Motor abgeschraubt wird, um z. B. den Deckel über dem vorderen Kettenritzel abzubauen, klemmt man den Druckkolben mit einer Klammer zusammen mit dem Gehäuse fest (Bild 3), damit der Kolben nicht durch sein Eigengewicht herausfällt. Und: Wickeln Sie einen Lappen so dick um den linken Lenkerhandgriff, damit der Kupplungshandhebel nicht betätigt werden kann (wegen der zu Besuch in die Werkstatt kommenden Freunde, die immer und überall hinlangen, wo sie nicht sollen!).

Mögliche Kupplungsprobleme

Ergänzend zum Kapitel 32 »Störungssuche« sowie im Vorgriff auf das nächste Kapitel 28 »Schaltung« listen wird nachstehend mögliche Probleme und Ursachen auf, die an Kupplung und Schaltung auftauchen können.

Probleme mit der Kupplung
Fehler: Kupplung rutscht beim Beschleunigen
Mögliche Ursachen:
- Zu viel Bremsflüssigkeit in der Kupplungshydraulik, deswegen kein Spiel zwischen Hydraulikkolben im Nehmerzylinder bzw. Kupplungsausrücklager, Druckpilz und Druckstange
- Kupplungsfedern ermüdet
- Beläge der Reibscheiben abgenutzt
- Stahlscheibe(n) verzogen
- Graphit- oder Molybdänzusatz im Motoröl

Fehler: Kupplung rückt nicht aus
Mögliche Ursachen:
- Luft in der Kupplungshydraulik
- Hebelweg am Kupplungshebel zu gering
- Kupplungsscheibe(n) verzogen
- Kupplungsnabenmutter locker
- Kupplungsausrück-Hydraulikmechanismus defekt
- zu viel oder zu dickes Öl im Motor

Fehler: Kupplung rupft, lässt sich kaum dosieren
Mögliche Ursachen:
- Verzahnung der Kupplungsscheiben in Kupplungsnabe oder -korb eingeschlagen
- Kupplungsscheiben verzogen
- Kupplungshebel schwergängig
- Manschetten im Kupplungs-Geberzylinder und/oder O-Ringe im Nehmerzylinder gequollen, deswegen schwergängig

Fehler: Kupplung verlangt übermäßig Kraft
Mögliche Ursachen:
- Kolben/Manschetten im Geberzylinder (am Lenker) oder O-Ringe im Nehmerzylinder (am Motor) schwergängig
- Kupplungshebellager am Handgriff gefressen, verdreckt, beschädigt
- Aufnahme des Kupplungshebels verbogen (Sturz- oder Unfall-Folgeschaden)

Probleme mit der Schaltung
Fehler: Getriebe schwer schaltbar
Mögliche Ursachen:
- Luft in der Kupplungshydraulik
- zu wenig Bremsflüssigkeit in der Kupplungshydraulik
- zu wenig Öl im Motor
- falsche Ölviskosität

Kupplungsscheiben ausbauen

Maschine auf Mittel- oder Montageständer abstellen, sie muss fest stehen, damit man sicher daran arbeiten kann! Wenn unterwegs auf großer Tour ein Kupplungsdefekt auftritt, kann man die Maschine zum Arbeiten an der Kupplung auch auf die linke Seite legen. Dann tritt bei abgenommenem Kupplungsdeckel kein Öl aus, man braucht das Motoröl also nicht ablassen.

Wenn allerdings die Kupplung ausgebaut werden muss, weil ein deftiger Kupplungsschaden vorliegt (z. B. Kupplungsscheiben gebrochen), befinden sich Bruchteile im Motor und damit auch im Öl. Dann müssen die Ölwanne abgebaut und das Ölsieb gereinigt sowie ein neuer Ölfilter angebaut und frisches Öl eingefüllt werden.

1. Motoröl ablassen.
2. Schrauben im Kupplungs-Gehäusedeckel auf der rechten Motorseite (Bild 5) ringsum Schritt für Schritt erst lösen, dann ausdrehen.
3. Gehäusedeckel abnehmen. Bei älteren Maschinen ist der Deckel meist zusammen mit der Dichtung auf dem Gehäuse verklebt: Gummihammer zu Hilfe nehmen, ringsum leicht auf den Deckel klopfen. Deckel, Kanten des Deckels und des Gehäuses nicht beschädigen!
3.1. Beim Abnehmen des Gehäusedeckels auf die beiden Passbuchsen oben links bei

»10 Uhr« und unten rechts bei »4 Uhr« achten.
3.2. Ebenso muss man auf Scheibe und Wellenscheibe achten, die auf der Achse des Anlasserzwischenrades aufgeschoben sind, denn sie fallen beim Abziehen des Deckels entweder in den Motor oder auf den Boden oder sie bleiben innen im Deckel kleben und verschwinden während der Montagezeit irgendwo hin!

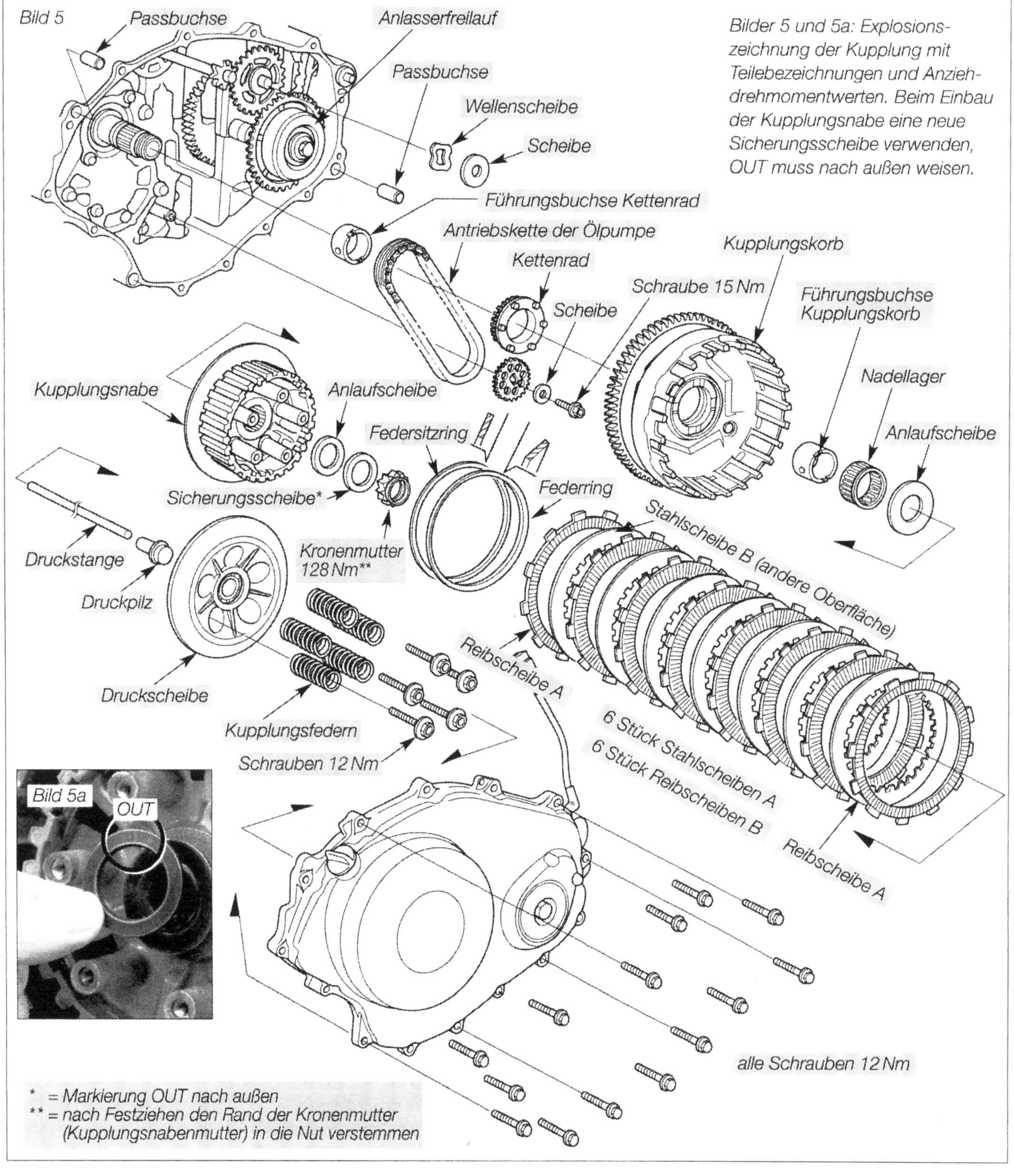

Bilder 5 und 5a: Explosionszeichnung der Kupplung mit Teilebezeichnungen und Anziehdrehmomentwerten. Beim Einbau der Kupplungsnabe eine neue Sicherungsscheibe verwenden, OUT muss nach außen weisen.

* = Markierung OUT nach außen
** = nach Festziehen den Rand der Kronenmutter (Kupplungsnabenmutter) in die Nut verstemmen

4. Kupplungsfeder-Schrauben schrittweise über Kreuz öffnen, ausdrehen, Federn herausnehmen.
5. Ausrückscheibe herausziehen, Reib- und Stahlscheiben herausziehen, in der Reihenfolge des Ausbaus ablegen.
5.1. Druckpilz im Drucklager in der Ausrückscheibe und Druckstange in der Getriebewelle können eingesteckt bleiben.

Hinweis: Wenn nur die Kupplungs-Reib- und Stahlscheiben gewechselt werden sollen, braucht die Kupplung nicht weiter zerlegt zu werden. Deswegen prüfen und vermessen wir die zerlegte Kupplung nachstehend und bauen die Kupplung wieder zusammen; darauf folgt der Kapitelabsatz »Kupplungskorb und Kupplungsnabe ab- und anbauen«.

Kupplung prüfen und vermessen

1. **Reinigen:** Mit sauberem Lappen Ölreste von allen Reib- und Stahlscheiben wischen.
2. Stahlscheiben auf Richtplatte mit Fühlerlehre auf Verzug prüfen (Bild 6). Sind sie mehr als 0,3 mm verzogen oder an ihren Oberflächen blau verfärbt, braucht man nicht mehr weiter zu messen, denn dann steht schon fest, dass Stahl- und Reibscheiben defekt sind und komplett im Satz erneuert werden müssen. Dann lesen Sie bitte weiter bei Punkt 5.
3. Dicke der Reibscheiben an mindestens vier Messstellen messen (Bild 7), Neu- und Verschleißmaße siehe Texte zu Bild 7.
4. Klauen der Reibscheiben begutachten: Sie dürfen keine groß aufgeworfenen Kanten haben.
4.1. »Aufgeworfene kleine Kanten« an den Klauen der Reibscheiben (Bild 8) können abgefeilt werden. Kanten nicht stark brechen, sonst wird die Anlagefläche zu schmal und die Klauen schlagen sich wieder im Kupplungskorb ein.
5. An den Stellen, wo die äußeren Klauen der Reibscheiben im Kupplungskorb und die inneren Klauen der Stahlscheiben in der Kupplungsnabe anliegen, sind Druckstellen zu sehen (Bilder 9 und 10). Bis zu einer gewissen Tiefe sind das ganz normale Gebrauchsspuren. Wenn sie mit einer kleinen Feile geglättet werden, lässt sich die Kupplung besser dosieren.
5.1. Sind die Riefen, Kerben, Scharten oder aufgeworfenen Kanten allerdings sehr stark ausgeprägt, müssen Kupplungsnabe und -korb, Reib- und Stahlscheiben erneuert werden.
6. Ungespannte Länge der Kupplungsdruckfedern messen: Maße im Bild 11.

Kupplungsscheiben einbauen

Bitte nehmen Sie sich dazu nicht nur die entsprechenden Bilder, sondern auch die Zeichnungen in den Bildern 5 und 14 zu Hilfe.

1. Alle neuen Reibscheiben mindestens eine halbe Stunde in frischem Motoröl »baden«. Erst wenn sie satt mit Öl vollgesogen sind, sind sie einbaufertig.
■ Wenn sie trocken montiert werden, besteht die Gefahr, dass sie bei der ersten Benutzung der Kupplung verbrennen!
2. Federsitzring und Federring auf Kupplungsnabe schieben (Bilder 12, 13 und 14).
3. Erste Reibscheibe A (mit großem Innendurch-

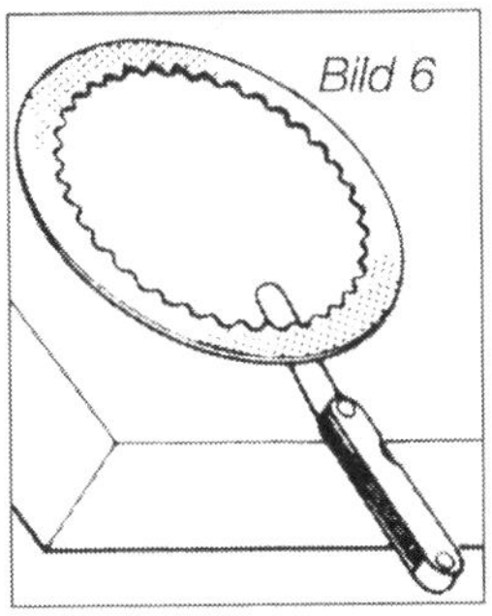
Bild 6

Bild 7

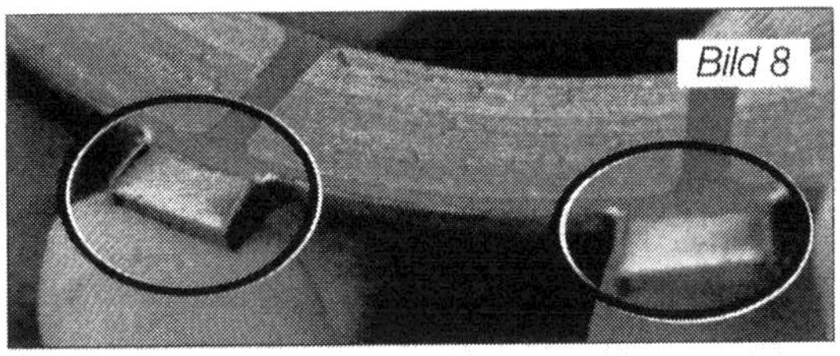
Bild 8

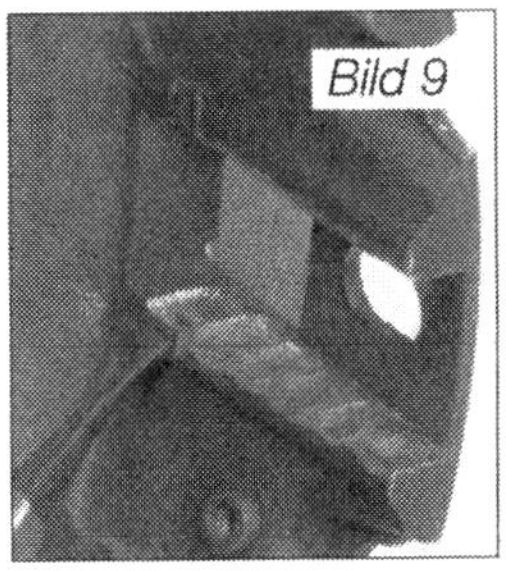
Bild 9

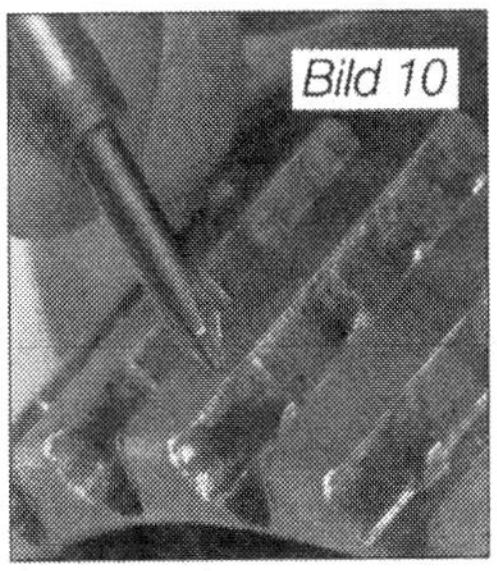
Bild 10

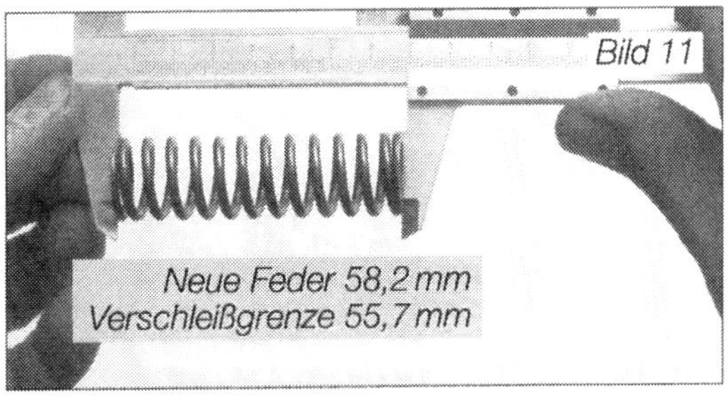

Bild 11

Bilder 6 bis 11: Im Lauftext und in den Bildern selbst sind die zu den Bildern gehörenden Erklärungen und Informationen nummeriert beschrieben.

Info zu Bild 6: Maximal zulässiger Verzug der Stahlscheiben 0,3 mm.

Info zu Bild 7: Neu- und Verschleißmaße der Reibscheiben:

Reibscheiben A:
- *Neumaß Dicke 3,72 bis 3,88 mm*
- *Verschleißgrenze 3,40 mm*

Reibscheiben B:
- *Neumaß Dicke 3,22 bis 3,38 mm*
- *Verschleißgrenze 2,90 mm*

Bilder 12, 13 und 14: Federsitzring und Federing beim Zusammenbau der Kupplung richtig

messer!) einsetzen, dann Stahlscheibe B (hat andere Oberfläche als restliche Stahlscheiben).

3.1. Dann alle Stahlscheiben A im Wechsel mit Reibscheiben B, bis die letzte Stahlscheibe A eingesetzt ist (Bilder 5 und 14).

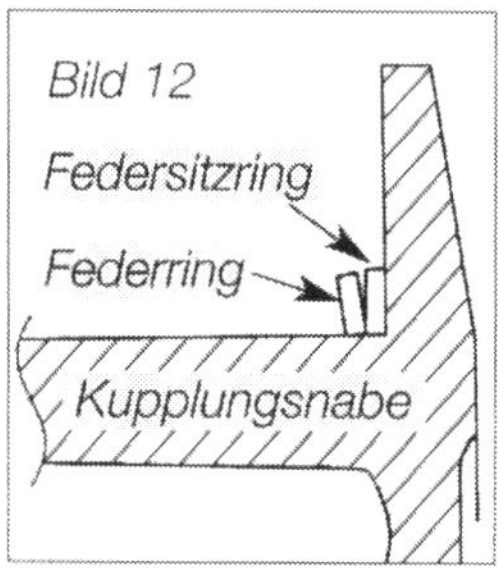

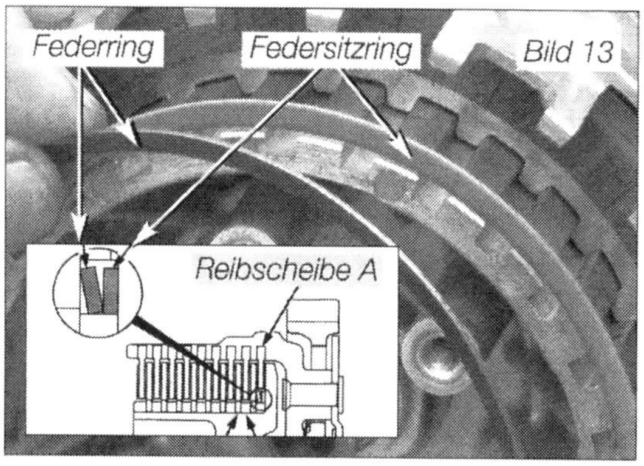

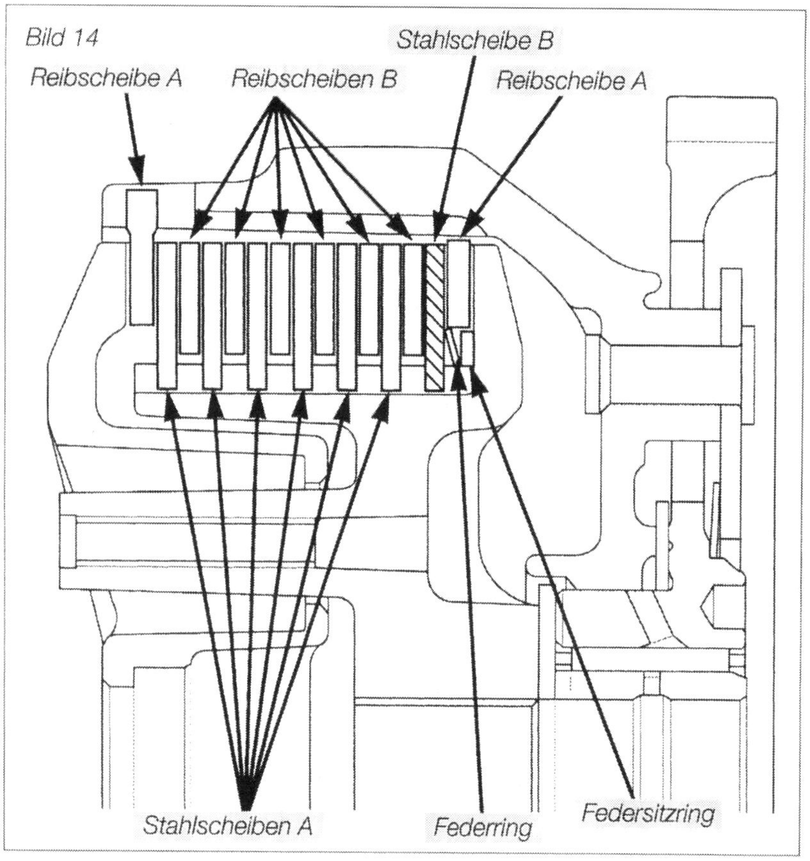

einbauen, Reihenfolge der Reib- und Stahlscheiben beachten.

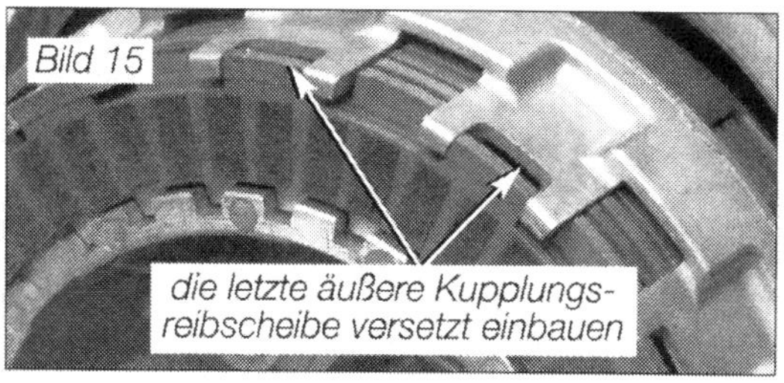

Bild 15: Letzte Reibscheibe versetzt einbauen.

3.2. Die letzte Reibscheibe ist wieder eine Reibscheibe A mit großem Innendurchmesser, sie wird in die versetzten Nuten eingesetzt (Bild 15).

4. Druckplatte einbauen:

4.1. Wenn die Druckstange herausgezogen war: Leicht mit hochwertigem Wälzlagerfett einfetten und ganz in die Getriebewelle einschieben.

4.2. Wenn Druckpilz ausgebaut war: In Getriebewelle einsetzen, auf Druckstange zentrieren.

4.3. Druckplatte aufsetzen.

5. Kupplungsfedern einsetzen, Schrauben eindrehen und fingerfest anziehen.

6. Schrauben ringsum gleichmäßig Schritt für Schritt bis auf 12 Nm festziehen.

7. Gehäusedeckel aufbauen:

7.1. Dichtflächen an Motorgehäuse und Deckel gut reinigen.

7.2. Passbuchsen in ihre Bohrungen einsetzen.

7.3. Silikondichtmittel auf die Dichtflächen geben, gleichmäßig dünn verstreichen, 10 Minuten ablüften lassen.

7.4. Wellenscheibe und Scheibe auf Achse des Anlasserzwischenrades schieben.

7.5. Deckel aufsetzen: Darauf achten, dass die Sackbohrungen zur Achse des Anlasserzwischenrades und den Passbuchsen fluchten.

7.6. Schrauben ringsum eindrehen, Schritt für Schritt nacheinander bis auf 12 Nm festziehen.

8. Öl einfüllen nicht vergessen!

9. Kupplung einige Male betätigen, um in der Hand zu spüren, wie sie ausrückt.

10. Probelauf: Motor starten, Kupplung und Schaltung mit Gefühl testen.

10.1. Probefahrt durchführen.

Kupplungsnabe, Kupplungskorb

Kupplungsnabe und -korb ausbauen

Zum Aus- und Einbau von Kupplungsnabe und Kupplungskorb ist das Honda-Spezialwerkzeug »Kupplungsnabenhalter« (Nr. 07724-0050002) nötig (Bild 21) oder ein anderer, handelsüblicher Kupplungsnabenhalter.

1. Kupplungsnabenmutter entsichern: Mit einem kleinen Meißel in den Rand der Mutter einfahren (Bild 16) und den eingedrückten Rand vorsichtig nach außen klöpfeln.

2. Spezialwerkzeug »Kupplungshalter« auf die Kupplungsnabe aufbauen (Bild 21). Zum Öffnen der Mutter mit 12-Kant-Nuss SW30 das Spezialwerkzeug kräftig gegenhalten, denn die Mutter ist mit 128 Nm festgezogen! Mutter abdrehen, Scheiben abnehmen, Kupplungsnabe abziehen.

Hinweis 1: Exakt eine auf die Kupplungs-

nabenmutter passende Nuss verwenden!
Hinweis 2: Die Mutter kann gut mit einem Schlagschrauber geöffnet werden (Bild 17); es sollte allerdings ein starker, mit Druckluft betriebener Schlagschrauber sein (wie sie für Radmuttern an Autos verwendet werden).
3. Auf der Stirnseite der Lagerhülse sind zwei Vorsprünge zu sehen: Hier zwei kleine Zangen ansetzen und die Lagerbuchse ausziehen (Bild 18): Dabei den Kupplungskorb von einem Helfer zentrisch zur Getriebwelle halten lassen!
4. Nadellager herausziehen.
5. Kupplungskorb etwas zur Seite schieben und von der Getriebewelle abziehen.
5.1. Das Kettenrad der Ölpumpenkette kann auf der Getriebewelle bleiben.

Nadellager und Führungsbuchse des Kupplungskorbs

Es gibt drei verschiedene Nadellager mit den Buchstabencodes A, B und C, die entsprechend den Maßen von Lagerbuchse und Bohrung im Kupplungskorb eingebaut werden.

Außendurchmesser:

Buchse A ohne Markierung:	35,004 bis 35,012 mm
Buchse mit 2 mm-Bohrung:	34,996 bis 35,004 mm

Innendurchmesser:

Primärrad Markierung A:	41,008 bis 41,016 mm
Primärrad Markierung B:	41,000 bis 41,008 mm

Einbaukombinationen

Nadellager A wird eingebaut in:
- Primärrad mit Buchstabe A
- Buchse B mit 2 mm-Bohrung

Nadellager B wird eingebaut in:
- Primärrad mit Buchstabe A
- Buchse A ohne Markierung

Nadellager B wird eingebaut in:
- Primärrad mit Buchstabe B
- Buchse B mit 2 mm-Bohrung

Nadellager C wird eingebaut in:
- Primärrad mit Buchstabe B
- Buchse A ohne Markierung

Kupplungsnabe und -korb einbauen

1. Kupplungskorb auf die Getriebewelle schieben: Zahnräder des Primärantriebs müssen ineinander greifen.
2. Kupplungskorb so weit zentrisch aufschieben, bis er auf dem Ölpumpen-Kettenrad sitzt.
2.1. Kupplungskorb halten , eingeöltes Nadellager zusammen mit Lagerbuchse zwischen Kupplungskorb und Getriebewelle einführen: Vorsprünge auf Bundseite der Lagerbuchse weisen nach außen.
3. Anlaufscheibe aufschieben, dann neue Federscheibe aufschieben: Seite mit Markierung OUT muss nach außen weisen (Bild 5a).
4. Gewinde von neuer Kronenmutter und Flanschläche mit Motoröl einölen und Mutter aufschrauben, Kupplungsnabenhalter ansetzen, Mutter auf 128 Nm festziehen.
4.1. Rand der Mutter mit einem Körner in die Nut der Getriebewelle verstemmen und damit sichern.
5. Wichtig: Kontrolle, ob alles richtig montiert ist: Kupplungsnabe und Kupplungkorb müssen sich unabhängig voneinander leicht drehen lassen.

Bilder 16 bis 18: Abbau von Kupplungsnabe und -korb.

Bilder 19 und 20: Markierungen auf Buchse und Zahnrad.

Bild 21: Festziehen der Mutter mit 128 Nm.

Bild 16

Bild 17

Bild 18

Bild 19

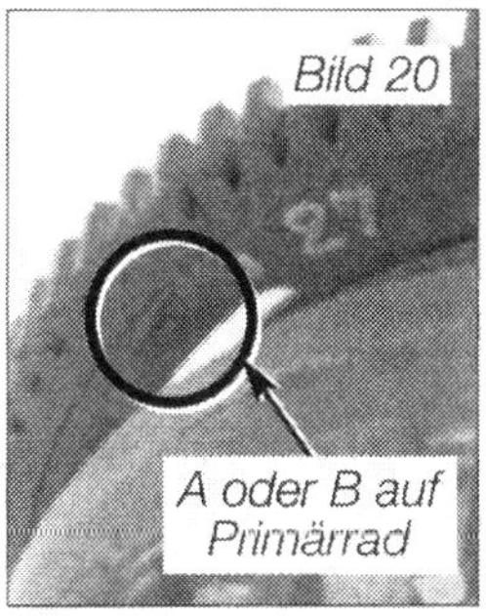

Bild 20

Bild 21

Schaltung

Korrespondenzkapitel:
- 4 »Einstellungen«
- 27 »Kupplung«

Bilder 1, 2 und 3: Anbauinfomationen zu Schalthebel, Schaltgestänge, Fußschalthebel und der Lagerstelle des Umlenkhebels.

In diesem Kapitel: Schaltung außen: Bauteile des Schaltgestänges prüfen, ausbauen, reinigen, schmieren, einbauen · Schaltung innen: Schaltbauteile püfen, aus- und einbauen.

Schaltung außen

Im Kapitel 27 »Kupplung« sind schon verschiedene Probleme und Störungsgründe zu Kupplung und Schaltung aufgelistet. In diesem Kapitel nennen wir weitere, die gezielt auf die Schaltung bezogen sind.

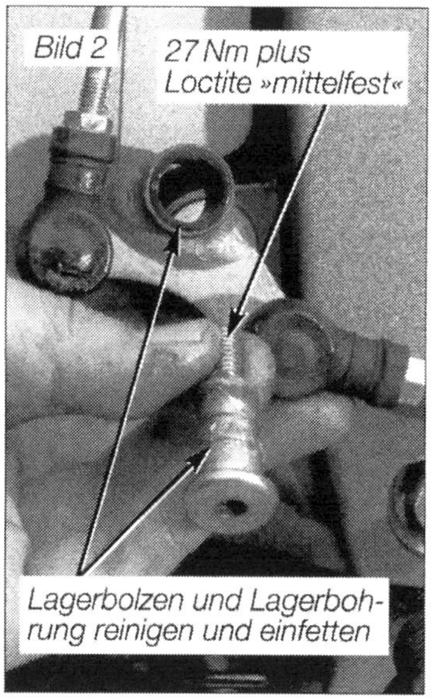

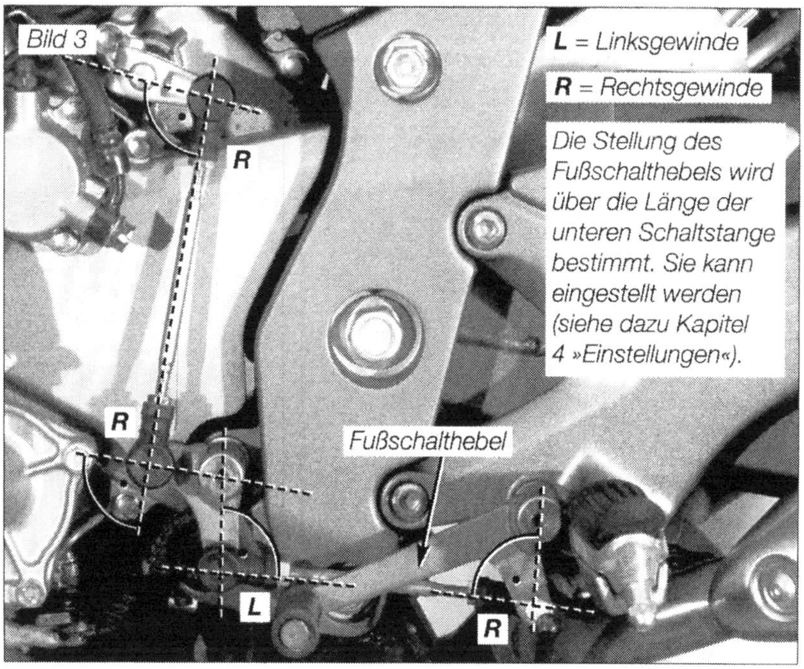

Im Kapitel 4 »Einstellungen« ist die Einstellung des Schalthebels und der beiden Schaltgestänge (Bild 3) genau erklärt. Wenn Sie Probleme mit der Schaltung haben, sehen Sie zuerst im Kapitel 4 nach; prüfen Sie die Einstellungen und vor allem den Aufbau des kleinen Schalthebels auf der Schaltwelle.

Wenn die Schaltung dann immer noch nicht richtig funktioniert, kann dies an Bauteilen außerhalb und innerhalb des Motors liegen.

Außerhalb des Motors:
1. Gelenke des Schaltgestänges defekt (Bild 1).
2. Verzahnung des kleinen Schalthebels auf der Schaltwelle (Bild 1) lose bzw. ausgeschlagen.
3. Lagerung des Schalthebels an der Fußrastenhalteplatte schwergängig.
4. Lagerung des Umlenkhebels zwischen den beiden Schaltgestängen (Bild 2) schwergängig.

Innerhalb des Motors (Getriebegehäuse):
5. Schaltwelle verbogen.
6. Schaltklinke schwergängig, klemmt oder abgenutzt, Feder defekt.
7. Schaltfeder lahm oder gebrochen.
8. Feder und/oder Rolle am Arretierhebel defekt.

Diese Probleme lassen sich bei eingebautem Motor beseitigen. Liegen schwerwiegende Schäden an Schaltwalze, Schaltgabeln oder gar den Getriebezahnrädern und -wellen vor, muss das Getriebe ausgebaut und mit entsprechend neuen Teilen bestückt werden, das ist ein Fall für die Honda-Fachwerkstatt.

Die Zeichnung in Bild 4 zeigt das Getriebe, es kann bei eingebautem Motor (nach Ausbau der Kupplung) komplett ausgebaut werden. Nehmen Sie dieses Bild bitte nur als Übersicht, wie die Zahnräder auf den Wellen, die Schaltgabeln auf ihren Achsen und die Schaltwalze mit Schaltnocken und Arretierhebel zueinander angeordnet sind. Wenn eine Getriebereparatur nötig sein sollte, ist dies unbedingte Sache des Fachmannes, weil es beim Aus- und Einbau des Getriebes sowie beim Erneuern von Zahnrädern und Schaltgabeln sehr viel zu beachten gilt.

Bauteile des Schaltgestänges prüfen
Wenn sich die Gänge nicht exakt einlegen lassen, zuerst das Schaltgestänge prüfen:
■ **Prüfen:** Klemmschraube des kleinen Schalthebels gut festgezogen? Falls nicht: Festziehen mit 10 Nm, entspricht »handfest« (Bild 1).

Prüfen: Verzahnungen in Schalthebel und an Schaltwelle noch einwandfrei (Bild 1)? Wenn die Klemmschraube lose war, sind wahrscheinlich die Außenverzahnung der Schaltwelle sowie die Innenverzahnung des Schalthebels beschädigt (»Spitzen abgenutzt«).
Problem beseitigen: Schalthebel abziehen, Verzahnung mit einer Messingbürste putzen, etwas dickes Fett an die Verzahnung geben, Schalthebel aufstecken. Neue Klemmschraube verwenden!
Beachten: Schalthebel nahezu waagerecht auf die Schaltwelle aufbauen, die Körnerpunkte auf Schaltwelle und kleinem Schalthebel müssen zueinander fluchten (Bilder 1 und 2). Bild 3 zeigt den korrekten Anbau des Schaltgestänges.

Prüfen: Sind die an den Enden der Schaltstangen angebauten Gelenke (»Kugelköpfe«) in Ordnung? Die Gummiüberzieher von den Gelenkstellen dazu abziehen (vorher etwas Ölspray einsprühen) und nachsehen: Wenn die Gelenke ausgeschlagen sind, komplett neue Gelenke anbauen.

Prüfen: Lagerung des Umlenkhebels zwischen den beiden Schaltstangen und/oder Lager des Fußschalthebels schwergängig, evtl. sogar korrodiert? Fußschalthebel folgendermaßen prüfen:
1. Umlenkhebel zwischen den beiden Schaltstangen mit der Hand festhalten.
2. Fußschalthebel mit der anderen Hand langsam nach oben bewegen, bis er nicht mehr weiter kann.
3. Fußschalthebel loslassen, er muss sich alleine durch sein Eigengewicht nach unten bewegen.

Wenn er sich nicht von alleine leicht bis nach unten an den Anschlag bewegt, ist seine Lagerung schwergängig, wahrscheinlich durch Rost: Abschrauben, Dreck rausputzen, reinigen, einfetten und wieder zusammenbauen ist die einzig vernünftige Lösung. In diesem Zusammenhang auch den Umlenkhebel abschrauben und neu einfetten (Bild 2).

Bilder 4 und 5: Explosionszeichnung von Getriebe und Schaltautomat.

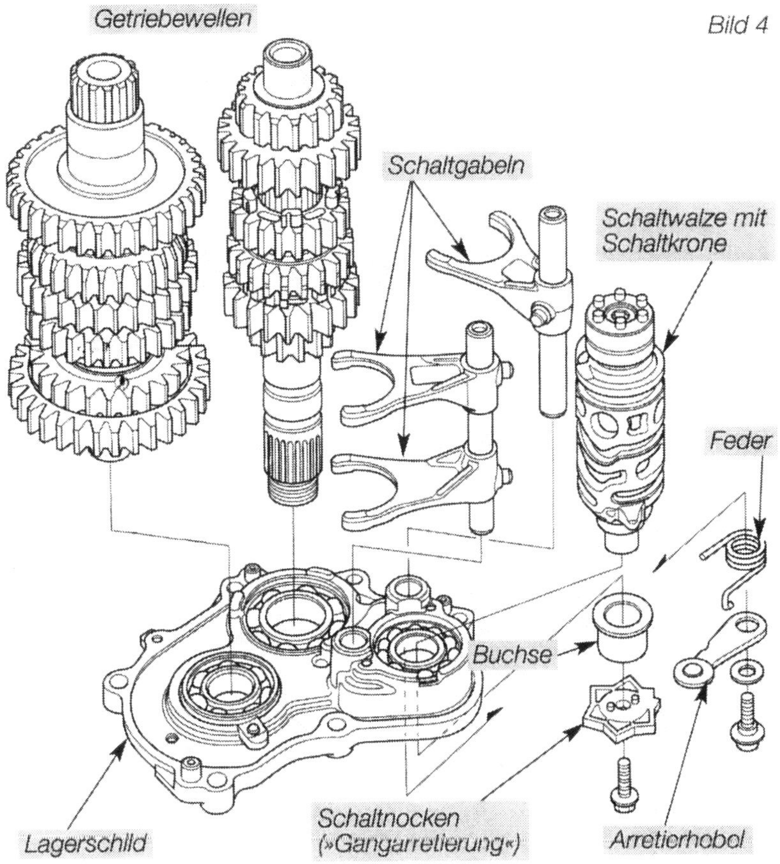

Bild 4

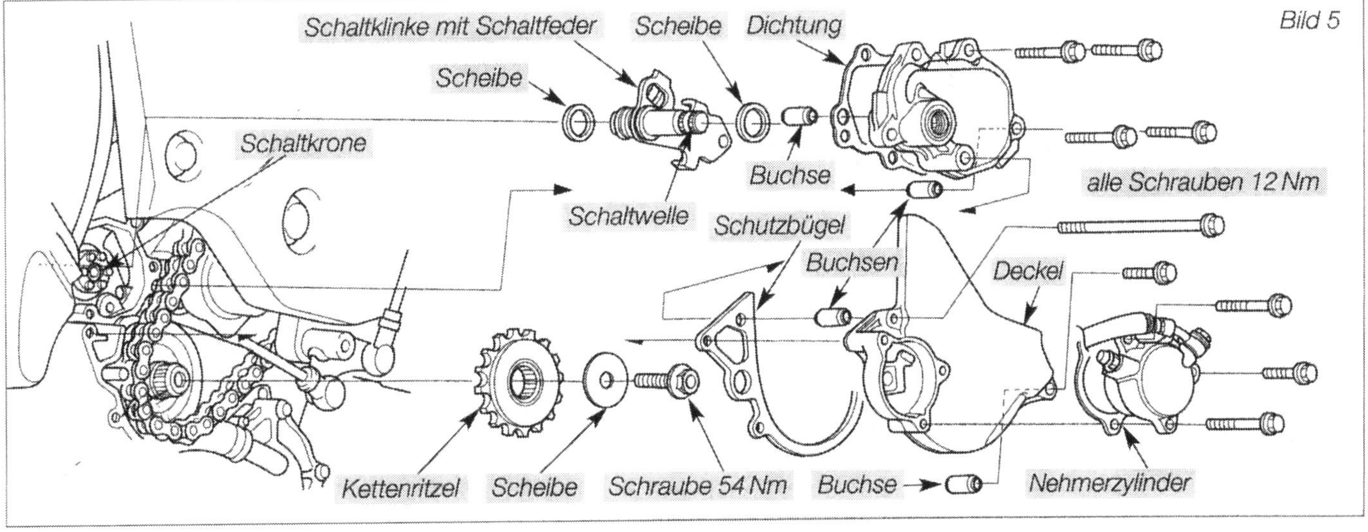

Bild 5

Schaltung innen

Wenn sich die Gänge nicht mehr sauber schalten lassen, obwohl an der äußeren Schaltbetätigung alles in Ordnung ist, kann an der inneren Schaltbetätigung (»Schaltautomat«) etwas defekt sein.

Bild 5: Die mit der Schaltwelle verbundene Schaltklinke und die auf der Schaltwalze verschraubte Schaltkrone bilden zusammen den

Bilder 6 bis 9: Diese Getriebe- und Schaltbauteile sind nach Abbau der Kupplung erreichbar. Defekte daran sind allerdings auch äußerst selten.

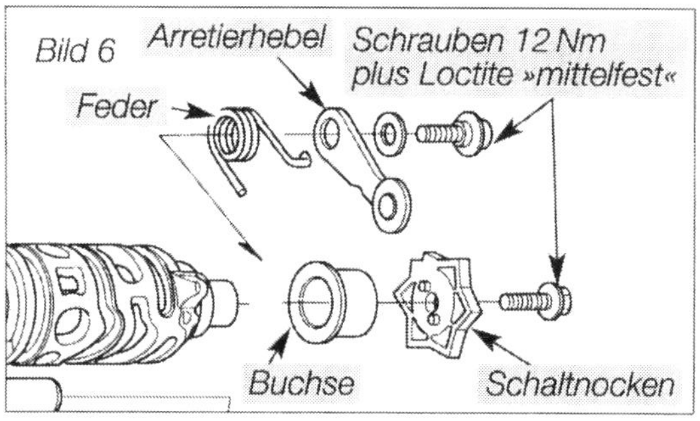

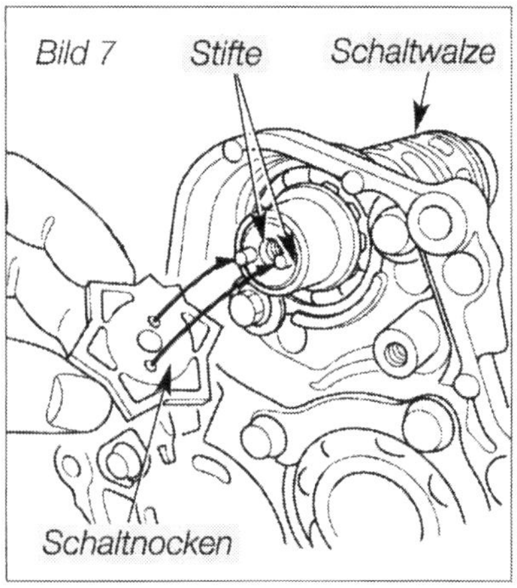

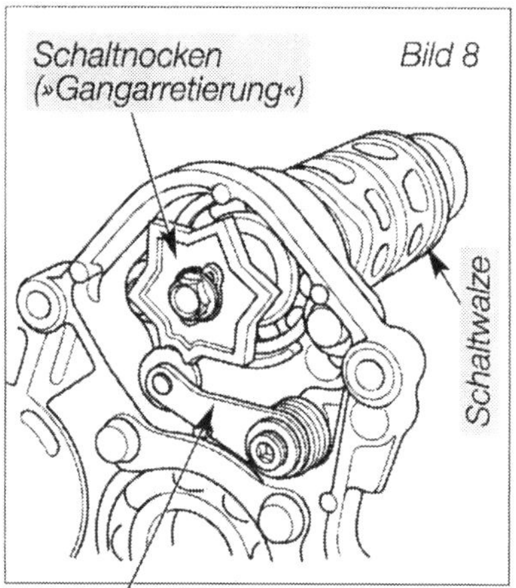

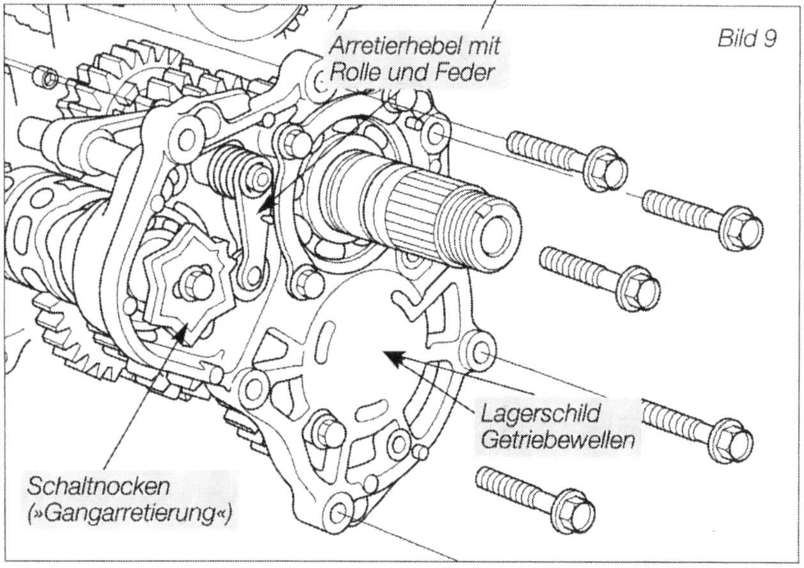

Schaltautomat. Diese Bauteile sind in einem kleinen Gehäuse links hinten am Motorblock über dem Kettenritzel eingebaut. Wenn z. B. der Schalthebel nach einem Schaltvorgang nicht mehr in seine Neutralstellung zurückgeht, kann es sein, dass die Rückholfeder innerhalb der Schaltklinke defekt ist (lahm oder gebrochen).

Wenn man Schaltklinke und Schaltkrone aus- und einbauen möchte, muss man zuerst den kleinen Schalthebel von der Schaltwelle abbauen und dann den Deckel über dem Kettenritzel. Zuvor muss noch das Kettenritzel abgebaut werden (siehe dazu Kapitel 10 »Kette«), wobei es genügt, die Ritzelschraube zu lösen und auszuschrauben und das Ritzel mit aufgelegter Kette von der Getriebwelle abzuziehen. Damit die Kette lose wird, die Hinterachsmutter lösen, Kettenspannmuttern beidseits ganz nach hinten drehen und das Hinterrad weit nach vorne schieben.

Wenn Schaltwelle mit Schaltklinke ausgebaut sind, sollte man prüfen, ob sich die Schaltwalze mit der Hand Gang für Gang ohne großen Widerstand drehen lässt und die Gänge sicher einrasten. Dabei das Hinterrad etwas hin und her bewegen. Wenn die Gänge sicher einrasten, kann man fast sicher sein, dass im Getriebe alles in Ordnung ist, und man kann die innere Schaltung wieder zusammenbauen.

Wenn die Gangarretierung allerdings stockt, können die Schaltgabeln krumm sein – zum Beispiel, weil jemand bei stehendem Motor versucht hat, die Gänge durchzuschalten und dabei grob auf dem Schalthebel herumgetreten ist.

Die zur Gangarretierung auf der Schaltwalze aufgebaute Schaltnockenscheibe erreicht man nur nach Abbau der Kupplung. Es kann sein, dass die gewickelte Feder des Arretierhebels defekt ist – ein äußerst seltener Fall, der meist nur bei einem älteren Motor vorkommt, der schon mehrmals zerlegt und wild beschraubt wurde.

Beim Aufbau der Schaltkrone auf die Schaltwalze achten, dass beide Fixierstifte sicher in ihre Bohrungen eingesteckt sind (Bild 7). Die Schaltkrone kann übrigens nur in einer Stellung aufgebaut werden.

Einen Tropfen Loctite »mittelfest« an die Zentralschraube der Schaltkrone geben, Schraube eindrehen und mit 12 Nm festziehen.

Korrespondenzkapitel:
- 16 »Sicherungen · Relais · Stecker«
- 17 »Batterie«
- 18 »Ladesystem«
- 32 »Störungssuche«

Anlasser

In diesem Kapitel: Anlasser auf Funktion prüfen · Motorrad durch Anschieben starten · Fremdstarten · Anlasserrelais und Diode prüfen · Anlasser ausbauen, zerlegen, prüfen, einbauen · Anlasserfreilauf ausbauen, prüfen, einbauen.

Anlasser

Anlasser auf Funktion prüfen
Falls der Anlasser nicht reagiert, wenn der Starterknopf betätigt wird, zuerst Folgendes prüfen:

- Steht der Motorabstellschalter (»Killschalter«) oben am Lenker auf ON?
- Ist der Leerlauf sicher eingelegt? Nicht immer ist der Leerlauf auch sicher eingelegt, wenn das grüne Licht im Armaturenbrett leuchtet!
- Ist der Seitenständer hochgeklappt?

Wenn sich der Anlasser beim Betätigen des Starterknopfes nicht drehen will, mit ganz gezogenem Kupplungshebel noch einmal versuchen. Wenn der Motor gestern noch problemlos ansprang und heute nicht mehr will, ist möglicherweise die Batterie hinüber. Das kann ziemlich plötzlich passieren.

Es kann aber auch sein, dass der Strom irgendwo auf seinem Weg von der Batterie über den Anlasserschalter schlechten Kabelkontakt hat. Alle entsprechenden Steckverbindungen auf satten Sitz, Korrosion an den Kontaktzungen und Steckverbindungen, Kabelanschlüsse an Batterie, sichere Verbindung der Massekabel zum Rahmen sowie Sicherungen überprüfen.

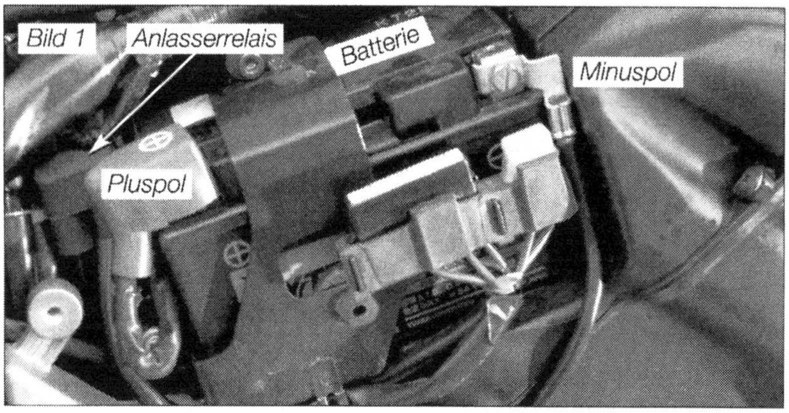

Bild 1: Zum Fremdstarten der CBF 1000 nur Fremdstartkabel mit kleinen Zangen verwenden, damit man Plus- und Minusanschluss an der Batterie sicher anschließen kann.

Motorrad anschieben

Wenn die Batterie noch etwas Restspannung hat, kann der Motor möglicherweise noch einmal durch Anschieben gestartet werden. Wichtig ist dabei, dass eine 12-Volt-Batterie eingebaut ist, und sei diese noch so schwach, denn mit ausgebauter Batterie lässt sich der Motor auch durch Anschieben nicht starten.

- Zündung ein, Motorabstellschalter auf ON.
- Zweiten Gang einlegen, Kupplung ziehen, Motorrad mit gezogener Kupplung etwas zurückschieben, um sicherzugehen, dass die Kupplung auch wirklich trennt.
- Fahrer am Lenker, hinten hilft ein Freund: Gleichzeitig schieben!
- Fahrer springt in den Sitz und lässt gleichzeitig die Kupplung los – Motor müsste kommen.
- Falls »ja«, Motor mit kurzen Gasstößen am Leben halten und nicht unter 2000/min kommen lassen. Falls »nein«: nochmals versuchen!

Motor fremdstarten

Wenn die Batterie nicht genügend Strom zum Starten liefert, kann man den Motor mit Hilfe einer externen Stromquelle fremdstarten, zum Beispiel mit der Batterie eines anderen Motorrades oder der eines Autos.

Wichtig ist, dass die Stromquelle eine Spannung von 12 Volt liefert. Ein Lkw mit 24-Volt-System taugt also nicht zum Fremdstarten. Der Strom wird mittels Startkabel an die eigenen Batterieanschlüsse übertragen. Die Zangen der Fremdstartkabel dürfen nicht zu groß sein, sonst ist es

Sicherheitshinweise ⚠ Achtung und ☞ Tipps für dieses Kapitel

⚠ Beim Fremdstarten mit den Pluszangen keine metallischen Bauteile eines der Fahrzeuge oder die Minuszangen berühren: Kurzschluss ist die Folge.

☞ Maximal 10 Sekunden den Starterknopf betätigen! Der Motor des Starthilfe gebenden Fahrzeugs sollte laufen, sonst ist bald auch dessen Batterie leer.

⚠ Wenn der Anker überdreht, ausgeschabt oder mit Schleifpapier abgezogen wurde, unbedingt ganz sauber putzen! Es dürfen keine Metallspäne am Anker zurückbeiben! Beim Putzen NICHT mit Benzin oder anderen aggressiven Lösungsmitteln nachhelfen.

☞ Wenn die Isolierscheiben der Pluspolklemme in einwandfreiem Zustand und die Bürsten nicht verschlissen, d. h. länger als 6,5 mm sind, braucht die Bürstenhaltereinheit nicht ausgebaut werden.

schwierig, die relativ kleinen Batterieanschlüsse an der CBF 1000 sicher anzuschließen. Im Motorrad-Fachhandel gibt es Fremdstartkabel mit entsprechend klein dimensionierten Zangen.

1. Minuspole der fremden Stromquelle und der CBF 1000-Batterie mit Startkabel verbinden.
2. Gummikappen über den Pluspolanschlüssen zurückschieben. Mit dem anderen Startkabel beide Pluspole verbinden.
3. Motor der Starthilfe gebenden Maschine mit erhöhter Leerlaufdrehzahl laufen lassen (3000 bis 4000/min).
4. Motor der CBF 1000 starten. Wenn der Motor läuft, die Starthilfekabel abnehmen: Zuerst Pluskabel abklemmen, dann Minuskabel.
■ Gummikappen wieder auf die Batterie-Pluspolanschlüsse schieben.

Hinweis: Motor der CBF 1000 nicht sofort wieder ausschalten, denn die Batterie bringt noch nicht wieder genug Strom auf, den Motor aus eigener Kraft starten zu können. Sondern mit etwas erhöhter Leerlaufdehzahl laufen lassen.

Ist die Batterie funktionstüchtig und verfügt über korrekten Säurestand, wird sie von der Lichtmaschine geladen. Dennoch sollte die Batterie bei nächster Gelegenheit an ein Ladegerät gehängt und fachgerecht geladen werden (siehe Kapitel 17 »Batterie«).

Anlasserrelais

Hörprobe: Das Anlasserrelais sitzt bei der Batterie (Bild 1). Bei eingeschalteter Zündung den Anlasserknopf betätigen und genau darauf achten, ob ein Klicken aus dem Relais zu hören ist. Falls »ja«, ist das Relais in Ordnung, falls »nein«, ist es entweder defekt oder bekommt keinen Strom.

Sicherung: Die 30-Ampere-Sicherung sitzt im Anlasserrelais (Bild 2). Wenn defekt, eneuern.
■ Auf korrosionsfreie Steckkontakte achten!

Masseleitung prüfen (Bild 3)
1. Voraussetzungen: Getriebe muss sicher auf Leerlauf geschaltet sein, Seitenständer hochgeklappt, Motorstoppschalter rechts am Lenker auf ON.
2. 4-poligen Stecker vom Anlasserrelais abziehen.
3. Prüfspitzen des Multimeters anlegen:
■ eine Spitze an grün/rotes Kabel (Masseleitung)
■ andere Spitze an sichere Fahrzeugmasse.
4. Wenn Durchgang gemessen wird, ist der Massestromkreis in Ordnung. Aufgrund der Diode ist ein leichter Widerstand vorhanden.
4.1. Ist kein Durchgang messbar, Kabel und Anschlüsse im Massestromkreis überprüfen.

Anlasserrelais auf Spannung prüfen (Bild 4)
1. Voraussetzungen: Batterie muss in gutem Zustand und das Getriebe sicher in den Leerlauf geschaltet sein, Seitenständer hochgeklappt, Stecker auf Anlasserrelais aufgesteckt, Motorstoppschalter rechts am Lenker auf ON.
2. Prüfspitzen des Multimeters anlegen:
■ Eine Spitze an gelb/roten Kabelkontakt (Plusleitung).
■ Andere Spitze an sichere Fahrzeugmasse.
■ Es darf kein Stromdurchgang sein.
3. Zündung EINschalten, Anlasserknopf betätigen:
■ Stromdurchgang muss vorhanden sein.
3.1. Falls »nein«, Anlasserrelais erneuern.

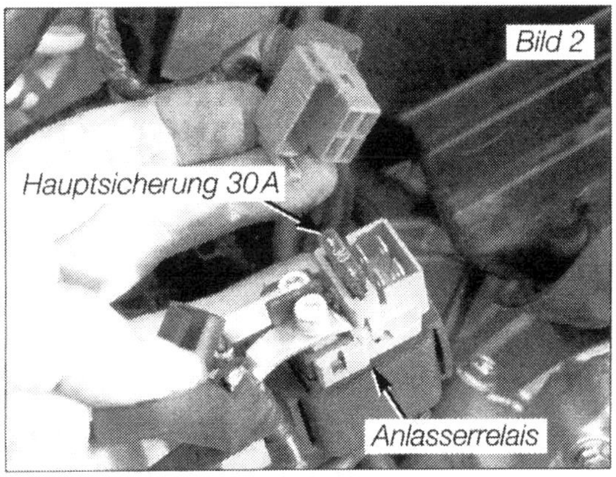

Bild 2: Einbaulage des Anlasserrelais bei der Batterie.

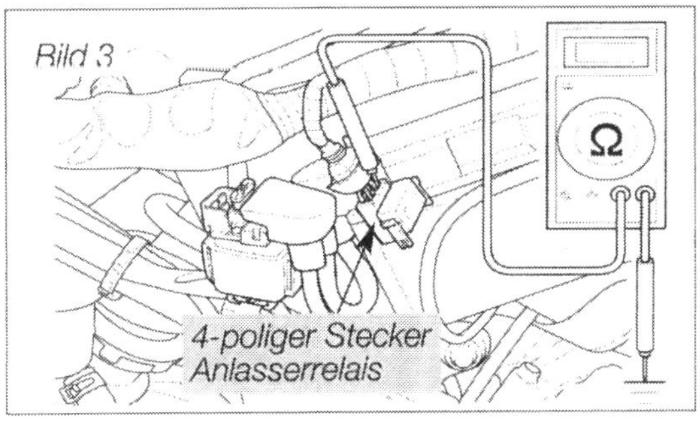

Bild 3: Masseleitung prüfen.

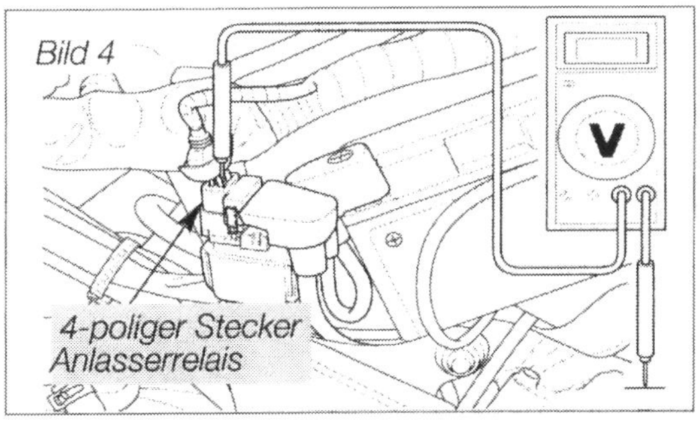

Bild 4: Anlasserrelaisspannung prüfen.

Sichtprüfung Messen

Anlasserrelais auf Durchgang prüfen (Bild 5)
1. Voraussetzungen: wie zuvor bei »Anlasserrelais auf Spannung prüfen«, aber Stecker von Anlasserrelais abgezogen.
2. Prüfspitzen des Multimeters an die großen Kabelanschlüsse des Anlasserrelais anlegen.
3. Zündung EINschalten, Anlasserknopf betätigen:

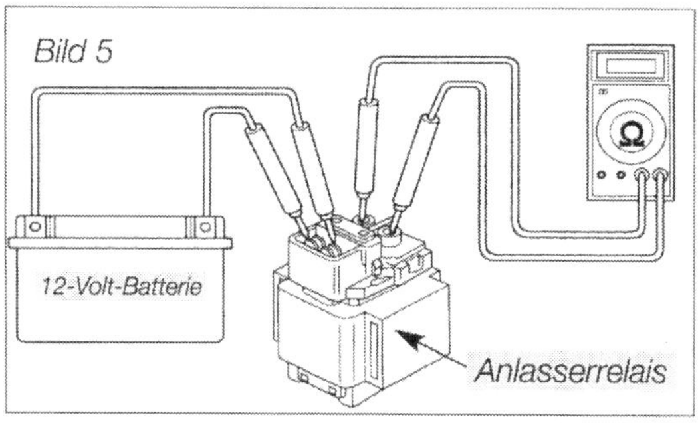

Bild 5: Anlasserrelais auf Durchgang prüfen.

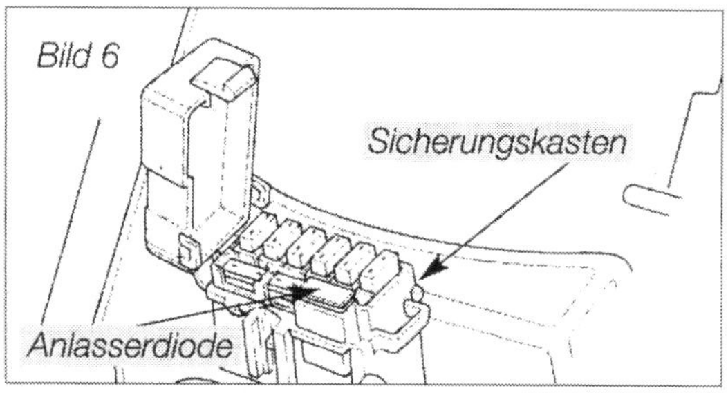

Bild 6: Einbaulage der Anlasserdiode.

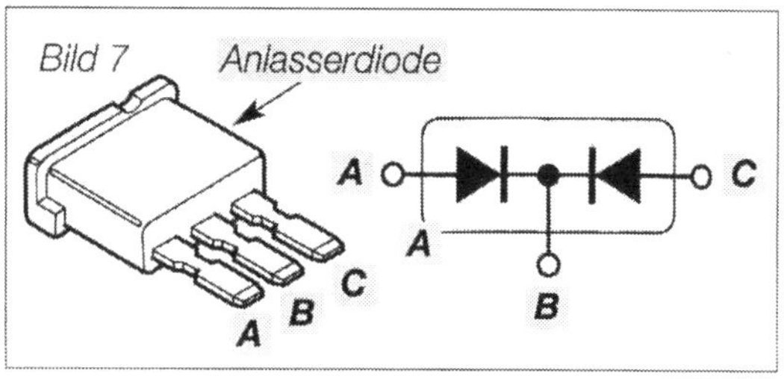

Bild 7: Diode prüfen: In Durchlassrichtung A-C muss Stromdurchgang bestehen, in umgekehrter Richtung C-A muss sie sperren.

Bild 8: Blockschaltbild des Anlassersystems.

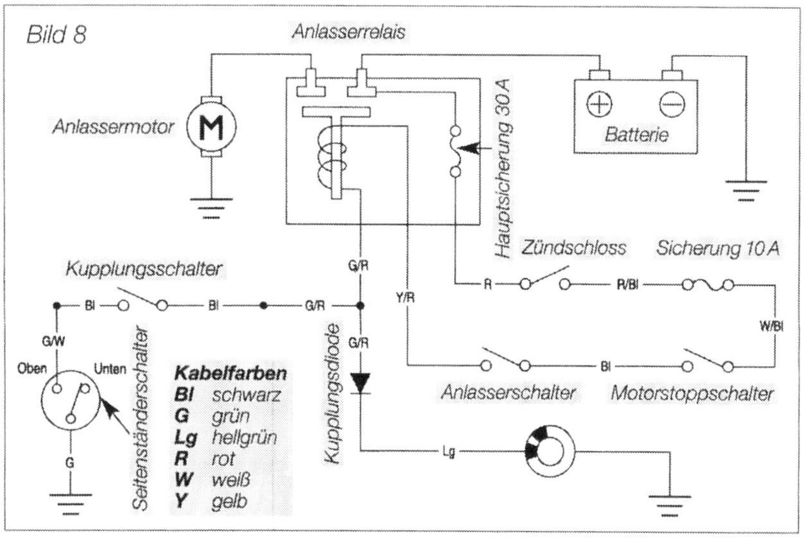

■ Stromdurchgang muss vorhanden sein.
3.1. Falls »nein«, Anlasserrelais erneuern.
4. Zur Sicherheit noch Folgendes testen: Eine voll geladene 12-Volt-Batterie extern an die Kontakte des Anlasserrelais anschließen:
■ Pluspolanschluss (+) an gelb/rot
■ Minuspolanschluss (–) an grün/rot
4.1. Wenn jetzt Durchgang zwischen den großen Kontakten gemessen wird, ist das Anlasserrelais doch in Ordnung, aber der Strom von der Fahrzeugbatterie gelangt nicht zum Anlasserrelais: Prüfen, wo die Leitung unterbrochen ist.
4.2. Wenn kein Durchgang besteht, ist das Anlasserrelais ganz gewiss defekt: Probehalber ein neues einbauen und testen.

Anlasserdiode prüfen (Bilder 6 und 7)
Die Anlasserdiode sitzt im Sicherungskasten. Zum Ausbau den Deckel des Sicherungskastens öffnen, Anlasserdiode herausziehen.
Multimeter auf Ohm Ω stellen, Messspitzen an Steckkontakt A und C der Anlasserdiode anlegen:
■ In dieser Richtung muss Stromdurchgang (geringer Widerstand) bestehen.
■ In die andere Richtung (von C nach A) darf kein Strom fließen.

Weitere Prüfungen (Bild 8)
Folgende Schalter auf Durchgang überprüfen: Zündschloss, Starterschalter (»Anlasserknopf«) und Motorstoppschalter rechts am Lenker, Leerlaufschalter, Seitenständerschalter, Kupplungsschalter am Kupplungshandgriff. Defekte Bauteile erneuern.

Anlasser

Anlasser ausbauen
1. Der Anlasser sitzt unten am Motor hinter dem Zylinderblock unter dem Luftfilterkasten. Wenn er ausgebaut werden muss, folgende Teile ab- und ausbauen, denn es ist eng da unten: Fahrersitz, Tank, Luftfilterkasten.
2. Massekabel von der Batterie abschrauben und sicher zur Seite hängen.
3. Gummikappe über Pluskabelbefestigung am Anlasser abziehen, Mutter abdrehen, Kabelklemme abnehmen, Mutter wieder lose auf Anschlussgewinde aufdrehen.
4. Befestigungsschrauben des Anlassers lösen und ausdrehen, den gelösten Masseanschluss sicher zur Seite schieben.
5. Anlasser aus dem Motorgehäuse ziehen.

Anlasser zerlegen

Wichtig: Beim Zerlegen des Anlassers unbedingt auf die verschiedenen Scheiben auf beiden Seiten der Ankerwelle achten. Sie in der Reihenfolge des Ausbaus sicher ablegen, damit sie so wieder eingebaut werden können (siehe dazu auch Zeichnung in Bild 11).

1. Die langen Gehäuseschrauben ausdrehen.
2. Vorderen Gehäusedeckel abziehen, Sicherungsblech und Beilagscheiben von der Welle abnehmen.
3. Hinteren Gehäusedeckel von der Ankerwelle abnehmen, Scheiben ebenfalls.
4. Anker aus dem Gehäuse herausziehen.
5. Bürstenhaltereinheit herausnehmen.

Anlasser prüfen

Die nachfolgende Prüfung des Anlassers bezieht auch Prüfpunkte ein, die bei nur teilweise zerlegtem Anlasser vorgenommen werden.

1. Am Gehäuse zwischen Anschluss des Anlasserkabels und der Bürstenhaltereinheit auf Stromdurchgang prüfen.
■ Es muss Stromdurchgang bestehen.
2. Am Gehäuse zwischen Anschluss des Anlasserkabels und Gehäuse auf Stromdurchgang prüfen.
■ Es darf kein Stromdurchgang bestehen.
3. Stromdurchgang zwischen positiver und negativer Bürstenklemme prüfen:
■ Es darf kein Stromdurchgang bestehen.
4. Die großen Rechteck-Dichtringe, die auf dem Anlassergehäuse aufgezogen sind, sowie den O-Ring im Bund auf Form, Risse, poröse Stellen, Quetsch- und Druckstellen prüfen. Wenn defekt: Neue Ringe verwenden!
5. Dichtring und Nadellager im vorderen Gehäusedeckel auf Alterung, unbeschädigte Dichtlippe, blaue Verfärbung oder Bruch der Nadeln untersuchen, Lagerstelle der Kollektorwelle ebenfalls. Wenn defekt: Bauteile erneuern!
■ Neuen Dichtring mit Lippe zum Nadellager hin einbauen.
6. Buchse im hinteren Gehäusedeckel auf ausgelaufene, blanke oder riefige Stellen (Fressspuren) untersuchen, Lagerzapfen der Kollektorwelle ebenfalls. Wenn defekt, Bauteile erneuern!

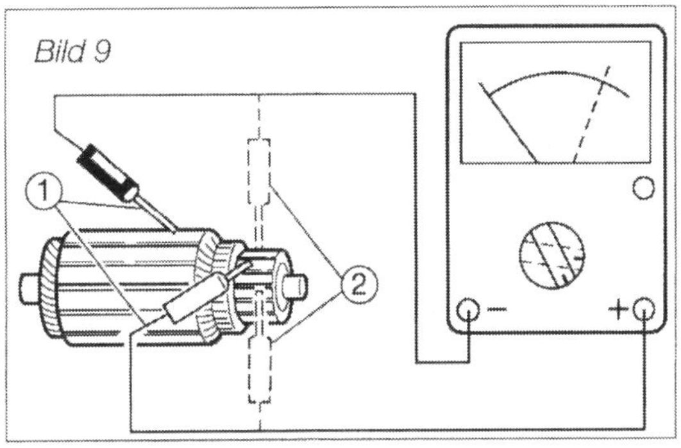

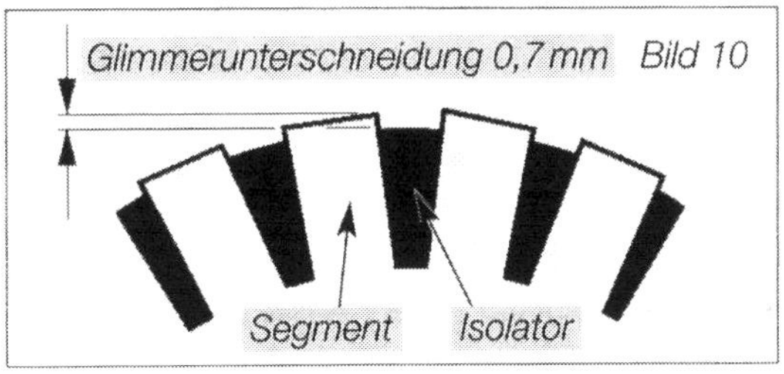

Bild 9: Anker (Kollektor) auf Stromdurchgang prüfen: Erst Isolierung (1), dann Ankerwicklung (2) durchmessen.

Bild 10: Glimmerunterschneidung 0,7 mm.

Bild 11: Explosionszeichnung des Anlassers mit seinen Einzelteilen in Einbaulage.

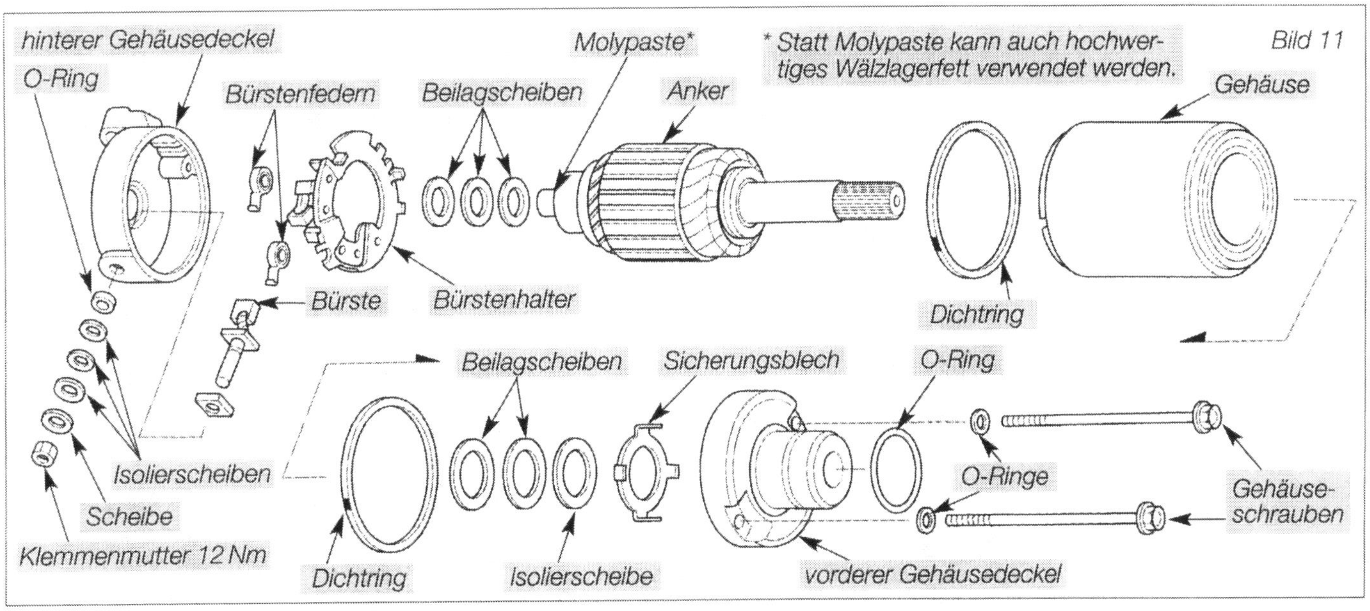

Sichtprüfung Messen

7. Kollektor auf Verfärbung und ungewöhnliche Abnutzung überprüfen. Die Spalttiefe zwischen den einzelnen Kollektoren (»Glimmerunterschneidung«) sollte 0,7 mm betragen (Bild 10). Gegebenenfalls mit einem Metallsägeblatt ausschaben. Anschließend (oder auch dann, wenn die Oberfläche des Kollektors etwas verfärbt ist), mit 400er-Schleifpapier sauber abziehen und einem trockenen Tuch säubern.
■ Anker auswechseln, sofern der Kollektor über Gebühr abgenutzt ist.
8. Kollektor muss ringsum zylindrisch rund und darf nur sehr wenig eingelaufen sein.
9. Die Kollektorlamellen dürfen keine Verfärbungen aufweisen. Paarweise Verfärbung deutet auf geerdete Ankerwicklungen hin (Masseschluss): Bauteile erneuern!
10. Zwischen Kollektorstegen und Ankerwelle auf Stromdurchgang prüfen (Bild 9):
■ Es darf kein Stromdurchgang bestehen.
11. Bürsten aus Halterung herausziehen, Bürsten auf ungewöhnliche Abnutzung, Risse und Unebenheit im Bürstenhalter überprüfen.
12. Bürstenlänge messen: Verschleißgrenze 6,5 mm (neue Bürste ist 12 bis 13 mm lang). Wenn auch nur eine der Bürsten die Verschleißgrenze erreicht hat oder nur noch geringfügig länger ist, alle Bürsten erneuern.

Anlasser zusammenbauen
1. Bürsten in die Bürstenhaltereinheit einsetzen, Bürstenhaltereinheit in den hinteren Gehäusedeckel einsetzen.
2. Scheiben auf die Ankerwelle setzen, mit dem Kollektor die Bürsten zurückdrücken und gleichzeitig den Lagerzapfen in die Buchse im hinteren Gehäusedeckel einführen.
3. Anlassergehäuse aufsetzen: Dabei den Anker gut festhalten, damit er durch den Gehäusemagneten nicht plötzlich gegen das Anlassergehäuse schlägt und beschädigt wird.

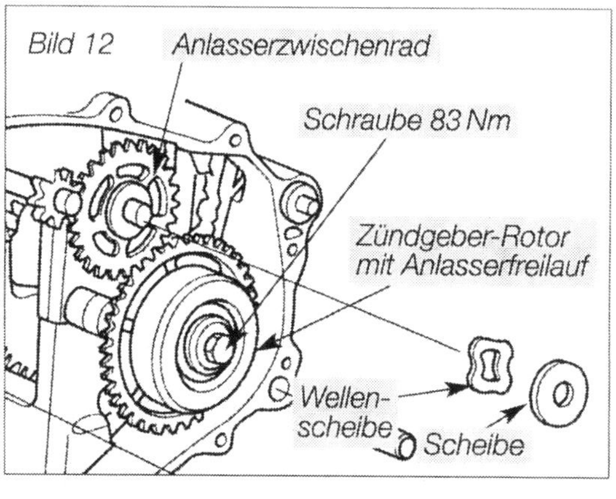

Bild 12: Der Anlasserfreilauf ist in den Zündgeber-Rotor eingebaut, der direkt auf der Kurbelwelle sitzt. Zur Montage muss die Kupplung ausgebaut werden.

■ Markierungen aufeinander ausrichten.
4. Auf die Ankerwelle dieselbe Anzahl an Beilag- und Isolierscheiben schieben wie zuvor herausgenommen, Sicherungsscheibe aufschieben, die vier Laschen müssen zum Deckel gerichtet sein.
5. Eine dünne Schicht Lagerfett in das Nadellager und den Dichtring geben.
6. Vorderen Gehäusedeckel aufsetzen.
■ Markierungen aufeinander ausrichten.
7. Sicherstellen, dass Markierungen an Anlassergehäuse und Gehäusedeckel zueinander stimmen, dann die Gehäuseschrauben einschrauben und handfest anziehen (ca. 4 Nm).

Anlasser einbauen
1. Neuen O-Ring eingeölt in die Nut im vorderen Gehäusedeckel einsetzen.
2. Anlassermotor in seine Position im Motorgehäuse schieben.
3. Befestigungsschrauben eindrehen und gut handfest anziehen (ca. 10 Nm). Klemme des Minuskabels mit hinterer Schraube befestigen.
4. Anlasserkabel an Anlasser, Minuskabel an Batterie anschließen, Mutter mit 10 Nm festziehen. Gummikappen satt aufsetzen.

Anlasserfreilauf

Der Anlasserfreilauf sitzt im Motor rechts auf der Kurbelwelle innerhalb des Zündgeberrotors. Unter normalen Umständen geht am Anlasserfreilauf und den Teilen, die zur Übertragung der Drehbewegung des Anlassermotors zum Anlasserfreilauf nötig sind, nichts kaputt.

Falls doch etwas am Anlasserfreilauf kaputt gehen sollte, kündigt sich dies durch unregelmäßiges Hohldrehen des Anlassers an. Wenn der Starterknopf gedrückt wird, dreht der Anlasser alleine durch; erst einmal leer, dann greift er wieder, dann zwei- bis dreimal leer, dann greift er wieder, bis bald darauf überhaupt nichts mehr geht und der Anlasser nur noch hohl dreht.

Dies ist ein deutliches Indiz dafür, dass der Anlasserfreilauf defekt ist, weil sich die Freilaufrollen in die Oberfläche des am großen Anlasserzahnrad angebrachten, dicken Mitnehmerbundes eingearbeitet haben, es haben sich so genannte »Rattermarken« gebildet.

Übigens gibt es alle Einzelteile des Anlasserfreilaufs als Ersatzteile, doch in den meisten Fällen ist es besser, eine komplett neue Anlasserkupplung einzubauen als z. B. nur den

Freilaufring zu erneuern, denn die Gleitflächen am inneren Bund des Anlasserzahnrads oder im großen Innendurchmesser im Zündgeberrotor haben durch defekte Freilaufrollen garantiert ebenfalls Beschädigungen abbekommen.

Anlasserfreilauf aus- und einbauen
Hinweis: Zum Ausbau des Anlasserfreilaufs (bzw. zum Öffnen der Zentralschraube) muss die Kurbelwelle blockiert werden; dazu ist folgendes Honda-Spezialwerkzeug (Bild 13) nötig:
■ Zahnradhalter M2.5 (Nr. 07724-0010100)

Zum Ausbau des Anlasserfreilaufs muss die Kupplung ausgebaut werden, damit man das Spezialwerkzeug »Zahnradhalter« passgenau zwischen die beiden Primärzahnräder einsetzen kann.

Zum Abbau der Kupplung gehen Sie bitte in das Kapitel 27 »Kupplung«, dort sind die Arbeitsschritte in Bildern und Texten erklärt.

Wie weiter vorne schon gesagt, muss zum Lösen der Zentralschraube, mit der der Anlasserfreilauf auf der Kurbelwelle befestigt ist, die Kurbelwelle blockiert werden. Dazu ist das Honda-Spezialwerkzeug »Zahnradhalter« vorgeschrieben.

Trick 1: Wenn dieses Werkzeug nicht zur Verfügung steht, kann man auch mit einem ca. 2 mm dicken Kupferblech oder einem Geldstück aus Kupfer helfen (Kupfer ist weich und beschädigt die Oberflächen und Zahnflanken der Primärräder nicht!). Weil eine solche Blocka de aber die Zahnräder und Lager stark belastet, sollte man sie nur bei einer wirklichen Notreparatur anwenden.
Trick 2: Zur Unterstützung beim Gegenhalten kann man noch einen starken Helfer mit großen Händen bitten, den Zündgeber-Rotor zu halten – aber vorher einen dicken Lappen um den Rotor wickeln, sonst reißt sich der Helfer die Hände an den Noppen auf!
Trick 3: Zum Lösen der Zentralschraube einen Schlagschrauber mit exakt auf den Schraubenkopf passender Sechskantnuss verwenden.
■ Beim Festziehen muss man allerdings einen Drehmomentschlüssel benutzen (83 Nm).

Anlasserfreilauf prüfen
1. Wenn das große Anlasserzahnrad mit dem Bund in den Anlasserfreilauf von oben eingesetzt wird, muss sich das Zahnrad...
■ ...im Uhrzeigersinn (rechts herum) leicht drehen lassen und
■ ...entgegen dem Uhrzeigersinn (links herum) blockieren (Bild 17). Wenn nicht, Teile ersetzen.
2. Bund des großen Zahnrads, Innendurchmesser des Zündgeber-Rotors und Rollen des Freilaufs (Bild 16) auf Abnutzung, eingelaufene Druckstellen, Bruch und verfärbte (blaue) Stellen kontrollieren, gegebenenfalls ersetzen.
3. Zum Einbau des Anlasserfreilaufs diesen gut mit Motoröl einölen.
4. Beim Einbau eines neuen Freilaufrings beachten, dass dieser mit dem weißen Farbtupfer nach außen eingesetzt wird.

Bild 13
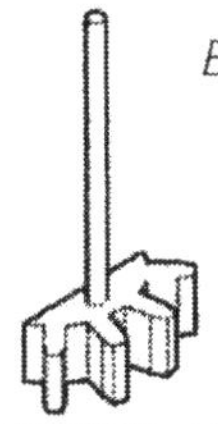
»Zahnradhalter M2.5«
Nr. 07724-0010100

Bild 13: Honda-Spezialwerkzeug »Zahnradhalter M2.5«, es ist zum Aus- und Einbau des Anlasserfreilaufs nötig.

Bilder 14, 15 und 16: Explosionszeichnung und Details des Anlasserfreilaufs.

Bild 17: Prüfung des Anlasserfreilaufs.

Bild 14
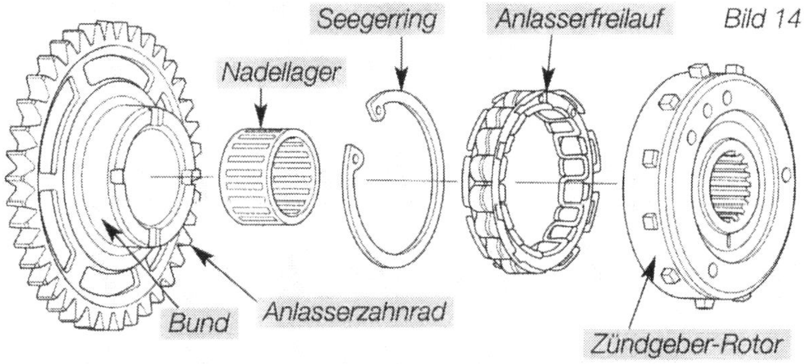

Bild 15

Bild 16
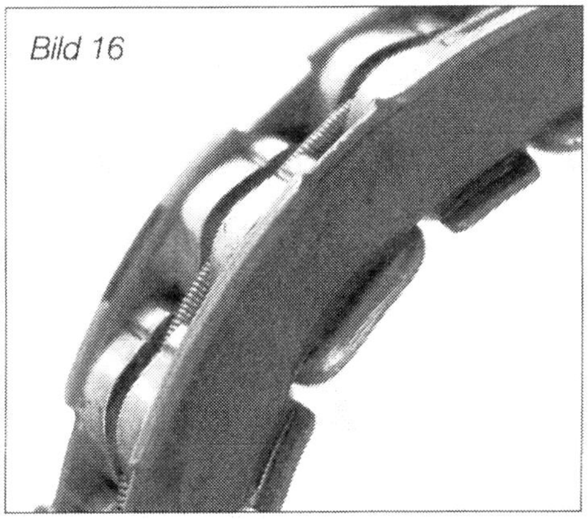

Bild 17
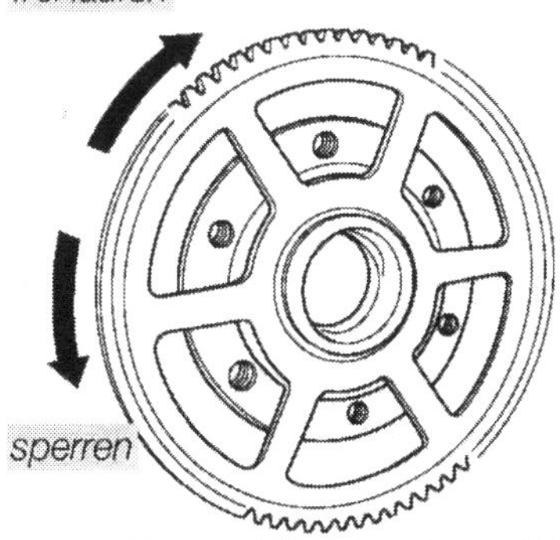

Bild 1: Ein gewisses Spiel zwischen Nocken, Tassenstößel und Ventil ist nötig, damit die Ventile den Brennraum über die Ventilsitze bei allen Betriebstemperaturen dicht abschließen und kein Gas unkontrolliert entweichen kann.

■ Das Ventilspiel wird zwischen Nocken und Ventilstößel in der im Bild gezeigten Stellung des Nockens gemessen.

Bilder 2, 3 und 4: Das Shim sitzt im oberen Ventilfederteller auf dem Ventilkopf unter dem Tassenstößel, der mit einem Magnetheber herausgezogen wird.

Ventilspiel

In diesem Kapitel: Ventilspiel kontrollieren, ermitteln und einstellen · Nockenwellen aus- und einbauen.

Ventilspiel

■ **Kontrollintervalle:** Alle 24 000 km muss das Ventilspiel überprüft und ggf. eingestellt werden.

■ Die Kontrolle der Ventilspiele ist eine Arbeit, die viel Können, Fingerspitzengefühl und passende Werkzeuge erfordert. Wenn Sie dies nicht haben, dann geben Sie Ihr Motorrad besser in die Honda-Motorradwerkstatt.

■ Wenn Sie die Ventilspielkontrolle selbst machen und feststellen, dass die Spiele zu eng oder zu weit sind und ein Austausch der Ventilspiel-Einstellplättchen (»Shims«, Bilder 3 und 4) nötig wird, müssen dazu die Nockenwellen aus- und eingebaut werden. Diese Arbeit erfordert Können und höchste Präzision.

Bild 1

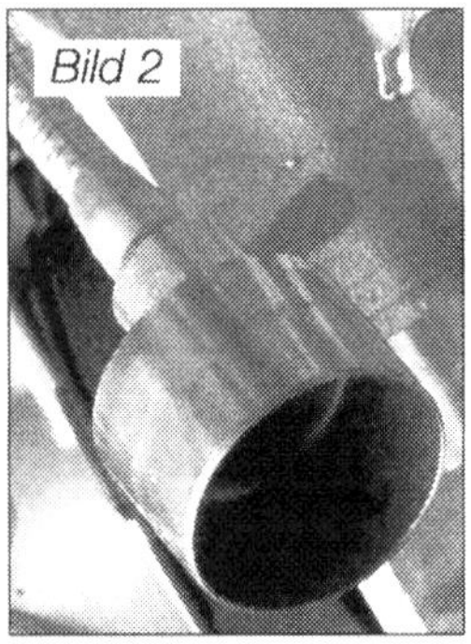
Bild 2

Bild 3

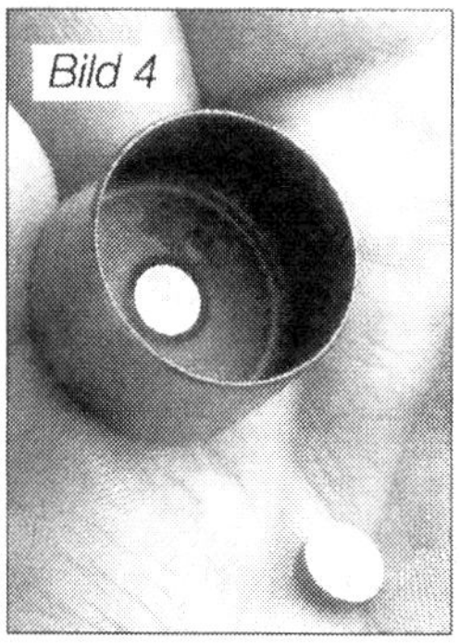
Bild 4

■ Der Mechaniker baut zwar neue Ventilspiel-Einstellplättchen ein, jedoch sind diese meistens nicht neu, sondern Austauschteile. Diese sind in der Honda-Motorradwerkstatt in großer Anzahl vorrätig, weil die Ventilspiel-Einstellplättchen so hart sind, dass sie weder verschleißen, brechen oder anderweitig unbrauchbar werden. Der Honda-Händler verlangt für ein Austauschplättchen in der Regel den halben Neupreis.

■ Wenn Sie jedoch das Ventilspiel selbst einstellen wollen und beim Honda-Motorradhändler neue Ventilspiel-Einstellplättchen kaufen, dann werden Ihnen neue Teile verkauft. Diese kosten um die zehn Euro pro Stück.

Fazit: Wenn sich für Hobbyschrauber die Frage stellt, das Ventilspiel selbst neu einzustellen, oder die Maschine dazu in die Werkstatt zu bringen, dann raten wir zu Letzterem: Man kann nämlich sein Motorrad auch gestrippt (also mit so weit abgebauten Teilen, dass der Mechaniker freien Zugang zum Zylinderkopf hat) in die Werkstatt bringen (mit stehendem Motor auf dem Hänger oder mit dem Transporter!) und die Arbeiten »Ventilspiel neu einstellen« gezielt in Auftrag geben.

Vorgeschriebenes Ventilspiel

Das vorgeschriebene Ventilspiel beträgt:

- für Einlass 0,16 mm ± 0,03 mm (= zwischen 0,13 und 0,19 mm)
- für Auslass 0,32 mm ± 0,03 mm (= zwischen 0,29 und 0,35 mm)

Zylinderzählweise: Die Zylinder werden, in Fahrtrichtung gesehen, von links nach rechts gezählt: Ganz links ist der 1. Zylinder, es folgen 2. und 3. Zylinder, der 4. Zylinder ist der rechte. Daneben ganz außen ist der Steuerkettenschacht.

Nockenstellung: Das Ventilspiel wird zwischen Nocken-Grundkreis und Tassenstößel gemessen, der Nockenbuckel zeigt nach oben (Bild 1).

Sicherheitshinweise ⚠ Achtung und ☞ Tipps für dieses Kapitel

⚠ Kurbelwelle über die Befestigungsschraube des Anlasser-freilauf-Rotors immer nur im Uhrzeigersinn (rechts herum) drehen, nie in die andere Richtung.

⚠ Nockenwellen-Lagerdeckel gleichmäßig und in kleinen Schritten losschrauben, sonst können die Lagerdeckel im Bereich der Axialführung brechen. Bei der Montage die Lagerdeckel gleichmäßig ansetzen.

⚠ Kurbelwelle während des Einbaus der Nockenwellen nicht drehen, um Schäden am Ventiltrieb oder falsche Steuerzeiten zu vermeiden.

☞ Offenen Steuerkettenschacht und Zündkerzenbohrungen mit Lappen zustopfen!

■ Wenn eine Schraube oder ein Ventileinstellplättchen hineinfällt, ist es unmöglich, das Kleinteil wieder herauszuholen, ohne den Motor weiter zu zerlegen.

Ist-Ventilspiel: Das Ist-Ventilspiel wird ermittelt, indem so lange mit verschieden dicken Fühlerlehren geprüft wird, bis man eine gefunden hat, die sich satt zwischen Nocken und Tassenstößel durchziehen lässt (Bild 1). Dieses Ist-Ventilspiel mit den zugehörigen Zylinderzahlen sowie E und A (für Einlass und Auslass) muss für jeden Zylinder notiert werden. Die Aufzeichnungen dienen später dazu, entsprechende neue Shims auszuwählen, mit denen das Ventilspiel auf die vorgeschriebenen Werte eingestellt wird.

Ventilspielkontrolle vorbereiten

1. Zur Ventilspielkontrolle muss der Motor kalt sein, er darf höchstens handwarm sein (35 °C).

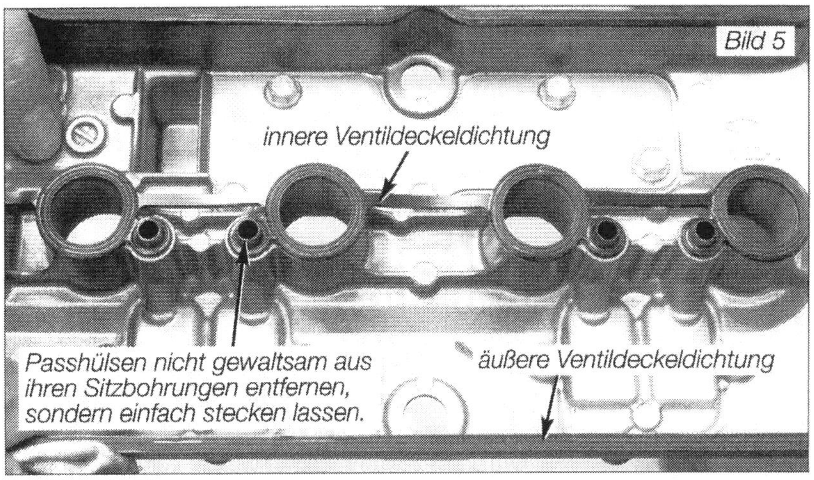

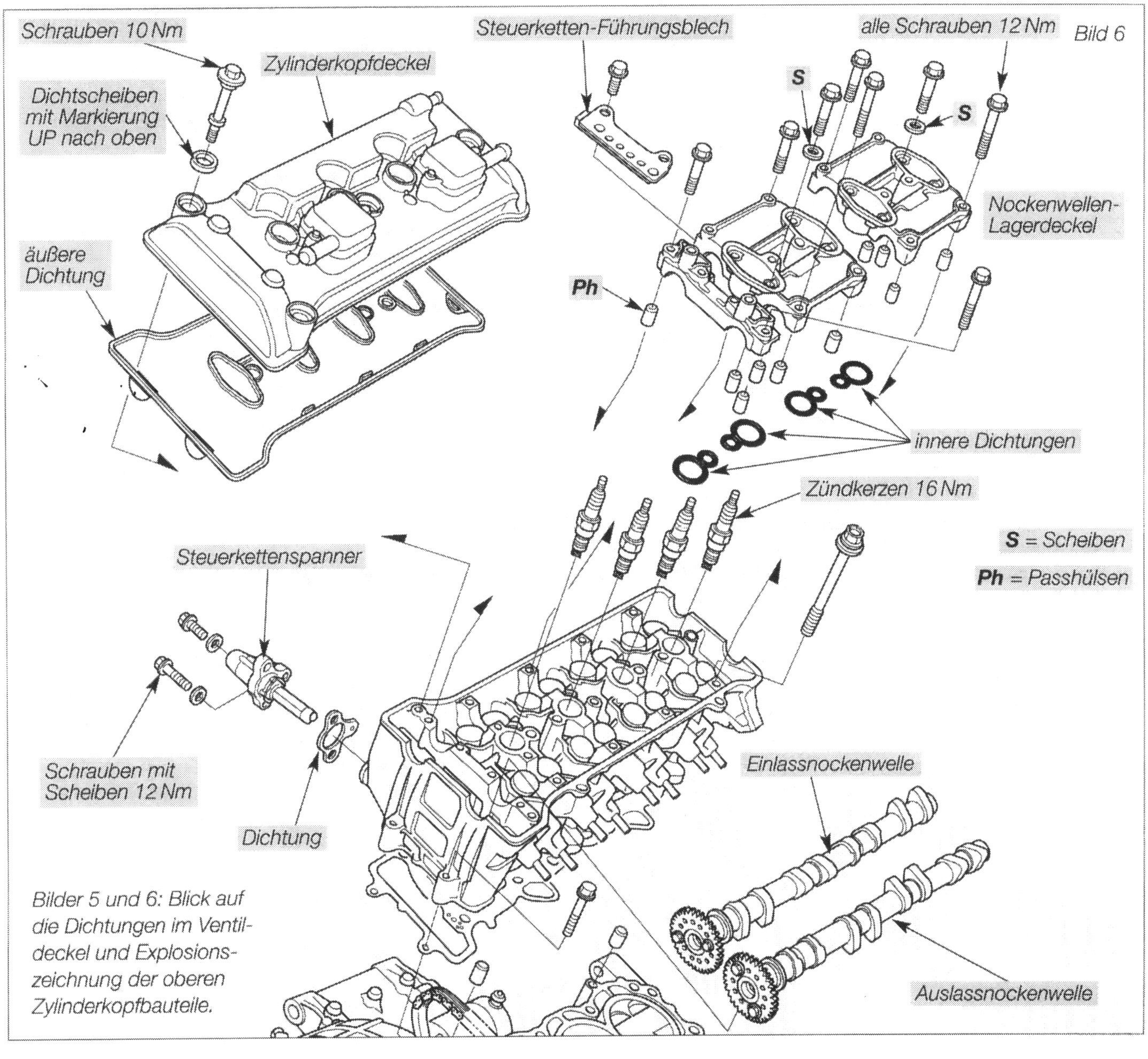

Bilder 5 und 6: Blick auf die Dichtungen im Ventildeckel und Explosionszeichnung der oberen Zylinderkopfbauteile.

Sichtprüfung Messen

Korrespondenzkapitel:
- 6 »Verkleidung · Tank · Rahmen«
- 16 »Sicherungen · Relais · Stecker«

2. Motorrad sicher aufbocken. Ab- und ausbauen: Sitze, Tank, Verkleidung, Verkleidungshalter mit Zündspulen. Kurbelgehäuse-Entlüftungsschlauch und PAIR-Luftschläuche vom Zylinderkopfdeckel abziehen, PAIR-Steuermagnetventil abbauen. Zündkerzenstecker abziehen (Zündkerzen bleiben eingebaut!), Zündspulen, Sekundärluft-Schläuche abziehen.

■ Es muss alles abgeschraubt und aus dem Weg geräumt sein, was den Zugang zum Zylinderkopf stören könnte.

3. Befestigungsschrauben des Zylinderkopfdeckels ausdrehen. Schrauben herausziehen.

4. Ventildeckel abnehmen. Die Dichtungen können beim Zusammenbau wieder verwendet werden, wenn sie nicht hart, porös, zerrissen oder über Gebühr stark zerdrückt sind.

5. Zündkerzen ausschrauben.

6. Den runden Schraubdeckel im rechten Motorseitendeckel (Bild 7) ausdrehen, jetzt ist die so genannte »Kontrollbohrung« freigelegt.

6.1. Man sieht einen Rotor (es ist der Anlasserfreilauf, Bild 7) mit Markierungen, die zur Ventilspielkontrolle gebraucht werden.

6.2. Weiterhin ist im Gewinde der Kontrollbohrung eine Markierung angebracht (Bild 7), die später Bezug ist für die »T«- oder »I«-Markierung auf dem Rotor.

7. Am Kopf der Rotor-Befestigungsschraube wird die Kurbelwelle während der Arbeitsschritte zur Ventilspielkontrolle mit einer 14er-Nuss rechts herum gedreht.

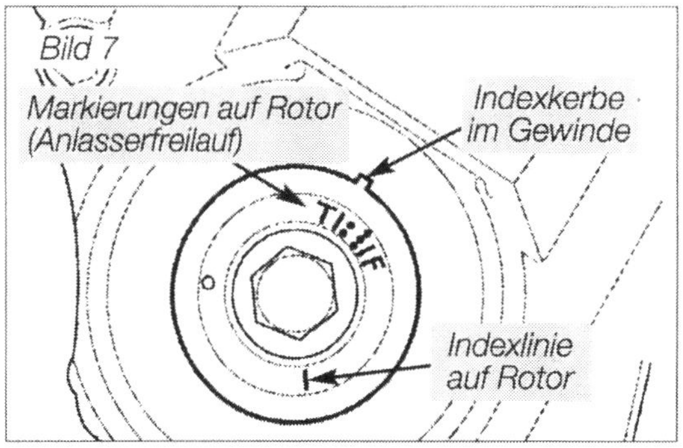

Bild 7: Nach Ausdrehen des runden Schraubdeckels im rechten Motorseitendeckel sind diese Markierungen zu sehen.

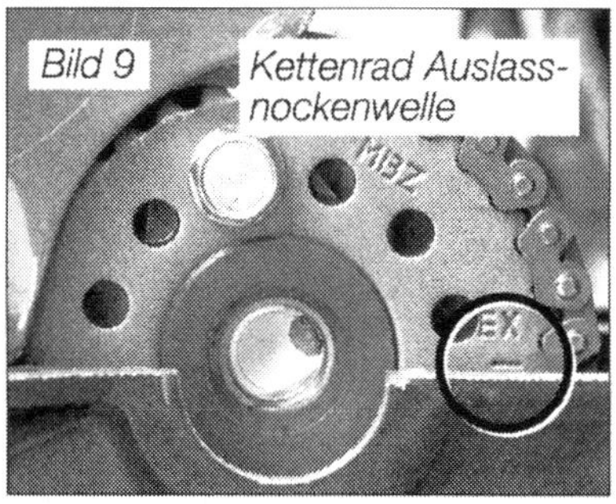

Bilder 8 und 9: »IN«- und »EX«-Markierungen auf den Nockenwellenkettenrädern.

Ist-Ventilspiel ermitteln

Erster Messgang

1. Rechts unten am Motor: Kurbelwelle rechts herum drehen, bis die Markierung »T« auf dem Rotor schräg nach vorne oben steht (auf »1 Uhr«) und mit der Indexkerbe im Gewinde der Kontrollbohrung fluchtet (Bild 7).

2. Am Zylinderkopf oben rechts: Markierungen auf den Nockenwellenrädern »IN« (auf dem Einlasskettenrad, Bild 8) und »EX« (auf dem Auslasskettenrad, Bild 9) müssen nach außen zeigen und mit der Dichtfläche fluchten.

■ **Wichtige Anmerkung:** Wenn die »T«-Markierung auf dem Rotor zwar mit der Indexkerbe im Gewinde der Kontrollbohrung fluchtet, die Markierungen auf den Nockenwellenrädern aber <u>nach innen</u> (zueinander) gerichtet sind, dann muss die Kurbelwelle noch eine Umdrehung (360 Grad) rechts herum gedreht werden. Danach müssen die Markierungen nach außen weisen (Bilder 8 und 9).

3. Ventilspiel prüfen

Jetzt werden die Spiele der Einlassventile der Zylinder 1 und 3 geprüft (Bild 10). Messwerte notieren!

Zweiter Messgang

1. Rechts unten am Motor: Die Kurbelwelle eine halbe Umdrehung (180 Grad) rechts herum drehen, bis die Indexlinie auf dem Rotor exakt nach oben weist (auf »12 Uhr«).

2. Ventilspiel prüfen

Jetzt werden die Spiele der Auslassventile der Zylinder 2 und 4 geprüft (Bild 11). Messwerte notieren!

Dritter Messgang

1. Rechts unten am Motor: Die Kurbelwelle eine halbe Umdrehung (180 Grad) rechts herum drehen, bis die »T«-Markierung auf dem Rotor schräg nach vorne oben steht (auf »1 Uhr«) und mit der Indexkerbe im Gewinde der Kontrollbohrung fluchtet (Bild 7).

2. Ventilspiel prüfen

Jetzt werden die Spiele der Einlassventile der Zylinder 2 und 4 geprüft (Bild 12). Messwerte notieren!

Vierter Messgang

1. Rechts unten am Motor: Die Kurbelwelle eine halbe Umdrehung (180 Grad) rechts herum drehen, bis die Indexlinie auf dem Rotor exakt nach oben weist (auf »12 Uhr«).

2. Ventilspiel prüfen
Jetzt werden die Spiele der Auslassventile der Zylinder 1 und 3 geprüft (Bild 13). Messwerte notieren!

Messergebnisse werten
1. Wenn die gemessenen Ventilspiele innerhalb der vorgeschriebenen Toleranzen liegen, braucht man nichts weiter zu tun, der Motor kann wieder zusammengebaut werden.
2. Wenn jedoch auch nur bei einem Ventil das vorgeschriebene Ventilspiel unter- oder überschritten ist, müssen die Nockenwellen ausgebaut und neue Ventilspiel-Einstellplättchen eingesetzt werden.
3. Wenn aber das Ventilspiel in Ordnung ist, bauen wir nachstehend den Ventildeckel wieder auf.

Ventildeckel aufbauen

1. O-Ring im Schraubdeckel für die Kontrollbohrung (Bild 14) leicht mit Silikonpaste oder Fett einschmieren, Schraubdeckel eindrehen und mit 18 Nm festziehen.
2. Die inneren Ventildeckeldichtungen auf ihre Flächen im Zylinderkopf legen.
3. Etwas Silikondichtmasse speziell in die Ecken der Ausrundungen der Ventildeckeldichtung geben (Bild 15).
4. Ventildeckel zusammen mit der Ventildeckeldichtung auflegen.
5. Dichtscheiben mit der Markierung »UP« nach oben in ihre Bohrungen einsetzen (Bild 16).
6. Ventildeckelschrauben einölen, eindrehen und über Kreuz bis auf 10 Nm festziehen.
■ Abgebaute Teile ein- und anbauen.

Nockenwellen aus- und einbauen

Nockenwellen ausbauen
Hinweis: Die Steuerkettenräder brauchen zum Ausbau der Nockenwellen nicht abgeschraubt werden.
Wichtig: Zündkerzenbohrungen mit Lappen abdecken! Wenn eine Schraube oder ein Shim hineinfällt, ist es schier unmöglich, das Kleinteil wieder herauszuholen, ohne den Motor weiter zu zerlegen.
1. Rechts unten am Motor: Kurbelwelle rechts herum drehen, bis die »T«-Markierung auf dem Rotor schräg nach vorne oben steht (auf »1 Uhr«) und mit der Indexkerbe im Gewinde der Kontrollbohrung fluchtet (Bild 7).
2. Am Zylinderkopf oben rechts: Markierungen auf den Nockenwellenrädern »IN« (auf dem Einlasskettenrad, Bild 8) und »EX« (auf dem Auslasskettenrad, Bild 9) müssen nach außen zeigen und mit der Dichtfläche fluchten.
■ **Wichtige Anmerkung:** Wenn die »T«-Mar-

Bild 10

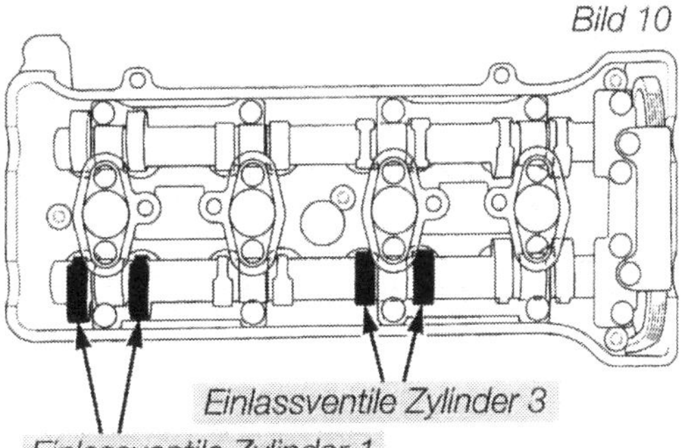

Bild 11

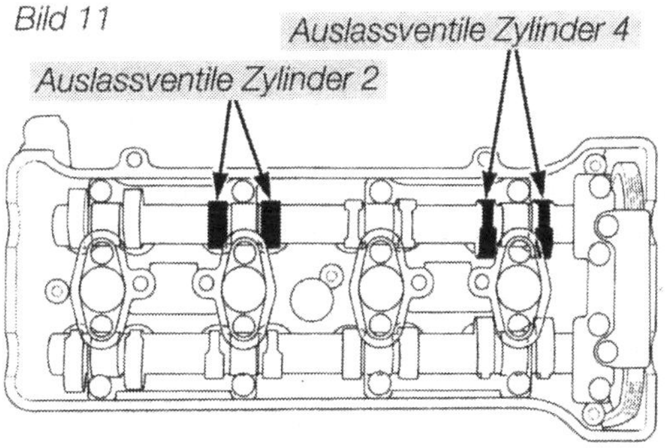

Bild 12

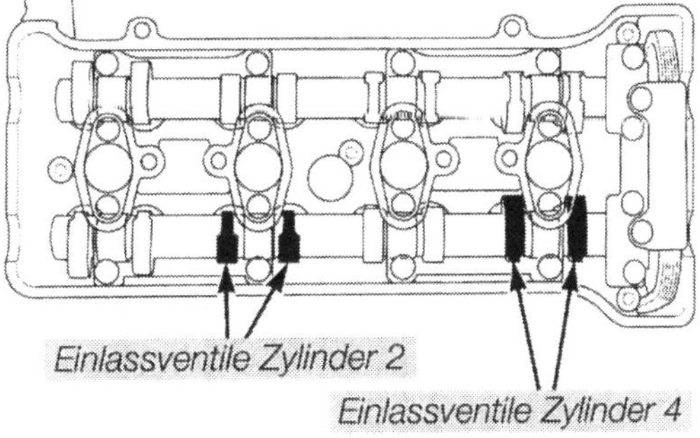

Bild 13

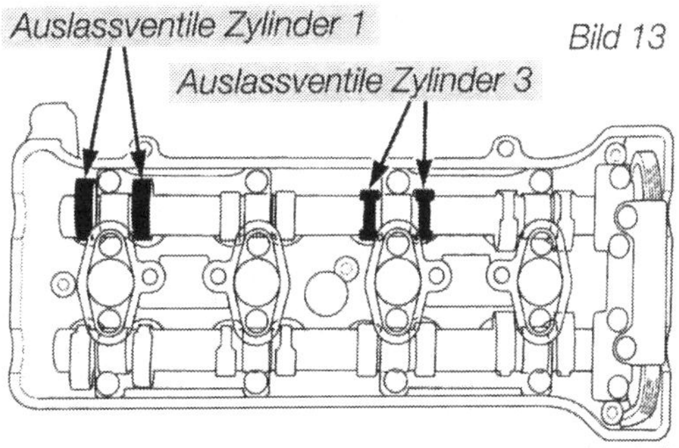

Bilder 10 bis 16: Im Lauftext sind die zu den Bildern gehörenden Arbeitsschritte nummeriert beschrieben.

Bild 14

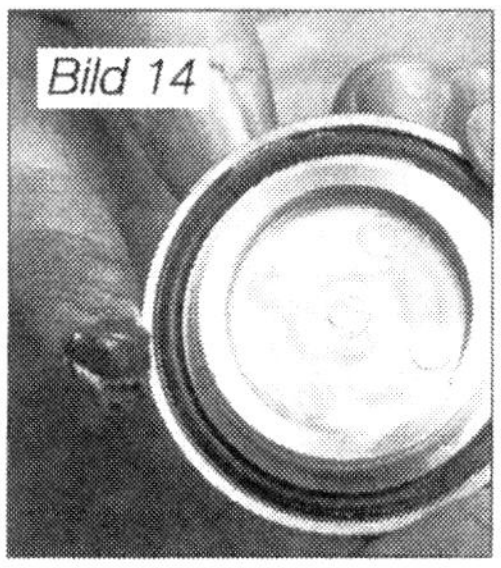

Bild 15

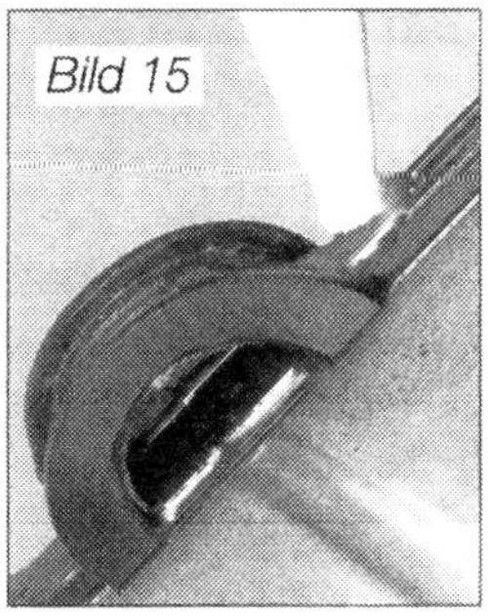

Bild 16

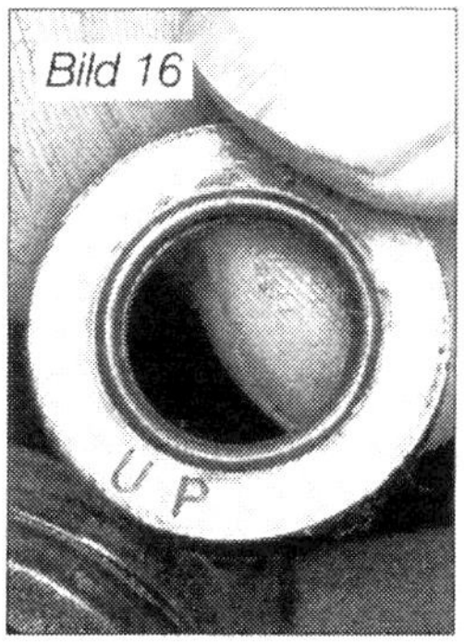

kierung auf dem Rotor zwar mit der Indexkerbe im Gewinde der Kontrollbohrung fluchtet, die Markierungen auf den Nockenwellenrädern aber _nach innen_ (zueinander) gerichtet sind, dann muss die Kurbelwelle noch eine Umdrehung (360 Grad) rechts herum gedreht werden. Noch einmal kontrollieren: Jetzt müssen die Markierungen nach außen weisen (Bilder 8 und 9).

⚠ **Achtung:** Die Kurbelwelle darf während der nun folgenden Arbeitsschritte zum Aus- und Einbau der Nockenwellen nicht mehr gedreht werden, um Schäden und/oder falsche Steuerzeiten zu vermeiden.

3. Hinten am Steuerkettenschacht: Dichtschraube des Steuerkettenspanners ausschrauben, Dichtscheibe entfernen. Darunter findet sich der federbelastete Spannbolzen der Steuerkette.
3.1. Ein Spezialwerkzeug herstellen wie in Bild 18 gezeigt. Damit in den Steuerkettenspanner einfahren und den Spannbolzen im Uhrzeigersinn (rechts herum) bis zum Anschlag drehen.
3.2. Spezialwerkzeug in den Steuerkettenspanner einstecken und damit fixieren. Der Steuerkettenspanner ist jetzt in sich gespannt, er drückt nicht mehr auf die Spannschiene der Steuerkette und sie wird dadurch entspannt.
4. Oben auf dem Zylinderkopf: Die beiden Schrauben der Steuerkettenführung lösen und ausdrehen, Steuerkettenführung abnehmen.
5. Oben am Zylinderkopf: Schrauben der Nockenwellen-Lagerdeckel von außen nach innen über Kreuz in mehreren Schritten lösen.
5.1. Schrauben in den Bohrungen stecken lassen, Lagerdeckel mit eingesteckten Schrauben nach oben abnehmen.
6. Nockenwellen herausnehmen:
6.1. Nockenwellen am gegenüberliegenden Ende der Steuerkettenräder aus ihren Lagerstellen heben, Nockenwellen zur Steuerkette hin abkippen, Steuerkette von den Kettenrädern abnehmen (Bild 20).
6.2. Steuerkette mit einem Stück Draht nach rechts-oben und links-oben hin aufhängen, damit sie nicht in sich zusammen- und in den Steuerkettenschacht fällt.

Bild 17

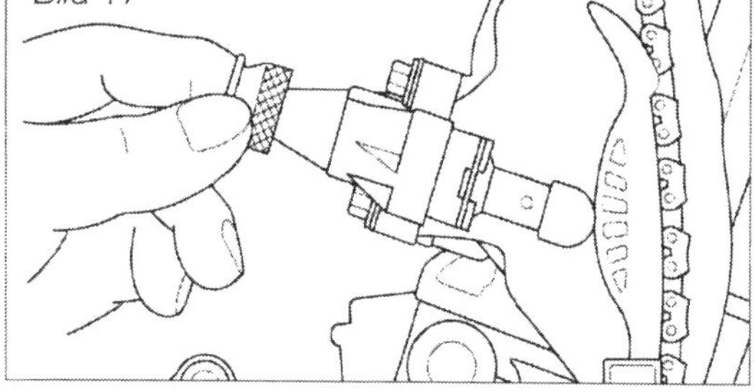

Bild 17: Steuerkettenspanner entlasten.

Bild 18

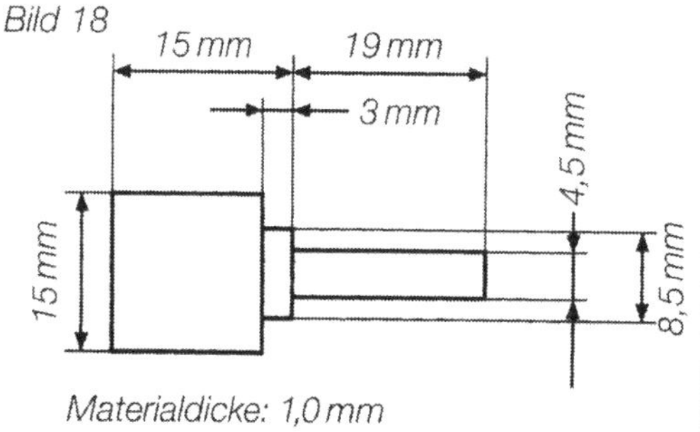

Bild 18: Skizze zum Selbermachen eines Werkzeugs zum Feststellen des Steuerkettenspanners.

Bild 19

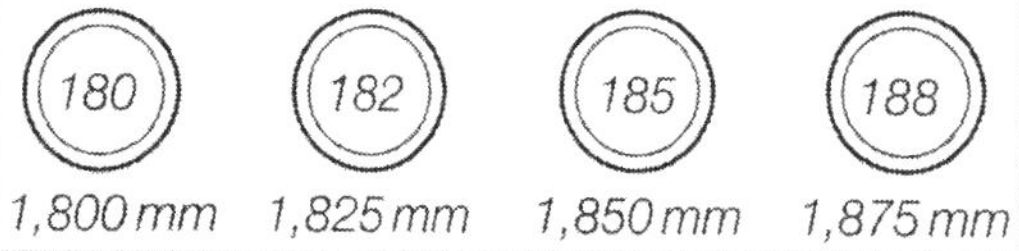

Bild 19: Die Ventilspiel-Einstellplättchen sind mit ihrem Dickenmaß gekennzeichnet.

Einstellplättchen auswählen

Zum Einstellen des Ventilspiels stehen 69 verschiedene Ventilspiel-Einstellplättchen (»Shims«) mit Dicken von 1,200 bis 2,900 mm in Abstufungen von 0,025 mm zur Verfügung.

Die Dicke des benötigten neuen Shim wird folgendermaßen ermittelt:
1. (B – C) + D = A
- Maß A = neues Shim
- Maß B = notiertes Ventilspiel
- Maß C = vorgeschriebenes Ventilspiel
- Maß D = Stärke des ausgebauten Shim

2. Beispielrechnung:
- notiertes Ventilspiel Maß B = 0,120 mm
- vorgeschriebenes Ventilspiel Maß C = 0,160 mm
- Stärke des ausgebauten Shim Maß D = 2,325 mm

2.1. Benötigtes Shim errechnen:
- (B – C) = (0,120 mm – 0,160 mm) = –0,040 mm
- A = –0,040 mm + 2,325 mm = 2,285 mm

3. Es müsste also jetzt ein neues Shim mit der Stärke 2,285 mm eingesetzt werden. Dieses gibt es aber nicht, also wird ein dünneres mit der Stärke 2,275 mm verwendet.
- Damit beträgt das neue Ventilspiel 0,170 mm und liegt innerhalb der Toleranz.

Einstellplättchen auswechseln

Wichtig: Beim Herausziehen der Ventilstößel mit einem Magnetheber darauf achten...

■ ...dass beim Zusammenbau alle Ventilstößel wieder in die Bohrungen eingesetzt werden, aus denen sie herausgezogen wurden. Entweder man markiert sie oben auf der Planfläche mit einem Farbstift oder legt sie entsprechend der Reihenfolge ab.
■ ...dass kein Shim heraus in den Motor fällt.
■ ...sowohl das herausgenommene wie auch das ausgewählte neue Shim zur Sicherheit mit der Mikrometerschraube nachmessen.
1. Ventilstößel herausnehmen, Shim mit Magnet oder Pinzette herausnehmen (Bilder 3 und 4).
2. Dicke vom Shim ablesen (Bild 19).
3. Entsprechend neues Shim auswählen und dieses mit den Zahlen nach oben einsetzen.
4. Ventilstößel außen mit Molybdändisulfidöl einstreichen und in seine Bohrung einschieben.

Nockenwellen einbauen
1. Auslassnockenwelle: Drahthalterungen von der Steuerkette abnehmen, dabei die Steuerkette vorsichtig gestrafft halten. Nockenwelle schräg anfädeln (Bild 20), Steuerkette so auf das Kettenrad auflegen, dass die zur »EX«-Markierung gehörende Strichmarkierung auf dem Kettenrad nach vorne zeigt (Bild 9).
1.1. Nockenwelle in ihre Lagerstellen einsetzen und sofort prüfen, ob sich die »EX«-Markierung in etwa mit der Dichtfläche deckt (Bild 9).
2. Einlassnockenwelle: Steuerkette vorsichtig gestrafft halten, Einlassnockenwelle schräg anfädeln, Steuerkette so auf das Kettenrad auflegen, dass die »IN«-Markierung auf dem Kettenrad nach hinten zeigt (Bild 8).
2.1. Nockenwelle in ihre Lagerstellen einlegen und sofort prüfen, ob sich die »IN«-Markierung in etwa mit der Dichtfläche deckt (Bild 8).
3. Reichlich frisches Motoröl auf Nocken, Lagerzapfen, Lagerschalen, Gewinde und Sitzflächen der Schrauben geben. Auch die O-Ringe innen in den Nockenwellen-Lagerdeckeln einölen.
4. Die Nockenwellen-Lagerdeckel mit in die Bohrungen eingesteckten Schrauben sorgsam aufsetzen und darauf achten, dass die Passhülsen sicher einrutschen.
5. Schrauben von Hand eindrehen und ganz leicht festziehen.
6. Schrauben in kleinen Schritten anziehen bis auf 12 Nm. Auf den Nockenwellendeckeln sind Zahlen angebracht:
■ Zuerst die vier Schrauben Nr. 1, Nr. 2, Nr. 7 und Nr. 8 anziehen.
■ Die übrigen Schrauben Schritt für Schritt anziehen, bis die Nockenwellendeckel leicht auf dem Zylinderkopf aufsitzen.

Wichtig: Unbedingt mit Drehmomentschlüssel und exakt passender 10er-Nuss arbeiten.
7. Steuerkettenführung aufsetzen, Schrauben eindrehen und mit 12 Nm festziehen.
8. Spezialwerkzeug aus seiner Arretierung im Steuerkettenspanner vorsichtig ein kleines Stück ausziehen, Spannbolzen gegen den Uhrzeigersinn (links herum) lösen: Der Steuerkettenspanner entspannt sich, er fährt an die Steuerkettenspannschiene heran und die Steuerkette wird dadurch gespannt.
8.1. Verschlussschraube mit neuem Dichtring eindrehen und mit 12 Nm festziehen.
9. Nun den Motor über die Kurbelwellenschraube einige Male langsam (!), sorgsam und mit viel Gefühl (!) rechts herum drehen und prüfen, ob sich der Motor frei dreht.
■ Wenn »ja«, ist anzunehmen, dass die Nockenwellen richtig eingebaut sind und die Steuerzeiten stimmen.
10. Wenn sich der Motor nicht frei dreht, kann es sein, dass die Nockenwellen nicht richtig eingebaut sind, deswegen die Steuerzeiten nicht stimmen und ein Ventil an einem Kolben ansteht, weswegen sich die Kurbelwelle nicht mehr frei drehen kann.
10.1. Dann muss man die Kurbelwelle langsam (!) rückwärts drehen und die »IN«- und »EX«-Markierungen überprüfen, wie sie zur Dichtfläche zeigen.
Hinweis: Oft ist die Steuerkette auf den Steuerkettenrädern aus Versehen um einen Zahn versetzt aufgelegt worden, was natürlich nicht sein darf! Die entsprechende Nockenwelle muss dann noch einmal aus- und richtig eingebaut werden.

Sehr sorgfältig arbeitende Mechaniker wiederholen jetzt noch einmal die Prozedur zum Messen aller Ventilspiele und notieren diese. Diese Notizen dienen bei der nächsten Prüfung der Ventilspiele (also in 24 000 km) dem Vergleich zu den dann gemessenen Ventilspielen.

Bild 20: Zum Abnehmen und Auflegen der Steuerkette die Nockenwelle schräg halten.

Korrespondenzkapitel:
- 11 »Federung · Dämpfung«
- 12 »Lenkung«
- 13 »Telegabel«

Kontakt:
Emil Schwarz
Präzisionsteile
für Motorräder
Daimlerstraße 8
D-73660 Urbach
www.emilschwarz.de

Fahrwerk optimieren

In diesem Kapitel: Lager wechseln · Umbau auf Schwarz-Lager · Komforttuning mit HKS GGV.

Lager wechseln

Es kann oftmals sinnvoll sein, Lager schon dann zu wechseln, wenn noch kein merklicher Verschleiß spürbar oder eine Beschädigung aufgetreten ist. Dies ist z. B. bei einem älteren, gebraucht gekauften Motorrad sehr zu empfehlen. Wenn alle Fahrwerkslager auf einmal komplett gewechselt werden, dann sind Maschine und Fahrer für die nächsten Jahre auf der sicheren Seite: Das Fahrwerk ist erstklassig und die Gefahr, dass während einer längeren (Urlaubs-) Fahrt ein Lager defekt wird, ist vom Tisch.

Zum fachgerechten Erneuern von Lenkkopf- und Schwingenlagern gehören Erfahrung und Können. Der Lagerspezialist, dessen Spezialwerkzeuge, Tipps und Kniffe wir hier zeigen, ist Emil Schwarz, beheimatet im schwäbischen Urbach bei Schorndorf. Er beschäftigt sich seit mehr als 20 Jahren mit Motorradlagern und bietet für

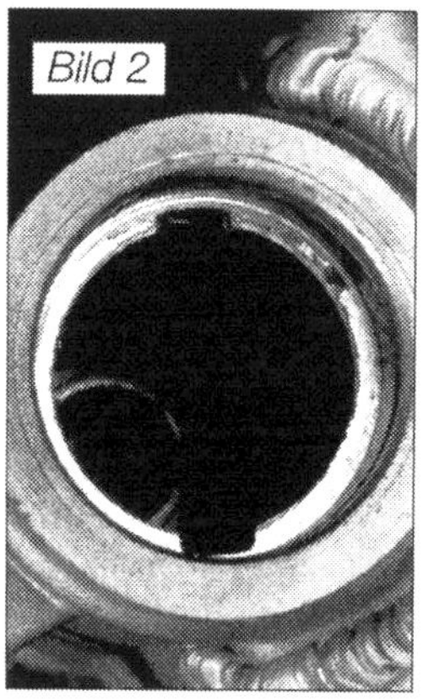

Bilder 1 und 2: Bearbeiten der Lagersitze im Lenkkopf als Vorbereitung zum Einbau neuer Präzisionslager: Mit einem Stirnfräser werden die Auflageflächen der Lagerschalen im Lenkkopfrohr plan gefräst. Bild 3: Emil Schwarz mit Spezialwerkzeug bei Arbeiten am Lenkkopf.

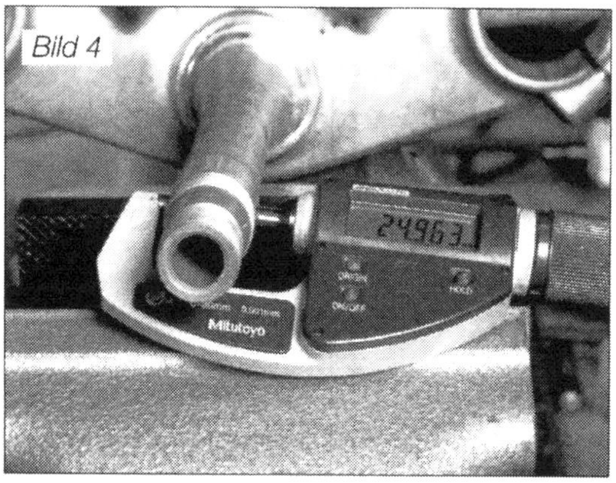

Bild 4: Zwischen Lenkschaftrohr und Lagerinnenring ist serienmäßig Spiel. Bild 5: Bei den Schwarz-Kegelrollenlagern wird dies zuverlässig beseitigt, weil die obere Lagereinstellmutter ein langes Gewinde hat und fest mit dem Lagerring verbunden ist.

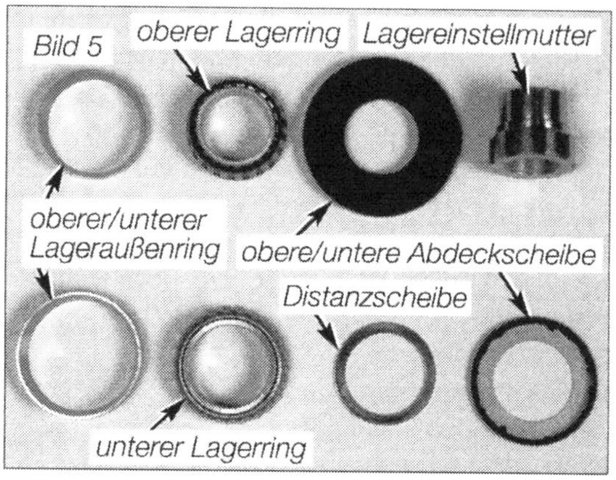

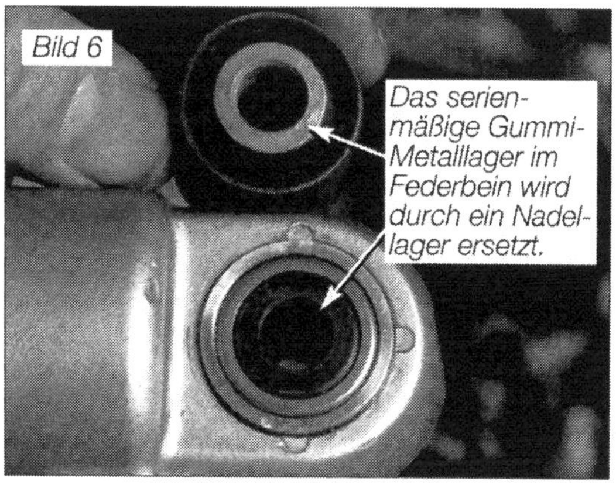

Bild 6: Gummibuchse in der Federbein-Anlenkung wird durch Nadellager ersetzt. Exakte Distanzhülsen werden in Schwingen- und Umlenklager eingesetzt. Bild 7: Mit einer Fettpresse wird hochwertiges Fett, das resistent ist gegen Wasseraufnahme und Streusalz, eingedrückt.

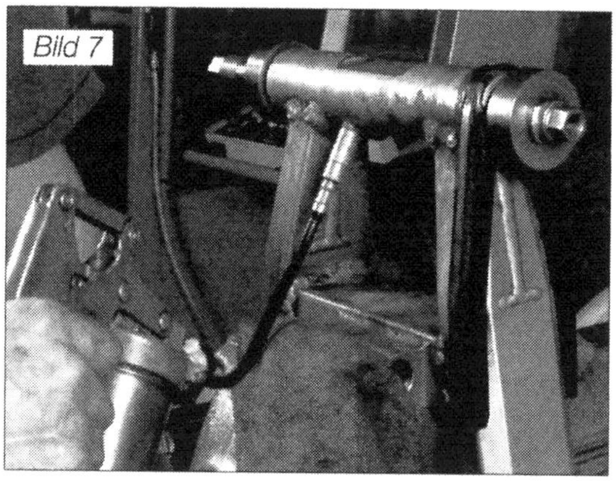

nahezu alle Motorräder passende Lagersätze an. Das Muster-Testmotorrad, an dem die Arbeiten durchgeführt wurden, war zwei Jahre alt und hatte 14 000 km gelaufen. Die gemessenen Lagerspiele betrugen:

- Lenkkopflagerung 0,05 mm zwischen Lenkschaftrohr und Lagerinnenring
- Schwingenlagerung axial 1,15 mm

Laut Emil Schwarz sind diese Lagerspiele ganz normale Serientoleranzen. Die Serienqualität ist von Hersteller zu Hersteller verschieden hoch angesiedelt und somit auch das Spiel in den Lagern. Wenn das Fahrverhalten des Motorrads verbessert werden soll (»Fahrwerkstuning«), sollten zuerst die Lagerstellen in der Reihenfolge Lenkkopf, Schwingenlager, Federbeinumlenkung, Radlager überprüft und ggf. auf Präzisionslager umgebaut werden. Denn Fahrwerksprobleme liegen oft nicht nur in Feder- und Dämpferelementen oder deren Setup begraben, sondern haben ihren Ursprung in zu stramm eingesetzten oder losen Lagerstellen im Lenkkopflager und im Bereich der Schwingenlagerung. Besseres Ansprechen der Federung, exaktes Einlenken in Kurven und besserer Geradeauslauf sind der Erfolg eines Lagerumbaus.

Die Schwarz-Lagerung bietet drei grundsätzliche Verbesserungen:

- Verringerung der Lagerspiele in Lenkkopf-, Schwingen- und Umlenkhebel-Lagern.
- Spannungsfrei eingebaute Lageraußenringe verformen sich im Fahrdynamik-Bereich nicht.
- Stabile Lenkkopflagerung mit verbesserter Einstellmöglichkeit der Lenkkopflagerung, die auch unter starker Fahrbelastung ein gleichmäßiges, spielfreies, zielgenaues Einlenken ermöglicht.

Bild 8: Zum fachgerechten Aus- und Einbau von Lagern werden entsprechende Spezialwerkzeuge benötigt.

Bild 8

Komforttuning mit HKS GGV

Kleine Bodenunebenheiten werden von der Telegabel oft nicht sauber abgefedert, weil deren Losbrechmoment zu hoch ist. »HKS GGV – Gabel-Gleit-Verbesserer« (Bild 9) ist ein spezielles Schmiermittel für Gabelsimmerringe, das entweder von außen auf die Standrohre aufgetragen oder beim Gabelölwechsel in kleiner Menge dem neuen Gabelöl zugefügt wird. Es verankert sich in den Poren und verringert dadurch das Losbrechmoment der Telegabel erheblich, lässt sie seidenweich ansprechen. Fahrkomfort und Fahrsicherheit werden so erhöht.

Zum Auftragen einfach den Staubschutzring mit einem kleinen Schraubenzieher aushebeln und nach oben schieben (Bild 10), etwas HKS GGV an das Standrohr geben (Bild 11), und ringsum gleichmäßig auf die Oberfläche verteilen (Bild 12). Staubschutzring nach unten schieben und eindrücken – fertig.

»HKS GGV – Gabel-Gleit-Verbesserer« ist im gut sortierten Motorrad- und Zubehörhandel erhältlich.

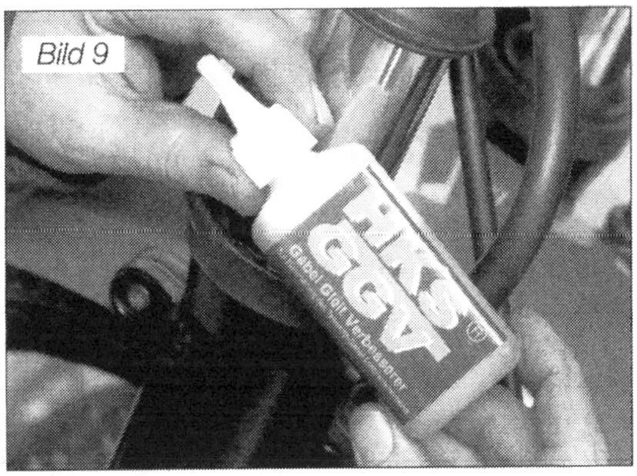

Bild 9

Bilder 9 bis 12: HKS-Gabel-Gleit-Verbesserer wird auf das Gabelstandrohr aufgetragen.

Kontakt:
H.G. Czech Ing.
Spezialschmiermittel
für Motorräder
Weyertal 102
D-50931 Köln
www.HKS-CZECH.de

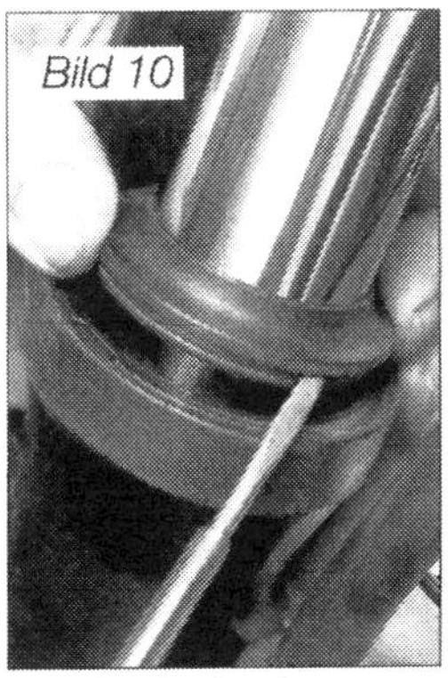

Bild 10

Bild 11

Bild 12

Störungssuche

In diesem Kapitel: Anleitung zur Störungssuche.

Die Honda CBF 1000 ist als zuverlässiges Bike bekannt, und zwar ob mit oder ohne ABS. Sollte dennoch ein Fehler auftreten, kann der folgende Text helfen, ihn zu lokalisieren. Sorgfältig Punkt für Punkt durchgelesen, ist dieses Kapitel eine gute Hilfe bei der Störungssuche. Wir empfehlen Ihnen, dieses Kapitel ab und zu durchzulesen, auch ohne dass ein Defekt am Motorrad dazu zwingt.

Einige Textpassagen bei ganz verschiedenen Fehlerursachen wiederholen sich unter »Mögliche Ursachen«, denn mögliche Fehlerquellen können eine Negativkette bilden.

Sollte Ihre Honda CBF 1000 einmal den Geist aufgeben und einfach stehen bleiben, sei es mit oder ohne grobe Nebengeräusche, dann bleiben Sie cool. Überlegen Sie in aller Ruhe: Wo wurde zuletzt herumgeschraubt? Was könnte ich nicht richtig gemacht haben? Fehler und Probleme haben meist einfache Gründe, man muss sie nur finden! Vieles ist simpel, alles ist logisch. Denn bei allen Emotionen, die im Motorradfahren drinstecken, ist ein Motorrad eben doch bloß ein technisches Gerät, dessen einzelne Bauteile nach physikalisch-technischen Gesichtspunkten funktionieren und zusammenwirken.

Bei einem Fehler in der Motorelektronik kann irgendwo ein Kabel angescheuert oder gebrochen sein, das man nicht auf Anhieb sieht (und das man vielleicht selbst irgendwie eingeklemmt hat!). Sollte an Ihrem Motorrad ein Elektro-»Fips« auftauchen, konsultieren Sie bitte zuerst den Honda-Händler, bevor Sie selbst zu Zwickzange und Lötkolben greifen und den Kabelbaum bearbeiten. In diesem Sinne: Frohes und erfolgreiches Fehlersuchen!

Motor

Fehler: Motor wird vom Elektrostarter durchgedreht, springt aber nicht an
Mögliche Ursachen:
- falsche Gasdrehgriff-Stellung → *Kapitel* 4 23
- kein Benzin im Tank → *Kapitel* 23
- Benzin verunreinigt oder von schlechter Qualität (aus Versehen Diesel getankt?) → *Kapitel* 23
- Benzin gelangt nicht zu den Einspritzdüsen: Benzinpumpe defekt, Benzinschlauch nicht richtig aufgesteckt oder abgerutscht, rissig, porös, geknickt/verdreckt → *Kapitel* 6 23
- Luftfilter zugesetzt → *Kapitel* 21
- kein Funke an den Zündkerzen → *Kapitel* 19 20
- Motorelektronik defekt → *Kapitel* 16 19 20
- Anlasserfreilauf defekt → *Kapitel* 29
- Kompression zu niedrig: Ventile blasen durch, Zylinderkopfdichtung defekt → *Fachwerkstatt*

Fehler: Motor springt schlecht an, geht wieder aus
Mögliche Ursachen:
- Zündanlage arbeitet nicht richtig (Unterspannung) → *Kapitel* 19 20 36
- Zündkerze(n) defekt: falscher Elektrodenabstand, Kerze(n) hat (haben) Massenschluss → *Kapitel* 19
- Benzin verschmutzt, Dreck im Tank → *Kapitel* 23
- Leerlaufdrehzahl falsch eingestellt → *Kapitel* 23
- Tankentlüftung verstopft, Tankentlüftungsschlauch geknickt → *Kapitel* 23
- Falschluft wird angesaugt (z.B. Ansaugstutzen lose) → *Kapitel* 21 23
- Benzin gelangt nicht zu den Einspritzdüsen: Benzinpumpe defekt, Benzinschlauch nicht richtig aufgesteckt oder abgerutscht, rissig, porös, geknickt/verdreckt → *Kapitel* 23

Fehler: Unrunder Leerlauf
Mögliche Ursachen:
- Ventilspiel zu weit oder zu eng → *Kapitel* 30
- Zündkerzen defekt: zu geringer oder zu großer Elektrodenabstand, Kerze hat Massenschluss → *Kapitel* 18
- Motorsteuergerät defekt → *Kapitel* 16 23
- Benzin verschmutzt, Dreck im Tank → *Kapitel* 23
- Luftfilter zugesetzt, verölt → *Kapitel* 21
- Benzinleitung zwischen Einspritzpumpe und Einspritzdüsen schadhaft→ *Kapitel* 23

Fehler: Zündaussetzer beim Beschleunigen
Mögliche Ursachen:
- falscher Elektrodenabstand der Zündkerzen → *Kapitel* 19
- Kerzenstecker nicht richtig angebracht → *Kapitel* 19
- Zündkerzenkabel oder Zündkerzenstecker schlagen durch → *Kapitel* 19 20
- Feuchtigkeit, Wackelkontakt oder Korrosion in Steckverbindungen der Motorelektrik → *Kapitel* 16 36
- Benzin verschmutzt, Dreck im Tank → *Kapitel* 23

Fehler: Motor patscht, produziert Fehlzündungen
Mögliche Ursachen:
- Zündsystem defekt → *Kapitel* 16 20
- Zündspulen, Zündkabel, Zünkerzenstecker schlagen durch → *Kapitel* 19 20
- falscher Elektrodenabstand der Zündkerzen → *Kapitel* 19
- Sicherung defekt (Sicherung sieht zwar »ganz« aus, könnte aber Wackelkontakt haben) → *Kapitel* 16
- Luftfilterkastenanschlüsse bzw. Auspuff ziehen Falschluft → *Kapitel* 21 23 24
- Ansaugstutzen rissig, gebrochen, lose bzw. nicht richtig befestigt (Falschluft) → *Kapitel* 21 22 23 24

Fehler: Geringe Leistung und hoher Verbrauch
Mögliche Ursachen:
- Luftfilter verschmutzt → *Kapitel* 21
- Kraftstoffsystem verstopft → *Kapitel* 23
- Zündsystem defekt → *Kapitel* 16 20
- Ventil(e) undicht → *Fachwerkstatt*

Fehler: Motor zieht nicht richtig, wird zu heiß
Mögliche Ursachen:
- Zu wenig Kühlmittel im System → *Kapitel* 26
- Wasserpumpe defekt → *Kapitel* 26
- Benzinleitung gequetscht, eingeklemmt → *Kapitel* 6 23
- Tankbelüftung verstopft, Belüftungsschlauch eingeklemmt → *Kapitel* 23
- Motor zieht Falschluft → *Kapitel* 21 22 23
- Zündkerzen defekt oder falsche Zündkerzen → *Kapitel* 19
- Motorsteuergerät defekt → *Kapitel* 16 23

Fehler: Motor zieht nicht, raucht aus dem Auspuff
Mögliche Ursachen:
- zu fettes Gemisch: Motorsteuergerät oder einer der signalgebenden Sensoren arbeitet nicht richtig → *Kapitel* 23
- Luftfilter verschmutzt → *Kapitel* 21

Fehler: Motor hat Leistungsverlust, geht aus, springt nach kurzer Zeit wieder an
Mögliche Ursache:
- Tankbelüftung verstopft, Benzin kann nicht richtig nachlaufen → *Kapitel* 6 23

KÜHLSYSTEM

Fehler: Motortemperatur zu hoch
Mögliche Ursachen:
- Kühler-Verschlussdeckel defekt → *Kapitel* 26
- zu wenig Kühlmittel im System → *Kapitel* 26
- Leitungen im Kühlsystem verstopft → *Kapitel* 26
- Luft im Kühlsystem → *Kapitel* 26
- Wasserpumpe defekt → *Kapitel* 26
- Thermostat hängt in geschlossener Stellung → *Kapitel* 26
- Kühlwassertemperatur-Sensor oder Temperaturanzeige defekt → *Kapitel* 16 26
- Kühlerventilatormotor/-schalter defekt → *Kapitel* 26
- Falschluftansaugung durch defekte oder lose Ansaugstutzen → *Kapitel* 21 22 23
- zu wenig Öl im Motor → *Kapitel* 25
- Ölpumpe defekt oder Ölkreislauf verstopft → *Kapitel* 25
- Zylinderkopfdichtung defekt → *Fachwerkstatt*

Fehler: Motortemperatur zu niedrig
Mögliche Ursachen:
- Kühlwassertemperatur-Sensor defekt → *Kapitel* 16 26
- Kühlerventilator schaltet nicht ab → *Kapitel* 26
- Thermostat hängt in geöffnetem Zustand → *Kapitel* 26

Fehler: Kühlsystem leckt
Mögliche Ursachen:
- Kühlerverschlussdeckel defekt → *Kapitel* 26
- Schlauchklemme und /oder Schlauch gelockert, Kühlsystem verliert Klüssigkeit → *Kapitel* 26
- Kühlerschläuche schadhaft → *Kapitel* 26
- Zylinderkopfdichtung defekt → *Fachwerkstatt*

SCHMIERSYSTEM

Fehler: Ölstand zu niedrig, hoher Ölverbrauch
Mögliche Ursachen:
- zu wenig Öl im Motor → *Kapitel* 25
- Öl läuft aus, Dichtungen lassen Öl durch → *Kapitel* 25
- Zylinder, Kolbenringe oder Ölabstreifringe verschlissen, gebrochen oder falsch eingebaut → *Fachwerkstatt*
- Öl wird durch Überdruck im Motorgehäuse aus Entlüftung herausgedrückt, Gründe können sein: verschlissene Kolbenringe oder Ventilführungen → *Fachwerkstatt*

Fehler: Öl stark verschmutzt oder emulgiert
Mögliche Ursachen:
- Öl oder Ölfilter nicht rechtzeitig gewechselt → *Kapitel* 25
- Kühlwasser im Öl: Leck im Kühlsystem, Dichtung in der Wasserpumpe defekt → *Kapitel* 26
- Zylinderkopfdichtung schadhaft → *Fachwerkstatt*
- Kolbenringe verschlissen → *Fachwerkstatt*

Fehler: Öldruck zu niedrig
Mögliche Ursachen:
- Ölstand zu niedrig → *Kapitel* 25
- zu wenig oder falsches Öl im Motor → *Kapitel* 25
- falsche Ölviskosität (zu dünnes Öl) → *Kapitel* 25
- Ölleitung/Ölsieb verstopft → *Kapitel* 25
- Ölpumpe defekt → *Kapitel* 25 → *Fachwerkstatt*
- Öldruckregler klemmt in geöffneter Stellung → *Kapitel* 25
- Pleuel- oder Kurbelwellenlager verschlissen → *Fachwerkstatt*

Fehler: Öldruck zu hoch
Mögliche Ursachen:
- Ölfilter verstopft → *Kapitel* 25
- Ölkreislauf verstopft → *Kapitel* 25
- Öldruckregler klemmt → *Kapitel* 25
- falsche Ölviskosität (zu dickes Öl) → *Kapitel* 25

Fehler: Kein Öldruck
Mögliche Ursachen:
- Ölstand zu niedrig → *Kapitel* 25
- motorinternes Ölleck → *Kapitel* 25 → *Fachwerkstatt*
- Ölpumpe verschlissen, defekt → *Kapitel* 25 → *Fachwerkstatt*
- Ölpumpen-Antrieb defekt → *Fachwerkstatt*

Fehler: Öldruck-Warnleuchte funktioniert nicht
Mögliche Ursachen:
- Zu niedriger oder kein Öldruck → *Kapitel* 25
- Kurzschluss im Kabelbaum → *Kapitel* 16 36
- Öldruckschalter defekt → *Kapitel* 16 25
- Warnlampe defekt → *Kapitel* 15 16

ZYLINDER, KOLBEN, ZYLINDERKOPF UND VENTILE

Fehler: Schlechtes Anspringen, geringe Leistung bei niedrigen Drehzahlen wegen zu niedriger oder ungleichmäßiger Kompression
Mögliche Ursachen:
- Zündkerze(n) lose → *Kapitel* 19
- Ventile falsch eingestellt (zu wenig Spiel) → *Kapitel* 30
- Ventilsitze verbrannt, Ventil verbogen/sitzt fest → *Fachwerkstatt*
- falsche Ventilsteuerzeiten (meistens ein Montagefehler) → *Fachwerkstatt*
- Ventilfeder(n) gebrochen → *Fachwerkstatt*
- Zylinderkopfdichtung undicht oder beschädigt → *Fachwerkstatt*
- Zylinderkopf verzogen oder gerissen → *Fachwerkstatt*
- Ventilsitz(e) undicht oder Ventilführung(en) ausgeschlagen → *Fachwerkstatt*
- Zylinder oder Kolben verschlissen → *Fachwerkstatt*
- Kolbenringe verklebt, verschlissen, gebrochen → *Fachwerkstatt*
- Nockenwelle defekt oder abgenutzt → *Fachwerkstatt*
- Steuerkette locker oder verschlissen → *Kapitel* 30
- Steuerkettenspanner verschlissen oder defekt → *Fachwerkstatt*
- Nockenwellen-Kettenräder verschlissen → *Fachwerkstatt*

Fehler: Starke Geräuschentwicklung
Mögliche Ursachen:
- Ventile falsch eingestellt (meist zu viel Spiel) → *Kapitel* 30
- Steuerkette zu locker oder verschlissen → *Kapitel* 30
- Steuerkettenspanner beschädigt, verschlissen, lose → *Fachwerkstatt*
- klemmende(s) Ventil(e), gebrochene Ventilfeder(n) → *Fachwerkstatt*
- Nockenwellen verschlissen oder beschädigt → *Kapitel* 30
- Zähne an Nockenwellenrad/-rädern verschlissen → *Fachwerkstatt*
- Zylinder und/oder Kolben verschlissen → *Fachwerkstatt*
- Kolben gebrochen → *Fachwerkstatt*
- Kolbenbolzen oder Kolbenbolzenbohrung verschlissen → *Fachwerkstatt*
- Pleuelkopf oder -fuß verschlissen, Pleuel verbogen → *Fachwerkstatt*
- Kurbelwellenhaupt- oder Getriebelager verschlissen → *Fachwerkstatt*

Fehler: Starke Rauchentwicklung
Mögliche Ursachen:
- Luftfilter verstopft (schwarzer Qualm) → *Kapitel* 21
- Motorölstand zu hoch → *Kapitel* 25
- Zylinder oder Kolben verschlissen → *Fachwerkstatt*
- Kolbenring(e) verschlissen, gebrochen oder falsch montiert → *Fachwerkstatt*
- Ölabstreifring(e) gebrochen, keine Spannung mehr, falsch montiert → *Fachwerkstatt*
- Kolben oder Zylinderwand mit Riefen/Schrammen → *Fachwerkstatt*
- Ventilführungen oder -schäfte verschlissen → *Fachwerkstatt*

Fehler: Motor überhitzt
Mögliche Ursachen:
- zu wenig Öl im Motor → *Kapitel* 25
- zu wenig Kühlflüssigkeit, Kühler verschmutzt → *Kapitel* 26
- übermäßige Ölkohleablagerung im Brennraum → *Fachwerkstatt*
- Zylinderkopfdichtung defekt → *Fachwerkstatt*

Kraftübertragung

KUPPLUNG

Fehler: Kupplung rutscht beim Beschleunigen
Mögliche Ursachen:
- Kupplung wird nicht freigegeben, steht unter Spannung, kein Spiel: Zu viel Hydraulikflüssigkeit im Vorratsbehälter am Lenker → *Kapitel* 27
- Graphit- oder Molybdänzusatz im Motoröl → *Kapitel* 25
- Kupplungsbeläge verschlissen, abgenutzt, ausgebrochen → *Kapitel* 27
- Kupplungsfedern ermüdet → *Kapitel* 27
- Kupplungs-Stahlscheibe(n) verzogen oder verschlissen → *Kapitel* 27
- Kupplungsnabe oder Kupplungskorb ungleichmäßig abgenutzt → *Kapitel* 27

Fehler: Kupplung rückt nicht aus
Mögliche Ursachen:
- Kupplungszug hat zu viel Spiel, ist falsch eingestellt → *Kapitel* 27
- Kupplungshebel verbogen, falsch eingestellt (zu geringer Hebelweg) → *Kapitel* 27
- Kupplungsscheibe(n) verzogen/falsch montiert → *Kapitel* 27
- Kupplungsnabenmutter locker → *Kapitel* 27
- zu hoher Motorölstand → *Kapitel* 25
- falsche Ölviskosität (zu dickes Öl) → *Kapitel* 25

Fehler: **Kupplung rupft**
Mögliche Ursachen:
- Verzahnung der Kupplungsscheiben auf der Kupplungsnabe oder im Kupplungskorb eingeschlagen → *Kapitel* 27

Fehler: **Kupplung verlangt übermäßig starke Handkraft**
Mögliche Ursachen:
- Kupplungshebellager am Handgriff gefressen, verdreckt, beschädigt, Kupplungsdruckkolben in Handpumpe schwergängig → *Kapitel* 27
- Kupplungshebel oder Aufnahme verbogen (Sturz- oder Umfall-Folgeschaden) → *Kapitel* 27
- Kupplungsdruckstange oder Lager defekt → *Kapitel* 27

GETRIEBE UND SCHALTUNG

Fehler: **Getriebe schwer schaltbar**
Mögliche Ursachen:
- Kurzer Schalthebel auf der Schaltwelle locker oder falsch montiert, Kugelköpfe auf der Schaltstange festgefressen, verbogen → *Kapitel* 4 28
- Lager des Fußschalthebels oder des Umlenkhebels verdreckt, verbogen, schwergängig → *Kapitel* 3 4 28
- zu wenig Öl im Motor → *Kapitel* 25
- falsche Ölviskosität → *Kapitel* 25
- Schaltgabel oder Schaltwelle verbogen → *Kapitel* 28 → *Fachwerkstatt*
- Schaltwelle beschädigt/klemmt → *Kapitel* 28
- Schaltwalze beschädigt → *Kapitel* 28
- Halteschraube der Schaltkrone locker → *Kapitel* 28
- Schaltkrone beschädigt → *Fachwerkstatt*

Fehler: **Schalthebel hängt**
Mögliche Ursachen:
- Lager des Fußschalthebels oder des Umlenkhebels verdreckt, verbogen, schwergängig → *Kapitel* 3 4 28
- Rückholfeder der Schaltwelle gebrochen → *Kapitel* 28
- Schaltwelle schwergängig, geklemmt → *Kapitel* 28

Fehler: **Gänge springen heraus**
Mögliche Ursachen:
- Kurzer Schalthebel auf der Schaltwelle locker oder falsch montiert, Kugelköpfe auf der Schaltstange defekt → *Kapitel* 4 28
- Schaltstange(n) verbogen → *Kapitel* 28
- Schaltgabeln verschlissen oder verbogen → *Fachwerkstatt*
- Schaltanschlagfeder ermüdet oder gebrochen → *Kapitel* 28
- Klauen an den Zahnrädern abgenutzt → *Fachwerkstatt*
- Lager der Getriebewellen defekt → *Fachwerkstatt*
- Schaltwelle klemmt im Lagersitz → *Kapitel* 28 → *Fachwerkstatt*
- Schaltwalzen-Arretierhebel abgenutzt/verbogen → *Kapitel* 28
- Profil der Schaltkrone beschädigt → *Kapitel* 28

HINTERRADANTRIEB

Fehler: **Motorrad ruckelt bei langsamer Fahrt, unregelmäßiges Geräusch vom Hinterradantrieb her**
Mögliche Ursachen:
- Hinterradlager oder Lager im Kettenblattträger defekt → *Kapitel* 8 10
- Zu großes Spiel im Antriebsstrang, Kette zu lose, ungleichmäßig gelängt → *Kapitel* 10
- Getriebeausgangslager ausgeschlagen → *Fachwerkstatt*
- Ruckdämpfer im Endantrieb verschlissen → *Kapitel* 10
- Kette trocken, verschlissen, teilweise gerissen, Rollen ausgebrochen → *Kapitel* 10

Fehler: **Motorrad schiebt sich schwer, dabei knackendes Geräusch**
Mögliche Ursachen:
- Kette trocken, zu stark gespannt → *Kapitel* 10
- Getriebeausgangslager defekt → *Fachwerkstatt*
- Radlager defekt, Räder lose → *Kapitel* 8
- Vorder- oder Hinterradachse falsch angezogen, Achsdistanzen falsch eingebaut oder vergessen, Vorderrad schleift an der Bremse, Hinterrad steht schief → *Kapitel* 8 10
- Bremsen defekt: Bremskolben festgefressen, Bremsbeläge in den Bremssätteln oder Führungsstifte nicht freigängig → *Kapitel* 9

Fahrwerk

LENKUNG UND FRONTPARTIE

Fehler: **Lenkung schwergängig**
Mögliche Ursachen:
- Reifenluftdruck zu niedrig → *Kapitel* 7
- Bowdenzüge und/oder Kabel falsch verlegt → *Kapitel* 6
- starke Verschmutzung im Bereich der Lenkkopflager → *Kapitel* 12 13
- Fremdteile im Bereich Gabel, Gabelbrücken, evtl. Verkleidung und Verkleidungshalter → *Kapitel* 6 12 13
- Lenkkopflager-Einstellmutter zu fest angezogen → *Kapitel* 12
- Lenkkopflager schadhaft: Kugeln in Lagerschalen eingeschlagen oder gebrochen → *Kapitel* 12 31
- Zubehörteil Lenkungsdämpfer klemmt

Fehler: **Motorrad zieht nach einer Seite**
Mögliche Ursachen:
- Hinterrad läuft aus der Spur: Kettenspanner einseitig eingestellt, lose, gebrochen → *Kapitel* 10
- Gabel-Standrohr(e)/-Tauchrohr(e) verbogen → *Kapitel* 13
- Vorderachse verbogen → *Kapitel* 8
- Rad falsch eingebaut → *Kapitel* 8
- Lenkkopflager defekt → *Kapitel* 12
- Rahmen verzogen → *Fachwerkstatt*
- Schwingenlagerbauteile verschlissen → *Kapitel* 14 31

Fehler: **Vorderrad flattert**
Mögliche Ursachen:
- Rad verzogen, hat zu viel Seitenschlag (»eiert«) → *Kapitel* 8
- Vorderradlager ausgeschlagen, defekt → *Kapitel* 8 31
- Reifen falsch montiert, sitzt nicht richtig in der Felge (»eiert«) → *Kapitel* 7
- Reifen defekt oder unwuchtig → *Kapitel* 7
- Tauchrohre der Gabel zueinander verzogen, verklemmt → *Kapitel* 13
- Gabel kann nicht federn → *Kapitel* 11 13
- Achse und/oder Klemmschrauben lose → *Kapitel* 8 13

TELEGABEL UND FEDERUNG

Fehler: **Federung zu weich**
Mögliche Ursachen:
- Gabelfedern ermüdet → *Kapitel* 11 13
- zu wenig/zu altes Gabelöl/falsche Viskosität (zu dünnes Öl) → *Kapitel* 13
- zu geringer Reifendruck → *Kapitel* 7

Fehler: **Federung zu hart**
Mögliche Ursachen:
- Gabelstand- und/oder Tauchrohre verbogen/verzogen (deutet auf Unfall/Sturz hin) → *Kapitel* 13
- zu viel Gabelöl, zu dickes Öl → *Kapitel* 13
- zu hoher Reifendruck → *Kapitel* 7

Fehler: **Geräusche beim Einfedern**
Mögliche Ursachen:
- Bowdenzug oder Hydraulikschlauch knarzt an Kante eines Verkleidungsteils (falsch verlegt) → *Kapitel* 6
- Gleitbuchsen in den Gabelbeinen defekt oder abgenutzt → *Kapitel* 13
- zu wenig Gabelöl → *Kapitel* 13
- Vorderradgabel-Anbauteile lose: Gabelbrücken, Kotflügel, Vorderachse → *Kapitel* 8 12 13
- Gabelinnereien lose, gebrochen → *Kapitel* 13
- Federbeinbefestigung lose/ausgeschlagen → *Kapitel* 14
- Bremssattelschrauben lose → *Kapitel* 9

RÄDER

Fehler: **Trommeln/seitliches Flattern des Rades**
Mögliche Ursachen:
- Felge verzogen, starker Seitenschlag (»eiert«) → *Kapitel* 8
- Reifen defekt oder unwuchtig → *Kapitel* 7
- zu geringer Reifendruck → *Kapitel* 7
- Reifen sitzt nicht richtig in der Felge → *Kapitel* 7 8
- Radlager lose, Lager gebrochen, Lagersitz ausgeschlagen → *Kapitel* 8 31
- Schwingenlager lose, zu viel Axial- oder Radialspiel, Lager defekt → *Kapitel* 14 31

Fehler: **Hinterrad läuft aus der Spur**
Mögliche Ursachen:
- Hinterachse verbogen → *Kapitel* 8
- Achsdistanzhülsen nicht korrekt eingebaut → *Kapitel* 8
- Hinterrad schief eingebaut, Kettenspanner ungleich zueinander eingestellt → *Kapitel* 8 10

Fehler: **Rad schwergängig**
Mögliche Ursachen:
- Radlager defekt → *Kapitel* 8 31
- Achse verbogen → *Kapitel* 8
- Bremse schleift → *Kapitel* 8 9

VORDERRADBREMSE

Fehler: **Schlechte Bremsleistung**
Mögliche Ursachen:
- zu wenig Bremsflüssigkeit im Hydrauliksystem → *Kapitel* 9
- Bremsbeläge abgenutzt, verschmutzt, verglast → *Kapitel* 9
- Bremsscheiben verschmutzt oder riefig → *Kapitel* 9
- Bremskolben-Dichtringe in den Bremssätteln/im Bremszylinder gerissen, gequollen, verschlissen → *Kapitel* 9
- Kolben in Bremssattel schwergängig → *Kapitel* 9
- Bremsscheiben »geschirmt« (durch Überhitzung tellerförmig aufgeworfen) → *Kapitel* 9
- Bremsscheiben wegen undichtem Radlager-Simmerring verölt → *Kapitel* 8 9
- Luft im Hydrauliksystem → *Kapitel* 9
- Hydrauliksystem undicht → *Kapitel* 9

Fehler: **Bremshebel wippt, pumpt, pulsiert (»Bremse rubbelt«)**
Mögliche Ursachen:
- Bremsscheibe(n) zu viel Seitenschlag (»eiert«) → *Kapitel* 9
- Bremsscheibe(n) unterschiedlich dick (ab 2/100 mm können Probleme auftreten) → *Kapitel* 9
- Bremsscheibe(n) gerissen → *Kapitel* 9
- Bremsscheiben-Befestigungsschrauben lose → *Kapitel* 8 9
- Adapter zwischen Bremsscheibe und Radaufnahme lose oder gebrochen → *Kapitel* 8 9

Fehler: **Nachlassende Bremswirkung unter starker Belastung (z. B. bei Passabfahrten), Hebelweg wird länger, Bremse wird »teigig«**
Mögliche Ursachen:
- Bremsflüssigkeit überaltert, sie »kocht sich auf« → *Kapitel* 9
- Bremsbeläge schräg/total abgenutzt → *Kapitel* 9
- Bremsbeläge ausgebrochen, von der Trägerplatte gerissen → *Kapitel* 9

Fehler: **Bremse schleift**
Mögliche Ursachen:
- Bremsbelag/Bremsscheibe verschmutzt → *Kapitel* 9
- Bremsschlauchanschluss/Hydrauliksystem verstopft → *Kapitel* 9
- Bremsscheibe verschlissen, verzogen, verformt → *Kapitel* 9
- Bremsbelag/Bremssattel nicht freigängig → *Kapitel* 9
- Kolben festgefressen im Bremssattel → *Kapitel* 9
- Rad schief eingebaut → *Kapitel* 8 9

Fehler: **Bremse quietscht**
Mögliche Ursache:
- Zubehörbremsbeläge mit zu geringem Reibwert → *Kapitel* 9
- Bremsbeläge verglast (Überhitzung) → *Kapitel* 9

HINTERRADBREMSE

Fehler: **Bremshebel wippt, pumpt, pulsiert (»Bremse rubbelt«)**
Mögliche Ursachen:
- Bremsscheibe verschlissen, verzogen, verformt → *Kapitel* 9
- Bremsscheibe gebrochen, gerissen → *Kapitel* 9
- Bremsscheibe überhitzt: Oberfläche punktuell blau, blanke Flecken mit zerrissenen Rändern → *Kapitel* 9
- Bremsscheibe(n) lose → *Kapitel* 8 9
- Bremsbelag gebrochen, ausgebrochen → *Kapitel* 9
- Bremsbelag verglast (Überhitzung) → *Kapitel* 9
- Bremsbelag falsch: Trägerplatte zu klein, zu viel Spiel im Bremssattel → *Kapitel* 9

Fehler: **Bremse quietscht, zu wenig Bremsleistung**
Mögliche Ursachen:
- Bremsbeläge verölt, verglast oder abgenutzt → *Kapitel* 9
- Bremsbeläge im Bremssattel fest: verschmutzt, falsche Beläge mit zu großer Trägerplatte → *Kapitel* 9
- Bremsbelagplatte zu groß, zu wenig Seitenspiel → *Kapitel* 9
- Bremskolben im Bremssattel festgefressen → *Kapitel* 9
- Bremskolben-Dichtringe in den Bremszangen gebrochen, gequollen, verschlissen → *Kapitel* 9
- Zubehörbremsbeläge mit zu geringem Reibwert → *Kapitel* 9

Fehler: **Bremse schleift**
Mögliche Ursachen:
- Bremssattel zu Bremsscheibe nicht korrekt ausgerichtet → *Kapitel* 8 9
- Bremskolben im Bremssattel werden nicht zurückgezogen → *Kapitel* 9
- weitere mögliche Ursachen siehe Vorderradbremse → *Kapitel* 9

HINTERRADAUFHÄNGUNG UND FEDERUNG

Fehler: **Federung zu weich**
Mögliche Ursachen:
- Feder ermüdet → *Kapitel* 11 14
- Dämpfung mangelhaft → *Kapitel* 11 14
- Reifendruck zu niedrig → *Kapitel* 7

Fehler: **Federung zu hart**
Mögliche Ursachen:
- Federvorspannung falsch eingestellt → *Kapitel* 11 14
- Federbein defekt, Dämpferstange verbogen → *Kapitel* 11 14
- Schwingenlager defekt, Lager festgefressen → *Kapitel* 14
- Reifendruck zu hoch → *Kapitel* 7

Fehler: **Geräusche beim Einfedern (Knacken)**
Mögliche Ursachen:
- Schwingenlager defekt oder falsch angezogen → *Kapitel* 14
- Federbeinbefestigung lose → *Kapitel* 14
- Schmutz, Korrosion in den Lagerstellen der Hinterradfederung → *Kapitel* 14
- Teile der Hinterradfederung lose → *Kapitel* 14
- Feder gebrochen, reibt am Dämpfergehäuse, Windungen zueinander verschoben → *Kapitel* 11 14

Elektrik

BATTERIE UND LADESYSTEM

Fehler: **Kein Strom trotz eingeschalteter Zündung**
Mögliche Ursachen:
- Plus- oder Minuskabel lose/nicht an die Batteriepole angeschlossen → *Kapitel* 17
- Batterie leer oder altersbedingt funktionsunfähig (ab zwei Jahren Nutzungsdauer droht Totalzusammenbruch) → *Kapitel* 17
- Massekabel hat keine zuverlässige Masseverbindung (»schlechter Kontakt«) oder gebrochen → *Kapitel* 16 17
- Kontakte in entsprechenden Steckverbindungen korrodiert → *Kapitel* 16 17
- Hauptsicherung durchgebrannt, gebrochen, Kontaktflächen korrodiert → *Kapitel* 16 17
- Störung im Ladekreis → *Kapitel* 18 36
- Zündschloss oder Motorabstellschalter defekt → *Kapitel* 16 20 36

Fehler: **Schwacher Strom bei eingeschalteter Zündung, Anlasser dreht langsam durch, Motor springt nicht an**
Mögliche Ursachen:
- Batterieanschlüsse lose und/oder korrodiert → *Kapitel* 17
- Batterie leer, zu niedrige Spannung (nicht aufgeladen) → *Kapitel* 17 18
- Störung im Ladesystem → *Kapitel* 17 18

Fehler: Schwacher Strom bei laufendem Motor
Mögliche Ursachen:
- Batterie unzureichend geladen → *Kapitel* 17 18
- Batterie hat eine oder mehrere »tote« Zellen und lädt sich deswegen nicht mehr auf → *Kapitel* 17
- Störung im Ladesystem → *Kapitel* 17 18

Fehler: Zeitweilig aussetzender Strom
Mögliche Ursachen:
- lose Kabelanschlüsse (»Wackelkontakte«) → *Kapitel* 16 36
- Sicherung(en) defekt → *Kapitel* 16
- Kurzschluss im Kabelbaum → *Kapitel* 16 36

Fehler: Störung im Ladekreis
Mögliche Ursachen:
- Kabel oder Anschlüsse lose, gerissen oder Isolation durchgescheuert → *Kapitel* 16 18 36
- Regler/Gleichrichter oder Lichtmaschine (Stromgenerator) defekt → *Kapitel* 16 18

ZÜNDSYSTEM

Fehler: Motor wird durchgedreht/springt nicht an
Mögliche Ursachen:
- kein Funke an den Zündkerzen: Zündkerzen oder Kerzenstecker defekt → *Kapitel* 19 20
- Zündspule(n) defekt → *Kapitel* 19 20
- Motorsteuergerät defekt → *Kapitel* 16 20

Fehler: Kein Funke an den Zündkerzen
Mögliche Ursachen:
- Motorabstellschalter auf »Off« oder defekt
- Stromkreisunterbrechung bzw. Kontaktmangel durch schlecht angeschlossene(s) oder gerissene(s) Kabel → *Kapitel* 16 19 20 36
- Zündimpulsgeber defekt → *Kapitel* 16 20
- Zündschloss defekt → *Kapitel* 16 20
- Seitenständerschalter defekt → *Kapitel* 5 16
- Zündspule(n) defekt → *Kapitel* 19 20
- Batterie nicht ausreichend geladen → *Kapitel* 17 18

Fehler: Motor springt zwar an, läuft aber stotternd oder dreht nicht hoch
Mögliche Ursachen:
- Zündkerzen-Elektrodenabstand zu groß → *Kapitel* 19
- Zündkerzen verrußt oder verölt (»nass«) → *Kapitel* 19
- Zündkerzenstecker lose, Zündkerze nicht richtig festgezogen → *Kapitel* 19
- Zündspule oder Zündkerze(n) defekt → *Kapitel* 19 20
- Stromkreisunterbrechung (Kurzschluss) → *Kapitel* 16 18 19 36
- loses oder blankes Kabel im Kabelbaum → *Kapitel* 16 36
- Wackelkontakt in einem Schalter → *Kapitel* 16 18 20 36
- Zündkabel defekt → *Kapitel* 16 19 20
- Defekt im Kraftstoffsystem → *Kapitel* 23

ANLASSER

Fehler: Anlasser dreht sich nicht
Mögliche Ursachen:
- Batterie entladen (»schwach«) oder defekt → *Kapitel* 17
- Zündschalter (»Starterknopf«) defekt, schlechter Kontakt im Gehäuse oder im Kabelbaum → *Kapitel* 16 20 36
- Motorabstellschalter auf »Off«
- Sicherung durchgebrannt → *Kapitel* 16
- Anlasserrelais defekt → *Kapitel* 16 29 36
- Stromkreisunterbrechung/schlechter Kontakt durch loses oder abgetrenntes Kabel → *Kapitel* 16 18 19 36

Fehler: Anlasser dreht den Motor nur langsam durch
Mögliche Ursachen:
- zu schwache Batterie → *Kapitel* 17
- Batteriekabel schlecht angeschlossen → *Kapitel* 16 17
- Anlasser klemmt, defekt → *Kapitel* 29

Fehler: Anlasserrelais »klickt«, Anlasser dreht den Motor aber nicht durch
Mögliche Ursachen:
- zu schwache Batterie → *Kapitel* 17
- Anlasser schlecht angeschlossen/defekt → *Kapitel* 29
- Anlasserrelais defekt → *Kapitel* 16 29
- Kurbelwelle dreht sich nicht wegen Motorproblemen → *Fachwerkstatt*

Raum für Notizen

Anziehdrehmomente

In diesem Kapitel werden die von Honda vorgeschriebenen Anziehdrehmomentwerte für die Schraubverbindungen der CBF 1000 A (A = Modell mit ABS) aufgelistet. Wenn für die CBF 1000 ohne ABS andere Werte vorgeschrieben sind, sind diese entsprechend vermerkt.

Wenn für ein Bauteil bzw. eine Schraubverbindung kein eigener Wert aufgeführt ist, gelten die Anziehdrehmomente für Schrauben entsprechender Größe.

Warum ist ein bestimmtes Anzieh-Drehmoment nötig?
Die meisten Schraubverbindungen an der Honda CBF 1000 müssen mit einem festgelegten Drehmoment angezogen werden. Die genannten Werte müssen möglichst genau eingehalten werden, da sonst die Gefahr besteht, dass sich die Schrauben lockern oder die Schrauben bzw. ihr Gegengewinde zu stark belastet werden und sie dann im Betrieb reißen oder brechen.

Sauberkeit
Eine wichtige Voraussetzung zum korrekten Anziehen aller Schrauben und Muttern ist, dass die Gewinde und Anlageflächen unbeschädigt und frei von Schmutz sind.

Wenn Schraubgewinde verschmutzt sind, dann reinigen Sie diese NICHT mit einer Stahlbürste, denn die kann das Gewinde beschädigen, sondern verwenden Sie eine Messingbürste mit feinen Borsten (»Zündkerzenbürste«). Schrauben mit verrostetem oder beschädigtem Gewinde müssen durch Neuteile ersetzt werden.

Muttern und Unterlagscheiben vor dem Einbau etwas einölen. Normales Motoröl dazu verwenden.

Schraubenkleber
An einigen Schraubverbindungen ist die Verwendung von Schraubensicherung vorgeschrieben. Überall in Werkstätten zu Hause ist »Loctite« in den drei verschiedenen Klebequalitäten »leicht«, »mittelfest« und »hochfest«. Die am meisten benötigte Qualität ist »mittelfest«. Sie wird verwendet, wenn hohe Festigkeit verlangt wird und die damit gesicherten Schrauben ohne Zerstörung des Gewindes wieder gelöst werden müssen.

Ausgedrehte Schrauben, an denen Reste von Schraubensicherung hängen, müssen vor dem Wiedereinschrauben (bzw. dem Beträufeln mit frischem Loctite) gereinigt werden. Verwenden Sie dazu ebenfalls eine Messingbürste. Zur Unterstützung kann man noch Bremsenreiniger verwenden, dieser löst die Reste des alten Schraubenklebers sehr gut.

Manche Schrauben müssen vor dem Einbau (und damit Festziehen) entsprechend dem Einsatzzweck speziell vobehandelt werden. Was jeweils zu tun ist bzw. welche Besonderheit die Schraube aufweist, wird nach der Bezeichnung des Bauteils mit dem Zeichen »■« besonders herausgestellt.

Schrauben und Muttern allgemein

M5-Sechskantschraube und Mutter	5 Nm
M6-Sechskantschraube und Mutter	10 Nm
M8-Sechskantschraube und Mutter	22 Nm
M10-Sechskantschraube und Mutter	34 Nm
M12-Sechskantschraube und Mutter	54 Nm
M5-Schraube	4 Nm
M6-Schraube	9 Nm
M6-Bundschraube (8 mm-Kopf, kleiner Bund)	10 Nm
M6-Bundschraube (8 mm-Kopf, großer Bund)	12 Nm
M6-Bundschraube (10 mm-Kopf) und Mutter	12 Nm
M8-Bundschraube und Mutter	26 Nm
M10-Bundschraube und Mutter	39 Nm

CT-Schraube: Serienmäßig mit Dichtmittel beschichtete Schraube. Wenn keine neue CT-Schraube zur Verfügung steht: Schraube mit Messingbürste und Bremsenreiniger fettfrei reinigen, Silikondichtmittel an das Gewinde geben und mit vorgeschriebenem Anziehdrehmoment einbauen.

ALOC-Schraube: Serienmäßig mit Gewindeklebstoff beschichtete Schraube, sie soll laut Honda nur einmal verwendet werden. Wenn keine neue ALOC-Schraube verfügbar ist und die ausgedrehte Schraube technisch in Ordnung ist (Gewinde, Kopf, Anlageflächen): Schraube mit Messingbürste und Bremsenreiniger fettfrei reinigen, Loctite »mittelfest« an das Gewinde geben, einbauen und mit dem vorgeschriebenen Anziehdrehmoment festziehen.

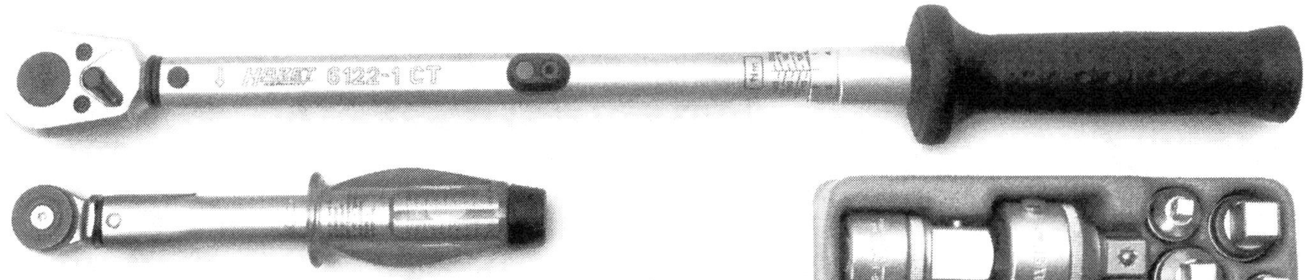

Bild 1: Kleiner (5 bis 20 Nm) und großer Drehmomentschlüssel (40 bis 200 Nm), Nussadapter mit 1/4- bis 3/4-Zoll-Vierkant.

33 Anziehdrehmomente

Elektrik

Zündkerzen (Gewinde M10) .... 16 Nm
Kurbelwellenlochkappe (Gewinde 45 mm) .... 18 Nm

Beleuchtung, Schalter

Befestigungsmuttern Kennzeichenleuchte (2 x M5) .... 5,8 Nm
Befestigungsschraube Hupe (1 x M8) .... 32 Nm
Öldruckschalter (PT 1/8) .... 12 Nm
■ *Gewindedichtmittel auftragen*
Anschlussschraube Öldruckschalterkabel (1x M4) .... 2 Nm
Leerlaufschalter (»Neutralschalter«, 1 x M10) .... 12 Nm
Befestigungsschrauben Zündschalter (2 x M8) .... 25 Nm
■ *Einwegschrauben (»Abreißschrauben«)*

Lichtmaschine

Schraube Statorkabelhalter (1 x M6, CT-Schraube) .... 12 Nm
Bundschraube Schwungrad (1 x M10) .... 103 Nm
■ *Gewinde und Sitzfläche mit Motoröl einölen*
Schrauben Lichtmaschinenstator (4 x M6) .... 12 Nm

Anlasserfreilauf, Anlasser

Befestigungschraube im Außenring
des Anlasserfreilaufs (1 x M10) .... 83 Nm
■ *Gewinde und Sitzfläche mit Motoröl einölen*
Kabelklemmenmutter auf Anlassermotor (1 x M6) .... 12 Nm

Motor

Kraftstoffsystem

Befestigungsmutter Benzintank hinten .... 12 Nm
Befestigungsschrauben des Kraftstoffverteilers .... 5,1 Nm
Ansaugstutzen-Schellenschrauben auf Drosselklappenseite: Abstand zwischen den Schellenenden soll 12 ± 1 mm betragen (Bild 2)
Ansaugstutzen-Schellenschrauben auf Zylinderkopfseite: Abstand zwischen den Schellenenden soll 10 ± 1 mm betragen (Bild 3)

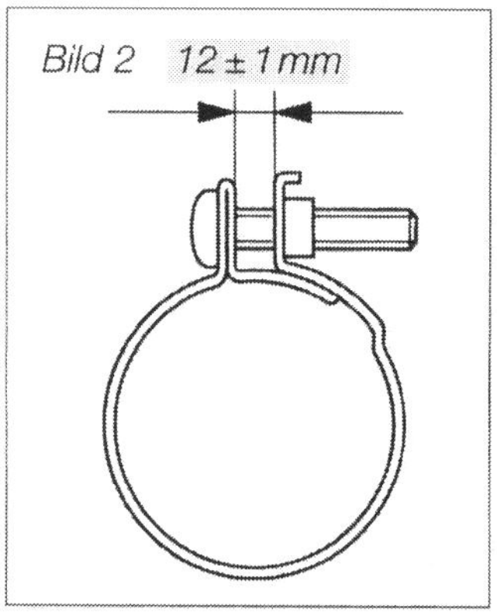

Bild 2: Schelle Ansaugstutzen an Drosselklappengehäuse auf 12 mm zusammenziehen.

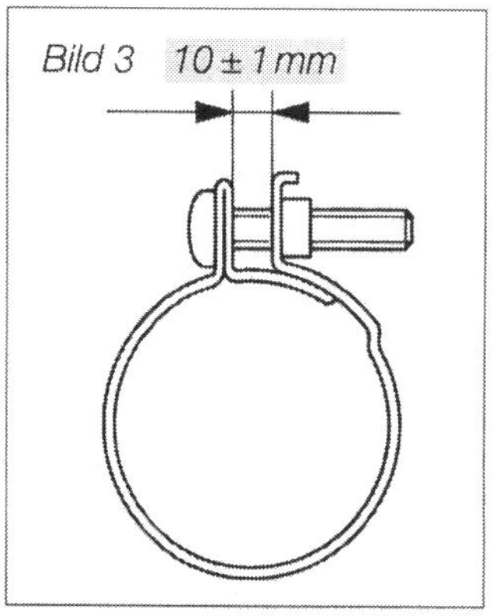

Bild 3: Schelle Ansaugstutzen an Zylinderkopf auf 10 mm zusammenziehen.

Hohlschraube Benzinschlauch an Benzinpumpe .... 22 Nm
Befestigungsmuttern Benzinpumpe (6 x M6) .... 12 Nm
■ *Anziehreihenfolge beachten (Bild 4)*

Auspuffanlage

Hitzeschutz auf Auspufftöpfen (4 x M6) .... 12 Nm
Muttern auf Stehbolzen Flansche
Auspuffkrümmer an Zylinderkopf .... 20 Nm
■ *mit Hochtemperaturfett (Kupferpaste) montieren*
Klemmschrauben Schellen Auspufftopf
an Auspuffkrümmer (2 x M8) .... 22 Nm
■ *mit Hochtemperaturfett (Kupferpaste) montieren*
Bundmuttern auf Halteschrauben Auspufftöpfe
an Fußrastenausleger (2 x M8) .... 22 Nm
Lambdasonde .... 44 Nm
Bundmutter auf Halteschraube unten Halterung
Auspuffkrümmer an Rahmen (M8) .... 20 Nm
■ *mit Hochtemperaturfett (Kupferpaste) montieren*
Stehbolzen in Zylinderkopf: Überstand 39 bis 40 mm (Bild 6)

Schmiersystem

Ölfilter (Gewinde 20 mm) .... 26 Nm
Ölablassschraube (Gewinde M12) .... 30 Nm
■ *bei Montage von Ölablassschraube und neuem Ölfilter die Gewinde, Flansch- und Dichtflächen mit Motoröl einölen*
Ölpumpen-Befestigungsschrauben (3 x M6) .... 8 Nm

Kühlsystem

Kühlwasser-Ablassschraube unten in
Wasserpumpe (CT-Schraube) .... 12 Nm
Halteschrauben Wasserpumpe in Motorgehäuse .... 12 Nm
Befestigungsmutter Kühlerventilator auf Welle .... 2,7 Nm
■ *plus Loctite »mittelfest«*
Befestigungsmuttern Kühlerventilatormotor (3 x M6) .... 5,1 Nm
■ *plus Loctite »mittelfest«*
Befestigungsmuttern Kühlerventilatormotor
an Kühler (3 x M6) .... 8,4 Nm
Motorkühlmitteltemperatur-Sensor .... 23 Nm

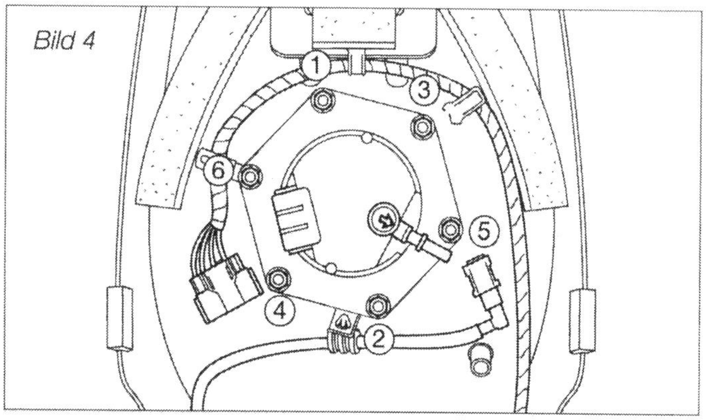

Bild 4: Die Befestigungsmuttern der Benzinpumpe über Kreuz mit einem Drehmoment von 12 Nm anziehen. Dabei die angegebene Anziehreihenfolge beachten.

Motorhalterung (Anziehdrehmomente bei Motoreinbau)
Schraube Kettenritzel vorne (M10) .... 54 Nm
Motorhalteschrauben vorne (2 x M12) .... 60 Nm
Mutter auf Motorhalteschraube hinten oben (1 x M12) ... 60 Nm
Mutter auf Motorhalteschraube hinten unten (1 x M12) .. 60 Nm
Muttern auf Schwingenlagerträger (2 x M12) .... 69 Nm
Klemmschraube kleiner Schalthebel auf
Schaltwelle (1 x M6) .... 10 Nm

Kupplung, Schaltgestänge
Kronenmutter (Kupplungsnabenmutter, 25 mm) .... 128 Nm
■ *Gewinde und Flanschfläche mit Motoröl einölen*
■ *Sicherungs-Federscheibe mit OUT nach außen einbauen*
■ *Rand der Mutter in die Nut verstemmen und damit sichern*
Kupplungsfederschrauben (5 x M6) .... 12 Nm
Schraube im Ölpumpenkettenrad (1 x M6) .... 15 Nm
■ *plus Loctite »mittelfest«*
Schraube für Halteplatte des Dämpfergummis im
rechten Kurbelgehäusedeckel (CT-Schraube) .... 12 Nm
■ *plus Loctite »mittelfest«*
Befestigungschraube im Außenring des
Anlasserfreilaufs (1 x M10) .... 83 Nm
■ *Gewinde und Sitzfläche mit Motoröl einölen*
Kupplungshebel-Gelenkbolzen (M6) .... 1 Nm
■ *Silikonfett auf Gleitflächen auftragen*
Mutter auf Kupplungshebel-Gelenkbolzen (M6) .... 5,9 Nm
Klemmschrauben Kupplungshebel-Hydraulik-
einheit an Lenker (2 x M6) .... 12 Nm
Senkschrauben in Deckel des Kupplungshydraulik-
Vorratsbehälters (2 x M4) .... 1,5 Nm
Befestigungsschraube Kupplungsschalter (1 x 4 mm) .... 1,2 Nm
Hohlschrauben Anschlüsse Kupplungs-
hydraulikschlauch (2 x M10) .... 34 Nm
Lagerbolzen Schalthebelgelenk (2 x M8) .... 27 Nm

Getriebe
Halteschrauben Getriebeschild in Motorgehäuse (6 x M8) .. 29 Nm
Schrauben Halteplatten Lager Haupt- und Neben-
wellen, Schaltwalzenlager (5 x M6) .... 12 Nm
■ *plus Loctite »mittelfest«*
Inbusschraube in der Schaltwalze (1 x M8) .... 23 Nm
■ *plus Loctite »mittelfest«*

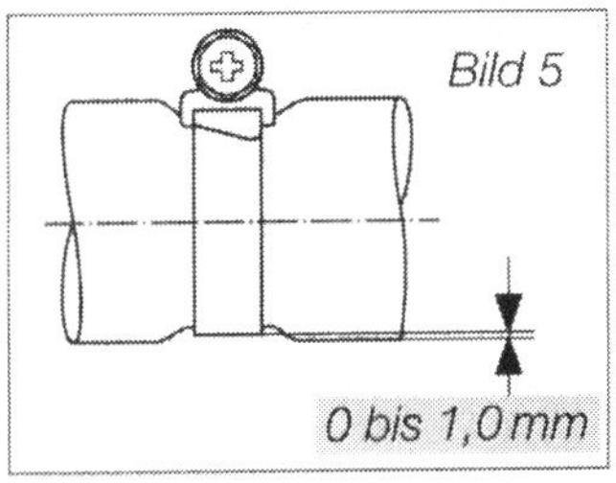

Bild 5: Schellen auf Kühlwasserschläuchen bis auf »Eindruck 1 mm tief« festziehen.

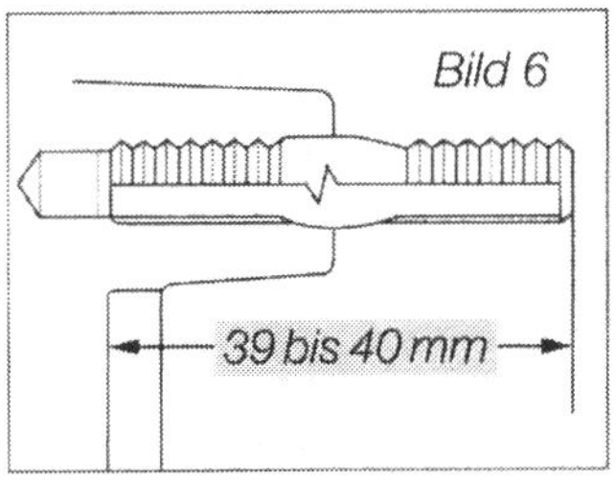

Bild 6: Überstand der Stehbolzen für Auspuffflansche an Zylinderkopf.

Spindelschraube Schaltwalzen-Arretierhebel (1 x M6) .... 12 Nm
Haltestift Schaltwellen-Rückzugsfeder (1 x M8) .... 23 Nm
Schraube im Schaltnocken (1 x M6) .... 12 Nm
■ *plus Loctite »mittelfest«*

Zylinderkopf, Ventile
Zylinderkopfschrauben (10 x M9) .... 51 Nm
■ *Molybdän-Öl-Gemisch auf Gewinde und Sitzflächen*
Befestigungsschrauben Nockenwellenhalter (20 x M6) ... 12 Nm
■ *Gewinde und Flanschflächen mit Motoröl einölen*
Zylinderkopf-Dichtschrauben (2 x 18 mm) .... 28 Nm
■ *plus Loctite »mittelfest«*
Zylinderkopf-Deckelschraube (4 x M6) .... 10 Nm
Deckelschrauben PAIR-Membranventile (4 x M6) .... 12 Nm
■ *plus Loctite »mittelfest«*
Befestigungsschrauben Nockenwellenräder (4 x M7) ..... 20 Nm
■ *plus Loctite »mittelfest«*
Spindelschraube Steuerkettenspanner (1 x M6) .... 10 Nm
■ *plus Loctite »mittelfest«*
Torxschraube Steuerketten-Führungsschiene (1 x M6) ... 12 Nm
■ *plus Loctite »mittelfest«*

Kurbelgehäuse, Kurbelwelle, Ausgleichswelle, Kolben
Kurbelgehäuseschrauben (12 x M7) .... 18 Nm
Kurbelgehäuseschrauben (6 x M8) .... 24 Nm
Kurbelgehäuse-Hauptlagerschrauben (10 x M9) .... 20 Nm
■ *Anziehreihenfolge beachten (Bild 7)*
■ *Nach Erreichen der 20 Nm jede Schraube um 150° weiter festziehen mit Drehwinkelmessgerät*
Dichtschraube im unteren Kurbelgehäuse (1 x 22 mm) .. 59 Nm
■ *plus Loctite »mittelfest«*
Dichtschraube im unteren Kurbelgehäuse (1 x 20 mm) .. 30 Nm
■ *plus Loctite »mittelfest«*
Inbusschraube im unteren Kurbelgehäuse (1 x M8) .... 23 Nm
■ *plus Loctite »mittelfest«*
Pleuelfußschrauben (8 x M8) .... 20 Nm plus 90 Grad
Weiterdrehung mit Drehwinkelmessgerät
■ *neue Schrauben verwenden*

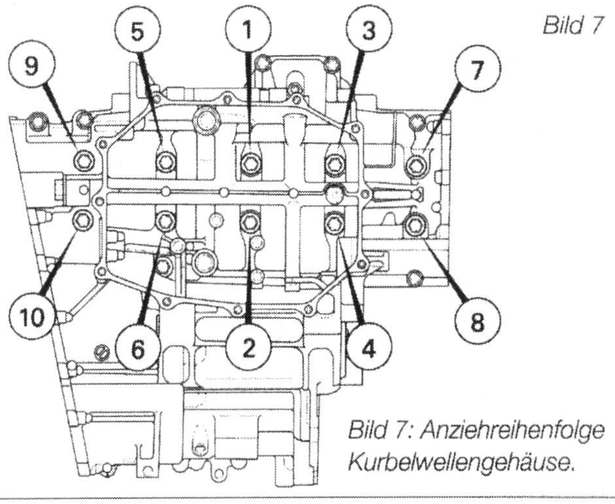

Bild 7: Anziehreihenfolge Kurbelwellengehäuse.

Fahrwerk

Vorderrad

Vorderachs-Klemmschrauben (2 x M8) .... 22 Nm
Vorderachse (M14) .... 59 Nm
Befestigungsschrauben Vorderrad-
Bremsscheiben (2 x 6 x M6) .... 20 Nm
■ *Honda-Vorschrift ALOC-Schraube (siehe Kapitelanfang)*
Befestigungsschrauben Vorderrad-Impulsring (3 x M5) .... 7 Nm
■ *nur bei Modell CBF 1000 A mit ABS*
■ *Honda-Vorschrift ALOC-Schraube (siehe Kapitelanfang)*

Hinterrad

Hinterachsmutter .... 98 Nm
■ *selbstsichernde Mutter: Blech-Sicherungssegmente müssen in Ordnung sein, im Zweifelsfall neue Mutter verwenden*
Muttern auf Kettenspanner (4 x M8) .... 21 Nm
Befestigungsschrauben Hinterrad-
Bremsscheibe (4 x M8) .... 42 Nm
■ *Honda-Vorschrift ALOC-Schraube (siehe Kapitelanfang)*
Befestigungsschrauben Vorderrad-Impulsring (4 x M5) .... 7 Nm
■ *nur bei Modell CBF 1000 A mit ABS*
■ *Honda-Vorschrift ALOC-Schraube (siehe Kapitelanfang)*
Bundmuttern Kettenblatt (5 x M12) .... 108 Nm
■ *selbstsichernde Muttern: Blech-Sicherungssegmente müssen in Ordnung sein, im Zweifelsfall neue Muttern verwenden*

Lenkung

Klemmschrauben Lenkerhalterung (4 x M8) .... 26 Nm
Bundmuttern Lenkerhalterung unterhalb
oberer Gabelbrücke (2 x M8) .... 26 Nm
Schrauben Lenkergewichte (2 x M5) .... 9 Nm
■ *plus Loctite »mittelfest«*
Lenklager-Einstellmutter (26 mm) .... 26 Nm
■ *Gewinde und Sitzflächen mit Motoröl einölen*
Kontermutter der Lenklager-Einstellmutter (26 mm) .... 26 Nm
■ *Anziehvorschrift:*
1. Kontermutter fingerfest aufschrauben.
2. Weiter festziehen maximal 90 Grad, bis sich Nuten in Mutter mit Nasen des Sicherungsblechs decken.
3. Nasen des Sicherungsblechs nach oben in Nuten der Kontermutter einbiegen.
Wichtig: Einstellmutter dabei entsprechend gegenhalten.
Lenkschaft-Kopfmutter (24 mm) .... 103 Nm

Telegabel, Gabelbeine

Klemmschraube untere Gabelbrücke (2 x M10) .... 39 Nm
Klemmschraube obere Gabelbrücke (2 x M8) .... 22 Nm
Gabeldeckelschrauben (2 x 37 mm) .... 22 Nm
Kontermuttern auf Dämpferstangen an
Gabelverschlussschrauben (2 x M10) .... 20 Nm
Inbusschraube unten Gabeltauchrohr
an Dämpfereinheit .... 20 Nm
■ *plus Loctite »mittelfest«*
Befestigungsschrauben Schutzblech (4 x M6) .... 12 Nm

Schwinge und Federbein

Befestigungsschrauben/Mutter Federbein (M10) .... 42 Nm
■ *selbstsichernde Muttern: Blech-Sicherungssegmente müssen in Ordnung sein, im Zweifelsfall neue Muttern verwenden*
Befestigungsschrauben Umlenkhebel an Rahmen
und an Federbein (M10) .... 42 Nm
Schwingenachsmutter (1 x M18) .... 98 Nm
■ *selbstsichernde Mutter: Blech-Sicherungssegmente müssen in Ordnung sein, im Zweifelsfall neue Mutter verwenden*
Schrauben in Kettenschleifschutz (2 x M5) .... 6 Nm
Schrauben in Ritzelabdeckung (2 x M6) .... 12 Nm

Bremsen

Bremssättel vorne

Befestigungsschrauben Vorderrad-
Bremssättel an Gabeltauchrohre (4 x M8) .... 30 Nm
■ *Honda-Vorschrift ALOC-Schraube (siehe Kapitelanfang)*
Bremsklotz-Stiftschraube (M8) .... 17 Nm
Bei CBF 1000 ohne ABS: Kontermadenschraube
für Bremsklotz-Stiftschraube .... 2,5 Nm
Gleitbolzen Bremssattel zu Bremssattelhalter
bei ABS-Maschine Ø 10 mm, ohne ABS Ø 8 mm ...... 22 Nm
Führungsbolzen Bremssattel zu Bremssattelhalter
bei ABS-Maschine Ø 10 mm, ohne ABS Ø 8 mm ...... 12 Nm

Bremssättel hinten

Bremsklotz-Stiftschraube (M8) .... 17 Nm
Bei CBF 1000 ohne ABS: Kontermadenschraube
für Bremsklotz-Stiftschraube .... 2,5 Nm
Kontermutter auf Kolbenstange des
Hinterrad-Hauptbremszylinder (1 x M8) .... 17 Nm
Befestigungsschrauben Hinterrad-Hauptbrems-
zylinder an Fußrastenplatte (2 x M8) .... 22 Nm
■ *plus Loctite »mittelfest«*
Gleitbolzen Bremssattel zu Bremssattel-
halter ohne und mit ABS Ø 12 mm .... 27 Nm
Führungsbolzen Bremssattel zu Bremssattelhalter
nur bei ABS-Maschine Ø 8 mm .... 12 Nm
■ *plus Loctite »mittelfest«*
Führungsbolzen Bremssattel zu Bremssattelhalter
ohne ABS Ø 8 mm .... 22 Nm

Bremsen allgemeine Werte mit oder ohne ABS

Hohlschrauben der Brems-
schlauch-Ringanschlüsse (M10) .... 34 Nm
Bremssattel-Entlüftungsventil, vorne und hinten (M8) .... 6 Nm
Klemmschrauben Hauptbremszylinder-
Armatur an Lenker (2 x M6) .... 12 Nm
Befestigungsschraube Bremsflüssigkeits-Vorrats-
behälter hinten an Rahmen (1 x M6) .... 10 Nm
Deckelschrauben in den Bremsflüssigkeitsbehältern ..... 1,5 Nm
Schraube vorderer Bremslichtschalter
an Lenkerarmatur unten .... 1,2 Nm

Befestigungsschrauben Bremspumpe an Fußrastenträger (2 x M6) .... 12 Nm
Befestigungsschrauben Bremsschlauchhalter an Gabeltauchrohre und Rahmen (M6) .... 10 Nm
Schrauben Bremsschlauchführung an Hinterradschwinge (2 x M5) .... 4,2 Nm
ABS: Befestigungsschrauben unten am ABS-Modulator (»Zentraleinheit«, 2 x M6) .... 12 Nm
■ *Honda-Vorschrift ALOC-Schraube (siehe Kapitelanfang)*
ABS: Befestigungsschraube ABS-Modulator (»Zentraleinheit«) links (1 x M6) .... 10 Nm
ABS: Schraube im Träger der Hinterrad-bremsleitung (M6) .... 12 Nm
ABS: Halteschrauben Bremsschläuche an Gabeltauchrohre (2 x M6) .... 10 Nm
ABS: Befestigungsschrauben ABS-Drehzahl-Sensor vorne und hinten .... 10 Nm
ABS: Schrauben Drehzahl-Sensor-Kabelhalter vorne und hinten (M6) .... 10 Nm
■ *Honda-Vorschrift ALOC-Schraube (siehe Kapitelanfang)*
ABS: Bremsleitungs-Anschlussmuttern (Überwurfmuttern 12 x 10 mm) .... 17 Nm
■ *zur Montage Bremsflüssigkeit auf Gewinde auftragen*
Schrauben Regelventil an Rahmen (2 x M6) .... 12 Nm

Rahmen, Verkleidung

Befestigungsschrauben Rückspiegel (4 x M6) .... 14 Nm
Befestigungsschrauben Fußrastenhalter an Rahmen (4 x M8) .... 27 Nm
■ *Empfehlung: plus Loctite »mittelfest«*
Befestigungsschrauben Soziushaltegriffe (4 x M8) .... 27 Nm
■ *Empfehlung: plus Loctite »mittelfest«*
Bolzen in Seitenständergelenk (M10) .... 15 Nm
Mutter auf Bolzen in Seitenständergelenk (M10) .... 39 Nm
Verkleidungsscheibe .... 0,5 Nm
Befestigungsmuttern mittlerer Frontver-kleidungsträger (2 x M8) .... 27 Nm
Befestigungsschrauben Seitenver-kleidungsträger (4 x M8) .... 32 Nm

Raum für Notizen

33 Anziehdrehmomente

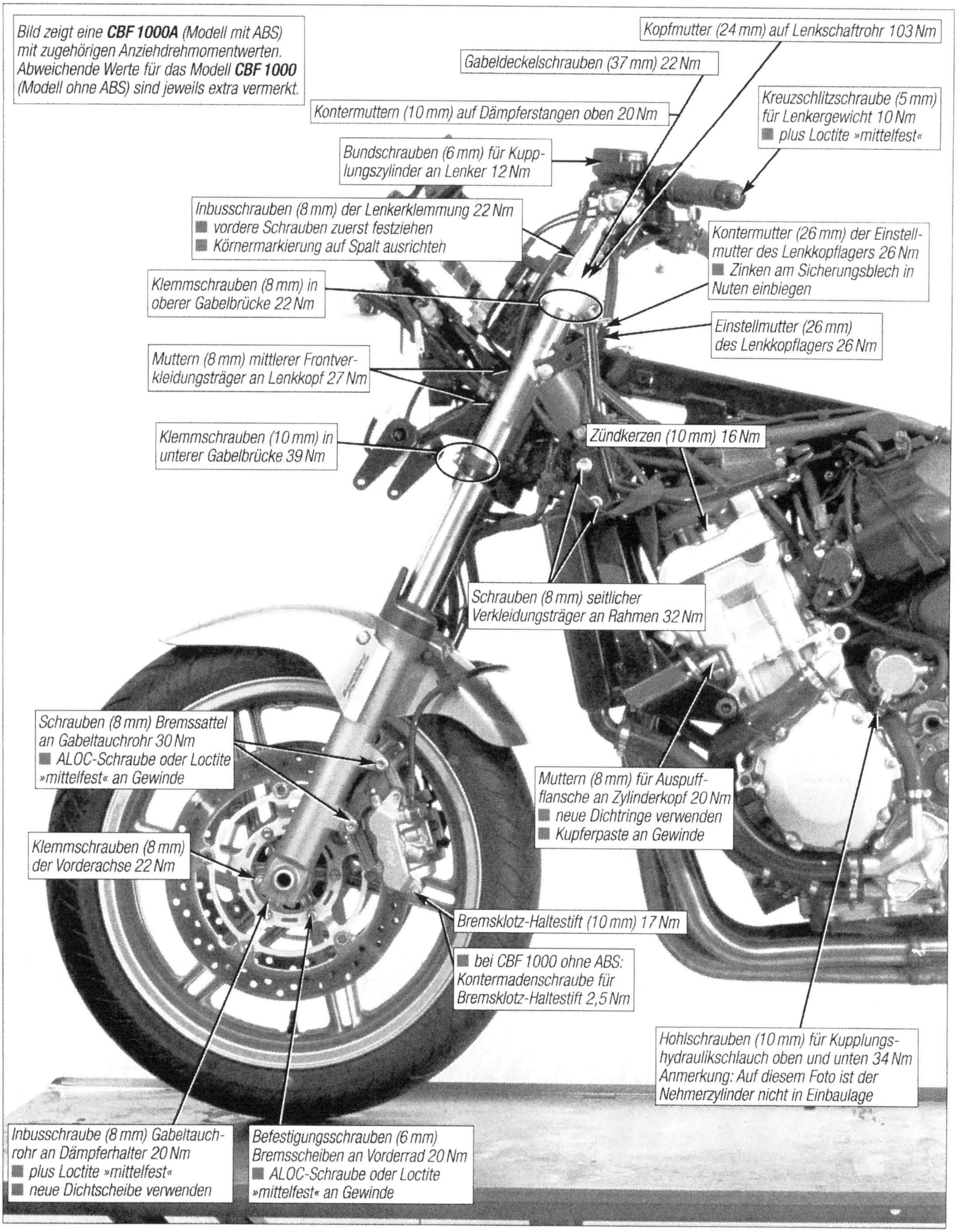

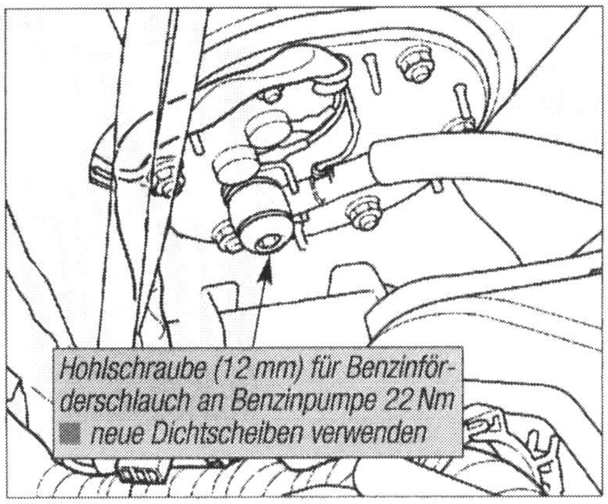

Baugruppe Federbein und Umlenkhebel siehe Zeichnungen in Kapitel 14:
■ Bundmutter (10 mm) Federbein oben 42 Nm
■ Bundmutter (10 mm) Federbein unten an Umlenkhebel 42 Nm
■ Bundmutter (10 mm) Umlenkhebel an Rahmen 42 Nm

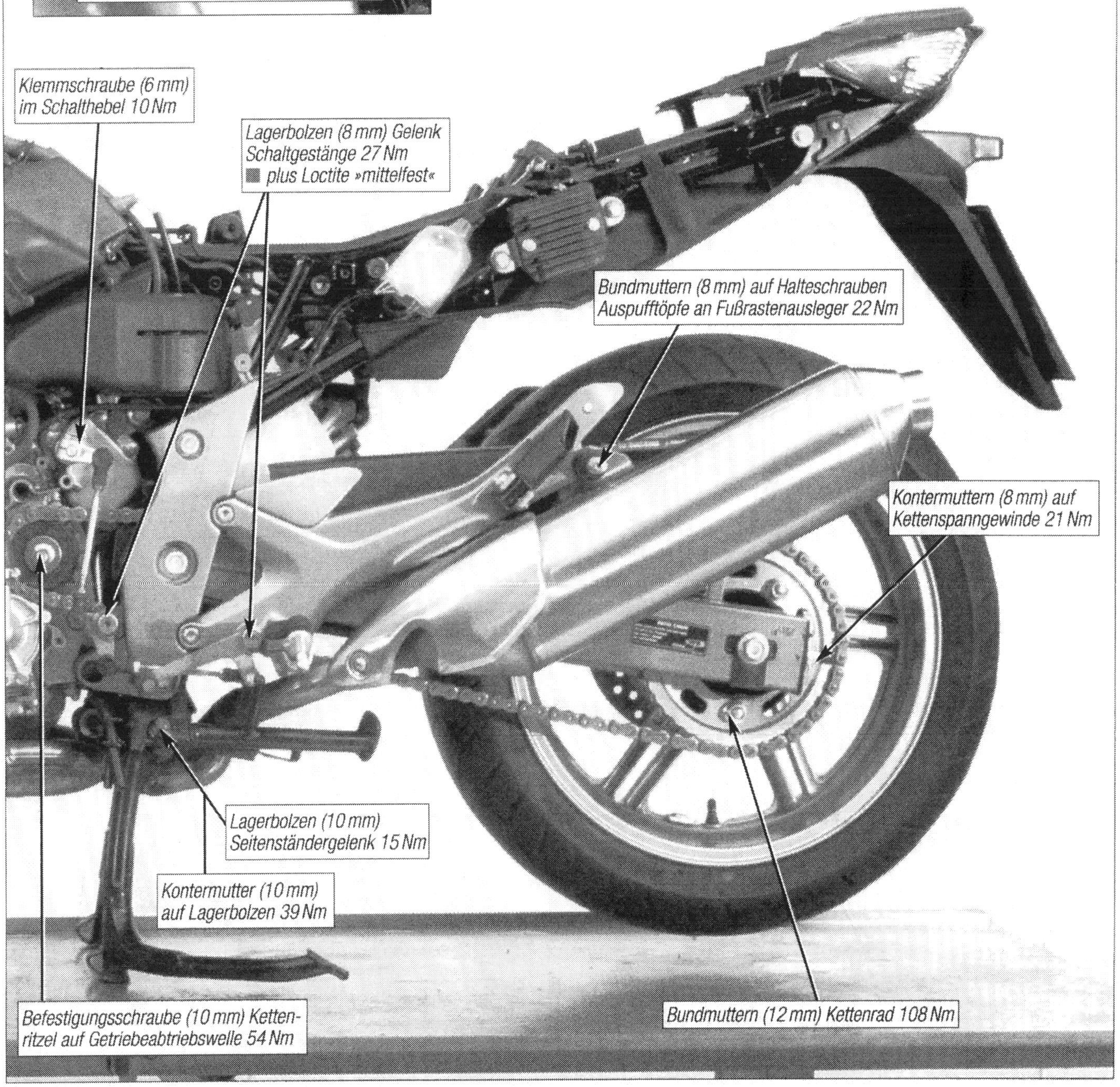

*Bild zeigt eine **CBF 1000A** (Modell mit ABS) mit zugehörigen Anziehdrehmomentwerten. Abweichende Werte für das Modell **CBF 1000** (Modell ohne ABS) sind jeweils extra vermerkt.*

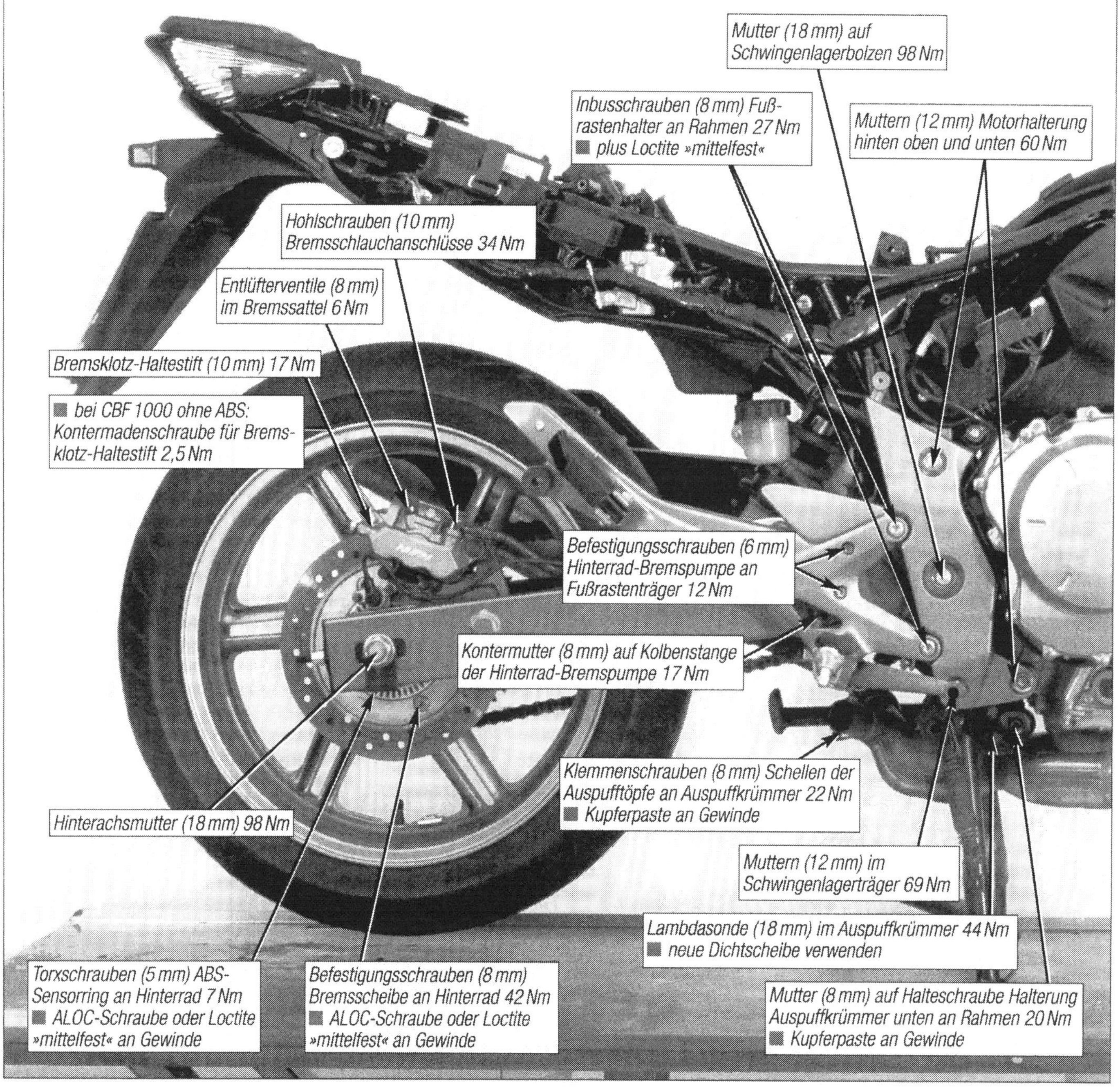

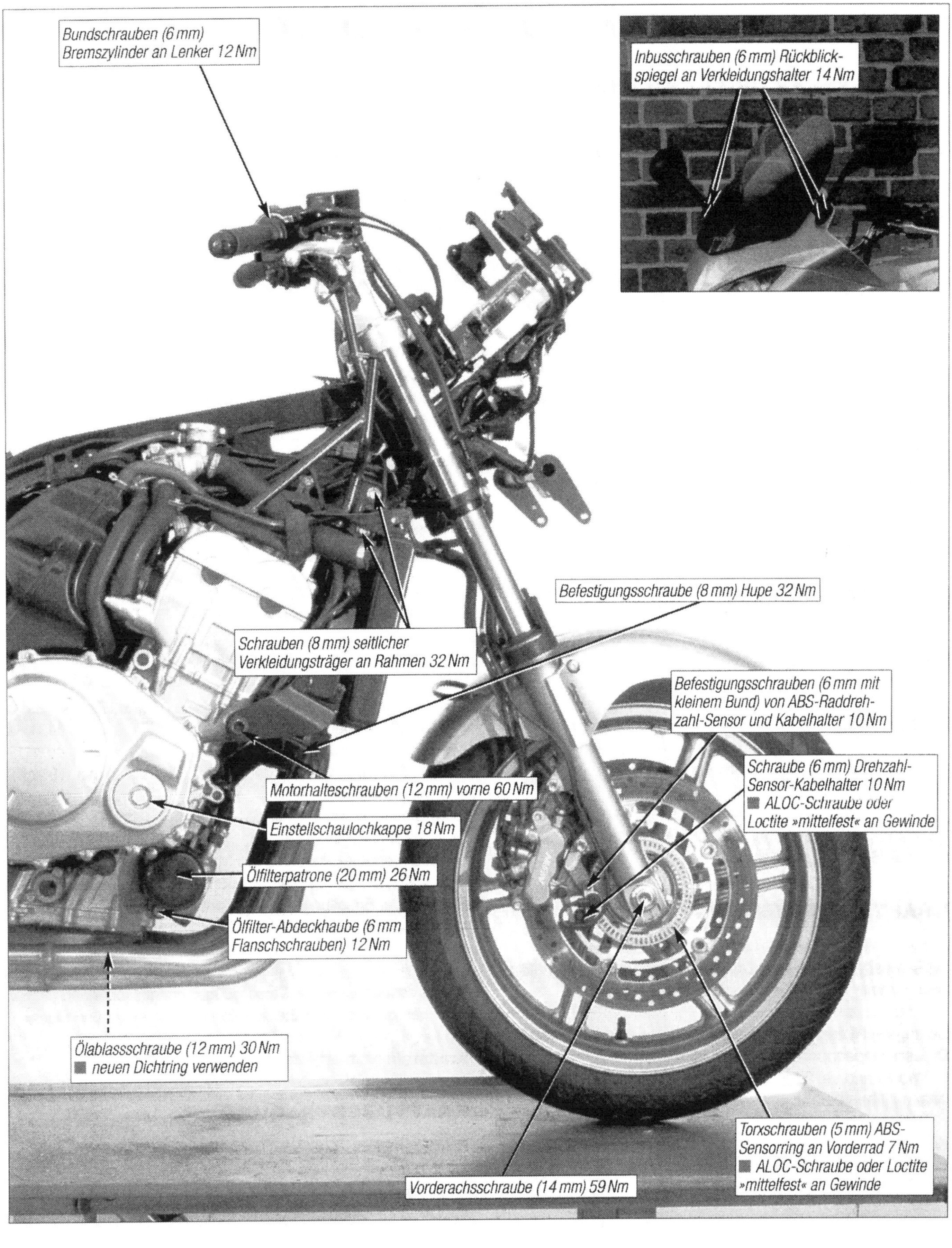
Bundschrauben (6 mm)
Bremszylinder an Lenker 12 Nm
Inbusschrauben (6 mm) Rückblick-
spiegel an Verkleidungshalter 14 Nm
Befestigungsschraube (8 mm) Hupe 32 Nm
Schrauben (8 mm) seitlicher
Verkleidungsträger an Rahmen 32 Nm
Befestigungsschrauben (6 mm mit
kleinem Bund) von ABS-Raddreh-
zahl-Sensor und Kabelhalter 10 Nm
Schraube (6 mm) Drehzahl-
Sensor-Kabelhalter 10 Nm
■ ALOC-Schraube oder
Loctite »mittelfest« an Gewinde
Motorhalteschrauben (12 mm) vorne 60 Nm
Einstellschaulochkappe 18 Nm
Ölfilterpatrone (20 mm) 26 Nm
Ölfilter-Abdeckhaube (6 mm
Flanschschrauben) 12 Nm
Ölablassschraube (12 mm) 30 Nm
■ neuen Dichtring verwenden
Torxschrauben (5 mm) ABS-
Sensorring an Vorderrad 7 Nm
■ ALOC-Schraube oder Loctite
»mittelfest« an Gewinde
Vorderachsschraube (14 mm) 59 Nm

Technische Daten · Verschleißmaße

ABMESSUNGEN UND GEWICHTE

Abmessungen: Radstand 1483 mm, Nachlauf 111 mm, Nachlaufwinkel 64 Grad zur Waagerechten gemessen. Lenkkopfwinkel 26°. Tankinhalt 19,3 Liter. Reserve 4,0 Liter. Sitzhöhe 795 ± 15 mm, Bodenfreiheit 130 mm. Länge 2156 mm, Breite 782 mm, Höhe 1238 mm

Gewichte

Gewicht (vollgetankt) CBF 1000 .... 244 kg
Gewicht (vollgetankt) CBF 1000 A (mit ABS) .... 251 kg
Zulässiges Gesamtgewicht .... 445 kg
Zuladung CBF 1000 A (mit ABS) .... 194 kg)
Zuladung CBF 1000 (ohne ABS) .... 201 kg
Gewicht des Motors (trocken) .... 66,5 kg

MOTOR

Leistung: 98 PS (72 kW) bei 8000/min, maximales Drehmoment 93 Nm bei 6500/min.

Motorbauart: Flüssigkeitsgekühlter Vierzylinder-Viertakt-Reihenmotor, quer zur Fahrtrichtung eingebaut. Zwei oben liegende, kettengetriebene Nockenwellen, vier Ventile pro Zylinder, Tassenstößel, Nasssumpfschmierung.

Bohrung x Hub .... 75,0 x 56,5 mm
Hubraum .... 998,4 cm³
Verdichtung .... 11,0 : 1

Gassteuerung: Vier Ventile pro Zylinder, über kettengetriebene, oben liegende Nockenwellen und Tassenstößel mit innen liegenden Einstellplättchen betätigt.

Auspuffanlage: 4-in-2-Auspuffanlage mit Zusatzluft-Ansaugung (PAIR-System), geregelter Katalysator mit Lambda-Sonde (Euro-3-Norm)

KRAFTSTOFFSYSTEM

Programmierte Kraftstoffeinspritzung, Typ PGM-FI Drosselklappen-Ø 36 mm, Drosselklappengehäuse-Identifikationsnummer GQ3BA, mit Trockenluftfilter.

Leerlaufdrehzahl .... 1200 ± 100/min
Seilzugspiel (Leerweg am Gasgriff) .... 2 bis 6 mm
Drosselklappenpositions-Sensor
  Widerstand bei 20 °C .... 0,5 bis 1,5 kΩ
Ansauglufttemperatur-Sensor
  Widerstand bei 20 bis 30 °C .... 1 bis 4 kΩ
Kühlmitteltemperatur-Sensor
  Widerstand bei 20 °C .... 2,3 bis 2,6 kΩ
  Widerstand bei 80 °C .... 2,1 bis 2,6 kΩ
  Widerstand bei 120 °C .... 0,65 bis 0,73 kΩ
Benzineinspritzventil
  Widerstand bei 20 °C .... 11,1 bis 12,3 Ω
PAIR-Steuermagnetventil
  Widerstand bei 20 °C .... 23 bis 27 Ω
Lambdasondenheizung
  Widerstand bei 20 °C .... 10 bis 40 Ω
Leerlaufregelventil
  Widerstand bei 20 °C .... 120 bis 140 Ω
Lufteinlass-Steuerventil
  Widerstand bei 20 °C .... 28 bis 32 Ω

Ansaugluftdruck-Sensor Eingangsspannung .... 4,75 bis 5,25 V
Kühlmitteltemperatur-Sensor
  Ausgangsspannung bei 20 °C .... 2,7 bis 3,1 V
Drosselklappenpositions-Sensor Ausgangs-
  spannung bei geschlossener Drosselklappe
  und einer ECM Ausgangsspannung von 5 Volt... 0,4 bis 0,6 V
Drosselklappenpositions-Sensor Ausgangs-
  spannung bei geöffneter Drosselklappe
  und einer ECM Ausgangsspannung von 5 Volt... 4,2 bis 4,8 V
Drosselklappenpositions-Sensor
  Eingangsspannung .... 4,75 bis 5,25 V
Ansauglufttemperatur-Sensor Ausgangs-
  spannung bei 20 °C .... 2,7 bis 3,1 V
Kurbelwellenpositions-Sensor
  Spitzenspannung bei 20 °C .... min. 0,7 V
Drehzahlmesser Spitzenspannung .... min. 10,5 V

Ansaugluftdruck bei Leerlaufdrehzahl .... 29 bis 32 kPa
Kraftstoffdruck bei Leerlaufdrehzahl .... 343 kPa
Kraftstoffpumpendurchsatz (12 Volt angelegt,
  innerhalb von 10 Sekunden) .... min. 189 cm³

ECM Steuereinheit: Typ Keihin

Umkipp-Sensor: Erfassung von Magnetströmen mit einem Erfassungswinkel von mehr als 60 bis 70 Grad für jede Schräglage, Erfassungszeit innerhalb 0,5 bis 1,0 Sekunden. Anbauvorschrift: Markierung »UP« auf Sensorgehäuse zeigt nach oben.

Wegfahrsperrenantenne: Versorgungseingangsspannung ca. 5 V zwischen gelb-rotem Kabel am Kabelbaumstecker und Masse.

Kraftstoff: Normal bleifrei, mindestens 91 ROZ

KRAFTÜBERTRAGUNG

Primärantrieb: Zahnräder, Z 77/48, i_{prim} = 1,604

Kupplung: hydraulisch betätigte Mehrscheiben-Nasskupplung im Ölbad

Vorgeschriebene Kupplungsflüssigkeit:
Bremsflüssigkeit DOT 4

Kupplungskorbführung A (ohne ID Kennzeichnung)
Innendurchmesser .... 27,993 bis 28,003 mm
Verschleißgrenze .... 28,012 mm
Außendurchmesser .... 35,004 bis 35,012 mm
Verschleißgrenze .... 34,994 mm

Kupplungskorbführung A (mit ID Kennzeichnung)
Innendurchmesser .... 27,993 bis 28,003 mm
Verschleißgrenze .... 28,012 mm
Außendurchmesser .... 34,996 bis 35,004 mm
Verschleißgrenze .... 34,986 mm

Angetriebenes Primärzahnrad
Innendurchmesser A .... 41,008 bis 41,016 mm
Verschleißgrenze .... 41,026 mm
Innendurchmesser B .... 41,000 bis 41,008 mm
Verschleißgrenze .... 41,018 mm

Führung am Antriebszahnrad der Ölpumpe
Innendurchmesser .... 28,000 bis 28,021 mm
Verschleißgrenze .... 28,030 mm
Außendurchmesser .... 34,975 bis 34,991 mm
Verschleißgrenze .... 34,965 mm

Antriebszahnrad der Ölpumpe
Innendurchmesser .... 35,025 bis 35,145 mm
Verschleißgrenze .... 35,155 mm

Hauptwelle an Kupplungskorbführung
Außendurchmesser .... 27,980 bis 27,990 mm
Verschleißgrenze .... 27,960 mm

Hauptwelle an Führung des Ölpumpenantriebszahnrads
Außendurchmesser .... 27,980 bis 27,990 mm
Verschleißgrenze .... 27,960 mm

Anlasserzwischenzahnrad
Innendurchmesser Zahnrad .... 10,013 bis 10,035 mm
Verschleißgrenze .... 10,050 mm
Außendurchmesser Welle .... 9,991 bis 10,000 mm
Verschleißgrenze .... 9,980 mm

Nabe des angetriebenen Anlasserzahnrads
Außendurchmesser .... 45,657 bis 45,673 mm
Verschleißgrenze .... 45,642 mm

Kupplungs-Druckfeder
neue Feder ungespannte Länge .... 58,2 mm
gebrauchte Feder Verschleißgrenze .... 55,7 mm

Kupplungs-Reibscheiben A (2 Stück)
neue Scheibe Dicke .... 3,72 bis 3,88 mm
gebrauchte Scheibe Verschleißgrenze .... 3,40 mm

Kupplungs-Reibscheiben B (6 Stück)
neue Scheibe Dicke .... 3,22 bis 3,88 mm
gebrauchte Scheibe Verschleißgrenze .... 2,90 mm

Kupplungs-Stahlscheiben (7 Stück)
maximaler Verzug .... 0,30 mm

Kupplungshauptzylinder
Innendurchmesser Hauptzylinder .... 12,700 bis 12,743 mm
Verschleißgrenze .... 12,755 mm
Außendurchmesser Hauptzylinderkolben . 12,657 bis 12,684 mm
Verschleißgrenze .... 12,645 mm

Getriebe: Klauengeschaltetes Sechsganggetriebe, Abstufungen:

- 1. Gang 2,741 (Z 38/14)
- 2. Gang 1,941 (Z 33/17)
- 3. Gang 1,578 (Z 30/19)
- 4. Gang 1,363 (Z 30/22)
- 5. Gang 1,217 (Z 28/23)
- 6. Gang 1,115 (Z 29/26)

Hinterradantrieb: Kettenräder Z 43/16, i_{sec} = 2,687. Endlos vernietete Rollenkette mit O-Ringen zwischen den Laschen, 120 Rollen. Kettentyp DID50VA8 oder RK50HFOZ5, Kettendurchhang (Kettenspannung) 20 bis 30 mm.

SCHMIERSYSTEM UND MOTORÖL

Schmiersystem: Nasssumpf-Druckumlaufschmierung mit kettengetriebener Trochoidenölpumpe und Ölkühler.

Motoröl: SAE 10W-30 der API-Service-Klassifikation SG oder höher, außer den Ölen, die laut API-Service Klassifikation als »energiesparend« (runder Aufkleber) eingestuft sind. JASO T 903-Spezifkation: MA.

Ölmenge
bei Ölwechsel .... 2,7 Liter
bei Öl- und Filterwechsel .... 3,5 Liter
bei Neubefüllung nach Zerlegung des Motors .... 3,6 Liter

Öldruck bei 80°C
am Öldruckschalter .... 510 kPa (5,2 bar) bei 6000/min

Verschleißmaße der Ölpumpe
Spitzenspiel .... 0,15 mm
Verschleißgrenze .... 0,20 mm
Gehäusespiel .... 0,15 bis 0,21 mm
Verschleißgrenze .... 0,35 mm
Seitenspiel .... 0,04 bis 0,09 mm
Verschleißgrenze .... 0,17 mm

ZÜNDUNG

Zündung: elektronische CDI-Zündanlage
Zündzeitpunkt .... 5 Grad vor OT im Leerlauf
Zündfolge .... 1 – 2 – 4 – 3
Zündkerzen .... NGK CR8EH-9 oder DENSO U24FER9
Elektrodenabstand .... 0,8 bis 0,9 mm

Zündspule

Primärspitzenspannung .... min. 100 V
Zündimpulsgeber-Spitzenspannung .... min. 0,7 V

Widerstände an

Drosselklappenpositions-Sensor bei 20 °C .... 0,5 bis 1,5 kΩ
Ansauglufttemperatur-Sensor bei 20 bis 30 °C .... 1 bis 4 kΩ
Kühlmitteltemperatur-Sensor bei 20 °C .... 2,3 bis 2,6 kΩ
Kühlmitteltemperatur-Sensor bei 80 °C .... 2,1 bis 2,6 kΩ
Kühlmitteltemperatur-Sensor bei 120 °C .... 0,65 bis 0,73 kΩ
Benzineinspritzventil bei 20 °C .... 11,1 bis 12,3 Ω
PAIR-Steuermagnetventil bei 20 °C .... 23 bis 27 Ω
Lambdasondenheizung bei 20 °C .... 10 bis 40 Ω
Leerlaufregelventil bei 20 °C .... 120 bis 140 Ω

Eingangsspannung

Ansaugluftdruck-Sensor .... 4,75 bis 5,25 V
Drosselklappenpositions-Sensor .... 4,75 bis 5,25 V

Ausgangsspannung

Kühlmitteltemperatur-Sensor bei 20°C .... 2,7 bis 3,1 V
Drosselklappenpositions-Sensor bei geschlossener Drosselklappe und einer ECM Ausgangsspannung von 5 Volt .... 0,4 bis 0,6 V
Drosselklappenpositions-Sensor bei geöffneter Drosselklappe und einer ECM Ausgangsspannung von 5 Volt .... 4,2 bis 4,8 V
Ansauglufttemperatur-Sensor bei 20°C .... 2,7 bis 3,1 V

BORDELEKTRIK

Batterie: wartungsfrei 12 V/8,6 Ah
Kriechstrom .... max. 0,5 mA
Spannungsprüfung (Messtemperatur 20 °C)
voll geladen .... 13,0 bis 13,2 V
ladebedürftig .... bei weniger als 12,4 V
zulässiger Ladestrom:
normale Ladung mit 0,9 Ampere .... 5 bis 10 Stunden
Schnellladung mit 4,5 Ampere .... 1 Stunde

Lichtmaschine: Drehstromgenerator, Leistung 344 Watt bei 5000/min; Widerstand der Ladewicklung 0,1 bis 1,0 Ω (bei Messtemperatur 20 °C)

Elektrostarter

Länge neuer Kohlebürsten .... 12,0 bis 13,0 mm
Verschleißgrenze .... 6,5 mm

Sicherungen

Hauptsicherung .... 30 Ampere
Einspritzsystem, Zündung .... 20 Ampere
Ersatz .... 30 Ampere
Ersatz .... 20 Ampere
Ersatz .... 10 Ampere
Blinker, Bremsschalter .... 10 Ampere
Kilometerzähler, Kombiinstrument, Hupe,
Brems-, Rücklicht, Kennzeichenbeleuchtung .... 10 Ampere
Anlasser .... 10 Ampere
Scheinwerfer, Lichthupe .... 20 Ampere
Kühlerventilator, Uhr .... 20 Ampere
ABS Hauptsicherung (CBF 1000 A) .... 10 Ampere
ABS Ausfallsicherheitsrelais (CBF 1000 A) .... 30 Ampere
ABS-Zentraleinheit (CBF 1000 A) .... 30 Ampere
Ersatz (CBF 1000 A) .... 30 Ampere

BELEUCHTUNG

Lampen

Fernlicht/Abblendlicht .... 12 Volt/55 Watt (je 1 Stück)
Standlicht .... 12 Volt/5 Watt (2 Stück)
Blinkleuchte .... 12 Volt/21 Watt (4 Stück)
Brems-/Rücklicht .... 12 Volt/21/5 Watt (1 Stück)
Instrumentenbeleuchtung .... LED (1 Stück)
Blinkkontrolle .... LED (1 Stück)
Fernlichtkontrolle .... LED (1 Stück)
Leerlaufkontrolle .... LED (1 Stück)
Temperatur .... LED (1 Stück)
Fehleranzeigeleuchte (MIL) .... LED (1 Stück)
Öldruckkontrolle .... LED (1 Stück)
Wegfahrsperrenanzeige .... LED (1 Stück)
ABS Kontrollanzeige (CBF 1000 A) .... LED (1 Stück)

Drehzahlmesser

Spitzenspannung .... mind. 10,5 V

KÜHLSYSTEM

Bauart: Flüssigkeitskühlung mit Flügelpumpe, automatisch zuschaltender Kühlerventilator.

Kühlmittel: Qualitätsfrostschutzmittel auf Ethylenglykol-Basis mit Rostschutz, Mischungsverhältnis 1 : 1 mit destilliertem Wasser.

Kühlmittelmenge

Kühler, Motor .... 2,71 Liter
Ausgleichsbehälter .... 0,30 Liter

Thermostat

Öffnungsbeginn .... 80 bis 84 °C
ganz geöffnet .... 90 °C
Ventilhub .... min. 8 mm

Kühlerverschlussdeckel
Ansprechdruck....................... 108 bis 137 kPa (1,1 bis 1,4 bar)

FAHRWERK

Rahmen: Zentralrohrrahmen aus Stahl, Motor mittragend, Typ »Diamond«.

Federung vorne: Radfederweg 108 mm. Telegabel, Standrohrdurchmesser 41 mm.

Telegabelöl: Honda-Gabel- bzw. -Stoßdämpferöl Ultra Cushion Oil 10W oder gleichwertiges Öl, Füllmenge 437 ± 2,5 cm^3 pro Holm bei kompletter Zerlegung. Flüssigkeitsstand 129 mm von Oberkante Gabelstandrohr zum Ölspiegel bei ganz zusammengeschobenem Gabelbein ohne Feder.

Gabeltragfeder: Einbaurichtung mit dem kleineren Durchmesser nach unten.
neue Feder ungespannte Länge .... 358,8 mm
Verschleißgrenze.. 338,8 mm

Schlag Tauchrohr.. max. 0,20 mm

Vorspannung Lenkkopflager .... 1,0 bis 1,4 kg

Federung hinten: Radfederweg 120 mm. Kastenschwinge aus Stahl mit Umlenkhebel. Ein Gasdruckfederbein. Federbasis über eine Vorspannhülse mit Hakenschlüssel 7-fach einstellbar.

RÄDER UND REIFEN

Räder: Gegossene Leichtmetallräder mit sechs Doppelspeichen. Vorne 17M/C x MT 3.50, hinten 17M/C x MT 5.00. Maximal zulässiger Radialschlag 2,0 mm, Axialschlag 2,0 mm. Radauswuchtgewichte max. 60 Gramm je Rad. Achsschlag max. 0,2 mm.

Reifengrößen, Luftdruck
Schlauchlose Reifen (Luftdruck solo/mit Beladung)
vorne .... 120/70 ZR17 M/C (58W) (2,5 /2,5 bar)
hinten .... 160/60 ZR17 M/C (69W) (2,9/2,9 bar)

Serienmäßige Reifen
vorne .... Bridgestone BT 57 F Radial U
hinten .... Bridgestone BT 57 R Radial E
oder
vorne.. Michelin Pilot Road B
hinten .... Michelin Pilot Road A

Mindest-Reifenprofiltiefe
vorne .... 1,5 mm
hinten.. 2,0 mm

BREMSEN

Bremse vorne
Doppelscheibenbremse, ø 296 mm, gelocht. Bremsflüssigkeit DOT 4.
Bei CBF 1000 (ohne ABS): Bremssattel mit zwei Kolben.
Bei CBF 1000 A (mit ABS): Bremssattel mit drei Kolben.
Bremsscheibendicke.. 4,5 mm
Verschleißgrenze.. 3,5 mm
maximal zulässiger Schlag .... 0,30 mm

Bremssattelzylinder CBF 1000
Innendurchmesser.............................. 25,400 bis 25,450 mm
Verschleißgrenze... 25,460 mm

Bremssattelzylinder CBF 1000 A (mit ABS)
Innendurchmesser.............................. 22,650 bis 22,700 mm
Verschleißgrenze... 22,710 mm

Bremssattelkolben CBF 1000
Außendurchmesser .... 25,318 bis 25,368 mm
Verschleißgrenze... 25,310 mm

Bremssattelkolben CBF 1000 A (mit ABS)
Außendurchmesser .... 22,585 bis 22,618 mm
Verschleißgrenze... 22,560 mm

Handbremszylinder
Innendurchmesser.............................. 12,700 bis 12,743 mm
Verschleißgrenze... 12,755 mm

Handbremszylinder Kolben
Außendurchmesser .... 12,657 bis 12,684 mm
Verschleißgrenze... 12,650 mm

Bremse hinten
Scheibenbremse, ø 240 mm, gelocht. Bremsflüssigkeit DOT 4.
Bei CBF 1000 (ohne ABS): Bremssattel mit einem Kolben.
Bei CBF 1000 A (mit ABS): Bremssattel mit drei Kolben.
Bremsscheibendicke.. 5,0 mm
Verschleißgrenze.. 4,0 mm
Bremsscheibendicke bei CBF 1000 A (mit ABS) .... 6,0 mm
Verschleißgrenze.. 5,0 mm

maximal zulässiger Schlag .... 0,30 mm

Bremssattelzylinder CBF 1000
Innendurchmesser.............................. 38,180 bis 38,230 mm
Verschleißgrenze... 38,240 mm

Bremssattelzylinder CBF 1000 A (mit ABS)
Innendurchmesser.............................. 25,400 bis 25,450 mm
Verschleißgrenze... 25,460 mm

Bremssattelkolben CBF 1000
Außendurchmesser .... 38,098 bis 38,148 mm
Verschleißgrenze .... 38,090 mm

Bremssattelkolben CBF 1000 A (mit ABS)
Außendurchmesser .... 25,318 bis 25,368 mm
Verschleißgrenze .... 25,310 mm

Fußbremszylinder CBF 1000
Innendurchmesser .... 14,000 bis 14,043 mm
Verschleißgrenze .... 14,055 mm

Fußbremszylinder CBF 1000 A (mit ABS)
Innendurchmesser .... 17,460 bis 17,503 mm
Verschleißgrenze .... 17,515 mm

Fußbremszylinder Kolben CBF 1000
Außendurchmesser .... 13,957 bis 13,984 mm
Verschleißgrenze .... 13,945 mm

Fußbremszylinder Kolben CBF 1000 A (mit ABS)
Außendurchmesser .... 17,417 bis 17,444 mm
Verschleißgrenze .... 17,405 mm

Abstand Fußbremshebel zum unteren
Ende der Kolbenstange (siehe Bild 1) .... min. 1,0 mm

Verschleißmaße Motor

BAUGRUPPE ZYLINDERKOPF

Ventilspiel (bei kaltem Motor)
Einlass 0,16 mm, Auslass 0,32 mm (je ± 0,03 mm)

Nockenwellen
Schlag der Nockenwellen (Bild 2) .... maximal 0,05 mm
Lagerspiel der Nockenwellen .... 0,020 bis 0,062 mm
Verschleißgrenze .... 0,10 mm

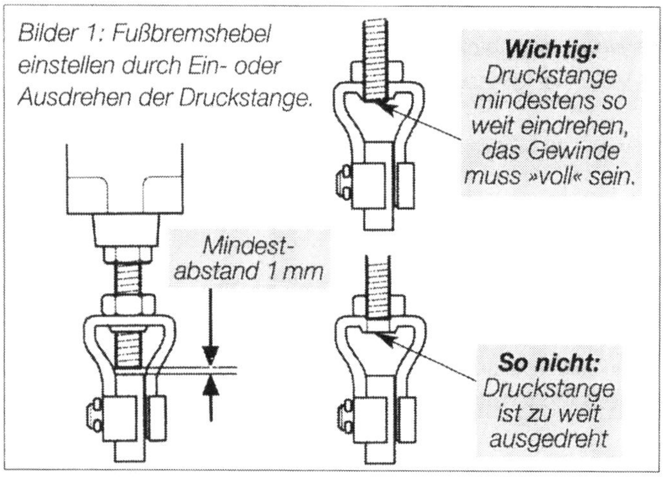

Bilder 1: Fußbremshebel einstellen durch Ein- oder Ausdrehen der Druckstange.

Stirnhöhen:
Einlassnocken .... 34,620 bis 34,700 mm
Verschleißgrenze .... 34,600 mm
Auslassnocken .... 34,580 bis 34,660 mm
Verschleißgrenze .... 34,560 mm

Ventiltrieb
Durchmesser Ventilstößel .... 25,978 bis 25,993 mm
Verschleißgrenze .... 25,970 mm
Durchmesser Ventilstößelbohrungen ..... 26,010 bis 26,026 mm
Verschleißgrenze .... 26,040 mm

Steuerzeiten (bei 1 mm Ventilhub)
Einlass öffnet .... 15° vor OT
Einlass schließt .... 15° nach UT
Auslass öffnet .... 25° vor UT
Auslass schließt .... 5° nach OT

Ventilführungen
Innendurchmesser .... 4,500 bis 4,512 mm
Verschleißgrenze .... 4,540 mm

Ventilschäfte
Außendurchmesser Einlass .... 4,475 bis 4,490 mm
Verschleißgrenze .... 4,465 mm
Außendurchmesser Auslass .... 4,465 bis 4,480 mm
Verschleißgrenze .... 4,455 mm

Spiel zwischen Ventilschaft und Ventilführung
Einlass .... 0,010 bis 0,037 mm
Verschleißgrenze .... 0,075 mm
Auslass .... 0,020 bis 0,047 mm
Verschleißgrenze .... 0,085 mm

Überstand Ventilführung Zylinderkopf ... 16,00 bis 16,30 mm

Ventilsitzbreite (innen, siehe Bild 3) .... 0,90 bis 1,10 mm
Verschleißgrenze .... 1,5 mm

ungespannte Länge der Ventilfedern
innere Ventilfeder .... 39,55 mm
Verschleißgrenze .... 38,76 mm

Verzug des Zylinderkopfs .... maximal 0,10 mm

Bild 2
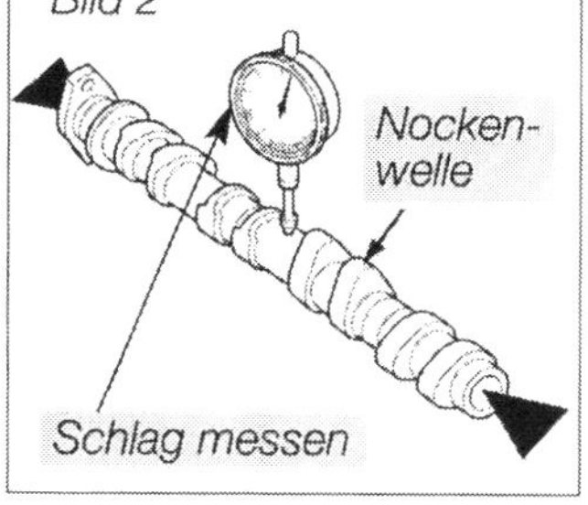

Bild 3
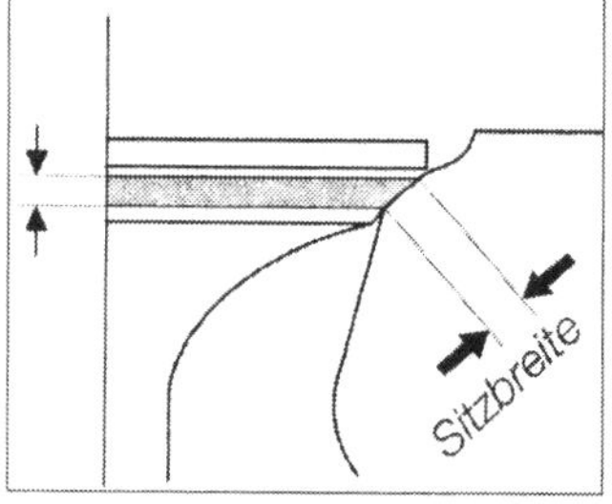

BAUGRUPPE ZYLINDER UND KOLBEN

Zylinderdurchmesser .... 75,000 bis 75,015 mm
Verschleißgrenze .... 75,150 mm
Unrundheit, Konizität und Verzug .... maximal 0,1 mm
Kompression bei 350/min .... 11,2 bar

Kolben 9 mm von der Unterkante gemessen
Durchmesser .... 74,960 bis 74,980 mm
Verschleißgrenze .... 74,895 mm

Kolbenbolzen
Durchmesser Kolbenbolzen .... 17,002 bis 17,008 mm
Verschleißgrenze .... 17,030 mm
Kolbenbolzenbohrung im Kolben .... 16,994 bis17,000 mm
Verschleißgrenze .... 16,980 mm
Spiel zwischen Bolzen und Kolben .... 0,002 bis 0,014 mm
Verschleißgrenze .... 0,040 mm

Kolbenlaufspiel .... 0,020 bis 0,055 mm
Verschleißgrenze .... 0,100 mm

Kolbenbolzenauge im Pleuel
Durchmesser .... 17,030 bis 17,042 mm
Verschleißgrenze .... 17,048 mm

Spiel Kolbenbolzen im Kolbenbolzenauge .... 0,030 bis 0,046 mm
Verschleißgrenze .... 0,070 mm

Höhenspiel Kolbenring in Kolbenringnut
Erster Kolbenring .... 0,050 bis 0,085 mm
Verschleißgrenze .... 0,125 mm
Zweiter Kolbenring .... 0,015 bis 0,050 mm
Verschleißgrenze .... 0,075 mm

Kolbenringstoßspiel (eingebaut)
Erster Kolbenring .... 0,22 bis 0,32 mm
Verschleißgrenze .... 0,52 mm
Zweiter Kolbenring .... 0,48 bis 0,63 mm
Verschleißgrenze .... 0,82 mm
Ölabstreifring .... 0,20 bis 0,70 mm
Verschleißgrenze .... 1,00 mm

BAUGRUPPE KURBELWELLE

Kurbelwelle
Lagerspiel Kurbelwellenlagerzapfen .... 0,030 bis 0,052 mm
Verschleißgrenze .... 0,060 mm
Hauptzapfen-Lagerspiel .... 0,019 bis 0,037 mm
Verschleißgrenze .... 0,050 mm
Pleuellager-Seitenspiel .... 0,050 bis 0,200 mm
Verschleißgrenze .... 0,250 mm
Schlag der Kurbelwelle .... maximal 0,050 mm

BAUGRUPPE GETRIEBE

Schaltgabelwelle
Außendurchmesser .... 11,957 bis 11,968 mm
Verschleißgrenze .... 11,950 mm

Schaltgabeln
Innendurchmesser .... 12,000 bis 12,018 mm
Verschleißgrenze .... 12,030 mm
Zinkendicke .... 5,930 bis 6,000 mm
Verschleißgrenze .... 5,900 mm

Zahnrad-Innendurchmesser
M5, M6 .... 31,000 bis 31,025 mm
Verschleißgrenze .... 31,040 mm
C1 .... 28,000 bis 28,021 mm
Verschleißgrenze .... 28,040 mm
C2, C3, C4 .... 33,000 bis 33,025 mm
Verschleißgrenze .... 33,040 mm

Zahnradbuchsen-Außendurchmesser
M5, M6 .... 30,955 bis 30,980 mm
Verschleißgrenze .... 30,935 mm
C2 .... 32,955 bis 32,980 mm
Verschleißgrenze .... 32,935 mm
C3, C4 .... 32,950 bis 32,975 mm
Verschleißgrenze .... 32,930 mm

Zahnradbuchsen-Innendurchmesser
M5 .... 27,985 bis 28,006 mm
Verschleißgrenze .... 28,016 mm
C2 .... 29,985 bis 30,006 mm
Verschleißgrenze .... 30,021 mm

Spiel zwischen Zahnrad und Buchse
M5, M6 .... 0,020 bis 0,070 mm
Verschleißgrenze .... 0,100 mm
C2 .... 0,020 bis 0,070 mm
Verschleißgrenze .... 0,100 mm
C3, C4 .... 0,025 bis 0,075 mm
Verschleißgrenze .... 0,110 mm

Getriebehauptwelle-Außendurchmesser
M5 .... 27,967 bis 27,980 mm
Verschleißgrenze .... 27,957 mm

Getriebevorgelegewelle-Außendurchmesser
C2 .... 29,967 bis 29,980 mm
Verschleißgrenze .... 29,960 mm

Spiel zwischen Buchsen und Welle
M5 .... 0,005 bis 0,039 mm
Verschleißgrenze .... 0,060 mm
C2 .... 0,005 bis 0,039 mm
Verschleißgrenze .... 0,060 mm

Wichtige Adressen

In diesem Kapitel nennen wir wichtige Adressen für Honda-Fahrer. Die hier aufgeführte Liste kann nur eine begrenzte Auswahl darstellen – ohne Wertung.

Wenn Sie spezielles Zubehör, Bekleidung oder ein anderes Produkt suchen, lesen Sie sich in Motorrad-Fachzeitschriften und -Kataloge ein und beachten deren Anzeigenteile.

Auf Telefon- und Faxnummern haben wir verzichtet, weil sich diese im Laufe der Zeit häufig ändern. Die Nummern finden Sie entweder im Telefonbuch oder Sie rufen die entsprechenden Internetseiten auf.

Im Internet finden Sie auch alle Honda-Händler: Gehen Sie auf die Seite der Landesimporteure und klicken dort den Button »Händlersuche« an. Damit erhalten Sie nicht nur Adressen und Telefonnummern, sondern auch die Internet-Adressen der einzelnen Händler.

Lieferanten der Produkte, die in diesem Buch in Bild und Text vorgestellt werden, sind in diesem Adressverzeichnis grau unterlegt.

HERSTELLER

Honda Motor Co., Ltd.
No. 1–1, 2-Chome
Minamiaoyama, Minato-Ku
Tokyo, 107-8556, Japan
www.honda.com

IMPORTEURE

Deutschland:
Honda Motor Europe (North) GmbH
Sprendlinger Landstraße 166
D-63069 Offenbach
www.honda.de

Österreich:
Honda Austria Ges.m.b.H
Hondastraße 1
A-2351 Wiener Neudorf
www.honda.at

Schweiz:
Honda (Suisse) SA
Route des Moulières 10
CH-1214 Vernier-Genève
www.hondamoto.ch

HÄNDLER

Die aktuellen Adressen der offiziellen Honda-Händler in Deutschland, Österreich und der Schweiz finden Sie im Internetauftritt der jeweiligen Landesimporteure.

VERBÄNDE

Hier erhalten Sie z. B. Auskünfte über Termine von Fahrsicherheits-Lehrgängen und Trainings.

Industrie-Verband Motorrad Deutschland e. V.
Institut für Zweiradsicherheit e. V.
Gladbecker Straße 425
D-45329 Essen
www.ivm-ev.de
www.ifz.de

MOTORRAD-ZEITSCHRIFTEN

MOTORRAD, MOTORRAD Katalog, PS – Das Sport-Motorrad Magazin, mopped, MOTORRAD CLASSIC
Motor-Presse Verlag
Leuschnerstraße 1
D-70174 Stuttgart
www.motorradonline.de

Motorradfahrer, Tourenfahrer
Rainer R. Nitschke Verlags-GmbH
Eifelring 28, D-53879 Euskirchen
www.motorradfahrer-online.de

Motorradmagazin MO, Bikers MOTORRAD Katalog, MOTORRAD TEST, MO-Sonderhefte
MO Medien Verlag GmbH
Schrempfstraße 8, D-70597 Stuttgart
www.mo-web.de

MOTORRAD NEWS, Syburger, regionale Motorradhefte
Syburger Verlag GmbH
Hertinger Straße 60, D-59423 Unna
www.motorradnet.de

REISE MOTORRAD/ride on!
Lila Publishing Verlags-GmbH
Mondstraße 10, D-81543 München
www.reisemotorrad.de

Motorrad Magazin
Sportmagazin Verlag GmbH
Heiligenstädter Lände 29
A-1190 Wien
www.motorrad-magazin.at

Der Reitwagen
Obertriesting 49
A-2572 Kaumberg
www.reitwagen.at

MOTORSPORT aktuell
Postfach
CH-8603 Schwerzenbach

Moto Sport Schweiz
Büchler Grafino AG
Dammweg 9, Postfach
CH-3001 Bern
www.motosport.ch

BEKLEIDUNG UND ZUBEHÖR

ARAI Helmet (Deutschland) GmbH
Weseler Straße 2
D-46519 Alpen
www.arai.de

2Wheel-Distribution GmbH AXO- und CORAX-Bekleidung
Im Strässle 6, D-71706 Markgröningen
www.axosport.de

Bikehome Faltgaragen Lang GmbH
Limburgst. 14, D-67098 Bad Dürkheim
www.bikehome.com

Heino Büse Motorradzubehör und Bekleidung
Vennstraße 14, D-52159 Roetgen
www.buese.com

Dieter Braun GmbH
Schulstraße 68
D-89537 Giengen-Burgberg

Harro
Ernst Harr GmbH & Co.KG
Aispach 16
D-72229 Rohrdorf/Schwarzwald
www.harro.de

Held GmbH
Motorradbekleidung, ARAI-Import
An der Ostrach 7
D-87545 Burgberg-Erzflöße
www.held-biker-fashion.de

Hein Gericke GmbH & Co. KG
Reisholzer Werftstraße 19
D-40589 Düsseldorf
www.hein-gericke.de

Hepco & Becker GmbH
Motorrad-Koffersysteme
Birkenstraße, D-66989 Höhfröschen
www.hepco-becker.de

IXS Motorcycle Fashion
Hostettler GmbH
Neuenburger Str. 33, D-79379 Müllheim
www.hostettler.de

JF Motorsport GmbH
Dieselstr. 10, D-61239 Ober-Mörlen
www.jfmotorsport.de

Louis Fun Company
Rungedamm 35, D-21035 Hamburg
www.louis.de

Moto Parts
Onlineshop für Motorradzubehör
Neustraße 4, D-47809 Krefeld
www.motoparts.de

Polo Expressversand
Reisholzer Werftstraße 76
D-40589 Düsseldorf
www.polo-motorrad.de

Schuberth Head Protection Technology GmbH
Rebenring 31, D-38106 Braunschweig
www.schuberth.com

Schwabenleder
Fabrik für Motorradbekleidung GmbH
Fabrikstraße 22, D-73650 Winterbach
www.schwabenleder.de

Spidi Bekleidung
IMAG Germany Vertriebs GmbH
Hundsberger Straße 43
D-73642 Welzheim
www.imag-germany.de

AUSPUFFANLAGEN

Akrapovic Auspuffanlagen
JAMparts Fahrzeugtechnik Vertriebs GmbH
Friedenstr. 2, D-71282 Hemmingen
www.akrapovic.de

Baldes Auspuffanlagen
Am Gewerbepark 3
D-92278 Illschwang
www.baldes-auspuff.de

Bos Auspuff GmbH
Reitgaarstraße 2
D-49828 Neuenhaus
www.bos-exhausts.com

BSM Auspuffanlagen
Hohlstraße 1, D-65510 Hünstetten
www.bsm-auspuff.de

Devil Auspuffanlagen
98 Rue des Champs Plans
F-74800 St. Pierre en Faucigny
www.devil.fr

Devil Deutschland
Wagnerstr. 27, D-76448 Durmersheim
www.bikeside.de

GPR Racing Auspuffanlagen
Schulgasse 4, D-89611 Obermarchtal
www.gpr-racing.de

Kess Tech GmbH
Supertrapp-Auspuffanlagen
Mühlenstraße 9
D-97531 Theres-Horhausen
www.kess-tech.de

Laser Auspuffanlagen
SO Products GmbH
Luxemburger Straße 54
D-48455 Bad Bentheim/Gildehaus
www.so-products.com

Micron Systeme GmbH
Micron Auspuffanlagen
Boxdorfer Straße 13
D-90765 Fürth-Sack
www.powercommander.de
Schweiz:
Wet Motos
Route de Neuchâtel 1
CH-2520 La Neuveville

Moriwaki
Auspuffanlagen, Tuning
Hideshi Ijuin
Hansastraße 12, D-41460 Neuss
www.moriwaki.co.jp

Remus – Forschungs- und Abgasanlagenproduktionsgesellschaft m.b.H.
Dr.-Niederdorfer-Straße 25
A-8572 Bärnbach
www.remus-racing.com

Team Metisse
Auspuffanlagen, Technik-Zubehör
Zum Kötherbusch 1, D-38542 Leiferte
www.metisse.de

Termignoni-Auspuffanlagen
Hänsle Motorradsport GmbH
Industriestr. 12, D-77955 Ettenheim
www.haensle.de

Zach Auspufftechnik GmbH
Voggendorfer Weg 7
D-93444 Kötzting-Haus
www.zachauspuff.de

BREMSEN UND FAHRWERK

ABM hightech for fun GmbH
Stahlflexleitungen, Bremstechnik, Superbikeumbauten
Im Gelbstein 25 a, D-79206 Breisach
www.ab-m.de

Ambi's Bike Shop
Technikzubehör
Kiesgrubenweg 21
D-87766 Memmingerberg
www.ambi-bike.de

BRAKING Generalvertretung Deutschland
Uwe Keszler Import u. Vertriebs GmbH
Mühlenweg 1, D-24796 Bredenbek
www.braking.de

Brune Motorradsport GmbH
Brembo-Generalvertretung für Deutschland und Österreich
Wöste 6, D-48291 Telgte
www.brunegmbh.de

France Equipement
Bremsbeläge, Scheiben, Leitungen
Beinheimer Straße 25
D-76437 Rastatt-Wintersdorf
www.FranceEquipement.de

G.M.D. Computrack Munich
Fahrwerks-Vermessung, -Einstellung
Gewerbepark Gebäude 3
D-83052 Bruckmühl
www.strassmaier.de

Goodridge Deutschland
Bremsleitungen
Talstraße 227, D-67434 Neustadt
www.goodridge.net

Köster GmbH
Rahmen-Vermessungen, -Reparaturen
Jettinger Str. 10, D-89358 Goldbach
www.motorrad-koester.de

Krontec Bremsleitungen Maschinenbau GmbH
Berliner Straße 31
D-93073 Neutraubling
www.krontec.de

Krüger & Junginger GmbH
Schwingenumbau, Breiträder
Mühlestr. 12, D-73252 Lenningen
www.motorradschwingen.de

Lucas Girling
Bremsbeläge, Leitungen, Fußrasten
Rudolf-Diesel-Straße 7
D-56566 Neuwied
www.lucas-bikersworld.com

Motorrad Schüller
Enuma-Ketten-Importeur, Technik-Zubehör (Lieferung nur über Fachhandel)
Jahnstraße 10
D-68649 Groß-Rohrheim
www.enuma.de

Öhlins
Zupin Moto-Sport
Öhlins-Federelemente
Trostberger Str. 26, D-83301 Traunreut
www.zupin.de

PVM Vetterolf
Mundenheimer Straße 39
D-68199 Mannheim
www.pvm.de

Racetech Hubert Hofmann
Fahrwerksteile, Überarbeitung und Service von Gabeln und Federbeinen
Bellinostr. 22, D-72108 Rottenburg
www.hh-racetech.de

Roadrunner Bikeshop GmbH
Richten von Rahmen, Rädern, Gabeln, Bremsscheiben schleifen
Johannes-Kepler-Straße 1
D-55129 Mainz-Hechtsheim
www.roadrunner-bikeshop.de

Emil Schwarz Präzisionsteile
Lenkkopf-, Schwingen- und Radlager
Daimlerstraße 8, D-73660 Urbach
www.emilschwarz.de

WP Suspension Germany
Waldkraiburger Straße 14
D-93073 Neustraubling
www.wp-germany.com

Wilbers Products
Federelemente, Lenkungsdämpfer
Alfred-Mozer-Straße 84
D-48527 Nordhorn
www.wilbers.de

TUNING- UND SPEZIALBETRIEBE

ABM Fahrzeugtechnik GmbH
Technikteile, Superbike-Umbauten
Im Gelbstein 25a, D-79206 Breisach
www.ab-m.de

Alpha Technik GmbH & Co. KG
Leistungsumrüstung, Reifenfreigabe, TÜV-Gutachten, Stahlflexleitungen, Tieferlegungen, Zubehör, Motortuning
Äußere Salzburger Straße 201
D-83071 Stephanskirchen
www.alphatechnik.de

Baier Tuning Motor GmbH
Münchner Straße 25
D-83043 Bad Aibling

BMC Motorsport GmbH
Luftfiltersysteme
Hauptstraße 71
D-79379 Müllheim
www.bmcairfilter.de
und:
Berger Motorsport Handels GmbH
Hauptstraße 147 A, Top A1
A-3031 Pressbaum
www.berger-motorsport.com

CFP Driesch GmbH
Driesch Carbon Fibers
Nachtweide 41
D-67433 Neustadt
info@cfp-driesch.de

Der Tank-Spezialist
Sanierung von Motorradtanks
Blumenstr. 12, D-72793 Pfullingen
www.tank-spezialist.de

Dynotec GmbH
Motortuning und Messtechnik
Alzeyer Straße 33 – 37
D-67592 Flörsheim-Dalsheim
www.dynotec.de

Ernemotos AG
Motorsport-Parts
Sihlquai 6, CH-8005 Zürich
www.motoforza.ch

Fechter Drive Motorsport GmbH
Sportbike-Zubehör
Michael-Becker-Straße 22
D-73235 Weilheim/Teck
www.fechter.de

Gilles Tooling KG
Fußrastenanlagen, Lenker, Zubehör
Max-Planck-Straße 29
D-54516 Wittlich
www.gillestooling.com

Gimbel Motorradtechnik GmbH
Tuning, Zubehör, Umbauten
Kesslerstraße 7, D-79206 Breisach
www.gimbel-motorradtechnik.de

Großewächter Racing Parts
Soar 25, D-32139 Spenge
www.gw-racing-parts.de

HERU Carbontec
Carbon- und GFK-Teile
Wolffstraße 2, D-56746 Kempenich
www.heru-carbontec.de

Ilmberger Carbonparts
Hahilingastr. 5, D-82041 Oberhaching
www.ilmberger-carbon.de

Israel GmbH
Ersatz- und Gebrauchtteile, Motoren, Getriebe, Tuning
Hauptstraße 54, D-56335 Neuhäusel
www.motoren-israel.de

Jäger Motorsport
Aluminium- und Titanschrauben
Blücherstr. 63, D-58332 Schwelm
www.jaeger-motorsport.de

LSL-Motorradtechnik GmbH
Technikteile, Umbauten
Heinrich-Malinga-Straße 107
D-47809 Krefeld
www.lsl-motorradtechnik.de

Mizu Motorradtechnik
Höherlegungssätze, Zubehör
Weidgang 3, D-78247 Hilzingen
www.mizu.de

Moto Forza
Reifen- und Gabelwärmer
Lindgesfeld 8 G (Gewerbepark)
D-42653 Solingen
www.motoforza.de

Phoenix Motorrad-Tuning
Neuenhofstr. 160, D-52078 Aachen
www.phoenix-motorrad.de

Roadrunner Bikeshop GmbH
Richten von Rahmen, Rädern, Gabeln, Bremsscheiben schleifen
Johannes-Kepler-Straße 1
D-55129 Mainz-Hechtsheim
www.roadrunner-bikeshop.de

SCHMIER- UND PFLEGEMITTEL

Bel Ray
Meneks AG
Öle und Pflegemittel
Nersingerstraße 10
D-89257 Elchingen
www.bel-ray.de

Caramba Chemie
Rostlöser, Pflegemittel
Wanheimer Straße 334 – 336
D-47055 Duisburg
www.caramba.de

Castrol Schmiermittel
Max-Born-Straße 2
D-20761 Hamburg
www.castrol.de

Elf Schmiermittel
Total-Fina-Elf GmbH
Kirchfeldstraße 61
D-40217 Düsseldorf
www.totalfinaelf.de
www.elfmoto.de
und:
Elf Competition
Rennbenzin und Spezialöle
Manfred Fischer Competition
Seligenstädter Straße 53
D-63456 Hanau
www.elf-racing.de

Fuchs Europe Schmierstoffe GmbH
Silkolene Zweiradschmierstoffe
Friesenheimer Straße 17
D-68169 Mannheim
www.fuchs-oil.de

H.G. Czech Ing.
Spezialschmiermittel für Motorräder
Weyertal 102
D-50931 Köln
www.HKS-CZECH.de

Motorex
Motorex Schmier- und Pflegemittel
Bucher AG Motorex
Bern-Zürich-Strasse 31
CH-4901 Langenthal
www.motorex.ch

Motul Deutschland GmbH
Kölner Straße 263
D-51149 Köln
www.motul.de

Shell Motorradvertrieb und Shell Racingakademie
Shell-Motorradöle, -Pflegemittel
Im MOTOPARK Oschersleben
Motopark Allee 20 – 22
D-39387 Oschersleben
www.shell-advance.de
und:
SAV GmbH
Postfach 1206
D-59702 Arnsberg

WERKSTATTBEDARF

Boehm Synchrontester
Peter-Kreuder-Straße 21
D-81245 München
www.boehm-synchrontester.de

Friedrich & Hitschfel GmbH
fritec Batterieladegeräte
Mittelrüsselbach 38
D-91338 Igensdorf
www.fritec.de

Robert Bosch GmbH
Batterien und Zündkerzen
Robert-Bosch-Platz 1
D-70839 Gerlingen-Schillerhöhe
www.boschservice.de

Champion Zündkerzen
Norsk-Data-Straße 1
D-61352 Bad Homburg

Denso Europe B.V. Zündkerzen
Hogeweyselaan 165
NL-1382 JL Weesp
www.denso-europe.com

Dynojet Leistungsprüfstände
Micron-Systems GmbH
Boxdorfer Straße 13
D-90765 Fürth-Sack
www.powercommander.de

und:
Moto Parts
Neustraße 4, D-47809 Krefeld
www.motoparts.de

GL Motorradtechnik
Beta-Werkzeug, Montageständer, Messwerkzeuge
Konrad-Adenauer-Straße 106
D-72461 Albstadt-Trochtelfingen
www.gl-motorradtechnik.de

Hazet-Werk
Spezialwerkzeuge für Kraftfahrzeuge
Postfach 10 04 61
D-42804 Remscheid
www.hazet.de

Helicoil Gewindeeinsätze
Böllhoff GmbH
Archimedesstraße 1–4
D-33649 Bielefeld
www.boellhoff.de

Kern Montagetechnik
Montageständer, Hebebühnen
Gewerbestraße 13–16
D-79364 Malterdingen
www.kern-stabi.de

Loctite Deutschland GmbH
Schraubenkleber
Arabellastr. 17, D-81925 München
www.henkel.com
www.loctite.com

Matthies Motorradteile GmbH
Hammerbrookstraße 78
D-20097 Hamburg
www.matthies.de

Mobil-Tech OHG
Montageständer, Messgeräte, Abgastester, Tuning-Zubehör, Anti-Hopping-Kupplungen
Hindenburgstraße 65
D-78549 Spaichingen
www.mobil-tech.de

NGK Spark Plug Europe GmbH
Harkortstraße 41
D-40880 Ratingen
www.ngkntk.de

Profi Products
Kettenfluchttester, Spurprüfsysteme
Flörsheimer Ring 6
D-67705 Trippstadt
www.profi-products.de

Scheibner Messtechnik
Rahmen- und Gabelvermessung, Messwerkzeuge
Scheibner und Schäfer GbR
Am Hauptgüterbahnhof 22
D-38126 Braunschweig
www.scheibner.de

Raum für Notizen

Adressen der Reifenhersteller und Importeure in D, A, CH

Avon

- **Cooper Tire & Rubber Company Deutschland GmbH**
  Hans-Böckler-Straße 4
  D-64823 Groß-Umstadt
  www.avon-motorradreifen.de
- **Autoplus GmbH**
  Richard-Strauss-Straße 14, A-1232 Wien
  www.avonmotorcycle.com
- **Cooper Avon (Suisse) S.A.**
  Hagackerstrasse 12, CH-8953 Dietikon
  www.avontyres.com

Bridgestone

- **Bridgestone Deutschland GmbH**
  Du-Pont-Straße 1
  D-61352 Bad Homburg v.d.H.
  www.bridgestone.de
- **Bridgestone Austria GmbH**
  Laxenburgerstraße 252, A-1232 Wien
  www.bridgestone.at
- **Bridgestone Schweiz**
  Limmatpark
  Pfadackerstr. 6, CH-8957 Spreitenbach
  www.bridgestone.ch

Continental

- **Continental AG**
  GB Motorradreifen
  Continentalstr. 3–5, D-34497 Korbach
  www.conti-moto.de

Dunlop

- **Dunlop GmbH & Co. KG**
  Abteilung PM-M
  Dunlopstraße 2, D-63450 Hanau
  www.dunlop.de
- **Goodyear Dunlop Tires Austria GmbH**
  Pottendorfer Straße 25, A-1120 Wien
  www.dunlop.at
- **Goodyear Dunlop Tires Suisse SA**
  Industriestrasse 21, CH-8604 Hegnau
  www.dunlop.ch

Heidenau

- **Reifenwerk Heidenau GmbH & Co. KG**
  Hauptstraße 44, D-01809 Heidenau
  www.reifenwerk-heidenau.de
- **Reifen Brawenec GmbH point-S**
  Triester Straße 342, A-1230 Wien
  www.reifen-brawenec.at
- **Josef Faber GmbH**
  Kirchstetterngasse 21, A-1160 Wien
  www.faber.at
- **RSD-Jelinek Motorradreifen**
  Hubertsgasse 14, A-1160 Wien
  www.jelinek.at
- **Ofrag Vertriebsgesellschaft**
  Hübelacherstrasse 1, CH-5242 Lupfig
  www.ofrag.ch

Weitere Kooperationspartner:

- **RH Reifen Service AG**
  Amriswilerstrasse 41, CH-8589 Sitterdorf
  www.rh-reifen.ch
- **Hostettler AG**
  Haldenmattstrasse 3, CH-6210 Sursee
  www.yamaha-motor.ch

IRC

- **IXS Germany Hostettler GmbH**
  Neuenburger Str. 33, D-79379 Müllheim
  www.hostettler.com
- **Hostettler AG Pneuservice**
  Haldenmattstrasse 3, CH-6210 Sursee
  www.pneu-service.ch

Maxxis

- **Maxxis International GmbH**
  Kaddenbusch 31, D-25578 Dägeling
  www.maxxis.de (siehe »reifen-krupp«)

Metzeler

- **Pirelli Deutschland AG Metzeler Motorradreifen**
  Gneisenaustraße 15, D-80992 München
  www.metzelermoto.de
- **Metzeler Motorradreifen**
  Salzburger Straße 196, A-4600 Wels
- **Hostettler AG Pneuservice**
  Haldenmattstrasse 3, CH-6210 Sursee
  www.pneu-service.ch

Michelin

- **Michelin Reifenwerke AG & Co. KGaA**
  Michelinstraße 4, D-76185 Karlsruhe
  www.michelin-motorrad.de
- **Michelin Verkaufsgesellschaft**
  Wiegelestraße 10, A-1231 Wien
- **SA des Pneumatiques Michelin**
  Route Jo Siffert 36, CH-1762 Givisiez

Pirelli

- **Pirelli Deutschland AG Pirelli Motorradreifen**
  Gneisenaustraße 15, D-80992 München
  www.pirellimoto.de
- **Pirelli Austria**
  Salzburger Straße 196, A-4600 Wels
- **Hostettler AG Pneuservice**
  Haldenmattstrasse 3, CH-6210 Sursee
  www.pneu-service.ch

Reifenfreigaben

- **Alpha Technik GmbH & Co. KG**
  Reifenfreigaben, TÜV-Gutachten
  Äußere Salzburger Straße 201
  D-83071 Stephanskirchen
  www.alphatechnik.de
- **D. Theobald M&A Reifenhandel**
  Reifen-Großhändler
  Lindenstraße 4, D-97892 Kreuzwertheim
  www.dtheobald.de

CBF 1000

ab Modelljahr 2006
(Modell ohne ABS)

Kabelfarben

Bl	=	schwarz
Br	=	braun
Bu	=	blau
G	=	grün
Gr	=	grau
Lb	=	hellblau
Lg	=	hellgrün
O	=	orange
P	=	rosa
R	=	rot
W	=	weiß
Y	=	gelb

Sicherungskasten:
Sicherung A: 20A für Scheinwerfer, Lichthupe
Sicherung B: 10A für Kombiinstrument, IND, Rücklicht, (PO), Kennzeichenleuchte, Hupe
Sicherung C: 10A für Blinker, AUS
Sicherung D: 10A für Anlasser, Umkipp-Sensor
Sicherung E: 20A für Kühlerventilator, Uhr, Kilometerzähler
Sicherung F: 20A für Einspritzsystem, Zündung

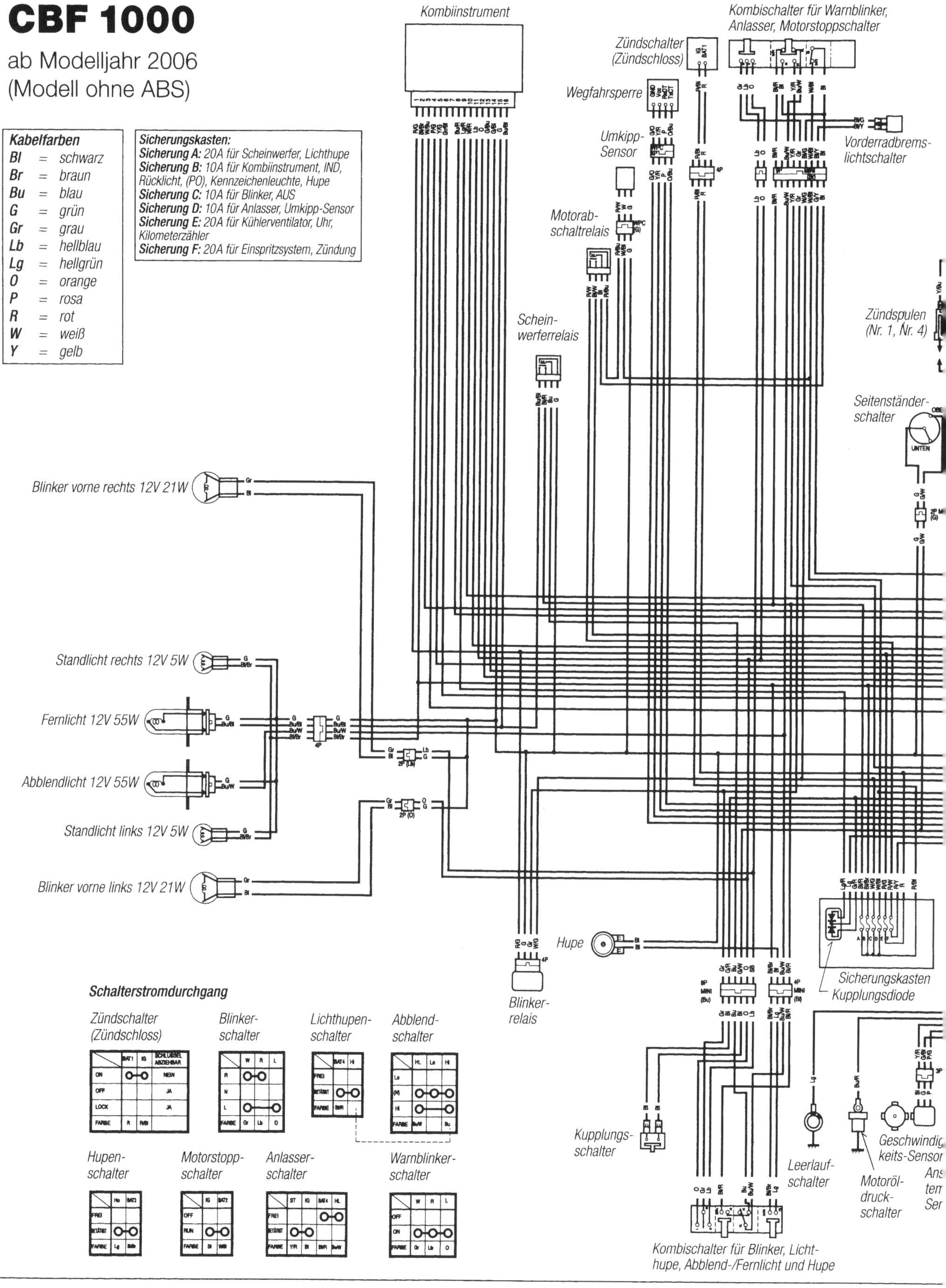

Schaltplan bietet Überblick über Sicherungen und zentrale elektrische Bauteile der Honda CBF 1000. Für tiefer gehende Detailinformationen verweisen wir auf die Honda-interne Werkstattliteratur.

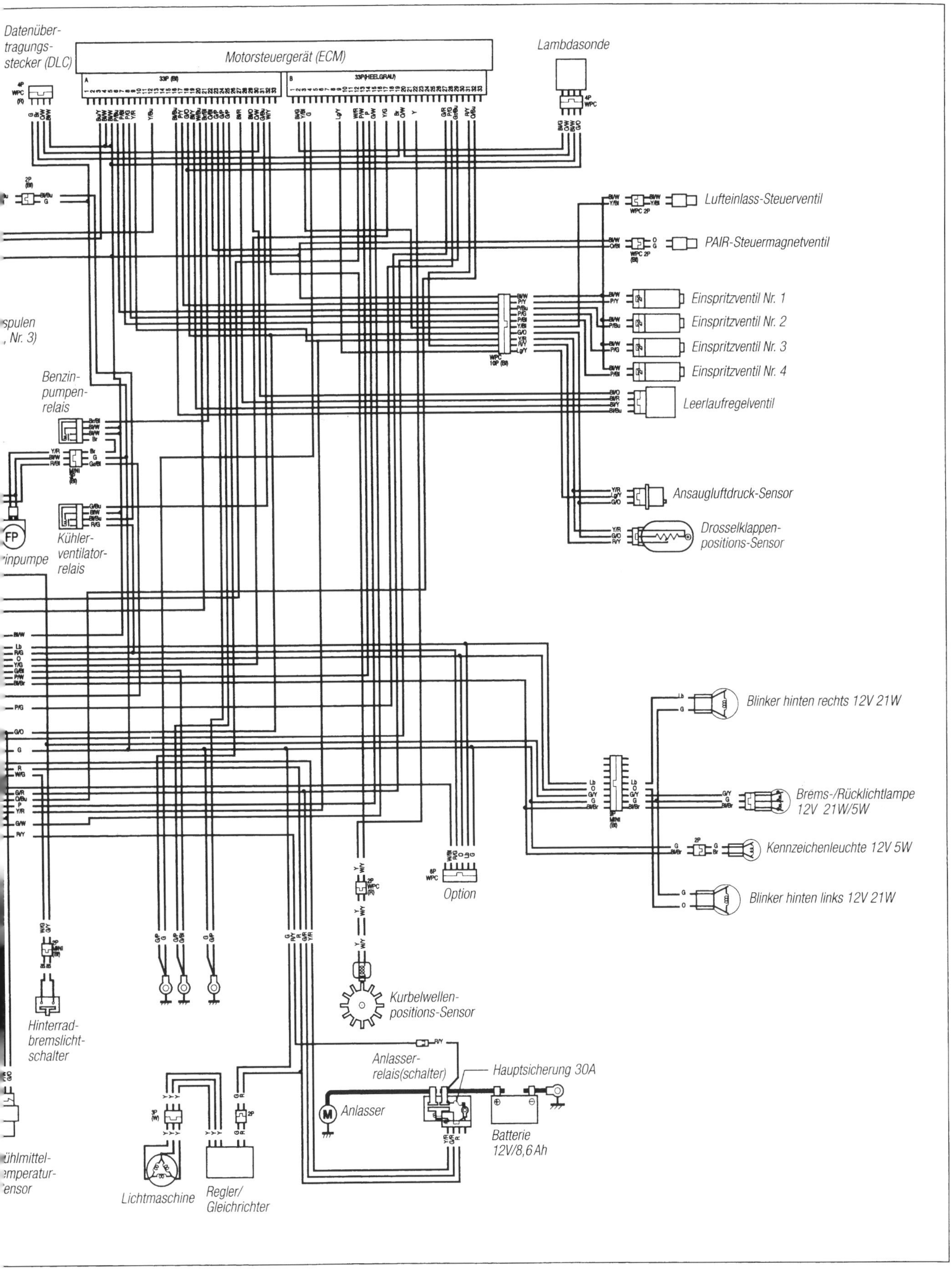
Datenüber-
tragungs-
stecker (DLC)
Motorsteuergerät (ECM)
Lambdasonde
Lufteinlass-Steuerventil
PAIR-Steuermagnetventil
Einspritzventil Nr. 1
Einspritzventil Nr. 2
Einspritzventil Nr. 3
Einspritzventil Nr. 4
Leerlaufregelventil
spulen
, Nr. 3)
Benzin-
pumpen-
relais
Kühler-
ventilator-
relais
inpumpe
Ansaugluftdruck-Sensor
Drosselklappen-
positions-Sensor
Blinker hinten rechts 12V 21W
Brems-/Rücklichtlampe
12V 21W/5W
Kennzeichenleuchte 12V 5W
Blinker hinten links 12V 21W
Option
Kurbelwellen-
positions-Sensor
Hinterrad-
bremslicht-
schalter
Anlasser-
relais(schalter)
Hauptsicherung 30A
Anlasser
Batterie
12V/8,6Ah
ühlmittel-
mperatur-
ensor
Lichtmaschine
Regler/
Gleichrichter

CBF 1000A

ab Modelljahr 2006
(Modell mit ABS)

Kabelfarben

Bl	=	schwarz
Br	=	braun
Bu	=	blau
G	=	grün
Gr	=	grau
Lb	=	hellblau
Lg	=	hellgrün
O	=	orange
P	=	rosa
R	=	rot
W	=	weiß
Y	=	gelb

Sicherungskasten (A bis F)
Sicherung A: 20A für Scheinwerfer, Lichthupe
Sicherung B: 10A für Instrumentenbeleuchtung, IND, Rücklicht, (PO), Kennzeichenleuchte, Hupe
Sicherung C: 10A für Blinker, AUS
Sicherung D: 10A für Anlasser, Umkipp-Sensor
Sicherung E: 20A für Kühlerventilator, Uhr, Kilometerzähler
Sicherung F: 10A für ABS-Hauptsicherung

Sicherungskasten ABS, Einspritzsystem (G bis H)
Sicherung G: 20A für Einspritzsystem, Zündung
Sicherung H: 30A für ABS-Ausfallsicherheitsrelais
Sicherung I: 30A für ABS-Motor

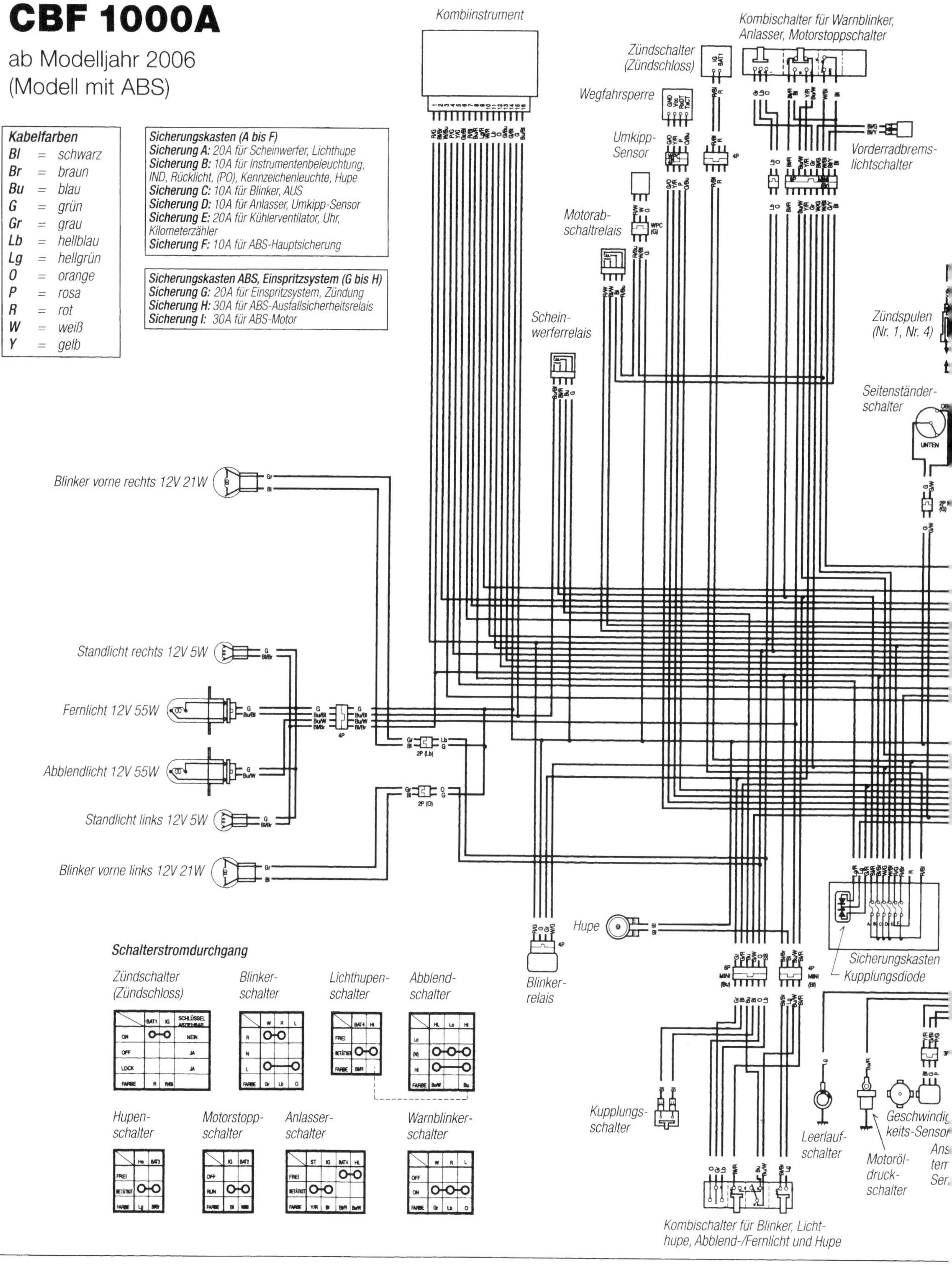

Schaltplan bietet Überblick über Sicherungen und zentrale elektrische Bauteile der Honda CBF 1000A. Für tiefer gehende Detailinformationen verweisen wir auf die Honda-interne Werkstattliteratur.

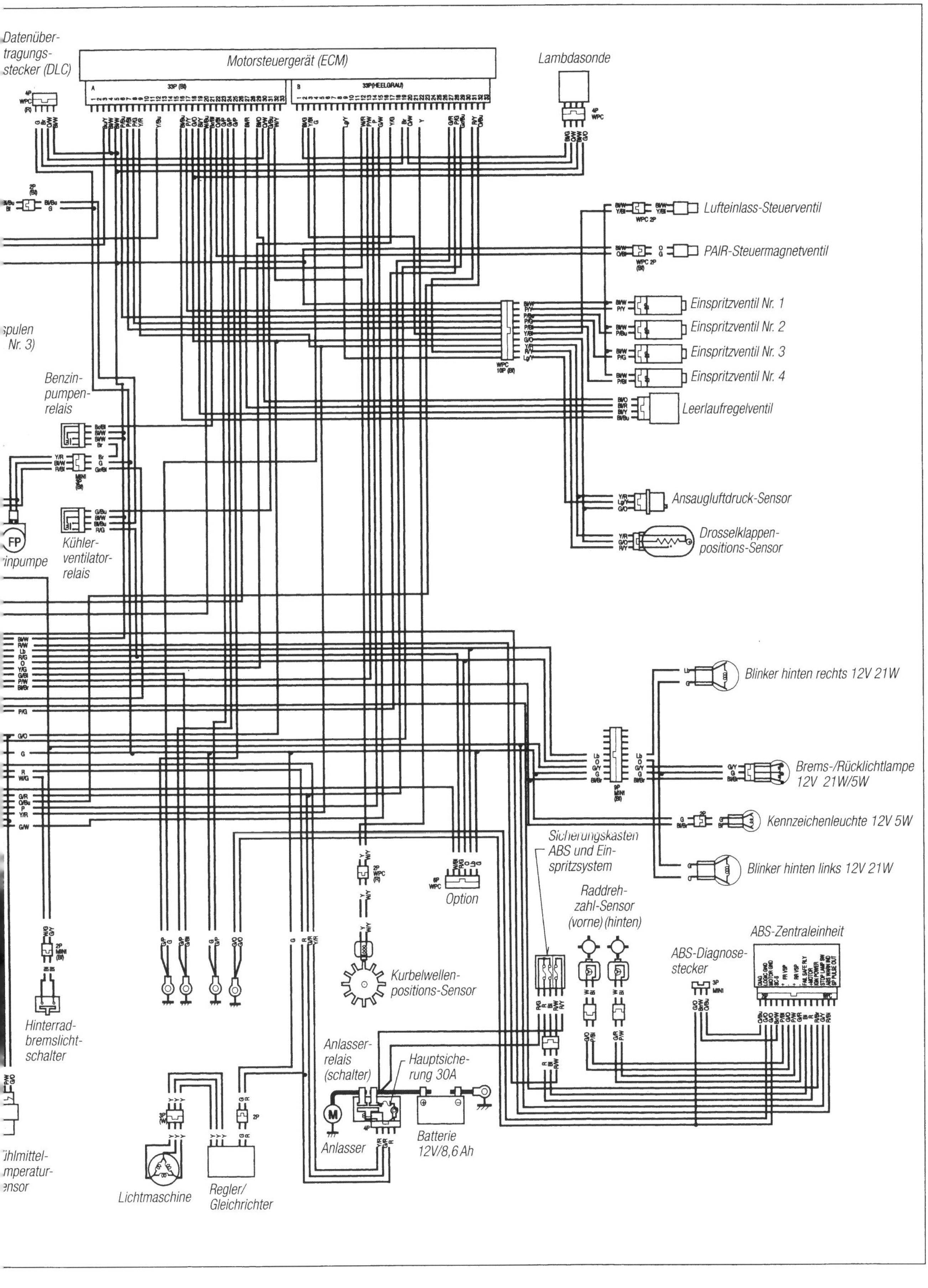
Datenüber-
tragungs-
stecker (DLC)
Motorsteuergerät (ECM)
Lambdasonde
Lufteinlass-Steuerventil
PAIR-Steuermagnetventil
Einspritzventil Nr. 1
Einspritzventil Nr. 2
Einspritzventil Nr. 3
Einspritzventil Nr. 4
Leerlaufregelventil
spulen
Nr. 3)
Benzin-
pumpen-
relais
Ansaugluftdruck-Sensor
Drosselklappen-
positions-Sensor
FP
inpumpe
Kühler-
ventilator-
relais
Blinker hinten rechts 12V 21W
Brems-/Rücklichtlampe
12V 21W/5W
Kennzeichenleuchte 12V 5W
Sicherungskasten
ABS und Ein-
spritzsystem
Blinker hinten links 12V 21W
Option
Raddreh-
zahl-Sensor
(vorne) (hinten)
ABS-Zentraleinheit
ABS-Diagnose-
stecker
Kurbelwellen-
positions-Sensor
Hinterrad-
bremslicht-
schalter
Anlasser-
relais
(schalter)
Hauptsiche-
rung 30A
Anlasser
Batterie
12V/8,6 Ah
ihlmittel-
mperatur-
ensor
Lichtmaschine
Regler/
Gleichrichter

Kolibri 360 GmbH
Ferdinand-Jühlke-Straße 7
99095 Erfurt, Deutschland
produktsicherheit@kolibri360.de